Eva-Maria Sidlo – Ursula Puhm – Cornelia Steinmair – Christina Camilo
Wolfgang Drs – Susanne Pollack-Drs – Georg Wymlatil

# Mathematik mit technischen Anwendungen, Band 4

Um die Übersicht zu erhöhen und das Arbeiten mit dem Buch zu erleichtern, sind die Aufgaben durch farbige Aufgabennummern differenziert:

- Einstiegsaufgaben (also Aufgaben, die zu einem neuen Themenbereich hinführen) sind durch **orangefarbene** Aufgabennummern gekennzeichnet.

- **Schwarze** Aufgabennummern kennzeichnen Aufgaben, deren Lösung im Lehrbuch vollständig dargestellt wird. Solche Aufgaben sind darüber hinaus auch durch eine blaue Rasterunterlegung vom übrigen Text deutlich abgegrenzt.

- Die anderen Aufgaben sind je nach Anspruchsniveau durch **rote** (niedriges Anspruchsniveau), **blaue** (mittleres Anspruchsniveau) und **grüne** (hohes Anspruchsniveau) Aufgabennummern gekennzeichnet. Die mit dieser Kennzeichnung vorgenommene Differenzierung ist für den Unterricht nicht verbindlich.

Bei jeder Aufgabe wird angeführt, welche **Handlungsdimensionen** gemäß dem **Kompetenzmodell** (Bildungsstandards Angewandte Mathematik BHS) jeweils angesprochen werden:

A ... Modellieren und Transferieren        C ... Interpretieren und Dokumentieren
B ... Operieren und Technologieeinsatz     D ... Argumentieren und Kommunizieren

Die überwiegend angesprochene **Inhaltsdimension** wird jeweils am unteren Seitenrand angeführt.

Mit Bescheid des Bundesministeriums für Bildung vom 17. Juli 2017, GZ BMB-5.034/0031-IT/3/2017, gemäß § 14 Abs. 2 und 5 des Schulunterrichtsgesetzes, BGBl. Nr. 472/86, und gemäß den derzeit geltenden Lehrplänen als für den Unterrichtsgebrauch für den IV. – V. Jahrgang an Höheren technischen und gewerblichen Lehranstalten im Unterrichtsgegenstand Angewandte Mathematik geeignet erklärt.

Änderungen aufgrund von Veränderungen der Rechtsordnung und des Normenwesens, in der Statistik und im Bereich von Wirtschaftsdaten sowie Software-Aktualisierung liegen in der Verantwortung des Verlages und werden nicht neuerlich approbiert.

Dieses Schulbuch wurde auf der Grundlage eines zielorientierten Lehrplans verfasst. Konkretisierung, Gewichtung und Umsetzung der Inhalte erfolgen durch die Lehrerinnen und Lehrer.

SBNR Buch: 185005        SBNR Buch mit E-Book: 185981        SBNR Buch mit E-BOOK+: 190127

 **Kopierverbot**

Wir weisen darauf hin, dass das Kopieren zum Schulgebrauch aus diesem Buch verboten ist. § 42 Absatz 6 Urheberrechtsgesetz: „... Die Befugnis zur Vervielfältigung zum eigenen Schulgebrauch gilt nicht für Werke, die ihrer Beschaffenheit und Bezeichnung nach zum Schul- oder Unterrichtsgebrauch bestimmt sind."

**Haftungshinweis**

Trotz sorgfältiger inhaltlicher Kontrolle können wir für die Inhalte externer Links keine Haftung übernehmen. Für den Inhalt der verlinkten Seiten sind ausschließlich deren Betreiber verantwortlich.

**Bildquellen:** Alexander Pollack (127/4.139); Bildarchiv der Österreichischen Nationalbibliothek (ÖNB) Wien (286); Deutsches Museum München (123); Fotolia.com: © Adrio (276), © Africa Studio (225), © AGITA LEIMANE (256), © Alban Egger (194), © alexandre zveiger (92/4.49), © alphaspirit (244), © Alterfalter (312), © Amir (242), © Anatolii (207/mitte), © Anton Maltsev (329), © apfelweile (195/links, 275), © arsdigital (240), © arttim (264/10.44), © Ayvengo (130), © azurita (265), © Baronb (105), © Ben Burger (179/7.37), © Björn Wylezich (306), © by-studio (207/Ei braun), © Carolin Tietz (156), © Christian Jung (166/unten), © Cigdem (11), © Cobalt (217/9.46), © CPN (163), © creativio (131), © damedias (323), © dederer (264/10.43), © denira (201/8.29/Orange), © didicox (128), © dimbar76 (309), © Dimitrius (19/1.72), © dripsea (229), © Elena Schweitzer (179/7.35), © elovich (207/Ei weiß), © elxeneize (315), © FabioBalbi (82/unten), © Fotoschlick (217/9.44), © fox17 (28), © frank peters (206/9.10), © Franz Pfluegl (167), © franz12 (137), © frog (238/9.97), © Gary Scott (127/4.133), © gena96 (174/7.23), © generalfmv (79), © GIBLEHO (36), © gwt52hkxd8z (267), © hainichfoto (190), © Himmelssturm (216), © HP_Photo (169), © ilietus (201/8.29/Zwetschke), © imago13 (198), © Ivulkamazurkev (187), © Jacek Chabraszewski (144/5.46), © James Thew (43), © Jamrooferpix (235/9.94), © Javier brosch (188/7.84), © johnmerlin (94, 238/9.100), © Justyna Kaminska (152), © KB3 (188/7.91), © kelly marken (211/9.21), © klerat (236), © kristo74 (228), © kuarmungadd (248/10.13), © lassedesignen (78/oben, 115), © laufer (102), © Leonid Ikan (26), © loraks (95/9.92), © lucadp (204/oben), © Ludmila Galchenkova (325), © maexico (195/rechts), © Maksim Kabakou (170), © Malchev (86), © Marco Herrndorff (241), © Marén Wischnewski (14/1.38), © Markus Mainka (78/unten), © Michael Rosenwirth (192/oben, 212/9.26), © michaklootwijk (310/36), © Michelle Albers (303), © Microgen (184/7.62), © Mikhail Mishchenko (144/5.44), © Miredi (166/oben), © Mny-Jhee (250), © monticellllo (232), © motorradcbr (26), © MoustacheGirl (324), © mozZz (266), © mpix-foto (227), © Natalia Pavlova (61), © neirfy (215/9.33), © Nikokvfrmoto (99), © Okea (90), © Olivier Le Moal (33), © oxie99 (19/1.74), © p.sacchini (184/7.55), © pat_hastings (60), © peshkova (263), © Peter Atkins (164), © phive2015 (231), © PhotoSG (206/9.7), © pink candy (134), © Pixelspieler (48), © pixeltrap (192/unten), © pukach2012 (204/9.1), © Rawpixel.com (217/9.40), © reeel (68, 193), © Robert Kneschke (202), © Rolandst (12), © Romolo Tavani (91), © Sascha Wilsersch (174/7.22), © Schlierner (211/9.20), © science photo (16, 305), © séb_compiegne (215/9.36), © Shawn Hempel (248/10.11), © Siegfried Schnepf (88), © Sirarmstrong (116), © steevy84 (330), © Stephen Coburn (168), © stockakia (9), © Stockfotos-MG (154), © sumikophoto (29), © sunt (187/7.71), © tevalux11 (101), © Thomas Siepmann (247, 261), © tmass (182), © Tonfilmer.de (40), © Udo Werner (106), © vetkit (118), © VTT Studio (180 oben), © Witold Krasowski (214), © wittayayut (142), © Wojciech Kusiak (207/oben), © womue (251), © Wordley Calvo Stock (274), © Xaver Klaussner (145), © zdyma4 (201/8.31), © ZIHE (326); Janosch A. Slama (7, 17, 81, 82/oben, 92/4.47, 175, 180/unten, 196, 259); Nationaler Bildungsbericht Österreich 2015, Band 1 (272); The Alan Mason Chesney Medical Archives of The Johns Hopkins Medical Institutions (89); Ute Gierszewski (234/9.85); alle übrigen von den Autorinnen und Autoren.
In Fällen freier Werknutzung: Schulbuchvergütung/Bildrechte: © Bildrecht GmbH, Wien 2018

2. Auflage, Nachdruck 2020 (2,01)
© Verlag Hölder-Pichler-Tempsky GmbH, Wien 2018
Alle Rechte vorbehalten. Jede Art der Vervielfältigung – auch auszugsweise – gesetzlich verboten.

Technische Zeichnungen: Herbert Löffler
Satz: Barbara Fischer, Laxenburg
Druck und Bindung: Brüder Glöckler GmbH, Wöllersdorf

ISBN 978-3-230-04143-2

# Inhaltsverzeichnis

| 1 | **Differential- und Integralrechnung** | 7 |
|---|---|---|
| 1.1 | Kurvendiskussion | 7 |
| 1.2 | Extremwertaufgaben | 11 |
| 1.3 | Anwendungen der Integralrechnung | 17 |
| | Zusammenfassung | 23 |
| | Weitere Aufgaben | 23 |
| | Aufgaben in englischer Sprache | 25 |
| | Wissens-Check | 25 |

| 2 | **Fehlerrechnung** | 26 |
|---|---|---|
| 2.1 | Fehlerquellen, Fehlerfortpflanzung | 26 |
| 2.2 | Funktionen in zwei Variablen - Darstellungsformen | 29 |
| 2.3 | Partielle Ableitungen erster Ordnung | 33 |
| 2.4 | Partielle Ableitungen höherer Ordnung | 36 |
| 2.5 | Extremwerte von Funktionen in mehreren Variablen | 38 |
| 2.6 | Lineare Fehlerfortpflanzung | 41 |
| 2.7 | Computernumerik | 43 |
| | Zusammenfassung | 45 |
| | Weitere Aufgaben | 45 |
| | Aufgaben in englischer Sprache | 47 |
| | Wissens-Check | 47 |

| 3 | **Funktionenreihen** | 48 |
|---|---|---|
| 3.1 | Wiederholung | 48 |
| 3.2 | Konvergenz | 49 |
| 3.3 | Taylor-Reihe | 53 |
| 3.4 | Fourier-Reihe | 61 |
| | Zusammenfassung | 74 |
| | Weitere Aufgaben | 75 |
| | Aufgaben in englischer Sprache | 77 |
| | Wissens-Check | 77 |

| 4 | **Differentialgleichungen** | 78 |
|---|---|---|
| 4.1 | Grundlagen und Grundbegriffe | 78 |
| 4.2 | Trennen der Variablen | 86 |
| 4.3 | Lineare Differentialgleichungen 1. Ordnung | 93 |
| 4.4 | Lineare Differenzengleichungen 1. Ordnung, Wachstumsmodelle | 103 |
| 4.5 | Lineare Differentialgleichungen 2. Ordnung | 106 |
| 4.6 | Anwendungen von Differentialgleichungen 2. Ordnung | 110 |
| 4.7 | Numerisches Lösen von Differentialgleichungen | 123 |
| | Zusammenfassung | 126 |
| | Weitere Aufgaben | 126 |
| | Aufgaben in englischer Sprache | 128 |
| | Wissens-Check | 129 |

| 5 | **Matrizen** | 130 |
|---|---|---|
| 5.1 | Definitionen | 130 |
| 5.2 | Rechnen mit Matrizen | 132 |
| 5.3 | Anwendungen der Matrizenrechnung | 142 |
| | Zusammenfassung | 150 |
| | Weitere Aufgaben | 150 |
| | Aufgaben in englischer Sprache | 151 |
| | Wissens-Check | 151 |

| 6 | **Wirtschaftsbezogene Mathematik** | 152 |
|---|---|---|
| 6.1 | Kosten-, Erlös- und Gewinnfunktionen | 152 |
| 6.2 | Lineare Optimierung | 156 |
| | Zusammenfassung | 164 |
| | Weitere Aufgaben | 164 |
| | Aufgaben in englischer Sprache | 165 |
| | Wissens-Check | 165 |

# Inhaltsverzeichnis

| Semester | Anlagen | Semester | Anlagen | Semester | Anlagen |
|---|---|---|---|---|---|
| 7 | 1.1, 1,2, 1.4, 1,9, 1.10, 1.12, 1.14, 1.15 1.23, 1.29 | | | | |
| 7 | 1.1, 1,2, 1.4, 1,9, 1.10, 1.12, 1.14, 1.15 1.23, 1.29 | | | | |
| 7 | 1.1, 1,2, 1.4, 1,9, 1.10, 1.12, 1.14, 1.15 1.23, 1.29 | | | | |
| | | | | | |
| | | | | | |
| | | | | | |
| | | | | | |
| 7 | alle | | | | |
| 7 | alle außer 1.1, 1.2, 1.9, 1.12, 1.18, 1.19, 1.22, 1.23, 1.25, 1.29 | | | | |
| 7 | alle außer 1.1, 1.2, 1.9, 1.12, 1.18, 1.19, 1.20, 1.22, 1.23, 1.25, 1.29 | 8 | 1.20 | | |
| 7 | | 8 | 1.20 | | |
| 7 | | | | | |
| 7 | | | | | |
| 7 | 1.10 | | | | |
| | | | | | |
| | | | | | |
| | | | | | |
| | | | | | 9 | 1.6 |
| 7 | 1.4, 1.8, 1.10, 1.11, 1.14, 1.15 | | | | |
| 7 | 1.4, 1.7, 1.8, 1.10 ,1.11, 1.13, 1.14, 1.15, 1.16 ,1.21, 1.24, 1.26, 1.27, 1.28 | 8 | 1.3, 1.5, 1.6, 1.17 | 10 | 1.20 |
| 7 | 1.7, 1.8, 1.11,1.16 | 8 | 1.3, 1.5, 1.6, 1.17 | | |
| | | | | | |
| | | | | | |
| | | | | | |
| 7 | 1.3, 1.5, 1.6, 1.7, 1.8, 1.10, 1.11, 1.13, 1.16, 1.17, 1.21, 1.24, 1.26, 1.27, 1.28 | 8 | 1.4, 1.14, 1.15 | 9 | 1.18, 1.19, 1.20 |
| 7 | | 8 | 1.4, 1.14, 1.15 | 9 | 1.18, 1.19, 1.20 |
| 7 | | 8 | 1.4, 1.14, 1.15 | 9 | 1.18, 1.19, 1.20 |
| | | 8 | 1.7, 1.8, 1.13, 1.16, 1.21, 1.24, 1.26, 1.27, 1.28 | 9 | 1.20 |
| 7 | 1.3, 1.5, 1.6, 1.11, 1.17 | 8 | | 9 | 1.18, 1.19, 1.20 |
| 7 | 1.3, 1.5, 1.6, 1.11, 1.17 | | | | |
| | | | | 9 | 1.18, 1.19, 1.20 |
| | | | | | |
| | | | | | |
| | | | | | |
| 8 | alle | | | | |
| 8 | alle | | | | |
| 8 | Abschnitt 5.3.1 alle, Abschnitt 5.3.2 nur 1.10, 1.11 | | | | |
| | | | | | |
| | | | | | |
| | | | | | |
| | | | | | |
| 8 | 1.18, 1.19 | | | | |
| 8 | 1.18, 1.19, 1.23, 1.24, 1.25, 1.26, 1.27,1.28 | | | | |

# Inhaltsverzeichnis

**7 Algebra und Zahlentheorie** .................................................................. **166**
7.1 Algebraische Strukturen ........................................................................ 166
7.2 Restklassen, Codierung und Chiffrierung ............................................. 170
7.3 Kombinatorik ......................................................................................... 180
      Zusammenfassung ................................................................................ 189
      Weitere Aufgaben ................................................................................. 190
      Aufgaben in englischer Sprache ........................................................... 190
      Wissens-Check ...................................................................................... 191

**8 Wahrscheinlichkeitsrechnung** .............................................................. **192**
8.1 Grundbegriffe ........................................................................................ 192
8.2 Wahrscheinlichkeit zusammengesetzter Ereignisse ............................. 195
8.3 Baumdiagramme ................................................................................... 199
      Zusammenfassung ................................................................................ 202
      Weitere Aufgaben ................................................................................. 202
      Aufgaben in englischer Sprache ........................................................... 203
      Wissens-Check ...................................................................................... 203

**9 Wahrscheinlichkeitsverteilungen** ........................................................ **204**
9.1 Grundbegriffe ........................................................................................ 204
9.2 Binomialverteilung ................................................................................ 207
9.3 Weitere diskrete Verteilungen .............................................................. 213
9.4 Normalverteilung .................................................................................. 218
      Zusammenfassung ................................................................................ 239
      Weitere Aufgaben ................................................................................. 240
      Aufgaben in englischer Sprache ........................................................... 243
      Wissens-Check ...................................................................................... 243

**10 Beurteilende Statistik** ........................................................................... **244**
10.1 Vertrauensbereiche – Konfidenzintervalle .......................................... 244
10.2 Statistische Tests ................................................................................. 251
10.3 Anwendungen im Qualitätsmanagement ........................................... 259
      Zusammenfassung ................................................................................ 263
      Weitere Aufgaben ................................................................................. 263
      Aufgaben in englischer Sprache ........................................................... 265
      Wissens-Check ...................................................................................... 265

**11 Ausgleichsrechnung** ............................................................................. **266**
11.1 Methode der kleinsten Quadrate ........................................................ 266
11.2 Lineare Regression und Korrelation .................................................... 267
11.3 Nicht lineare Ausgleichsfunktionen ..................................................... 273
      Zusammenfassung ................................................................................ 274
      Weitere Aufgaben ................................................................................. 274
      Aufgaben in englischer Sprache ........................................................... 275
      Wissens-Check ...................................................................................... 275

**12 Integraltransformationen** ..................................................................... **276**
12.1 Wiederholung und Vertiefung ............................................................. 276
12.2 Fourier-Transformation ....................................................................... 280
12.3 Laplace-Transformation ...................................................................... 286
      Zusammenfassung ................................................................................ 302
      Weitere Aufgaben ................................................................................. 302
      Aufgaben in englischer Sprache ........................................................... 304
      Wissens-Check ...................................................................................... 304

**Vorbereitung auf die sRDP – Teil A** ......................................................... **305**
Grundkompetenzen ..................................................................................... 305
Übungsaufgaben .......................................................................................... 323

**Tabellenanhang** ........................................................................................ **331**

**Sachwortverzeichnis** ................................................................................. **332**

# Inhaltsverzeichnis

| Semester | Anlagen | Semester | Anlagen | Semester | Anlagen |
|---|---|---|---|---|---|
| 8 | 1.10, 1.11 | | | | |
| 8 | 1.10, 1.11 | | | | |
| 8 | 1.10, 1.11 | | | | |
| | | | | | |
| | | | | | |
| | | | | | |
| | | | | | |
| 8 | alle | | | | |
| 8 | alle | | | | |
| 8 | alle | | | | |
| | | | | | |
| | | | | | |
| | | | | | |
| 9 | alle | | | | |
| 9 | alle | | | | |
| 9 | alle | | | | |
| 9 | alle | | | | |
| | | | | | |
| | | | | | |
| | | | | | |
| | | | | | |
| 9 | alle | | | | |
| 9 | 1.4, 1.10, 1.11, 1.14, 1.15 | | | | |
| 9 | 1.24, 1.25, 1.26, 1.27, 1.28 | | | | |
| | | | | | |
| | | | | | |
| | | | | | |
| | | | | | |
| 10 | alle | | | | |
| 10 | alle | | | | |
| 10 | alle | | | | |
| | | | | | |
| | | | | | |
| | | | | | |
| 9 | 1.3, 1.5, 1.6, 1.17 | | | | |
| 9 | 1.3, 1.5, 1.6, 1.17 | | | | |
| 9 | 1.3, 1.5, 1.6, 1.17 | | | | |

Die Lehrplanhinweise im Inhaltsverzeichnis beziehen sich auf die nachstehend aufgelisteten Fachrichtungen und Anlagen gemäß Lehrplanpaket der Höheren technischen und gewerblichen Lehranstalten 2015 (BGBl. II Nr. 262/2015 in der Fassung der Verordnung BGBl. II Nr. 55/2017):

1. Höhere Lehranstalt für Art and Design (Anlagen 1 und 1.1)
2. Höhere Lehranstalt für Bautechnik (Anlagen 1 und 1.2)
3. Höhere Lehranstalt für Biomedizin und Gesundheitstechnik (Anlagen 1 und 1.3)
4. Höhere Lehranstalt für Chemieingenieure (Anlagen 1 und 1.4)
5. Höhere Lehranstalt für Elektronik und Technische Informatik (Anlagen 1 und 1.5)
6. Höhere Lehranstalt für Elektrotechnik (Anlagen 1 und 1.6)
7. Höhere Lehranstalt für Flugtechnik (Anlagen 1 und 1.7)
8. Höhere Lehranstalt für Gebäudetechnik (Anlagen 1 und 1.8)
9. Höhere Lehranstalt für Grafik- und Kommunikationsdesign (Anlagen 1 und 1.9)
10. Höhere Lehranstalt für Informatik (Anlagen 1 und 1.10)
11. Höhere Lehranstalt für Informationstechnologie (Anlagen 1 und 1.11)
12. Höhere Lehranstalt für Innenarchitektur und Holztechnologien (Anlagen 1 und 1.12)
13. Höhere Lehranstalt für Kunststofftechnik (Anlagen 1 und 1.13)
14. Höhere Lehranstalt für Lebensmitteltechnologie – Getreide- und Biotechnologie (Anlagen 1 und 1.14)
15. Höhere Lehranstalt für Lebensmitteltechnologie – Lebensmittelsicherheit (Anlagen 1 und 1.15)
16. Höhere Lehranstalt für Maschinenbau (Anlagen 1 und 1.16)
17. Höhere Lehranstalt für Mechatronik (Anlagen 1 und 1.17)
18. Höhere Lehranstalt für Medien (Anlagen 1 und 1.18)
19. Höhere Lehranstalt für Medieningenieure und Printmanagement (Anlagen 1 und 1.19)
20. Höhere Lehranstalt für Metallische Werkstofftechnik (Anlagen 1 und 1.20)
21. Höhere Lehranstalt für Metallurgie und Umwelttechnik (Anlagen 1 und 1.21)
23. Höhere Lehranstalt für Wirtschaftsingenieure – Bekleidungstechnik (Anlagen 1 und 1.23)
24. Höhere Lehranstalt für Wirtschaftsingenieure – Betriebsinformation (Anlagen 1 und 1.24)
25. Höhere Lehranstalt für Wirtschaftsingenieure – Holztechnik (Anlagen 1 und 1.25)
26. Höhere Lehranstalt für Wirtschaftsingenieure – Logistik (Anlagen 1 und 1.26)
27. Höhere Lehranstalt für Wirtschaftsingenieure – Maschinenbau (Anlagen 1 und 1.27)
28. Höhere Lehranstalt für Wirtschaftsingenieure – Technisches Management (Anlagen 1 und 1.28)
29. Höhere Lehranstalt für Wirtschaftsingenieure – Textiltechnik (Anlagen 1 und 1.29)

Liebe Schülerin, lieber Schüler!

Zu diesem Buch gibt es ein Lösungsheft, das die Lösungen zu den Aufgaben dieses Buchs enthält.

Bitte gib den ausgefüllten und unterschriebenen Bestellabschnitt in deiner Buchhandlung ab oder bestelle direkt beim Verlag:

**Adresse:** Verlag Hölder-Pichler-Tempsky GmbH, Frankgasse 4, 1090 Wien
**Tel.:** 01/403 77 77
**E-mail:** service@hpt.at

## Fax: 01/403 77 77 DW 77

**Hiermit bestelle ich mit Rechnung:**

**Lösungen zu Band 4**

_____ Expl. Lösungen zu Mathematik mit technischen Anwendungen, Band 4
(ISBN 978-3-230-04144-9)
€ 9,90 inkl. Porto und Verpackung

(Preisänderungen vorbehalten)

**Name:**

**Adresse:**

**Datum und Unterschrift:**

(bei Minderjährigen des Erziehungsberechtigten)

# Differential- und Integralrechnung

Einer der Schwerpunkte im Mathematikunterricht des dritten Jahrgangs war das Erlernen und Anwenden der Differential- und Integralrechnung. In diesem Abschnitt werden die bereits in Band 3 erarbeiteten Inhalte vertieft und erweitert. Dabei werden die Rechenregeln wiederholt und Extremwertaufgaben sowie Aufgaben, bei denen sowohl die Differential- als auch die Integralrechnung angewendet wird, behandelt.

## 1.1 Kurvendiskussion

### 1.1.1 Grundlagen der Differentialrechnung und Umkehraufgaben

**1.1** Ermittle die erste und die zweite Ableitung.
 a) $y = x^5 + 3x^2 + 4$ 
 b) $f(t) = \sqrt{t^3} - \sqrt[3]{t}$ 
 c) $f(x) = \frac{2}{x} - \frac{4}{x^2} + \frac{x}{2}$ 
 d) $y = \sin(x) + \cos(x)$

**1.2** Kreuze die richtige Ableitung der Funktion $f(x) = \sqrt{5x}$ an.

| A | B | C | D | E |
|---|---|---|---|---|
| $f'(x) = \frac{5}{2 \cdot \sqrt{x}}$ | $f'(x) = \frac{5}{\sqrt{2x}}$ | $f'(x) = \frac{\sqrt{5}}{\sqrt{2x}}$ | $f'(x) = \frac{1}{2} \cdot \frac{\sqrt{5}}{\sqrt{x}}$ | $f'(x) = \frac{5}{2} \cdot \sqrt{x}$ |

**1.3** Die Funktion $f(x) = x^2 \cdot \sin(x)$ wurde abgeleitet:

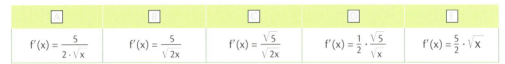

$f'(x) = 2x \cdot \cos(x)$

Erkläre, welche Ableitungsregel missachtet wurde, und stelle die Rechnung richtig.

Aufgaben 1.4 – 1.8: Ermittle jeweils die erste Ableitung.

**1.4** a) $f(x) = x \cdot \sin(x)$ b) $f(t) = t^2 \cdot e^t$ c) $f(x) = x^3 \cdot \cos(x)$ d) $y = 4x \cdot \ln(x)$

**1.5** a) $f(x) = \frac{x^2 - 3x}{x^4 + 1}$ b) $f(t) = \frac{e^t}{t + 1}$ c) $f(x) = \frac{2x}{\cos(x)}$ d) $y = \frac{\sin(x)}{x^2}$

**1.6** a) $f(x) = (2x^3 - 5x)^6$ b) $f(t) = 4 \cdot \sin(0{,}5t)$ c) $f(x) = \sqrt{x^3 + 2x}$ d) $y = \ln(5 - 3x)$

**1.7** a) $f(x) = e^{0{,}5x} \cdot \cos(2x)$ b) $f(t) = t^2 \cdot \ln(5t)$ c) $f(x) = \frac{2 \cdot \sin(4x)}{x^3}$ d) $y = \frac{e^{-0{,}2x}}{0{,}3x}$

**1.8** 1) $y(t) = a \cdot e^{\lambda_1 \cdot t} + b \cdot e^{\lambda_2 \cdot t}$  3) $y(t) = a \cdot e^{\alpha \cdot t} \cdot \sin(\omega \cdot t) + b \cdot e^{\alpha \cdot t} \cdot \cos(\omega \cdot t)$
 2) $y(t) = (a + b \cdot t) \cdot e^{\lambda \cdot t}$  4) $y(t) = a \cdot \sin(\omega \cdot t) - b \cdot t \cdot \cos(\omega \cdot t)$

**1.9** Gib die gesuchten Ableitungen an.
 a) $P = \frac{U^2}{R}$  1) $\frac{dP}{dU} =$   2) $\frac{dP}{dR} =$
 b) $z = a \cdot (1 + b \cdot c)^3$  1) $\frac{dz}{da} =$   2) $\frac{dz}{db} =$
 c) $v = -\omega \cdot \cos(\omega \cdot t - \varphi)$  1) $\frac{dv}{dt} =$   2) $\frac{dv}{d\omega} =$
 d) $\eta = \frac{T_2 - T_1}{T_1}$  1) $\frac{d\eta}{dT_1} =$   2) $\frac{d\eta}{dT_2} =$

**Analysis**

# Differential- und Integralrechnung

## 1.1.2 Geometrische Bedeutung der Ableitungen und Kurvendiskussion

Eigenschaften von Kurven, wie die Steigung, und wichtige Punkte, wie Extrempunkte oder Wendepunkte, können mithilfe der Differentialrechnung bestimmt werden. Im Folgenden wird die in Band 3 ausführlich besprochene Theorie kurz zusammengefasst.

> 1. Ableitung – Steigung k der Tangente an der Stelle $x_0$:
> $\quad\quad f'(x_0) = k = \tan(\alpha) \quad\quad \alpha \ldots$ Steigungswinkel
> $\quad\quad$ Extremstelle $x_E$: $\; f'(x_E) = 0$
> 2. Ableitung – Krümmungsverhalten
> $\quad\quad$ Minimum: $f''(x_E) > 0$, Maximum: $f''(x_E) < 0$
> $\quad\quad$ Wendestelle $x_W$: $\; f''(x_W) = 0$
> $\quad\quad$ Krümmung: $\kappa(x) = \dfrac{f''(x)}{\sqrt{(1 + (f'(x))^2)^3}}$ $\quad$ Krümmungsradius: $\rho = \left|\dfrac{1}{\kappa}\right|$

**1.10** 1) Gib die Steigung und den Steigungswinkel der Funktion f an der Stelle $x_0$ an.
2) Ermittle alle Stellen, an denen die Steigung der Funktion f den Wert k hat.
**a)** $f(x) = 0{,}5x^3$; $\; x_0 = 2, k = 3$ **b)** $f(x) = \sin(x)$; $\; x_0 = \pi, k = 0$

**1.11** Zeichne den Graphen der Ableitungsfunktion der dargestellten Funktion.

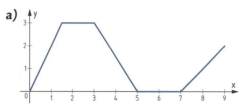
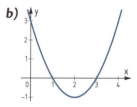

**1.12** Eine Fahrt wird durch nebenstehendes Diagramm näherungsweise beschrieben.
1) Ermittle jeweils die Geschwindigkeit für die drei Abschnitte.
2) Erkläre, warum zum Zeitpunkt t = 3 keine Momentangeschwindigkeit berechnet werden kann.
3) Zeichne das zugehörige Geschwindigkeit-Zeit-Diagramm.
4) Berechne die mittlere Geschwindigkeit im Zeitintervall [0; 5].

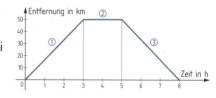

**1.13** In der Abbildung ist der Graph einer Geschwindigkeit-Zeit-Funktion dargestellt. Kreuze die zutreffende Aussage an.

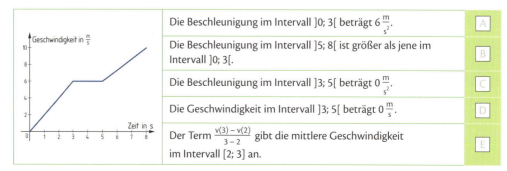

# Differential- und Integralrechnung

**1.14** Diskutiere die Funktion $f(x) = 0{,}2x^3 - x^2$. Gib die Gleichung der Wendetangente an.

**1.15** 1) Erkläre, wie viele Nullstellen, Extrempunkte und Wendepunkte bei der Polynomfunktion f maximal auftreten können.
2) Führe die Kurvenuntersuchung durch.
3) Kennzeichne alle ermittelten Punkte in der Grafik und zeichne die Wendetangente(n) ein.
  **a)** $f(x) = x^5 - 4x$   **b)** $f(x) = \frac{1}{5} \cdot (x^3 - 5x^2 + 2x - 5)$   **c)** $f(x) = \frac{1}{3}x^4 - 2x^2$

**1.16** Diskutiere die Funktion $f(x) = \frac{2x}{x^2 - 4}$.

**1.17** Die Funktion T beschreibt die Körpertemperatur eines Patienten.
$T(t) = -0{,}16t^3 + 0{,}82t^2 + 0{,}8t + 36{,}5 \quad \text{mit } 0 \leq t \leq 6$
t … Zeit ab Beginn der Messung in Stunden
$T(t)$ … gemessene Körpertemperatur zur Zeit t in °C

1) Berechne jenen Zeitpunkt, zu dem die Körpertemperatur maximal ist. Gib an, wie hoch die Körpertemperatur zu diesem Zeitpunkt ist.
2) Beschreibe, wie man jenen Zeitpunkt ermitteln kann, zu dem die Körpertemperatur am stärksten ansteigt.
3) Erkläre die Bedeutung des Terms $\frac{T(5) - T(2)}{3}$ im gegebenen Sachzusammenhang.

**1.18** Eine Firma stellt Designersessel her. Die Fixkosten betragen 1 200 Geldeinheiten (GE) und die Herstellungskosten pro Sessel 110 GE. Die Funktion E beschreibt den Erlös:
$E(x) = -4x^2 + 450x$
x … Anzahl der verkauften Sessel
$E(x)$ … Erlös bei x verkauften Sesseln in GE
1) Stelle die lineare Kostenfunktion K auf und ermittle die Gewinnfunktion G.
2) Berechne die Gewinnschwelle und die Gewinngrenze.
3) Berechne die Höhe des maximalen Gewinns.

**1.19** Ein Ball wird senkrecht nach oben geworfen. Der Zusammenhang zwischen der Höhe und der Zeit t lässt sich näherungsweise durch folgende Funktion h beschreiben:
$h(t) = -5t^2 + 10t + 7$
t … Zeit nach dem Abwurf in Sekunden
$h(t)$ … Höhe über dem Boden zur Zeit t in Meter
1) Bestimme, aus welcher Höhe der Ball abgeworfen wird.
2) Ermittle, zu welchem Zeitpunkt er wieder die Abwurfhöhe erreicht.
3) Berechne die maximale Höhe, die der Ball erreicht.
4) Ermittle, mit welcher Geschwindigkeit der Ball auf dem Boden aufkommt.

**1.20** Die Konzentration eines Wirkstoffs im Blut lässt sich durch folgende Funktion beschreiben:
$K(t) = 5 \cdot (e^{-0{,}12t} - e^{-0{,}3t})$
t … Zeit nach Beginn der Verabreichung in Stunden
$K(t)$ … Konzentration des Wirkstoffs zur Zeit t in $\frac{mg}{L}$
1) Ermittle die maximale Konzentration.
2) Ermittle den Zeitpunkt, zu dem nur mehr 25 % der maximalen Konzentration vorhanden sind.
3) Berechne, zu welchem Zeitpunkt die Abnahme der Konzentration am stärksten ist.
4) Argumentiere anhand der Funktionsgleichung, welchem Wert sich die Konzentration für $t \to \infty$ nähert.

**Analysis**

# Differential- und Integralrechnung

### 1.1.3 Umkehraufgaben

**Ⓐ Ⓑ ◐ Ⓓ** **1.21** Eine Polynomfunktion 3. Grads hat im Punkt E(2|4) einen Extrempunkt und im Punkt W(−1|0,5) einen Wendepunkt.
1) Stelle das Gleichungssystem auf, das zur Berechnung der Koeffizienten der Polynomfunktion benötigt wird.
2) Löse das Gleichungssystem und gib die Funktionsgleichung an.
3) Stelle die Funktion grafisch dar und trage die gegebenen Punkte ein.

**Ⓐ Ⓑ ● ●** **1.22** Eine Polynomfunktion 3. Grads verläuft durch den Koordinatenursprung und durch den Punkt P(2|3). Sie berührt die x-Achse an der Stelle x = 5. Ermittle die Funktionsgleichung.

**Ⓐ Ⓑ ● ●** **1.23** Eine Parabel schneidet die x-Achse an der Stelle $x_0 = 5$. Die Gleichung der Tangente $t_P$ im Punkt $P(3|y_P)$ lautet $t_P$: y = −x + 7.
1) Ermittle die Funktionsgleichung der Parabel.
2) Berechne die Krümmung und den Krümmungsradius im Scheitel der Parabel.
3) Stelle die Parabel, die Tangente $t_P$ und den Krümmungskreis im Scheitel grafisch dar.

**Ⓐ Ⓑ ● ●** **1.24** Der Verlauf eines Teils einer Achterbahn kann durch eine Polynomfunktion 3. Grads beschrieben werden. Der höchste Punkt in diesem Abschnitt liegt bei H(2|50), der tiefste Punkt liegt bei T(14|4) (Angaben in Meter).
1) Bestimme die Funktionsgleichung.
2) Ermittle den Punkt zwischen H und T, in dem das Gefälle am größten ist. Gib an, wie groß der Neigungswinkel dort ist.

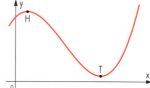

**Ⓐ Ⓑ ● ●** **1.25** Ein beidseitig eingespannter Träger wird mit der Gleichlast q belastet. Durch die Belastung biegt sich der Träger durch und man erhält die so genannte Biegelinie. Diese Biegelinie kann durch eine Polynomfunktion 4. Grads beschrieben werden:
$y(x) = a \cdot x^4 + b \cdot x^3 + c \cdot x^2 + d \cdot x + e$
x … Abstand vom Auflager A in mm
y(x) … Durchbiegung an der Stelle x in mm
Die maximale Durchbiegung in der Mitte beträgt 2 cm. In den Einspannstellen ist die Durchbiegung null und die Tangenten an die Biegelinie sind waagrecht.
1) Stelle das Gleichungssystem zur Ermittlung der Koeffizienten der Funktion auf.
2) Löse das Gleichungssystem und gib die Funktionsgleichung an.

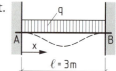

**Ⓐ Ⓑ ● ●** **1.26** Das Profil einer Gartenliege kann im Intervall [0; 160] durch eine Polynomfunktion 3. Grads beschrieben werden. Die Funktion hat in T(52|15) einen Tiefpunkt und in H(116|20) einen Hochpunkt (Angaben in cm).
1) Stelle das Gleichungssystem auf, mit dem man die Koeffizienten der Polynomfunktion bestimmen kann.
2) Löse das Gleichungssystem und gib die Funktionsgleichung an.
3) Stelle das Profil der Liege grafisch dar und bestimme den Neigungswinkel im höchsten Punkt der Liege.

**Ⓐ Ⓑ ● ●** **1.27** Das Profil einer Rampe soll durch eine Polynomfunktion 3. Grads beschrieben werden. Die Rampe muss einen Höhenunterschied von 75 cm zwischen zwei waagrechten Wegen ausgleichen. Die Übergänge sollen ohne Knick, also mit gleicher Steigung, erfolgen. Die maximale Steigung der Rampe soll 10 % betragen. Ermittle die Gleichung der Polynomfunktion, wenn der Beginn der Rampe im Koordinatenursprung liegt.

# Differential- und Integralrechnung

## 1.2 Extremwertaufgaben

### 1.2.1 Aufgaben mit Nebenbedingungen

Bei Extremwertaufgaben handelt es sich um Optimierungsaufgaben, bei denen der größtmögliche bzw. der kleinstmögliche Wert einer Größe ermittelt wird. Die Funktion, die ein Maximum oder Minimum annehmen soll, wird **Zielfunktion** genannt, die dafür notwendige Bedingung wird **Hauptbedingung** genannt. Zusammenhänge, die das Aufstellen der Zielfunktion in einer Variablen ermöglichen, werden **Nebenbedingungen** genannt.

Ein zylinderförmiges Gefäß ohne Deckel soll 12 Liter fassen. Ermittle, welche Abmessungen das Gefäß haben soll, damit der Materialverbrauch am geringsten ist.

Hauptbedingung (HB):
Oberfläche = Grundfläche + Mantelfläche
$O(r, h) = r^2 \cdot \pi + 2r \cdot \pi \cdot h$

- Oberfläche → minimal

Nebenbedingung (NB):
$V = r^2 \cdot \pi \cdot h = 12\,L = 12\,dm^3$
$h = \frac{V}{r^2 \cdot \pi} = \frac{12}{r^2 \cdot \pi}$

- Mithilfe einer Information aus der Angabe (V = 12 Liter) wird ein Zusammenhang zwischen den in der HB verwendeten Variablen (r, h) angegeben.

Zielfunktion (ZF):
$O(r) = r^2 \cdot \pi + 2r \cdot \pi \cdot \frac{12}{r^2\pi} = r^2 \cdot \pi + \frac{24}{r}$

$O'(r) = 2r \cdot \pi - \frac{24}{r^2}$

$2r \cdot \pi - \frac{24}{r^2} = 0$

$\Rightarrow r = 1{,}5631\ldots\,dm \approx 1{,}56\,dm$

$O''(r) = 2\pi + \frac{48}{r^3}$

$O''(1{,}56\ldots) = 18{,}8\ldots > 0$

$h = 1{,}5631\ldots\,dm \approx 1{,}56\,dm$

- Einsetzen der NB in die HB führt auf eine Funktion mit einer Variablen (= ZF).
- Ermitteln der Extremstellen mithilfe der 1. Ableitung
- Nachweis der Minimumeigenschaft mithilfe der 2. Ableitung
- Berechnen der Höhe

Der Materialverbrauch ist am geringsten, wenn das Gefäß eine Höhe und einen Radius von jeweils rund 1,56 dm hat.

**1.28** Zerlege die Zahl 40 so in zwei natürliche Summanden, dass die Summe ihrer Quadrate minimal ist. Ⓐ Ⓑ ○ ○

**1.29** Eine zylindrische Dose soll ein Volumen von 75 cm³ haben. Berechne, bei welchen Abmessungen die Materialkosten für die Herstellung am geringsten sind, wenn das Material für Boden und Deckel pro cm² um 25 % mehr kostet als das für den Mantel. Ⓐ Ⓑ ○ ○

**1.30** Aus einem 144 cm langen Draht soll das Kantenmodell eines Quaders mit quadratischer Grundfläche gebildet werden. Ⓐ Ⓑ Ⓒ ○
  1) Berechne jene Abmessungen, bei denen das Volumen des Quaders maximal ist.
  2) Zeige an einigen selbstgewählten Beispielen, dass jeder andere Quader, dessen Kantenlänge insgesamt 144 cm beträgt, ein kleineres Volumen hat.

# Differential- und Integralrechnung

**1.31** Die von einer Ziege jährlich produzierte Milchmenge hängt unter anderem von der Futtermenge ab. Ein Bauer hält auf einem Grundstück 50 Milchziegen, die jeweils 800 L Milch pro Jahr geben. Das Halten jeder weiteren Ziege auf diesem Grundstück führt zu einer Verringerung der Milchmenge um 10 L pro Jahr und Ziege. Wie viele Ziegen sollte der Bauer zusätzlich anschaffen, um möglichst viel Milch zu erhalten?

**1.32**
a) Einem Halbkreis mit dem Radius R soll ein gleichschenkliges Dreieck mit möglichst großem Flächeninhalt so eingeschrieben werden, dass die Spitze im Mittelpunkt des Kreises liegt und die Grundlinie zum Durchmesser parallel ist. Ermittle, wie viel Prozent der Halbkreisfläche die Dreiecksfläche einnimmt.

b) Einem gleichschenkeligen Dreieck mit der Basis c und der Höhe h soll ein Rechteck so eingeschrieben werden, dass dessen Fläche maximal wird. Ermittle die Abmessungen des Rechtecks.
Hinweis: Verwende den Strahlensatz

**1.33** Rund um den Sportplatz des FC Wald soll eine Laufbahn mit einer Innenbahnlänge von 500 m angelegt werden. Die Laufbahn soll direkt an den Seitenlinien des Fußballfelds anliegen und an den beiden Torlinien jeweils die Form eines Halbkreises haben.
Ermittle, bei welchen Abmessungen das Fußballfeld den größtmöglichen Flächeninhalt hat.

**1.34** Susi nimmt an einem Surf- und Radfahr-Wettbewerb teil. Vor dem Wettbewerb müssen alle Teilnehmerinnen und Teilnehmer eine Stelle R zwischen den Punkten A und B am Strand wählen, an dem ihr Beachbike bereitgestellt wird. Im Bewerb muss Susi vom Startpunkt M zum Punkt R surfen und von dort nach N radeln. Aufgrund des Trainings kann Susi für das Surfen von einer Geschwindigkeit von 35 $\frac{km}{h}$ und für das Radfahren im Sand von 20 $\frac{km}{h}$ ausgehen.

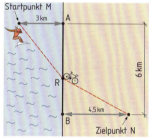

1) Wo muss Susi ihr Rad positionieren, um am schnellsten das Ziel zu erreichen?
2) Wolfgang hat sein Rad in B positioniert. Er erreicht beim Surfen die gleiche Geschwindigkeit wie Susi und ist beim Radfahren mit 22 $\frac{km}{h}$ unterwegs. Berechne, welche Zeit Wolfgang insgesamt benötigt. Entnimm die Entfernungen aus der Skizze.
3) Vergleiche die Zeiten von Susi und Wolfgang und interpretiere das Ergebnis.

**1.35** Ein Stadttor hat die unten dargestellte Form. Seine Umrisse können durch die Funktionen $y_1$ und $y_2$ beschrieben werden (x, y … Koordinaten in m):

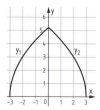

$y_1 = \sqrt{9x + 27}$ $\quad -3 \leq x \leq 0$ und
$y_2 = \sqrt{27 - 9x}$ $\quad 0 \leq x \leq 3$

Durch dieses Tor fährt genau in der Mitte ein Bus, der 2,2 m breit und 3,9 m hoch ist.
Berechne, wie groß der minimale Abstand ist, den der Bus von der Wand des Torbogens hat.

# Differential- und Integralrechnung

## 1.2.2 Aufgaben mit Winkelfunktionen

Bei vielen Extremwertaufgaben ist es sinnvoll, alle in der Hauptbedingung vorkommenden Variablen mithilfe eines Winkels auszudrücken.

**1.36** Eine einsturzgefährdete Hausmauer soll mit einer Strebe abgestützt werden. Vor der Hausmauer steht in 1,2 m Entfernung eine 1,8 m hohe Mauer, über die die Strebe gelegt werden soll. Wie lang muss die Strebe mindestens sein? Ermittle das Minimum der Zielfunktion rechnerisch und überprüfe anhand einer Grafik, dass es sich dabei tatsächlich um ein Minimum handelt.

🅐🅑⬤🅓

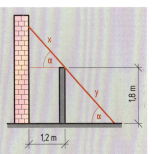

Lösung mit Mathcad:

Hauptbedingung: Länge f der Strebe ... Minimum
$f = x + y$

Nebenbedingungen:

$\cos(\alpha) = \dfrac{1{,}2}{x}$ auflösen, $x \rightarrow \dfrac{1{,}2}{\cos(\alpha)}$

$\sin(\alpha) = \dfrac{1{,}8}{y}$ auflösen, $y \rightarrow \dfrac{1{,}8}{\sin(\alpha)}$

- x und y werden mithilfe des Winkels α beschrieben.

Zielfunktion:

$f(\alpha) := \dfrac{1{,}2}{\cos(\alpha)} + \dfrac{1{,}8}{\sin(\alpha)} \qquad 0 < \alpha < \dfrac{\pi}{2}$

- Die Zielfunktion ist eine Funktion des Winkels α.

$\dfrac{d}{d\alpha} f(\alpha) \rightarrow \dfrac{1{,}2 \cdot \sin(\alpha)}{\cos(\alpha)^2} - \dfrac{1{,}8 \cdot \cos(\alpha)}{\sin(\alpha)^2}$

$\alpha := 0{,}5$

$\alpha_0 := \text{wurzel}\left(\dfrac{d}{d\alpha} f(\alpha), \alpha\right)$

$\alpha_0 = 0{,}853 \qquad f(\alpha_0) = 4{,}214$

Die Strebe muss mindestens 4,22 m lang sein.

- Die Gleichung $\dfrac{df}{d\alpha} = 0$ wird mit dem Befehl **wurzel(Gleichung, Variable)** numerisch gelöst.
Vor dem Aufruf wird für α der Startwert 0,5 eingegeben. Wird nur ein Term anstelle einer Gleichung angegeben, so wird als rechte Seite der Gleichung automatisch „=0" ergänzt.

Grafik:
$\alpha := 0, 0{,}1 \ldots 1{,}5$

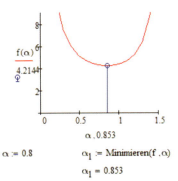

$\alpha := 0{,}8 \qquad \alpha_1 := \text{Minimieren}(f, \alpha)$
$\alpha_1 = 0{,}853$

- Die minimale Länge der Strebe ergibt sich bei einem Winkel von $\alpha = 0{,}853$ rad.

**Analysis**

# Differential- und Integralrechnung

**1.37** Eine trapezförmige Abflussrinne mit möglichst großer Querschnittsfläche soll aus gleich breiten Brettern hergestellt werden. Welchen Neigungswinkel müssen die seitlichen Bretter haben, wenn **a)** drei Bretter, **b)** vier Bretter verwendet werden?

**1.38** Schultüten aus Karton haben die Form eines oben offenen Kegels und sollen ein Volumen von 5 Liter fassen. Ermittle, wie der Öffnungswinkel des Kegels gewählt werden muss, damit der Materialverbrauch zur Herstellung des Kegels möglichst gering ist.

**1.39** In einem Kanalsystem soll ein Balken schwimmend transportiert werden. Wie lang darf er maximal sein, damit er die in der Abbildung dargestellte Ecke schwimmend passieren kann? Die Balkenbreite kann dabei vernachlässigt werden.

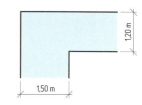

**1.40** Für eine Fremdenverkehrsgemeinde sollen Sitzgelegenheiten entworfen werden. Wie lang ist im dargestellten Querschnitt die Strecke x zu wählen, wenn der Winkel $\varphi$ zwischen Sitz- und Liegefläche möglichst groß sein soll?

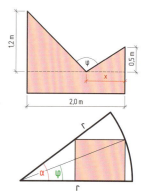

**1.41** Einem Kreisausschnitt (r = 5 cm, $\alpha$ = 60°) soll ein Rechteck, wie in der Abbildung skizziert, eingeschrieben werden. Wie sind Länge und Breite zu wählen, wenn der Flächeninhalt des Rechtecks maximal sein soll?

**1.42** Bei einem Länderspiel muss ein Fußballfeld 105 m lang sein. In einem Stadion beträgt die Entfernung von der Torlinie zum Fußpunkt der Tribüne 5 m. Die Tribüne weist einen Steigungswinkel von $\alpha$ = 20° auf. Berechne, in welcher Höhe h auf der Tribüne der Blickwinkel $\varphi$ auf das gesamte Feld maximal ist.

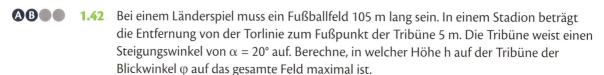

**1.43** Herr Nowak möchte ein Foto der Statue von James Watt machen.
1) In welcher Entfernung vom Denkmal hat er den größten Blickwinkel auf die Figur (ohne Sockel), wenn seine Aughöhe 1,71 m beträgt?
2) Überlege, ob die optimale Entfernung für eine größere Person größer oder kleiner ist. Überprüfe deine Überlegung mit Technologieeinsatz.

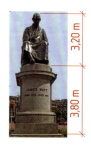

**1.44** In einem Kaffeehaus wird ein Flatscreen mit einer Höhe von 83 cm montiert. Die Unterkante befindet sich in 1,80 Meter Höhe. In welcher Entfernung hat man den größten Blickwinkel, wenn die Aughöhe im Sitzen 1,20 Meter beträgt?

# Differential- und Integralrechnung

## 1.2.3 Aufgaben aus Naturwissenschaften, Technik und Wirtschaft

**1.45** Wird ein einseitig eingespannter Träger am freien Ende mit einer Kraft F belastet, so lautet die Gleichung der Biegelinie:

$$y(x) = \frac{F \cdot \ell^3}{6 \cdot E \cdot I} \cdot \left[3 \cdot \left(\frac{x}{\ell}\right)^2 - \left(\frac{x}{\ell}\right)^3\right]$$

x ... Abstand von der Einspannstelle, y(x) ... Durchbiegung an der Stelle x,
E ... Elastizitätsmodul, I ... Trägheitsmoment, $\ell$ ... Länge der Auskragung

Zeige, dass die maximale Durchbiegung ein Randextremum ist.

Lösung:

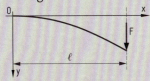

Hauptbedingung:

$$y(x) = \frac{F \cdot \ell^3}{6 \cdot E \cdot I} \cdot \left[3 \cdot \left(\frac{x}{\ell}\right)^2 - \left(\frac{x}{\ell}\right)^3\right]$$

Da die HB nur die Variable x enthält, ist keine NB nötig.

Definitionsbereich: $0 \leq x \leq \ell$

$$\frac{dy}{dx} = \frac{F \cdot \ell^3}{6 \cdot E \cdot I} \cdot \left[3 \cdot 2 \cdot \left(\frac{x}{\ell}\right) \cdot \frac{1}{\ell} - 3 \cdot \left(\frac{x}{\ell}\right)^2 \cdot \frac{1}{\ell}\right] = \frac{F \cdot \ell}{2 \cdot E \cdot I} \cdot \left(2 \cdot x - \frac{x^2}{\ell}\right)$$

$2 \cdot x - \frac{x^2}{\ell} = 0$

$x \cdot \left(2 - \frac{x}{\ell}\right) = 0$

$x_1 = 0$, $x_2 = 2\ell$

$x_2$ liegt außerhalb des Definitionsbereichs und ist daher keine Lösung.

Es müssen nun die Ränder des Definitionsbereichs überprüft werden.

Linker Rand, $x = 0$: Da $y(0) = 0$, ist die Durchbiegung minimal.

Rechter Rand, $x = \ell$: $y(\ell) = \frac{F \cdot \ell^3}{3 \cdot E \cdot I} > 0$

Die maximale Durchbiegung von $\frac{F \cdot \ell^3}{3 \cdot E \cdot I}$ tritt am freien belasteten Ende, also dem rechten Rand des Trägers, auf.

**1.46** Die Funktionsgleichung der Biegelinie eines einseitig eingespannten Trägers, der durch eine Gleichlast q belastet wird, lautet:

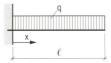

$$y(x) = \frac{q \cdot \ell^4}{24 \cdot E \cdot I} \cdot \left[6 \cdot \left(\frac{x}{\ell}\right)^2 - 4 \cdot \left(\frac{x}{\ell}\right)^3 + \left(\frac{x}{\ell}\right)^4\right]$$

x ... Abstand von der Einspannstelle, y(x) ... Durchbiegung an der Stelle x,
E ... Elastizitätsmodul, I ... Flächenträgheitsmoment, $\ell$ ... Länge der Auskragung

Gib die maximale Durchbiegung des Trägers allgemein an.

**1.47** Ein Träger wird durch eine Dreieckslast q, wie in der Abbildung dargestellt, belastet. Die Gleichung der Biegelinie lautet:

$$y(x) = \frac{q \cdot \ell^4}{360 \cdot E \cdot I} \cdot \left[7 \cdot \left(\frac{x}{\ell}\right) - 10 \cdot \left(\frac{x}{\ell}\right)^3 + 3 \cdot \left(\frac{x}{\ell}\right)^5\right]$$

x ... Abstand vom Auflager A, y(x) ... Durchbiegung an der Stelle x,
E ... Elastizitätsmodul, I ... Flächenträgheitsmoment, $\ell$ ... Abstand der Auflager

Ermittle jene Stelle, an der die größte Durchbiegung auftritt.

**Analysis**

# Differential- und Integralrechnung

**1.48** Auf einer waagrechten Unterlage liegt ein Körper mit dem Gewicht $F_G$. Er soll mithilfe eines Seils abgeschleppt werden. In welchem Winkel $\alpha$ muss das Seil angreifen, damit der Kraftaufwand am geringsten ist?
Hinweis: $F_H = F_R$; $F_R = \mu \cdot (F_G - F_V)$
$F_H$ ... Horizontalkraft, $F_V$ ... Vertikalkraft, $F_R$ ... Reibungskraft,
$\mu$ ... Reibungskoeffizient

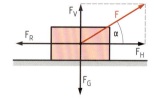

**1.49** Zwei Ohm'sche Widerstände $R_1$ und $R_2$ sollen bei Serienschaltung einen Gesamtwiderstand $R_S$ ergeben. Zeige, dass der Gesamtwiderstand bei Parallelschaltung dieser beiden Widerstände maximal ist, wenn $R_1$ und $R_2$ gleich groß sind.

**1.50** Eine Elektronikfirma stellt spezielle Mikrochips für Industrieroboter her. Die Kosten für die Erzeugung der Mikrochips lassen sich durch folgende Kostenfunktion K näherungsweise beschreiben:
$K(x) = x^3 - 25x^2 + 250x + 1\,000$
x ... Anzahl der Mikrochips in Mengeneinheiten (ME)
K(x) ... Kosten für x Mikrochips in Geldeinheiten (GE)

*1)* Berechne die Kostenkehre. Zeige, dass die Kostenfunktion dort ihren minimalen Anstieg hat.

Die Mikrochips werden um einen konstanten Preis p verkauft. Dieser Preis soll so gewählt werden, dass die Gewinnschwelle bei 8 ME liegt.
*2)* Ermittle diesen Preis.
*3)* Berechne den damit erzielbaren maximalen Gewinn.

**1.51** Bei einem Hauseingang soll eine Laterne so montiert werden, dass die Stufe bei der Eingangstür optimal beleuchtet wird. Geht man von einer punktförmigen Lichtquelle L aus, so gilt für die Beleuchtungsstärke E in einem Punkt:

$E = \dfrac{I}{r^2} \cdot \cos(\alpha)$

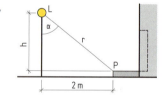

$\alpha$ ... Einfallswinkel, r ... Abstand zwischen dem beleuchteten Punkt P und L,
E ... Beleuchtungsstärke in Lux, I ... Lichtstärke in Candela
Berechne, in welcher Höhe h die Laterne befestigt werden muss, damit die Beleuchtungsstärke an der Stufenkante P maximal ist.

**1.52** Zwei Lichtquellen haben einen Abstand r (in Meter) voneinander. An welchem Punkt x zwischen den beiden Lichtquellen ist die Beleuchtungsstärke am geringsten, wenn die eine Lichtquelle dreimal so stark leuchtet wie die andere?
Hinweis: Für die Beleuchtungsstärke E gilt:
$E = \dfrac{I_1}{x^2} + \dfrac{I_2}{(r-x)^2}$ mit $I_1, I_2$ ... Lichtstärken der Lichtquellen

**1.53** Die von einem Artikel verkaufte Stückzahl ist vom Preis abhängig. Empirische Untersuchungen haben ergeben, dass der Zusammenhang durch die Absatzfunktion
$x(p) = -4 \cdot \ln\left(\dfrac{p}{20}\right)$ beschrieben werden kann.
p ... Preis in Euro, x(p) ... Anzahl der verkauften Stück beim Preis p
Ermittle, bei welcher Anzahl von verkauften Artikeln der Erlös $E(x) = p(x) \cdot x$ maximal ist.

# Differential- und Integralrechnung

## 1.3 Anwendungen der Integralrechnung

### 1.3.1 Wiederholung der Grundlagen

**1.54** Begründe jeweils, ob die folgende Aussage wahr oder falsch ist.
1) $F(x) = x^2 + 3$ ist eine Stammfunktion von $f(x) = x + 3$.
2) $F(x) = 4x$ ist das unbestimmte Integral von $f(x) = 4$.
3) Das bestimmte Integral kann nie null werden.
4) $\int_{-a}^{a} f(x)\, dx = 0$, wenn $f(x)$ eine ungerade Funktion ist.
5) In der Abbildung sind genau zwei Fehler.

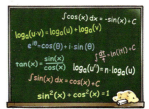

Aufgaben 1.55 – 1.56: Ermittle jeweils das unbestimmte Integral.

**1.55** a) $\int (4x^3 - 3x + 1)\, dx$  b) $\int (a \cdot t + b)\, dt$  c) $\int \left(2 \cdot \sin(x) + 3 \cdot e^x + \frac{2}{x}\right) dx$

**1.56** a) $\int \left(-5x^2 + \frac{3}{x^3} - \sqrt[3]{x}\right) dx$  b) $\int \left(\sqrt[3]{x^2} + \frac{5}{x} - \frac{3}{x^2}\right) dx$  c) $\int \left(6x - 5 \cdot \sqrt{x} + \sqrt[3]{2x}\right) dx$

**1.57** Berechne das bestimmte Integral.

a) $\int_0^{\pi} \sin(t)\, dt$  b) $\int_0^{2\pi} \cos(x)\, dx$  c) $\int_0^{4} \sqrt{t}\, dt$

Aufgaben 1.58 – 1.59: Ermittle jeweils das unbestimmte Integral.

**1.58** a) $\int 5 \cdot e^{2x}\, dx$  b) $\int \sin(0{,}5 \cdot t + \frac{\pi}{2})\, dt$  c) $\int \frac{1}{1-x}\, dx$

**1.59** a) $\int \frac{2}{x+4}\, dx$  b) $\int 2 \cdot e^{2-x}\, dx$  c) $\int \cos(5t + \pi)\, dt$

**1.60** Ermittle das bestimmte Integral.

a) $\int_0^{3} \frac{4}{x-6}\, dx$  b) $\int_0^{2} \sin(\frac{\pi}{2} \cdot t - \pi)\, dt$  c) $\int_{\frac{\pi}{2}}^{\frac{3\pi}{2}} \cos(x - \pi)\, dx$

Aufgaben 1.61 – 1.63: Ermittle jeweils das unbestimmte Integral.

**1.61** a) $\int 3x \cdot e^{2x^2}\, dx$  b) $\int \frac{x}{x^2 + 1}\, dx$  c) $\int \frac{3 - 2x}{(x^2 - 3x + 4)^2}\, dx$

**1.62** a) $\int t \cdot \cos(t)\, dt$  b) $\int x \cdot e^{-x}\, dx$  c) $\int x^2 \cdot \ln(x)\, dx$

**1.63** a) $\int \frac{x}{x+1}\, dx$  b) $\int \frac{x^2}{x+1}\, dx$  c) $\int \frac{x^3}{x^2 - x - 6}\, dx$

**1.64** Berechne die fehlende Integrationsgrenze.

a) $\int_0^{a} (2x^2 - 3x)\, dx = \frac{56}{3}$  b) $\int_1^{b} (3x - 4)\, dx = 10{,}5$  c) $\int_c^{6} (3x^2 + 2x)\, dx = 240$

**1.65** In der Abbildung ist der Graph der Ableitungsfunktion f′ einer Polynomfunktion f dargestellt. Kreuze die auf die Funktion f zutreffende Aussage an.

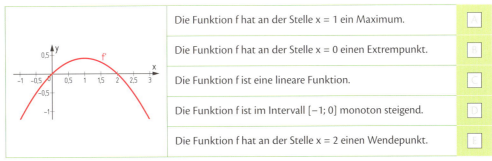

| | |
|---|---|
| Die Funktion f hat an der Stelle x = 1 ein Maximum. | A |
| Die Funktion f hat an der Stelle x = 0 einen Extrempunkt. | B |
| Die Funktion f ist eine lineare Funktion. | C |
| Die Funktion f ist im Intervall [−1; 0] monoton steigend. | D |
| Die Funktion f hat an der Stelle x = 2 einen Wendepunkt. | E |

**Analysis**

# Differential- und Integralrechnung

## 1.3.2 Flächenberechnungen

**Flächeninhalt zwischen einer Kurve y = f(x) und der x-Achse im Intervall [a; b]**

$$A = \int_a^b f(x)\, dx \quad \text{mit } f(x) > 0$$

Liegt der Funktionsgraph unterhalb der x-Achse, wird der Betrag des bestimmten Integrals verwendet.

**Flächeninhalt zwischen zwei Kurven $y_1 = f(x)$ und $y_2 = g(x)$**

Gilt $f(x) \geq g(x)$ im Intervall [a; b], so kann der Flächeninhalt A, der von den beiden Kurven in [a; b] eingeschlossen wird, als bestimmtes Integral der Differenz der Funktionen berechnet werden.

$$A = \int_a^b [f(x) - g(x)]\, dx$$

**1.66** Berechne den Inhalt der Fläche, die vom Funktionsgraphen von y = f(x), der x-Achse und den Geraden x = a und x = b begrenzt wird.
a) $f(x) = x^2 + 6x$; $a = -3$, $b = 2$
b) $f(x) = -3x^3 + 4x^2$; $a = -1{,}5$, $b = 1$
c) $f(x) = x^2 - 3x + 2$; $a = 0$, $b = 3$
d) $f(x) = \sqrt{x} + 3$; $a = 1$, $b = 4$

**1.67** Berechne den Inhalt der Fläche, die von den Graphen der gegebenen Funktionen eingeschlossen wird.
a) $f(x) = x^2 - 3x - 2$, $g(x) = 3x - 1$
b) $f(x) = x^2 + 5x - 1$, $g(x) = 2x + 3$
c) $f(x) = -x^2 - 4x + 2$, $g(x) = x^2 - x + 3$
d) $f(x) = \dfrac{4}{x^2}$, $g(x) = -x^2 + 5$

**1.68** Ermittle den Inhalt der markierten Fläche **1)** mithilfe von Integration, **2)** elementar.

a)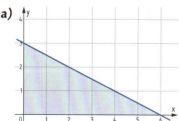

b)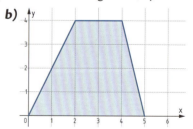

**1.69** Stelle eine Formel für den Inhalt der dargestellten Fläche mithilfe des bestimmten Integrals auf, wenn eine Gleichung der Funktion f gegeben ist.

a)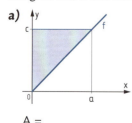

A = _____

b)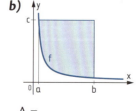

A = _____

c)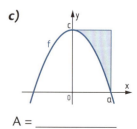

A = _____

**1.70** **1)** Berechne den Flächeninhalt zwischen dem Funktionsgraphen von $f(x) = \dfrac{5}{6x - 3}$ und der x-Achse im Intervall [1; 6].

**2)** Erkläre, warum man mit $A = \int_{-2}^{1} f(x)\, dx$ nicht den Flächeninhalt zwischen dem Funktionsgraphen und der x-Achse im Intervall [−2; 1] berechnen kann.

# Differential- und Integralrechnung

**1.71** Von einer Funktion f kennt man die 1. Ableitung $f'(x) = x^2 - 4x$. Der Graph der Funktion f schneidet die y-Achse in $y_0 = 4$.
1) Gib die Funktionsgleichung von f an.
2) Ermittle die Extrempunkte.
3) Erkläre, warum die Funktion f genau einen Wendepunkt hat, und ermittle diesen.
4) Stelle die Gleichung jener Geraden g auf, die durch den Wendepunkt und den Hochpunkt der Funktion f verläuft.
5) Zeige, dass die Gerade g den Graphen von f auch im Tiefpunkt schneidet.
6) Stelle die Funktion f und die Gerade g grafisch dar.
7) Berechne den Inhalt der Fläche, die von der Geraden g und dem Graphen der Funktion f eingeschlossen wird.

**1.72** Die Geschwindigkeit eines Fahrzeugs, das im Leerlauf ausrollt, kann durch die Funktion v beschrieben werden:
$v(t) = 10 \cdot e^{-0{,}04 \cdot t}$

t ... Zeit in Sekunden
$v(t)$ ... Geschwindigkeit zur Zeit t in $\frac{m}{s}$

1) Ermittle, welche Geschwindigkeit in $\frac{km}{h}$ das Fahrzeug zum Zeitpunkt t = 0 s hatte.
2) Stelle eine Formel für den in den ersten 2 Minuten zurückgelegten Weg s auf.

$s = $ _____

3) Berechne diesen zurückgelegten Weg.

**1.73** Ein Firmenlogo hat die Form einer Schleife, die mithilfe der Funktionen g und h beschrieben werden kann. Dabei gilt:

$g(x) = \frac{1}{8} \cdot (x^3 - 12x)$  $\quad h(x) = -g(x)$

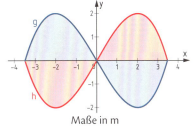

Maße in m

Die Schleife wird, wie in der Abbildung gezeigt, in zwei Farben an eine 6 m x 10 m große Wand gemalt. Pro Quadratmeter werden im Mittel 200 mℓ Farbe benötigt. Die blaue Farbe kostet 5,50 € pro Liter und die rote Farbe 4,30 € pro Liter.
1) Berechne, wie viel Liter von jeder Farbe benötigt werden.
2) Berechne die Mindestkosten für die benötigte Farbe.
3) Ermittle, wie viel Prozent der Wandfläche frei bleiben.

**1.74** Nach dem Öffnen einer Kanalschleuse lässt sich die Durchflussgeschwindigkeit des Wassers näherungsweise durch die Funktion v beschreiben:

$v(t) = 6{,}2 \cdot t \cdot e^{-1{,}4 \cdot t}$  mit $t \geq 0$

t ... Zeit nach dem Öffnen der Schleuse in Sekunden
$v(t)$ ... Durchflussgeschwindigkeit zur Zeit t in $m^3$ pro Sekunde

1) Beschreibe unter Angabe der korrekten Einheit die Bedeutung des Integrals $\int_{10}^{40} v(t)\, dt$ im gegebenen Sachzusammenhang.
2) Ermittle jenen Zeitpunkt, zu dem die Durchflussgeschwindigkeit maximal ist. Berechne jene Wassermenge, die bis zu diesem Zeitpunkt durch die Schleuse geflossen ist.

# Differential- und Integralrechnung

**1.75** Die Beschleunigung eines Autos kann durch die Funktion a beschrieben werden:
$a(t) = \frac{1}{225} \cdot (30t - t^2)$ mit $0 \leq t \leq 30$
t … Zeit in Sekunden, a(t) … Beschleunigung zur Zeit t in $\frac{m}{s^2}$

1) Stelle die Funktion a grafisch dar.
2) Veranschauliche $\int_{5}^{20} a(t)\, dt$ in der Grafik und interpretiere die Bedeutung dieses Integrals im gegebenen Sachzusammenhang.
3) Die Geschwindigkeit $\left(\text{in } \frac{m}{s}\right)$ kann durch eine Funktion v beschrieben werden. Gib eine Gleichung der Funktion v an, wenn v(0) = 0 gilt.
4) Begründe anhand der Funktionsgleichung von a, warum die Geschwindigkeit im Intervall [0; 30] zunimmt.

**1.76** Der kreisförmige Pool eines Hotels hat einen Durchmesser von 20 m. Im Pool soll eine Poolbar errichtet werden (siehe Abbildung, Koordinaten in Meter). Die Umrandung der gemauerten Bar kann durch die Kurven $y_1$ und $y_2$ beschrieben werden:

$y_1 = \sin\left(\frac{\pi}{4} \cdot x\right)$ und $y_2 = 4 \cdot \sin\left(\frac{\pi}{8} \cdot x\right)$ mit $-8 \leq x \leq 8$

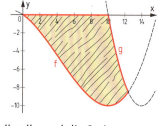

1) Berechne, wie viel Prozent der Gesamtfläche des Pools für die Bar verwendet wird.
2) Der Pool ist 120 cm tief. Berechne, wie viel Hektoliter Wasser der Pool nach Errichtung der Bar fasst.

**1.77** Die Finne eines Modellboots soll aus einer Balsaholzplatte ausgesägt werden (siehe Abbildung, Koordinaten in cm). Die Form der Finne lässt sich mithilfe des Graphen einer Polynomfunktion 3. Grads f, einer Parabel g und einer Waagrechten beschreiben. Die Funktion f verläuft durch den Ursprung des Koordinatensystems und hat dort eine Steigung von −0,7. Im Punkt P(10|−10) befindet sich das Minimum der Funktion f. Die Parabel g hat bei x = 10 eine Nullstelle und die Steigung k = −5. Ihr Scheitel liegt an der Stelle x = 14.

1) Gib die beiden Gleichungssysteme an, die zur Ermittlung der Koeffizienten der Gleichungen der Funktionen f und g benötigt werden.
2) Löse beide Gleichungssysteme und gib die Funktionsgleichungen an.
3) Ermittle den Flächeninhalt der Finne.

**1.78** Für eine Talkshow wurde eine Kulisse in Gestalt einer Couch entworfen (siehe Abbildung, Koordinaten in Meter). Die Form der Kulisse wird im Intervall [−2,5; 2,5] mithilfe der Funktionen f und g beschrieben.
$f(x) = -0{,}0576x^4 + 0{,}2x^2 + 1$   $g(x) = 0{,}08x^2 - 1$

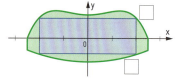

1) Beschrifte die Graphen der Funktionen f und g in der Abbildung. Begründe deine Wahl.
2) In die Kulisse soll ein rechteckiger Monitor mit einer Höhe von 1,55 m so integriert werden, dass dessen Ecken jeweils auf den Rändern der Kulisse liegen. Ermittle die Breite dieses Monitors.
3) Berechne, in welchem Verhältnis der Flächeninhalt des Monitors zu dem der Kulisse steht.

# Differential- und Integralrechnung

## 1.3.3 Volumenberechnungen

**Volumen von Drehkörpern**

**Rotation um die x-Achse:**
$$V_x = \pi \cdot \int_a^b y^2 \, dx$$

**Rotation um die y-Achse:**
$$V_y = \pi \cdot \int_c^d x^2 \, dy$$

**1.79** Das Endstück einer Vorhangstange entsteht durch Drehung der dargestellten Kurve um die x-Achse. Die Kurve setzt sich aus einer Geraden g und einer Parabel p zusammen, wobei der Übergang in P knickfrei (dh. mit gleicher Steigung) erfolgt.
1) Bestimme die Funktionsgleichungen von g und p.
2) Berechne die Masse des Endstücks, wenn die Dichte $\rho = 8{,}4 \frac{g}{cm^3}$ beträgt.

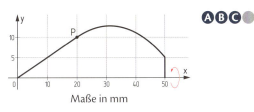

**1.80** Die Form des Halbschnitts eines Kreisels (siehe nebenstehende Abbildung) kann durch die Gerade g und den Graphen der Funktion f beschrieben werden:
$f(x) = -\sqrt{0{,}5 \cdot (4-x)}$   x, y ... Koordinaten in cm
1) Stelle die Funktionsgleichung von g auf. Entnimm die dafür benötigten Werte aus der Grafik.
2) Die Form des Kreisels entsteht durch Rotation der beiden Kurven g und f um die y-Achse. Der Kreisel soll aus einer Messing-Legierung mit einer Dichte von $8{,}7 \frac{g}{cm^3}$ hergestellt werden.
Berechne die Masse des Kreisels.

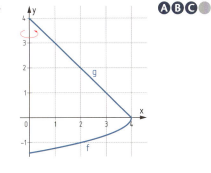

**1.81** Die Form der Innenseite eines Glases entsteht durch die Rotation einer Kurve um die senkrechte Achse des Koordinatensystems.
$y = 0{,}2 \cdot (x^2 + 1)^2 + 0{,}8$   x, y ... Koordinaten in cm
1) Forme die Kurvengleichung nach $x^2$ um.
   $x^2 = $ _____
2) Berechne, wie viel Milliliter Flüssigkeit das Glas beinhaltet, wenn die Füllhöhe im Glas 4 cm beträgt.
3) Überprüfe nachweislich, ob es möglich ist, das Glas mit 40 mℓ Flüssigkeit zu füllen, wenn das Glas insgesamt 5,8 cm hoch ist.

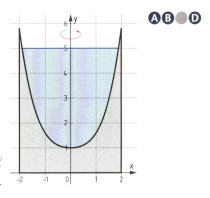

**1.82** Eine Polynomfunktion 3. Grads hat ein Maximum im Punkt H(2|5). An der Stelle x = 4 befindet sich ein Wendepunkt. Die Steigung der Wendetangente beträgt $k = -\frac{3}{2}$.
x, y ... Koordinaten in cm
1) Bestimme die Funktionsgleichung und die Gleichung der Wendetangente.
2) Stelle die Funktion im Intervall [1; 7] grafisch dar.
3) Ermittle jene Fläche, die der Graph der Funktion im Intervall [1; 7] mit der waagrechten Achse einschließt.
4) Rotiert der Funktionsgraph im Intervall [1; 7] um die x-Achse, so hat der entstehende Rotationskörper die Form einer Spielfigur. Berechne die Masse dieser Spielfigur, wenn sie aus einem Kunststoff mit der Dichte $\rho = 1{,}05 \frac{g}{cm^3}$ hergestellt ist.

# Differential- und Integralrechnung

## 1.3.4 Bogenlänge

**Bogenlänge** s eines Funktionsgraphen y = f(x) im Intervall [a; b]
$$s = \int_a^b \sqrt{1 + (f'(x))^2}\, dx$$

**1.83** Berechne die Länge des Funktionsgraphen im angegebenen Intervall.

a) $y = 5 \cdot \sqrt[3]{x^2}$;  [2; 4]   b) $y = x^2 + 2x - 1$;  [−2; 0]   c) $y = 2x^3$;  [1; 5]

**1.84** Ein Park wird von einem Zaun aus Metall umrandet. Die Form des oberen Abschlusses eines Zaunelements kann durch den Graphen der Funktion f beschrieben werden:
$f(x) = 4 \cdot \sin^2\left(\frac{x}{4}\right)$
x, y … Koordinaten in cm
Berechne die Bogenlänge des oberen Abschlusses eines 2,5 m langen Zaunelements.

**1.85** Der Seilverlauf eines Tragseils einer Hängebrücke zwischen zwei Stützen kann durch eine Parabel genähert werden (siehe Abbildung, Maße in m).
1) Ermittle die Funktionsgleichung der Parabel.
2) Berechne die Länge des Tragseils zwischen zwei Stützen.

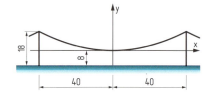

**1.86** Die Fenster eines Gebäudes sind parabelförmig. Ein Fenster ist 10 m hoch und hat eine untere Breite von 16 m.
1) Stelle eine Funktionsgleichung der Parabel auf.
2) Berechne die Länge des Parabelbogens.

**1.87** Die Masten einer Freilandleitung haben jeweils eine Höhe h = 45 m und einen Abstand a = 600 m voneinander. Sie stehen auf einem horizontalem Gelände. Die Form der durchhängenden Leitung lässt sich näherungsweise durch eine Parabel beschreiben. Der größte Durchhang beträgt 25 m. Das Koordinatensystem wird so gewählt, dass der Ursprung in der Spitze des linken Masten liegt.
1) Stelle den Sachverhalt in einer geeigneten Skizze dar.
2) Stelle ein Gleichungssystem auf, mit dem die Koeffizienten der Gleichung der Parabel ermittelt werden können.
3) Gib die Gleichung der Parabel an.
4) Ermittle die Länge der Leitung zwischen zwei Masten.

**1.88** Das Clubzeichen eines Anglervereins hat die in nebenstehender Abbildung dargestellte Form eines Fischs (x, y … Koordinaten in cm). Es soll auf Poloshirts gestickt werden. Die Form des Fischs kann im Intervall [−4; 2] durch eine Polynomfunktion 3. Grads beschrieben werden. An der Stelle $x_1 = -2{,}5$ berührt der Funktionsgraph von f die x-Achse. Im Punkt H(0,5|1,5) hat die Funktion f einen Hochpunkt.
1) Ermittle die Funktionsgleichung.
2) Berechne die Länge des Umrisses des Fischs.

# Differential- und Integralrechnung

## Zusammenfassung

### Geometrische Bedeutung der Ableitung, Kurvendiskussion
1. Ableitung – Steigung k der Tangente an der Stelle $x_0$:
$$f(x_0) = k = \tan(\alpha) \quad \alpha \ldots \text{Steigungswinkel}$$
Extremstelle $x_E$: $f'(x_E) = 0$

2. Ableitung – Krümmungsverhalten
Minimum: $f''(x_E) > 0$, Maximum: $f''(x_E) < 0$
Wendestelle $x_W$: $f'(x_W) = 0$

Krümmung: $\kappa(x) = \dfrac{f''(x)}{\sqrt{(1+(f'(x))^2)^3}}$ \quad Krümmungskreisradius: $\rho = \left|\dfrac{1}{\kappa}\right|$

### Extremwertaufgaben
Die Funktion, die ein Maximum oder Minimum annehmen soll, wird **Zielfunktion** genannt, die dafür notwendige Bedingung wird **Hauptbedingung** genannt. Zusammenhänge, die das Aufstellen der Zielfunktion in einer Variablen ermöglichen, werden **Nebenbedingungen** genannt.

### Flächeninhalt zwischen einer Kurve y = f(x) und der x-Achse im Intervall [a; b]
$$A = \int_a^b f(x)\,dx \quad \text{mit } f(x) > 0$$
Liegt die Kurve unterhalb der x-Achse, wird der Betrag des bestimmten Integrals verwendet.

### Flächeninhalt zwischen zwei Kurven $y_1 = f(x)$ und $y_2 = g(x)$
Gilt $f(x) \geq g(x)$ im Intervall [a; b], so kann der Flächeninhalt A, der von den beiden Kurven in [a; b] eingeschlossen wird, als bestimmtes Integral der Differenz der Funktionen berechnet werden.
$$A = \int_a^b [f(x) - g(x)]\,dx$$

### Volumen von Drehkörpern
**Rotation um die x-Achse:** \qquad **Rotation um die y-Achse:**
$$V_x = \pi \cdot \int_a^b y^2\,dx \qquad V_y = \pi \cdot \int_c^d x^2\,dy$$

### Bogenlänge s eines Funktionsgraphen y = f(x) im Intervall [a; b]
$$s = \int_a^b \sqrt{1 + (f'(x))^2}\,dx$$

## Weitere Aufgaben

**1.89** Ermittle die ersten beiden Ableitungen.

a) $f(x) = 3x^2 - 7x + \dfrac{5}{x}$ \quad b) $f(x) = \sqrt[3]{x} + \dfrac{2}{\sqrt{x}} - \dfrac{4}{x^3}$ \quad c) $f(x) = -2x^3 + \sqrt[4]{x^3}$

Aufgaben 1.90 – 1.92: Ermittle jeweils die erste Ableitung.

**1.90** a) $f(x) = (2x^3 - 4x + 5)^3$ \quad b) $g(x) = x^2 \cdot \ln(x)$ \quad c) $h(x) = \dfrac{3x^2 - 5}{4 - x^3}$

**1.91** a) $f(x) = \sin^2(5x)$ \quad b) $g(x) = 3 \cdot \cos(4x^2)$ \quad c) $h(x) = \tan^3(4x)$

**1.92** a) $f(x) = e^{4x^2} \cdot \ln(4x)$ \quad b) $g(x) = 5x^2 \cdot e^{7x}$ \quad c) $h(x) = \ln\left(\sqrt[3]{2x-1}\right)$

**Analysis**

# Differential- und Integralrechnung

**1.93** Die Steigung der Funktion y an der Stelle $x_0$ ist k. Bestimme den Parameter a.
  a) $y = x^2 + a \cdot x + 2$;  $x_0 = -1, k = 3$
  b) $y = 4x^3 - a \cdot x^2 + x$;  $x_0 = 2, k = -1$

**1.94** 1) Diskutiere die Funktion f mit $f(x) = 4x^3 + 3x^2 - 2x + 1$.
  2) Kennzeichne alle ermittelten Punkte in der Grafik und zeichne die Wendetangente ein.

**1.95** Einem Kreis mit dem Radius r = 10 cm soll das flächengrößte a) Rechteck,
  b) gleichschenklige Dreieck eingeschrieben werden. Berechne die Seitenlängen.

**1.96** Ein Turm soll ein kegelförmiges Dach erhalten. Der Dachraum soll 300 m³ betragen. Für minimale Materialkosten soll die Dachfläche möglichst klein werden. Berechne den Radius und die Höhe des Dachs.

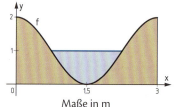

**1.97** Kennzeichne den Fehler und stelle die fehlerhafte Integration richtig.
  a) $\int (2 + \sin(3x)) \, dx = 2x - 3 \cdot \cos(3x) + C$
  b) $\int \left(2x - \frac{1}{x^2}\right) dx = x^2 - \frac{3}{x^3} + C$

**1.98** Berechne das bestimmte Integral.
  a) $\int_1^4 (x^2 + 4x - 1) \, dx$
  b) $\int_0^1 e^{2x} \, dx$
  c) $\int_2^5 \sqrt[3]{x^2} \, dx$
  d) $\int_0^{\frac{\pi}{2}} 3 \cdot \sin(x) \, dx$

**1.99** Ein geradlinig verlaufender Kanal hat die in nebenstehender Abbildung dargestellte Querschnittsfläche, die unten durch die Funktion f begrenzt wird:
$f(x) = 1 + \cos\left(\frac{2\pi}{3} \cdot x\right)$  mit $0 \leq x \leq 3$
Der Kanal ist 10 m lang, das Wasser im Kanal steht 1 m hoch. Berechne, wie viel hℓ Wasser im Kanal sind.

Maße in m

**1.100** Die Beschleunigung einer Drohne kann durch die Funktion a beschrieben werden:
$a(t) = 0{,}0036t^2 - 0{,}18t + 2{,}25$   mit $0 \leq t \leq 25$
t ... Zeit in Sekunden, a(t) ... Beschleunigung zum Zeitpunkt t in $\frac{m}{s^2}$
Die Drohne hat zum Zeitpunkt t = 0 eine Geschwindigkeit von 3 $\frac{m}{s}$.
  1) Ermittle die Geschwindigkeit-Zeit-Funktion v.
  2) Berechne die Geschwindigkeit nach 25 Sekunden.
  3) Interpretiere den Term $\int_0^{25} a(t) \, dt$ im gegebenen Sachzusammenhang.
  4) Ermittle, nach welcher Zeit ab Beginn der Messung (t = 0) die Drohne einen Weg von 200 m zurückgelegt hat.

**1.101** Der Graph der Funktion $y = \sqrt{x - 3}$ zwischen den Punkten $P_1(x_1|0)$ und $P_2(7|y_2)$ rotiert um die Koordinatenachse. Berechne das Volumen des Drehkörpers, der a) durch Drehung um die x-Achse entsteht. b) durch Drehung um die y-Achse entsteht.

**1.102** Ergänze die Textlücken im folgenden Satz durch Ankreuzen der jeweils richtigen Satzteile so, dass eine korrekte Aussage entsteht.

Das \_\_\_\_① \_\_\_\_ entspricht \_\_\_\_② \_\_\_\_ .

| ① | |
|---|---|
| Differenzieren einer Stammfunktion | A |
| bestimmte Integral | B |
| unbestimmte Integral | C |

| ② | |
|---|---|
| dem Betrag des Flächeninhalts | A |
| dem Aufsuchen des Integrals | B |
| einem orientierten Flächeninhalt | C |

# Differential- und Integralrechnung

**Aufgaben in englischer Sprache**

**1.103** The velocity of a rocket taking off at time t = 0 is given by $v(t) = 5t^3 + 2t$.   Ⓐ Ⓑ ◯ ◯
t … time in seconds,   v(t) … velocity at the time t in meters
**1)** Find the initial acceleration of the rocket.
**2)** Calculate the distance covered within the first four seconds.

**1.104** Given the function $f(x) = 0.008 \cdot (192x^3 + 144x^2 - 864x + 28)$.   Ⓐ Ⓑ ◯ ◯
**1)** Evaluate the zeros, the extreme values and the inflection points of the curve.
**2)** Calculate the area enclosed by the graph of the function f and the x-axis determined by the zeros of f.

**1.105** Six identical paddocks shall be fenced as shown in the diagram. Therefore 1 800 m of   ◯ Ⓑ ◯ Ⓓ
fencing are available (x, y … dimensions in meter).
**1)** Explain why $9x + 8y = 1\,800$.
**2)** Show that the area of each paddock is given by
$A = -\frac{9}{8}x^2 + 225x$.
**3)** If the area enclosed is to be maximised, what are the dimensions of each paddock?

# Wissens-Check

| | | gelöst |
|---|---|---|
| 1 | Ich kann die erste Ableitung einer Funktion bilden, zB:<br>**A)** $f(x) = x^3 \cdot \sin(3x)$   **B)** $y = \dfrac{e^{0,5x}}{4x+1}$   **C)** $s(t) = 0,5 \cdot \ln(2 - 0,8t)$ | |
| 2 | Erkläre, wie man den Flächeninhalt zwischen zwei Kurven berechnen kann. | |
| 3 | Ich kann das Integral einer Funktion ermitteln, zB:<br>**A)** $\int \left(3x^3 + \dfrac{2}{x^2} - \dfrac{1}{x} + 1\right) dx$   **B)** $\int 5 \cdot e^{-0,2t}\, dt$   **C)** $\int_0^{\frac{\pi}{2}} 2 \cdot \cos(t)\, dt$ | |
| 4 | Ergänze die Textlücken in folgendem Satz durch Ankreuzen der jeweils richtigen Satzteile so, dass eine korrekte Aussage entsteht.<br>Mit dem Ausdruck ____①____ wird das Volumen eines Körpers berechnet, der bei Rotation einer Kurve um die ____②____ entsteht. | |

| ① | | ② | |
|---|---|---|---|
| $\pi \cdot \int_{y_1}^{y_2} y(x)^2\, dx$ | ☐ | x-Achse | ☐ |
| $\pi \cdot \int_{x_1}^{x_2} y(x)^2\, dx$ | ☐ | y-Achse | ☐ |
| $\pi \cdot \int_{x_1}^{x_2} x + C^2\, dx$ | ☐ | z-Achse | ☐ |

Lösung:
1) A) $f'(x) = 3x^2 \cdot (x \cdot \cos(3x) + \sin(3x))$   B) $y' = \dfrac{2 \cdot (4x+1) - e^{0,5x}}{e^{0,5x}}$ … (?) … C) $\dfrac{-2}{x} - \ln(x) + x + C$   B) $-25 e^{-0,2t} + C$   C) 2   3) A) $\dfrac{3}{4}x^4 - \dfrac{2}{x} - \ln(x) + x + C$   …   4) 1B, 2A
2) siehe Seite 18   C) $\dfrac{ds}{dt} = \dfrac{-0,4}{2-0,8t}$

**Analysis** 25

# Fehlerrechnung

Der Einsatz von Computern und modernen Maschinen vermittelt oft den Eindruck, dass Berechnungen, Konstruktionen usw. beliebig genau durchgeführt werden können. In der Praxis sind sie jedoch nur mit einer gewissen Genauigkeit durchführbar. Die Anfertigung von Werkstücken erfolgt zum Beispiel innerhalb gewisser Grenzmaße. Durch diese Grenzmaße wird ein Intervall angegeben, in dem das tatsächliche Maß liegen muss, um die volle und korrekte
Funktionsfähigkeit eines Geräts oder einer Maschine zu garantieren. Zusätzlich erhält man einen Toleranzbereich für die zulässigen Abweichungen.

Wird mit gemessenen Größen weitergerechnet, so übertragen sich die Fehler auf das Ergebnis. Die Ermittlung solcher Toleranzbereiche ist Teil der **Fehlerrechnung**.

## 2.1 Fehlerquellen, Fehlerfortpflanzung

### 2.1.1 Grundbegriffe

**2.1** Gib $\sqrt{2}$ mithilfe eines Taschenrechners als Dezimalzahl an. Ziehe aus dem Ergebnis erneut die Wurzel und wiederhole diesen Vorgang 19-mal. Kehre anschließend, ausgehend von deinem letzten Ergebnis, den Vorgang um, indem du 20-mal quadrierst. Was stellst du beim Endergebnis fest?

Bei der Ausführung von Rechenoperationen auf unterschiedlichen Rechnern kommt es zu unterschiedlich großen Fehlern, da die Darstellung der Ergebnisse von der internen Genauigkeit und dem darstellbaren Wertebereich abhängig ist. Darüber hinaus werden Rechenoperationen, wie zum Beispiel das Wurzelziehen, mit einem Verfahren berechnet, das nach endlich vielen Schritten abgebrochen wird. Durch den Abbruch eines solchen Verfahrens entstehen ebenfalls Fehler.

Allgemein lassen sich **drei Arten von Fehlern** unterscheiden:

- **Datenfehler**: Daten, die aus Mess- oder Versuchsreihen stammen, können aufgrund von Messungen oder bereits erfolgten Rechenoperationen fehlerhaft sein.

- **Verfahrensfehler**: Diese Art von Fehlern entsteht, wenn Näherungsverfahren oder Iterationsverfahren nach endlich vielen Schritten abgebrochen werden.

- **Rundungsfehler**: Da für die Darstellung von Zahlen nur eine begrenzte Anzahl von Stellen zur Verfügung steht, werden Ergebnisse, die die vorhandenen Stellen überschreiten, abgeschnitten bzw. gerundet.

Ist der genaue bzw. gewünschte Bereich bekannt, so kann die Berechnung eines Fehlers mithilfe der aus Band 1, Abschnitt 1.10, bekannten Begriffe erfolgen.

**Absoluter Fehler**: $\Delta x = x - x_0 =$ Istwert − Sollwert

**Relativer Fehler**: $\dfrac{\Delta x}{x_0} \approx \dfrac{\Delta x}{x}$

# Fehlerrechnung

## 2.1.2 Fehlerfortpflanzung

Wird mit fehlerbehafteten Größen weitergerechnet, so kann für diese Berechnung der maximale Fehler bzw. der relative Fehler in Abhängigkeit von der jeweiligen Rechenoperation abgeschätzt werden.

Anhand des Beispiels $x = x_0 \pm |\Delta x| = 6 \pm 0{,}2$ und $y = y_0 \pm |\Delta y| = 3 \pm 0{,}1$ wird nun die Fehlerfortpflanzung bei den Grundrechnungsarten erklärt.

**Addition:** $z = x + y$
- Maximalwert: $6{,}2 + 3{,}1 = 9{,}3$
- Minimalwert: $5{,}8 + 2{,}9 = 8{,}7$

$\Rightarrow z = 9 \pm 0{,}3$

Allgemein gilt: $z = (x_0 \pm |\Delta x|) + (y_0 \pm |\Delta y|) = (x_0 + y_0) \pm (|\Delta x| + |\Delta y|)$

**Subtraktion:** $z = x - y$
- Maximalwert: $6{,}2 - 2{,}9 = 3{,}3$
- Minimalwert: $5{,}8 - 3{,}1 = 2{,}7$

$\Rightarrow z = 3 \pm 0{,}3$

Allgemein gilt: $z = (x_0 \pm |\Delta x|) - (y_0 \pm |\Delta y|) = (x_0 - y_0) \pm (|\Delta x| + |\Delta y|)$

> **Abschätzung der Fehlerfortpflanzung bei Addition und Subtraktion**
> Für zwei Messwerte $x = x_0 \pm \Delta x$ und $y = y_0 \pm \Delta y$ gilt:
> Der maximale absolute Fehler ist die **Summe der Beträge der absoluten Fehler** der Messwerte. $\Delta z_{max} = |\Delta x| + |\Delta y|$

**Multiplikation:** $z = x \cdot y$
- Maximalwert: $(6 + 0{,}2) \cdot (3 + 0{,}1) = 18 + 0{,}6 + 0{,}6 + 0{,}02 \approx 19{,}2$
  Da der Wert $0{,}02$ im Vergleich zur angegebenen Genauigkeit noch um eine Größenordnung kleiner ist als die ursprüngliche Abweichung, kann er bei der Angabe des Ergebnisses vernachlässigt werden.
- Minimalwert: $(6 - 0{,}2) \cdot (3 - 0{,}1) = 18 - 0{,}6 - 0{,}6 + 0{,}02 \approx 16{,}8$
  Auch hier wird der Wert $0{,}02$ vernachlässigt.

$\Rightarrow z = x \cdot y \approx 18 \pm 1{,}2$

Allgemein gilt: $z = x \cdot y = (x_0 \pm |\Delta x|) \cdot (y_0 \pm |\Delta y|) = x_0 \cdot y_0 \pm y_0 \cdot |\Delta x| \pm x_0 \cdot |\Delta y| + \underbrace{|\Delta x| \cdot |\Delta y|}_{\text{vernachlässigbar klein}}$

$\Rightarrow |\Delta z| \approx |y_0 \cdot \Delta x| + |x_0 \cdot \Delta y|$

Dividiert man durch $z_0 = |x_0 \cdot y_0|$, erhält man den relativen Fehler:

$\left|\frac{\Delta z}{z_0}\right| \approx \left|\frac{\Delta x}{x_0}\right| + \left|\frac{\Delta y}{y_0}\right| \quad \Rightarrow \quad zB: \frac{1{,}2}{18} = \frac{0{,}2}{6} + \frac{0{,}1}{3}$

Die Berechnungen bei der **Division** erfolgen analog.

> **Abschätzung der Fehlerfortpflanzung bei Multiplikation und Division**
> Der Betrag des maximalen relativen Fehlers ist gleich der **Summe der Beträge der relativen Fehler** der Messwerte:
> $\left|\frac{\Delta z_{max}}{z_0}\right| = \left|\frac{\Delta x}{x_0}\right| + \left|\frac{\Delta y}{y_0}\right|$

Bemerkung: Um den absoluten Fehler zu erhalten, wird der relative Fehler mit $z_0$ multipliziert.

**Funktionale Zusammenhänge**

# Fehlerrechnung

**Potenzieren**

ZB: $(x_0 + \Delta x)^3 = x_0^3 + 3x_0^2 \cdot \Delta x + 3x_0 \cdot (\Delta x)^2 + (\Delta x)^3$

Die Terme $3x_0 \cdot (\Delta x)^2$ und $(\Delta x)^3$ werden vernachlässigbar klein.

Für den absoluten Fehler gilt: $|\Delta z| \approx 3 \cdot x_0^2 \cdot \Delta x$

Die Division durch $z_0 = x_0^3$ ergibt den relativen Fehler: $\left|\dfrac{\Delta z}{z_0}\right| \approx 3 \cdot \left|\dfrac{\Delta x}{x_0}\right|$

> Abschätzung der Fehlerfortpflanzung beim **Potenzieren**: $z = x^n = (x_0 + |\Delta x|)^n$
> Der **Betrag des relativen Fehlers** wird mit dem **Betrag des Exponenten multipliziert**:
> $\left|\dfrac{\Delta z_{max}}{z_0}\right| = |n| \cdot \left|\dfrac{\Delta x}{x_0}\right|$

Bei mehreren Rechenoperationen werden die Beträge der relativen Fehler addiert.

**2.2** Gib den Betrag des relativen und des absoluten Fehlers von $a = \dfrac{x \cdot y}{z}$ für $x = 4 \pm 0{,}1$; $y = 2 \pm 0{,}2$ und $z = 6 \pm 0{,}3$ an.

Lösung:

$a_0 = \dfrac{4 \cdot 2}{6} = \dfrac{4}{3}$

$\left|\dfrac{\Delta a}{a_0}\right| = \dfrac{0{,}1}{4} + \dfrac{0{,}2}{2} + \dfrac{0{,}3}{6} = 0{,}175 = 17{,}5\ \%$    • Relativer bzw. prozentualer Fehler

$|\Delta a| = \dfrac{4}{3} \cdot 0{,}175 \approx 0{,}2$    • Die Berechnung des absoluten Fehlers erfolgt mithilfe des relativen Fehler.

**2.3** Berechne den Betrag des relativen und des absoluten Fehlers für $x = 3 \pm 0{,}1$; $y = 6 \pm 0{,}2$ und $z = 8 \pm 0{,}3$.
    **a)** $a = x + y - z$      **b)** $b = 2x - 3y + 5z$      **c)** $c = 3 \cdot (2x - y + z)$

**2.4** Berechne den Betrag des relativen und des absoluten Fehlers für $x = 5 \pm 0{,}2$ und $y = 6 \pm 0{,}1$.
    **a)** $a = x^2 \cdot y$      **b)** $b = \dfrac{x}{y}$      **c)** $c = \dfrac{x - y^2}{x}$

**2.5** Zwei Ohm'sche Widerstände $R_1 = (270 \pm 5{,}4)\ \Omega$ und $R_2 = (330 \pm 6{,}6)\ \Omega$ werden auf eine Platine gelötet.
    **1)** Schätze den relativen Fehler des Gesamtwiderstands $R_S$, wenn die Widerstände in Serie geschaltet sind.
    **2)** Schätze den relativen Fehler des Gesamtwiderstands $R_P$, wenn die Widerstände parallel geschaltet sind.
    **3)** Vergleiche die relativen Fehler.
    Hinweis: $R_S = R_1 + R_2$;    $\dfrac{1}{R_P} = \dfrac{1}{R_1} + \dfrac{1}{R_2}$

**2.6** Von einem gleichschenkligen Dreieck wurden die Länge der Seite $c = (6{,}4 \pm 0{,}1)$ cm und die Höhe $h = (8{,}2 \pm 0{,}2)$ cm gemessen. Berechne den Flächeninhalt unter Angabe des Betrags des absoluten und des relativen Fehlers.

**2.7** Zylinderförmige Marmeladegläser haben den inneren Radius $r = (4{,}3 \pm 0{,}2)$ cm und die Höhe $h = (10{,}2 \pm 0{,}3)$ cm. Wie viele solcher Gläser können mindestens bzw. höchstens befüllt werden, wenn insgesamt neun Liter Marmelade eingekocht werden und jedes Glas ganz voll gefüllt wird?

# Fehlerrechnung

## 2.2 Funktionen in zwei Variablen – Darstellungsformen

In vielen technischen und physikalischen Anwendungen treten Größen auf, die von mehr als einer Variablen abhängig sind. So ist der Flächeninhalt eines Rechtecks von der Länge und der Breite abhängig, das Volumen eines Zylinders von Radius und Höhe. Die Abhängigkeit von mehreren Variablen erfordert eine Erweiterung des bisherigen Funktionsbegriffs, der zu Funktionen in zwei oder mehreren Variablen führt. Mithilfe dieser Funktionen können auch Fehlerabschätzungen getroffen werden.

**2.8** Bei einem neuen Hybrid-Auto wurde der Treibstoffverbrauch in Abhängigkeit von der Fahrgeschwindigkeit gemessen. Dabei kann der Verbrauch näherungsweise durch die Funktion T beschrieben werden:

$T(v) = 0{,}00004 \cdot v^2 + 0{,}01521 \cdot v + 1{,}8381$ mit $50 \leq v \leq 130$

v ... Fahrgeschwindigkeit in $\frac{km}{h}$

T(v) ... Treibstoffverbrauch bei der Fahrgeschwindigkeit v in $\frac{L}{100\,km}$

1) Stelle die Funktion T grafisch dar und ermittle den Treibstoffverbrauch bei den Geschwindigkeiten 50 $\frac{km}{h}$, 100 $\frac{km}{h}$ und 130 $\frac{km}{h}$ in $\frac{L}{100\,km}$.
2) Es wurde eine weitere Testreihe durchgeführt, in der zusätzlich die Beladung berücksichtigt wurde. Man fand heraus, dass der Verbrauch pro 100 kg Beladung im Mittel um 0,2 $\frac{L}{100\,km}$ steigt. Stelle eine Formel auf, mit der der Treibstoffverbrauch T abhängig von der Geschwindigkeit v und der Beladung m berechnet werden kann.
3) Erstelle eine Tabelle, in der man den Treibstoffverbrauch bei 50 $\frac{km}{h}$, 100 $\frac{km}{h}$ und 130 $\frac{km}{h}$ jeweils für eine Beladung von 100 kg, 200 kg und 500 kg ablesen kann.
4) Erkläre, ob es möglich ist, den in **2)** ermittelten Zusammenhang grafisch darzustellen.

> Unter einer reellen **Funktion f in zwei unabhängigen Variablen** versteht man eine Zuordnungsvorschrift, die jedem geordneten Zahlenpaar (x, y) genau eine reelle Zahl z zuordnet. **x** und **y** werden als **unabhängige Variablen** und **z** als **abhängige Variable** bezeichnet. Die **Funktionsgleichung** wird meist in der Schreibweise **z = f(x, y)** angegeben.

Übliche Bezeichnungen und Schreibweisen:

z, f ... Funktion

x, y ... unabhängige Variablen, Argumente

z, f(x, y) ... abhängige Variable, Funktionswert

Angabe einer Funktionsgleichung:

z = f(x, y) oder z = z(x, y)

Neben der Möglichkeit, eine Funktion mithilfe einer Wertetabelle darzustellen, gibt es auch für Funktionen in mehreren Variablen verschiedene Darstellungsarten.

### Analytische Darstellung – Funktionsgleichung

- **Explizite Darstellung**: z = f(x, y)
  ZB: z = 3x − 4y + 5
  Die Funktionsgleichung ist nach der Variablen z aufgelöst.

- **Implizite Darstellung**: F(x, y, z) = 0
  ZB: 3x − 4y − z + 5 = 0
  Der Funktionsterm wird nicht nach einer Variablen aufgelöst, sondern in Form einer homogenen Gleichung angegeben.

Im Gegensatz zur impliziten Darstellung ist die explizite Darstellung nicht immer möglich, da zum Beispiel $z^3 − 2z + x + y = 0$ nicht nach z umgeformt werden kann.

**Funktionale Zusammenhänge**

# Fehlerrechnung

**Grafische Darstellung**

Ein Punkt P im Raum lässt sich in einem dreidimensionalen Koordinatensystem durch drei Zahlen, die kartesischen Koordinaten $x_0$, $y_0$ und $z_0$, eindeutig bestimmen, $P(x_0|y_0|z_0)$. Die Koordinate $z_0$ wird dabei im Allgemeinen als „Höhenkoordinate" bezeichnet.

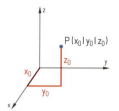

Bei einer Funktion in zwei Variablen wird durch die Funktionsgleichung $z = f(x, y)$ **jedem Zahlenpaar** $(x_0, y_0)$ aus dem Definitionsbereich $D_f$ der Funktion **genau ein Funktionswert** $z_0 = f(x_0, y_0)$ **zugeordnet**. Der Funktionswert wird im Normalabstand von der xy-Ebene entweder nach oben – wenn $z_0 > 0$ ist – oder nach unten – wenn $z_0 < 0$ ist – eingezeichnet. Die Menge aller auf diese Art ermittelten Punkte bildet über dem Definitionsbereich $D_f$ eine **Fläche**, die die Funktion veranschaulicht.

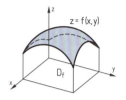

> Eine **Funktion in zwei unabhängigen Variablen** $z = f(x, y)$ beschreibt eine **Fläche** in einem dreidimensionalen Koordinatensystem.

Der einfachste Flächentyp ist eine **Ebene** mit der Funktionsgleichung $\varepsilon: ax + by + cz + d = 0$ (vgl. Band 2, Abschnitt 8.9). Um eine Ebene in einem dreidimensionalen Koordinatensystem zu veranschaulichen, ermittelt man die Schnittpunkte der Ebene mit den drei Koordinatenachsen und erhält die so genannten **Spurpunkte** $A(x|0|0)$, $B(0|y|0)$ und $C(0|0|z)$. Diese Punkte bilden ein **Spurdreieck**, das die Lage der Ebene im Raum eindeutig bestimmt.

**Ⓐ Ⓑ** ● ●   **2.9**   Veranschauliche die Ebene $\varepsilon: 2x + 3y + 4z - 12 = 0$ mithilfe eines Spurdreiecks.

Lösung:
Berechnung der Schnittpunkte mit den drei Achsen:
x-Achse ($y = z = 0$):   $2x + 3 \cdot 0 + 4 \cdot 0 = 12 \Rightarrow x = 6$   $A(6|0|0)$
y-Achse ($x = z = 0$):   $2 \cdot 0 + 3y + 4 \cdot 0 = 12 \Rightarrow y = 4$   $B(0|4|0)$
z-Achse ($x = y = 0$):   $2 \cdot 0 + 3 \cdot 0 + 4z = 12 \Rightarrow z = 3$   $C(0|0|3)$

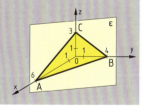

Um eine **beliebige Fläche** darzustellen, kann man beispielsweise diese Fläche mit der xy-, der yz- und der xz-Ebene schneiden. Dadurch erhält man Schnittkurven, die in einem Koordinatensystem grafisch dargestellt werden können.

● **Ⓑ Ⓒ** ●   **2.10**   Die Gleichung $x^2 + y^2 + z^2 = 16$ beschreibt eine Fläche im Raum. Stelle diese Fläche grafisch dar und beschreibe ihre Form.

Lösung:
Schnitt mit der xy-Ebene ($z = 0$):
$x^2 + y^2 + 0^2 = 16 \Rightarrow k_1: x^2 + y^2 = 16$
Schnitt mit der xz-Ebene ($y = 0$):
$k_2: x^2 + z^2 = 16$
Schnitt mit der yz-Ebene ($x = 0$):
$k_3: y^2 + z^2 = 16$

• Die Schnittkurven mit den Koordinatenebenen sind Kreise $k_1$, $k_2$ und $k_3$ mit dem Radius $r = 4$.

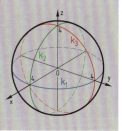

Die Gleichung beschreibt eine Kugel mit dem Radius $r = 4$.

# Fehlerrechnung

## Technologieeinsatz: Darstellung von Funktionen in zwei Variablen
### GeoGebra

Um Funktionen in zwei Variablen grafisch darzustellen, muss im Menü **Ansicht** die Grafikoberfläche **3D Grafik** gewählt werden. Nun gibt man in die Eingabezeile die Funktionsgleichung, zum Beispiel **f(x,y)=x^2/9-y^2/4**, ein.

Das Programm stellt die Funktion grafisch dar.

TI-Nspire, Mathcad: www.hpt.at

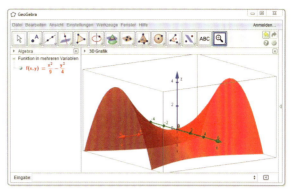

### CASIO ClassPad II

Unter Menü wählt man die Applikation **3D-Grafik** aus. Es erscheint ein Eingabefenster, in dem die Funktionsgleichung eingegeben werden kann, zB: **0.5*cos(x*y)**

Nach Drücken auf die Schaltfläche wird die Funktion grafisch dargestellt. Über die Schaltfläche können die Fenstereinstellungen verändert werden. Mithilfe der Schaltfläche können die Achsen ein- bzw. ausgeblendet werden.

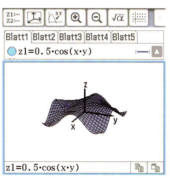

**2.11** Gib an, welche der Größen in den angeführten Funktionen unabhängige Variablen sind.

**a)** $f(a, b) = a \cdot b^2 + c$ 　　　**c)** $K_n(K_0, p) = K_0 \cdot \left(1 + \frac{p}{100}\right)^n$

**b)** $s(v, t) = -\frac{g}{2} \cdot t^2 + v \cdot t + s_0$ 　　　**d)** $V(r, h) = r^2 \cdot \pi \cdot h$

**2.12** 
1) Gib die Formel für den Flächeninhalt A einer Raute mit den Diagonalen e und f an.
2) Erstelle eine Wertetabelle, die den Flächeninhalt A angibt, wenn e und f im Intervall [5 cm; 8 cm] jeweils mit einer Schrittweite von 1 cm variieren.
3) Gib an, wie sich der Flächeninhalt ändert, wenn eine Diagonale bzw. beide Diagonalen verdoppelt werden.

**2.13** Messing ist eine Legierung aus Kupfer und Zinn. Je nach Mischungsverhältnis kann Messing Dichten zwischen $8{,}10 \frac{g}{cm^3}$ und $8{,}70 \frac{g}{cm^3}$ annehmen.

Die Masse einer Kugel aus Messing ist abhängig vom Radius und der Dichte:

$m(r, \rho) = \frac{4r^3\pi}{3} \cdot \rho$ 　　　r … Radius in cm, $\rho$ … Dichte in $\frac{g}{cm^3}$

$m(r, \rho)$ … Masse beim Radius r und der Dichte $\rho$ in Gramm

1) Erstelle eine Wertetabelle, die die Masse einer Messingkugel angibt, wenn der Kugelradius r im Intervall [1 cm; 10 cm] mit einer Schrittweite von $\Delta r = 1$ cm und die Dichte $\rho$ der Legierung wie oben angegeben mit einer Schrittweite von $\Delta \rho = 0{,}1 \frac{g}{cm^3}$ variieren. Verwende dazu ein Tabellenkalkulationsprogramm.
2) Stelle die Funktion $m(r, \rho)$ grafisch dar.

**Funktionale Zusammenhänge**

## Fehlerrechnung

**2.14** Erik M. P. Widmark (schwedischer Chemiker, 1889 – 1945) entwickelte die nach ihm benannte Widmark-Formel zur Berechnung der Blutalkoholkonzentration c:
$$c = \frac{A}{m \cdot r}$$
c … Konzentration in ‰, A … aufgenommene Masse an Ethanol in g,
m … Körpermasse in kg, r … Verteilungsfaktor (für Männer: r = 0,7; für Frauen: r = 0,6)
1) Gib jeweils eine Wertetabelle für die Blutalkoholkonzentration c in Abhängigkeit von der Körpermasse m zwischen 50 kg und 100 kg und der Ethanolmasse A zwischen 20 g und 120 g für Männer und Frauen an. Verwende eine Schrittweite von 10 kg bzw. 20 g.
2) Interpretiere die Funktionswerte hinsichtlich der 0,5-‰- und der 0,8-‰-Grenze.

**2.15** Ordne der beschriebenen Ebene die passende Gleichung zu.

| | | | | |
|---|---|---|---|---|
| 1 | Die Ebene ist parallel zur xy-Ebene und geht durch den Punkt P(3\|0\|3). | | A | x = 3 |
| | | | B | y = 3 |
| 2 | Die Ebene ist parallel zur yz-Ebene und geht durch den Punkt P(3\|0\|3). | | C | z = 3 |
| | | | D | x = z |

**2.16** Stelle die Ebene in einem dreidimensionalen Koordinatensystem grafisch dar.
a) $\varepsilon: 5x + 3y + z = 15$
b) $\varepsilon: 7x - 2y - 4z = 14$
c) $\varepsilon: 2x - 4y + 8z = 16$

**2.17** Folgende Gleichungen beschreiben jeweils eine Fläche im Raum.
**A)** $z = \sqrt{36 - x^2 - y^2}$
**B)** $x^2 + y^2 + z^2 = 36$
1) Stelle die Flächen grafisch dar und beschreibe ihre Form.
2) Gib an, wie sich diese Flächen voneinander unterscheiden.

**2.18** Es gibt eine Kunstrichtung, die sich mit der künstlerischen Umsetzung von naturwissenschaftlichen Formeln beschäftigt. Stelle die angegebenen Formeln grafisch dar.
a) Satz von Pythagoras
b) Kinetische Energie
c) Kreisfrequenz eines Federpendels
d) Ohm'sches Gesetz

**2.19** Stelle die angegebenen Funktionen grafisch dar. Ordne die Funktionsgleichungen den angeführten Graphen zu.
1) $z = \sin(x) \cdot \cos(y)$
2) $z = \frac{x^2}{9} + \frac{y^2}{4}$
3) $z = \frac{y^2}{9} - \frac{x^2}{36}$
4) $z = \sqrt{25 - x^2 + y^2}$

A)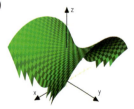

C)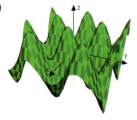

B)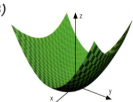

D)

## 2.3 Partielle Ableitungen erster Ordnung

**2.20** Gegeben ist die Funktion f mit $f(x) = 2x^3 - 5x^2 + 6$.
  1) Bilde die erste Ableitung der Funktion f an der Stelle $x_0 = 1$.
  2) Erkläre, wie die erste Ableitung geometrisch interpretiert werden kann.

**Ermittlung von partiellen Ableitungen**

In Aufgabe 2.8 wurde die Abhängigkeit des Treibstoffverbrauchs eines Fahrzeugs von der Fahrgeschwindigkeit und der Beladung untersucht. Dabei ergab sich eine Funktion in zwei Variablen:
$T(v, m) = 0{,}00004 \cdot v^2 + 0{,}01521 \cdot v + 0{,}2 \cdot m + 1{,}8381$

v ... Fahrgeschwindigkeit in $\frac{km}{h}$, m ... Masse der Beladung in 100 kg
T(v, m) ... Treibstoffverbrauch bei der Geschwindigkeit v und der Masse m in $\frac{L}{100\,km}$

- Die Änderungsrate des Treibstoffverbrauchs T abhängig von der Geschwindigkeit v erhält man, indem man die Masse m konstant hält und die Ableitung nach der Variablen v bildet:
$\frac{dT}{dv} = 0{,}00008 \cdot v + 0{,}01521$

- Die Änderungsrate des Treibstoffverbrauchs T abhängig von der Masse m erhält man, indem man die Geschwindigkeit v konstant hält und die Ableitung nach der Variablen m bildet:
$\frac{dT}{dm} = 0{,}2$

Leitet man eine Funktion in zwei Variablen nach einer der Variablen ab, so wird dies partielles Ableiten genannt. Für die **partielle Ableitung** wird üblicherweise das Symbol ∂ verwendet.

---

**Partielle Ableitungen** der Funktion $z = f(x, y)$

Ableitung nach x: $\quad \frac{\partial z}{\partial x} = \frac{\partial f}{\partial x} = f_x = \lim_{\Delta x \to 0} \left( \frac{f(x + \Delta x, y) - f(x, y)}{\Delta x} \right)$

Ableitung nach y: $\quad \frac{\partial z}{\partial y} = \frac{\partial f}{\partial y} = f_y = \lim_{\Delta y \to 0} \left( \frac{f(x, y + \Delta y) - f(x, y)}{\Delta y} \right)$

---

Für die Ermittlung der partiellen Ableitungen sind alle bisher bekannten Ableitungsregeln gültig. Das gilt auch für Funktionen in drei und mehr Variablen. Die Definitionen hierzu sind analog zu denen von $f_x$ und $f_y$.

ZB: Es sollen die partiellen Ableitungen $f_x$ und $f_y$ der Funktion $z = f(x, y) = 4x + 2y - 3x^2y$ ermittelt werden.

- Partielle Ableitung nach x:
  $z = 4\mathbf{x} + 2y - 3\mathbf{x}^2 y$
  $\frac{\partial z}{\partial x} = 4 + 0 - 6xy \quad$ • y ist konstant.
  $f_x = 4 - 6xy$

- Partielle Ableitung nach y:
  $z = 4x + 2\mathbf{y} - 3x^2 \mathbf{y}$
  $\frac{\partial z}{\partial y} = 0 + 2 - 3x^2 \quad$ • x ist konstant.
  $f_y = 2 - 3x^2$

**2.21** Bilde die partiellen Ableitungen $f_x$ und $f_y$ von $f(x, y) = x^2 \cdot \cos(y) + y^2$.

Lösung:
$f_x = 2x \cdot \cos(y) \quad$ • y wird als konstant angesehen.
$f_y = -x^2 \cdot \sin(y) + 2y \quad$ • x wird als konstant angesehen.

**Funktionale Zusammenhänge**

# Fehlerrechnung

**Geometrische Bedeutung der partiellen Ableitung einer Funktion in zwei Variablen**

Bei einer Funktion f in einer Variablen x ist der Differentialquotient $\frac{df}{dx}$ die erste Ableitung der Funktion y = f(x). Damit kann die Steigung der Tangente an den Funktionsgraphen in jedem Punkt P angegeben werden. Diese Überlegungen lassen sich auch auf Funktionen in zwei unabhängigen Variablen übertragen.

Schneidet man die Fläche z = f(x, y) im Punkt $P(x_0|y_0|z_0)$ mit der Ebene $\varepsilon_1$: $y = y_0$, die parallel zur xz-Ebene verläuft, so entsteht eine Schnittkurve $k_1$, die als **Flächenkurve** bezeichnet wird. Alle auf dieser Schnittkurve liegenden Punkte haben dieselbe y-Koordinate, nämlich $y = y_0$. Die Koordinate z hängt also nur von x ab. Somit gilt für die Flächenkurve $k_1$: $z = f(x, y_0)$

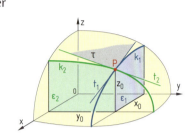

Zur Berechnung von $f_x$ hält man daher die Variable y in der Ausgangsgleichung konstant und leitet nach x ab. $f_x$ gibt die Steigung der Tangente $t_1$ an die Flächenkurve $k_1$ an.

Durch den Schnitt der Fläche mit der zur yz-Ebene parallelen Ebene $\varepsilon_2$: $x = x_0$ erhält man die Kurve $k_2$: $z = f(x_0, y)$, deren Funktionsgleichung nur von y abhängt. $f_y$ wird analog zu $f_x$ ermittelt. $f_y$ gibt die Steigung der Tangente $t_2$ an die Flächenkurven $k_2$ in P an.

Durch $t_1$ und $t_2$ wird jene Ebene aufgespannt, in der alle Tangenten liegen, die im Punkt P an die Fläche z gelegt werden können. Diese Ebene bezeichnet man als **Tangentialebene** τ.

Die Herleitung der Gleichung der Tangentialebene erfolgt analog zur Herleitung der Funktionsgleichung einer Tangente in einem Punkt einer Funktion in einer Variablen y = f(x).

> **Gleichung der Tangentialebene** τ an die Fläche z = f(x, y) im Punkt $P(x_0|y_0|z_0)$
> 
> $\tau: z = f(x_0, y_0) + f_x(x_0, y_0) \cdot (x - x_0) + f_y(x_0, y_0) \cdot (y - y_0)$

ZB: An ein Drehparaboloid mit der Gleichung $z = f(x, y) = 0{,}1 \cdot (x^2 + y^2)$ soll im Punkt P(3|4|2,5) die Tangentialebene gelegt werden.

Man wählt die zur xz-Ebene parallele Ebene $\varepsilon_1$: y = 4 und schneidet diese mit dem Drehparaboloid. Dadurch erhält man die Schnittkurve $k_1$: $z = 0{,}1x^2 + 1{,}6$. Die Flächenkurve $k_1$ ist eine Parabel. Der Anstieg der Tangente $t_1$ im Punkt P an die Kurve $k_1$ lässt sich durch die partielle Ableitung $f_x$ bestimmen.

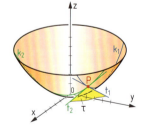

$z = 0{,}1x^2 + 0{,}1y^2$
$f_x = 0{,}2x$ • Ableitung nach x; dabei ist y konstant.
$f_x(3, 4) = 0{,}6$ • Im Punkt P(3|4|2,5) hat die Tangente an $k_1$ die Steigung 0,6.

Wählt man nun die zur yz-Ebene parallele Ebene $\varepsilon_2$: x = 3, erhält man die Schnittkurve $k_2$: $z = 0{,}1y^2 + 0{,}9$. Die Steigung der Tangente $t_2$ durch den Punkt P an die Flächenkurve $k_2$ lässt sich analog durch die partielle Ableitung $f_y$ ermitteln:

$f_y = 0{,}2y$ • Ableitung nach y; dabei ist x konstant.
$f_y(3, 4) = 0{,}8$ • Im Punkt P(3|4|2,5) hat die Tangente an $k_2$ die Steigung 0,8.

Gleichung der Tangentialebene:
$\tau: z = f(3, 4) + f_x(3, 4) \cdot (x - 3) + f_y(3, 4) \cdot (y - 4) = 2{,}5 + 0{,}6 \cdot (x - 3) + 0{,}8 \cdot (y - 4)$
$\tau: z = 0{,}6x + 0{,}8y - 2{,}5$

# Fehlerrechnung

**2.22** Bestimme die Gleichung der Tangentialebene an die Fläche $f(x, y) = \sqrt{21 - x^2 - y^2}$ im Punkt $P(1|2|z_0)$. Beschreibe deine Vorgehensweise.

Lösung:
Um die fehlende Koordinate von P zu ermitteln, setze ich die gegebenen Koordinaten in die Funktionsgleichung ein:
$z_0 = f(x_0, y_0) = f(1, 2) = \sqrt{21 - 1 - 4} = \sqrt{16} = 4 \Rightarrow P(1|2|4)$

Ich ermittle die partiellen Ableitungen $f_x$ und $f_y$ und berechne jeweils den Wert an der Stelle $(x, y) = (1, 2)$, um die Steigungen der Tangenten im Punkt P zu bestimmen.

$\frac{\partial f}{\partial x} = -\frac{x}{\sqrt{21 - x^2 - y^2}}$ $\qquad$ $\frac{\partial f}{\partial y} = -\frac{y}{\sqrt{21 - x^2 - y^2}}$

$f_x(1, 2) = -\frac{1}{\sqrt{21 - 1^2 - 2^2}} = -0{,}25$ $\qquad$ $f_y(1, 2) = -\frac{2}{\sqrt{21 - 1^2 - 2^2}} = -0{,}5$

Nun werden die berechneten Größen in die allgemeine Gleichung der Tangentialebene eingesetzt:
$\tau: z = f(x_0, y_0) + f_x(x_0, y_0) \cdot (x - x_0) + f_y(x_0, y_0) \cdot (y - y_0)$
$z = f(1, 2) + f_x(1, 2) \cdot (x - 1) + f_y(1, 2) \cdot (y - 2) = 4 - 0{,}25 \cdot (x - 1) - 0{,}5 \cdot (y - 2)$

$\tau: z = -0{,}25x - 0{,}5y + 5{,}25$

**2.23** Ernst ermittelt die partielle Ableitung $f_x$ der Funktion $f(x, y) = 3x^2 - 6xy^2 + 2y^3$:
$f_x = 6x - 12xy + 6y^2$
Erkläre, welchen Fehler Ernst gemacht hat. Stelle die Ableitung richtig.

Aufgaben 2.24 – 2.27: Ermittle jeweils $f_x$ und $f_y$ der Funktion $z = f(x, y)$.

**2.24** a) $z = 4x - 3y + 6$ $\qquad$ b) $z = -2x^2 + 4y^3 + 6xy$ $\qquad$ c) $z = 5xy + 3y^4 - 6x^2y^2$

**2.25** a) $z = -5x^3y^2 + 7xy - 3x^2y$ $\qquad$ b) $z = \frac{4}{x^3} - 3x^2y^4 + \frac{5}{y}$ $\qquad$ c) $z = 4x + \frac{y^2}{x} - \frac{6}{y} + 4$

**2.26** a) $z = \cos(x + y^3)$ $\qquad$ b) $z = \sin(3xy - 4x^2y)$ $\qquad$ c) $z = \tan(5x^2y^3 - 2xy^2)$

**2.27** a) $z = 3e^{-2x} \cdot \sin(3x + y)$ $\qquad$ b) $z = \frac{e^{3xy}}{2x + 3y}$ $\qquad$ c) $z = \sqrt{3x^2y + 2xy^2}$

**2.28** Bestimme die gesuchten partiellen Ableitungen.
a) $E(m, v) = mgh + \frac{mv^2}{2}$ $\qquad$ b) $W(v, \alpha) = \frac{v^2 \cdot \sin(2\alpha)}{g}$ $\qquad$ c) $p(V, T) = \frac{n \cdot R \cdot T}{V}$

$\frac{\partial E}{\partial m} = ?; \quad \frac{\partial E}{\partial v} = ?$ $\qquad$ $\frac{\partial W}{\partial v} = ?; \quad \frac{\partial W}{\partial \alpha} = ?$ $\qquad$ $\frac{\partial p}{\partial V} = ?; \quad \frac{\partial p}{\partial T} = ?$

**2.29** 1) Stelle die unten angegebene Fläche grafisch dar.
2) Gib die Gleichung der Tangentialebenen an die Fläche $z = f(x, y)$ in den angegebenen Punkten an und beschreibe ihre Lage.
a) Drehparaboloid: $z = x^2 + y^2 - 5$; Schnittpunkt mit der z-Achse
b) Halbkugel: $z = \sqrt{49 - x^2 - y^2}$; Schnittpunkte mit der x- und der y-Achse

Aufgaben 2.30 – 2.31: Ermittle jeweils die Gleichungen der Tangentialebenen im Punkt P.

**2.30** a) $z = 4x^2 + 3y^2$; $P(1|3|z_0)$ $\qquad$ b) $z = 6x^2 - 8y^2$; $P(-2|5|z_0)$

**2.31** a) $z = \sqrt{100 - x^2 - y^2}$; $P(2|4|z_0)$ $\qquad$ b) $z = \sqrt{36 - x^2 - y^2}$; $P(-1|2|z_0)$

**2.32** Ermittle $f_x$, $f_y$ und $f_z$ der angegebenen Funktion.
a) $f(x, y, z) = 4x^2yz^3 + 6y^3z - xz^4$ $\qquad$ b) $f(x, y, z) = \sin(4xy) + \cos(6yz)$

**Funktionale Zusammenhänge**

# Fehlerrechnung

## 2.4 Partielle Ableitungen höherer Ordnung

Partielle Ableitungen höherer Ordnung werden zum Beispiel zur Beschreibung von Schwingungen benötigt. Der französische Mathematiker Jean Baptiste le Rond d'Alembert gewann wichtige Erkenntnisse anhand der Untersuchung von schwingenden Saiten.

 **2.33** Gegeben ist die Funktion $f(x, y) = 3x^3y^2 - 2xy^3 + 4xy - 5y$.
  1) Bilde die partiellen Ableitungen $f_x$ und $f_y$.
  2) Leite $f_x$ nach x und $f_y$ nach y ab.
  3) Leite nun $f_x$ nach y und $f_y$ nach x ab.
  4) Vergleiche die beiden Ergebnisse aus 3). Was fällt dir auf?

Eine Funktion in mehreren voneinander unabhängigen Variablen kann mehrmals nacheinander partiell differenziert werden. Man erhält **partielle Ableitungen höherer Ordnung**. Nach zweimaligem Ableiten erhält man die partiellen Ableitungen zweiter Ordnung, nach dreimaligem die partiellen Ableitungen dritter Ordnung, usw. Dabei ist die **Reihenfolge** der einzelnen Differentiationsschritte zu beachten. So bedeutet zum Beispiel $f_{xxy}$, dass die Funktion zuerst nach x, dann noch einmal nach x und anschließend nach y abgeleitet wird.

> Für die **partiellen Ableitungen zweiter Ordnung** schreibt man:
>
> $\frac{\partial}{\partial x}\left(\frac{\partial f}{\partial x}\right) = \frac{\partial^2 f}{\partial x^2} = f_{xx}$  $\qquad$ $\frac{\partial}{\partial x}\left(\frac{\partial f}{\partial y}\right) = \frac{\partial^2 f}{\partial y \partial x} = f_{yx}$
>
> $\frac{\partial}{\partial y}\left(\frac{\partial f}{\partial x}\right) = \frac{\partial^2 f}{\partial x \partial y} = f_{xy}$  $\qquad$ $\frac{\partial}{\partial y}\left(\frac{\partial f}{\partial y}\right) = \frac{\partial^2 f}{\partial y^2} = f_{yy}$
>
> Die Berechnungen erfolgen in der Reihenfolge, in der die Indizes angegeben sind.
> Die Ableitungen $f_{xy}$ und $f_{yx}$ nennt man **gemischt partielle Ableitungen**.

 Die gemischt partiellen Ableitungen der Funktion $z = f(x, y) = x^4y - 2xy^3$ werden gebildet:

$f_x = 4x^3y - 2y^3$ $\quad$ • Ableitung der Funktion nach x
$f_{xy} = 4x^3 - 6y^2$ $\quad$ • Die Ableitung von $f_x$ nach y ergibt die gemischt partielle Ableitung $f_{xy}$.
$f_y = x^4 - 6xy^2$ $\quad$ • Ableitung der Funktion nach y
$f_{yx} = 4x^3 - 6y^2$ $\quad$ • Die Ableitung von $f_y$ nach x ergibt die gemischt partielle Ableitung $f_{yx}$.

Vergleicht man die gemischt partiellen Ableitungen $f_{xy}$ und $f_{yx}$, so erkennt man, dass diese gleich sind. Das bedeutet, dass die gemischt partiellen Ableitungen in diesem Beispiel unabhängig von der Reihenfolge sind, in der sie gebildet werden.

Hermann Amandus Schwarz (deutscher Mathematiker, 1843 – 1921) zeigte, dass diese Eigenschaft für alle stetig differenzierbaren Funktionen, also für stetige Funktionen, deren Ableitungen auch stetig sind, gilt. Dieser Zusammenhang wird **Satz von Schwarz** genannt.

> **Satz von Schwarz**
> Für stetig differenzierbare Funktionen gilt: Bei gemischt partiellen Ableitungen hängt das Ergebnis nicht von der Reihenfolge der Variablen ab, nach denen differenziert wurde.

ZB: Für eine Funktion in drei Variablen $f(x, y, z)$ gilt:
- $f_{xxy} = f_{xyx} = f_{yxx}$  $\qquad$ • $f_{xyz} = f_{xzy} = f_{yxz} = f_{yzx} = ...$

**Funktionale Zusammenhänge**

# Fehlerrechnung

**Technologieeinsatz: Gemischt partielle Ableitungen
TI-Nspire**

ZB: Es soll die gemischt partielle Ableitung $f_{xy}$ der Funktion $z = f(x, y) = 2xy^2 \cdot e^{x-y}$ an der Stelle $(x, y) = (1, 1)$ ermittelt werden.

Eine Funktion in zwei Variablen wird am TI-Nspire genauso definiert wie eine Funktion in einer Variablen:
**f(x,y):=2*x*y^2*e^(x-y)**

Man verwendet im Menü **4: Analysis, 1: Ableitung**, um die Funktion $f_x(x,y)$ zu ermitteln: **fx(x,y):=$\frac{d}{dx}$(f(x,y))**

Bei der gemischt partiellen Ableitung $f_{xy}$ geht man analog vor: **fxy(x,y):=$\frac{d}{dy}$(fx(x,y))**

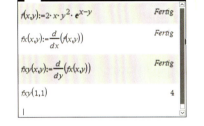

CASIO ClassPad II, GeoGebra, Mathcad: www.hpt.at

Für den gesuchten Funktionswert gibt man **fxy(1,1)** ein und erhält den Wert 4.

Aufgaben 2.34 – 2.36: Ermittle jeweils $\frac{\partial^2 f}{\partial x^2}$ und $\frac{\partial^2 f}{\partial y^2}$ der gegebenen Funktion $z = f(x, y)$.

**2.34** a) $z = x^3 + 2y^2 - 5$  b) $z = 4x^2y^3 + 5x^4y^2 + 3x$  c) $z = -x^2 + 7xy^3 + 5x$

**2.35** a) $z = \sin(x^2y)$  b) $z = \cos(4xy^2)$  c) $z = \tan(5x^3y)$

**2.36** a) $f(x, y) = e^{3xy} \cdot \cos(2xy^2)$  b) $f(x, y) = 7e^{-2y} \cdot \sin(4x^2 + y^2)$  c) $f(x, y) = 4x^2 \cdot \cos(x + y)$

**2.37** Bei einer Stundenwiederholung soll die partielle Ableitung 2. Ordnung $f_{yy}$ der Funktion $f(x, y) = 3x^4y^2 - 4xy^2 + x^2y^3$ ermittelt werden. Anna und Sebastian verwenden zur Lösung der Aufgabe Technologie (siehe Abbildungen):

**A)** Anna: **B)** Sebastian:

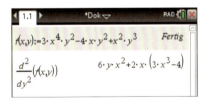 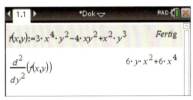

Rechne die Aufgabe nach und gib an, ob Anna oder Sebastian das richtige Ergebnis ermittelt hat. Gib an, welcher Fehler gemacht wurde.

**2.38** 1) Ermittle jeweils den Wert der partiellen Ableitungen $f_{xx}$ und $f_{yy}$ der Funktion $z = f(x, y)$ im angegebenen Punkt.
2) Überprüfe nachweislich, dass gilt: $f_{xy} = f_{yx}$

a) $z = xy^4 + 3x^2 - 5x$,  $P(-2|3|z_P)$  c) $z = \frac{x^2 + y}{y - x}$,  $R(1|4|z_R)$

b) $z = 2 \cdot \sin(4x) + 5 \cdot \cos(6y)$,  $Q\left(\frac{\pi}{8}\middle|\frac{\pi}{4}\middle|z_Q\right)$  d) $z = y \cdot e^{\sin(x)}$,  $S(\pi|-3|z_S)$

**2.39** Bestimme die Ableitungen $f_{xyz}$, $f_{zxy}$ und $f_{yzx}$ in der gegebenen Reihenfolge und überprüfe die Gültigkeit des Satzes von Schwarz.

a) $f(x, y, z) = x^2yz + 4xyz^3 - x^3y^2z$  b) $f(x, y, z) = 5x^2y^3z^2 - 2x^4y^2 + 5y^2z^3$

**Funktionale Zusammenhänge**

# Fehlerrechnung

## 2.5 Extremwerte von Funktionen in mehreren Variablen

**2.40**
1) Erkläre, unter welchen Bedingungen bei einer Funktion y = f(x) in einer Variablen ein Sattelpunkt vorliegt.
2) Die Form eines beliebten Knabbergebäcks kann als Darstellung einer Funktion z = f(x, y) interpretiert werden (siehe Abbildung).
Gib an, wo du auf dieser Fläche einen Sattelpunkt vermutest, und begründe deine Entscheidung.

Funktionen in einer Variablen lassen sich als Kurven in der xy-Ebene grafisch darstellen. Die Methoden der Differentialrechnung ermöglichen die Beschreibung des Verlaufs dieser Kurven. Ähnlich kann mit Funktionen z = f(x, y) in mehreren Veränderlichen, die sich als Fläche im dreidimensionalen Raum darstellen lassen, verfahren werden.

Auf vielen Wanderkarten werden Flächen in Form von Höhen- bzw. **Niveaulinien** dargestellt. Dabei gibt die Funktion z = f(x, y) jeweils die Meereshöhe eines Punkts im Gelände an.
Alle Punkte, die auf gleicher Meereshöhe liegen, also die gleiche z-Koordinate haben, bilden eine Flächenkurve. Diese Kurve lässt sich als Schnitt mit einer zur xy-Ebene parallelen Ebene auffassen. Mithilfe dieser Darstellung lassen sich Gefälle und Steigungen sowie Hochpunkte und Tiefpunkte ablesen.

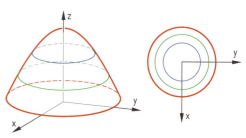

Entfernt man sich auf der Fläche z = f(x, y) von einem Punkt $P(x_0|y_0|z_0)$ und nimmt die Höhenkoordinate z ausgehend von P in jede Richtung ab, bezeichnet man P als **Hochpunkt** bzw. als **lokales Maximum** der Funktion. Es gilt: $f(x_0, y_0) > f(x, y)$
Wird die Höhenkoordinate z hingegen immer größer, dann ist P der tiefste Punkt in diesem Bereich. In diesem Fall spricht man von einem **Tiefpunkt** bzw. einem **lokalen Minimum**. Es gilt: $f(x_0, y_0) < f(x, y)$
Die beiden **lokalen Extrempunkte**, Hoch- und Tiefpunkt, nehmen ihre besondere Lage nur in Bezug auf ihre unmittelbare Umgebung ein. Man spricht von einer **hinreichend kleinen Umgebung**.

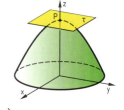

Alle Tangenten im Punkt $P(x_0|y_0|z_0)$ spannen eine Tangentialebene τ auf. Ist P ein Extrempunkt, so haben alle Tangenten den Anstieg null. Daher verläuft in einem lokalen Extrempunkt die Tangentialebene immer parallel zur xy-Koordinatenebene. Die partiellen Ableitungen erster Ordnung $f_x(x_0, y_0)$ und $f_y(x_0, y_0)$ sind somit gleich null.

Da ein Hoch- bzw. ein Tiefpunkt nur dann auftreten kann, wenn die **partiellen Ableitungen erster Ordnung null** sind, wird dies als **notwendige Bedingung** für einen **lokalen Extremwert** bezeichnet.

> **Notwendige Bedingungen für einen lokalen Extremwert**
>
> Wenn eine Funktion z = f(x, y) bei $(x_0, y_0)$ einen relativen Extremwert aufweist und die partiellen Ableitungen $\frac{\partial f}{\partial x} = f_x$ und $\frac{\partial f}{\partial y} = f_y$ an der Stelle $(x_0, y_0)$ existieren, so gilt:
>
> $\frac{\partial f}{\partial x}(x_0, y_0) = f_x(x_0, y_0) = 0$ und $\frac{\partial f}{\partial y}(x_0, y_0) = f_y(x_0, y_0) = 0$

**Funktionale Zusammenhänge**

# Fehlerrechnung

Es ist möglich, dass in einem Punkt P die partiellen Ableitungen $f_x$ und $f_y$ gleich null sind, aber der Punkt P trotzdem kein lokaler Extrempunkt ist. In diesem Fall spricht man von einem **Sattelpunkt**. Im Sattelpunkt gibt es mindestens eine Schnittkurve **g**, die ein Maximum hat, und mindestens eine Schnittkurve **h**, die ein Minimum hat.

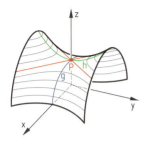

Fläche mit Sattelpunkt P

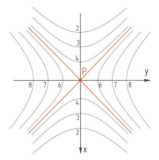

Niveaulinienbild der Fläche

Obwohl es für die Existenz eines Extremwerts notwendig ist, dass die partiellen Ableitungen $f_x$ und $f_y$ gleich null sind, ist dieses Kriterium aber **nicht** ausreichend. Man benötigt eine weitere, **hinreichende Bedingung**, um die Existenz eines Minimums bzw. Maximums prüfen zu können.

> **Hinreichende Bedingung für einen lokalen Extremwert**
>
> $\frac{\partial^2 f}{\partial x^2}(x_0, y_0) \cdot \frac{\partial^2 f}{\partial y^2}(x_0, y_0) - \left[\frac{\partial^2 f}{\partial x \partial y}(x_0, y_0)\right]^2 > 0$ bzw. in Kurzfassung: $f_{xx} \cdot f_{yy} - f_{xy}^2 > 0$
>
> Gilt $f_{xx}(x_0, y_0) < 0$, so liegt ein **lokales Maximum** vor.
>
> Ist $f_{xx}(x_0, y_0) > 0$, so handelt es sich um ein **lokales Minimum**.

Bemerkungen:
- Ist $f_{xx} \cdot f_{yy} - f_{xy}^2 < 0$, so liegt weder ein Hoch- noch ein Tiefpunkt, sondern ein **Sattelpunkt** vor.
- Ist $f_{xx} \cdot f_{yy} - f_{xy}^2 = 0$, müssen andere Berechnungen und Methoden durchgeführt werden, um über die Existenz eines Extremwerts zu entscheiden.

**2.41** Untersuche die Funktion $z = x^2 + y^2 + 2x - 4y + 6$ auf Hoch- bzw. Tiefpunkte und gib gegebenenfalls deren Koordinaten an.

Lösung:
$f_x = 2x + 2 \quad f_y = 2y - 4$ • Bilden der partiellen Ableitungen
$f_{xx} = 2 \quad f_{yy} = 2 \quad f_{xy} = 0$

I: $2x + 2 = 0$ • Angeben der notwendigen Bedingungen
II: $2y - 4 = 0$

$x = -1, y = 2$ • Lösen des Gleichungssystems

$f_{xx} \cdot f_{yy} - f_{xy}^2 > 0$ • Überprüfen der hinreichenden
$2 \cdot 2 - 0 = 4 > 0$ Bedingung und Bestimmen der Art des Extrempunkts
$f_{xx} = 2 > 0 \Rightarrow$ lokales Minimum

$z = (-1)^2 + 2^2 + 2 \cdot (-1) - 4 \cdot 2 + 6 = 1$ • Berechnen des Funktionswerts

Der Punkt T(−1|2|1) ist ein Tiefpunkt.

**Funktionale Zusammenhänge**

# Fehlerrechnung

**2.42** Eine stetige Funktion z = f(x, y) hat im Punkt P ein Extremum. Ordne den folgenden Behauptungen die richtige Bedingung zu.

| | | | | |
|---|---|---|---|---|
| 1 | P ist ein Minimum. | | A | $f_{xx} \cdot f_{yy} - f_{xy}^2 > 0$ und $f_{xx} < 0$ |
| | | | B | $f_{xx} \cdot f_{yy} - f_{xy}^2 < 0$ und $f_{xx} < 0$ |
| 2 | P ist ein Maximum. | | C | $f_{xx} \cdot f_{yy} - f_{xy}^2 > 0$ und $f_{xx} > 0$ |
| | | | D | $f_{xx} \cdot f_{yy} - f_{xy}^2 < 0$ und $f_{xx} > 0$ |

Aufgaben 2.43 – 2.47: Untersuche jeweils die angegebene Funktion auf lokale Extrempunkte und Sattelpunkte. Berechne gegebenenfalls deren Koordinaten.

**2.43** a) $z = 5x^2 + 3y^2 - 2xy + 3$ b) $z = -6x^2 - 8y^2 + 3xy - 6$

**2.44** a) $z = 3x^2 + 4y^2 - 6x + 8y + 4$ b) $z = x^3 + 2y^3 - 3x^2 - 6y^2 - 8$

**2.45** a) $z = -x^2 + 2y^2 - 8x - 4y - 6$ b) $z = \frac{1}{3}x^3 - x^2 + y^3 - 12y$

**2.46** a) $f(x, y) = \frac{1}{x} - \frac{1}{y} + x - 4y$ b) $z = x^2 + 2xy + 0{,}5y^2 + 2x + 4y - 7$

**2.47** a) $f(m, n) = 3m^3 + n^3 - 3n^2 - 36m$ b) $f(r, s) = s^3 - 3r^2s$

**2.48** Zerlege die Zahl 100 so in drei Summanden, dass die Summe deren Quadrate minimal ist. Begründe, warum es sich bei diesem Extremwert um ein Minimum handeln muss.

**2.49** Eine Blumenkiste mit rechteckiger Grundfläche soll 150 Liter Blumenerde fassen.
Berechne die Abmessungen der Kiste so, dass der Materialverbrauch minimal ist.

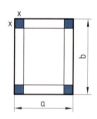

**2.50** Aus einer rechteckigen, dünnen Kunststoffplatte mit einer Fläche A = 144 cm² soll ein oben offener Verpackungsbehälter zugeschnitten werden. Zu diesem Zweck werden an den Ecken Quadrate mit der Seitenlänge x herausgeschnitten und die entstandenen Rechtecke nach oben gebogen und zusammengeklebt. Der Verpackungsbehälter soll ein maximales Volumen aufweisen. Welche Abmessungen muss die Kunststoffplatte haben?

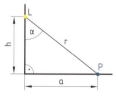

**2.51** In einem Museum soll ein Objekt im Punkt P im horizontalen Abstand a von einer Lichtquelle L mit konstanter Lichtstärke $I_0$ möglichst gut ausgeleuchtet werden.
Für die Beleuchtungsstärke E gilt das Lambert'sche Gesetz (Johann Lambert, schweizer Mathematiker, 1728 – 1777):

$$E(\alpha, r) = \frac{I_0 \cdot \cos(\alpha)}{r^2}$$

α … Einfallswinkel, r … Abstand zwischen Objekt und Lichtquelle

1) Berechne, in welcher Höhe h die Lichtquelle L angebracht werden muss, wenn a (>0) konstant ist.
2) Zeige, dass die Funktion E keinen Extremwert hat, wenn a und h variabel sind.

## 2.6 Lineare Fehlerfortpflanzung

In Abschnitt 2.1 wurde die Fehlerfortpflanzung für Grundrechnungsarten gezeigt. In der Praxis treten aber beliebige Funktionen auf, die von fehlerhaften Größen abhängen.

Um Aufschluss darüber zu erhalten, wie sich bei einer Funktion $z = f(x,y)$ die Messfehler $\Delta x$ und $\Delta y$ auf den Funktionswert $z$ auswirken, benötigt man weitere Rechenmethoden.

### Vollständiges Differential

Bei einer Funktion $z = f(x, y)$ kann mithilfe der partiellen Ableitungen erster Ordnung $f_x$ und $f_y$ im Punkt $P(x_0|y_0|z_0)$ die Gleichung einer Tangentialebene $\tau$ in $P$ ermittelt werden (vgl. Abschnitt 2.3).

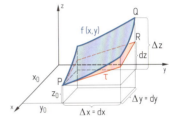

Werden die unabhängigen Variablen $x_0$ und $y_0$ um $\Delta x$ bzw. $\Delta y$ verändert, so ergibt sich dadurch eine Änderung $\Delta z$ des Funktionswerts $z_0$:

$\Delta z = f(x_0 + \Delta x, y_0 + \Delta z) - f(x_0, y_0)$

Für die Gleichung der Tangentialebene im Punkt $P$ gilt:

$\tau: z = f(x_0, y_0) + f_x(x_0, y_0) \cdot (x - x_0) + f_y(x_0, y_0) \cdot (y - y_0)$

Setzt man in dieser Gleichung für geringfügige Änderungen $\Delta x = (x - x_0) = dx$ und $\Delta y = (y - y_0) = dy$, so erhält man für $\Delta z$ die Gleichung:

$\Delta z \approx dz = f_x(x_0, y_0) \cdot dx + f_y(x_0, y_0) \cdot dy$

Die Änderung $dz$ des Funktionswerts wird **vollständiges Differential** genannt.

> Wird an eine Funktion $z = f(x, y)$ im Punkt $P(x_0|y_0|z_0)$ eine Tangentialebene gelegt, so versteht man unter dem **vollständigen Differential dz** eine Näherung der Gesamtänderung der Höhenkoordinate $z$ auf der Tangentialebene im Punkt $P(x_0|y_0|z_0)$, wenn sich die x-Koordinate um $\Delta x = dx$ und die y-Koordinate um $\Delta y = dy$ ändert.
>
> Das vollständige Differential wird berechnet durch:
>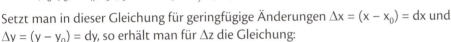

Durch diese näherungsweise Berechnung darf die Fläche $z = f(x, y)$ durch die Tangentialebene in der unmittelbaren Umgebung von $P$ ersetzt werden. Diese Näherung ist ein wesentlicher Bestandteil der Berechnung bei der Fehlerfortpflanzung.

Beim **linearen Fehlerfortpflanzungsgesetz** werden Differentiale $dx$ und $dy$ durch die Messungenauigkeiten $\Delta x$ und $\Delta y$ ersetzt. Somit erhält man den maximalen Fehler $\Delta z_{max}$.

> Nach dem **linearen Fehlerfortpflanzungsgesetz** lässt sich der **maximale Fehler** $\Delta z_{max}$ näherungsweise berechnen durch:
>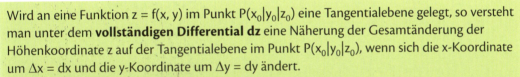
>
> Dabei stellen $\Delta x$ und $\Delta y$ die Messungenauigkeiten der gemessenen Werte $x_0$ und $y_0$ dar. Der Wert für $z = f(x, y)$ wird dann in der Form $z = z_0 \pm \Delta z_{max}$ angegeben.

**Funktionale Zusammenhänge**

## Fehlerrechnung

**2.52** Bei einem zylinderförmigen Körper misst man den Radius r = (1,95 ± 0,02) cm und die Höhe h = (3,90 ± 0,01) cm. Ermittle den maximalen Fehler bei der Berechung seines Volumens $V = r^2 \cdot \pi \cdot h$ mithilfe des vollständigen Differentials.

Lösung:
$V(r, h) = r^2 \cdot \pi \cdot h$

$\frac{\partial V}{\partial r} = 2r \cdot \pi \cdot h \qquad \frac{\partial V}{\partial h} = r^2 \cdot \pi$ • Ermitteln der partiellen Ableitungen

$|\Delta V_{max}| = |2r\pi h \cdot \Delta r| + |r^2 \pi \cdot \Delta h| =$ • $\Delta r = 0{,}02; \Delta h = 0{,}01$

$= 2 \cdot 1{,}95 \cdot \pi \cdot 3{,}90 \cdot 0{,}02 + 1{,}95^2 \cdot \pi \cdot 0{,}01$

$|\Delta V_{max}| = 1{,}075131\ldots \text{ cm}^3$

$V_0 = r^2 \cdot \pi \cdot h = 1{,}95^2 \cdot \pi \cdot 3{,}90 = 46{,}589033\ldots \text{ cm}^3$

$V = V_0 \pm \Delta V_{max} = (46{,}589033\ldots \pm 1{,}075131\ldots) \text{ cm}^3$

Aufgaben 2.53 – 2.54: Bestimme jeweils das vollständige Differential der Funktion z = f(x, y).

**2.53** a) $z = 4x^2 + 3y^2 - 5$  b) $z = 2yx^3 + 6xy^2 + 3x - 4y$  c) $z = x^2 \cdot \sqrt{y} + 3y \cdot \sqrt{x}$

**2.54** a) $z = 2 \cdot \sin(x) \cdot \cos(y)$  b) $z = y^2 \cdot \tan(x)$  c) $z = y \cdot \sin(x) + x^2 \cdot \cos(y)$

**2.55** Die Seiten eines Rechtecks werden vergrößert.
1) Gib den ursprünglichen und den neuen Flächeninhalt an.
2) Erkläre, welche der farbig dargestellten Flächen den Unterschied zwischen der tatsächlichen Flächenänderung und dem vollständigen Differential darstellt.

**2.56** Von einem rechtwinkligen Dreieck werden die Hypotenuse c = (192,0 ± 0,4) cm und die Kathete b = (120,0 ± 0,2) cm gemessen. Berechne die Länge der Kathete a und gib den maximalen Fehler an.

**2.57** Der Querschnitt eines Hohlraums in einem Eisberg kann durch ein Rechteck mit einem aufgesetzten Halbkreis angenähert werden. Der Radius r des Halbkreises beträgt r = (4,6 ± 0,3) m und die Höhe h des Rechtecks h = (18,4 ± 0,2) m.
Berechne den Umfang des Querschnitts des Hohlraums und gib den maximalen Fehler an.

**2.58** Aus einem Karton soll das Modell eines Leuchtturms in Form eines Kegelstumpfs angefertigt werden. Der Radius $r_1$ der Bodenfläche soll $r_1$ = (5,0 ± 0,4) cm, der Radius $r_2$ der Deckfläche $r_2$ = (2,5 ± 0,2) cm und die Seitenkante genau s = 15 cm betragen. Berechne die Oberfläche des Modells.

**Funktionale Zusammenhänge**

# Fehlerrechnung

## 2.7 Computernumerik

Für Wettervorhersagen werden mathematische Modelle verwendet, die eine Prognose anhand von vorhandenen Wetterdaten erstellen. Für längerfristige Vorhersagen werden die Eingangsdaten zum Teil geschätzt und sind daher fehlerbehaftet. Die Qualität der mathematischen Modelle wird unter anderem daran gemessen, wie stark sich kleine Fehler in den Eingangsdaten auf das Ergebnis der Berechnung, also die Wettervorhersage auswirken.

**2.59** Gegeben sind die Terme $\frac{x}{x-2}$ und $\frac{x}{x-5}$. Setze zuerst für x die Zahl 1,98 ein und notiere die Ergebnisse. Setze nun die Zahl 1,99 ein. Was kannst du beobachten?

Anhand eines Beispiels sollen nun einige Grundbegriffe erarbeitet werden.
Gegeben ist das Gleichungssystem:
I:  3x − 2y = −1
II: 2x +  y = 4
Man erhält als Lösung x = 1, y = 2.

Wird das Gleichungssystem geringfügig abgeändert, erhält man zB:
I:  3x −   2y = −1
II: 2x + 1,1y = 4
Es ergibt sich nun die Lösung x ≈ 0,95 und y ≈ 1,92.

Eine kleine Änderung der Koeffizienten des Gleichungssystems bewirkt also eine geringe Veränderung der Lösung. Führen kleine Änderungen der Eingangsdaten zu kleinen Änderungen in den Ausgangsdaten, nennt man dieses mathematische Problem **gut konditioniert**. Die **Kondition** beschreibt, wie stark sich Eingabeveränderungen auf die Ergebnisse auswirken.

Man betrachtet nun ein weiteres Gleichungssystem:
I:  2x − 4y = −2
II: 3x − 5y = −4
Als Lösung erhält man x = −3, y = −1.

Auch bei diesem Gleichungssystem wird ein Koeffizient geringfügig verändert:
I:   2x − 4y = −2
II: 2,8x − 5y = −4
Dies führt zu der Lösung x = −5, y = −2.

Hier bewirkt eine geringe Änderung in den Eingangsdaten eine erhebliche Änderung in den Ausgangsdaten. Dieses Gleichungssystem bezeichnet man als **schlecht konditioniert**.

---

Die **Konditionszahl K** wird aus dem Quotienten der relativen Änderung des Ausgangswerts $\left|\frac{\Delta y}{y_0}\right|$ und der relativen Änderung des Eingangswerts $\left|\frac{\Delta x}{x_0}\right|$ gebildet:

$$K = \left|\frac{\text{relative Änderung des Ausgangswerts}}{\text{relative Änderung des Eingangswerts}}\right| = \left|\frac{\frac{\Delta y}{y_0}}{\frac{\Delta x}{x_0}}\right|$$

---

**Funktionale Zusammenhänge**

# Fehlerrechnung

- Erhält man für die Konditionszahl **K** einen Wert **K > 1**, so nennt man das Problem **schlecht konditioniert**. Ist **K < 1**, so ist das Problem **gut konditioniert**. Ist **K = 1**, bezeichnet man es als **neutral**.

- Ein Algorithmus für ein numerisches Verfahren heißt **stabil**, wenn ein Rechenfehler in den Folgeschritten abnimmt oder von gleicher Größenordnung bleibt, andernfalls heißt der Algorithmus **instabil**.

**A B C** **2.60** Berechne die Konditionszahl und gib die Kondition der Berechnung des Rechteckumfangs an, wenn die Rechteckseiten a = (5 ± 0,2) cm und b = (3 ± 0,3) cm angegeben werden.

Lösung:
$u = a + a + b + b$
$u_0 = 16$ cm

$|\Delta u| = 0,2$ cm $+ 0,2$ cm $+ 0,3$ cm $+ 0,3$ cm $= 1,0$ cm • Anwenden der Fehlerfortpflanzung für die Addition

$\left|\frac{\Delta u}{u_0}\right| = \frac{1 \text{ cm}}{16 \text{ cm}} = 0,0625$ • Relativer Fehler der Ausgangsdaten

$\frac{|\Delta a| + |\Delta b|}{a + b} = \frac{0,2 \text{ cm} + 0,3 \text{ cm}}{5 \text{ cm} + 3 \text{ cm}} = 0,0625$ • Relativer Fehler der Eingangsdaten

$K = \frac{0,0625 \text{ cm}}{0,0625 \text{ cm}} = 1$ • Berechnen der Konditionszahl

$K = 1 \Rightarrow$ Die Berechnung ist neutral.

**B** **2.61** Berechne die Konditionszahl der Funktion $f(x) = x^3$ für $x = 12 \pm 2$ unter Anwendung des linearen Fehlerfortpflanzungsgesetzes.

**A B** **2.62** Der Radius eines kugelförmigen Briefbeschwerers wird mit r = (4 ± 0,4) cm gemessen. Berechne die Konditionszahl und gib die Kondition der Berechnung des Volumens des Briefbeschwerers an.

**A B** **2.63** Ein Kegel hat einen Durchmesser von d = (6 ± 0,2) cm und eine Höhe h = (8 ± 0,6) cm. Berechne die Konditionszahl und gib die Kondition der Berechnung des Volumens des Kegels an.

**A B** **2.64** Die Kantenlänge einer Pyramide mit quadratischer Grundfläche beträgt a = (10 ± 0,05) m und die Höhe h = (40 ± 0,02) m. Wie lautet die Konditionszahl des Volumens der Pyramide?

**B** **2.65** Berechne die Konditionszahl und die Kondition einer Funktion $y = 4x^2 + 2x$ für $x = 6 \pm 1$.

**B** **2.66** Berechne die Konditionszahl der Funktion $y = x^6$ für $x = 13 \pm 2$ mithilfe des linearen Fehlerfortpflanzungsgesetzes.

# Fehlerrechnung

## Zusammenfassung

### Fehlerfortpflanzung

Fehlerarten: Datenfehler, Verfahrensfehler, Rundungsfehler

Absoluter Fehler: $\Delta x = x - x_0$ $\qquad$ Relativer Fehler: $\frac{\Delta x}{x_0}$

Addition bzw. Subtraktion: $|\Delta x| + |\Delta y|$ ... Addition der Beträge der absoluten Fehler

Multiplikation bzw. Division: $\left|\frac{\Delta x}{x_0}\right| + \left|\frac{\Delta y}{y_0}\right|$ ... Addition der Beträge der relativen Fehler

Potenzieren $(x + \Delta x)^n$:

$|n| \cdot \left|\frac{\Delta x}{x_0}\right|$ ... Der relative Fehler wird mit dem Betrag des Exponenten multipliziert.

### Funktionen in zwei Variablen

Eine Funktion $z = f(x, y)$ in zwei Variablen stellt eine **Ebene** oder **gekrümmte Fläche** in einem dreidimensionalen Koordinatensystem dar.

**Partielle Ableitung** erster Ordnung **nach der Variablen x**: $\frac{\partial z}{\partial x} = \frac{\partial f}{\partial x} = f_x$

**Partielle Ableitung** erster Ordnung **nach der Variablen y**: $\frac{\partial z}{\partial y} = \frac{\partial f}{\partial y} = f_y$

### Partielle Ableitungen zweiter Ordnung

$\frac{\partial}{\partial x}\left(\frac{\partial f}{\partial x}\right) = \frac{\partial^2 f}{\partial x^2} = f_{xx}$ $\qquad$ $\frac{\partial}{\partial x}\left(\frac{\partial f}{\partial y}\right) = \frac{\partial^2 f}{\partial y \partial x} = f_{yx}$

$\frac{\partial}{\partial y}\left(\frac{\partial f}{\partial x}\right) = \frac{\partial^2 f}{\partial x \partial y} = f_{xy}$ $\qquad$ $\frac{\partial}{\partial y}\left(\frac{\partial f}{\partial y}\right) = \frac{\partial^2 f}{\partial y^2} = f_{yy}$

Die Berechnungen erfolgen in der Reihenfolge, in der die Indizes angegeben sind.
Die Ableitungen $f_{xy}$ und $f_{yx}$ nennt man **gemischt partielle Ableitungen**.

### Satz von Schwarz

Die gemischt partiellen Ableitungen einer stetigen Funktion $z = f(x, y)$ sind gleich: $f_{xy} = f_{yx}$

### Extremwerte

Notwendige Bedingungen: $\frac{\partial f}{\partial x}(x_0, y_0) = f_x(x_0, y_0) = 0$ und $\frac{\partial f}{\partial y}(x_0, y_0) = f_y(x_0, y_0) = 0$

Hinreichende Bedingung: $f_{xx} \cdot f_{yy} - f_{xy}^2 > 0$

$f_{xx}(x_0, y_0) > 0 \Rightarrow$ lokales Minimum; $\quad f_{xx}(x_0, y_0) < 0 \Rightarrow$ lokales Maximum

### Lineare Fehlerfortpflanzung

Vollständiges Differential: $dz = f_x(x_0, y_0) \cdot dx + f_y(x_0, y_0) \cdot dy$

Lineares Fehlerfortpflanzungsgesetz: $|\Delta z_{max}| = |f_x(x_0, y_0) \cdot \Delta x| + |f_y(x_0, y_0) \cdot \Delta y|$

**Konditionszahl** $K = \left|\frac{\text{relative Änderung des Ausgangswerts}}{\text{relative Änderung des Eingangswerts}}\right| = \left|\frac{\frac{\Delta y}{y_0}}{\frac{\Delta x}{x_0}}\right|$

## Weitere Aufgaben

### Fehlerfortpflanzung

**2.67** Bei einem Versuch wurden der Weg s, den ein Körper zurücklegt, und die dafür benötigte Zeit t gemessen: $s = (10{,}0 \pm 0{,}1)$ m, $t = (3{,}20 \pm 0{,}05)$ s
Berechne den relativen Fehler bei der Berechnung der mittleren Geschwindigkeit des Körpers.

**Funktionale Zusammenhänge**

# Fehlerrechnung

**2.68** Bei einem Rechteck wurde die Länge $a = a_0 \pm \Delta a$ und die Breite $b = b_0 \pm \Delta b$ gemessen. Ordne der Rechnung jeweils den richtigen absoluten Fehler zu.

| 1 | $A = a \cdot b$ | |
|---|---|---|
| 2 | $u = 2 \cdot (a + b)$ | |

| A | $2 \cdot (\Delta a + \Delta b)$ |
|---|---|
| B | $\Delta a \cdot \Delta b$ |
| C | $\Delta a \cdot b_0 + \Delta b \cdot a_0$ |
| D | $\Delta a + \Delta b$ |

**2.69** Auf einem Kreuzfahrtschiff wurde bei einer Kabine eine Länge von 7,3 m, eine Breite von 4,2 m und eine Höhe von 2,5 m gemessen. Wie groß ist das Volumen der Kabine, wenn die Angaben eine Ungenauigkeit von jeweils ± 3 % aufweisen? Berechne den absoluten und den relativen Fehler.

### Funktionen in zwei Variablen

**2.70** Berechne die partiellen Ableitungen erster und zweiter Ordnung von $z = f(x, y)$.

a) $z = 5x^3y^2 - 3y^3$    c) $z = 6x^2 - 3y^2x + 4x^4$    e) $z = 8y^4 + 5x^5y^3 - 2x^3$

b) $z = \sqrt{2x^2 - 3y}$    d) $z = \sqrt[3]{x^2 + 5y}$    f) $z = 3x \cdot \sin(2y)$

**2.71** Ermittle die Gleichung der Tangentialebene im angegebenen Punkt.

a) $z = -5x^3y^2 + 2xy^3 - 6x + 3y$, $P(3|2|z_0)$    c) $z = \sqrt{3x^3 - 6x^2y + 4y^4}$, $R(1|5|z_0)$

b) $z = (6x^2 + 5y^3) \cdot (4x^3 - 6y)$, $Q(-1|4|z_0)$    d) $z = \frac{x^2 + y^2}{x + y}$, $S(-4|-2|z_0)$

**2.72** Die gefühlte Temperatur ist bei Wind geringer als die tatsächliche Temperatur. Es gibt viele Näherungen, mit denen die so genannte Windchill-Temperatur ermittelt wird. Eine davon lautet: $WCT(v, \vartheta_a) = 13{,}12 + 0{,}6215 \cdot \vartheta_a - 11{,}37 \cdot v^{0{,}16} + 0{,}3965 \cdot \vartheta_a \cdot v^{0{,}16}$

$v$ ... Windgeschwindigkeit in $\frac{km}{h}$, $\vartheta_a$ ... Temperatur in °C

$WCT(v, \vartheta_a)$ ... Windchill-Temperatur bei der Geschwindigkeit $v$ und Temperatur $\vartheta_a$ in °C

1) Ermittle die Windchill-Temperatur für $\vartheta_a = -5$ °C und $v = 15 \frac{km}{h}$.
2) Stelle die Funktion $WCT(v, \vartheta_a)$ grafisch dar.
3) Ermittle die partielle Ableitung $\frac{\partial WCT}{\partial v}$ und erkläre deren Bedeutung im gegebenen Sachzusammenhang.

**2.73** Überprüfe nachweislich die Gültigkeit des Satzes von Schwarz.

a) $z = 4x^2 + 5y^3$    b) $z = \ln(x) \cdot \cos(y)$    c) $z = e^{xy} \cdot \sin(3x + y)$

**2.74** Zerlege die Zahl 120 so in drei Summanden, dass die Summe der Produkte von je zwei Zahlen maximal wird.

**2.75** Ermittle, welcher Punkt der Fläche $z$ dem Koordinatenursprung am nächsten liegt.

a) $2x - y + 2z = 16$    b) $z = xy - 1$    c) $2x + 9y - 3z = 18$

### Lineare Fehlerfortpflanzung

**2.76** Annähernd kugelförmige Regentropfen haben einen Radius von $r = (0{,}15 \pm 0{,}10)$ mm. In der Stadt Salzburg mit einer Fläche von 65,678 km² fallen während eines Regenschauers etwa $10^{17}$ Tropfen vom Himmel herab. Ermittle die maximale Regenmenge in Liter. Berechne die maximale Regenmenge pro m².

46    **Funktionale Zusammenhänge**

# Fehlerrechnung

**2.77** Die elektrische Leistung P soll aus den Messungen der Spannung U und des Ohm'schen Widerstands R mithilfe der Formel $P = \frac{U^2}{R}$ für folgende Werte ermittelt werden:
U = (220 ± 5) V, R = (110 ± 2) Ω
1) Berechne den maximalen Fehler bei Berechnung der Leistung P mithilfe des vollständigen Differentials.
2) Gib den Bereich an, in dem die berechnete Leistung P liegt.
3) Ermittle den (maximalen) relativen Fehler bei der Berechnung der Leistung P.

## Computernumerik

**2.78** Ein Würfel hat eine Kantenlänge von a = (8 ± 0,2) cm. Berechne die Konditionszahl und gib die Kondition bei Berechnung des Volumens des Würfels an.

## Aufgaben in englischer Sprache

| function of several variables | Funktion in mehreren Variablen | propagation of error | Fehlerfortpflanzung |
|---|---|---|---|
| higher-order partial derivative | partielle Ableitung höherer Ordnung | Schwarz's theorem, Clairaut's theorem | Satz von Schwarz |
| (mixed) partial derivative | (gemischt) partielle Ableitung | total differential | vollständiges Differential |

**2.79** The radius r of a circle was measured as: r = (4 ± 0.1) cm. Find the relative error in the area of the circle.

**2.80** The Flesch reading ease (created by Rudolf Flesch, Austrian author, 1911 – 1986) is used to predict the reading ease E of a passage of words in the english language:
$E(s, w, y) = 206.835 - 1.015 \cdot \frac{w}{s} - 84.600 \cdot \frac{y}{w}$
w ... number of all words, s ... number of all sentences, y ... number of all syllables
1) Calculate the reading ease E for w = 1 000, s = 100, y = 2 000 and for w = 500, s = 60, y = 800. Compare the results and interpret the different reading eases.
2) Calculate $\frac{\partial E}{\partial w}$ and $\frac{\partial E}{\partial y}$ and explain the meanings.

## Wissens-Check

| | | gelöst |
|---|---|---|
| 1 | Ich kann verschiedene Arten von Fehlerquellen nennen. | |
| 2 | Ich kann die partiellen Ableitungen $f_x$ und $f_y$ der Funktion f berechnen. ZB: $f(x, y) = 2x^2 + \cos(4x^3 y)$ | |
| 3 | Ich kann die folgenden Aussagen zur Ermittlung eines Extremwerts einer Funktion f(x, y) in zwei Variablen richtig interpretieren. A) $f_{xx} \cdot f_{yy} - f_{xy}^2 > 0$   B) $f_{xx}(x_0, y_0) > 0$   C) $f_{xx}(x_0, y_0) < 0$ | |
| 4 | Ich kenne die Bedeutung des folgenden Ausdrucks: $|\Delta z_{max}| = |f_x(x_0, y_0) \cdot \Delta x| + |f_y(x_0, y_0) \cdot \Delta y|$ | |

Lösung:
1) siehe Seite 26   2) $f_x = 4x - 12x^2 y \cdot \sin(4x^3 y)$, $f_y = -4x^3 \cdot \sin(4x^3 y)$   3) siehe Seite 39   4) siehe Seite 41

# 3 Funktionenreihen

Taschenrechner ermöglichen Berechnungen wie sin(20°) oder $e^5$ rasch und unkompliziert. Doch auch schon zu Zeiten, in denen lediglich einfache Rechenhilfsmittel zu Verfügung standen, konnten – aus heutiger Sicht – erstaunlich genaue Berechnungen durchgeführt werden. So gelang es dem schottischen Mathematiker James Gregory (1638 – 1675), neue Methoden für die Berechnung der Kreiszahl π zu entwickeln. Er verwendete dafür spezielle unendliche Reihen, um $\frac{\pi}{4}$ zu approximieren.

Im folgenden Abschnitt werden unendliche Reihen untersucht, die zur Berechnung von Funktionswerten verwendet werden können bzw. solche, die Funktionen annähern.

## 3.1 Wiederholung

**3.1** 1) Veranschauliche die unendliche Reihe $\frac{1}{2} + \frac{1}{4} + \frac{1}{8} + \frac{1}{16} + \frac{1}{32} + \ldots$ mithilfe eines Kreisdiagramms und gib ihre Summe an.
2) Schreibe die Reihe $\frac{1}{3} + \frac{1}{5} + \frac{1}{9} + \frac{1}{17} + \frac{1}{33} + \ldots$ mithilfe des Summenzeichens an.
3) Argumentiere, warum die Summe aus 2) kleiner sein muss als jene aus 1). Gib ein Intervall an, in dem die Summe aus 2) daher liegen muss.

Bevor die Konvergenz von beliebigen Reihen untersucht wird, werden einige Grundbegriffe wiederholt.

**Die angeschriebene Summe einer (Zahlen-)Folge nennt man Reihe.**
Folge: $a_n = \langle a_1, a_2, a_3, a_4, \ldots \rangle$  Reihe: $a_1 + a_2 + a_3 + a_4 + \ldots$

Die Summe einer Reihe mit endlich vielen Gliedern kann durch Addition ermittelt werden. Hat die Reihe unendlich viele Glieder, so ist die Berechnung der Summe durch Addition nicht möglich. Die Summe wird deshalb mithilfe der Folge der Partialsummen $s_n$ ermittelt. Es gilt:
$s_n = a_1 + a_2 + a_3 + \ldots + a_n$

Existiert der **Grenzwert der Partialsummenfolge**, so bezeichnet man ihn als **Summe S der unendlichen Reihe** und nennt die Reihe **konvergent**, zum Beispiel eine geometrische Reihe $\sum_{n=1}^{\infty} b_1 \cdot q^{n-1}$ mit $|q| < 1$ (siehe Band 3, Abschnitt 1.7.4).

Existiert dieser Grenzwert nicht, nennt man die Reihe **divergent**.

**3.2** Schreibe die Reihen mithilfe des Summenzeichens an. Welche ist konvergent, welche divergent? Begründe deine Antwort, ohne den Grenzwert zu berechnen.
1) $1 + 2 + 3 + 4 + \ldots$   2) $1 + \frac{1}{10} + \frac{1}{100} + \frac{1}{1\,000} + \ldots$   3) $1 - \frac{1}{3} + \frac{1}{9} - \frac{1}{27} \pm \ldots$

**3.3** Die harmonische Reihe lautet: $\sum_{n=1}^{\infty} \frac{1}{n} = 1 + \frac{1}{2} + \frac{1}{3} + \ldots$
1) Gib die Gleichung der dargestellten Funktion f an. Erkläre, wie die Summanden der Reihe in der Abbildung veranschaulicht werden.
2) Vergleiche die Fläche der ersten 4 Rechtecke mit der Fläche unter der Kurve im Intervall [1; 5].
3) Ermittle $\lim_{b \to \infty} \left( \int_1^b \frac{1}{x} \, dx \right)$. Begründe damit die Divergenz der harmonischen Reihe.

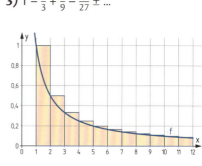

# Funktionenreihen

## 3.2 Konvergenz

Für viele mathematische Argumentationen ist es oft ausreichend zu wissen, ob eine Reihe konvergent, also ob ihre Summe eine reelle Zahl ist. Da das Ermitteln dieser Summe oft sehr aufwändig ist, werden Kriterien entwickelt, um die Konvergenz bzw. die Divergenz beurteilen zu können, ohne dabei diese Summe zu berechnen.

### 3.2.1 Notwendige Konvergenzbedingung

**3.4** 1) Ermittle für die Reihe $\sum_{n=0}^{\infty} \frac{1}{n!} = 1 + 1 + \frac{1}{2} + \frac{1}{6} + \frac{1}{24} + \ldots$ die Summanden $a_0, a_1, a_{10}, a_{50}$ und $a_{100}$.
Welchem Wert nähern sich die Summanden für $n \to \infty$? Ermittle die Teilsummen $s_{10}$, $s_{50}$ und $s_{100}$. Welchem Wert nähern sich diese Teilsummen?

2) Gib an, welchem Wert sich die Glieder der Reihe $1,1 + 1,01 + 1,001 + \ldots$ nähern.
Berechne weiters die Teilsummen $s_2, s_3$ und $s_4$.
Erkläre mithilfe der Reihenglieder, warum diese unendliche Reihe divergent ist.

Anhand der folgenden Reihen wird zunächst ein **Kriterium** erläutert, welches die Entscheidung ermöglicht, ob eine Reihe **divergent** sein muss oder **konvergent** sein kann.

- $0,1 + 0,1 + 0,1 + 0,1 + \ldots$
  Bildet man die Teilsummenfolge $s_n$, so erkennt man: $s_{n+1} = s_n + 0,1$
  Der Zuwachs beträgt konstant 0,1. Die Partialsummenfolge kann daher nicht konvergent sein. Die Reihe ist also divergent.

- $1 + 0,1 + 0,01 + 0,001 + \ldots$
  Die Reihenglieder nähern sich dem Wert 0, die Partialsummen $s_n$ nähern sich dem Wert $1,\dot{1}$.
  Die Reihe ist daher konvergent.

- $1 + \frac{1}{2} + \frac{1}{3} + \frac{1}{4} + \frac{1}{5} + \ldots$
  Auch für diese Reihenglieder gilt $a_n \to 0$. In Band 3, Abschnitt 1.7.4, wurde bereits gezeigt, dass diese Reihe, die **harmonische Reihe**, divergent ist.

Allgemein kann man feststellen:
Bilden die Glieder einer Reihe keine Nullfolge, so ist die Reihe sicher divergent.
Bilden die Glieder der Reihe eine Nullfolge, so **kann** die Reihe konvergent sein.
Bei der Bedingung „Reihenglieder bilden eine Nullfolge" handelt es sich also um eine Voraussetzung für die Konvergenz, also eine **notwendige Bedingung**. Ist sie nicht erfüllt, ist die Reihe nicht konvergent. Ist die Bedingung erfüllt, folgt daraus aber noch nicht, dass die Reihe tatsächlich konvergiert. Die Bedingung ist daher **keine hinreichende Bedingung**.

> **Notwendige Konvergenzbedingung** für unendliche Reihen
> Die Glieder jeder konvergenten unendlichen Reihe bilden eine **Nullfolge**. Es gilt: $\lim_{n \to \infty} (a_n) = 0$
> Der Umkehrschluss gilt nicht. Ist $\lim_{n \to \infty} (a_n) = 0$, so kann die Reihe auch divergent sein.
> Ist jedoch $\lim_{n \to \infty} (a_n) \neq 0$, so ist die Reihe sicher divergent.

**3.5** Überprüfe, ob die folgenden Reihen konvergent sein können. Erkläre, welche Reihen divergent sein müssen.

1) $\sum_{n=1}^{\infty} \left(\frac{1}{2}\right)^{n-1}$  2) $\sum_{n=1}^{\infty} 0,1^n$  3) $\sum_{n=1}^{\infty} \left(1 - \frac{1}{n}\right)$  4) $\sum_{n=1}^{\infty} (-1)^n$  5) $\sum_{n=1}^{\infty} \frac{1}{(2n)!}$

**Analysis**

# Funktionenreihen

## 3.2.2 Konvergenzkriterien

Um die Konvergenz einer Reihe zu beweisen, deren Glieder eine Nullfolge bilden, werden zusätzliche, so genannte **hinreichende Bedingungen** benötigt.

**Leibniz-Kriterium für alternierende Reihen**

Haben die Glieder einer Folge abwechselnd positives und negatives Vorzeichen, so bezeichnet man eine solche Folge als alternierende Folge, die zugehörige Reihe als **alternierende Reihe**. Gottfried Wilhelm Leibniz (deutscher Mathematiker, 1646 – 1716) stellte für die Konvergenz von alternierenden Reihen das nach ihm benannte **Leibniz-Kriterium** auf.

> **Leibniz-Kriterium für alternierende Reihen**
> Eine alternierende Reihe $a_1 - a_2 + a_3 - a_4 \pm ...$ mit $a_n > 0$ ist konvergent mit dem Grenzwert S, wenn die Folge $\langle a_1, a_2, a_3, a_4, ...\rangle$ eine monoton fallende Nullfolge ist. Es gilt: $0 < S < a_1$

Beweis:

$S = a_1 - a_2 + a_3 - a_4 + a_5 - a_6 + a_7 - a_8 \pm ...$   • $a_n > a_{n+1}$, da monoton fallend

$S = \underbrace{(a_1 - a_2)}_{>0} + \underbrace{(a_3 - a_4)}_{>0} + \underbrace{(a_5 - a_6)}_{>0} + \underbrace{(a_7 - a_8)}_{>0} + ...$   $\Rightarrow S > 0$

$S = a_1 - \underbrace{(a_2 - a_3)}_{>0} - \underbrace{(a_4 - a_5)}_{>0} - \underbrace{(a_6 - a_7)}_{>0} - ...$   $\Rightarrow S < a_1$

Damit gilt: $0 < S < a_1$ ... Die Reihe konvergiert.   q. e. d.

 Die alternierende harmonische Reihe $1 - \frac{1}{2} + \frac{1}{3} - \frac{1}{4} + \frac{1}{5} \mp ...$ wird auf Konvergenz geprüft.

$\lim\limits_{n \to \infty} \left(\frac{1}{n}\right) = 0$   • Die Glieder bilden eine Nullfolge.

$\frac{1}{n} > \frac{1}{n+1} \Rightarrow n + 1 > n \qquad \forall\, n \in \mathbb{N}$   • Die Glieder sind monoton fallend.

Die alternierende harmonische Reihe ist konvergent.

**Vergleichskriterien – Majorantenkriterium und Minorantenkriterium**

Um über Konvergenz bzw. Divergenz entscheiden zu können, können Reihen auch mit anderen Reihen verglichen werden, von denen man bereits weiß, ob sie konvergent oder divergent sind. Soll zum Beispiel die Konvergenz der Reihe $\sum\limits_{n=1}^{\infty} a_n = 1 + \frac{1}{2 \cdot 2} + \frac{1}{3 \cdot 2^2} + \frac{1}{4 \cdot 2^3} + ...$ bestimmt werden, so werden die einzelnen Glieder mit jenen der konvergenten Reihe $\sum\limits_{n=1}^{\infty} b_n = 1 + \frac{1}{2} + \frac{1}{2^2} + \frac{1}{2^3} + ...$ verglichen. Dabei kann man folgendes Bild verwenden:

| $\sum\limits_{n=1}^{\infty} b_n =$ | $1\ +$ | $\frac{1}{2}\ +$ | $\frac{1}{4}\ +$ | $\frac{1}{8}\ + ...$ | $= 2$ ... konvergent |
|---|---|---|---|---|---|
| $\sum\limits_{n=1}^{\infty} a_n =$ | $1\ +$ | $\frac{1}{2 \cdot 2}\ +$ | $\frac{1}{3 \cdot 4}\ +$ | $\frac{1}{4 \cdot 8}\ + ...$ | $\leq 2$ |

Da fast alle Glieder $a_n$ kleinergleich als die jeweiligen Vergleichsglieder $b_n$ sind, gilt auch:

$$\sum\limits_{n=1}^{\infty} a_n \leq \sum\limits_{n=1}^{\infty} b_n$$

Da die Reihe $\sum\limits_{n=1}^{\infty} b_n$ konvergent ist, muss auch die Reihe $\sum\limits_{n=1}^{\infty} a_n$ konvergent sein.

# Funktionenreihen

Dieses Vergleichskriterium nennt man **Majorantenkriterium** (latein: „maior" = größer). Dabei genügt es, wenn fast alle, also alle bis auf endlich viele, Glieder die Bedingung $a_n \leq b_n$ erfüllen. Endlich viele Glieder, die diese Bedingung nicht erfüllen, haben keinen Einfluss darauf, ob eine Reihe konvergent oder divergent ist.

Eine Reihe heißt **absolut konvergent**, wenn die Reihe der Absolutbeträge konvergiert. Jede absolut konvergente Reihe ist auch konvergent, der Umkehrschluss gilt jedoch nicht.

> **Majorantenkriterium**
>
> Die Reihe $\sum_{n=1}^{\infty} b_n$ ist konvergent. Gilt für fast alle Glieder der Reihe $\sum_{n=1}^{\infty} a_n$, dass $|a_n| \leq b_n$ ist, so ist die Reihe $\sum_{n=1}^{\infty} a_n$ (absolut) konvergent. Die Reihe $\sum_{n=1}^{\infty} b_n$ nennt man **konvergente Majorante**.

In ähnlicher Weise kann die **Divergenz** einer Reihe $\sum_{n=1}^{\infty} a_n$ gezeigt werden, indem die Glieder mit jenen einer divergenten Reihe verglichen werden. Dieses Kriterium nennt man **Minorantenkriterium** (latein: „minor" = kleiner).

> **Minorantenkriterium**
>
> Die Reihe $\sum_{n=1}^{\infty} b_n$ ist divergent. Gilt für fast alle Glieder der Reihe $\sum_{n=1}^{\infty} a_n$, dass $a_n \geq b_n \geq 0$ ist, so ist auch die Reihe $\sum_{n=1}^{\infty} a_n$ divergent. Die Reihe $\sum_{n=1}^{\infty} b_n$ nennt man **divergente Minorante**.

Nicht immer kann mithilfe des Majoranten- bzw. Minorantenkriteriums über die Konvergenz bzw. Divergenz einer Reihe entschieden werden.

## Quotientenkriterium und Wurzelkriterium

In vielen Fällen ist es möglich, die Konvergenz einer Reihe mithilfe des Verhältnisses zweier aufeinander folgender Glieder zu berechnen. Das so genannte **Quotientenkriterium** (Konvergenzkriterium von d'Alembert) wurde von Jean-Baptiste le Rond d'Alembert (französischer Mathematiker, 1717 – 1783) aufgestellt.

Beim **Wurzelkriterium** wird statt des Quotienten die n-te Wurzel zur Prüfung auf Konvergenz verwendet.

> Existiert zu einer Reihe $\sum_{n=1}^{\infty} a_n$ der Grenzwert g, so gilt:
>
> **Quotientenkriterium**   **Wurzelkriterium**
>
> $g = \lim_{n \to \infty} \left| \dfrac{a_{n+1}}{a_n} \right|$     $g = \lim_{n \to \infty} \sqrt[n]{|a_n|}$
>
> Ist $g < 1$, so konvergiert die Reihe absolut.
> Ist $g > 1$, so divergiert die Reihe.
> Ist $g = 1$, so ist eine Entscheidung über die Konvergenz oder die Divergenz nicht möglich.

**Analysis**

# Funktionenreihen

**3.6** Zeige mithilfe des Minorantenkriteriums, dass die Reihe $\sum_{n=1}^{\infty} \frac{1}{\ln(n+1)}$ divergent ist.

Lösung:

$\sum_{n=1}^{\infty} \frac{1}{\ln(n+1)} = \frac{1}{\ln(2)} + \frac{1}{\ln(3)} + \frac{1}{\ln(4)} + \ldots$ wird verglichen mit $\sum_{n=1}^{\infty} \frac{1}{n+1}$:

$\sum_{n=1}^{\infty} \frac{1}{n+1} = \frac{1}{2} + \frac{1}{3} + \frac{1}{4} + \ldots$ • Divergent, da die harmonische Reihe divergent ist.

$\lim_{n \to \infty} \frac{1}{\ln(n+1)} = 0$ • Nullfolge

$\frac{1}{\ln(n+1)} > \frac{1}{n+1} \quad \forall n > 1$ • $\ln(n+1) < (n+1)$

Die Reihe divergiert, weil die harmonische Reihe divergiert.

**3.7** Zeige mithilfe des Quotientenkriteriums, dass die Reihe $\sum_{n=0}^{\infty} \frac{c^n}{n!}$ ($c \in \mathbb{R}$) konvergiert.

Lösung:

$\frac{a_{n+1}}{a_n} = \frac{\frac{c^{n+1}}{(n+1)!}}{\frac{c^n}{n!}} = \frac{c^{n+1} \cdot n!}{c^n \cdot (n+1)!} = \frac{c}{n+1} \Rightarrow \lim_{n \to \infty} \left|\frac{c}{n+1}\right| = 0 < 1$, die Reihe ist konvergent.

Aufgaben 3.8 – 3.9: Berechne jeweils die Summen $s_{10}$ und $s_{100}$ der angegebenen Reihen. Argumentiere, weshalb du Konvergenz bzw. Divergenz vermutest. Überprüfe deine Vermutung mithilfe eines geeigneten Vergleichskriteriums.

**3.8** a) $\sum_{n=1}^{\infty} a_n = 1 + \frac{1}{\sqrt{2}} + \frac{1}{\sqrt{3}} + \frac{1}{\sqrt{4}} + \ldots$   b) $\sum_{n=1}^{\infty} a_n = 1 + \frac{1}{\sqrt[4]{2}} + \frac{1}{\sqrt[4]{3}} + \frac{1}{\sqrt[4]{4}} + \ldots$

**3.9** a) $\sum_{n=1}^{\infty} a_n = \frac{1}{1 \cdot 2} + \frac{1}{2 \cdot 3} + \frac{1}{3 \cdot 4} + \ldots$   b) $\sum_{n=1}^{\infty} a_n = 1 + \frac{2!}{4} + \frac{3!}{27} + \frac{4!}{256} + \frac{5!}{3\,125} + \ldots$

**3.10** Prüfe die angegebene Reihe mithilfe des Leibniz-Kriteriums auf Konvergenz.

a) $\sum_{n=1}^{\infty} (-1)^{n+1} \cdot \frac{1}{n^2}$   b) $\sum_{n=1}^{\infty} (-1)^{n+1} \cdot \frac{1}{2n-1}$   c) $\frac{1}{2^2} - \frac{1}{3^2} + \frac{1}{4^3} - \frac{1}{5^3} + \frac{1}{6^2} - \frac{1}{7^2} + \frac{1}{8^3} - \frac{1}{9^3} \pm \ldots$

**3.11** Prüfe die angegebene Reihe mithilfe des Quotientenkriteriums auf Konvergenz.

a) $\sum_{n=1}^{\infty} \frac{n}{10^n}$   b) $\sum_{n=1}^{\infty} \frac{1}{(2n)!}$   c) $\sum_{n=0}^{\infty} \frac{10^n}{n!}$   d) $\sum_{n=1}^{\infty} \frac{1+3n}{5^n}$

**3.12** Prüfe die angegebene Reihe mithilfe des Wurzelkriteriums auf Konvergenz.

a) $\sum_{n=1}^{\infty} \left(\frac{n}{1+2n}\right)^n$   b) $\sum_{n=1}^{\infty} \left(\frac{n^2}{1+2n}\right)^n$   c) $\sum_{n=2}^{\infty} \frac{1}{(\ln(n))^n}$   d) $\sum_{n=1}^{\infty} \left(\frac{n}{1+2n^2}\right)^n$

Aufgaben 3.13 – 3.14: Prüfe die Reihe auf Konvergenz. Wähle ein geeignetes Verfahren.

**3.13** a) $\sum_{n=2}^{\infty} \frac{1}{\ln(n)}$   b) $\sum_{n=2}^{\infty} \frac{3^n}{n^{100}}$   c) $\sum_{n=1}^{\infty} a_n = 2 + \frac{3}{2} + \frac{4}{3} + \frac{5}{4} + \ldots$

**3.14** a) $\sum_{n=1}^{\infty} \frac{(-1)^n}{2^n} \cdot n$   b) $\sum_{n=1}^{\infty} \left(\frac{1}{2}\right)^n \cdot \frac{1}{n!}$   c) $\sum_{n=1}^{\infty} \frac{1}{n \cdot 2^n}$   d) $\sum_{n=2}^{\infty} \frac{1}{\sqrt{n \cdot (n-1)}}$

**3.15** Prüfe, ob $\sum_{n=1}^{\infty} a_n = \frac{1}{\sqrt{2}-1} - \frac{1}{\sqrt{2}+1} + \frac{1}{\sqrt{3}-1} - \frac{1}{\sqrt{3}+1} \pm \ldots$ konvergent ist.

# Funktionenreihen

## 3.3 Taylor-Reihe

### 3.3.1 Potenzreihe

**3.16** Für sehr kleine Winkel x (in rad) kann man für sin(x) folgende Näherungen verwenden:

**1)** $\sin(x) \approx x$      **2)** $\sin(x) \approx x - \frac{x^3}{6}$

Berechne jeweils sin(x) für x = 0,05; x = 0,1 und x = 0,5 mit dem Taschenrechner sowie mithilfe der beiden angegebenen Näherungen. Vergleiche die Ergebnisse.

Die näherungsweise Berechnung von Funktionswerten kann mithilfe von **Potenzreihen** erfolgen. Unter einer Potenzreihe versteht man ein „unendlich langes Polynom".

> Eine **Potenzreihe** P ist eine Reihe der Form
> $$P(x) = \sum_{n=0}^{\infty} c_n \cdot x^n = c_0 + c_1 \cdot x + c_2 \cdot x^2 + c_3 \cdot x^3 + \dots \text{ mit } c_n \in \mathbb{R}.$$
> $c_0, c_1, c_2, \dots$ sind dabei die Koeffizienten der Potenzreihe.

Zu jeder beliebig oft differenzierbaren Funktion existiert eine solche Potenzreihe. Zum Beispiel lautet für die Exponentialfunktion $f(x) = e^x$ die zugehörige Potenzreihe:

$$e^x = 1 + \frac{1}{1!} \cdot x + \frac{1}{2!} \cdot x^2 + \frac{1}{3!} \cdot x^3 + \frac{1}{4!} \cdot x^4 + \frac{1}{5!} \cdot x^5 + \frac{1}{6!} \cdot x^6 + \dots$$

Bei der näherungsweisen Berechnung eines bestimmten Funktionswerts wird nach endlich vielen Gliedern abgebrochen. Für x = 3 und n = 4 ergibt sich zB:

$$e^3 \approx 1 + \frac{1}{1!} \cdot 3 + \frac{1}{2!} \cdot 3^2 + \frac{1}{3!} \cdot 3^3 + \frac{1}{4!} \cdot 3^4 \approx 16{,}375$$

Eine höhere Genauigkeit wird erzielt, indem man mehr Glieder der Reihe zur Berechnung heranzieht. Taschenrechner geben für $e^3$ den Wert 20,0855... aus. Auch dabei handelt es sich um eine – allerdings sehr genaue – Näherung.

Da der Wert der einzelnen Reihenglieder von x abhängt, **hängt** auch das **Konvergenzverhalten** bzw. die Summe der Potenzreihe **von x** ab.

ZB: Vergleicht man die Reihe $\sum_{n=0}^{\infty} x^n$ für x = 0,1 und x = 2, so sieht man:

- $\sum_{n=0}^{\infty} 0{,}1^n = 1 + 0{,}1 + 0{,}01 + 0{,}001 + \dots$      • $\sum_{n=0}^{\infty} 2^n = 1 + 2 + 4 + 8 + \dots$

Die Reihe konvergiert.                         Die Reihe divergiert.

Jene Werte von x, für die die Potenzreihe konvergiert, bilden den **Konvergenzbereich** der Reihe. Dieser kann mithilfe des **Quotientenkriteriums** ermittelt werden.

$$\lim_{n \to \infty} \left| \frac{a_{n+1}}{a_n} \right| = \lim_{n \to \infty} \left| \frac{c_{n+1} \cdot x^{n+1}}{c_n \cdot x^n} \right| = \lim_{n \to \infty} \left| \frac{c_{n+1}}{c_n} \cdot x \right| < 1 \qquad \bullet \ \lim_{n \to \infty} \left| \frac{a_{n+1}}{a_n} \right| < 1$$

$$\lim_{n \to \infty} \left| \frac{c_{n+1}}{c_n} \cdot x \right| = \lim_{n \to \infty} \left| \frac{c_{n+1}}{c_n} \right| \cdot |x| < 1 \ \Rightarrow \ |x| < \frac{1}{\lim_{n \to \infty} \left| \frac{c_{n+1}}{c_n} \right|} = \lim_{n \to \infty} \left| \frac{c_n}{c_{n+1}} \right|$$

Man bezeichnet $\lim_{n \to \infty} \left| \frac{c_n}{c_{n+1}} \right| = r$ als **Konvergenzradius**. Die Potenzreihe konvergiert für $|x| < r$.

Die Konvergenz für $|x| = r$ wird anhand der Potenzreihen P(r) bzw. P(−r) entschieden.

# Funktionenreihen

**Konvergenzbereich** einer Potenzreihe

Wenn der Grenzwert $r = \lim\limits_{n \to \infty} \left|\dfrac{c_n}{c_{n+1}}\right|$ einer Potenzreihe $\sum\limits_{n=0}^{\infty} c_n \cdot x^n$ existiert, konvergiert die Reihe für $|x| < r$, sie divergiert für $|x| > r$.
Für die Randstellen $|x| = r$ kann man nur mithilfe weiterer Untersuchungen Aussagen über das Konvergenzverhalten treffen.

Konvergenzbereich

Der Grenzwert r wird als Konvergenzradius bezeichnet.

Die Menge aller x-Werte, für die eine Potenzreihe $\sum\limits_{n=0}^{\infty} c_n \cdot x^n$ konvergiert, bezeichnet man als Konvergenzbereich der Potenzreihe.

Für Potenzreihen gelten innerhalb des (gemeinsamen) Konvergenzbereichs die gleichen Rechenregeln wie für Polynomfunktionen.

**3.17** Ermittle den Konvergenzbereich der Potenzreihe $\sum\limits_{n=1}^{\infty} \dfrac{x^n}{n}$.

Lösung:

$$\sum_{n=1}^{\infty} \frac{x^n}{n} = \frac{x}{1} + \frac{x^2}{2} + \frac{x^3}{3} + \frac{x^4}{4} + \ldots$$

$c_n = \dfrac{1}{n}$ und $c_{n+1} = \dfrac{1}{n+1}$  • $c_n$ und $c_{n+1}$ bestimmen

$r = \lim\limits_{n \to \infty} \left|\dfrac{c_n}{c_{n+1}}\right| = \lim\limits_{n \to \infty} \left|\dfrac{\frac{1}{n}}{\frac{1}{n+1}}\right| = \lim\limits_{n \to \infty} \left|\dfrac{n+1}{n}\right| = 1$  • Für $-1 < x < 1$ ist die Reihe konvergent.

Überprüfen der Randstellen:

$x = -1$: $\sum\limits_{n=1}^{\infty} \dfrac{(-1)^n}{n} = -\dfrac{1}{1} + \dfrac{1}{2} - \dfrac{1}{3} + \dfrac{1}{4} \mp \ldots$  • Die alternierende harmonische Reihe konvergiert, $x = -1$ gehört daher zum Konvergenzbereich.

$x = 1$: $\sum\limits_{n=1}^{\infty} \dfrac{1^n}{n} = \dfrac{1}{1} + \dfrac{1}{2} + \dfrac{1}{3} + \dfrac{1}{4} + \ldots$  • Die harmonische Reihe divergiert, $x = 1$ gehört daher nicht zum Konvergenzbereich.

Die Reihe konvergiert im Intervall $[-1; 1[$.

Aufgaben 3.18 – 3.19: Ermittle jeweils den Konvergenzbereich der Potenzreihe.

**3.18** a) $\sum\limits_{n=0}^{\infty} x^n$  b) $\sum\limits_{n=1}^{\infty} \dfrac{x^n}{n!}$  c) $\sum\limits_{n=1}^{\infty} n! \cdot x^n$  d) $\sum\limits_{n=0}^{\infty} \dfrac{x^n}{2^n}$

**3.19** a) $\sum\limits_{n=0}^{\infty} n^2 \cdot x^n$  b) $\sum\limits_{n=0}^{\infty} \dfrac{x^{2n}}{10^{n+1}}$  c) $\sum\limits_{n=1}^{\infty} \dfrac{x^n}{n \cdot 5^n}$  d) $\sum\limits_{n=0}^{\infty} \dfrac{x^{2n+1}}{(2n+1)!}$

**3.20** Die Funktion $y = \ln(x)$ kann durch die Potenzreihe $\ln(x) = \sum\limits_{n=1}^{\infty} (-1)^{n+1} \cdot \dfrac{(x-1)^n}{n}$ in einem bestimmten Bereich dargestellt werden.

1) Stelle die Funktion $y = \ln(x)$ und die Potenzreihe für $n = 7$, $n = 8$ und $n = 10$ in einem gemeinsamen Koordinatensystem grafisch dar.
2) In welchem Bereich wird die Funktion $y = \ln(x)$ durch die Potenzreihe genähert?

# Funktionenreihen

## 3.3.2 Entwicklung einer Taylor-Reihe

**3.21** Differenziere die Funktion $y = x^5$ so oft, bis die Ableitung erstmals eine konstante Funktion ist. Schreibe diese Konstante mithilfe der Fakultät an.  **A B** ○ ○

Im folgenden Abschnitt wird gezeigt, wie die Koeffizienten einer Potenzreihe bestimmt werden, damit die Potenzreihe einer gegebenen Funktion entspricht. Eine Methode zur Ermittlung solcher Potenzreihen stammt von Brook Taylor (englischer Mathematiker, 1685 – 1731) und Colin MacLaurin (schottischer Mathematiker, 1698 – 1746). Dabei werden Funktionen in einem bestimmten Punkt in eine Potenzreihe „entwickelt".

ZB: Die Funktion $y = \cos(x)$ soll ausgehend von $x_0 = 0$ durch eine Polynomfunkion angenähert werden. Die gewählte Stelle $x_0$ nennt man **Entwicklungsstelle**.

Zunächst betrachtet man die Näherung durch die Tangente im Punkt $P(0|1)$. An der Stelle $x_0$ stimmen der Funktionswert und die erste Ableitung überein. Diese Näherung ist jedoch nur in der unmittelbaren Umgebung der Entwicklungsstelle „brauchbar". Verwendet man für die Näherung eine Funktion 2. Grads, so kann diese so gewählt werden, dass zusätzlich auch die zweite Ableitung, also die Krümmung, an der Stelle $x_0$ übereinstimmt.

**Lineare Funktion**

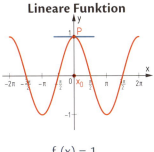

$f_1(x) = 1$

**Polynomfunktion 2. Grads**

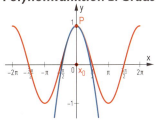

$f_2(x) = 1 - \frac{1}{2}x^2$

Taylor und MacLaurin bauten diese Idee aus, indem sie Polynome höheren Grads verwendeten, die an der Entwicklungsstelle in allen Ableitungen mit der gegebenen Funktion übereinstimmen. Je höher der Grad der gewählten Polynomfunktion ist, umso größer ist die Anzahl der übereinstimmenden Ableitungen und umso besser nähert die Polynomfunktion die Funktion $y = \cos(x)$ an.

**Polynomfunktion 4. Grads**

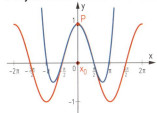

$f_3(x) = 1 - \frac{1}{2}x^2 + \frac{1}{24}x^4$

**Polynomfunktion 8. Grads**

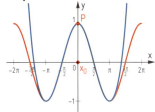

$f_4(x) = 1 - \frac{1}{2}x^2 + \frac{1}{24}x^4 - \frac{1}{720}x^6 + \frac{1}{40\,320}x^8$

Es lässt sich zeigen, dass eine Potenzreihe, deren Ableitungen mit jenen der ursprünglichen Funktion f an der Stelle $x_0$ übereinstimmen, gegen die Funktion f konvergiert. Diese Potenzreihe wird **Taylor-Reihe** genannt.

# Funktionenreihen

Die Bestimmung der Koeffizienten der Taylor-Reihe erfolgt nach folgenden Überlegungen:
Eine Funktion f(x) soll durch die Potenzreihe $P(x) = \sum_{n=0}^{\infty} a_n \cdot x^n$ mit $a_n \in \mathbb{R}$ so angenähert werden, dass an der Stelle $x_0$ die Funktionswerte und die jeweiligen Ableitungen von f und P übereinstimmen.

$f(x_0) = P(x_0) \Rightarrow f(x_0) = a_0 + a_1 \cdot x_0 + a_2 \cdot x_0^2 + a_3 \cdot x_0^3 + a_4 \cdot x_0^4 + \ldots$

$f'(x_0) = P'(x_0) \Rightarrow f'(x_0) = a_1 + 2 \cdot a_2 \cdot x_0 + 3 \cdot a_3 \cdot x_0^2 + 4 \cdot a_4 \cdot x_0^3 + \ldots$

$f''(x_0) = P''(x_0) \Rightarrow f''(x_0) = 2 \cdot a_2 + 3 \cdot 2 \cdot a_3 \cdot x_0 + 4 \cdot 3 \cdot a_4 \cdot x_0^2 + \ldots$

$f'''(x_0) = P'''(x_0) \Rightarrow f'''(x_0) = 3 \cdot 2 \cdot a_3 + 4 \cdot 3 \cdot 2 \cdot a_4 \cdot x_0 + \ldots$

Wählt man die Entwicklungsstelle $x_0 = 0$, so erhält man:

$f(0) = a_0 + a_1 \cdot 0 + a_2 \cdot 0^2 + a_3 \cdot 0^3 + a_4 \cdot 0^4 + \ldots \Rightarrow a_0 = f(0)$

$f'(0) = a_1 + 2 \cdot a_2 \cdot 0 + 3 \cdot a_3 \cdot 0^2 + 4 \cdot a_4 \cdot 0^3 + \ldots \Rightarrow a_1 = f'(0)$

$f''(0) = 2 \cdot a_2 + 3 \cdot 2 \cdot a_3 \cdot 0 + 4 \cdot 3 \cdot a_4 \cdot 0^2 + \ldots \Rightarrow a_2 = \frac{f''(0)}{2}$

$f'''(0) = 3 \cdot 2 \cdot a_3 + 4 \cdot 3 \cdot 2 \cdot a_4 \cdot 0 + \ldots \Rightarrow a_3 = \frac{f'''(0)}{3 \cdot 2}$

Allgemein gilt: $a_n = \frac{f^{(n)}(0)}{n \cdot (n-1) \cdot (n-2) \cdot \ldots \cdot 3 \cdot 2 \cdot 1} = \frac{f^{(n)}(0)}{n!}$

Man erhält dadurch folgende Potenzreihe:

$P(x) = f(0) + \frac{f'(0)}{1!} \cdot x + \frac{f''(0)}{2!} \cdot x^2 + \frac{f'''(0)}{3!} \cdot x^3 + \ldots + \frac{f^{(n)}(0)}{n!} \cdot x^n + \ldots$

Die Potenzreihe P(x) ist innerhalb des Konvergenzbereichs **ident** mit der Funktion f(x). Außerhalb dieses Bereichs divergiert sie, sie ist also nicht einmal eine Näherung der Funktion. Ist die Entwicklungsstelle $x_0 \neq 0$, so wählt man Potenzen von $(x - x_0)$, um ein Gleichungssystem zu erhalten, bei dem jeweils alle Koeffizienten bis auf einen wegfallen.

> **Taylor-Reihe**
> Ist eine Funktion f beliebig oft differenzierbar und $x_0 \in D_f$, so existiert eine Potenzreihe, die in ihrem Konvergenzbereich mit der Funktion f ident ist. Im Konvergenzbereich gilt:
> $f(x) = \sum_{n=0}^{\infty} \frac{f^{(n)}(x_0)}{n!} \cdot (x - x_0)^n = f(x_0) + f'(x_0) \cdot (x - x_0) + \frac{f''(x_0)}{2!} \cdot (x - x_0)^2 + \frac{f'''(x_0)}{3!} \cdot (x - x_0)^3 + \ldots$
> Diese Potenzreihe nennt man Taylor-Reihe.
> Für $x_0 = 0$ gilt: $f(x) = \sum_{n=0}^{\infty} \frac{f^{(n)}(0)}{n!} \cdot x^n = f(0) + f'(0) \cdot x + \frac{f''(0)}{2!} \cdot x^2 + \frac{f'''(0)}{3!} \cdot x^3 + \ldots$

Bemerkung: Eine Taylor-Reihe mit $x_0 = 0$ nennt man auch **MacLaurin-Reihe**.

### Restglied der Taylor-Reihe

Bricht man die Taylor-Reihe bei n ab, so erhält man ein **Taylor-Polynom** $P_n$ vom Grad n. Die Summe der nicht berücksichtigten Glieder wird **Restglied** $R_n$ genannt. Es entspricht der Differenz zwischen dem Näherungswert und dem genauen Funktionswert. Das Restglied gibt also den Fehler an, der durch den vorzeitigen Abbruch der Reihe entsteht. Das Abschätzen der Größe des Restglieds ist im Allgemeinen schwierig, nur für **alternierende konvergente Reihen** liefert das Leibniz-Kriterium eine einfache Möglichkeit zur Bestimmung des Restglieds.

$|R_n| < \left| \frac{f^{(n+1)}(x_0)}{(n+1)!} \cdot (x - x_0)^{n+1} \right|$ 

● $\frac{f^{(n+1)}(x_0)}{(n+1)!} \cdot (x - x_0)^{n+1}$ … erstes weggelassenes Glied

# Funktionenreihen

Die Entwicklung einer Funktion in eine Taylor-Reihe mit $x_0 = 0$ wird nun anhand der Funktion $f(x) = e^x$ gezeigt.

$f(x) = e^x \Rightarrow f(0) = 1$
$f'(x) = e^x \Rightarrow f'(0) = 1$
$f''(x) = e^x \Rightarrow f''(0) = 1$
$f'''(x) = e^x \Rightarrow f'''(0) = 1$
...

- Die Ableitungen der gegebenen Funktion werden bestimmt und die Werte an der Stelle $x_0 = 0$ berechnet.

$e^x = f(0) + f'(0) \cdot x + \frac{f''(0)}{2!} \cdot x^2 + \frac{f'''(0)}{3!} \cdot x^3 + ...$

$e^x = 1 + x + \frac{1}{2!} \cdot x^2 + \frac{1}{3!} \cdot x^3 + ... + \frac{1}{k!} \cdot x^k + ...$

$e^x = \sum_{n=0}^{\infty} \frac{x^n}{n!}$

- Die Taylor-Reihe wird angeschrieben.
- Einsetzen der Funktionswerte
- Anschreiben mithilfe des Summenzeichens

Der **Konvergenzradius der Potenzreihe** gibt jenen Bereich an, in dem die Potenzreihe die Funktion darstellt.

$r = \lim_{n \to \infty} \left| \frac{\frac{1}{n!}}{\frac{1}{(n+1)!}} \right| = \lim_{n \to \infty} \left| \frac{(n+1) \cdot n \cdot (n-1) \cdot ... \cdot 3 \cdot 2 \cdot 1}{n \cdot (n-1) \cdot ... \cdot 3 \cdot 2 \cdot 1} \right| = \lim_{n \to \infty} (n+1) = \infty$

$\Rightarrow$ Die Potenzreihe ist für alle Werte von x konvergent.

Die Taylor-Reihe $\sum_{n=0}^{\infty} \frac{x^n}{n!} = 1 + x + \frac{1}{2!} \cdot x^2 + \frac{1}{3!} \cdot x^3 + ... + \frac{1}{k!} \cdot x^k + ...$ stellt $f(x) = e^x$ für alle reellen Zahlen und auch für alle komplexen Zahlen dar.

Die Abbildung zeigt den Graphen von **y = $e^x$** sowie die Graphen der ersten vier Taylor-Polynome.

**$P_0(x) = 1$**
**$P_1(x) = 1 + x$**
**$P_2(x) = 1 + x + \frac{1}{2} \cdot x^2$**
**$P_3(x) = 1 + x + \frac{1}{2} \cdot x^2 + \frac{1}{6} \cdot x^3$**

Je mehr Glieder der Reihe verwendet werden, desto besser wird die Exponentialfunktion angenähert.

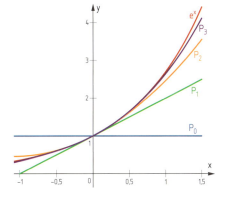

Man erkennt, dass die Taylor-Polynome die Funktion in der Nähe der Entwicklungsstelle besser nähern als weiter davon entfernt. Ebenso ist die Näherung besser, je höher der Grad des Taylor-Polynoms ist.

ZB: $e^{0,5} = 1,648721...$ → $P_3(0,5) = \textbf{1,64}58333...$ $P_4(0,5) = \textbf{1,648}4375$

$e^{0,9} = 2,459603...$ → $P_3(0,9) = \textbf{2,4}265$ $P_4(0,9) = \textbf{2,45}38375$

$e^{1,5} = 4,481689...$ → $P_3(1,5) = \textbf{4,}1875$ $P_4(1,5) = \textbf{4,3}984375$

Setzt man in die Taylor-Reihe $e^x = 1 + x + \frac{1}{2!} \cdot x^2 + \frac{1}{3!} \cdot x^3 + ... + \frac{1}{k!} \cdot x^k + ...$ für $x = 1$ ein, erhält man für diese Summe die Euler'sche Zahl.

> **Darstellung der Euler'schen Zahl:** $e = \sum_{n=0}^{\infty} \frac{1}{n!} = 1 + 1 + \frac{1}{2!} + \frac{1}{3!} + ...$

**Analysis**

# Funktionenreihen

**3.22**
1) Entwickle die Funktion $f(x) = \cos(x)$ an der Stelle $x_0 = 0$ in eine Taylor-Reihe.
2) Es soll $\cos(0{,}6)$ mit einem Fehler von maximal $10^{-4}$ berechnet werden. Ermittle mithilfe des Restglieds den Grad des Taylor-Polynoms, mit dem die geforderte Genauigkeit erzielt werden kann.
3) Bestimme $\cos(0{,}6)$ mithilfe des Taylorpolynoms mit dem in **2)** berechneten Grad und anschließend mit einem Taschenrechner. Vergleiche die Ergebnisse.

**Lösung:**

**1)**
$f(x) = \cos(x) \Rightarrow f(0) = 1$
$f'(x) = -\sin(x) \Rightarrow f'(0) = 0$
$f''(x) = -\cos(x) \Rightarrow f''(0) = -1$
$f'''(x) = \sin(x) \Rightarrow f'''(0) = 0$
$f^{(4)}(x) = \cos(x) \Rightarrow f^{(4)}(0) = 1$

- $f(x) = f^{(4)}(x)$
  $f'(x) = f^{(5)}(x)$, usw.
- Koeffizienten der Potenzreihe berechnen

$\cos(x) = f(0) + f'(0) \cdot x + \frac{f''(0)}{2!} \cdot x^2 + \frac{f'''(0)}{3!} \cdot x^3 + \ldots =$

$= 1 + 0 \cdot x - \frac{1}{2!} \cdot x^2 + 0 \cdot x^3 + \frac{1}{4!} \cdot x^4 + \ldots$

$\cos(x) = 1 - \frac{1}{2!} \cdot x^2 + \frac{1}{4!} \cdot x^4 \mp \ldots$

- Potenzreihe angeben

$a_{2n} = \frac{(-1)^n}{(2n)!}$

$r = \lim_{n \to \infty} \left| \frac{\frac{1}{(2n)!}}{\frac{1}{(2n+2)!}} \right| =$

$= \lim_{n \to \infty} \left( \frac{(2n+2) \cdot (2n+1) \cdot (2n)!}{(2n)!} \right) =$

$= \lim_{n \to \infty} [(2n+2) \cdot (2n+1)] = \infty$

- Nur die Koeffizienten mit geradem Index sind von null verschieden.
- Konvergenzradius ermitteln

$\cos(x) = 1 - \frac{1}{2!} \cdot x^2 + \frac{1}{4!} \cdot x^4 \mp \ldots = \sum_{n=0}^{\infty} \frac{(-1)^n}{(2n)!} \cdot x^{2n} \quad \forall x \in \mathbb{R}$

- Taylor-Reihe angeben

**2)** $|a_{2(n+1)}| = \left| \frac{1}{(2n+2)!} \cdot 0{,}6^{2n+2} \right| \leq 10^{-4}$

- Erstes weggelassenes Glied

|   | A | B | C |
|---|---|---|---|
| 1 | n | Grad | $|a_{2(n+1)}|$ |
| 2 | 0 | 0 | 0,18 |
| 3 | 1 | 2 | 0,0054 |
| 4 | 2 | 4 | 0,0000648 |
| 5 | 3 | 6 | 4,16571E-07 |
| 6 | 4 | 8 | 1,66629E-09 |

- Mithilfe eines Tabellenkalkulationsprogramms wird der Wert des Restglieds berechnet.
- $R_4 = 0{,}0000648$

Beim Grad 4 ist $|a_{2(n+1)}|$ erstmals kleinergleich $10^{-4}$. Der Grad des Taylor-Polynoms muss daher 4 sein.

**3)** $P_4(0{,}6) = 1 - \frac{1}{2!} \cdot 0{,}6^2 + \frac{1}{4!} \cdot 0{,}6^4 = 0{,}8254$

TR: $\cos(0{,}6) = 0{,}8253356\ldots$

Differenz: $0{,}8254 - 0{,}8253356\ldots = 0{,}0000643\ldots < R_4 = 0{,}0000648$

Die Differenz ist kleiner als das Restglied $R_4$.

# Funktionenreihen

**3.23** Entwickle die Funktion f mit $f(x) = x^3$ an der Stelle $x_0 = 1$ in eine Taylor-Reihe. Zeige, dass die Taylor-Reihe der gegebenen Funktion entspricht.

Lösung:

$f(x) = x^3$, $\quad f'(x) = 3x^2$, $\quad f''(x) = 6x$, $\quad f'''(x) = 6$, $\quad f^{(4)}(x) = f^{(5)}(x) = \ldots = 0$

$f(1) = 1$, $\quad f'(1) = 3$, $\quad f''(1) = 6$, $\quad f'''(1) = 6$

$$f(x) = \sum_{n=0}^{\infty} \frac{f^{(n)}(x_0)}{n!} \cdot (x - x_0)^n = f(x_0) + f'(x_0) \cdot (x - x_0) + \frac{f''(x_0)}{2!} \cdot (x - x_0)^2 + \frac{f'''(x_0)}{3!} \cdot (x - x_0)^3 + \ldots$$

$x^3 = 1 + 3 \cdot (x - 1) + \frac{6}{2!} \cdot (x - 1)^2 + \frac{6}{3!} \cdot (x - 1)^3 = 1 + 3 \cdot (x - 1) + 3 \cdot (x - 1)^2 + 1 \cdot (x - 1)^3$

Durch Ausmultiplizieren folgt:

$1 + 3x - 3 + 3x^2 - 6x + 3 + x^3 - 3x^2 + 3x - 1 = x^3 \quad$ q. e. d.

Im Folgenden sind die **Potenzreihen einiger elementarer Funktionen** sowie spezielle Potenzreihen und deren Konvergenzbereich aufgelistet.

| Funktion | Potenzreihe | Konvergenzbereich |
|---|---|---|
| $e^x$ | $1 + \frac{x}{1!} + \frac{x^2}{2!} + \frac{x^3}{3!} + \ldots$ | $|x| < \infty$ |
| $a^x$ mit $a \in \mathbb{R}$ | $1 + \frac{\ln(a) \cdot x}{1!} + \frac{(\ln(a))^2 \cdot x^2}{2!} + \frac{(\ln(a))^3 \cdot x^3}{3!} + \ldots$ | $|x| < \infty$ |
| $\ln\left(\frac{1+x}{1-x}\right)$ | $2 \cdot \left[ x + \frac{x^3}{3} + \frac{x^5}{5} + \frac{x^7}{7} + \ldots \right]$ | $|x| < 1$ |
| $\ln(x)$ | $(x - 1) - \frac{1}{2} \cdot (x - 1)^2 + \frac{1}{3} \cdot (x - 1)^3 - \frac{1}{4} \cdot (x - 1)^4 \pm \ldots$ | $0 < x \leq 2$ |
| $\sin(x)$ | $x - \frac{x^3}{3!} + \frac{x^5}{5!} - \frac{x^7}{7!} \pm \ldots$ | $|x| < \infty$ |
| $\cos(x)$ | $1 - \frac{x^2}{2!} + \frac{x^4}{4!} - \frac{x^6}{6!} \pm \ldots$ | $|x| < \infty$ |
| $\tan(x)$ | $x + \frac{x^3}{3} + \frac{2 \cdot x^5}{15} + \frac{17 \cdot x^7}{315} + \frac{62 \cdot x^9}{2\,835} + \ldots$ | $|x| < \frac{\pi}{2}$ |
| $\sinh(x)$ | $x + \frac{x^3}{3!} + \frac{x^5}{5!} + \frac{x^7}{7!} + \ldots$ | $|x| < \infty$ |
| $\cosh(x)$ | $1 + \frac{x^2}{2!} + \frac{x^4}{4!} + \frac{x^6}{6!} + \ldots$ | $|x| < \infty$ |
| $\tanh(x)$ | $x - \frac{x^3}{3} + \frac{2 \cdot x^5}{15} - \frac{17 \cdot x^7}{315} + \frac{62 \cdot x^9}{2\,835} \mp \ldots$ | $|x| < \frac{\pi}{2}$ |
| $\frac{1}{1+x}$ | $1 - x + x^2 - x^3 \pm \ldots$ | $|x| < 1$ |
| $\frac{1}{1-x}$ | $1 + x + x^2 + x^3 + \ldots$ | $|x| < 1$ |

Aufgaben 3.24 – 3.26: Verwende die Reihendarstellung aus der Tabelle.

**3.24** Gib das Taylor-Polynom 4. Grads an und berechne damit die Näherungswerte für $f(x_i)$.
   a) $f(x) = \tan(x)$ für $x_1 = \frac{\pi}{4}$ und $x_2 = -1$    c) $f(x) = 2^x$ für $x_1 = 0{,}4$ und $x_2 = -2{,}3$
   b) $f(x) = \sin(x)$ für $x_1 = -10$ und $x_2 = 0{,}8$    d) $f(x) = \cosh(x)$ für $x_1 = -3$ und $x_2 = 0{,}5$

**3.25** 1) Berechne $e^x$ für $x_1 = 1$ und $x_2 = 2{,}7$ mithilfe eines Taylor-Polynoms 5. Grads.
   2) Vergleiche die Ergebnisse aus 1) mit der Ausgabe des Taschenrechners.

**3.26** Schreibe die Taylor-Reihe für die gegebene Funktion mithilfe des Summenzeichens an.
   a) $\sin(x)$            b) $\ln(x)$

# Funktionenreihen

Aufgaben 3.27 – 3.29: Verwende die Reihendarstellung aus der Tabelle auf Seite 59.

**3.27** Gib mithilfe der Taylor-Reihe für $e^x$ die Taylor-Reihe für die Funktion f an:
a) $f(x) = e^{-x}$ 
b) $f(x) = e^{\frac{x}{2}}$ 
c) $f(x) = e^{jx}$

**3.28** Prüfe die angegebene Reihe für $\frac{1}{1-x}$ durch Entwicklung in eine Taylor-Reihe mit $x_0 = 0$ nach.

**3.29** Gib zwei verschiedene Näherungspolynome 3. Grads zur Berechnung von ln(0,75) an. Begründe, warum du damit unterschiedlich gute Näherungswerte erhältst.

**3.30** 
1) Entwickle die Funktion f mit $f(x) = \sin(x)$ an der Stelle $x_0 = 0$ in eine Taylor-Reihe.
2) Stelle die Funktion f sowie die Taylor-Polynome 3. Grads und 7. Grads in einem gemeinsamen Koordinatensystem dar. Gib jene Bereiche an, in denen die jeweilige Näherung geeignet erscheint.
3) Berechne sin(150°) mithilfe der Näherungspolynome aus 2) und markiere die Werte in der Grafik. Interpretiere die Ergebnisse.

**3.31** Entwickle die Funktion $f(x) = \left(\frac{1}{2}\right)^x$ an der Stelle $x_0 = 1$ in eine Taylor-Reihe.

**3.32** Entwickle die Funktion $f(x) = 3x^2 - 5x + 7$ an der Stelle $x_0 = 2$ in eine Taylor-Reihe. Begründe, warum die entstehende Taylor-Reihe eine endliche Reihe ist.

**3.33** 
1) Zeige, dass das lineare Taylor-Polynom $P_1(x) = 1 + 3 \cdot (x - 1)$ der Tangente an die Funktion $f(x) = x^3$ an der Stelle $x = 1$ entspricht.
2) Zeige, dass das lineare Taylor-Polynom einer Funktion f an der Stelle $x_0$ der Gleichung der Tangente an die Funktion f an der Stelle $x_0$ entspricht.

**3.34** Entwickle $f(x) = \sin(x)$ an den Stellen $x_0 = 0$, $x_0 = \frac{\pi}{4}$ und $x_0 = \frac{\pi}{2}$ jeweils in eine Taylor-Reihe. Berechne anschließend sin(0,7) mit allen drei Reihen mit dem Näherungspolynom $P_4$ und interpretiere das Ergebnis mithilfe des jeweiligen Restglieds.

**3.35** Zeige die Gültigkeit der Euler'schen Formel: $e^{jx} = \cos(x) + j \cdot \sin(x)$

**3.36** Berechne das Integral näherungsweise mithilfe eines Taylorpolynoms mit dem angegebenen Grad n. Gib die maximale Abweichung mithilfe des Restglieds an.
a) $\int_0^\pi \frac{\sin(x)}{x} dx$, $n = 6$ 
b) $\int_0^3 e^{-\frac{x}{2}} dx$, $n = 4$ 
c) $\int_1^2 \frac{\ln(x)}{x-1} dx$, $n = 3$

**3.37** 
1) Entwickle $f_1(x) = \ln(x)$ an der Stelle $x_0 = 1$ und $f_2(x) = \ln(1 + x)$ an der Stelle $x_0 = 0$ in eine Taylor-Reihe.
2) Begründe, warum es nicht möglich ist, $f_1$ an der Stelle $x_0 = 0$ zu entwickeln.
3) Berechne ln(1,5) jeweils mithilfe des Näherungspolynoms $P_5$. Vergleiche die Ergebnisse.

**3.38** Leite die Reihenentwicklung für $f(x) = \frac{1}{1+x}$ mithilfe einer Polynomdivision her.

**3.39** Das Snellius'sche Brechungsgesetz (Willebrord van Roijen Snell, niederländischer Astronom, 1580 – 1626) besagt, dass ein Lichtstrahl beim Eintritt aus einem Medium in ein anderes Medium seine Richtung ändert, also der Lichtstrahl gebrochen wird:
$\frac{n_2}{n_1} = \frac{\sin(\delta_1)}{\sin(\delta_2)}$

$n_1, n_2$ ... Brechzahlen
$\delta_1, \delta_2$ ... Eintritts- bzw. Austrittswinkel
Zeige, dass für kleine Winkel die Näherung $\frac{n_2}{n_1} \approx \frac{\delta_1}{\delta_2}$ verwendet werden kann.

# Funktionenreihen

## 3.4 Fourier-Reihe

### 3.4.1 Einleitung

In der Signaltechnik oder bei der digitalen Erzeugung von Tönen treten periodische Funktionen auf, die sich aus stückweise stetigen Funktionen zusammensetzen, zum Beispiel Rechteck- oder Sägezahnfunktionen. Diese Funktionen sollen nun durch Reihen dargestellt werden, deren Glieder Sinus- und Cosinusfunktionen sind.

Mithilfe solcher Darstellungen ist es zum Beispiel möglich, Klänge, die aus einem Grundton und Obertönen bestehen, zu analysieren. Außerdem wird die Darstellung als Reihe auch zur Datenkomprimierung oder zur Entrauschung von Signalen verwendet.

Da es sich um periodische Funktionen handelt, werden nun einige wichtige Eigenschaften dieser Funktionen und der trigonometrischen Funktionen angegeben bzw. wiederholt.

**Darstellung und Eigenschaften periodischer Funktionen**

**3.40** Gib die Funktionsgleichungen der dargestellten Graphen an.

1)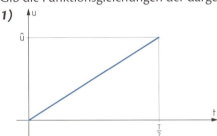

2)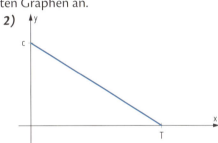

Viele periodische Funktionen setzen sich aus stückweise stetigen Funktionen zusammen. Meist genügt es, die Funktionsgleichung für eine Periode anzugeben.

 Die dargestellte Dreieckskurve hat die Periode T = 2 und setzt sich in jeder Periode aus zwei linearen Funktionen der Form y = k · x + d zusammen.

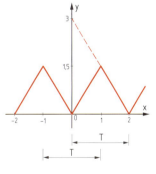

Die Funktion wird für eine Periode angegeben.
Im Intervall [0; 2[ gilt:
$k_1 = 1{,}5$ und $d_1 = 0$ $\Rightarrow$ $y_1 = 1{,}5x$ ... „linke Gerade"
$k_2 = -1{,}5$ und $d_2 = 3$ $\Rightarrow$ $y_2 = -1{,}5x + 3$ ... „rechte Gerade"

$$f(x) = \begin{cases} 1{,}5x & \text{für } 0 \leq x < 1 \\ -1{,}5x + 3 & \text{für } 1 \leq x < 2 \end{cases}$$

Wählt man das Intervall [−1; 1[, so erhält man folgende Darstellung:
$k_1 = -1{,}5$ und $d_1 = 0$ $\Rightarrow$ $y_1 = -1{,}5x$ ... „linke Gerade"
$k_2 = 1{,}5$ und $d_2 = 0$ $\Rightarrow$ $y_2 = 1{,}5x$ ... „rechte Gerade"

$$f(x) = \begin{cases} -1{,}5x & \text{für } -1 \leq x < 0 \\ 1{,}5x & \text{für } 0 \leq x < 1 \end{cases}$$

**Analysis**

# Funktionenreihen

Sind periodische Funktionen symmetrisch, so sind Vereinfachungen beim Berechnen von bestimmten Integralen möglich.

**Symmetrieeigenschaften von Funktionen**

- **Gerade Funktionen**

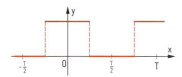

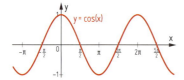

Der Funktionsgraph ist **symmetrisch zur y-Achse**.
Es gilt: $f(x) = f(-x)$

Der Wert des bestimmten Integrals ist aufgrund der Symmetrie im Bereich $[-\frac{T}{2}; 0]$ und $[0; \frac{T}{2}]$ gleich. Es genügt daher, nur über die halbe Periodenlänge zu integrieren und dann das Ergebnis zu verdoppeln.

$$\int_0^T f(x)\,dx = 2 \cdot \int_0^{\frac{T}{2}} f(x)\,dx$$

- **Ungerade Funktionen**

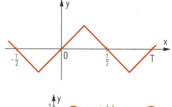

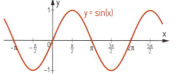

Der Funktionsgraph ist **punktsymmetrisch zum Koordinatenursprung**.
Es gilt: $f(x) = -f(-x)$

Der Wert des bestimmten Integrals ist aufgrund der Punktsymmetrie im Bereich $[-\frac{T}{2}; 0]$ und $[0; \frac{T}{2}]$ gegengleich und somit in der gesamten Periode null.

$$\int_0^T f(x)\,dx = 0$$

- Für die Produkte von geraden bzw. ungeraden Funktionen gilt:
  ungerade · ungerade = gerade, da $f(x) \cdot g(x) = -f(-x) \cdot (-g(-x)) = f(-x) \cdot g(-x)$
  gerade · gerade = gerade, da $f(x) \cdot g(x) = f(-x) \cdot g(-x)$
  ungerade · gerade = ungerade, da $f(x) \cdot g(x) = -f(-x) \cdot g(-x)$

**Trigonometrische Funktionen**

 **3.41** **1)** Skizziere den Graphen der gegebenen Funktion.
**2)** Beschreibe den Einfluss der Parameter auf die Funktion in Hinblick auf Amplitude und Periode.
**a)** $y = 2 \cdot \sin(0{,}5x)$  **b)** $y = 0{,}5 \cdot \cos(3x)$

Die bekanntesten periodischen Funktionen sind die Winkelfunktionen. Die Sinusfunktion $y = \sin(t)$ hat die Periode $2\pi$. Wie aus Band 2, Abschnitt 5.3, bekannt ist, kann eine andere Periodendauer T durch Änderung der Frequenz f erreicht werden. Mit der Kreisfrequenz $\omega = \frac{2\pi}{T} = 2\pi f$ erhält man dann eine Sinusschwingung $y = \sin(\omega t)$ mit der Periodendauer T.

$y = \sin(3t)$, $T = \frac{2\pi}{3}$

# Funktionenreihen

Für weitere Überlegungen wird das bestimmte Integral von Winkelfunktionen und von Produkten von Winkelfunktionen im Intervall [0; 2π] benötigt.

Für die Funktionen y = cos(nx) und y = sin(nx) gilt:

$$\int_0^{2\pi} \cos(nx)\,dx = 0 \quad \text{und} \quad \int_0^{2\pi} \sin(nx)\,dx = 0 \quad \text{für alle } n \in \mathbb{N}$$

Anschaulich ergibt sich dies, da die orientierten Flächeninhalte zwischen den Nullstellen jeweils gegengleich sind.

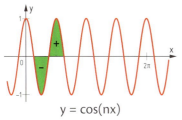
y = cos(nx)

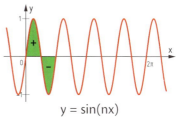
y = sin(nx)

Ebenso ist das bestimmte Integral folgender Produkte von Winkelfunktionen über eine Periode null:

$$\int_0^{2\pi} \sin(nx)\cdot\cos(mx)\,dx = 0, \quad \int_0^{2\pi} \sin(nx)\cdot\cos(nx)\,dx = 0 \quad \text{und} \quad \int_0^{2\pi} \cos(nx)\cdot\cos(mx)\,dx = 0$$

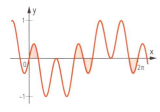
y = sin(2x) · cos(3x)

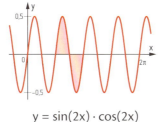
y = sin(2x) · cos(2x)

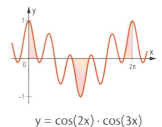
y = cos(2x) · cos(3x)

Aufgaben 3.42 – 3.43: Gib jeweils die Periode an und stelle die Gleichung der dargestellten Funktion für eine Periode auf.

**3.42**
a)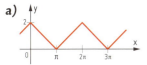
b)
c)

**3.43**
a)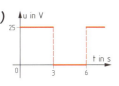
Rechteckkurve

b)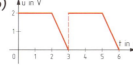
Trapezkurve

c)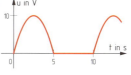
Einweggleichrichtung (Sinus)

**3.44** Beschreibe, wie sich die gegebene Funktion von y = sin(x) unterscheidet.
a) $y = 3 \cdot \sin(x)$
b) $y = \sin(x) + 2$
c) $y = \sin(4x)$
d) $y = 5 \cdot \sin(x - 2)$
e) $y = \sin\left(\frac{x}{2}\right)$
f) $y = 0{,}5 \cdot \sin\left(x + \frac{\pi}{3}\right) - 1$

**3.45**
1) Gib an, ob die Funktion gerade oder ungerade ist.
2) Ermittle das bestimmte Integral im Intervall [0; 2π].
a) $y = \sin(3x)$
b) $y = \cos(5x)$
c) $y = \sin(4x) \cdot \cos(3x)$

**Analysis**

# Funktionenreihen

### 3.4.2 Fourier-Koeffizienten

**3.46** Stelle die Funktionen $y_1$ und $y_2$ sowie $y_1 + y_2$ grafisch dar. Erkläre die Entstehung des Graphen von $y_1 + y_2$ und beschreibe die unterschiedlichen Ergebnisse aus **1)** und **2)**.
**1)** $y_1 = \sin(t)$, $y_2 = 2 \cdot \sin(t)$  
**2)** $y_1 = \sin(2t)$, $y_2 = 2 \cdot \sin(t)$

Die Überlagerung zweier Schwingungen mit der gleichen Frequenz ergibt wieder eine Schwingung mit dieser Frequenz (vgl. Band 2, Abschnitt 6.2). Überlagert man zwei oder mehr **Schwingungen ungleicher Frequenz**, so entsteht im Allgemeinen keine Sinusschwingung, aber immer eine **periodische Funktion**, wenn die Frequenzen in einem rationalen Verhältnis zueinander stehen. Die Periode der entstehenden Überlagerung ist das kleinste gemeinsame Vielfache der einzelnen Perioden.
Durch das Summieren geeigneter Funktionen kann zum Beispiel eine Rechteckkurve entstehen. Die Frequenzen der summierten Schwingungen sind jeweils (ganzzahlige) Vielfache einer Grundfrequenz, die geeigneten Amplituden dieser Schwingungen müssen noch ermittelt werden.

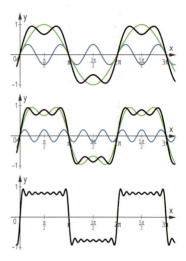

Mithilfe solcher Überlagerungen hat man die Möglichkeit, eine periodische Funktion f als unendliche Summe von Sinus- und Cosinusfunktionen darzustellen. Diese Summe wird **Fourier-Reihe** (Jean Baptiste Joseph Fourier, französischer Mathematiker, 1768 – 1830) genannt. Dabei muss die Funktion f im Intervall [0; T] in endlich viele Teilintervalle zerlegbar sein, in denen sie monoton und stetig ist, und es muss an (eventuell vorhandenen) Unstetigkeitsstellen der links- und der rechtsseitige Grenzwert existieren.

---

**Fourier-Reihe**

Ist f eine **T-periodische Funktion**, so kann die Funktion f durch eine Reihe folgender Form dargestellt werden:

$$f(t) = \frac{a_0}{2} + \sum_{n=1}^{\infty}(a_n \cdot \cos(n\omega_0 t) + b_n \cdot \sin(n\omega_0 t)) \quad \text{mit } \omega_0 = \frac{2\pi}{T}$$

$a_0, a_1, a_2, ..., b_1, b_2, ...$ **Fourier-Koeffizienten**

Ist f eine **2π-periodische Funktion**, so gilt:

$$f(x) = \frac{a_0}{2} + \sum_{n=1}^{\infty}(a_n \cdot \cos(nx) + b_n \cdot \sin(nx))$$

---

Eine periodische Funktion lässt sich also als Summe aus einem **Gleichanteil** $\frac{a_0}{2}$ und Sinus- und Cosinusschwingungen darstellen. Die Kreisfrequenzen dieser Schwingungen sind ganzzahlige Vielfache der Kreisfrequenz $\omega_0$, die sich aus der Frequenz der Funktion f ergibt.
Die Beträge der Koeffizienten $a_n$ und $b_n$ entsprechen den Amplituden der Sinus- und Cosinusschwingungen. Durch sie ist die Funktion f eindeutig bestimmt. Die Menge aller Koeffizienten wird **Spektrum** genannt.
Die „erste" Schwingung $y_1 = a_1 \cdot \cos(\omega_0 t) + b_1 \cdot \sin(\omega_0 t)$ wird als **Grundschwingung** (**1. Harmonische**), alle weiteren werden als **Oberschwingungen** (**2.**, **3.**, ... **Harmonische**) bezeichnet. Sie spielen zum Beispiel bei Klängen eine Rolle, die sich im Allgemeinen aus einem Grundton und Obertönen zusammensetzen. Die Zerlegung in eine Grundschwingung und Oberschwingungen wird **Fourier-Analyse** genannt.

# Funktionenreihen

Für die Darstellung einer Funktion f durch eine unendliche Reihe müssen nun die geeigneten Koeffizienten $a_0$, $a_n$ und $b_n$ ermittelt werden. Dies wird für $2\pi$-periodische Funktionen gezeigt und gilt mit $x = \omega_0 \cdot t$ und $\omega_0 = \frac{2\pi}{T}$ auch für T-periodische Funktionen.

- **Berechnung von $a_0$:**

  Man geht davon aus, dass für die Funktion eine Reihendarstellung folgender Form existiert:

  $$f(x) = \frac{a_0}{2} + \sum_{n=1}^{\infty} (a_n \cdot \cos(nx) + b_n \cdot \sin(nx)) =$$
  $$= \frac{a_0}{2} + a_1 \cdot \cos(x) + b_1 \cdot \sin(x) + a_2 \cdot \cos(2x) + b_2 \cdot \sin(2x) + \ldots$$

  Durch Integration der Gleichung im Intervall $[0; 2\pi]$ erhält man:

  $$\int_0^{2\pi} f(x)\,dx = \int_0^{2\pi} \frac{a_0}{2}\,dx + \underbrace{\int_0^{2\pi} a_1 \cdot \cos(x)\,dx}_{=0} + \underbrace{\int_0^{2\pi} b_1 \cdot \sin(x)\,dx}_{=0} + \underbrace{\int_0^{2\pi} a_2 \cdot \cos(2x)\,dx}_{=0} + \underbrace{\int_0^{2\pi} b_2 \cdot \sin(2x)\,dx}_{=0} + \ldots$$

  Mit den Überlegungen von Seite 63 erkennt man, dass alle Integrale mit $a_n \cdot \cos(nx)$ bzw. $b_n \cdot \sin(nx)$ null sind. Daher gilt:

  $$\int_0^{2\pi} f(x)\,dx = \int_0^{2\pi} \frac{a_0}{2}\,dx = a_0 \cdot \pi \quad \Rightarrow \quad a_0 = \frac{1}{\pi} \cdot \int_0^{2\pi} f(x)\,dx$$

- **Berechnung von $a_n$ und $b_n$:**

  Um die Koeffizienten $a_n$ bzw. $b_n$ zu erhalten, wird nun jeweils mit einer passenden Funktion multipliziert, sodass nur ein Koeffizient „übrig bleibt". Zur Berechnung von **$a_n$** multipliziert man beide Seiten der Gleichung $f(x) = \frac{a_0}{2} + \sum_{n=1}^{\infty} (a_n \cdot \cos(nx) + b_n \cdot \sin(nx))$ mit $\cos(mx)$ und integriert anschließend.

  $$\int_0^{2\pi} f(x) \cdot \cos(mx)\,dx =$$
  $$= \int_0^{2\pi} \frac{a_0}{2} \cdot \cos(mx)\,dx + \sum_{n=1}^{\infty} \left( a_n \cdot \int_0^{2\pi} \cos(nx) \cdot \cos(mx)\,dx + b_n \cdot \int_0^{2\pi} \sin(nx) \cdot \cos(mx)\,dx \right)$$

  Die Summe auf der rechten Seite enthält nun folgende Integrale:

  $m \neq n$: $\quad \int_0^{2\pi} \cos(nx) \cdot \cos(mx)\,dx = 0 \quad$ und $\quad \int_0^{2\pi} \sin(nx) \cdot \cos(mx)\,dx = 0$

  $m = n$: $\quad \int_0^{2\pi} \cos(nx) \cdot \cos(nx)\,dx = \int_0^{2\pi} \cos^2(nx)\,dx = \pi \quad$ und $\quad \int_0^{2\pi} \sin(nx) \cdot \cos(nx)\,dx = 0$

  Daraus ergibt sich: $\quad \int_0^{2\pi} f(x) \cdot \cos(nx)\,dx = \int_0^{2\pi} a_n \cdot \cos^2(nx)\,dx = a_n \cdot \pi$

  Damit erhält man:

  $$a_n = \frac{1}{\pi} \cdot \int_0^{2\pi} f(x) \cdot \cos(nx)\,dx$$

  Um **$b_n$** zu berechnen, wird die Gleichung mit $\sin(mx)$ multipliziert. Für $b_n$ ergibt sich:

  $$b_n = \frac{1}{\pi} \cdot \int_0^{2\pi} f(x) \cdot \sin(nx)\,dx$$

  Für T-periodische Funktionen wird $x = \omega_0 \cdot t$ gesetzt, dem Faktor $\frac{1}{\pi}$ entspricht wegen $T = 2\pi$ der Ausdruck $\frac{1}{\frac{T}{2}} = \frac{2}{T}$.

**Analysis**

# Funktionenreihen

**Fourier-Koeffizienten** einer **2π-periodischen** Funktion f(x)

$$a_0 = \frac{1}{\pi} \cdot \int_0^{2\pi} f(x)\,dx, \quad a_n = \frac{1}{\pi} \cdot \int_0^{2\pi} f(x) \cdot \cos(nx)\,dx, \quad b_n = \frac{1}{\pi} \cdot \int_0^{2\pi} f(x) \cdot \sin(nx)\,dx$$

**Fourier-Koeffizienten** einer **T-periodischen** Funktion f(t)

$$a_0 = \frac{2}{T} \cdot \int_0^T f(t)\,dt, \quad a_n = \frac{2}{T} \cdot \int_0^T f(t) \cdot \cos(n\omega_0 t)\,dt, \quad b_n = \frac{2}{T} \cdot \int_0^T f(t) \cdot \sin(n\omega_0 t)\,dt \quad \text{mit } \omega_0 = \frac{2\pi}{T}$$

Bemerkungen:
- Oft wird die Periode auch im Bereich $\left[-\frac{T}{2}; \frac{T}{2}\right]$ angegeben, zB: $a_0 = \frac{2}{T} \cdot \int_{-\frac{T}{2}}^{\frac{T}{2}} f(t)\,dt$

  Es kann auch jedes andere Intervall gewählt werden, das eine volle Periode der Funktion angibt.

- $\frac{a_0}{2} = \frac{1}{T} \cdot \int_0^T f(t)\,dt$ ist der lineare Mittelwert der Funktion f(t), er kann oft auch elementar berechnet werden.

**ZB** Es soll die Fourier-Reihe der dargestellten periodischen Funktion angegeben werden.

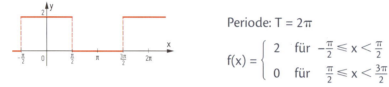

Periode: $T = 2\pi$

$$f(x) = \begin{cases} 2 & \text{für } -\frac{\pi}{2} \leq x < \frac{\pi}{2} \\ 0 & \text{für } \frac{\pi}{2} \leq x < \frac{3\pi}{2} \end{cases}$$

$$a_0 = \frac{1}{\pi} \cdot \int_{-\frac{\pi}{2}}^{\frac{3\pi}{2}} f(x)\,dx = \frac{1}{\pi} \cdot \left( \int_{-\frac{\pi}{2}}^{\frac{\pi}{2}} 2\,dx + \int_{\frac{\pi}{2}}^{\frac{3\pi}{2}} 0\,dx \right) = \frac{1}{\pi} \cdot \left( 2 \cdot \left(\frac{\pi}{2} + \frac{\pi}{2}\right) + 0 \right) = 2$$

bzw. $a_0 = \frac{1}{\pi} \cdot 2\pi = 2$ • Flächeninhalt eines Rechtecks

Der Gleichanteil $\frac{a_0}{2} = 1$ ist somit der lineare Mittelwert.

$$a_n = \frac{1}{\pi} \cdot \int_{-\frac{\pi}{2}}^{\frac{3\pi}{2}} f(x) \cdot \cos(nx)\,dx = \frac{1}{\pi} \cdot \left( \int_{-\frac{\pi}{2}}^{\frac{\pi}{2}} 2 \cdot \cos(nx)\,dx + \int_{\frac{\pi}{2}}^{\frac{3\pi}{2}} 0\,dx \right) = \frac{1}{\pi} \cdot \left( \frac{2}{n} \cdot \sin(nx) \Big|_{-\frac{\pi}{2}}^{\frac{\pi}{2}} + 0 \right) =$$

$$= \frac{1}{\pi} \cdot \left[ \frac{2}{n} \cdot \left( \sin\left(n \cdot \frac{\pi}{2}\right) - \sin\left(-n \cdot \frac{\pi}{2}\right) \right) \right] = \frac{4}{n\pi} \cdot \sin\left(n \cdot \frac{\pi}{2}\right) \qquad \bullet \sin(-x) = -\sin(x)$$

$a_1 = \frac{4}{1 \cdot \pi} \cdot \sin\left(1 \cdot \frac{\pi}{2}\right) = \frac{4}{\pi}, \quad a_3 = \frac{4}{3 \cdot \pi} \cdot \sin\left(3 \cdot \frac{\pi}{2}\right) = -\frac{4}{3\pi}, \dots \qquad a_2 = a_4 = a_6 = \dots = 0$

Ist der Index n gerade, so ist $a_n = 0$, die ungeraden Indizes ergeben eine alternierende Folge.

Allgemein gilt: $a_{2i} = 0, \quad a_{2i-1} = (-1)^{i+1} \cdot \frac{4}{(2i-1) \cdot \pi}$ für $i \in \mathbb{N}^*$

$$b_n = \frac{1}{\pi} \cdot \int_{-\frac{\pi}{2}}^{\frac{3\pi}{2}} f(x) \cdot \sin(nx)\,dx = 0 \quad \forall n \in \mathbb{N}$$

Die Reihe lässt sich somit folgendermaßen anschreiben:

$$f(x) = \frac{a_0}{2} + a_1 \cdot \cos(1x) + \underbrace{b_1 \cdot \sin(1x)}_{=0} + \underbrace{a_2 \cdot \cos(2x)}_{=0} + \underbrace{b_2 \cdot \sin(2x)}_{=0} + a_3 \cdot \cos(3x) + \underbrace{b_3 \cdot \sin(3x)}_{=0} + \dots$$

$$f(x) = 1 + \frac{4}{\pi} \cdot \cos(x) - \frac{4}{3\pi} \cdot \cos(3x) + \frac{4}{5\pi} \cdot \cos(5x) \mp \dots =$$

$$= 1 + \frac{4}{\pi} \cdot \left( \cos(x) - \frac{1}{3} \cdot \cos(3x) + \frac{1}{5} \cdot \cos(5x) \mp \dots \right)$$

# Funktionenreihen

Wird die Reihe nach einer endlichen Anzahl von Gliedern abgebrochen, erhält man Näherungsfunktionen, die **trigonometrische Polynome** genannt werden.

Betrachtet man den Graphen der ersten Näherung
$f(x) \approx 1 + \frac{4}{\pi} \cdot \cos(x) = y_1$,
so ist dieser eine um 1 in y-Richtung verschobene Cosinuskurve mit der Amplitude $\frac{4}{\pi}$.
Die Grundschwingung ist hier also eine Cosinusfunktion.

Bei Abbruch nach dem dritten Glied erhält man:
$f(x) \approx 1 + \frac{4}{\pi} \cdot \cos(x) - \frac{4}{3\pi} \cdot \cos(3x)$

Hier wird die Cosinuskurve von der Kurve
$y_2 = -\frac{4}{3\pi} \cdot \cos(3x)$ überlagert. Diese hat eine kleinere Amplitude und eine höhere Frequenz.

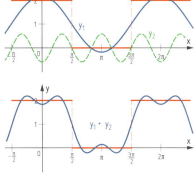

Je mehr Glieder der Reihe man zur Darstellung verwendet, desto geringer ist die Abweichung von der gegebenen Funktion. Die Näherung für n = 17 ergibt bereits nebenstehendes Bild.

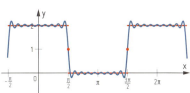

Weiters gilt:

- An den Unstetigkeitsstellen konvergiert die Reihe gegen das arithmetische Mittel aus links- und rechtsseitigem Grenzwert. Zum Beispiel verläuft der Graph obiger Näherungsfunktion durch die Punkte $\left(\frac{\pi}{2}\big|1\right)$, $\left(\frac{3\pi}{2}\big|1\right)$, ...

- Die „Spitzen" an den Unstetigkeitsstellen bleiben erhalten (**Gibbs'sches Phänomen**, nach Josiah Willard Gibbs, amerikanischer Physiker, 1839 – 1903).

**Vereinfachungen bei geraden und ungeraden Funktionen**

Beim Beispiel von Seite 66 sind die Koeffizienten $b_n = 0$ und somit fallen die Sinusanteile weg. Dies ist bei allen **geraden** Funktionen der Fall. Ebenso lassen sich die Fourier-Koeffizienten ungerader Funktionen vereinfachen.

Man kann zeigen:
Hat die gegebene Funktion die gleichen Symmetrieeigenschaften wie eine Sinuskurve, so enthält sie nur Sinusanteile; hat sie die gleichen Symmetrieeigenschaften wie eine Cosinuskurve, so enthält sie nur Cosinusanteile und den Gleichanteil $\frac{a_0}{2}$.

- Ist die Funktion f(x) **gerade**, so ist auch das Produkt $f(x) \cdot \cos(nx)$ gerade, da die Cosinusfunktion gerade ist. Die Sinusfunktion ist ungerade und damit ist auch das Produkt $f(x) \cdot \sin(nx)$ ungerade. Somit werden alle Koeffizienten $b_n$ der Sinusanteile null.
Es gilt dann: $a_0 = \frac{2}{\pi} \cdot \int_0^\pi f(x)\, dx$, $a_n = \frac{2}{\pi} \cdot \int_0^\pi f(x) \cdot \cos(nx)\, dx$, $b_n = 0$

**Analysis**

# Funktionenreihen

- Ist die Funktion f(x) **ungerade**, so ist auch das Produkt f(x)·cos(nx) ungerade, das Produkt f(x)·sin(nx) ist gerade. Somit werden alle Koeffizienten $a_n$ der Cosinusanteile null.

  Es gilt dann: $a_0 = a_n = 0$, $b_n = \frac{2}{\pi} \cdot \int_0^\pi f(x) \cdot \sin(nx)\, dx$

Allgemein gilt für T-periodische Funktionen:

> **Vereinfachungen der Fourier-Koeffizienten**
>
> f(t) … gerade Funktion: $a_0 = \frac{4}{T} \cdot \int_0^{T/2} f(t)\, dt$, $a_n = \frac{4}{T} \cdot \int_0^{T/2} f(t) \cdot \cos(n\omega_0 t)\, dt$, $b_n = 0$
>
> f(t) … ungerade Funktion: $a_0 = a_n = 0$, $b_n = \frac{4}{T} \cdot \int_0^{T/2} f(t) \cdot \sin(n\omega_0 t)\, dt$

⚠️ Bei der Wahl der halben Periode ist darauf zu achten, dass jenes Halbintervall verwendet wird, das bei der Symmetrieachse bzw. beim Symmetriezentrum beginnt.

TI-Nspire, GeoGebra, CASIO ClassPad II: www.hpt.at

**3.47**
1) Gib an, ob die dargestellte Funktion eine gerade oder eine ungerade Funktion ist.
2) Berechne die Fourier-Koeffizienten allgemein. Gib die ersten fünf Koeffizienten an.
3) Stelle die Fourier-Reihe und die Näherungsfunktion bis zur 5. Harmonischen grafisch dar.

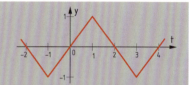

**Lösung mit Mathcad:**

1) Die Funktion ist punktsymmetrisch zum Koordinatenursprung und daher ungerade.

2) Periode: $T := 4$    $\omega_0 := \frac{2\pi}{T}$    Funktionsgleichung: $f_1(t) := t$    $f_2(t) := -t + 2$

**Fourier-Koeffizienten:**

$a_0 = a_n = 0$

$b(n) := \frac{4}{T} \cdot \left( \int_0^1 f_1(t) \cdot \sin(n \cdot \omega_0 \cdot t)\, dt + \int_1^2 f_2(t) \cdot \sin(n \cdot \omega_0 \cdot t)\, dt \right)$

$b(n) \rightarrow \dfrac{4 \cdot \sin\left(\frac{\pi \cdot n}{2}\right) - 4 \cdot \sin(\pi \cdot n) + 2 \cdot \pi \cdot n \cdot \cos\left(\frac{\pi \cdot n}{2}\right)}{\pi^2 \cdot n^2} + \dfrac{4 \cdot \sin\left(\frac{\pi \cdot n}{2}\right) - 2 \cdot \pi \cdot n \cdot \cos\left(\frac{\pi \cdot n}{2}\right)}{\pi^2 \cdot n^2}$

$b(1) \rightarrow \frac{8}{\pi^2}$    $b(2) \rightarrow 0$    $b(3) \rightarrow -\frac{8}{9 \cdot \pi^2}$    $b(4) \rightarrow 0$    $b(5) \rightarrow \frac{8}{25 \cdot \pi^2}$

3) **Fourier-Reihe:**

$fr(t,k) := \sum_{n=1}^{k} \left( b(n) \cdot \sin(n \cdot \omega_0 \cdot t) \right)$    $f(t) := \begin{cases} t & \text{if } -1 \leq t < 1 \\ -t + 2 & \text{if } 1 \leq t < 3 \end{cases}$

$fr(t,5) \rightarrow \dfrac{8 \cdot \sin\left(\frac{\pi \cdot t}{2}\right)}{\pi^2} - \dfrac{8 \cdot \sin\left(\frac{3 \cdot \pi \cdot t}{2}\right)}{9 \cdot \pi^2} + \dfrac{8 \cdot \sin\left(\frac{5 \cdot \pi \cdot t}{2}\right)}{25 \cdot \pi^2}$

$t := -2, -1.99 \ldots 4$

# Funktionenreihen

**3.48** Gib an, ob es sich um eine gerade oder eine ungerade Funktion handelt und welche Koeffizienten der Fourier-Reihe daher null sind.

a) 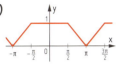   b) 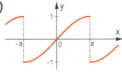   c)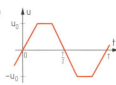

Aufgaben 3.49 – 3.54: Erkläre jeweils, ob und welche Fourier-Koeffizienten der dargestellten Funktion null sind. Berechne die ersten vier Fourier-Koeffizienten. Gib die Funktion als Fourier-Reihe an. Stelle den Funktionsgraphen und die Näherung grafisch dar. Gib bei den Aufgaben 3.49 und 3.50 die Fourier-Koeffizienten auch allgemein an.

**3.49** a) 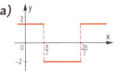   b) 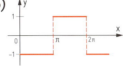   c)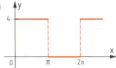

**3.50** a)    b)    c)

**3.51** a)    b)    c)

**3.52** a) 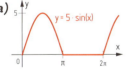   b) 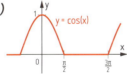   c)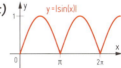

**3.53** a) 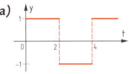   b) 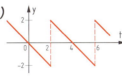   c)

**3.54** a) 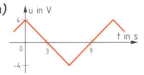   b) 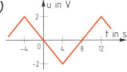   c)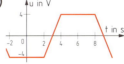

**3.55** 1) Stelle die stückweise definierte Funktion grafisch dar.
2) Gib die Fourier-Reihe der Funktion an, wenn sie periodisch fortgesetzt wird.

a) $f(t) = \begin{cases} (t-2)^2 & \text{für } 0 \leq t < 2 \\ 0 & \text{für } 2 \leq t < 4 \end{cases}$   b) $f(t) = \begin{cases} t & \text{für } 0 \leq t < 1 \\ 1 & \text{für } 1 \leq t < 3 \\ 4-t & \text{für } 3 \leq t < 4 \end{cases}$

**Analysis**

# Funktionenreihen

**3.56** Gib die Fourier-Reihe der dargestellten Funktion an. Zeige anschließend durch Einsetzen von x = 0, dass gilt:

$$\sum_{n=1}^{\infty} \frac{1}{n^2} = 1 + \frac{1}{2^2} + \frac{1}{3^2} + \ldots = \frac{\pi^2}{6}$$

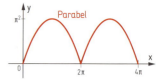

## 3.4.3 Amplituden-Phasen-Form und Amplitudenspektrum

**3.57** Gib die Aussage „Die Cosinuskurve ist eine um $\frac{\pi}{2}$ phasenverschobene Sinuskurve." als mathematische Gleichung an.

Die Überlagerung von Sinus- und Cossinusschwingungen gleicher Frequenz kann immer als allgemeine Sinusschwingung $y = A \cdot \sin(\omega t + \varphi)$ dargestellt werden. Deshalb kann man die Reihenglieder einer Fourier-Reihe auch in folgender Form darstellen:

$$a_n \cdot \cos(nx) + b_n \cdot \sin(nx) = A_n \cdot \sin(nx + \varphi_n)$$

Die Amplitude $A_n$ und der Phasenwinkel $\varphi_n$ können mithilfe eines Zeigerdiagramms ermittelt werden:

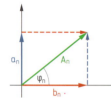

Da die Sinuskurve und die Cosinuskurve zueinander um $\frac{\pi}{2}$ phasenverschoben sind, ergibt sich:

$$A_n = \sqrt{a_n^2 + b_n^2} \quad \text{und} \quad \tan(\varphi_n) = \frac{a_n}{b_n}$$

Damit kann die Fourier-Reihe auch wie folgt angeschrieben werden ($x = \omega_0 t$):

> **Amplituden-Phasen-Form** einer Fourier-Reihe
>
> $$f(t) = \frac{a_0}{2} + \sum_{n=1}^{\infty} (a_n \cdot \cos(n\omega_0 t) + b_n \cdot \sin(n\omega_0 t)) = A_0 + \sum_{n=1}^{\infty} A_n \cdot \sin(n\omega_0 t + \varphi_n)$$
>
> mit $A_0 = \frac{a_0}{2}$, $A_n = \sqrt{a_n^2 + b_n^2}$ und $\tan(\varphi_n) = \frac{a_n}{b_n}$

Zur Analyse periodischer Funktionen werden die Amplituden betrachtet. Die grafische Darstellung der Amplituden $A_n$ nennt man **Amplitudenspektrum**, jene der Phasenwinkel $\varphi_n$ **Phasenspektrum**. Bei der Darstellung der Spektren wird auf der waagrechten Achse der Index n, die Kreisfrequenz $\omega = n \cdot \omega_0$ oder die Frequenz f aufgetragen, die zugehörigen Werte werden als Linien darüber eingetragen. Man spricht daher auch von einem **Linienspektrum**. Die „Zeitfunktion" f(t) kann damit als Funktion der Frequenzen dargestellt werden.

 Amplitudenspektrum der Rechteckkurve von Seite 66:
Da die Koeffizienten $b_n = 0$ sind, gilt: $A_n = |a_n|$
$A_0 = \frac{2}{2} = 1$, $A_1 = a_1 = \frac{4}{\pi}$, $A_2 = 0$, $A_3 = \frac{4}{3\pi}$, $A_4 = 0$, $A_5 = \frac{4}{5\pi}$, ...
Da $\omega_0 = 1$ ist, ergibt sich das gleiche Bild, wenn der Index n oder die Kreisfrequenz $\omega$ auf der waagrechten Achse aufgetragen werden.
Für die Grundfrequenz gilt: $f_0 = \frac{1}{2\pi}$

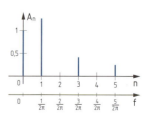

Im Amplitudenspektrum kann man aus der Höhe der Amplituden den Einfluss der Oberschwingungen auf die Schwingung erkennen. Für $n \to \infty$ gehen die Amplituden gegen 0.

# Funktionenreihen

Ein Maß für den Anteil der Oberschwingungen an der gesamten Schwingung bzw. der Verzerrung ist der **Klirrfaktor** k.

$$k = \sqrt{\frac{U_2^2 + U_3^2 + U_4^2 + \ldots}{U_1^2 + U_2^2 + U_3^2 + U_4^2 + \ldots}} = \sqrt{\frac{A_2^2 + A_3^2 + A_4^2 + \ldots}{A_1^2 + A_2^2 + A_3^2 + A_4^2 + \ldots}}$$

Dieser wird mithilfe der Effektivwerte $U_i$ (mit $i = 1, 2, 3, \ldots$) definiert, er kann aber auch mithilfe der Amplituden berechnet werden.

**3.58** Entwickle die gegebene periodische Funktion in eine Fourier-Reihe. Gib dazu die Amplituden und die Phasenwinkel für $n = 1, \ldots, 4$ an. Stelle die Funktion, das Fourier-Polynom für $n = 4$ und das Amplitudenspektrum grafisch dar.

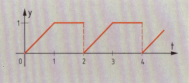

Lösung mit TI-Nspire:

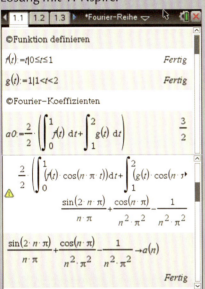

- Aufgrund des Rechenaufwands ist es besser, das Ergebnis des Integrals zu verwenden.

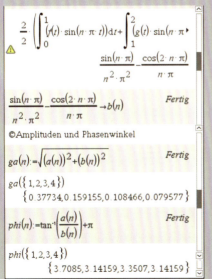

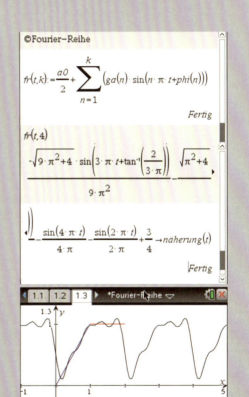

- Um auf der x-Achse Vielfache von $\pi$ zu erhalten, wird der Funktionstyp **Parametrisch** verwendet. Anschließend müssen die **Attribute** geändert werden.

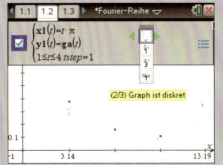

**Analysis**

# Funktionenreihen

**Ⓐ Ⓑ ● ●** **3.59** Gib die Fourier-Reihe der dargestellten Funktion in Amplituden-Phasen-Form an. Stelle das Amplitudenspektrum grafisch dar. Berechne den Klirrfaktor.

a) 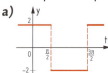 b) 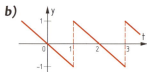 c)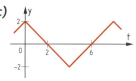

**Ⓐ Ⓑ ● ●** **3.60** Gib die Fourier-Reihe der dargestellten Funktion in Amplituden-Phasen-Form an. Stelle das Amplitudenspektrum grafisch dar.

a) 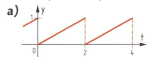 b) 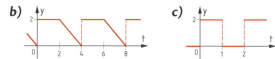 c)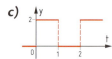

## 3.4.4 Komplexe Form der Fourier-Reihe

Die in der Fourier-Reihe auftretenden Funktionen $\cos(n\omega_0 t)$ bzw. $\sin(n\omega_0 t)$ können durch Anwenden der Euler'schen Formel $e^{j\cdot\varphi} = \cos(\varphi) + j\cdot\sin(\varphi)$ auch in komplexer Form angegeben werden.

Es gilt (siehe Aufgabe 3.64): $\cos(\varphi) = \dfrac{e^{j\cdot\varphi} + e^{-j\cdot\varphi}}{2}$ bzw. $\sin(\varphi) = \dfrac{e^{j\cdot\varphi} - e^{-j\cdot\varphi}}{2j}$ und damit:

$\cos(n\omega_0 t) = \dfrac{e^{j\cdot n\omega_0 t} + e^{-j\cdot n\omega_0 t}}{2}$ bzw. $\sin(n\omega_0 t) = \dfrac{e^{j\cdot n\omega_0 t} - e^{-j\cdot n\omega_0 t}}{2j} = -j\cdot\dfrac{e^{j\cdot n\omega_0 t} - e^{-j\cdot n\omega_0 t}}{2}$

Setzt man dies in die Formel für die Fourier-Reihe ein, so erhält man:

$$f(t) = \frac{a_0}{2} + \sum_{n=1}^{\infty}(a_n\cdot\cos(n\omega_0 t) + b_n\cdot\sin(n\omega_0 t)) = \frac{a_0}{2} + \sum_{n=1}^{\infty}\left(a_n\cdot\frac{e^{j\cdot n\omega_0 t} + e^{-j\cdot n\omega_0 t}}{2} - j\cdot b_n\cdot\frac{e^{j\cdot n\omega_0 t} - e^{-j\cdot n\omega_0 t}}{2}\right)$$

Für jeweils ein Glied der Summe ergibt sich durch Vereinfachen:

$$a_n\cdot\frac{e^{j\cdot n\omega_0 t} + e^{-j\cdot n\omega_0 t}}{2} - j\cdot b_n\cdot\frac{e^{j\cdot n\omega_0 t} - e^{-j\cdot n\omega_0 t}}{2} = e^{j\cdot n\omega_0 t}\cdot\underbrace{\tfrac{1}{2}(a_n - j\cdot b_n)}_{c_n} + e^{-j\cdot n\omega_0 t}\cdot\underbrace{\tfrac{1}{2}(a_n + j\cdot b_n)}_{c_{-n}}$$

Durch die Festlegung der neuen Koeffizienten $c_n$ ergibt sich eine Summation, die nun auch für negative Werte von n erfolgt.

Für n = 0 erhält man: $\tfrac{1}{2}(a_0 - j\cdot b_0) + \tfrac{1}{2}(a_0 + j\cdot b_0) = a_0$, daher ist $c_0 = \dfrac{a_0}{2}$.

Mit diesen Zusammenhängen kann die Fourier-Reihe wie folgt dargestellt werden:

> **Komplexe Form der Fourier-Reihe**
>
> $f(t) = \displaystyle\sum_{n=-\infty}^{\infty} c_n\cdot e^{j\cdot n\omega_0 t}$ mit $\omega_0 = \dfrac{2\pi}{T}$, $c_0 = \dfrac{a_0}{2}$, $c_n = \tfrac{1}{2}(a_n - j\cdot b_n)$, $c_{-n} = \tfrac{1}{2}(a_n + j\cdot b_n)$

**ZB** Auf Seite 66 wurden bereits die reellen Fourier-Koeffizienten der dargestellten Rechteckkurve ermittelt.

$b_n = 0$, $a_0 = 2$, $a_1 = \dfrac{4}{\pi}$, $a_2 = 0$, $a_3 = -\dfrac{4}{3\pi}$, $a_4 = 0$

Damit ergibt sich für die komplexen Fourier-Koeffizienten:

$c_0 = 1$, $c_1 = \dfrac{2}{\pi}$, $c_3 = -\dfrac{2}{3\pi}$, ...   $c_{-1} = \dfrac{2}{\pi}$, $c_{-3} = -\dfrac{2}{3\pi}$, ...

Für die Reihe erhält man: $f(t) = \ldots - \dfrac{2}{3\pi}e^{-j\cdot 3t} + \dfrac{2}{\pi}e^{-j\cdot t} + 1 + \dfrac{2}{\pi}e^{j\cdot t} - \dfrac{2}{3\pi}e^{j\cdot 3t} + \ldots$

# Funktionenreihen

Um die komplexen Fourier-Koeffizienten direkt zu ermitteln, geht man von deren Definition aus und setzt die Zusammenhänge zwischen Exponential- und Winkelfunktionen ein:

$$c_n = \tfrac{1}{2} \cdot (a_n - j \cdot b_n) = \tfrac{1}{T} \cdot \left( \int_0^T f(t) \cdot \tfrac{e^{j \cdot n\omega_0 t} + e^{-j \cdot n\omega_0 t}}{2} \, dt - j \cdot \int_0^T f(t) \cdot \tfrac{e^{j \cdot n\omega_0 t} - e^{-j \cdot n\omega_0 t}}{2j} \, dt \right) = \tfrac{1}{T} \cdot \int_0^T f(t) \cdot e^{-j \cdot n\omega_0 t} \, dt$$

Geht man analog für $c_{-n}$ vor, so erkennt man, dass die Formel auch für negative Indizes gilt.

**Komplexe Fourier-Koeffizienten:** $c_n = \tfrac{1}{T} \cdot \int_0^T f(t) \cdot e^{-j \cdot n\omega_0 t} \, dt \quad$ mit $n \in \mathbb{Z}$

$f(t) = \begin{cases} 2 & \text{für } -\tfrac{\pi}{2} \le t < \tfrac{\pi}{2} \\ 0 & \text{für } \tfrac{\pi}{2} \le t < \tfrac{3\pi}{2} \end{cases}$ mit $T = 2\pi$, $\omega_0 = 1 \quad n = 0$: $c_0 = \tfrac{1}{T} \cdot \int_{-\tfrac{T}{2}}^{\tfrac{T}{2}} f(t) \, dt = \tfrac{1}{2\pi} \cdot \int_{-\tfrac{\pi}{2}}^{\tfrac{\pi}{2}} 2 \, dt = 1$

$c_n = \tfrac{1}{T} \cdot \int_{-\tfrac{T}{2}}^{\tfrac{T}{2}} f(t) \cdot e^{-j \cdot n\omega_0 t} \, dt = \tfrac{1}{2\pi} \cdot \int_{-\tfrac{\pi}{2}}^{\tfrac{\pi}{2}} 2 \cdot e^{-j \cdot nt} \, dt = \tfrac{2}{n \cdot \pi} \cdot \tfrac{1}{2j} \cdot (e^{j \cdot n \tfrac{\pi}{2}} - e^{-j \cdot n \tfrac{\pi}{2}})$

Man berechnet die ersten vier Fourier-Koeffizienten (vergleiche Seite 72).

$c_1 = \tfrac{1}{j \cdot \pi} (e^{j \cdot \tfrac{\pi}{2}} - e^{-j \cdot \tfrac{\pi}{2}}) = \tfrac{1}{j \cdot \pi}(j - (-j)) = \tfrac{2}{\pi} \qquad c_3 = \tfrac{1}{j \cdot 3\pi}(e^{j \cdot \tfrac{3\pi}{2}} - e^{-j \cdot \tfrac{3\pi}{2}}) = \tfrac{1}{j \cdot 3\pi}(-j - j) = -\tfrac{2}{3\pi}$

$c_2 = \tfrac{1}{j \cdot 2\pi}(e^{j \cdot \pi} - e^{-j \cdot \pi}) = \tfrac{1}{j \cdot 2\pi}(-1 + 1) = 0 \qquad c_4 = \tfrac{1}{j \cdot 4\pi}(e^{j \cdot 2\pi} - e^{-j \cdot 2\pi}) = \tfrac{1}{j \cdot 4\pi}(1 - 1) = 0$

Setzt man für n negative Werte ein, erhält man dieselben Ergebnisse.

Auch bei komplexer Darstellung der Fourier-Reihe kann ein Amplitudenspektrum angegeben werden. Dabei werden die Beträge der komplexen Fourier-Koeffizienten aufgetragen. Für die einzelnen Werte gilt: $c_0 = A_0$ und $|c_n| = \tfrac{1}{2} \cdot A_n$ und $|c_n| = |c_{-n}|$

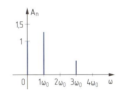

Aufgrund der Berechnung der komplexen Fourier-Koeffizienten aus den reellen Fourier-Koeffizienten ergibt sich, dass für gerade Funktionen ($b_n = 0$) die Koeffizienten $c_n$ reell sind und für ungerade Funktionen ($a_n = 0$) die Fourier-Koeffizienten $c_n$ rein imaginär sind.

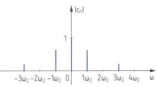

Mithilfe folgender Formeln erhält man die reellen Fourier-Koeffizienten aus den komplexen Fourier-Koeffizienten: $a_0 = 2c_0$, $a_n = c_n + c_{-n}$, $b_n = j \cdot (c_n - c_{-n})$

**3.61** Verwende Aufgabe **3.53 c)** und berechne die komplexen Fourier-Koeffizienten aus den reellen Koeffizienten $a_0$, $a_n$ und $b_n$.

**3.62** **1)** Berechne für die Funktion aus Aufgabe **3.53 a)** die komplexen Fourier-Koeffizienten direkt und gib die komplexe Fourier-Reihe an.
**2)** Stelle das Amplitudenspektrum grafisch dar.
**3)** Berechne die reellen Fourier-Koeffizienten aus den komplexen.

**3.63** **1)** Berechne die komplexen Fourier-Koeffizienten der dargestellten Kurve direkt.
**2)** Stelle das Amplitudenspektrum grafisch dar.

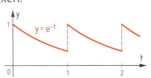

**3.64** Zeige, dass gilt: $\cos(\varphi) = \tfrac{e^{j\varphi} + e^{-j\varphi}}{2}$ und $\sin(\varphi) = \tfrac{e^{j\varphi} - e^{-j\varphi}}{2j}$

# Funktionenreihen

## Zusammenfassung

Die Glieder jeder konvergenten unendlichen Reihe bilden eine **Nullfolge**.

**Leibniz-Kriterium** für **alternierende Reihen**

Eine alternierende Reihe $a_1 - a_2 + a_3 - a_4 \pm \ldots$ ist konvergent, wenn die Folge $\langle a_1, a_2, a_3, a_4, \ldots \rangle$ eine monoton fallende Nullfolge bildet.

**Majorantenkriterium**

Für zwei unendliche Reihen $\sum_{n=1}^{\infty} a_n$ und $\sum_{n=1}^{\infty} b_n$ mit $|a_n| \leq b_n$ für fast alle Glieder gilt:

Aus der Konvergenz der Reihe $\sum_{n=1}^{\infty} b_n$ folgt die (absolute) Konvergenz der Reihe $\sum_{n=1}^{\infty} a_n$.

Die Divergenz einer Reihe kann mithilfe einer divergenten **Minorante** gezeigt werden.

**Quotientenkriterium**
$$g = \lim_{n \to \infty} \left| \frac{a_{n+1}}{a_n} \right|$$

**Wurzelkriterium**
$$g = \lim_{n \to \infty} \sqrt[n]{|a_n|}$$

Ist $g < 1$, so konvergiert die Reihe. Ist $g > 1$, so divergiert die Reihe.
Ist $g = 1$, so ist eine Entscheidung über Konvergenz oder Divergenz nicht möglich.

**Potenzreihe:** $P(x) = \sum_{n=0}^{\infty} c_n \cdot x^n = c_0 + c_1 \cdot x + c_2 \cdot x^2 + c_3 \cdot x^3 + \ldots$

**Konvergenzradius r einer Potenzreihe:** $r = \lim_{n \to \infty} \left| \frac{c_n}{c_{n+1}} \right|$

**Taylor-Reihe:** $f(x) = \sum_{n=0}^{\infty} \frac{f^{(n)}(x_0)}{n!} \cdot (x - x_0)^n = f(x_0) + f'(x_0) \cdot (x - x_0) + \frac{f''(x_0)}{2!} \cdot (x - x_0)^2 + \ldots$

**MacLaurin-Reihe:** $f(x) = \sum_{n=0}^{\infty} \frac{f^{(n)}(0)}{n!} \cdot x^n = f(0) + f'(0) \cdot x + \frac{f''(0)}{2!} \cdot x^2 + \frac{f'''(0)}{3!} \cdot x^3 + \ldots$

**Fourier-Reihe**

Ist f eine T-periodische Funktion, so lässt sich f in eine Reihe entwickeln:

$$f(t) = \frac{a_0}{2} + \sum_{n=1}^{\infty} (a_n \cdot \cos(n\omega_0 t) + b_n \cdot \sin(n\omega_0 t)) \quad \text{mit } \omega_0 = \frac{2\pi}{T}$$

**Fourier-Koeffizienten** $a_0, a_1, a_2, \ldots, b_1, b_2, \ldots$

$$a_0 = \frac{2}{T} \cdot \int_0^T f(t)\, dt, \quad a_n = \frac{2}{T} \cdot \int_0^T f(t) \cdot \cos(n\omega_0 t)\, dt, \quad b_n = \frac{2}{T} \cdot \int_0^T f(t) \cdot \sin(n\omega_0 t)\, dt$$

Bei geraden Funktionen sind die Koeffizienten der Sinusanteile $b_n = 0$, bei ungeraden Funktionen sind die Koeffizienten der Cosinusanteile $a_n = 0$.

**Amplituden-Phasen-Form**

$$f(t) = A_0 + \sum_{n=1}^{\infty} A_n \cdot \sin(n\omega_0 t + \varphi_n) \quad \text{mit } A_0 = \frac{a_0}{2}, \; A_n = \sqrt{a_n^2 + b_n^2} \; \text{und } \tan(\varphi_n) = \frac{a_n}{b_n}$$

**Komplexe Form der Fourier-Reihe**

$$f(t) = \sum_{n=-\infty}^{\infty} c_n \cdot e^{j \cdot n\omega_0 t} \quad \text{mit } \omega_0 = \frac{2\pi}{T}, \; c_0 = \frac{a_0}{2}, \; c_n = \frac{1}{2}(a_n - j \cdot b_n), \; c_{-n} = \frac{1}{2}(a_n + j \cdot b_n)$$

**Komplexe Fourier-Koeffizienten:** $c_n = \frac{1}{T} \cdot \int_0^T f(t) \cdot e^{-j \cdot n\omega_0 t}\, dt$

# Funktionenreihen

**Weitere Aufgaben**

**3.65** David Harold **B**ailey (*1948), Peter **B**orwein (*1953) und Simon **P**louffe (*1956) entdeckten 1996 die so genannte BBP-Formel zur Berechnung von $\pi$:

$$\pi = \sum_{n=0}^{\infty} \frac{1}{16^n} \cdot \left( \frac{4}{8n+1} - \frac{2}{8n+4} - \frac{1}{8n+5} - \frac{1}{8n+6} \right)$$

1) Berechne $\pi$ näherungsweise für n = 2 und für n = 20.
2) Berechne den absoluten und den relativen Fehler der beiden Näherungen verglichen mit der Näherung für $\pi$, die dein Taschenrechner angibt.
3) Recherchiere nach weiteren BBP-Reihen zur Berechnung von $\pi$.

**3.66** 1) Bestimme weitere Glieder der Reihe $\sum_{n=0}^{\infty} a_n = \frac{1}{2} + 1 + \frac{1}{8} + \frac{1}{4} + \frac{1}{32} + \frac{1}{16} + \dots$ .

2) Begründe, warum man die Konvergenz dieser Reihe nicht mit dem Quotientenkriterium zeigen kann.

**Potenzreihen**

**3.67** 1) Berechne den Wert von $\ln\left(\frac{8}{5}\right)$ mithilfe der Taylor-Reihe für $\ln\left(\frac{1+x}{1-x}\right)$. Verwende das Taylor-Polynom 5. Grads.

2) Berechne den absoluten und den relativen Fehler dieser Näherungen bezogen auf die Näherung, die dein Taschenrechner angibt.

**3.68** 1) Entwickle die Funktion f an der Stelle $x_0 = 0$ in eine Taylor-Reihe.
2) Stelle die Funktion und die ersten drei Taylor-Polynome grafisch dar.
**a)** $f(x) = \sin(\pi - x)$ **b)** $f(x) = \frac{1}{1+2x}$ **c)** $f(x) = \cosh(x)$

**3.69** 1) Gib die ersten drei Glieder der Taylor-Reihe an der Stelle $x_0$ an.
2) Stelle die Funktion und die ersten drei Taylor-Polynome grafisch dar.
**a)** $f(x) = \cos^2(x)$; $x_0 = \pi$ **b)** $f(x) = 2x^2 + 5$; $x_0 = -1$ **c)** $f(x) = e^x \cdot \sin(x)$; $x_0 = 0{,}5$

**3.70** Begründe mithilfe zweier Taylor-Reihen die Gültigkeit der folgenden Näherung für kleine Werte von $|x|$: $\sin(x) \approx x \cdot \sqrt[3]{\cos(x)}$

**3.71** 1) Berechne den Konvergenzradius r der Reihe.
2) Weise die Konvergenz bzw. Divergenz an den Rändern des Konvergenzintervalls nach.

**a)** $\sum_{n=1}^{\infty} \frac{x^n}{n^2}$, Konvergenz für $x = -r$ und für $x = r$

Hinweis: Zeige mittels Partialbruchzerlegung, dass $\sum_{n=0}^{\infty} \frac{1}{n \cdot (n+1)}$ konvergiert.

Verwende diese Reihe als konvergente Majorante.

**b)** $\sum_{n=1}^{\infty} \frac{x^n}{n}$, Konvergenz für $x = -r$ und Divergenz für $x = r$

**c)** $\sum_{n=1}^{\infty} (-1)^{n-1} \cdot \frac{x^n}{n}$, Divergenz für $x = -r$ und Konvergenz für $x = r$

**d)** $\sum_{n=0}^{\infty} x^n$, Divergenz für $x = -r$ und für $x = r$

# Funktionenreihen

**Fourier-Reihen**

**3.72** Gib den Gleichanteil $\frac{a_0}{2}$ an, ohne das Integral zu berechnen. Begründe deine Antwort.

a) 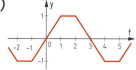  b) 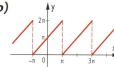  c)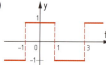

**3.73** Gib an, welche der gegebenen periodischen Funktionen bis auf $A_0$ das gleiche Amplitudenspektrum haben. Begründe deine Antwort.

a) 1) 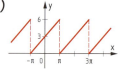  2) 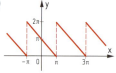  3)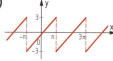

b) 1) 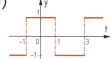  2) 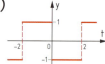  3)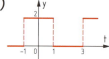

**3.74** 1) Begründe, ob es sich bei der dargestellten Funktion um eine gerade oder eine ungerade Funktion handelt. Welche Vereinfachungen können daher getroffen werden?
2) Entwickle die dargestellte Funktion in eine Fourier-Reihe. Gib dazu die ersten vier Fourier-Koeffizienten an.

a) 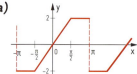  b)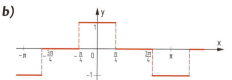

**3.75** 1) Berechne die Fourier-Koeffizienten $a_n$ und $b_n$ der dargestellten Funktion.
2) Gib die Amplituden $A_n$ und die Phasen $\varphi_n$ an.
3) Gib die Fourier-Reihe mithilfe der Fourier-Koeffizienten und in der Amplituden-Phasen-Form an.
4) Stelle die Fourier-Reihe für eine Näherung bis $n = 5$ sowie das Amplitudenspektrum grafisch dar.

a) 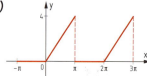  b)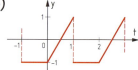

**3.76** Berechne die komplexen Fourier-Koeffizienten der Funktion $f(t) = t^2$ für $-\pi \leq t < \pi$, wenn diese periodisch fortgesetzt wird. Stelle das Amplitudenspektrum grafisch dar.

# Funktionenreihen

## Aufgaben in englischer Sprache

| even function | gerade Funktion | power series | Potenzreihe |
|---|---|---|---|
| to expand | erweitern, entwickeln | ratio test | Quotientenkriterium |
| Fourier series | Fourier-Reihe | remainder | Restglied |
| odd function | ungerade Funktion | Taylor polynomial | Taylor-Polynom |
| periodic | periodisch | Taylor series | Taylor-Reihe |

**3.77** 1) Expand $f(x) = \frac{x}{1-x}$ about $x_0 = 0$ to get linear, quadratic and cubic approximations.
2) Estimate the remainder if $f(x)$ is approximated by this cubic polynomial for x between 0 and 0.5.

**3.78** Find a 5$^{th}$ degree polynomial approximation for $e^{-2x}$ by expanding the function about 0.

**3.79** Find the Taylor series of $f(x) = x^2 \cdot e^{-3x}$ about $x_0 = -1$.

**3.80** Find the Fourier series of the $2\pi$-periodic function $f(x) = 2x$ for $x \in [0; 2\pi]$.

**3.81** 1) Explain if the given function is odd or even.
2) Determine the period of the function.
3) Find the Fourier series of the given function.

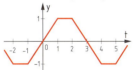

## Wissens-Check

| | | gelöst |
|---|---|---|
| 1 | Gib jeweils an, ob die Reihe konvergent bzw. divergent ist.<br>A) $\sum_{n=1}^{\infty} n$  B) $\sum_{n=1}^{\infty} (0{,}2)^n$  C) $\sum_{n=1}^{\infty} (-1)^n$ | |
| 2 | Erkläre, mit welchem Kriterium und unter welchen Voraussetzungen über die Konvergenz von alternierenden Reihen entschieden werden kann. | |
| 3 | 1) Gib an, ob es sich um eine gerade oder ungerade Funktion handelt.<br>2) Gib an, welche Fourier-Koeffizienten daher null sind.<br>A) $y = |\sin(x)|$   B) | |
| 4 | Ich kann erklären, was die Amplituden-Phasen-Form einer Fourier-Reihe ist. | |
| 5 | Begründe, ob die beiden gegebenen periodischen Funktionen bis auf $A_0$ das gleiche Amplitudenspektrum haben. | |

Lösung:
1) A ist divergent, B ist konvergent, C ist divergent.
2) Leibniz-Kriterium; die Folge muss eine monoton fallende Nullfolge sein.
3) A) 1) gerade, 2) $b_n = 0$; B) 1) ungerade, 2) $a_n = 0$
4) siehe Seite 70
5) Ja, sie haben das gleiche Amplitudenspektrum, da die Funktion in y-Richtung verschoben wurde.

# 4 Differentialgleichungen

Oft sollten mathematische Modelle Vorgänge beschreiben, bei denen Funktionen und deren Änderungsraten eine große Rolle spielen, wie zum Beispiel Beschleunigungen, gleichmäßiges Vermischen von Flüssigkeiten oder der radioaktive Zerfall. Beschreibt man solche Vorgänge in Form von Gleichungen, entstehen Differential-gleichungen. Die Lösungen von Differentialgleichungen sind allerdings keine Zahlen, sondern Funktionen.

## 4.1 Grundlagen und Grundbegriffe

**A** ● ● ● **4.1** In jedem Punkt P(x|y) einer Kurve y = f(x) gilt für die Steigung k = 2x. Schreibe diesen Zusammenhang mithilfe der ersten Ableitung an.

**A** ● **C** ● **4.2** Gib jeweils eine Funktion y = f(x) an, die die angegebene Gleichung erfüllt. Formuliere deine Überlegungen.
**1)** $y' = x$     **2)** $y' = y$

**Differentialgleichungen** beschreiben den **Zusammenhang zwischen einer Funktion und ihren Ableitungen**.

ZB: Die Differentialgleichung $y' = 2$ beschreibt für y = y(x) alle Funktionen mit konstanter Steigung 2, also lineare Funktionen der Form y = 2x + C. Die Lösungsfunktion kann in diesem Fall durch Integration ermittelt werden.
Bei Gleichungen wie zum Beispiel $y'' + 3y' + 2y = 5$ oder $4 \cdot \frac{dy}{dx} - y = 0$ sind andere Methoden zur Ermittlung der Lösung notwendig.

> Gleichungen, die einen Zusammenhang zwischen einer unbekannten Funktion und ihren Ableitungen herstellen, bezeichnet man als **Differentialgleichungen** (kurz: DGL).

Im Folgenden wird anhand einer einfachen Aufgabe die **Vorgehensweise** beim **Aufstellen** und **Lösen von Differentialgleichungen** vorgestellt.

In ein leeres Gefäß mit der Masse $m_0$ wird eine Flüssigkeit gefüllt. Je mehr Flüssigkeit eingefüllt wird, desto größer wird die Gesamtmasse. Wie „stark" sich die Gesamtmasse dabei verändert, hängt von der Dichte der Flüssigkeit ab.

Es gilt: $\frac{dm}{dV} = \rho$

V ... Volumen der eingefüllten Flüssigkeit
m ... Gesamtmasse
ρ ... Dichte der Flüssigkeit

Durch unbestimmte Integration nach V erhält man:
$m(V) = \int \rho \, dV = \rho \cdot V + C$

Da $m(0) = m_0$ ist, entspricht die Integrationskonstante C der Masse $m_0$ des leeren Gefäßes.
Man erhält die Funktion der momentanen Gesamtmasse m in Abhängigkeit vom Flüssigkeitsvolumen V:

$m(V) = \rho \cdot V + m_0$ ... Lösung der Differentialgleichung

# Differentialgleichungen

Differentialgleichungen entstehen oft durch das „Übersetzen" naturwissenschaftlicher Zusammenhänge in mathematische Schreibweisen.

 Beim **radioaktiven Zerfall** werden instabile Atomkerne spontan in andere Atomkerne umgewandelt, sie „zerfallen". Dabei wird Strahlung ausgesendet.

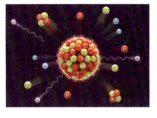

Es gilt: Die momentane Änderungsrate, mit der eine Menge an radioaktivem Material zerfällt, ist direkt proportional zur Menge des momentan vorhandenen Materials. Dabei ist die so genannte Zerfallskonstante $\lambda$ ($> 0$) der zugehörige Proportionalitätsfaktor.

Um eine Gleichung der Funktion zu ermitteln, die die Menge an radioaktivem Material zu jedem beliebigen Zeitpunkt angibt, muss zuerst eine Differentialgleichung aufgestellt werden:

$N(t)$ … Menge an radioaktivem Material zum Zeitpunkt t

$\frac{dN(t)}{dt}$ … momentane Änderungsrate der Menge an radioaktivem Material

$\frac{dN(t)}{dt} = -\lambda \cdot N(t)$ 
- Die Änderungsrate ist direkt proportional zur momentan vorhandenen Menge. Da es sich um einen Zerfallsprozess handelt, wird der Proportionalitätsfaktor $\lambda$ mit einem negativen Vorzeichen versehen.

Aus Band 2 ist bereits bekannt, dass die Lösung dieser Differentialgleichung eine Exponentialfunktion ist. Methoden zum Lösen solcher Differentialgleichungen werden in Abschnitt 4.2 vorgestellt.

Da die Lösungsmethode von der Art der Differentialgleichung abhängt, werden Differentialgleichungen nach verschiedenen Kriterien klassifiziert:

- Die **Ordnung** einer Differentialgleichung ist die **Ordnung der höchsten vorkommenden Ableitung**.
  ZB: Die Gleichung $y'' - 5y' + 3y = 0$ ist eine Differentialgleichung 2. Ordnung.

- Der **Grad** einer Differentialgleichung ist der **Exponent der höchsten Ableitung**.
  ZB: Die Gleichung $(y'')^3 + (y')^2 = 4$ ist eine Differentialgleichung 3. Grads und 2. Ordnung.

- **Lineare Differentialgleichungen** sind Gleichungen, bei denen die gesuchte Funktion und ihre Ableitungen nur in der ersten Potenz auftreten. Es treten nur lineare Terme von $y$, $y'$, $y''$ usw. auf und keine Produkte aus der Funktion und ihren Ableitungen. Andernfalls handelt es sich um **nichtlineare Differentialgleichungen**.
  ZB: Lineare Differentialgleichung: $y' + 3y = 0$ oder $2y'' + x \cdot y = \sin(x)$
  Nichtlineare Differentialgleichung: $y \cdot y' = -x$ oder $(y')^2 - 2y' = \ln(x)$

- Hängt eine Differentialgleichung nur von **einer unabhängigen Variablen** ab, bezeichnet man sie als **gewöhnliche Differentialgleichung**. Kommen in einer Differentialgleichung jedoch Funktionen in mehreren Variablen vor, so spricht man von partiellen Differentialgleichungen.
  ZB: Gewöhnliche Differentialgleichung: $\frac{dy}{dx} - 2xy = 4$ mit $y = f(x)$
  Partielle Differentialgleichung: $\frac{\partial z}{\partial x} + 3 \cdot \frac{\partial z}{\partial y} = 0$ mit $z = f(x, y)$

**Analysis**

# Differentialgleichungen

Anhand des folgenden Beispiels werden nun weitere Grundbegriffe erklärt.

Es soll die Differentialgleichung $y' = -x + 1$ gelöst werden. Die Lösungsfunktion $y = y(x)$ soll an der Stelle $x = 0$ den Wert $y = 1$ haben.

Die Lösung erfolgt in zwei Schritten:

- Durch unbestimmte Integration können alle Lösungsfunktionen y ermittelt werden, die die Gleichung $y' = -x + 1$ erfüllen:

  $y(x) = \int(-x + 1)\,dx = -\frac{x^2}{2} + x + C$

  Für die Integrationskonstante C kann vorerst jeder beliebige Wert eingesetzt werden. Man erhält daher unendlich viele Funktionen, die sich nur um den Parameter C voneinander unterscheiden. Dies entspricht einer Verschiebung des Funktionsgraphen entlang der y-Achse. Die Menge dieser Funktionen (Kurven) bezeichnet man als **Funktionenschar** (**Kurvenschar**). Diese Funktionenschar ist die **allgemeine Lösung** der Differentialgleichung.

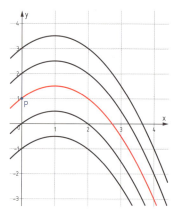

- Aus der Angabe geht hervor, dass die Lösungskurve durch den Punkt **P(0|1)** verlaufen soll. Setzt man diese Bedingung in die allgemeine Lösung der Differentialgleichung ein, so kann man den Parameter C eindeutig bestimmen und erhält damit eine **spezielle** (**partikuläre**) **Lösung** der Differentialgleichung:

  $y(0) = 1 \Rightarrow -0^2 + 0 + C = 1 \Rightarrow C = 1$

  Die spezielle Lösung der Differentialgleichung lautet: $y(x) = -\frac{x^2}{2} + x + 1$

Beim Lösen einer Differentialgleichung treten Integrationskonstanten auf, deren Anzahl der Ordnung der Differentialgleichung entspricht. Die Ermittlung einer speziellen Lösung einer Differentialgleichung ist nur dann möglich, wenn die Anzahl von zusätzlichen Informationen mit der Anzahl der Integrationskonstanten, also mit der Ordnung, übereinstimmt.

Man unterscheidet zwischen zwei verschiedenen Arten von Bedingungen:

- **Anfangsbedingungen:** Alle Informationen betreffen **dieselbe Stelle** $x_0$, es sind also $y(x_0)$, $y'(x_0)$, $y''(x_0)$, ... bekannt. Dabei muss die Stelle $x_0$ nicht dem „Anfang" des beschriebenen Vorgangs entsprechen. Sind zu einer Differentialgleichung Anfangsbedingungen gegeben, so spricht man von einem **Anfangswertproblem** oder einer **Anfangswertaufgabe**.
  ZB: Eine Weg-Zeit-Funktion y wird durch eine Differentialgleichung 2. Ordnung beschrieben. Zu einem Zeitpunkt $t_0$ sind die Position $y(t_0)$ und die Geschwindigkeit $y'(t_0)$ bekannt.

- **Randbedingungen:** Es sind Funktionswerte oder Werte einer Ableitung an **verschiedenen Stellen** gegeben, es handelt sich um ein **Randwertproblem** bzw. eine **Randwertaufgabe**.
  ZB: Eine Weg-Zeit-Funktion y wird durch eine Differentialgleichung 2. Ordnung beschrieben. Die Positionen zu zwei verschiedenen Zeitpunkten $y(t_1)$ und $y(t_2)$ sind bekannt.

Anfangswertprobleme sind (unter gewissen Voraussetzungen) eindeutig lösbar, Randwertprobleme hingegen nicht immer.

> Die **Lösung einer Differentialgleichung** n-ter Ordnung sind Funktionen, die sich um n Parameter voneinander unterscheiden. Die Menge dieser Funktionen ist eine Funktionenschar und wird **allgemeine Lösung** genannt. Durch **Anfangs-** oder **Randbedingungen** wird eine bestimmte Funktion festgelegt, die man als **spezielle Lösung** bezeichnet.

# Differentialgleichungen

Anhand des Beispiels „**Senkrechter Wurf ohne Luftwiderstand**" wird nun eine Methode zum Lösen von Differentialgleichungen 2. Ordnung gezeigt.

Der Legende nach hat Isaac Newton das Kraftgesetz $F = m \cdot a$ anhand der Beobachtung eines fallenden Apfels postuliert.
Wird ein Körper mit der Masse m mit der Anfangsgeschwindigkeit $v_0$ aus einer Höhe $h_0$ senkrecht nach oben geworfen, wirkt die Gewichtskraft $F_G = m \cdot g$ auf ihn.

Die momentane Höhe y eines Körpers zu jedem beliebigen Zeitpunkt t kann mithilfe einer Differentialgleichung ermittelt werden.

- **Aufstellen der Differentialgleichung**
  Es gilt die Gleichgewichtsbedingung $F = -F_G$ bzw. $m \cdot a = -m \cdot g$. Da die Gewichtskraft $F_G$ der Bewegung entgegenwirkt, wird $F_G$ mit einem negativen Vorzeichen versehen.
  Die Beschleunigung ist die 2. Ableitung der Höhe y nach der Zeit: $a = \ddot{y}$
  $F = -F_G \Rightarrow m \cdot \ddot{y} = -m \cdot g \Rightarrow \ddot{y} = -g$ ... Differentialgleichung 2. Ordnung

- **Lösen der Differentialgleichung**
  Durch unbestimmtes Integrieren erhält man die Funktion $\dot{y}$, die die momentane Geschwindigkeit beschreibt:
  $\dot{y} = \int (-g) \, dt = -g \cdot t + C_1$

  Zur Bestimmung der momentanen Höhe y muss die Funktion $\dot{y}$ erneut unbestimmt integriert werden. Für die **allgemeine Lösung** erhält man somit:

  $y(t) = \int (-g \cdot t + C_1) \, dt = -\frac{g}{2} \cdot t^2 + C_1 \cdot t + C_2$

  Setzt man die **Anfangsbedingungen** $\dot{y}(0) = v_0$ und $y(0) = h_0$ in die allgemeine Lösung ein, kann man die Werte für $C_1$ und $C_2$ ermitteln:

  $\dot{y}(0) = v_0 \Rightarrow -g \cdot 0 + C_1 = v_0 \Rightarrow C_1 = v_0$
  $y(0) = h_0 \Rightarrow -\frac{g}{2} \cdot 0^2 + C_1 \cdot 0 + C_2 = h_0 \Rightarrow C_2 = h_0$

Die spezielle Lösung für die momentane Höhe y bei einem senkrechten Wurf aus einer Höhe $h_0$ mit einer Anfangsgeschwindigkeit $v_0$ lautet daher:

$y(t) = -\frac{g}{2} \cdot t^2 + v_0 \cdot t + h_0$

---

**4.3** Ermittle die spezielle Lösung y der Differentialgleichung $y'' = 0{,}12 \cdot x^2$ mit den Randbedingungen $y(0) = 1$ und $y(1) = 3{,}01$.

Lösung:

$y' = \int 0{,}12 \cdot x^2 \, dx = 0{,}04 \cdot x^3 + C_1$
$y = \int (0{,}04 \cdot x^3 + C_1) \, dx = 0{,}01 \cdot x^4 + C_1 \cdot x + C_2$

Allgemeine Lösung: $y(x) = 0{,}01 \cdot x^4 + C_1 \cdot x + C_2$

- Zweimaliges Integrieren, da es sich um eine Differentialgleichung 2. Ordnung handelt.

$y(0) = 1 \Rightarrow$ I: $\quad C_2 = 1$
$y(1) = 3{,}01 \Rightarrow$ II: $0{,}01 + C_1 + C_2 = 3{,}01$
$\phantom{y(1) = 3{,}01 \Rightarrow \text{II: }} 0{,}01 + C_1 + 1 = 3{,}01$
$\phantom{y(1) = 3{,}01 \Rightarrow \text{II: }} C_1 = 2$

- Einsetzen der Bedingungen führt auf ein lineares Gleichungssystem.

Spezielle Lösung: $y(x) = 0{,}01 x^4 + 2x + 1$

**Analysis**

# Differentialgleichungen

**Grafische Veranschaulichung von Differentialgleichungen 1. Ordnung – Richtungsfelder**

Oft ist es nicht möglich, eine Differentialgleichung analytisch zu lösen. Um eine Vorstellung von der Lösungskurve zu erhalten, können Differentialgleichungen 1. Ordnung grafisch veranschaulicht werden.

**4.4** Überlege und beschreibe, welche Phänomene durch die angegebenen Grafiken dargestellt werden.

A)
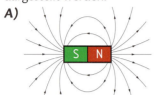

B)

Weht Wind über ein Getreidefeld, kann man die verschiedenen Luftströmungen anhand der wogenden Ähren beobachten. In Naturwissenschaft und Technik wird der Begriff des Felds verwendet, um Phänomene wie Elektromagnetismus oder Gravitation zu beschreiben. Die grafische Darstellung erfolgt mithilfe von so genannten **Feldlinien**.

ZB: Es sollen die Lösungskurven der Differentialgleichung $y' = e^x$ für verschiedene Punkte aus der xy-Koordinatenebene grafisch veranschaulicht werden. Dabei wird jedem Punkt P(x|y) durch die Gleichung $y' = e^x$ eine Steigung zugeordnet, die man durch kurze Tangentenstücke andeutet.

Ein solches Tangentenstück bildet gemeinsam mit dem zugehörigen Punkt ein **Linienelement**.

P(0|1):   $y' = e^0 = 1$       Q(0|2): $y' = e^0 = 1$
R(0,5|1): $y' = e^{0,5} = 1{,}648...$    S(1|1): $y' = e^1 = 2{,}718...$   usw.

Zeichnet man die Linienelemente in ein Koordinatensystem ein, entsteht ein **Richtungsfeld**. Um eine Vorstellung von einer speziellen Lösungskurve zu erhalten, „passt" man eine Kurve in die Tangentenstücke ein. In diesem Beispiel entsprechen diese Lösungskurven den Graphen von Exponentialfunktionen.

Zum Anfertigen von Richtungsfeldern kann die Verwendung von so genannten **Isoklinen** hilfreich sein. Eine Isokline verbindet Linienelemente, die gleiche Steigung haben.

Richtungsfeld der Gleichung $y' = -\frac{x}{y}$

Isokline für $y' = -1$: $-1 = -\frac{x}{y} \Rightarrow y = x$

Alle Punkte mit der Steigung $y' = -1$ liegen auf der Geraden $y = x$.
In diesem Beispiel verlaufen alle Isoklinen durch den Koordinatenursprung. Die Lösungskurven sind konzentrische Kreise.

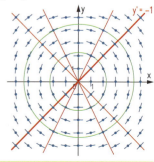

> Eine Differentialgleichung 1. Ordnung ordnet jedem Punkt der Koordinatenebene eine Steigung zu. Dadurch wird die Ebene zu einem **Richtungsfeld**. Ein Punkt und das zugehörige Tangentenstück werden als **Linienelement** bezeichnet.

# Differentialgleichungen

**4.5** Stelle das Richtungsfeld der Differentialgleichung $2y' + y - 3 = 0$ für beliebige Punkte aus dem Intervall $y \in [0; 5,5]$ dar.

Lösung:
$2y' + y - 3 = 0$

$y' = \dfrac{3-y}{2}$

| y | y' |
|---|---|
| 0 | 1,5 |
| 0,5 | 1,25 |
| 1 | 1 |
| 1,5 | 0,75 |
| 2 | 0,5 |
| 2,5 | 0,25 |
| 3 | 0 |
| 3,5 | −0,25 |
| 4 | −0,5 |
| 4,5 | −0,75 |
| 5 | −1 |
| 5,5 | −1,25 |

- Umformen der Gleichung auf $y'$
- Zur Berechnung der Steigung für einzelne Werte kann man eine Wertetabelle anfertigen.
- Die Steigung $y'$ hängt nur von $y$ ab, daher liegen alle Linienelemente mit gleicher Steigung auf Geraden $y = C$, die parallel zur x-Achse liegen. Die Geraden $y = 0,5$; $y = 1$; usw. sind daher Isoklinen.

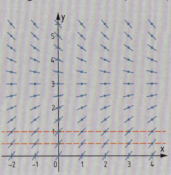

- Nun kann man die entsprechenden Linienelemente einzeichnen und erhält damit das Richtungsfeld der Differentialgleichung.

## Technologieeinsatz: Richtungsfelder
### GeoGebra

**TI-Nspire, CASIO ClassPad II:** www.hpt.at

ZB: Die Differentialgleichung $y' = \dfrac{x}{y}$ soll mithilfe eines Richtungsfelds grafisch veranschaulicht werden. Es soll auch jene Lösungskurve eingezeichnet werden, die durch den Punkt P(0|1) verläuft.

Das Richtungsfeld r wird mithilfe des Befehls **r=Richtungsfeld[x/y]** erzeugt.

Um die spezielle Lösungskurve durch den Punkt P(0|1) einzuzeichnen, definiert man **P=(0,1)** und verwendet dann den Befehl **Ortslinie[r,P]**.

Es erscheint ein Ast einer Hyperbel. Um den zweiten Ast der Hyperbel zu zeichnen, kann man den symmetrisch zur x-Achse gelegenen Punkt Q(0|−1) definieren und wie bei der Kurve durch P verfahren:
**Q=(0,-1)**
**Ortslinie[r,Q]**

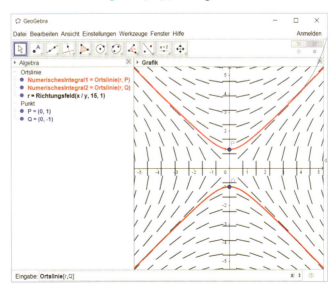

**Analysis**

# Differentialgleichungen

**4.6** Kreuze die passende Differentialgleichung an.
„Die Änderung des Luftdrucks p abhängig von der Höhe h ist direkt proportional zum Luftdruck in der jeweiligen Höhe. Dabei ist k der Proportionalitätsfaktor."

| A | B | C | D | E |
|---|---|---|---|---|
| $\frac{dp}{dh} = \frac{k}{p}$ | $\frac{dp}{dh} = \frac{k}{h}$ | $\frac{dp}{dh} = k \cdot p$ | $\frac{dp}{dh} = k \cdot h$ | $\frac{dh}{dp} = k \cdot p$ |

**4.7** Eine physikalische Größe y ändert sich, in Abhängigkeit von der Größe x.
Ordne dem beschriebenen Zusammenhang die passende Differentialgleichung zu.

| 1 | Die erste Ableitung von y nach x ist direkt proportional zu y. | | 2 | Die erste Ableitung von y nach x ist indirekt proportional zu y. | |

| A | $\frac{dy}{dx} = k \cdot y$ | B | $\frac{dy}{dx} = \frac{k}{y}$ | C | $\frac{dy}{dx} = k \cdot x$ | D | $\frac{dy}{dx} = \frac{k}{x}$ |

Aufgaben 4.8 – 4.10: Gib jeweils eine Differentialgleichung an, die den gegebenen Sachzusammenhang beschreibt.

**4.8** Die Steigung der Tangente an eine Funktion ist in jedem Punkt P(x|y)
 **a)** gleich dem Quadrat der x-Koordinate.
 **b)** gleich der dritten Wurzel aus der x-Koordinate.
 **c)** gleich der Summe aus der x- und der y-Koordinate.
 **d)** gleich dem Kehrwert des Produkts aus der x- und der y-Koordinate.

**4.9 a)** Die Änderungsrate der Menge an Kartoffelchips abhängig von der Zeit bei einem Fußballabend ist direkt proportional zur momentan vorhandenen Menge.
 **b)** Das Volumen eines Germteigs nimmt mit der Zeit in einem Ausmaß zu, das direkt proportional zum jeweils vorhandenen Volumen ist.

**4.10 a)** Beim freien Fall im Vakuum ist die Änderung der Geschwindigkeit v in Abhängigkeit von der Höhe h indirekt proportional zur Wurzel aus der Höhe.
 **b)** Wird eine Wachsschicht der Dicke d gleichmäßig erwärmt, so ist die Änderung der Dicke mit der Zeit direkt proportional zur momentanen Wachsdicke.
 **c)** Die Änderung des Dampfdrucks p mit der Temperatur T ist für eine bestimmte Substanz direkt proportional zum Dampfdruck und indirekt proportional zum Quadrat der Temperatur.

**4.11** Erkläre jeweils, wie viele Anfangsbedingungen nötig sind, um eine spezielle Lösung der angegebenen Differentialgleichung zu ermitteln.
 **1)** $y' + 3y = 0$
 **2)** $\frac{d^2y}{dx^2} - 2 \cdot \frac{dy}{dx} = 0$
 **3)** $y' = y''' - 2y'' + 3x$
 **4)** $y = y'' + y'$

**4.12** Die allgemeine Lösung einer Differentialgleichung ist gegeben. Veranschauliche die speziellen Lösungen mit C = −1, C = 0, C = 1 und C = 2. Erkläre jeweils, welchen Einfluss der Parameter C auf den Funktionsgraphen hat.
 **1)** $f(x) = 0{,}5x^2 + 0{,}8x + C$
 **2)** $f(x) = 2 \cdot (x + C) - 1$
 **3)** $f(x) = C \cdot e^{-0{,}5x}$

# Differentialgleichungen

Aufgaben 4.13 – 4.14: Ermittle jeweils die allgemeine Lösung der Differentialgleichung.

**4.13** **a)** $y'' = -3x + 2$  **b)** $y' = 4x^2 - 3x + \frac{1}{x}$  **c)** $y'' = 5x + \sqrt[3]{x}$

**4.14** **a)** $y'' = -2 \cdot \sin(3x)$  **b)** $y' = \frac{4}{x+3}$  **c)** $y'' = 0{,}5 \cdot e^{-x} + 2$

Aufgaben 4.15 – 4.17: Ermittle jeweils die spezielle Lösung der Differentialgleichung mithilfe der angegebenen Bedingungen.

**4.15** **a)** $y' = 0{,}25x^2 + 1$; $y(2) = 1$  **b)** $y' = 2 \cdot \sin(x)$; $y(0) = \pi$

**4.16** **a)** $y'' = \sqrt{x}$; $y(0) = 4$, $y'(0) = 16$  **b)** $y'' = -0{,}6x + 0{,}5$; $y(0) = 1$, $y'(0) = 0{,}1$

**4.17** **a)** $y' = -\frac{1}{x^2} + e^{2x}$; $y(1) = 2$  **b)** $y'' = 2 \cdot \sqrt{x} + 4x^3 - 1$; $y(0) = 4$, $y'(1) = -\frac{1}{3}$

**4.18** Die Bewegung eines Körpers wird durch folgende Differentialgleichung beschrieben:

$$\frac{d^2 s(t)}{dt^2} = a$$

t … Zeit in Sekunden

s(t) … zurückgelegter Weg zum Zeitpunkt t in Meter

a … Beschleunigung in $\frac{m}{s^2}$

Ermittle die spezielle Lösung für die Funktion des zurückgelegten Wegs s unter den Anfangsbedingungen $v_0 = v(0)$ und $s_0 = s(0)$.

**a)** $a = 0{,}5 \frac{m}{s^2}$; $v_0 = 1 \frac{m}{s}$, $s_0 = 2$ m  **b)** $a = 0 \frac{m}{s^2}$; $v_0 = 15 \frac{m}{s}$, $s_0 = 120$ m

Aufgaben 4.19 – 4.20: Stelle jeweils das Richtungsfeld der Differentialgleichung grafisch dar. Zeichne die spezielle Lösung für die angegebene Bedingung ein.

**4.19** **a)** $y' = 0{,}5x$; $y(0) = 1$  **b)** $y' = \frac{1}{2 \cdot \sqrt{x}}$; $y(1) = 0$  **c)** $y' = -2 \cdot e^{-x}$; $y(0) = 2$

**4.20** **a)** $3y' + y^2 = 1$; $y(0) = 1$  **b)** $4y' + 3 = 2y$; $y(0) = 0$  **c)** $(y')^2 - 2y = 6$; $y(0) = 1$

**4.21** Die Abbildung zeigt das Richtungsfeld einer Differentialgleichung.
  **1)** Zeichne die spezielle Lösung ein, die durch den Punkt P verläuft.
  **2)** Ordne der speziellen Lösung den entsprechenden Funktionstyp zu. Begründe deine Entscheidung.

**a)** 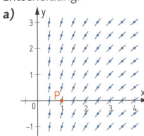  **b)**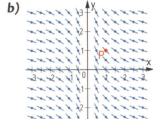

  **A)** Logarithmusfunktion       **A)** Exponentialfunktion
  **B)** Quadratische Funktion     **B)** Gebrochen rationale Funktion

**4.22** Stelle das Richtungsfeld der Differentialgleichung sowie die beiden speziellen Lösungen mit den gegebenen Anfangsbedingungen grafisch dar. Beschreibe den unterschiedlichen Verlauf der Kurven.

  **a)** $y' = -\frac{2x}{3y}$; $y(0) = 2$ und $y(0) = 4$  **c)** $y' = x \cdot y^2$; $y(0) = -2$ und $y(0) = 1$
  **b)** $y' = y - x$; $y(0) = 1$ und $y(2) = 0$  **d)** $y' = e^y \cdot \sin(x)$; $y(0) = -1$ und $y(0) = 1$

**Analysis**

# Differentialgleichungen

## 4.2 Trennen der Variablen

### 4.2.1 Grundlagen

**B D** **4.23** Bilde die erste Ableitung der Funktion $y = e^{x^2}$ und gib an, welche Regel du dafür anwenden musst. Zeige, dass das Ergebnis auch in der Schreibweise $y' = 2x \cdot y$ angegeben werden kann.

Kann eine Differentialgleichung 1. Ordnung auf die Form $y' = f(x) \cdot g(y)$ gebracht werden, so kann deren Lösung mit einem Verfahren ermittelt werden, das **Trennen der Variablen** genannt wird. Dabei ist y eine Funktion in Abhängigkeit von x.

**ZB** Es soll die Differentialgleichung $y' - 3x^2 \cdot y = 0$ mit $y(0) = 4$ gelöst werden.

$y' = \underbrace{3x^2}_{f(x)} \cdot \underbrace{y}_{g(y)}$ 
- Die Gleichung kann auf die Form $y' = f(x) \cdot g(y)$ gebracht werden.

$\frac{dy}{dx} = 3x^2 \cdot y$
- Anschreiben von y' als Differentialquotient

$\frac{1}{y} dy = 3x^2 dx$
- **Trennen der Variablen**
  Es wird so umgeformt, dass y und dy auf einer Seite der Gleichung stehen, x und dx auf der anderen. Die Differentiale dy und dx dürfen dabei nicht im Nenner eines Bruchs stehen.

$\int \frac{1}{y} dy = \int 3x^2 dx$
- Auf beiden Seiten wird nach der jeweiligen Variablen integriert. Bemerkung: Tatsächlich wird auf beiden Seiten nach x integriert, da y eine Funktion von x ist.

$\ln|y| + C_1 = x^3 + C_2$
$\ln|y| = x^3 + \overline{C}$
- Die Integrationskonstanten können zu einer neuen Konstanten $\overline{C}$ zusammengefasst werden: $C_2 - C_1 = \overline{C}$ ... konstant
Daher wird die Integrationskonstante oft nur auf einer Seite der Gleichung angeschrieben.

$|y| = e^{(x^3 + \overline{C})}$
$|y| = e^{x^3} \cdot e^{\overline{C}}$
- Entlogarithmieren
- Durch Anwenden der Rechenregeln für Potenzen ergibt sich die Konstante $e^{\overline{C}}$. Für $\pm e^{\overline{C}}$ kurz C geschrieben, dadurch können die Betragstriche bei y weggelassen werden.

$y(x) = C \cdot e^{x^3}$
- **Allgemeine Lösung**

$y(0) = 4 \implies C = 4$
- Ermitteln von C durch Einsetzen der Anfangsbedingung in die allgemeine Lösung

$y(x) = 4 \cdot e^{x^3}$
- **Spezielle Lösung** unter den gegebenen Anfangsbedingungen

> Differentialgleichungen der Form $y' = f(x) \cdot g(y)$ mit $y = y(x)$ können durch **Trennen der Variablen** gelöst werden.

# Differentialgleichungen

**4.24** Löse die Differentialgleichung $y' + y = 3$ mittels Trennen der Variablen.

Lösung:
- $y' = 3 - y$ — Differentialgleichung in der Form $y' = f(x) \cdot g(y)$ anschreiben. Hier ist $f(x) = 1$ und $g(y) = 3 - y$.
- $y' = 1 \cdot (3 - y)$
- $\frac{dy}{dx} = 1 \cdot (3 - y)$
- $\frac{dy}{3 - y} = 1\,dx$ — Trennen der Variablen
- $\int \frac{dy}{3-y} = \int dx$ — Bei der Integration wird die lineare Substitution angewendet.
- $-\ln|3-y| = x + \widetilde{C}$
- $\ln|3-y| = -x + \overline{C}$ — Entlogarithmieren
- $|3-y| = e^{-x + \overline{C}}$
- $3 - y = C \cdot e^{-x}$ — Umformen auf y
- $y(x) = 3 - C \cdot e^{-x}$

**4.25** Erkläre, welche der folgenden Differentialgleichungen mittels Trennen der Variablen gelöst werden können.
1) $y' = \frac{2x^2}{e^y}$  2) $y' + x = y$  3) $y' = 2x \cdot y$  4) $\dot{y} - 3t \cdot y = 0$

Aufgaben 4.26 – 4.32: Löse die folgenden Differentialgleichungen mittels Trennen der Variablen.

**4.26** a) $y' = 2x \cdot y$; $y(0) = 5$   b) $y' = \frac{y}{x}$; $y(1) = 3$   c) $y' = y \cdot \sin(x)$; $y\left(\frac{\pi}{2}\right) = 2$

**4.27** a) $-5 \cdot \frac{dy}{dx} + 4y = 0$   b) $8 \cdot \frac{ds}{dt} - 3s = 0$   c) $50 \cdot \frac{dZ}{dt} + 10 \cdot Z = 0$

**4.28** a) $3y' + 2x \cdot y = 0$   b) $2y' - 3x^2 \cdot y = 0$   c) $5y' - 2x^3 \cdot y = 0$

**4.29** a) $y' + y \cdot \sin(x) = 0$   b) $y' + 3y \cdot \cos(x) = 0$   c) $2y \cdot \sin(x) + y' = 0$

**4.30** a) $x \cdot y' - 2y = 0$; $y(2) = 4$   b) $\frac{y'}{x^2} + y = 0$; $y(0) = 2$   c) $3x \cdot y' - y = 0$; $y(1) = 3$

**4.31** a) $y' = 2 \cdot (5 - y)$   b) $y' = y + 2$   c) $y' - 4 \cdot (2 + y) = 0$

**4.32** a) $e^x \cdot y' + y = 0$   b) $y' \cdot \cos(x) + y \cdot \sin(x) = 0$   c) $y' \cdot (1 - x^2) + x \cdot y = 0$

**4.33** Löse die Differentialgleichung nach $y = y(t)$ mit $y(0) = y_0$.
a) $a \cdot \dot{y} + p \cdot y = 0$   b) $m \cdot \dot{y} + b \cdot y = 0$   c) $R \cdot C \cdot \dot{y} + y = 0$

**4.34** Bei einer Hausübung soll die Differentialgleichung $y' = y + 4$ mittels Trennen der Variablen gelöst werden. Angelika löst die Aufgabe folgendermaßen:

$$\frac{dy}{dx} = y + 4$$

$$\frac{dy}{y} = 4\,dx \Rightarrow \ln|y| = 4x + \overline{C} \Rightarrow y(x) = C \cdot e^{4x}$$

Gib an, welchen Fehler Angelika gemacht hat, und stelle richtig.

**4.35** Gegeben ist die Differentialgleichung $y \cdot y' + x = 0$.
1) Stelle das Richtungsfeld grafisch dar.
2) Ermittle jeweils die spezielle Lösung der Differentialgleichung für $y(3) = 4$ und für $y(5) = 12$ mittels Trennen der Variablen und zeichne sie in das Richtungsfeld ein.
3) Argumentiere, dass es sich bei der allgemeinen Lösung um eine Menge von konzentrischen Kreisen handelt.

# Differentialgleichungen

## 4.2.2 Anwendungen

### Exponentielles und beschränktes Wachstum

Auf Seite 79 wurde die Differentialgleichung, die den radioaktiven Zerfalls beschreibt, angegeben. Differentialgleichungen dieses Typs treten immer dann auf, wenn die **momentane Änderungsrate** (1. Ableitung) **proportional** zum **momentanen Funktionswert** ist:
- Zunahme: $y'(t) = k \cdot y(t)$  mit $k > 0$
- Abnahme: $y'(t) = -k \cdot y(t)$  mit $k > 0$

Das Lösen der Differentialgleichung kann mittels Trennen der Variablen erfolgen.
Die Lösungsfunktion ist eine **Exponentialfunktion**, es handelt sich daher um exponentielles Wachstum oder um exponentielle Abnahme.

Ist die **momentane Änderungsrate** (1. Ableitung) **proportional** zur **Differenz eines festen Werts K (Kapazitätsgrenze, Sättigungswert) und des momentanen Funktionswerts**, so lautet die Differentialgleichung:

$y'(t) = k \cdot (K - y(t))$  mit $k > 0$    oder    $y'(t) = -k \cdot (y(t) - K)$  mit $k > 0$
$y(0) < K$ $\qquad\qquad\qquad\qquad\qquad\qquad\qquad\quad$ $y(0) > K$

**Beschränktes Wachstum** $\qquad\qquad\qquad\qquad$ **Beschränkte Abnahme**

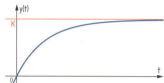
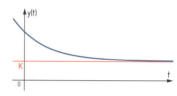

**4.36** Die Differentialgleichung, die den radioaktiven Zerfall beschreibt, lautet:
$N'(t) = -k \cdot N(t)$   mit $k > 0$;   t ... Zeit, N(t) ... radioaktive Menge zur Zeit t
*1)* Erkläre, warum diese Differentialgleichung eine exponentielle Abnahme beschreibt.
*2)* Löse die Differentialgleichung für die Anfangsbedingung $N(0) = N_0$.

**4.37** Eine Obstplantage mit 8 000 Bäumen wurde von Schädlingen befallen. Die momentane Änderungsrate der Anzahl der befallenen Bäume ist proportional zur Differenz zwischen der Gesamtanzahl der Bäume und der Anzahl der momentan befallenen Bäume B.
*1)* Stelle die Differentialgleichung auf.
*2)* Zu Beginn der Beobachtung waren 300 Bäume befallen. Nach einer Woche waren um 15 % mehr Bäume befallen. Ermittle die spezielle Lösung und berechne, nach welcher Zeit 90 % aller Bäume befallen waren.

**4.38** Nach dem Rückbau eines Staudamms ändert sich das Wasservolumen in einer Zisterne. Das Wasservolumen y beträgt zu Beginn der Beobachtung 15 m³ und ändert sich gemäß folgender Differentialgleichung:
$y'(t) = 0{,}008 \cdot (60 - y(t))$
t ... Zeit nach dem Rückbau in Wochen, y(t) ... Volumen zur Zeit t in m³
*1)* Erkläre anhand der Differentialgleichung, ob es sich um eine Zu- oder Abnahme handelt.
*2)* Ermittle y(t) und stelle die Funktion grafisch dar.
*3)* Ermittle, mit welchem Wasservolumen langfristig gerechnet werden kann.

**4.39** Zeige, dass die spezielle Lösung der Differentialgleichung $y'(t) = k \cdot (K - y(t))$, die das beschränkte Wachstum beschreibt, für $y(0) = y_0$ wie folgt lautet: $y(t) = K - (K - y_0) \cdot e^{-k \cdot t}$

# Differentialgleichungen

**Logistisches Wachstum**

Wird ein **wachstumshemmender Faktor** in einem Modell berücksichtigt, das ursprünglich von **exponentiellem Wachstum** als Grundannahme ausgeht, so spricht man von **logistischem Wachstum**. Man erhält eine Differentialgleichung folgender Form:

$$y'(t) = k \cdot y(t) \cdot \left(1 - \frac{y(t)}{K}\right)$$

Veranschaulicht man die Abhängigkeit der Änderungsrate $y'$ von der Anzahl $y$, so erhält man die unten dargestellte Parabel und kann Aussagen über den Verlauf der Lösungsfunktionen treffen, ohne diese mithilfe der Differentialgleichung ermittelt zu haben.

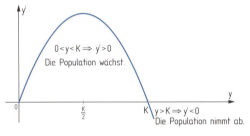

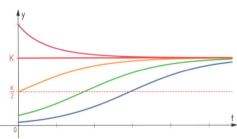

- Wird als Startwert $y_0 = 0$ oder $y_0 = K$ gewählt, beträgt die Änderungsrate 0, die Population existiert nicht ($y_0 = 0$) oder bleibt konstant ($y_0 = K$).
- Ist der Startwert $y_0$ kleiner als k, so ist $y'$ steigend bis zu einem Wert von $\frac{K}{2}$. Die Lösungskurven sind in diesem Bereich positiv gekrümmt.
  $y'$ ist fallend ab einem Wert von $\frac{K}{2}$. Die Lösungskurven sind in diesem Bereich negativ gekrümmt.
- Ist der Startwert $y_0$ größer als K, so nimmt die Population ab. Für jeden Startwert $\neq 0$ nähert sich die Populationsgröße dem Wert K, dieser wird daher auch **stabiler Gleichgewichtspunkt** oder **Kapazitätsgrenze** genannt.

Die Lösung der Differentialgleichung mithilfe der Partialbruchzerlegung und Trennen der Variablen ergibt die bereits in Band 2 angegebene Funktionsgleichung für das logistische Wachstum:

$$y(t) = \frac{y_0 \cdot K}{y_0 + (K - y_0) \cdot e^{-k \cdot t}}$$

Einer der ersten, die dieses Modell anwendeten, war Raymond Pearl (amerikanischer Biologe und Mitbegründer der medizinischen Statistik). Er untersuchte die Vermehrung der Fruchtfliege Drosophila melanogaster und konnte eine zufriedenstellende Übereinstimmung des im Folgenden angegebenen logistischen Wachstumsmodells mit den beobachteten Daten nachweisen.

Raymond Pearl
1879 – 1940

$$\frac{dN}{dt} = \frac{1}{5} \cdot N \cdot \left(1 - \frac{N}{1\,035}\right)$$

t … Anzahl der Tage
N(t) … Anzahl der Fruchtfliegen nach t Tagen

$$\Rightarrow N(t) = \frac{1\,035 \cdot N_0}{1\,035 + (1\,035 - N_0) \cdot e^{-\frac{1}{5} \cdot t}}$$

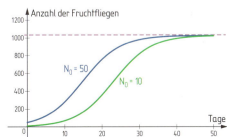

**Analysis**

# Differentialgleichungen

**4.40** Raymond Pearl und Lowell Reed (1886 – 1966, amerikanischer Statistiker) beschreiben im Jahr 1920 auf Basis der Daten von drei Volkszählungen die Bevölkerungsentwicklung der USA mit einem logistischen Wachstumsmodell mit den Parametern k = 0,031395 und K = 197 274 sowie dem Anfangswert 2 890 (Einwohnerzahl im Jahr 1780 in Tausend).
1) Gib die Differentialgleichung an und löse diese mithilfe von Technologieeinsatz.
2) Im Jahr 1860 hatten die USA 31,443 Millionen Einwohner. Ermittle den Betrag des relativen Fehlers bei Verwendung des Modells von Pearl und Reed für dieses Jahr.

**Bewegungsvorgänge**

Bei der Untersuchung von **Bewegungsvorgängen** wurden bislang Reibungskräfte wie Luft- oder Flüssigkeitswiderstand vernachlässigt. Mithilfe von Differentialgleichungen lassen sich diese Kräfte berücksichtigen. Das Erstellen der Differentialgleichung erfolgt aufgrund der Tatsache, dass alle Kräfte, die auf einen Körper wirken, zu jedem Zeitpunkt der Bewegung im **Kräftegleichgewicht** sind.

ZB: Ein Boot mit der Masse m wird auf einem ruhenden Gewässer mit einer konstanten Antriebskraft $F_A$ bewegt. Die Widerstandskraft $F_R$ des Wassers wirkt der Bewegung des Boots entgegen und ist direkt proportional zur momentanen Geschwindigkeit v des Boots, also gilt:
$F_R = b \cdot v$  (v ... Geschwindigkeit, b ... Reibungskoeffizient)

$F = F_A - F_R$ • Kräftegleichung

$m \cdot a = F_A - b \cdot v$ • Kraft = Masse · Beschleunigung

$m \cdot \frac{dv}{dt} = F_A - b \cdot v$ • Differentialgleichung

Löst man diese Differentialgleichung, erhält man die Funktion v der Geschwindigkeit.

**4.41** Carina fährt auf einer Rodel einen Hang hinunter. Am Ende des Hangs (Zeitpunkt t = 0 s) hat sie eine Geschwindigkeit von 36 $\frac{km}{h}$. Sie fährt dann auf ebenem Gelände ohne Antrieb ($F_A = 0$) weiter. Die Gesamtmasse von Carina und der Rodel beträgt m = 54 kg. Für die Kraft $F_R$, die der Bewegung entgegenwirkt, gilt: $F_R = 30 \frac{kg}{s} \cdot v$

1) Erkläre, wie man die allgemeine Lösung $v(t) = C \cdot e^{-\frac{30}{54} \cdot t}$ für die Geschwindigkeit ab dem Zeitpunkt t = 0 s erhält.
2) Ermittle die spezielle Lösung für die Funktion der Geschwindigkeit.
3) Stelle die spezielle Lösung aus 2) grafisch dar und beschreibe den Verlauf der Geschwindigkeit.
4) Gib eine Gleichung an, mit der man jenen Zeitpunkt ermitteln kann, zu dem die Rodel im Auslauf einen Weg von 15 m zurückgelegt hat und ermittle diesen Zeitpunkt.

**4.42** Eine Motoryacht mit der Gesamtmasse m = 16 Tonnen bewegt sich auf einem ruhenden Gewässer geradlinig mit der konstanten Geschwindigkeit v = 72 $\frac{km}{h}$. Wird zum Zeitpunkt t = 0 s der Motor abgeschaltet, verringert sich die Geschwindigkeit innerhalb von 10 s um 1,8 $\frac{km}{h}$. Für die Reibungskraft $F_R$ gilt: $F_R = b \cdot v$

1) Begründe, warum dieser Bewegungsvorgang durch die Differentialgleichung $m \cdot \dot{v} = -b \cdot v$ beschrieben wird.
2) Ermittle die Funktion v, die die Momentangeschwindigkeit der Yacht nach dem Abschalten des Motors beschreibt, und gib den Reibungskoeffizienten b an.
3) Stelle die Funktion v grafisch dar und interpretiere den Verlauf.
4) Berechne, welchen Gesamtweg die Yacht nach dem Abschalten des Motors zurücklegen kann, ohne dass zusätzliche Kraft aufgewendet wird.

# Differentialgleichungen

## Anwendungen in der Thermodynamik

Werden zwei Köper unterschiedlicher Temperatur in Kontakt gebracht, so findet ein Temperaturausgleich statt. Die Wärmeenergie geht dabei immer vom Körper mit höherer Temperatur zum Körper mit niedrigerer Temperatur über. Ist die Temperatur des Mediums, das einen Körper umgibt, annähernd konstant, so gilt das **Newton'sche Abkühlungsgesetz**:

Die Änderung der Temperatur in Abhängigkeit von der Zeit t ist proportional zur Differenz der momentanen Temperatur T des Körpers und der Umgebungstemperatur $T_U$.

$$\frac{dT}{dt} = k \cdot (T(t) - T_U) \qquad k \ldots \text{Konstante}$$

Je nachdem, ob die Anfangstemperatur $T_0$ größer ist oder kleiner ist als die Temperatur $T_U$, kühlt der Körper ab oder erwärmt sich. Bei einer Abkühlung ist die Temperaturänderung $\frac{dT}{dt}$ negativ, bei einer Erwärmung positiv.

**4.43** Gib jeweils an, ob die Anfangswertaufgabe eine Abkühlung (A) oder eine Erwärmung (E) beschreibt (k > 0). t … Zeit in s, T(t) … Temperatur zur Zeit t in °C

1) $\frac{dT}{dt} = k \cdot (T(t) - 24) \qquad T(0) = 6\,°C$

2) $\frac{dT}{dt} = -k \cdot (T(t) - 24) \qquad T(0) = 40\,°C$

3) $\frac{dT}{dt} = -k \cdot (24 - T(t)) \qquad T(0) = 40\,°C$

4) $\frac{dT}{dt} = k \cdot (24 - T(t)) \qquad T(0) = 6\,°C$

**4.44** Eine Probe mit einer Temperatur von 160 °C wird unter fließendem Wasser mit einer Temperatur von 20 °C abgekühlt. Die Probe kühlt dabei nach dem Newton'schen Abkühlungsgesetz innerhalb von 5 Minuten auf 100 °C ab.
1) Stelle die Differentialgleichung auf, die den Abkühlvorgang beschreibt und löse diese.
2) Berechne, wie lang es dauert, bis die Probe eine Temperatur von 30 °C hat.

**4.45** Eine Probe wird aus einem Kühlschrank genommen und erwärmt sich nach folgendem Gesetz: Die momentane Temperaturänderung in Abhängigkeit von der Zeit t ist proportional zur Differenz der Umgebungstemperatur $T_U$ und der momentanen Temperatur T der Probe.
1) Stelle eine Differentialgleichung mit der Konstanten k (k > 0) auf.
2) Zeige mithilfe der Methode Trennen der Variablen, dass für die Lösung gilt:
$T(t) = T_U - C \cdot e^{-k \cdot t}$
3) Ermittle die spezielle Lösung mit der Anfangsbedingung $T(0) = T_0$.

**4.46** In eine Badewanne wird heißes Wasser gefüllt. Die Raumtemperatur des Badezimmers beträgt konstant 25 °C. Man misst eine Wassertemperatur von 43 °C, was zu heiß ist, um ein Bad zu nehmen. Nach 10 Minuten beträgt die Temperatur des Wassers 38 °C.
1) Die Änderung der Wassertemperatur wird durch die Differentialgleichung beschrieben: $\frac{dT}{dt} = k \cdot (T - 25)$ t … Zeit in Minuten, T(t) … Temperatur zur Zeit t
Erkläre, ob die Konstante k positiv oder negativ ist.
2) Löse die Anfangswertaufgabe und ermittle die Konstante k.
3) Überprüfe nachweislich, ob nach weiteren 10 Minuten eine Wassertemperatur von 35 °C erreicht wird.

**Analysis**

# Differentialgleichungen

**Mischvorgänge**

Viele Mischvorgänge lassen sich mithilfe von Differentialgleichungen beschreiben.

**4.47** In einem Flüssigkeitstank befinden sich zu Beginn 10 kg Zucker gelöst in 100 Liter Wasser. In diesen Tank fließen pro Minute 10 L einer Zuckerlösung mit einer Konzentration von 0,02 $\frac{kg}{L}$ ein und 10 L der gemischten Flüssigkeit wieder aus. Im Tank wird die Lösung ständig durchmischt. Wie viel kg Zucker enthält der Tank nach 30 Minuten?

Lösung:
t … Zeit in Minuten, Z(t) … Zuckermenge im Tank zur Zeit t in kg

Zufluss: $10 \frac{L}{min} \cdot 0{,}02 \frac{kg}{L}$; Abfluss: $10 \frac{L}{min} \cdot \frac{Z(t)}{100 \, L}$

$\frac{dZ}{dt} = 10 \cdot 0{,}02 - 10 \cdot \frac{Z}{100}$ • Änderungsrate: Zufluss minus Abfluss

$\frac{dZ}{dt} = 0{,}2 - \frac{Z}{10} = \frac{2-Z}{10}$

$\frac{dZ}{dt} = \frac{1}{10}(2-z)$ • Trennen der Variablen

$\int \frac{dZ}{2-Z} = \frac{1}{10} \int dt$

$-\ln|2-Z| = \frac{1}{10}t + \overline{C}$

$Z(t) = 2 - C \cdot e^{-0{,}1t}$ • Allgemeine Lösung der Differentialgleichung

$Z(0) = 10 \Rightarrow C = -8$ • Einsetzen der Anfangsbedingung

$Z(t) = 2 + 8 \cdot e^{-0{,}1 \cdot t}$ • Spezielle Lösung der Differentialgleichung

$Z(30) = 2{,}398\ldots$

Der Tank enthält nach 30 Minuten rund 2,4 kg Zucker.

**4.48** In einem Veranstaltungssaal mit einem Raumvolumen von 5 000 m³ wird in der Atemluft ein $CO_2$-Gehalt von 1 000 ppm gemessen. Durch Einschalten der Belüftungsanlage werden pro Minute 50 m³ der Saalluft gleichmäßig durch Frischluft mit einem $CO_2$-Gehalt von 500 ppm ersetzt.
1) Ermittle den $CO_2$-Gehalt 20 Minuten nach Aktivierung der Frischluftpumpe.
2) Berechne, nach wie viel Minuten der $CO_2$-Gehalt im Saal nur mehr 0,07 % beträgt.

**4.49** Ein Pool ist mit 64 m³ Salzwasser gefüllt. Da der Salzgehalt von 1 % zu hoch ist, muss reines Wasser nachgefüllt werden. Durch einen Schlauch werden 10 Liter reines Wasser pro Minute zugeführt. Gleichzeitig fließt die gleiche gemischte Menge Salzwasser durch den Überlauf ab.

1) Erkläre, warum die folgende Differentialgleichung den gegebenen Sachverhalt beschreibt.
$\frac{dm}{dt} = -10 \cdot \frac{m}{64\,000}$
t … Zeit in Minuten, m(t) … Salzmenge zur Zeit t in kg
2) Gib die Anfangsbedingung an und ermittle die spezielle Lösung der Differentialgleichung.
3) Der ideale Salzgehalt beträgt zwischen 0,4 % und 0,7 %. Berechne, nach welcher Zeit ein Salzgehalt von 0,6 % erreicht ist. Wie viel Liter Wasser müssen nachgefüllt werden?

# Differentialgleichungen

## 4.3 Lineare Differentialgleichungen 1. Ordnung

**4.50** **1)** Löse die Differentialgleichungen $y' - 2y = 0$ und $y' - 2y = 4$ jeweils mittels Trennen der Variablen.
**2)** Vergleiche die Ergebnisse aus **1)**. Welcher Zusammenhang fällt dir auf?

Eine Differentialgleichung der Form $y' + f(x) \cdot y = s(x)$ heißt **inhomogene lineare Differentialgleichung 1. Ordnung**. Die Funktion $s(x)$ wird als **Störfunktion** bezeichnet, weil sie in vielen Anwendungen den äußeren Einfluss auf ein System beschreibt. Gibt es keinen äußeren Einfluss, ist also $s(x) = 0$, nennt man die Differentialgleichung **homogen**.
Ist die Funktion $f(x) = p$ konstant, spricht man von einer **linearen Differentialgleichung 1. Ordnung mit konstanten Koeffizienten**.

---

**Lineare Differentialgleichungen 1. Ordnung**

**Homogene** Differentialgleichung:      **Inhomogene** Differentialgleichung:

$y' + f(x) \cdot y = 0$      $y' + f(x) \cdot y = s(x)$    $s(x)$ ... Störfunktion

**Lineare Differentialgleichung 1. Ordnung mit konstanten Koeffizienten**

$y' + p \cdot y = 0$   bzw.   $y' + p \cdot y = s(x)$   mit $p \in \mathbb{R}$

---

**Homogene lineare Differentialgleichungen 1. Ordnung mit konstanten Koeffizienten**

Jede homogene lineare Differentialgleichung 1. Ordnung $y' + f(x) \cdot y = 0$ kann mittels Trennen der Variablen gelöst werden. Ist $f(x) = p$ konstant, sind die Lösungen **Exponentialfunktionen** der Form: $y = C \cdot e^{-p \cdot x}$

$y' + 3 \cdot y = 0$
$y' = -3y \Rightarrow \int \frac{1}{y} dy = -\int 3 \, dx \Rightarrow \ln|y| = -3x + \overline{C} \Rightarrow |y| = e^{-3x} \cdot e^{\overline{C}} \Rightarrow y = C \cdot e^{-3x}$

Da die Lösungen von homogenen Differentialgleichungen 1. Ordnung mit konstanten Koeffizienten immer Exponentialfunktionen dieser Form sind, können die Lösungen auch mithilfe des so genannten **Exponentialansatzes** ermittelt werden.

$y = C \cdot e^{\lambda \cdot x}$      • Exponentialansatz; da man für $C = 0$ nur die spezielle Lösung $y = 0$ erhält, wählt man $C \neq 0$.

$y' = C \cdot \lambda \cdot e^{\lambda \cdot x}$      • $y$ ableiten

$\qquad\qquad y' + 3 \cdot y = 0$      • $y$ und $y'$ in die Differentialgleichung einsetzen

$C \cdot \lambda \cdot e^{\lambda \cdot x} + 3 \cdot C \cdot e^{\lambda \cdot x} = 0$

$\qquad C \cdot e^{\lambda \cdot x} \cdot (\lambda + 3) = 0$      • Herausheben von $C \cdot e^{\lambda \cdot x}$ ($\neq 0$) und dividieren

$\qquad\qquad\qquad \lambda + 3 = 0$      • Diese Gleichung hat dieselben Koeffizienten wie die Differentialgleichung. Daher nennt man sie die **charakteristische Gleichung** der Differentialgleichung.
$\qquad\qquad\qquad\qquad \lambda = -3$

$y(x) = C \cdot e^{-3x}$      • Einsetzen von $\lambda = -3$ führt auf die allgemeine Lösung.

---

Die **allgemeine Lösung** $y$ jeder homogenen linearen Differentialgleichung mit konstanten Koeffizienten $y' + p \cdot y = 0$ ist eine **Exponentialfunktion** der Form $y = C \cdot e^{-p \cdot x}$ ($C, p \in \mathbb{R}$).

# Differentialgleichungen

**Inhomogene lineare Differentialgleichungen 1. Ordnung mit konstanten Koeffizienten**

Anhand des folgenden anschaulichen Beispiels wird erklärt, aus welchen Teilen sich die Lösung einer inhomogenen linearen Differentialgleichung $y' + p \cdot y = s(x)$ zusammensetzt.

Ein Elektroboot mit der Gesamtmasse m = 200 kg fährt auf einem See. Durch den Motor wirkt eine Antriebskraft $F_A$ = 1 400 N.
Die Bewegung wird durch die Wasserwiderstandskraft $F_R$ gebremst.
Es wird angenommen, dass $F_R$ direkt proportional zur momentanen Geschwindigkeit v des Elektroboots ist:

$F_R = b \cdot v$    mit $b = 140 \frac{kg}{s}$ ... Widerstandskoeffizient

Für die Gesamtkraft, mit der das Elektroboot auf dem See bewegt wird, gilt:

Gesamtkraft = Antriebskraft − Wasserwiderstandskraft

$$m \cdot \frac{dv}{dt} = F_A - b \cdot v$$

$$\frac{dv}{dt} + \frac{b}{m} \cdot v = \frac{F_A}{m}$$

Nun wird die allgemeine Lösung für die Funktion v der Geschwindigkeit für zwei Fälle ermittelt.

1. Fall: Der Motor wird abgeschaltet, die Antriebskraft beträgt nun $F_A$ = 0 N.

    $\frac{dv}{dt} + \frac{140}{200} \cdot v = 0$ ... **homogene DGL**

    $\frac{dv}{dt} + 0{,}7 \cdot v = 0$

    $\frac{dv}{dt} = -0{,}7 \cdot v$

    Allgemeine Lösung:
    $v(t) = \mathbf{C \cdot e^{-0{,}7t}}$

2. Fall: Das Boot wird weiterhin mit der Antriebskraft $F_A$ = 1 400 N bewegt.

    $\frac{dv}{dt} + \frac{140}{200} v = \frac{1400}{200}$ ... **inhomogene DGL**

    $\frac{dv}{dt} + 0{,}7 \cdot v = 7$

    $\frac{dv}{dt} = -0{,}7 \cdot (v - 10)$

    Allgemeine Lösung:
    $v(t) = \mathbf{C \cdot e^{-0{,}7t} + 10}$

Vergleicht man die allgemeine Lösung der **inhomogenen Differentialgleichung** mit der allgemeinen Lösung der **homogenen Differentialgleichung**, so erkennt man:

Der Term $\mathbf{C \cdot e^{-0{,}7t}}$ entspricht der allgemeinen Lösung der homogenen Differentialgleichung und wird kurz **homogene Lösung** $v_h$ genannt:    $\mathbf{v_h = C \cdot e^{-0{,}7t}}$

Der Lösungsteil **+10** kommt durch die Berücksichtigung der Antriebskraft $F_A$ = 1 400 N zustande. Durch Einsetzen lässt sich zeigen, dass es sich dabei um eine spezielle Lösung $v_p = 10$ der inhomogenen Differentialgleichung $\frac{dv}{dt} + 0{,}7 \cdot v = 7$ handelt:

$\frac{dv_p}{dt} = 0 \;\Rightarrow\; 0 + 0{,}7 \cdot 10 = 7$ w.A.

Dieser Teil der allgemeinen Lösung wird daher kurz **partikuläre Lösung** der inhomogenen Differentialgleichung $v_p$ genannt:    $\mathbf{v_p = 10}$

Allgemeine Lösung der Funktion der Geschwindigkeit:    $v(t) = \underbrace{\mathbf{C \cdot e^{-0{,}7t}}}_{\text{homogene Lösung } v_h} + \overbrace{\mathbf{10}}^{\text{partikuläre Lösung } v_p}$

Die Lösung einer inhomogenen Differentialgleichung setzt sich aus zwei Teilen zusammen und wird in zwei Schritten ermittelt: Setzt man die **Störfunktion null**, so erhält man die zugehörige homogene Differentialgleichung und ermittelt deren allgemeine Lösung, die **homogene Lösung** $v_h$.

Unabhängig davon kann man die **partikuläre Lösung** der inhomogenen Differentialgleichung $v_p$ ermitteln. Diese Lösung ist bei linearen Differentialgleichungen mit konstanten Koeffizienten vom selben Typ wie die Störfunktion.

Die **allgemeine Lösung** der inhomogenen Differentialgleichung ist die **Summe der Lösungen**:
$v = v_p + v_h$

# Differentialgleichungen

Betrachtet man den Graphen einer speziellen Lösung der inhomogenen Differentialgleichung, so kann man weitere Schlüsse ziehen. Ist die Anfangsgeschwindigkeit des Elektroboots aus dem vorangegangenen Beispiel bekannt, zum Beispiel $v(0\,s) = 4\,\frac{m}{s}$, so erhält man für den 2. Fall folgende spezielle Lösung: $v(t) = -6 \cdot e^{-0{,}7t} + 10$

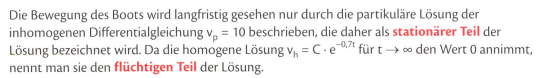

Aus dem Graphen geht hervor, dass sich die Funktion v für $t \to \infty$ dem Wert $10\,\frac{m}{s}$ nähert:

$\lim_{t \to \infty}(v(t)) = 10$

Aufgrund des Wasserwiderstands ist es unmöglich, eine Geschwindigkeit von mehr als $10\,\frac{m}{s}$ zu erreichen.

Die Bewegung des Boots wird langfristig gesehen nur durch die partikuläre Lösung der inhomogenen Differentialgleichung $v_p = 10$ beschrieben, die daher als **stationärer Teil** der Lösung bezeichnet wird. Da die homogene Lösung $v_h = C \cdot e^{-0{,}7t}$ für $t \to \infty$ den Wert 0 annimmt, nennt man sie den **flüchtigen Teil** der Lösung.

> Die **allgemeine Lösung** einer inhomogenen Differentialgleichung y ist die Summe aus der allgemeinen Lösung der homogenen Differentialgleichung $y_h$ (kurz: **homogene Lösung**) und einer partikulären Lösung der inhomogenen Differentialgleichung $y_p$ (kurz: **partikuläre Lösung**):  $y = y_h + y_p$

Im Allgemeinen können Differentialgleichungen mit konstanten Koeffizienten nicht immer mittels Trennen der Variablen gelöst werden. Nun wird das Ermitteln der Lösung mithilfe von Lösungsansätzen gezeigt.

ZB: Anfangswertaufgabe $y' + 2 \cdot y = 4x - 5$ mit $y(0) = 0{,}5$

- **Homogene Lösung:**
  $y' + 2 \cdot y = 0$ • Homogene Differentialgleichung
  $y_h = C \cdot e^{-2x}$ • Homogene Lösung

- **Partikuläre Lösung:**
  Die Störfunktion $s(x) = 4x - 5$ ist eine lineare Funktion. Der Lösungsansatz hängt vom Typ der Störfunktion ab. Daher wählt man hier eine allgemeine lineare Funktion:
  **$y_p = A \cdot x + B$**
  Da sowohl die Funktion als auch deren Ableitung die Gleichung erfüllen müssen, benötigt man die Ableitung:
  **$y_p{'} = A$**

| | |
|---|---|
| $y' + 2 \cdot y = 4x - 5$ | • Anschreiben der Differentialgleichung |
| $A + 2 \cdot (A \cdot x + B) = 4x - 5$ | • Einsetzen von y und y' in die Gleichung |
| $A + 2A \cdot x + 2B = 4x - 5$ | • Ausmultiplizieren auf der linken Seite der Gleichung |
| $2A \cdot x + (A + 2B) = 4 \cdot x + (-5)$ | • Sortieren nach den Koeffizienten von x |
| $x^1: 2A = 4$ | • **Koeffizientenvergleich:** |
| $x^0: A + 2B = -5$ | Die Koeffizienten von gleichen Potenzen ($x^1$ und $x^0$) |
| $A = 2;\quad B = -3{,}5$ | müssen auf beiden Seiten der Gleichung übereinstimmen. Man erhält ein Gleichungssystem. |
| $\Rightarrow y_p = 2x - 3{,}5$ | • Einsetzen von A und B in den linearen Ansatz führt auf die partikuläre Lösung $y_p$. |

**Analysis**

# Differentialgleichungen

- **Allgemeine Lösung:**

$$y = y_h + y_p$$
$$\Rightarrow y(x) = C \cdot e^{-2x} + 2x - 3{,}5$$

- Die allgemeine Lösung ist die Summe aus homogener und partikulärer Lösung.

- **Lösung der Anfangswertaufgabe:**

$$y(0) = 0{,}5 \Rightarrow 0{,}5 = C \cdot 1 + 2 \cdot 0 - 3{,}5$$
$$C = 4$$
$$y(x) = 4 \cdot e^{-2x} + 2x - 3{,}5$$

- Durch Einsetzen der Anfangsbedingung in die allgemeine Lösung erhält man die Konstante C.
- Spezielle Lösung

- **Probe:**

$$y' = -8 \cdot e^{-2x} + 2$$

$$\underbrace{y'}_{-8 \cdot e^{-2x} + 2} + 2 \cdot \underbrace{y}_{(4 \cdot e^{-2x} + 2x - 3{,}5)} = 4x - 5$$

$$-8 \cdot e^{-2x} + 2 + 2 \cdot (4 \cdot e^{-2x} + 2x - 3{,}5) = 4x - 5$$
$$-8 \cdot e^{-2x} + 2 + 8 \cdot e^{-2x} + 4x - 7 = 4x - 5$$
$$4x - 5 = 4x - 5 \quad \text{w. A.}$$

- Ermitteln der ersten Ableitung
- Einsetzen von y und y' in die Differentialgleichung

- **Grafische Darstellung:**

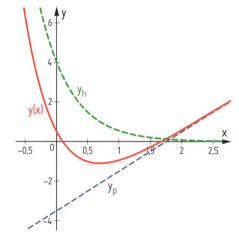

Die Funktion $y(x) = 4 \cdot e^{-2x} + 2x - 3{,}5$ nähert sich wegen $\lim\limits_{x \to \infty} (e^{-2x}) = 0$ asymptotisch der partikulären Lösung: $y_p = 2x - 3{,}5$

Flüchtiger Teil: $y_h = 4 \cdot e^{-2x}$

Stationärer Teil: $y_p = 2x - 3{,}5$

**Lösungsansätze für die partikuläre Lösung $y_p$**

Die folgende Tabelle zeigt einige Lösungsansätze für die partikuläre Lösung $y_p$ einer inhomogenen Differentialgleichung 1. Ordnung mit konstanten Koeffizienten $y' + p \cdot y = s(x)$.

| Störfunktion s(x) | Lösungsansatz für $y_p$ |
|---|---|
| Konstante Funktion: $s(x) = a$ | $y_p = A$ |
| Lineare Funktion: $s(x) = a \cdot x + b$ | $y_p = A \cdot x + B$ |
| Polynomfunktion vom Grad n | $y_p = A_n \cdot x^n + A_{n-1} \cdot x^{n-1} + \ldots + A_1 \cdot x + A_0$ |
| Winkelfunktionen: $s(x) = a \cdot \sin(\omega x)$<br>$s(x) = a \cdot \cos(\omega x)$<br>$s(x) = a \cdot \sin(\omega x) + b \cdot \cos(\omega x)$ | $y_p = A \cdot \sin(\omega x) + B \cdot \cos(\omega x)$ |
| Exponentialfunktion: $s(x) = a \cdot e^{b \cdot x}$ | $y_p = A \cdot e^{b \cdot x}$ für $b \neq -p$<br>$y_p = A \cdot x \cdot e^{b \cdot x}$ für $b = -p$ |

# Differentialgleichungen

**4.51** Löse die Differentialgleichung $y' + 4y = -0{,}5 \cdot \sin(2x)$ mit $y(0) = 0$.

Lösung:

**Homogene Lösung:**

$y' + 4y = 0$ • Lösen der homogenen Differentialgleichung
$y_h = C \cdot e^{-4x}$

**Partikuläre Lösung:**

$s(x) = -0{,}5 \cdot \sin(2x)$ • Störfunktion: Sinusfunktion
$y_p = A \cdot \sin(2x) + B \cdot \cos(2x)$ • Spezieller Lösungsansatz laut Tabelle mit $\omega = 2$
$y_p' = 2A \cdot \cos(2x) - 2B \cdot \sin(2x)$ • 1. Ableitung von $y_p$
$y' + 4y = -0{,}5 \cdot \sin(2x)$ • Einsetzen von $y_p$ und $y_p'$ in die Differentialgleichung
$2A \cdot \cos(2x) - 2B \cdot \sin(2x) + 4 \cdot (A \cdot \sin(2x) + B \cdot \cos(2x)) = -0{,}5 \cdot \sin(2x)$
$2A \cdot \cos(2x) - 2B \cdot \sin(2x) + 4A \cdot \sin(2x) + 4B \cdot \cos(2x) = -0{,}5 \cdot \sin(2x)$

Koeffizientenvergleich:

$(4A - 2B) \cdot \sin(2x) + (2A + 4B) \cdot \cos(2x) = -0{,}5 \cdot \sin(2x) + 0 \cdot \cos(2x)$

$\sin(2x):\ 4A - 2B = -0{,}5$ • Aufstellen und Lösen
$\cos(2x):\ \underline{2A + 4B = 0}$ des Gleichungssystems
$\qquad A = -0{,}1;\ B = 0{,}05$

$y_p = -0{,}1 \cdot \sin(2x) + 0{,}05 \cdot \cos(2x)$ • Partikuläre Lösung

**Allgemeine Lösung:**

$y = y_h + y_p$

$y(x) = C \cdot e^{-4x} - 0{,}1 \cdot \sin(2x) + 0{,}05 \cdot \cos(2x)$

**Anfangsbedingung einsetzen:**

$y(0) = 0$ • Ermitteln von C
$0 = C \cdot e^0 - 0{,}1 \cdot \sin(0) + 0{,}05 \cdot \cos(0)$
$0 = C \cdot 1 - 0{,}1 \cdot 0 + 0{,}05 \cdot 1 \Rightarrow C = -0{,}05$

**Spezielle Lösung der inhomogenen Differentialgleichung:**

$y(x) = -0{,}05 \cdot e^{-4x} - 0{,}1 \cdot \sin(2x) + 0{,}05 \cdot \cos(2x)$

**Technologieeinsatz: Lineare Differentialgleichungen**
**TI-Nspire**

ZB: Es soll die Anfangswertaufgabe $y' + 2y = 4x$ mit $y(0) = 3$ gelöst werden.

Über das Menü **4: Analysis, D: Differentialgleichungslöser** erscheint im Eingabefenster der Befehl **deSolve()** („**d**ifferential **e**quation"). Nun wird in die Klammern die Differentialgleichung und – durch Beistriche getrennt – erst die unabhängige, dann die abhängige Variable eingegeben. Das Strichsymbol bei $y'$ kann mithilfe der Taste  aufgerufen werden.
Um eine allgemeine Lösung zu erhalten, muss also Folgendes eingegeben werden: **deSolve(y'+2y=4x,x,y)**
Für eine spezielle Lösung muss zusätzlich die Anfangsbedingung mittels „and" angeführt werden:
**deSolve(y'+2y=4x and y(0)=3,x,y)**

CASIO ClassPad II, GeoGebra, Mathcad: www.hpt.at

Analysis

# Differentialgleichungen

**4.52** Gib an, welche der folgenden Differentialgleichungen homogen bzw. welche inhomogen sind.
A) $y' + 2y = e^x$  B) $y' - 8y = 0$  C) $5y' = 2y$  D) $y' + y - \sin(x) = 0$

**4.53** Löse die Differentialgleichung und führe die Probe durch.
a) $y' + 6y = 0$  b) $3y' + 9y = 0$  c) $2y' + y = 0$  d) $-5y' + 12y = 0$

Aufgaben 4.54 - 4.56: Ermittle jeweils die allgemeine Lösung der Differentialgleichung mithilfe eines Lösungsansatzes.

**4.54** a) $y' + 5y = 1$  b) $y' - 3y = 6x$  c) $2y' + 3y = 4$  d) $0{,}5y' + y = 2x$

**4.55** a) $y' + 2y = 3 \cdot e^t$  b) $y' - 5y = e^{5 \cdot t}$  c) $y' + 0{,}5y = 2 \cdot e^{-2 \cdot t}$  d) $3y' + y = e^{-t}$

**4.56** a) $\dot{y} + 3y = 2 \cdot \cos(t)$  b) $\dot{y} + y = 3 \cdot \sin(2t)$  c) $\dot{y} - 2y = 4t - 3$  d) $\dot{y} + y = t^2 + 2t - 1$

Aufgaben 4.57 - 4.58: Löse die Anfangswertaufgaben mit $y(0) = y_0$.

**4.57** a) $y' + 0{,}5y = 3;\ y_0 = -1$  d) $4y' + 3y = 4 \cdot e^{-0{,}75t};\ y_0 = 2$
b) $2y' - 4y = 10;\ y_0 = 1$  e) $y' - 2y = 3 \cdot \sin(t);\ y_0 = 0$
c) $y' + 8y = 2 \cdot e^{-3t};\ y_0 = -1$  f) $y' + 4y = 5 \cdot \cos(2t);\ y_0 = \pi$

**4.58** a) $y' + 2y = \sin(x) - 2 \cdot \cos(x);\ y_0 = 0$  c) $y' - 8y = \cos(2x) + 4 \cdot \sin(2x);\ y_0 = 0$
b) $y' + 6y = 3x + 2;\ y_0 = 4$  d) $y' + 3y = 6x^2 - 4x + 5;\ y_0 = 0$

**4.59** 1) Löse die angegebene Anfangswertaufgabe.
2) Stelle die Lösung y aus **1)** gemeinsam mit der partikulären Lösung $y_p$ in einem Koordinatensystem grafisch dar und beschreibe den Verlauf der Graphen.
3) Überprüfe deine Antwort aus **2)** mithilfe einer Grenzwertberechnung.
a) $y' + 3y = 6x - 1;\ y(0) = 3$  b) $y' - 6y = 3x + 11{,}5;\ y(0) = 2{,}5$

**4.60** In der Abbildung ist die Lösung y der Differentialgleichung
$\dot{y} + 2y = \sin(t)$ mit $y(0) = 1$
sowie der flüchtige Teil $y_h$ und der stationäre Teil $y_p$ dargestellt. Ergänze die Beschriftungen y, $y_h$ und $y_p$.

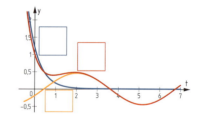

**4.61** Das Newton'sche Abkühlungsgesetz wird durch folgende Differentialgleichung beschrieben:
$\frac{dT}{dt} = k \cdot (T(t) - T_U)$   k ... Abkühlkonstante, $T_U$ ... konstante Umgebungstemperatur
t ... Zeit, T(t) ... Temperatur zur Zeit t
1) Argumentiere, dass es sich um eine lineare Differentialgleichung handelt.
2) Ermittle die homogene und die partikuläre Lösung.
3) Zeige anhand der Funktionsgleichung, dass sich die Temperatur nach sehr langer Zeit der partikulären Lösung nähert.

**4.62** Die allgemeine Lösung einer Differentialgleichung 1. Ordnung mit konstanten Koeffizienten lautet:
$y(x) = C \cdot e^{\frac{x}{5}} + 3x^2$
1) Gib die homogene Differentialgleichung an.
2) Ermittle die Störfunktion.

# Differentialgleichungen

**Anwendungen aus der Mechanik**

**4.63** Ein anfangs ruhender Schlitten mit der Gesamtmasse m = 90 kg wird mit einer konstanten Kraft $F_A$ = 300 N über eine Schneefläche gezogen. Die Widerstandskraft $F_R$, die aufgrund der Reibung der Bewegung des Schlittens entgegen wirkt, ist gleich dem 60-fachen der momentanen Geschwindigkeit v (in $\frac{m}{s}$).

1) Erkläre, warum diese Bewegung mithilfe von
$$m \cdot \frac{dv}{dt} = F_A - F_R$$
beschrieben werden kann.
2) Stelle jene Differentialgleichung auf, die den Verlauf der Geschwindigkeit v (in $\frac{m}{s}$) in Abhängigkeit von der Zeit t (in s) beschreibt und ermittelt die spezielle Lösung.
3) Berechne, welche Geschwindigkeit der Schlitten nach 10 Minuten hat.

**4.64** Max möchte mit einem E-Scooter geradlinig einen Sandstrand entlang fahren. Die Gesamtmasse von Max und dem Scooter beträgt m = 81 kg. Die Reibungskraft $F_R$ ist direkt proportional zur momentanen Geschwindigkeit v, der Reibungskoeffizient beträgt b = 27 $\frac{kg}{s}$. Der E-Scooter weist eine Antriebskraft von $F_A$ = 216 N auf.
Die zugehörige Differentialgleichung lautet:
$m \cdot \frac{dv}{dt} + b \cdot v = F_A$

1) Max startet mit eingeschaltetem Motor. Ermittle den Verlauf der Geschwindigkeit v (in $\frac{m}{s}$) in Abhängigkeit von der Zeit t (in s).
2) Zeige anhand der Funktionsgleichung von v, dass eine Geschwindigkeit von 28,8 $\frac{km}{h}$ nicht überschritten werden kann.
3) Bei einer Geschwindigkeit von 24 $\frac{km}{h}$ schaltet Max den Elektromotor aus. Es wirkt dann keine Antriebskraft mehr, der E-Scooter rollt aus.
Ermittle die Funktion v der Geschwindigkeit ab dem Abschalten des Motors.
4) Stelle eine Formel auf, mit der der Gesamtweg s beim Ausrollen berechnet werden kann.

s(t) = _____

**4.65** Eine Kugel mit einer Masse von m = 1,2 kg rollt auf einem Rütteltisch mit einer Geschwindigkeit von $v_0$ = 3 $\frac{m}{s}$. Die Widerstandskraft $F_R$ = b $\cdot$ v mit b = 10 $\frac{kg}{s}$ wirkt der Bewegung entgegen. Durch die Bewegung des Rütteltischs wirkt auf die Kugel eine Kraft F mit F(t) = 20 N $\cdot$ sin(t).
Ermittle die Geschwindigkeitsfunktion v und stelle sie grafisch dar.

**4.66** Eine Kugel aus Stahl mit einem Durchmesser d = 10 cm und einer Dichte $\rho$ = 7,8 $\frac{kg}{dm^3}$ befindet sich am oberen Rand eines senkrecht stehenden, mit Öl gefüllten Rohrs (Dichte $\rho_{Öl}$ = 0,88 $\frac{kg}{dm^3}$). Zu Beginn der Messung wird sie losgelassen und sinkt im Rohr nach unten. Nach dem Stokes'schen Gesetz gilt für die Reibungskraft $F_R$ in der Flüssigkeit:
$F_R = 6\pi \cdot \eta_{Öl} \cdot r \cdot v$

$\eta_{Öl}$ = 0,7 Pa $\cdot$ s ... Viskosität, r ... Kugelradius in m, v ... Geschwindigkeit in $\frac{m}{s}$

1) Erkläre, warum der Bewegungsvorgang durch die Differentialgleichung
$m \cdot \frac{dv}{dt} = m \cdot g - 6\pi \cdot \eta_{Öl} \cdot r \cdot v$ (g $\approx$ 10 $\frac{m}{s^2}$) beschrieben werden kann.
2) Ermittle die Funktion der Sinkgeschwindigkeit v der Stahlkugel.
3) Berechne, zu welchem Zeitpunkt 95 % der maximalen Sinkgeschwindigkeit erreicht wird.

**Analysis**

# Differentialgleichungen

**Anwendungen aus der Elektrotechnik**

Lade- und Entladevorgänge von elektrischen Schaltungen, die einen Ohm'schen Widerstand und eine Spule (RL-Glied) bzw. einen Kondensator (RC-Glied) beinhalten, führen auf Differentialgleichungen 1. Ordnung. Das Aufstellen der jeweiligen Differentialgleichung erfolgt mithilfe der Maschenregel und grundlegenden Zusammenhängen aus der Elektrotechnik. Ist keine Spannung angelegt (u(t) = 0) oder die angelegte Spannung eine Gleichspannung ($u(t) = U_0$), so können die entsprechenden Differentialgleichungen durch Trennen der Variablen gelöst werden. Für zeitabhängige Spannungsfunktionen u(t) kann die Lösung mithilfe eines geeigneten Ansatzes für die Störfunktion ermittelt werden.

RL-Glied:

$-u(t) + u_R + u_L = 0$
$u_R = R \cdot i$
$u_L = L \cdot \frac{di}{dt}$

$L \cdot \frac{di}{dt} + R \cdot i = u(t)$

mit $\frac{L}{R} = \tau$ ... Zeitkonstante

R ... Widerstand in Ohm ($\Omega$), L ... Induktivität in Henry (H)

RC-Glied:

$-u(t) + u_R + u_C = 0$
$u_R = R \cdot i$
$i = C \cdot \frac{du_C}{dt}$

$u_C + R \cdot C \cdot \frac{du_C}{dt} = u(t)$

mit $R \cdot C = \tau$ ... Zeitkonstante

C ... Kapazität in Farad (F)

**4.67** An ein RC-Glied mit R = 2 k$\Omega$ und einem ungeladenen Kondensator mit der Kapazität C = 100 μF wird eine Spannung $U_0$ = 12 V angelegt. Zum Zeitpunkt t = 0 s wird der Schalter geschlossen. Ermittle den zeitlichen Verlauf der Kondensatorspannung $u_C$ mithilfe einer Differentialgleichung. Interpretiere die Funktion hinsichtlich stationärem und flüchtigem Lösungsanteil und stelle die Lösung grafisch dar.

Lösung:
$u_C + R \cdot C \cdot \frac{du_C}{dt} = u(t)$

$u_C + 0{,}2 \cdot \frac{du_C}{dt} = 12 \Rightarrow \frac{du_C}{dt} = 5 \cdot (12 - u_C)$

$\frac{du_C}{12 - u_C} = 5 \cdot dt \Rightarrow -\ln|12 - u_C| = 5 \cdot t + \overline{K}$

$u_C(t) = 12 - K \cdot e^{-5t}$

$u_C(0) = 0 \Rightarrow K = 12$

$u_C(t) = 12 - 12 \cdot e^{-5t}$  bzw.

$u_C(t) = 12 \cdot (1 - e^{-5t})$

Flüchtiger Anteil ... $u_{C,h} = -12 \cdot e^{-5t}$
Stationärer Anteil ... $u_{C,p} = 12$

- Trennen der Variablen
- $R \cdot C = 2 \cdot 10^3 \cdot 10^2 \cdot 10^{-6} = 2 \cdot 10^{-1}$ s
- $\overline{K}$ ... Integrationskonstante
- Umformen der Gleichung auf $u_C$
- Einsetzen der Anfangsbedingung

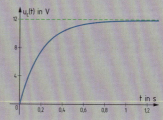

**4.68** An ein RC-Glied wird keine äußere Spannung angelegt. Zum Zeitpunkt t = 0 s wird der Schalter geschlossen. Gib die Differentialgleichung für den Spannungsverlauf $u_C$ während der Entladung des Kondensators an und ermittle die Lösung der Differentialgleichung mittels Trennen der Variablen
**1)** für R = 500 $\Omega$, C = 2 mF, $u_C(0)$ = 15 V; **2)** allgemein.

Analysis

# Differentialgleichungen

Hinweis: Die Aufgaben 4.69 – 4.72 können mittels Trennen der Variablen gelöst werden.

**4.69** An ein RC-Glied mit einem ungeladenen Kondensator wird eine Spannung $U_0$ angelegt.
Zum Zeitpunkt t = 0 s wird der Schalter geschlossen.
  *1)* Ermittle den zeitlichen Verlauf der Kondensatorspannung $u_C$ mithilfe einer Differentialgleichung.
  *2)* Zeige, dass sich die Kondensatorspannung langfristig der angelegten Spannung nähert.
  *3)* Wie viel Prozent dieses Endwerts erreicht $u_C$ nach einer Zeit von $5\tau$?

**4.70** An ein RL-Glied, dessen Spule entladen ist, wird eine Gleichspannung $U_0$ angelegt.
Ermittle den zeitlichen Verlauf der Stromstärke i durch Lösen der Differentialgleichung und zeige, dass sich die Stromstärke dem Wert $i = \frac{U_0}{R}$ nähert.

**4.71** Für die Ladung q in Coulomb (C) eines Kondensators während des Entladevorgangs gilt:
$\frac{dq}{dt} + \frac{1}{R \cdot C} \cdot q = 0$ und $q(0\ s) = 50\ \mu C$
  *1)* Ermittle die Lösung q(t) der Differentialgleichung und den zeitlichen Verlauf der Stromstärke i(t). Hinweis: $i(t) = \frac{dq}{dt}$
  *2)* Stelle beide Funktionen für R = 1 kΩ und C = 1 mF grafisch dar.

**4.72** An ein RL-Glied mit R = 50 Ω und L = 2 H, dessen Spule entladen ist, wird eine
Gleichspannung $U_0$ = 12 V angelegt.
  *1)* Ermittle den zeitlichen Verlauf der Stromstärke durch Lösen der Differentialgleichung.
  *2)* Ermittle $u_R$ und $u_L$ und stelle die Spannungsverläufe grafisch dar.

**4.73** Bei einem anfangs ungeladenen RC-Glied mit dem Widerstand R, der Kapazität C und der
angelegten Spannung u(t) wird der Schalter zum Zeitpunkt t = 0 s geschlossen.
  *1)* Bestimme den zeitlichen Verlauf der Kondensatorspannung $u_C$.
  *2)* Stelle den Verlauf der Kondensatorspannung grafisch dar und veranschauliche den stationären Anteil der Lösung.
  **a)** R = 20 kΩ,  C = 40 μF,  $u(t) = 60\ Vs^{-1} \cdot t$
  **b)** R = 400 Ω,  C = 10 μF,  $u(t) = 230\ V \cdot \sin(310\ s^{-1} \cdot t)$

**4.74** Bei einem ungeladenen RL-Glied mit R = 20 Ω, L = 0,4 H und der angelegten Spannung
u(t) wird der Schalter zum Zeitpunkt t = 0 s geschlossen.
Bestimme den zeitlichen Verlauf der Stromstärke i(t) und stelle diesen grafisch dar.
  **a)** u(t) = 30 V      **b)** $u(t) = 12\ Vs^{-1} \cdot t$      **c)** $u(t) = 230\ V \cdot \sin(50\ s^{-1} \cdot \pi \cdot t)$

**4.75** An ein RL-Glied mit R = 10 Ω und L = 2 H wird eine Wechselspannung $u(t) = \hat{u} \cdot \sin(\omega t)$
mit $\hat{u}$ = 150 V und $\omega = 200\ s^{-1}$ angelegt.
  *1)* Ermittle die Lösung i(t) der Differentialgleichung mit i(0 s) = 0 A.
  *2)* Stelle den flüchtigen und den stationären Lösungsanteil in einem gemeinsamen Koordinatensystem grafisch dar.
  *3)* Stelle die allgemeine Lösung grafisch dar und interpretiere deren Verlauf im gegebenen Sachzusammenhang.

**4.76** An ein RC-Glied mit R = 2 kΩ und C = 0,5 mF wird eine Wechselspannung
$u(t) = 115\ V \cdot \sin(100\ s^{-1} \cdot t)$ angelegt. Ermittle den zeitlichen Verlauf der Kondensatorspannung, wenn der Kondensator beim Schließen des Schalters
  *1)* ungeladen ist.
  *2)* eine Anfangsspannung von $u_C(0\ s)$ = 20 V aufweist.
  *3)* Stelle $u_C(t)$ für beide Fälle grafisch dar und interpretiere den Einfluss der Anfangsspannung.

**Analysis**

# Differentialgleichungen

**Variation der Konstanten**

Die Lösungsmethode mithilfe der speziellen Lösungsansätze funktioniert nur bei Differentialgleichungen mit konstanten Koeffizienten. Um Differentialgleichungen der Form $y' + f(x) \cdot y = s(x)$ zu lösen, kann die Methode **Variation der Konstanten** verwendet werden. Die Idee dazu geht auf den französischen Mathematiker Joseph Louis Lagrange (1736 – 1813) zurück. Man ersetzt dabei die Integrationskonstante C der allgemeinen Lösung der homogenen Gleichung durch eine zunächst noch unbekannte Funktion C(x). Man spricht daher von der Variation der Konstanten.

 Es soll die Differentialgleichung $y' - 2x \cdot y = e^{x^2}$ gelöst werden.

**Homogene Lösung:**

$y' - 2x \cdot y = 0$
$\int \frac{1}{y} dy = 2 \int x\, dx$
$\ln|y| = x^2 + C$

- Die homogene Differentialgleichung erhält man durch Nullsetzen der Störfunktion. Sie wird durch Trennen der Variablen gelöst.

$y_h = C \cdot e^{x^2}$

- Allgemeine Lösung der homogenen Differentialgleichung

**Partikuläre Lösung:**

In der homogenen Lösung $y_h$ wird die Konstante C durch die Funktion C(x) ersetzt.

$y_p(x) = C(x) \cdot e^{x^2}$
- Variation der Konstanten

$y_p'(x) = C'(x) \cdot e^{x^2} + C(x) \cdot 2x \cdot e^{x^2}$
- Bilden der ersten Ableitung

$\underbrace{C'(x) \cdot e^{x^2} + 2x \cdot \cancel{C(x)} \cdot e^{x^2}}_{y_p'} \underbrace{- 2x \cdot \cancel{C(x)} \cdot e^{x^2}}_{-2x \cdot y_p} = \underbrace{e^{x^2}}_{s(x)}$

- Einsetzen in die inhomogene Gleichung, die Terme mit C(x) müssen immer wegfallen.

$C'(x) \cdot e^{x^2} = e^{x^2}$
- Vereinfachen der Gleichung

$C'(x) = 1$

$C(x) = \int 1\, dx = x$
- Für die bei der Integration anfallende Konstante kann null gewählt werden, da nur **eine** spezielle Lösung gesucht wird.

$y_p = x \cdot e^{x^2}$
- C(x) in den Ansatz für $y_p$ einsetzen

**Allgemeine Lösung:**

$y = y_h + y_p$
$y(x) = C \cdot e^{x^2} + x \cdot e^{x^2}$

- Die allgemeine Lösung ergibt sich aus der Summe der Einzellösungen.

Aufgaben 4.77 – 4.79: Löse die Anfangswertaufgaben mithilfe der Variation der Konstanten.

**4.77** **a)** $2y' + 4x \cdot y = 6 \cdot e^{-x^2};\ y(0) = 1$ **b)** $y' + 3x^2 \cdot y = e^{-x^3};\ y(0) = 6$

**4.78** **a)** $y' + 3t \cdot y = 6t;\ y(0) = 0$ **b)** $y' + x \cdot y = 2x;\ y(0) = 3$

**4.79** **a)** $y' - 2 \cdot \sin(x) \cdot y = \sin(x);\ y(\pi) = 2$ **b)** $y' + 6 \cdot \cos(x) \cdot y = \cos(x);\ y(0) = \pi$

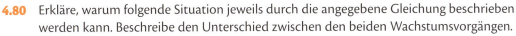

# Differentialgleichungen

## 4.4 Lineare Differenzengleichungen 1. Ordnung, Wachstumsmodelle

**4.80** Erkläre, warum folgende Situation jeweils durch die angegebene Gleichung beschrieben werden kann. Beschreibe den Unterschied zwischen den beiden Wachstumsvorgängen.

**1)** In ein Sparschwein werden jede Woche 5,00 € geworfen.
Für die Änderung des Kapitals K pro Woche gilt: $\Delta K = 5$

**2)** Ein Körper bewegt sich gleichförmig mit der Beschleunigung $a = 5\,\frac{m}{s^2}$.
Für die Änderung der Geschwindigkeit v gilt: $\frac{dv}{dt} = 5$

Viele kontinuierliche Änderungsvorgänge lassen sich mithilfe von Differentialgleichungen beschreiben. Ist die Änderung nicht kontinuierlich oder wird sie nur zu bestimmten Zeitpunkten erfasst, so kann der Vorgang durch eine **Differenzengleichung** (vgl. Band 3, Abschnitt 1.6.4) beschrieben werden. Dabei wird ein Vorgang mithilfe der Änderung $\Delta y$ zwischen zwei Zeitpunkten beschrieben. Es gilt: $\Delta y(t) = y(t+1) - y(t)$ mit $t = 0, 1, 2, 3, \ldots$

Die Lösung y einer Differenzengleichung ist eine Folge, die jeder natürlichen Zahl t einen Wert $y(t)$ zuordnet.

Wir beschränken uns in diesem Abschnitt auf **Differenzengleichungen 1. Ordnung**, das bedeutet, dass die Differenz zwischen zwei aufeinanderfolgenden Funktionswerten gegeben ist.

> Kommt in einer Gleichung die Differenz $\Delta y$ mit $\Delta y(t) = y(t+1) - y(t)$, $t = 0, 1, 2, 3, \ldots$ vor, so spricht man von einer **Differenzengleichung 1. Ordnung**, wobei $y(t)$ die Funktion ist, die den Prozess beschreibt.
>
> **Lösung** einer Differenzengleichung ist jede **Folge**, die die Gleichung erfüllt. Ist ein Anfangswert gegeben, so ist die Differenzengleichung eindeutig lösbar.

Im Folgenden werden anhand einiger Wachstumsvorgänge die Differenzengleichung und die Differentialgleichung gegenübergestellt. Dabei wird davon ausgegangen, dass die Größe y, die das Wachstum beschreibt, von der Zeit t abhängt.

### Lineares Wachstum

Das einfachste Wachstumsmodell ist jenes, bei dem von einer konstanten Wachstumsgeschwindigkeit k ausgegangen wird.

 Eine Pflanze ist 50 cm hoch. Bei wöchentlichen Messungen wird ein Höhenzuwachs von jeweils 6 cm festgestellt.

t … Zeit in Wochen ab Beginn der Beobachtung, $y(t)$ … Höhe der Pflanze zur Zeit t in cm

Differenzengleichung: $\Delta y(t) = 6$
$y(t+1) - y(t) = 6 \Rightarrow y(t+1) = y(t) + 6$ • Die Gleichung entspricht der rekursiven
$y(t) = y_0 + 6 \cdot t$ Darstellung einer arithmetischen Folge.
$y(0) = 50 \Rightarrow y_0 = 50$ • Termdarstellung und Anfangsbedingung
$y(t) = 6 \cdot t + 50, \quad t \in \mathbb{N}$

Differentialgleichung: $y'(t) = 6$
$y(t) = 6 \cdot t + C$ • Lösen der Differentialgleichung ergibt eine lineare Funktion.
$y(0) = 50 \Rightarrow C = 50$ • Einsetzen der gegebenen Anfangsbedingung.
$y(t) = 6 \cdot t + 50, \quad t \in \mathbb{R}_0^+$ • Die Funktion y beschreibt die Höhe der Pflanze zur Zeit t.

> Eine **konstante Wachstumsgeschwindigkeit** führt auf das Modell des **linearen Wachstums**.

**Analysis**

# Differentialgleichungen

**Exponentielles Wachstum**

Ist die Änderung einer Menge proportional zur jeweils vorhandenen Menge y(t), so lautet die zugehörige Differenzen- bzw. Differentialgleichung wie folgt:

$\Delta y(t) = k \cdot y(t)$  bzw.  $y'(t) = \lambda \cdot y(t)$

$k = \frac{\Delta y}{y(t)}$ ... **Wachstumsrate**     $\lambda = \frac{y'(t)}{y(t)}$ ... **Wachstumsrate**

Lösung der Differenzengleichung:        Lösung der Differentialgleichung:

$\Delta y = k \cdot y(t)$
$y(t + 1) - y(t) = k \cdot y(t)$
$y(t + 1) = (1 + k) \cdot y(t)$ ... geometrische Folge
$y(t) = y_0 \cdot (1 + k)^t$

$\frac{dy}{dt} = \lambda \cdot y$
$\int \frac{dy}{y} = \lambda \cdot \int dt \Rightarrow \ln|y| = \lambda \cdot t + C_1$
$y(t) = C \cdot e^{\lambda \cdot t}$ bzw. $y(t) = C \cdot a^t$ mit $a = e^\lambda$

$(1 + k)$ ... **Wachstumsfaktor**        $a$ ... **Wachstumsfaktor**

Es liegt also ein exponentielles Wachstum vor. Gilt $k < 0$ bzw. $\lambda < 0$, so handelt es sich um eine exponentielle Abnahme.

> Eine **konstante Wachstumsrate** führt auf das Modell des **exponentiellen Wachstums** bzw. der **exponentiellen Abnahme**, wenn die Wachstumsrate k **negativ** ist.
>
> Differenzengleichung: $\Delta y(t) = k \cdot y(t)$     Differentialgleichung: $y'(t) = \lambda \cdot y(t)$

 Zu Beginn einer Untersuchung weist eine Insektenpopulation 1 200 Tiere auf. Die Anzahl der Insekten steigt täglich um 10 % gegenüber dem Vortag an. Die Entwicklung der Insektenpopulation soll mithilfe einer Differenzen- und einer Differentialgleichung beschrieben werden.

t ... Anzahl der Tage ab Beginn der Untersuchung, y(t) ... Insektenanzahl nach t Tagen

Differenzengleichung:
$y(t + 1) = 1{,}10 \cdot y(t)$  mit $y(0) = 1\,200$

$y(t) = 1\,200 \cdot 1{,}10^t$
$t \in \mathbb{N}$

Differentialgleichung:
$y'(t) = \lambda \cdot y(t)$  mit $y(0) = 1\,200$
$y(t) = 1\,200 \cdot e^{\lambda \cdot t}$
$y(1) = 1\,200 \cdot 1{,}10 = 1\,320$
$1\,320 = 1\,200 \cdot e^\lambda \Rightarrow \lambda = 0{,}0953...$
$y(t) = 1\,200 \cdot e^{0{,}0953 \cdot t}$ bzw.
$y(t) = 1\,200 \cdot 1{,}10^t$, $t \in \mathbb{R}_0^+$

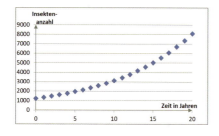
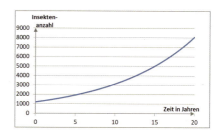

Lineares und insbesondere exponentielles Wachstum sind langfristig gesehen immer unrealistisch, da jedes Wachstum in der Realität an Grenzen stößt. Um diesem Umstand in einem Modell Rechnung zu tragen, werden **wachstumshemmende Faktoren** berücksichtigt.

# Differentialgleichungen

**Beschränktes Wachstum**

Beschränktes Wachstum liegt vor, wenn die Änderung jeweils proportional zur Differenz eines festen Werts (Kapazitätsgrenze, Wachstumsgrenze, Sättigungswert) und des momentanen Funktionswerts ist.

Die Differenzengleichung lautet:
$\Delta y = k \cdot (K - y(t))$
$y(t + 1) = y(t) + k \cdot (K - y(t))$

Die Differentialgleichung lautet:
$y'(t) = \lambda \cdot (K - y(t))$

Durch Einsetzen der Anfangsbedingung $y(0) = y_0$ erhält man die Funktion, die das **beschränkte Wachstum** beschreibt:
$y(t) = K - (K - y_0) \cdot e^{-\lambda \cdot t}$

> Werden wachstumshemmende Faktoren berücksichtigt, erhält man das Modell des **beschränkten Wachstums**.
> Differenzengleichung: $\Delta y(t) = k \cdot (K - y(t))$       Differentialgleichung: $y'(t) = \lambda \cdot (K - y(t))$
> K ... Kapazitätsgrenze, Wachstumsgrenze, Sättigungswert

**4.81** Gib an, ob der angegebene Vorgang durch eine Differenzengleichung, eine Differentialgleichung oder beide Modelle beschrieben werden kann. Stelle die jeweilige(n) Gleichung(en) anschließend auf.
  **a)** Ein Kapital wird jährlich mit einem Zinssatz p verzinst.
  **b)** Man bezahlt für das Parken stündlich um 60 Cent mehr.
  **c)** Der Müllberg wächst monatlich um 5 % gegenüber des Vormonats an.

**4.82** Bei einem Versuch wird die Radioaktivität eines Stoffs stündlich gemessen. Dabei sinkt die gemessene Radioaktivität jeweils um 10 % gegenüber dem vorher gemessenen Wert. Gib die Differenzengleichung und die Differentialgleichung an, die diesen Vorgang beschreiben. Gib k an und ermittle $\lambda$.

**4.83** Das Wachstum einer Froschpopulation in einem Teich kann mithilfe folgender Differenzengleichung beschrieben werden:
$\Delta y(t) = 0{,}2 \cdot (100 - y(t))$
t ... Zeit in Tagen,   y(t) ... Anzahl der Frösche am Tag t

  **1)** Gib an, wie viele Frösche maximal im Teich leben können.
  **2)** Stelle die Differentialgleichung auf, die denselben Wachstumsvorgang beschreibt.
  **3)** Löse die Differentialgleichung.
  **4)** Stelle die Lösung für die Anfangswerte $y_0 = 20$, $y_0 = 60$ und $y_0 = 110$ grafisch dar und beschreibe den Verlauf der Funktionsgraphen.

**4.84** Eine Tierpopulation hat sich in 3 Jahren von 150 auf 250 Tiere vermehrt. Erstelle für jedes der folgenden Modelle die Differenzen- und die Differentialgleichung. Ermittle deren Lösung und stelle die Funktion grafisch dar.
  **1)** lineares Wachstum
  **2)** exponentielles Wachstum
  **3)** beschränktes Wachstum mit K = 900

**Analysis**

# Differentialgleichungen

## 4.5 Lineare Differentialgleichungen 2. Ordnung

Zahlreiche Anwendungen in Naturwissenschaft und Technik liegen Differentialgleichungen 2. Ordnung zugrunde. Sie treten in Bereichen der Flüssigkeitsmechanik, bei mechanischen Schwingungen, elektrischen Schwingkreisen oder bei Wellenbewegungen auf. Viele der genannten physikalischen Phänomene können durch **lineare Differentialgleichungen 2. Ordnung mit konstanten Koeffzienten** beschrieben werden.

---

**Lineare Differentialgleichungen 2. Ordnung mit konstanten Koeffizienten**

**Homogene** Differentialgleichung: $\quad a \cdot y'' + b \cdot y' + c \cdot y = 0 \quad$ bzw. $\quad y'' + p \cdot y' + q \cdot y = 0$

**Inhomogene** Differentialgleichung: $\quad a \cdot y'' + b \cdot y' + c \cdot y = s(x) \quad$ bzw. $\quad y'' + p \cdot y' + q \cdot y = s(x)$

$\qquad\qquad\qquad\qquad\qquad\qquad\quad s(x)$ ... Störfunktion

---

### Homogene Differentialgleichungen 2. Ordnung mit konstanten Koeffizienten

In einer Differentialgleichung 2. Ordnung tritt die 2. Ableitung einer Funktion auf. Es sind daher zur Ermittlung der Lösungsfunktion zwei Integrationsschritte notwendig und somit zwei Integrationskonstanten zu berücksichtigen. Die Lösung der Differentialgleichung ist eine zweiparametrige Funktionenschar.

Zur Lösung einer Differentialgleichung der Form $\ y'' + \mathbf{p} \cdot y' + \mathbf{q} \cdot y = 0 \ $ eignet sich der aus Abschnitt 4.3 bekannte **Exponentialansatz** $\ y = C \cdot e^{\lambda \cdot x} \ $ mit $C \neq 0$.

$y = C \cdot e^{\lambda \cdot x}$
$y' = C \cdot \lambda \cdot e^{\lambda \cdot x}$
$y'' = C \cdot \lambda^2 \cdot e^{\lambda \cdot x}$
- Da in der Differentialgleichung auch die zweite Ableitung der unbekannten Funktion vorkommt, muss y zweimal abgeleitet werden.

$C \cdot \lambda^2 \cdot e^{\lambda \cdot x} + \mathbf{p} \cdot C \cdot \lambda \cdot e^{\lambda \cdot x} + \mathbf{q} \cdot C \cdot e^{\lambda \cdot x} = 0$
- Einsetzen von y, y′ und y″ in die Gleichung

$C \cdot e^{\lambda \cdot x} \cdot (\lambda^2 + \mathbf{p} \cdot \lambda + \mathbf{q}) = 0$
- Herausheben von $C \cdot e^{\lambda \cdot x}$ und dividieren

$\lambda^2 + \mathbf{p} \cdot \lambda + \mathbf{q} = 0$
- Man erhält eine quadratische Gleichung in der Variablen λ.

Diese Gleichung hat dieselben Koeffizienten wie die Differentialgleichung. Sie wird als **charakteristische Gleichung** bezeichnet und hat folgende Lösungen:

$\lambda_1 = -\frac{p}{2} + \sqrt{\left(\frac{p}{2}\right)^2 - q} \quad$ und $\quad \lambda_2 = -\frac{p}{2} - \sqrt{\left(\frac{p}{2}\right)^2 - q}$

Sowohl $y_1 = C_1 \cdot e^{\lambda_1 \cdot x}$ als auch $y_2 = C_2 \cdot e^{\lambda_2 \cdot x}$ sind Lösungen der Differentialgleichung. Die allgemeine Lösung der Differentialgleichung ist eine zweiparametrige Lösungsschar und ergibt sich als Linearkombination der Lösungen $y_1$ und $y_2$.

Allgemein gilt für homogene lineare Differentialgleichungen mit konstanten Koeffizienten:

Jede **Linearkombination von Lösungen** der Differentialgleichung ist wieder eine **Lösung** der Differentialgleichung.

# Differentialgleichungen

Da die charakteristische Gleichung $\lambda^2 + p \cdot \lambda + q = 0$ eine quadratische Gleichung ist, werden je nach Wert der Diskriminante $D = \left(\frac{p}{2}\right)^2 - q$ drei Fälle unterschieden. Im Folgenden werden diese Fälle anhand von konkreten Beispielen untersucht.

- **Diskriminante $D > 0$**

    $y'' + 3y' + 2y = 0$

    $\lambda^2 + 3 \cdot \lambda + 2 = 0$ ... Charakteristische Gleichung

    Man erhält **zwei reelle Lösungen**: $\lambda_1 = -1$ und $\lambda_2 = -2$

    Daraus ergeben sich zwei Lösungen der Differentialgleichung: $y_1 = C_1 \cdot e^{-x}$ und $y_2 = C_2 \cdot e^{-2x}$

    Die zweiparametrige Lösungsschar, also die allgemeine Lösung lautet:

    $y = y_1 + y_2$

    $y(x) = C_1 \cdot e^{-x} + C_2 \cdot e^{-2x}$

- **Diskriminante $D = 0$**

    $y'' + 6y' + 9y = 0$

    $\lambda^2 + 6 \cdot \lambda + 9 = 0$ ... Charakteristische Gleichung

    Man erhält **eine reelle Doppellösung**: $\lambda_1 = \lambda_2 = -3$

    Damit ergibt sich nur eine Lösung $y_1 = C_1 \cdot e^{-3x}$. Man kann zum Beispiel durch Variation der Konstanten zeigen, dass eine weitere Lösung $y_2 = C_2 \cdot x \cdot e^{-3x}$ existiert.

    Somit erhält man die allgemeine Lösung:

    $y = y_1 + y_2$

    $y(x) = C_1 \cdot e^{-3x} + C_2 \cdot x \cdot e^{-3x} = (C_1 + C_2 \cdot x) \cdot e^{-3x}$

- **Diskriminante $D < 0$**

    $y'' + 6y' + 13 = 0$

    $\lambda^2 + 6 \cdot \lambda + 13 = 0$ ... Charakteristische Gleichung

    Man erhält **zwei konjugiert komplexe Lösungen**: $\lambda_1 = -3 + 2j$ und $\lambda_2 = -3 - 2j$

    Daraus ergeben sich zwei spezielle komplexe Lösungen: $y_1 = e^{(-3 + 2j) \cdot x}$ und $y_2 = e^{(-3 - 2j) \cdot x}$

    Mithilfe der Euler'schen Formel $e^{j \cdot \varphi} = \cos(\varphi) + j \cdot \sin(\varphi)$ kann man die Lösungen in folgender Form angeben:

    $y_1 = e^{-3x} \cdot \left(\cos(2x) + j \cdot \sin(2x)\right)$

    $y_2 = e^{-3x} \cdot \left(\cos(-2x) + j \cdot \sin(-2x)\right) = e^{-3x} \cdot \left(\cos(2x) - j \cdot \sin(2x)\right)$

    Um eine reelle Lösung zu ermitteln, wird eine geeignete Linearkombination der beiden Lösungen so gebildet, dass die imaginären Anteile wegfallen:

    $\overline{y}_1 = \frac{1}{2} y_1 + \frac{1}{2} y_2 = e^{-3x} \cdot \cos(2x)$

    $\overline{y}_2 = \frac{1}{2} \cdot (-j) \cdot y_1 + \frac{1}{2} \cdot j \cdot y_2 = e^{-3x} \cdot \sin(2x)$

    Somit lautet die allgemeine Lösung:

    $y(x) = C_1 \cdot e^{-3x} \cdot \cos(2x) + C_2 \cdot e^{-3x} \cdot \sin(2x) = e^{-3x} \cdot \left(C_1 \cdot \cos(2x) + C_2 \cdot \sin(2x)\right)$

# Differentialgleichungen

**Allgemeine Lösung** einer homogenen Differentialgleichung 2. Ordnung mit konstanten Koeffizienten der Form $y'' + p \cdot y' + q \cdot y = 0$

Durch den **Exponentialansatz** $y = C \cdot e^{\lambda x}$ erhält man die **charakteristische Gleichung**:
$\lambda^2 + p \cdot \lambda + q = 0$     D ... Diskriminante

- $D > 0 \Rightarrow \lambda_1 \neq \lambda_2 \in \mathbb{R}$:     $y(x) = C_1 \cdot e^{\lambda_1 \cdot x} + C_2 \cdot e^{\lambda_2 \cdot x}$
- $D = 0 \Rightarrow \lambda_1 = \lambda_2 = \lambda \in \mathbb{R}$:     $y(x) = e^{\lambda \cdot x} \cdot (C_1 + C_2 \cdot x)$
- $D < 0 \Rightarrow \lambda_{1,2} = \alpha \pm j \cdot \beta \in \mathbb{C}$:     $y(x) = e^{\alpha \cdot x} \cdot \left(C_1 \cdot \cos(\beta x) + C_2 \cdot \sin(\beta x)\right)$

**Inhomogene Differentialgleichungen 2. Ordnung mit konstanten Koeffizienten**

Wie bei einer inhomogenen Differentialgleichung 1. Ordnung gilt:
- Die Lösung ist die Summe aus der allgemeinen Lösung der homogenen Differentialgleichung und einer partikulären Lösung der inhomogenen Differentialgleichung: $y = y_h + y_p$
- Die partikuläre Lösung kann mithilfe von speziellen Lösungsansätzen ermittelt werden, die vom selben Typ wie die Störfunktion $s(x)$ sind.

Die folgende Tabelle zeigt einige **Lösungsansätze für die partikuläre Lösung $y_p$** der Differentialgleichung $y'' + p \cdot y' + q \cdot y = s(x)$.

| Störfunktion s(x) | Lösungsansatz für $y_p$ |
|---|---|
| Konstante Funktion: $s(x) = a$ | $y_p = A$ |
| Lineare Funktion: $s(x) = a \cdot x + b$ | $y_p = A \cdot x + B$ |
| Polynomfunktion vom Grad n | $y_p = A_n \cdot x^n + A_{n-1} \cdot x^{n-1} + \ldots + A_0$   für $q \neq 0$ <br> $y_p = x \cdot (A_n \cdot x^n + A_{n-1} \cdot x^{n-1} + \ldots + A_0)$   für $p \neq 0, q = 0$ <br> $y_p = x^2 \cdot (A_n \cdot x^n + A_{n-1} \cdot x^{n-1} + \ldots + A_0)$   für $p = q = 0$ |
| Winkelfunktion: $s(x) = a \cdot \sin(\omega x) + b \cdot \cos(\omega x)$ | $y_p = A \cdot \sin(\omega x) + B \cdot \cos(\omega x)$   für $\lambda_{1,2} = \alpha \pm j \cdot \beta$ <br> $y_p = x \cdot (A \cdot \sin(\omega x) + B \cdot \cos(\omega x))$   für $\lambda_{1,2} = \pm j \cdot \beta$ und $\beta = \omega$ |
| Exponentialfunktion: $s(x) = a \cdot e^{b \cdot x}$ | $y_p = A \cdot e^{b \cdot x}$   für $\lambda_{1,2} \neq b$ <br> $y_p = A \cdot x \cdot e^{b \cdot x}$   für $\lambda_1 = b$ und $\lambda_2 \neq b$ <br> $y_p = A \cdot x^2 \cdot e^{b \cdot x}$   für $\lambda_1 = \lambda_2 = b$ |

**4.85** Löse die inhomogene Differentialgleichung $y'' + 5y' + 6y = 2e^{-2x}$.

Lösung:
$y'' + 5y' + 6y = 0$ • Homogene Differentialgleichung
$\lambda^2 + 5\lambda + 6 = 0 \Rightarrow \lambda_1 = -2, \lambda_2 = -3$ • Charakteristische Gleichung
$y_h = C_1 \cdot e^{-3x} + C_2 \cdot e^{-2x}$ • Homogene Lösung

$y_p = A \cdot x \cdot e^{-2x}$
$y_p' = A \cdot e^{-2x} - 2A \cdot x \cdot e^{-2x}$
$y_p'' = -4A \cdot e^{-2x} + 4A \cdot x \cdot e^{-2x}$

• $\lambda_1 = b = -2$ ist Lösung der charakteristischen Gleichung, also ist $e^{-2x}$ Bestandteil der homogenen Lösung. Daher wird der Lösungsansatz $y_p = A \cdot x \cdot e^{b \cdot x}$ gewählt.

Einsetzen in die inhomogene Differentialgleichung:
$-4A \cdot e^{-2x} + 4A \cdot x \cdot e^{-2x} + 5A \cdot e^{-2x} - 10A \cdot x \cdot e^{-2x} + 6A \cdot x \cdot e^{-2x} = 2 \cdot e^{-2x}$
$A \cdot e^{-2x} = 2 \cdot e^{-2x} \Rightarrow A = 2$

$y_p = 2x \cdot e^{-2x}$ • Partikuläre Lösung
$y(x) = C_1 \cdot e^{-2x} + C_2 \cdot e^{-3x} + 2x \cdot e^{-2x}$ • Allgemeine Lösung $y = y_h + y_p$

# Differentialgleichungen

**4.86** Löse die Anfangswertaufgabe: $y'' + 3y' - 10y = 20t + 4$ mit $y(0) = 9$ und $y'(0) = 11$

Lösung:

| | |
|---|---|
| $y'' + 3y' - 10y = 0$ | • Homogene Differentialgleichung |
| $\lambda^2 + 3\lambda - 10 = 0 \Rightarrow \lambda_1 = -5, \lambda_2 = 2$ | • Charakteristische Gleichung |
| $y_h = C_1 \cdot e^{-5t} + C_2 \cdot e^{2t}$ | • Homogene Lösung |
| $y_p = A_1 \cdot t + A_2$ | • Linearer Ansatz für die partikuläre |
| $y_p' = A_1$ | Lösung, da die Störfunktion s(t) eine |
| $y_p'' = 0$ | lineare Funktion ist. |
| $0 + 3 \cdot A_1 - 10 \cdot (A_1 \cdot t + A_2) = 20t + 4$ | • Einsetzen in die Differentialgleichung |
| $-10A_1 \cdot t + (3A_1 - 10A_2) = 20 \cdot t + 4$ | • Koeffizientenvergleich |
| $t^1: \quad -10A_1 = 20 \Rightarrow A_1 = -2$ | |
| $t^0: \quad 3 \cdot (-2) - 10A_2 = 4 \Rightarrow A_2 = -1$ | |
| $y_p = -2t - 1$ | • Partikuläre Lösung |
| $y(t) = C_1 \cdot e^{-5t} + C_2 \cdot e^{2t} - 2t - 1$ | • Allgemeine Lösung |
| $y'(t) = -5C_1 \cdot e^{-5t} + 2C_2 \cdot e^{2t} - 2$ | • Erste Ableitung der allgemeinen Lösung |
| $y(0) = 9 \Rightarrow \text{I:} \quad C_1 + C_2 = 10$ | • Gleichungssystem zum Ermitteln der |
| $y'(0) = 11 \Rightarrow \text{II:} -5C_1 + 2C_2 = 13$ | Konstanten $C_1$ und $C_2$ |
| $C_1 = 1, \; C_2 = 9$ | |
| $y(t) = e^{-5t} + 9 \cdot e^{2t} - 2t - 1$ | • Lösung der Anfangswertaufgabe |

**4.87** Stelle jeweils die charakteristische Gleichung in der Form $\lambda^2 + p \cdot \lambda + q = 0$ auf.
**1)** $2y'' + 3y' + y = 0$ **2)** $4y'' + 3y = \sin(x)$ **3)** $5y'' + 2y' = 2x$

Aufgaben 4.88 – 4.89: Ermittle die allgemeine Lösung der homogenen Differentialgleichung.

**4.88** **a)** $y'' + 2y' - 3y = 0$ **b)** $y'' - 4y' + 4y = 0$ **c)** $y'' + 2y' + 5y = 0$

**4.89** **a)** $y'' + 7y' + 10y = 0$ **b)** $y'' + 10y' + 25y = 0$ **c)** $y'' + y = 0$

Aufgaben 4.90 – 4.92: Ermittle die allgemeine Lösung der inhomogenen Differentialgleichung.

**4.90** **a)** $y'' + 4y' + 3y = 3 \cdot e^{2x}$ **b)** $y'' + 4y' = 2 \cdot e^{-4x}$ **c)** $y'' - 12y' + 36y = 3 \cdot e^{-2x}$

**4.91** **a)** $y'' - 2y' + 3y = 2x + 1$ **b)** $y'' + 5y' = 3x - 4$ **c)** $y'' + 7y' + 2y = 12x^2 - 1{,}5$

**4.92** **a)** $y'' + y' - 6y = 16 \cdot \cos(x)$ **b)** $y'' + 2y' + 10y = 26 \cdot \sin(2x)$ **c)** $y'' + 9y = 18 \cdot \sin(3x)$

Aufgaben 4.93 – 4.94: Ermittle die spezielle Lösung der inhomogenen Differentialgleichung.

**4.93** **a)** $y'' + 4y' + 5y = 65 \cdot \sin(2x); \quad y(\pi) = 0, \; y'(\pi) = 1$
**b)** $y'' + 4y = 130 \cdot \sin(2x); \quad y(0) = 5, \; y'(0) = 1$

**4.94** **a)** $y'' - 2y' + 5y = 2 \cdot e^{3x}; \quad y(0) = 2, \; y'(0) = 4$ **b)** $y'' + 2y' + y = 4 \cdot e^{-x}; \quad y(0) = -1, \; y'(0) = 6$

**4.95** Die charakteristische Gleichung der Differentialgleichung $y'' - 3y' + 25y = 0$ hat zwei konjugiert komplexe Lösungen.
**1)** Stelle die charakteristische Gleichung auf und ermittle deren Lösungen.
**2)** Ermittle die komplexen Lösungen $y_1$ und $y_2$ der Differentialgleichung mithilfe der Euler'schen Formel $e^{j\varphi} = \cos(\varphi) + j \cdot \sin(\varphi)$.
**3)** Zeige, dass sowohl der Realteil als auch der Imaginärteil von y Lösungen der angegebenen Differentialgleichung sind.

**Analysis**

# Differentialgleichungen

## 4.6 Anwendungen von Differentialgleichungen 2. Ordnung

### 4.6.1 Mechanische Schwingungen

Bei der Konstruktion und der Herstellung von Fahrzeugen oder Maschinen ist es notwendig, deren Eigenschaften im Betrieb vorauszuberechnen. Beobachtet man beispielsweise den Schleudervorgang einer Waschmaschine, so erkennt man, dass aufgrund der Rotation der Wäschetrommel das Gerät zu schwingen beginnt. Auch bei der Konstruktion von Stoßdämpfern bei Fahrzeugen ist es wichtig, deren Schwingungsverhalten zu analysieren.

Schwingungsvorgänge lassen sich durch Differentialgleichungen 2. Ordnung mit konstanten Koeffizienten beschreiben.

**Freie Schwingungen**

Um den Verlauf einer Schwingung zu untersuchen, wird zumeist ein Feder-Masse-System als vereinfachtes Modell für ein schwingungsfähiges mechanisches System verwendet.

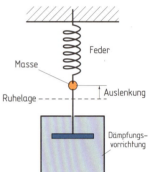

Eine Masse m ist an einer Schraubenfeder befestigt. Wird keine zusätzliche Kraft ausgeübt, so befindet sich das System aufgrund des Eigengewichts der Masse in der **Ruhelage** y(0 s) = 0 m.

- Wird die Masse ausgelenkt, so gibt es eine **Rückstellkraft** $F_y(t)$, die die Feder zu jedem beliebigen Zeitpunkt t in die Ruhelage zurückdrängt:

  $F_y(t) = -k \cdot y(t)$   mit $k > 0$ ... Federkonstante

  y(t) ... momentane Auslenkung zum Zeitpunkt t

- Wird das Feder-Masse-System zum Beispiel durch ein zähes Medium **gedämpft**, tritt bei der Schwingung zusätzlich eine Reibungskraft auf, die der Bewegung entgegenwirkt und diese dadurch abbremst. Diese Reibungskraft $F_R$ ist zu jedem Zeitpunkt proportional zur Geschwindigkeit $v(t) = \dot{y}$:

  $F_R(t) = -b \cdot v(t) = -b \cdot \dot{y}$   mit $b > 0$ ... (materialabhängiger) Reibungskoeffizient

- Da eine schwingende Masse zu jedem Zeitpunkt im Kräftegleichgewicht ist, muss die Gesamtkraft F(t), die auf die Masse wirkt, gleich groß wie die Summe der einwirkenden Kräfte $F_y$ und $F_R$ sein. Nach dem **dynamischen Kraftgesetz** gilt:

  $F = m \cdot a = m \cdot \ddot{y}$

- Für die **Kräftebilanz** folgt daraus: $F = F_R + F_y$
  $m \cdot \ddot{y} = -b \cdot \dot{y} - k \cdot y$   bzw.   $m \cdot \ddot{y} + b \cdot \dot{y} + k \cdot y = 0$

Dies ist eine lineare Differentialgleichung 2. Ordnung mit konstanten Koeffizienten. Sie wird auch als **allgemeine Schwingungsgleichung** der Mechanik bezeichnet. Da nach dem Auslenken der Masse keine äußere Kraft F auf das System wirkt, handelt es sich um eine **freie Schwingung**, die Differentialgleichung ist homogen.

> **Schwingungsgleichung einer freien Schwingung**
> $m \cdot \ddot{y} + b \cdot \dot{y} + k \cdot y = 0$   mit m ... Masse, b ... Reibungskoeffizient, k ... Federkonstante

# Differentialgleichungen

**4.96** An einer Schraubenfeder mit der Federkonstante k = 360 $\frac{N}{m}$ ist eine Masse m = 10 kg befestigt. Die Masse wird aus der Ruhelage um 5 cm nach oben ausgelenkt. Zum Zeitpunkt t = 0 s wird sie losgelassen und beginnt ungedämpft zu schwingen.

1) Stelle die Differentialgleichung auf, die die Auslenkung y (in m) der Masse in Abhängigkeit von der Zeit t (in s) beschreibt.
2) Stelle die spezielle Lösung grafisch dar und beschreibe den Verlauf.

Lösung mit GeoGebra:

1) Die allgemeine Schwingungsgleichung lautet:
$m \cdot \ddot{y} + b \cdot \dot{y} + k \cdot y = 0$
Da die Schwingung ungedämpft ist, hat der Reibungskoeffizient den Wert b = 0 $\frac{kg}{s}$.
Schwingungsgleichung: $10 \cdot \ddot{y} + 360 \cdot y = 0$

Anfangsbedingungen: $y(0) = 0{,}05$ ... um 5 cm = 0,05 m nach oben ausgelenkt
$\dot{y}(0) = 0$ ... keine Anfangsgeschwindigkeit

Lösen der Differentialgleichung mit Technologie:

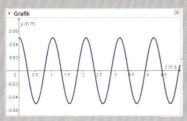

- Um die spezielle Lösung grafisch darzustellen, wird diese unter einem eigenen Funktionsnamen gespeichert.

$y(t) = 0{,}05 \text{ m} \cdot \cos(6 \text{ s}^{-1} \cdot t)$

2) Grafische Darstellung:

Der Schnittpunkt mit der senkrechten Achse entspricht dem Anfangswert. Die Amplitude ändert sich nicht, da es sich um eine ungedämpfte Schwingung handelt.

Die Schwingungsgleichung $m \cdot \ddot{y} + b \cdot \dot{y} + k \cdot y = 0$ lässt sich auch in anderer Form darstellen. Dividiert man auf beiden Seiten der Gleichung durch die Masse m, so erhält man:

$\ddot{y} + \frac{b}{m} \cdot \dot{y} + \frac{k}{m} \cdot y = 0$

Ersetzt man nun die Koeffizienten mithilfe der physikalischen Größen $\delta = \frac{b}{2 \cdot m}$ und $\omega_0 = \sqrt{\frac{k}{m}}$, so führt dies auf folgende Gleichung:

$\ddot{y} + 2\delta \cdot \dot{y} + \omega_0^2 \cdot y = 0$

$\delta$ ... **Dämpfungskonstante** bzw. **Abklingkonstante** in $s^{-1}$ („pro Sekunde").

$\omega_0$ ... **Eigenkreisfrequenz** bzw. **Kreisfrequenz** des schwingungsfähigen Systems in $s^{-1}$

Das Verhältnis zwischen der Dämpfungskonstanten $\delta$ und der Eigenkreisfrequenz $\omega_0$ wird **Dämpfungsgrad** D genannt:

$D = \frac{\delta}{\omega_0}$

**Analysis**

# Differentialgleichungen

Die **charakteristische Gleichung** der Differentialgleichung $\ddot{y} + 2\delta \cdot \dot{y} + \omega_0^2 \cdot y = 0$ lautet:

$\lambda^2 + 2\delta \cdot \lambda + \omega_0^2 = 0$

Somit gilt für die Lösung der charakteristischen Gleichung: $\lambda_{1,2} = -\delta \pm \sqrt{\delta^2 - \omega_0^2}$

Die Art der Lösung der Differentialgleichungen hängt, wie bei allen Differentialgleichungen 2. Ordnung, von der Diskriminanten $\delta^2 - \omega_0^2$ ab. Man unterscheidet drei Fälle:

1. Fall: **Kriechfall** (**aperiodische Schwingung**): $\delta > \omega_0 \Rightarrow$ Dämpfungsgrad D > 1

   Man erhält zwei verschiedene reelle Lösungen:

   $\lambda_1 = -\delta - \sqrt{\delta^2 - \omega_0^2}$ und $\lambda_2 = -\delta + \sqrt{\delta^2 - \omega_0^2}$

   Da $\sqrt{\delta^2 - \omega_0^2} < \delta$ ist, sind beide Lösungen negativ.

   Allgemeine Lösung: $y(t) = C_1 \cdot e^{\lambda_1 \cdot t} + C_2 \cdot e^{\lambda_2 \cdot t}$

**4.97** In einem schwingungsfähigen System mit der Federkonstante $k = 120 \frac{N}{m}$ wird eine Masse m = 10 kg zum Zeitpunkt t = 0 s mit der Anfangsgeschwindigkeit $v_0 = 0{,}65 \frac{m}{s}$ aus der Ruhelage nach oben ausgelenkt. Der Reibungskoeffizienten beträgt $b = 95 \frac{kg}{s}$.

1) Erkläre anhand der gegebenen Werte, warum ein Kriechfall vorliegt.
2) Löse jene Differentialgleichung, die die Auslenkung y (in m) der Masse in Abhängigkeit von der Zeit t (in s) beschreibt.
3) Stelle die spezielle Lösung grafisch dar und beschreibe den Verlauf.

Lösung mit CASIO ClassPAD II:

1) $\delta = \frac{b}{2m} = \frac{95}{2 \cdot 10} = 4{,}25 \; s^{-1}$

   $\omega_0^2 = \frac{k}{m} = \frac{120}{10} = 12 \Rightarrow \omega_0 = 3{,}464\ldots \; s^{-1}$

   $D = \frac{\delta}{\omega_0} = 1{,}226\ldots > 1 \Rightarrow$ Es handelt sich um einen Kriechfall.

2) Schwingungsgleichung: $10 \cdot \ddot{y} + 95 \cdot \dot{y} + 120 \cdot y = 0$

   Anfangsbedingungen: $y(0) = 0$ ... Ruhelage
   $\dot{y}(0) = 0{,}65$ ... Anfangsgeschwindigkeit

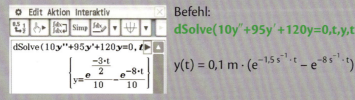

Befehl:
**dSolve(10y″+95y′+120y=0,t,y,t=0,y=0,t=0,y′=0,65)**

$y(t) = 0{,}1 \; m \cdot (e^{-1{,}5 \; s^{-1} \cdot t} - e^{-8 \; s^{-1} \cdot t})$

3) Grafische Darstellung:

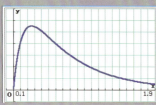

Die Masse bewegt sich aus der Ruhelage, erreicht die maximale Auslenkung und kehrt asymptotisch in die Ruhelage zurück.

# Differentialgleichungen

**2. Fall: Gedämpfte Schwingung**: $\delta < \omega_0 \Rightarrow$ Dämpfungsgrad $0 < D < 1$

Man erhält zwei konjugiert komplexe Lösungen:

$\lambda_1 = -\delta - j \cdot \sqrt{|\omega_0^2 - \delta^2|} = -\delta - j \cdot \omega_d$ und $\lambda_2 = -\delta + j \cdot \sqrt{|\omega_0^2 - \delta^2|} = -\delta + j \cdot \omega_d$

$\omega_d$ ... Eigenkreisfrequenz der gedämpften Schwingung

Allgemeine Lösung:

$y(t) = C_1 \cdot e^{-\delta \cdot t} \cdot \cos(\omega_d \cdot t) + C_2 \cdot e^{-\delta \cdot t} \cdot \sin(\omega_d \cdot t)$

Es liegt eine gedämpfte Schwingung vor. Die Schwingungsamplituden $C_1 \cdot e^{-\delta \cdot t}$ und $C_2 \cdot e^{-\delta \cdot t}$ verringern sich aufgrund der Dämpfung exponentiell.

**4.98** Löse die Differentialgleichung für das Feder-Masse-System mit $m = 50$ kg, $b = 20\,\frac{kg}{s}$ und $k = 100\,\frac{N}{m}$ für die Anfangsbedingung $y(0\,s) = 0$ m und $\dot{y}(0\,s) = 0{,}1\,\frac{m}{s}$. Gib den Dämpfungsgrad an und stelle die Schwingung grafisch dar.

Lösung:

$\delta = \dfrac{b}{2m} = \dfrac{20}{2 \cdot 50} = 0{,}2\ s^{-1}$

$\omega_0^2 = \dfrac{k}{m} = \dfrac{100}{50} = 2 \Rightarrow \omega_0 = 1{,}414...\ s^{-1}$

$D = \dfrac{\delta}{\omega_0} = 0{,}141... < 1 \Rightarrow$ Es handelt sich um eine gedämpfte Schwingung.

Schwingungsgleichung:

$50 \cdot \ddot{y} + 20 \cdot \dot{y} + 100 \cdot y = 0$ mit $y(0) = 0,\ \dot{y}(0) = 0{,}1$

t ... Zeit in s, y(t) ... Auslenkung zur Zeit t in m

$y(t) = \dfrac{1}{14}\ m \cdot e^{-0{,}2\,s^{-1} \cdot t} \cdot \sin(1{,}4\,s^{-1} \cdot t)$   • Lösen mit Technologieeinsatz

Grafische Darstellung:

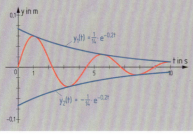

**3. Fall: Aperiodischer Grenzfall**: $\delta = \omega_0 \Rightarrow$ Dämpfungsgrad $D = 1$

Durch Lösen der charakteristischen Gleichung erhält man eine reelle negative Doppellösung:

$\lambda_1 = \lambda_2 = -\delta$

Damit lautet die allgemeine Lösung der homogenen Gleichung:

$y(t) = C_1 \cdot e^{-\delta \cdot t} + C_2 \cdot t \cdot e^{-\delta \cdot t}$

Dieses Schwingungsverhalten wird als aperiodischer Grenzfall bezeichnet. Das System bewegt sich aperiodisch aus der Anfangsposition heraus und nähert sich im Laufe der Zeit asymptotisch der Ruhelage. Das Schwingungsverhalten stellt einen Grenzfall zwischen der gedämpften Schwingung und dem Kriechfall dar.

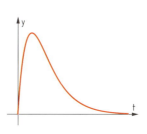

**Analysis**

# Differentialgleichungen

**Schwingungsgleichung einer freien mechanischen Schwingung**

Die Differentialgleichung für die Auslenkung y lautet:

$m \cdot \ddot{y} + b \cdot \dot{y} + k \cdot y = 0$ bzw. $\ddot{y} + 2\delta \cdot \dot{y} + \omega_0^2 \cdot y = 0$ mit $\delta = \frac{b}{2 \cdot m}$ und $\omega_0^2 = \frac{k}{m}$

$\omega_0 = \sqrt{\frac{k}{m}}$ ... Eigenkreisfrequenz der ungedämpften Schwingung

$\delta = \frac{b}{2 \cdot m}$ ... Abklingkonstante; $D = \frac{\delta}{\omega_0}$ ... Dämpfungsgrad

Die Lösung hängt von der Diskriminanten $\delta^2 - \omega_0^2$ der charakteristischen Gleichung bzw. vom Dämpfungsgrad D ab.

- **Kriechfall**: $\delta > \omega_0$ bzw. Dämpfungsgrad $D > 1$
  $y(t) = C_1 \cdot e^{\lambda_1 \cdot t} + C_2 \cdot e^{\lambda_2 \cdot t}$ mit $\lambda_1 \neq \lambda_2 \in \mathbb{R}$

- **Aperiodischer Grenzfall**: $\delta = \omega_0$ bzw. Dämpfungsgrad $D = 1$
  $y(t) = e^{-\delta \cdot t} \cdot (C_1 + C_2 \cdot t)$ mit $\lambda_1 = \lambda_2 = -\delta$

- **Gedämpfte Schwingung**: $\delta < \omega_0$ bzw. Dämpfungsgrad $0 < D < 1$
  $y(t) = e^{-\delta \cdot t} \cdot (C_1 \cdot \cos(\omega_d \cdot t) + C_2 \cdot \sin(\omega_d \cdot t))$ mit $\lambda_{1,2} = -\delta \pm j \cdot \omega_d$

  $\omega_d$ ... Eigenkreisfrequenz der gedämpften Schwingung, $\omega_d = \sqrt{|\omega_0^2 - \delta^2|}$

**4.99** Gib die Anfangsbedingungen an, durch die die folgenden Texte beschrieben werden.
1) Ein System wird aus der Ruhelage mit einer Geschwindigkeit von $2 \frac{m}{s}$ ausgelenkt.
2) Ein System ist um 5 cm zusammengedrückt und losgelassen.
3) Eine hängende Feder ist um 3 cm nach unten gezogen und wird durch einen Stoß mit einer Geschwindigkeit von $3 \frac{m}{s}$ nach oben in Bewegung versetzt.

**4.100** Löse die Schwingungsgleichung und gib den Schwingfall an.
  **a)** $\ddot{y} + 2y = 0$; $y(0) = 2$, $\dot{y}(0) = 1$      **b)** $\ddot{y} + 4\dot{y} + 29y = 0$; $y(0) = 1$, $\dot{y}(0) = -2$

**4.101** Ein Feder-Masse-System mit der Masse m = 5 kg und der Federkonstanten k = 50 $\frac{N}{m}$ mit y(0 s) = 0,16 m und $\dot{y}(0 \text{ s}) = -1 \frac{m}{s}$ kann frei von äußeren Kräften schwingen.
1) Ermittle die Lösung der Anfangswertaufgabe.
2) Stelle den Schwingungsverlauf grafisch dar und interpretiere die Anfangsbedingungen anhand der Zeichnung.

**4.102** 1) Löse die Differentialgleichung für ein Feder-Masse-System mit m = 10 kg, b = 120 $\frac{kg}{s}$ und k = 360 $\frac{N}{m}$ jeweils mit folgenden Anfangsbedingungen:
  **A)** y(0 s) = 4 cm und $\dot{y}(0 \text{ s}) = 0 \frac{m}{s}$      **B)** y(0 s) = 5 cm und $\dot{y}(0 \text{ s}) = 0 \frac{m}{s}$
2) Stelle beide Schwingungen grafisch dar und vergleiche die Graphen.

**4.103** Ein Feder-Masse-System hat eine Masse von 8 kg und die Federkonstante k = 7 840 $\frac{N}{m}$. Es ist mit einer Dämpfungsvorrichtung verbunden, wodurch das System den Reibungskoeffizienten b = 30 $\frac{kg}{s}$ aufweist.
1) Gib die Schwingungsgleichung dieses Systems und die Art der Schwingung an.
2) Berechne die allgemeine Lösung der Schwingungsgleichung.
3) Ermittle eine spezielle Lösung für die Anfangsbedingungen y(0 s) = 0 m und v(0 s) = 0,125 $\frac{m}{s}$ und stelle den Schwingungsverlauf grafisch dar.

**4.104** Ein schwingungsfähiges Feder-Masse-System mit der Masse m = 5 kg, der Federkonstanten k = 1 625 $\frac{N}{m}$ und der Reibungskonstanten b ist gegeben.
1) Bestimme b so, dass der aperiodische Grenzfall auftritt.
2) Ermittle den Bewegungsverlauf y(t) und bestimme die maximale Auslenkung, wenn die Feder mit $v_0 = 2 \frac{m}{s}$ aus der Ruhelage bewegt wird.

**Analysis**

# Differentialgleichungen

**Erzwungene Schwingungen**

Wenn auf ein mechanisches System von außen eine Kraft F(t) wirkt, spricht man von einer **erzwungenen Schwingung**. Die Schwingungsgleichung entspricht einer inhomogenen linearen Differentialgleichung 2. Ordnung mit konstanten Koeffizienten der Form:

$m \cdot \ddot{y} + b \cdot \dot{y} + k \cdot y = F(t)$  bzw.  $\ddot{y} + 2\delta \cdot \dot{y} + \omega_0^2 \cdot y = \frac{F(t)}{m}$

 Es soll das Schwingungsverhalten eines gedämpften Feder-Masse-Systems mit m = 1 kg, b = 4 $\frac{kg}{s}$ und k = 5 $\frac{N}{m}$, das aus der Ruhe durch eine konstante Kraft F(t) = 6 N angeregt wird, untersucht werden.

Die Schwingungsgleichung lautet: $\ddot{y} + 4\dot{y} + 5y = 6$

Zunächst wird die homogene Differentialgleichung $\ddot{y} + 4\dot{y} + 5y = 0$ gelöst:

| | |
|---|---|
| $\lambda^2 + 4\lambda + 5 = 0$ | • Charakteristische Gleichung |
| $\lambda_1 = -2 + j;\ \lambda_2 = -2 - j$ | • Man erhält zwei konjugiert komplexe Lösungen. |
| $y_h = C_1 \cdot e^{-2t} \cdot \sin(t) + C_2 \cdot e^{-2t} \cdot \cos(t)$ | • Allgemeine Lösung der homogenen Gleichung |

Um eine partikuläre Lösung der Differentialgleichung zu ermitteln, wird ein konstanter Ansatz verwendet, da das System von einer konstanten Kraft angeregt wird.

| | |
|---|---|
| $y_p = A;\ \dot{y}_p = 0, \ddot{y}_p = 0$ | • Ansatz für die konstante Störfunktion und zweimaliges Ableiten |
| $5A = 6 \Rightarrow A = 1{,}2$ | • Einsetzen in die inhomogene Differentialgleichung |
| $y_p = 1{,}2$ | • partikuläre Lösung der inhomogenen Differentialgleichung |

Die Lösung der Differentialgleichung erhält man durch Addition von $y_h$ und $y_p$:

$y(t) = C_1 \cdot e^{-2t} \cdot \sin(t) + C_2 \cdot e^{-2t} \cdot \cos(t) + 1{,}2$

Verwendet man die Anfangsbedingungen y(0) = 0 m und $\dot{y}(0) = 0\ \frac{m}{s}$, so erhält man $C_1 = -2{,}4$ und $C_2 = -1{,}2$.

Somit erhält man die Lösung der Differentialgleichung:

$y(t) = \underbrace{-2{,}4 \cdot e^{-2t} \cdot \sin(t) - 1{,}2 \cdot e^{-2t} \cdot \cos(t)}_{\text{flüchtige Lösung } y_h} + \underbrace{1{,}2}_{\text{stationäre Lösung } y_p}$

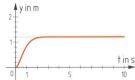

Aufgrund der Dämpfung enthält die homogene Lösung den Faktor $e^{-\delta t}$. Daher wird die homogene Lösung für t → ∞ vernachlässigbar klein, man bezeichnet sie daher als **flüchtige Lösung**. Die Bewegung des Systems wird also langfristig gesehen nur durch die partikuläre Lösung beschrieben, die daher als **stationäre Lösung** bezeichnet wird. Bei einer gedämpften Schwingung stellt sich das System daher auf einen neuen Gleichgewichtszustand ein, in obigem Beispiel auf $y_p = 1{,}2$.

---

**Schwingungsgleichung einer erzwungenen Schwingung**

$m \cdot \ddot{y} + b \cdot \dot{y} + k \cdot y = F(t)$  bzw.  $\ddot{y} + 2\delta \cdot \dot{y} + \omega_0^2 \cdot y = \frac{F(t)}{m}$

mit F(t) … von außen wirkende Kraft

**Analysis**

# Differentialgleichungen

**Resonanz**

**4.105** Eine der größten Hängebrücken der Welt – die Tacoma Narrows-Bridge – wurde am 7. November 1940 im US-Bundesstaat Washington eröffnet. Bereits vier Monate später stürzte die Brücke ein.
  **1)** Suche im Internet nach einem Video des Einsturzes.
  **2)** Überlege und beschreibe, wie es zu diesem Einsturz kam.

Wird eine gedämpfte Schwingung mit einer periodischen Kraft von außen angeregt, so wird die Gesamtbewegung als Resultierende zweier periodischer Bewegungen mit unterschiedlichen Frequenzen und Amplituden beschrieben. Die Differentialgleichung lautet:

$$m \cdot \ddot{y} + b \cdot \dot{y} + k \cdot y = F \cdot \sin(\omega t) \quad \text{bzw.} \quad \ddot{y} + 2\delta \cdot \dot{y} + \omega_0^2 \cdot y = \frac{F}{m} \cdot \sin(\omega t)$$

Handelt es sich um eine gedämpfte Schwingung, ist also $\delta < \omega_0$, erhält man aus der charakteristischen Gleichung zwei konjugiert komplexe Lösungen und somit folgende allgemeine Lösung der homogenen Gleichung:

$$y_h(t) = C_1 \cdot e^{-\delta t} \cdot \sin(\omega_d \cdot t) + C_2 \cdot e^{-\delta t} \cdot \cos(\omega_d \cdot t) \quad \text{mit} \quad \omega_d = \sqrt{|\omega_0^2 - \delta^2|}$$

Betrachtet man das Schwingungsverhalten anhand der homogenen Lösung für $t \to \infty$, so geht die Amplitude der Schwingung gegen null. Dies gilt auch für den aperiodischen Grenzfall und den Kriechfall. Daher ist für das Schwingungsverhalten langfristig gesehen nur die partikuläre (stationäre) Lösung ausschlaggebend, die nur von der Störfunktion abhängt. Diese partikuläre Lösung wird nun ermittelt und untersucht.

Für die partikuläre Lösung wählt man den Ansatz $y_p = a \cdot \sin(\omega t) + b \cdot \cos(\omega t)$. Leitet man $y_p$ zweimal ab und setzt diese Funktionen in die inhomogene Differentialgleichung ein, erhält man mittels Koeffizientenvergleich die Koeffizienten **a** und **b**.

Um $y_p = a \cdot \sin(\omega t) + b \cdot \cos(\omega t)$ als Sinusschwingung $y_p = A \cdot \sin(\omega t + \varphi)$ darzustellen, kann man ein Zeigerdiagramm verwenden (vgl. Band 2, Abschnitt 6.2).

Daraus ergibt sich für die Amplitude $A = \sqrt{a^2 + b^2}$ und für den Phasenwinkel $\tan(\varphi) = \frac{b}{a}$.

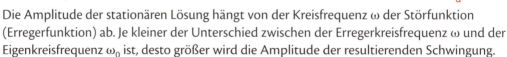

Durch Einsetzen von a und b erhält man:

$$A = \frac{F}{m} \cdot \frac{1}{\sqrt{(\omega_0^2 - \omega^2)^2 + 4\delta^2 \omega^2}} \quad \text{und} \quad \tan(\varphi) = \frac{-2\delta\omega}{\omega_0^2 - \omega^2}$$

Die Amplitude der stationären Lösung hängt von der Kreisfrequenz $\omega$ der Störfunktion (Erregerfunktion) ab. Je kleiner der Unterschied zwischen der Erregerkreisfrequenz $\omega$ und der Eigenkreisfrequenz $\omega_0$ ist, desto größer wird die Amplitude der resultierenden Schwingung.

Die Abhängigkeit der Amplitude von der Frequenz der Erregerschwingung wird als **Frequenzgang der Amplitude** $A(\omega)$ bezeichnet. Das Erreichen der **maximalen Amplitude** wird als **Resonanz** bezeichnet, die zugehörige Frequenz als **Resonanzkreisfrequenz**.

Beim Erreichen der Resonanzkreisfrequenz ist die Funktion $A(\omega) = \frac{F}{m} \cdot \frac{1}{\sqrt{(\omega_0^2 - \omega^2)^2 + 4\delta^2 \omega^2}}$

maximal. Das Maximum dieser Funktion ergibt sich, wenn der Nenner, also der Radikand $R(\omega) = (\omega_0^2 - \omega^2)^2 + 4\delta^2 \omega^2$, minimal ist. Durch Nullsetzen der 1. Ableitung $R'(\omega)$ erhält man die **Resonanzkreisfrequenz** $\omega_r = \sqrt{\omega_0^2 - 2\delta^2}$ (siehe Aufgabe 4.110).

# Differentialgleichungen

Im Fall einer Dämpfung gilt für die Resonanzkreisfrequenz $\omega_r < \omega_d < \omega_0$. Stimmt die Erregerkreisfrequenz $\omega$ mit der Resonanzkreisfrequenz $\omega_r$ überein, so schwingt das mechanische System mit größtmöglicher Amplitude.

In der nebenstehenden Abbildung ist der Frequenzgang der Amplitude bei verschiedenen Dämpfungskonstanten $\delta$ dargestellt. Bei ungedämpften Schwingungen ($\delta = 0$) kann es zur sogenannten **Resonanzkatastrophe** kommen, die Amplitude wäre unendlich groß.

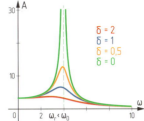

**Frequenzgang der Amplitude**: $A(\omega) = \dfrac{F}{m} \cdot \dfrac{1}{\sqrt{(\omega_0^2 - \omega^2)^2 + 4\delta^2\omega^2}}$

**Resonanzkreisfrequenz**: $\omega_r = \sqrt{\omega_0^2 - 2\delta^2}$

**4.106** Ein Feder-Masse-System hat die Masse m = 5 kg, die Federkonstante k = 1 625 $\frac{N}{m}$ und die Reibungskonstante b = 100 $\frac{kg}{s}$. Zum Zeitpunkt t = 0 s wird das System aus der Ruhelage durch eine konstante Kraft F(t) = 400 N zum Schwingen angeregt.
  1) Bestimme den Bewegungsverlauf y und die maximale Auslenkung.
  2) Gib die stationäre Lösung an.
  3) Berechne, mit welcher Kraft das System angeregt werden muss, damit die Feder in einer Höhe von 25 cm im Gleichgewichtszustand ist.

**4.107** Ein Feder-Masse-System hat die Masse m = 5 kg, die Federkonstante k = 1 625 $\frac{N}{m}$ und eine Reibungskonstante b = 100 $\frac{kg}{s}$. Zum Zeitpunkt t = 0 s wird das System durch eine sinusförmige Kraft F(t) = 520 N $\cdot \sin(4\ s^{-1} \cdot t)$ aus der Ruhelage zum Schwingen angeregt.
  1) Bestimme den Bewegungsverlauf y und die stationäre Lösung.
  2) Stelle y und die stationäre Lösung grafisch dar. Lies ab, nach wie viel Sekunden sich die Schwingung nicht mehr erkennbar von der stationären Lösung unterscheidet.
  3) Berechne die Resonanzkreisfrequenz und die maximale Amplitude.

**4.108** Ein mechanisches schwingungsfähiges System ohne Dämpfung hat eine Masse von m = 2 kg. Die Federkonstante k beträgt 490 $\frac{N}{m}$. Das System wird von einer äußeren periodischen Kraft F(t) = 10 N $\cdot \sin(3\ s^{-1} \cdot t)$ aus der Ruhelage angeregt.
  1) Stelle die Schwingungsgleichung für dieses System auf.
  2) Berechne die allgemeine Lösung.
  3) Bestimme den Wert von $\omega$, bei dem Resonanz auftritt.
  4) Stelle die Schwingung für $\omega = \omega_r$ grafisch dar und beschreibe den Verlauf.

**4.109** Ein System hat eine Masse m = 20 kg, die an einer elastischen Feder mit der Federkonstanten k = 4 080 $\frac{N}{m}$ befestigt ist. Das System hat einen Reibungskoeffizienten b = 800 $\frac{kg}{s}$. Es gilt: y(0) = 0 m und v(0) = 1,4 $\frac{m}{s}$
  1) Stelle die Schwingungsgleichung auf und löse die Anfangswertaufgabe.
  2) Stelle den Verlauf dieser Schwingung grafisch dar.
  3) Das System wird mit einer äußeren periodischen Kraft F = 6 N $\cdot \sin(4\ s^{-1} \cdot t)$ zum Schwingen angeregt. Ermittle den Verlauf dieser erzwungenen Schwingung.

**4.110** Zeige, dass für die Resonanzkreisfrequenz $\omega_r$ gilt: $\omega_r = \sqrt{\omega_0^2 - 2\delta^2}$

**Analysis**

# Differentialgleichungen

## 4.6.2 Elektrische Schwingungen

Enthält ein Stromkreis eine Spule und einen Kondensator, so handelt es sich um einen elektromagnetischen Schwingkreis, in dem eine Energieumwandlung zwischen elektrischer und magnetischer Energie stattfindet. Die mathematische Beschreibung dieses Vorgangs führt auf lineare Differentialgleichungen 2. Ordnung mit konstanten Koeffizienten, so genannte Schwingungsgleichungen.

### Freie elektromagnetische Schwingungen

Man betrachtet zunächst den idealisierten Fall einer Schaltung ohne Widerstand. Der zuvor auf die Anfangsladung $q(0) = Q_0$ aufgeladene Kondensator entlädt sich über die Spule, wobei die Stromstärke i in der Spule steigt.

Abb. 4.1

$L \cdot \frac{di}{dt} + \frac{q}{C} = 0$

$i = \frac{dq}{dt}$

$\Rightarrow \frac{d^2q}{dt^2} + \frac{q}{L \cdot C} = 0$

$q(t) = C_1 \cdot \cos\left(\frac{1}{\sqrt{L \cdot C}} \cdot t\right) + C_2 \cdot \sin\left(\frac{1}{\sqrt{L \cdot C}} \cdot t\right)$

$q(t) = Q_0 \cdot \cos(\omega_0 \cdot t)$

- Die Summe der Potentialänderungen entlang einer Masche ist null.
- Die Ladung der positiv geladenen Kondensatorplatte nimmt dabei ab. Man erhält für q(t) eine homogene Differentialgleichung 2. Ordnung mit konstanten Koeffizienten.
- Die allgemeine Lösung ist eine Schwingung mit der Frequenz $\frac{1}{\sqrt{L \cdot C}} = \omega_0$.

  $\omega_0$ wird **Eigenkreisfrequenz** der ungedämpften Schwingung oder **Kennkreisfrequenz** genannt.
- Mit der Anfangsbedingung $q(0) = Q_0$ ergibt sich als Lösung eine **freie ungedämpfte Schwingung**.

**Ⓐ Ⓑ ● ● ●**

**4.111** In einem ungedämpften Schwingkreis (Abb. 4.1) mit L = 40 mH und C = 1 F wird der Kondensator auf eine Spannung von 12 V aufgeladen. Zum Zeitpunkt t = 0 s wird der Schalter geschlossen.
Gib die Differentialgleichung für die Kondensatorspannung $u_C$ an. Ermittle die Lösung unter der gegebenen Anfangsbedingung und stelle den Spannungsverlauf grafisch dar.

Lösung:

$\frac{d^2q}{dt^2} + \frac{q}{L \cdot C} = 0 \Rightarrow C \cdot \frac{d^2u_C}{dt^2} + \frac{u_C}{L} = 0$

$\frac{d^2u_C}{dt^2} + \frac{u_C}{4 \cdot 10^{-2}} = 0 \Rightarrow \frac{d^2u_C}{dt^2} + 25 \cdot u_C = 0$

$\lambda^2 + 25 = 0 \Rightarrow \lambda_{1,2} = \pm 5j$

$u_C(t) = C_1 \cdot \cos(5t) + C_2 \cdot \sin(5t)$

$u_C(0) = 12$ und $i(0) = 0 \Rightarrow C_1 = 12, C_2 = 0$

$u_C(t) = 12 \text{ V} \cdot \cos(5 \text{ s}^{-1} \cdot t)$

- $q = C \cdot u_C$
- Charakteristische Gleichung
- Allgemeine Lösung
- $i(0) = 0 \Rightarrow \left.\frac{du_C}{dt}\right|_{t=0} = 0$
- Spezielle Lösung

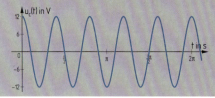

# Differentialgleichungen

In der Realität gibt es aber in jedem Stromkreis einen Widerstand R.
Analog zum idealisierten Fall erhält man:

$L \cdot \frac{di}{dt} + R \cdot i + \frac{q}{C} = 0$

$\Rightarrow$ (1) $L \cdot \frac{d^2q}{dt^2} + R \cdot \frac{dq}{dt} + \frac{q}{C} = 0$ • **Differentialgleichung für die Ladung q**

bzw. (2) $L \cdot C \cdot \frac{d^2u_C}{dt^2} + R \cdot C \cdot \frac{du_C}{dt} + u_C = 0$
 • Für den Kondensator gilt: $q = C \cdot u_C$
   Man erhält die **Differentialgleichung für die Kondensatorspannung $u_C$**.

bzw. (3) $L \cdot \frac{d^2i}{dt^2} + R \cdot \frac{di}{dt} + \frac{i}{C} = 0$
 • Durch Ableiten der ursprünglichen Gleichung nach der Zeit erhält man mit $i = \frac{dq}{dt}$ die **Differentialgleichung für die Stromstärke i**.

Beim Lösen dieser Gleichungen können sich drei verschiedene Fälle ergeben. Diese erkennt man anhand der charakteristischen Gleichung. Für Gleichung (1) ergibt sich zum Beispiel:

$L \cdot \lambda^2 + R \cdot \lambda + \frac{1}{C} = 0$

$\lambda^2 + \frac{R}{L} \cdot \lambda + \frac{1}{L \cdot C} = 0$

$\lambda_{1,2} = -\frac{R}{2L} \pm \sqrt{\left(\frac{R}{2L}\right)^2 - \frac{1}{L \cdot C}}$ bzw. 
• $\delta = \frac{R}{2L}$ ... Abklingkonstante, Dämpfungsfaktor

$\lambda_{1,2} = -\delta \pm \sqrt{\delta^2 - \omega_0^2}$
   $\omega_0^2 = \frac{1}{L \cdot C}$, $\omega_0$ ... Eigenkreisfrequenz der ungedämpften Schwingung

Die Differentialgleichung (1) führt auf eine freie gedämpfte Schwingung, die meist mithilfe der Größen $\delta$ und $\omega_0$ angegeben wird. Das Verhältnis $\frac{\delta}{\omega_0}$ wird als **Dämpfungsgrad D** bezeichnet.

$L \cdot \frac{d^2q}{dt^2} + R \cdot \frac{dq}{dt} + \frac{q}{C} = 0 \Rightarrow \frac{d^2q}{dt^2} + \frac{R}{L} \cdot \frac{dq}{dt} + \frac{1}{L \cdot C} \cdot q = 0 \Rightarrow \frac{d^2q}{dt^2} + 2\delta \cdot \frac{dq}{dt} + \omega_0^2 \cdot q = 0$

Es ergeben sich drei Lösungsfälle:

- **Kriechfall (aperiodische Schwingung)**: $\delta > \omega_0$ bzw. Dämpfungsgrad $D > 1$
  Da $\sqrt{\delta^2 - \omega_0^2} > \delta$ gilt, sind die beiden verschiedenen reellen Lösungen $\lambda_1$ und $\lambda_2$ negativ.
  Allgemeine Lösung: $q(t) = C_1 \cdot e^{\lambda_1 \cdot t} + C_2 \cdot e^{\lambda_2 \cdot t}$

- **Aperiodischer Grenzfall**: $\delta = \omega_0$ bzw. Dämpfungsgrad $D = 1$
  Das Lösen der charakteristischen Gleichung führt auf die reelle Doppellösung: $\lambda_1 = \lambda_2 = -\delta$
  Allgemeine Lösung: $q(t) = C_1 \cdot e^{-\delta \cdot t} + C_2 \cdot t \cdot e^{-\delta \cdot t} = e^{-\delta \cdot t} \cdot (C_1 + C_2 \cdot t)$

- **Gedämpfte Schwingung**: $\delta < \omega_0$ bzw. Dämpfungsgrad $0 < D < 1$
  Das Lösen der charakteristischen Gleichung führt auf konjugiert komplexe Lösungen.
  $\lambda_{1,2} = -\delta \pm \sqrt{\delta^2 - \omega_0^2} = -\delta \pm j \cdot \omega_d$

  $\omega_d$ mit $\omega_d = \sqrt{\omega_0^2 - \delta^2}$ ist die **Eigenkreisfrequenz der gedämpften Schwingung** und immer kleiner als die Kennkreisfrequenz $\omega_0$ (Eigenkreisfrequenz der ungedämpften Schwingung).
  Allgemeine Lösung: $q(t) = e^{-\delta \cdot t} \cdot \left(C_1 \cdot \cos(\omega_d \cdot t) + C_2 \cdot \sin(\omega_d \cdot t)\right)$

**Analysis**

# Differentialgleichungen

**4.112** In einem gedämpften Schwingkreis (Seite 119, Abb. 4.2) mit R = 20 Ω, L = 0,5 H und C = 1 mF wird der Kondensator auf eine Spannung von 6 V aufgeladen. Zum Zeitpunkt t = 0 s wird der Schalter geschlossen und der Kondensator entladen. Stelle die Differentialgleichung für die Kondensatorspannung $u_C$ (in V) in Abhängigkeit von der Zeit t (in s) auf. Berechne die spezielle Lösung und stelle diese grafisch dar.

Lösung:

$$L \cdot C \cdot \frac{d^2 u_C}{dt^2} + R \cdot C \cdot \frac{du_C}{dt} + u_C = 0$$

$$\frac{d^2 u_C}{dt^2} + 40 \cdot \frac{du_C}{dt} + 2 \cdot 10^3 \cdot u_C = 0$$

$$\lambda_{1,2} = -20 \pm \sqrt{400 - 2000} = -20 \pm 40j$$

$$u_C(t) = e^{-20t} \cdot \left(C_1 \cdot \cos(40t) + C_2 \cdot \sin(40t)\right)$$

- Gegebene Werte in die Differentialgleichung für $u_C$ einsetzen und umformen
- Charakteristische Gleichung lösen
- Allgemeine Lösung

Anfangsbedingungen:

$u_C(0) = 6$ und $i(0) = 0 \Rightarrow \left.\frac{du_C}{dt}\right|_{t=0} = 0$

$C_1 = 6$, $C_2 = 3$

$u_C(t) = 3\,V \cdot e^{-20\,s^{-1} \cdot t} \cdot \left(2 \cdot \cos(40\,s^{-1} \cdot t) + \sin(40\,s^{-1} \cdot t)\right)$

- Anfangsbedingungen in $u_C(t)$ und $\frac{du_C}{dt}$ einsetzen
- Die Lösung der Anfangswertaufgabe ist eine gedämpfte Schwingung.

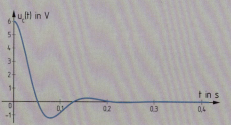

## Schwingungsgleichung einer freien elektromagnetischen Schwingung

Die Differentialgleichung für die Ladung q, die Stromstärke i und die Kondensatorspannung $u_C$ ist jeweils von der Form:

$$\frac{d^2 y}{dt^2} + 2\delta \cdot \frac{dy}{dt} + \omega_0^2 \cdot y = 0 \quad \text{bzw.} \quad \ddot{y} + 2\delta \cdot \dot{y} + \omega_0^2 \cdot y = 0$$

$\omega_0 = \frac{1}{\sqrt{LC}}$ ... Eigenkreisfrequenz der ungedämpften Schwingung, Kennkreisfrequenz

$\delta = \frac{R}{2L}$ ... Abklingkonstante; $\delta = 0$ ... ungedämpfte Schwingung

$D = \frac{\delta}{\omega_0}$ ... Dämpfungsgrad

Die Lösung hängt von der Diskrimanten $\delta^2 - \omega_0^2$ der charakteristischen Gleichung bzw. vom Dämpfungsgrad D ab.

- **Kriechfall**: $\delta > \omega_0$ bzw. Dämpfungsgrad $D > 1$
  $y(t) = C_1 \cdot e^{\lambda_1 \cdot t} + C_2 \cdot e^{\lambda_2 \cdot t}$ mit $\lambda_1 \neq \lambda_2 \in \mathbb{R}$

- **Aperiodischer Grenzfall**: $\delta = \omega_0$ bzw. Dämpfungsgrad $D = 1$
  $y(t) = e^{-\delta \cdot t} \cdot (C_1 + C_2 \cdot t)$ mit $\lambda_1 = \lambda_2 = -\delta$

- **Gedämpfte Schwingung**: $\delta < \omega_0$ bzw. Dämpfungsgrad $D < 1$
  $y(t) = e^{-\delta \cdot t} \cdot \left(C_1 \cdot \cos(\omega_d \cdot t) + C_2 \cdot \sin(\omega_d \cdot t)\right)$ mit $\lambda_{1,2} = -\delta \pm j \cdot \omega_d$

  $\omega_d$ ... Eigenkreisfrequenz der gedämpften Schwingung

# Differentialgleichungen

### Erzwungene elektromagnetische Schwingungen

Wird an einen RLC-Schwingkreis eine Spannung $u_e$ angelegt, so erhält man eine inhomogene lineare Differentialgleichung 2. Ordnung mit konstanten Koeffizienten. Dabei entspricht die Funktion $u_e(t)$ der Störfunktion $s(t)$. Eine partikuläre Lösung der inhomogenen Gleichung wird mithilfe eines geeigneten Ansatzes ermittelt.

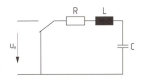

(1) $\quad L \cdot \dfrac{d^2q}{dt^2} + R \cdot \dfrac{dq}{dt} + \dfrac{q}{C} = u_e(t) \quad$ • Differentialgleichung für die Ladung q

(2) $\quad L \cdot C \cdot \dfrac{d^2 u_C}{dt^2} + R \cdot C \cdot \dfrac{du_C}{dt} + u_C = u_e(t) \quad$ • Differentialgleichung für die Kondensatorspannung $u_C$

(3) $\quad L \cdot \dfrac{d^2 i}{dt^2} + R \cdot \dfrac{di}{dt} + \dfrac{i}{C} = \dfrac{du_e}{dt} \quad$ • Da die Differentialgleichung für die Stromstärke $i(t)$ durch Ableiten nach der Zeit ermittelt wurde, ist die Störfunktion in diesem Fall die nach der Zeit abgeleitete Funktion $\dfrac{du_e}{dt}$.

Für die Lösung der homogenen Gleichung gelten die Überlegungen, die für die freie gedämpfte Schwingung angestellt wurden. Die homogene Lösung liefert in jedem Fall Funktionen, deren Werte sich rasch dem Wert null nähern. Man bezeichnet sie daher als **flüchtigen Anteil** der Lösung. Die partikuläre Lösung der inhomogenen Gleichung ist von der angelegten Spannung abhängig und stellt den **stationären Anteil** der Lösung dar.

Ist die angelegte Spannung $u_e(t) = \hat{u} \cdot \sin(\omega \cdot t)$, so gilt für den stationären Teil $u_{C,p}$ der Lösung, die so genannte „Sinusantwort" (siehe Aufgabe 4.119):

$$u_{C,p}(t) = \hat{u}_C \cdot \sin(\omega \cdot t + \varphi) \quad \text{mit} \quad \tan(\varphi) = -\dfrac{R}{\omega \cdot L - \dfrac{1}{\omega \cdot C}} \quad \text{und} \quad \hat{u}_C = \dfrac{\hat{u}}{\omega \cdot C \cdot \sqrt{R^2 + \left(\omega \cdot L - \dfrac{1}{\omega \cdot C}\right)^2}}$$

Aus $i(t) = C \cdot \dfrac{du_C}{dt}$ folgt: $\quad \hat{i} = \dfrac{\hat{u}}{\sqrt{R^2 + \left(\omega \cdot L - \dfrac{1}{\omega \cdot C}\right)^2}} \quad$ Die Amplitude $\hat{i}$ ist von der Kreisfrequenz $\omega$ abhängig. Die maximale Amplitude ergibt sich, wenn der Nenner dieses Bruchs minimal ist, also für $\omega = \dfrac{1}{\sqrt{L \cdot C}} = \omega_0$. $\omega_0$ ist dann die **Resonanzkreisfrequenz**.

---

**4.113** An einen RLC-Schwingkreis mit L = 0,5 H und C = 50 µF wird eine Spannung $u_e(t) = 120 \text{ V} \cdot \sin(\omega \cdot t)$ angelegt.
1) Stelle $\hat{i}$ in Abhängigkeit von der Kreisfrequenz $\omega$ für R = 5 Ω und R = 15 Ω grafisch dar.
2) Interpretiere das Diagramm im Hinblick auf die Resonanzkreisfrequenz und die maximale Stromstärke.

Lösung:
1)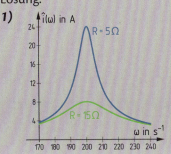

2) Resonanzkreisfrequenz: $\omega_0 = 200 \text{ s}^{-1}$
Die maximale Stromstärke bei Resonanz ist umso größer, je kleiner der Widerstand, also je kleiner die Dämpfung ist.

**Analysis**

# Differentialgleichungen

**4.114** Ein Stromkreis (Seite 118, Abb. 4.1) besteht aus einer Spule mit L = 2,5 H und einem auf 20 V aufgeladenen Kondensator mit C = 250 μF. Zum Zeitpunkt t = 0 s wird der Schalter geschlossen und der Kondensator entladen.
1) Gib die Differentialgleichung für die Ladung an und ermittle die spezielle Lösung.
2) Gib den zeitlichen Verlauf von $u_C$ und $u_L$ sowie den Verlauf der Stromstärke i an.
3) Stelle $u_C$, $u_L$ und i grafisch dar.

**4.115** In einem gedämpften Schwingkreis (Seite 119, Abb. 4.2) mit L = 0,5 H und C = 1 mF wird der Kondensator auf eine Spannung von 6 V aufgeladen. Zum Zeitpunkt t = 0 s wird der Schalter geschlossen und der Kondensator entladen.
1) Stelle eine Formel für den Dämpfungsgrad D in Abhängigkeit vom Widerstand R auf.
2) Gib die Differentialgleichung für $u_C$ an. Ermittle, welche Werte von R auf einen Kriechfall, einen aperiodischen Grenzfall bzw. auf eine gedämpfte Schwingung führen.
3) Wähle aus jedem in 2) ermittelten Bereich einen Wert und stelle die entsprechenden Lösungsfunktionen grafisch dar.

**4.116** Ein Reihenschwingkreis enthält den Ohm'schen Widerstand R = 1 kΩ, einen Kondensator mit der Kapazität C = 2 μF und eine Spule mit der Induktivität L = 0,5 H.
1) Ermittle den zeitlichen Verlauf der Kondensatorspannung $u_C$ und der Stromstärke i, wenn eine Spannung von 12 V angelegt wird und der Kondensator davor ungeladen war.
2) Wie lautet jeweils die stationäre Lösung, wenn das System durch die von außen angelegte Wechselspannung von $u_{eff} = \frac{\hat{u}}{\sqrt{2}} = 230$ V mit einer Frequenz von f = 50 Hz angeregt wird?

**4.117** Der Autofokusregelkreis einer Kamera hat näherungsweise das Verhalten eines schwingfähigen PT2-Elements. Dieses kann als RLC-Serienschwingkreis dargestellt werden.
1) Zeige, dass sich die Differentialgleichung in folgender Form angeben lässt:
$$\frac{d^2 u_C}{dt^2} + 2\omega_0 \cdot D \cdot \frac{du_C}{dt} + \omega_0^2 \cdot u_C = \omega_0^2 \cdot u(t) \quad \text{mit } \omega_0 = \frac{1}{\sqrt{L \cdot C}} \quad \text{und} \quad D = \frac{R}{2} \cdot \sqrt{\frac{C}{L}}$$
2) Berechne die Lösung der Differentialgleichung für R = 140 Ω, L = 100 mH, C = 10 mF und u(t) = 12 V, wenn der Kondensator anfangs ungeladen ist. Gib den flüchtigen Anteil und den stationären Anteil der Lösung an und stelle die Ergebnisse grafisch dar.

**4.118 a)** In einem RLC-Kreis ist L = 4,15 mH und R = 220 Ω. Die Resonanzkreisfrequenz beträgt 33 kHz.
  1) Berechne die Kapazität C.
  2) Berechne den maximalen Wert der Stromstärke i, wenn eine Spannung mit $\hat{u}$ = 250 V angelegt wird.
**b)** Um eine Radiofrequenz zu verstärken, wird ein Schwingkreis verwendet, dessen Resonanzfrequenz der gesendeten Frequenz entspricht. Eine Spule mit L = 5 H ist vorrätig.
  1) Recherchiere die Frequenz, mit der dein Lieblingsradiosender sendet.
  2) Berechne, welche Kapazität ein dafür geeigneter Kondensator aufweisen muss.

**4.119** Zeige, dass für die stationäre Lösung in einem RLC-Schwingkreis mit $u_e(t) = \hat{u} \cdot \sin(\omega \cdot t)$ gilt:
$$u_{C,p}(t) = \hat{u}_C \cdot \sin(\omega \cdot t + \varphi) \quad \text{mit } \tan(\varphi) = -\frac{R}{\omega \cdot L - \frac{1}{\omega \cdot C}} \quad \text{und} \quad \hat{u}_C = \frac{\hat{u}}{\omega \cdot C \cdot \sqrt{R^2 + \left(\omega \cdot L - \frac{1}{\omega \cdot C}\right)^2}}$$

# Differentialgleichungen

## 4.7 Numerisches Lösen von Differentialgleichungen

Viele Differentialgleichungen, die in den Naturwissenschaften und der Technik auftreten, sind nicht analytisch lösbar. In diesem Fall versucht man, die Lösungskurve mithilfe von Näherungsverfahren punktweise zu bestimmen.

### 4.7.1 Das Streckenzugverfahren von Euler

Beim **Streckenzugverfahren von Euler** wird eine spezielle Lösung einer Differentialgleichung 1. Ordnung $y' = f(x, y)$ durch die Ermittlung von Tangenten näherungsweise bestimmt. Durch eine Anfangsbedingung $y(x_0) = y_0$ ist auch ein Punkt $P_0(x_0|y_0)$ bekannt, der auf der Lösungskurve liegen muss. Da die Steigung der Kurve in diesem Punkt durch die Differentialgleichung $y' = f(x, y)$ berechnet werden kann, kann man die Gleichung der Tangente an die Kurve im Punkt $P_0$ angeben.

Leonhard Euler

Um die Lösungskurve in einem Intervall $x_0 \leq x \leq x_n$ näherungsweise zu bestimmen, zerlegt man dieses Intervall in n gleich große Teile mit der Schrittweite $\Delta x$.

Im Anfangspunkt $P_0(x_0|y_0)$ wird die Tangente **$t_0$** als Näherung für die Lösungskurve erstellt. Als nächster Punkt $P_1$ der Näherungskurve wird auf der Tangente $t_0$ der Punkt an der Stelle $x_1 = x_0 + \Delta x$ gewählt. Man erhält den Wert von $y_1$ durch
$y_1 = y_0 + \Delta x \cdot y'(x_0) = y_0 + \Delta x \cdot f(x_0, y_0)$.

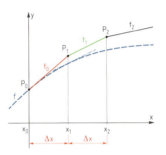

Der Punkt $P_1$ liegt zwar nicht mehr auf der Lösungskurve y durch $P_0$, aber auf einer weiteren Kurve $\bar{y}$ aus der Kurvenschar. Auch für $\bar{y}$ kann man die Steigungen der Tangenten mithilfe der Differentialgleichung bestimmen.

Man kann daher in $P_1$ eine Tangente **$t_1$** an die Kurve $\bar{y}$ legen und die nächste Stützstelle $P_2$ analog ermitteln. Durch Fortsetzung des Verfahrens erhält man einen Streckenzug durch die Punkte $P_0, P_1, P_2, ..., P_n$, der die spezielle Lösung der Differentialgleichung nähert.

ZB: Mithilfe des Streckenzugverfahrens von Euler mit einer Schrittweite von $\Delta x = 0{,}02$ wird die Differentialgleichung $y' - y = e^x$ mit $y(0) = 1$ näherungsweise gelöst.

$y' = y + e^x$      • Umformen auf $y' = f(x, y)$
$x_0 = 0, y_0 = 1$      • Anfangsbedingungen

$x_1 = x_0 + \Delta x = 0{,}02$    $y_1 = y_0 + \Delta x \cdot f(x_0, y_0) = 1 + 0{,}02 \cdot (1 + e^0) = 1{,}04$
$x_2 = 0{,}04$    $y_2 = y_1 + \Delta x \cdot f(x_1, y_1) = 1{,}04 + 0{,}02 \cdot (1{,}04 + e^{0{,}02}) = 1{,}081204...$
$x_3 = 0{,}06$    $y_3 = y_2 + \Delta x \cdot f(x_2, y_2) = 1{,}081204... + 0{,}02 \cdot (1{,}081204... + e^{0{,}04}) =$
                                    $= 1{,}123644...$
$x_4 = 0{,}08$    $y_4 = y_3 + \Delta x \cdot f(x_3, y_3) = 1{,}167353...$
$x_5 = 0{,}1$    $y_5 = y_4 + \Delta x \cdot f(x_4, y_4) = 1{,}212366...$

Die Lösungskurve kann im Intervall [0; 0,1] durch die Punkte $P_0(0|1)$, $P_1(0{,}02|1{,}04)$, $P_2(0{,}04|1{,}08)$, $P_3(0{,}06|1{,}12)$, $P_4(0{,}008|1{,}17)$ und $P_5(0{,}1|1{,}21)$ genähert werden.

Das Verfahren kann nach beliebig vielen Schritten bzw. am Ende des Intervalls abgebrochen werden. Je kleiner die Schrittweite $\Delta x$ gewählt wird, desto besser nähert der Streckenzug den tatsächlichen Verlauf der Lösungskurve.

**Analysis**

# Differentialgleichungen

**Streckenzugverfahren von Euler**
Die Berechnung der Lösungskurve $y = y(x)$ einer Differentialgleichung 1. Ordnung vom Typ $y' = f(x, y)$ durch einen Anfangspunkt $P_0(x_0|y_0)$ lässt sich schrittweise nähern mit:
$y(x_i) = y_i = y_{i-1} + \Delta x \cdot f(x_{i-1}, y_{i-1})$

**4.120** Die Anfangswertaufgabe $y' + 2y = 6$ mit $y(0) = 6$ soll gelöst werden.
1) Bestimme mithilfe des Streckenzugverfahrens von Euler näherungsweise den Wert der Lösung an der Stelle $x = 1$. Verwende dabei eine Schrittweite $\Delta x = 0{,}2$ sowie den Startwert $x_0 = 0$.
2) Löse die Differentialgleichung analytisch und ermittle den Wert an der Stelle $x = 1$.
3) Bestimme den Betrag des absoluten und des relativen Fehlers der Näherung aus *1)*.

Lösung:
1) Streckenzugverfahren:
$y' = 6 - 2y$
$x_0 = 0 \quad y_0 = 6$
$x_1 = 0{,}2 \quad y_1 = 6 + 0{,}2 \cdot (-6) = 4{,}8$
$x_2 = 0{,}4 \quad y_2 = 4{,}8 + 0{,}2 \cdot (-3{,}6) = 4{,}08$
$x_3 = 0{,}6 \quad y_3 = 3{,}648$
$x_4 = 0{,}8 \quad y_4 = 3{,}3888$
$x_5 = 1{,}0 \quad y_5 = 3{,}23328$

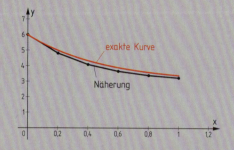

2) Lösung der Differentialgleichung:
$y' + 2y = 0$
$y_h = C \cdot e^{-2x}$ — Homogene Lösung
$y_p = a \Rightarrow a = 3$ — Partikuläre Lösung
$y = C \cdot e^{-2x} + 3$ — Allgemeine Lösung der inhomogenen Gleichung
$y(0) = 6 \Rightarrow C = 3$
$y = 3 \cdot e^{-2x} + 3$ — Spezielle Lösung
$y(1) = 3{,}406005...$ — Exakter Wert

3) Fehler:
$|y_5 - y(1)| = 0{,}172725...$ — Betrag des absoluten Fehlers
$\left|\dfrac{y_5 - y(1)}{y(1)}\right| = 0{,}050712...$ — Betrag des relativen Fehlers

Aufgaben 4.121 – 4.124: Löse die Aufgaben mit dem Streckenzugverfahren von Euler.

**4.121** Nähere die spezielle Lösung der Differentialgleichung $y' + y - e^{3x} = 0$ mit $y(0) = 1$ im Intervall $[0; 5]$ durch 5 Teilintervalle.
Stelle den Streckenzug und die spezielle Lösung grafisch dar.

**4.122** Nähere die spezielle Lösung der Differentialgleichung $y' = x - y$ mit der Anfangsbedingung $y(1) = 2$ im Intervall $[1; 1{,}4]$ mit einer Schrittweite von $\Delta x = 0{,}1$.

**4.123** Ermittle eine Näherung für die Lösung der Anfangswertaufgabe $y' = \sqrt{x + y}$ im Intervall $[1; 1{,}2]$ mit $y(1) = 2$ mit einer Schrittweite von $\Delta x = 0{,}05$.

**4.124** Berechne die Lösung der Differentialgleichung $y' - 6y = 12x^2$ mit $y(0) = 2$ näherungsweise mit einer Schrittweite von $\Delta x = 0{,}1$ und vergleiche das Ergebnis an der Stelle $x = 0{,}6$ mit dem exakten Wert.

# Differentialgleichungen

## 4.7.2 Das Runge-Kutta-Verfahren

Die deutschen Mathematiker Carl David Runge (1856 – 1927) und Martin Wilhelm Kutta (1867 – 1944) entwickelten ein effizientes numerisches Verfahren zur Lösung von gewöhnlichen Differentialgleichungen, das so genannte **Runge-Kutta-Verfahren**.

Ausgehend vom Anfangswertproblem $y' = f(x, y(x))$ mit $y(x_0) = y_0$ wird bei diesem Verfahren bei jedem Iterationsschritt nicht nur $f(x_n, y(x_n))$, sondern auch für 4 Punkte des Intervalls $[x_n; x_{n+1}]$ das gewichtete Mittel von $f(x, y(x))$ berücksichtigt. Dies führt auf folgende Formel:

> Das **Runge-Kutta-Verfahren** ist ein Iterationsverfahren zur Lösung des Anfangswertproblems $y' = f(x, y(x))$ mit $y(x_0) = y_0$
> 
> $y_{n+1} = y_n + \frac{h}{6} \cdot [c_1 + 2c_2 + 2c_3 + c_4]$  mit h … Schrittweite
> 
> $c_1 = f(x_n, y_n)$   $c_2 = f\left(x_n + \frac{h}{2}, y_n + c_1 \cdot \frac{h}{2}\right)$   $c_3 = f\left(x_n + \frac{h}{2}, y_n + c_2 \cdot \frac{h}{2}\right)$   $c_4 = f(x_n + h, y_n + c_3 \cdot h)$

**4.125** Ermittle eine Näherung für die Lösung des Anfangswertproblems $y' = 1 - x + 4y$ mit $y(0) = 1$ im Intervall $[0; 1]$ mit $h = 0{,}2$ mithilfe des Runge-Kutta-Verfahrens.

Lösung mit Excel:

|   | A | B | C | D | E | F | G |
|---|---|---|---|---|---|---|---|
| 1 | h | 0,2 | | | | | |
| 2 | xn | yn | c1 | c2 | c3 | c4 | yn+1 |
| 3 | 0 | 1 | 5,000000 | 6,900000 | 7,660000 | 10,928000 | 2,501600 |
| 4 | 0,2 | 2,501600 | 10,806400 | 15,028960 | 16,717984 | 23,980787 | 5,777636 |
| 5 | 0,4 | 5,777636 | 23,710543 | 33,094761 | 36,848448 | 52,989301 | 12,997178 |
| 6 | 0,6 | 12,997178 | 52,388712 | 73,244196 | 81,586390 | 117,457824 | 28,980768 |
| 7 | 0,8 | 28,980768 | 116,123073 | 162,472302 | 181,011993 | 260,732667 | 64,441579 |
| 8 | 1 | 64,441579 | 257,766316 | 360,772843 | 401,975454 | 579,146679 | 143,188565 |

Der Zelle B1 wird der Name **h** zugewiesen und die Schrittweite **0,2** wird in diese Zelle eingetragen. In die Zellen A3 und B3 werden die Startwerte entsprechend der Anfangsbedingungen $y(0) = 1$ eingegeben.

Nun werden in den Zellen C3 bis F3 die Formeln für $c_1$, $c_2$, $c_3$ und $c_4$ eingetragen:

Zelle C3: `=1-A3+4*B3`
Zelle D3: `=1-(A3+h/2)+4*(B3+C3*h/2)`
Zelle E3: `=1-(A3+h/2)+4*(B3+D3*h/2)`
Zelle F3: `=1-(A3+h)+4*(B3+E3*h)`
Zelle G3: `=B3+h/6*(C3+2*D3+2*E3+F3)`

In Zelle B4 muss der Wert von G3 angegeben werden. Zelle B4: `=G3`
Die Zellen werden nach unten kopiert.

Die Lösung des Anfangswertproblems wird durch die sechs Punkte $P_n(x_n|y_n)$ genähert.

**4.126** 1) Ermittle die Lösung des Anfangswertproblems im Intervall $[0; 5]$ näherungsweise mithilfe des Runge-Kutta-Verfahrens mit der Schrittweite h.
2) Stelle den Streckenzug im Intervall $[0; 5]$ grafisch dar.
a) $y' + 0{,}25y = e^{0{,}05x}$  mit $y(0) = 2$; $h = 0{,}2$   b) $y' = 1 - 2xy$  mit $y(0) = -1$; $h = 0{,}5$

**4.127** 1) Ermittle jeweils eine Näherung für die Lösung der Anfangswertaufgabe $y' = \sqrt{x+y}$ im Intervall $[1; 1{,}2]$ mit $y(1) = 2$ mit einer Schrittweite von $h_1 = 0{,}02$ und $h_2 = 0{,}05$ mithilfe des Runge-Kutta-Verfahrens.
2) Berechne den „exakten" Wert am Ende des Intervalls mittels Technologieeinsatz.
3) Bestimme den Betrag des absoluten und des relativen Fehlers der Näherungen aus 1).

**Analysis**

# Differentialgleichungen

## Zusammenfassung

Eine **Differentialgleichung** ist eine Gleichung, die einen Zusammenhang zwischen einer Funktion und ihren Ableitungen beschreibt.
Die **allgemeine Lösung** einer Differentialgleichung ist eine **Funktionenschar**.
Durch **Anfangs-** oder **Randbedingungen** wird eine **spezielle Lösungskurve** ausgewählt.

### Trennen der Variablen
Differentialgleichungen der Form $y' = f(x) \cdot g(y)$ können mittels Trennen der Variablen gelöst werden.

### Lineare Differentialgleichungen 1. Ordnung: $y' + f(x) \cdot y = s(x)$
Lösung: $y = y_h + y_p$ $\quad y_h$ ... homogene Lösung, $y_p$ ... partikuläre Lösung

Berechnung der homogenen Lösung:
Trennen der Variablen oder Exponentialansatz, falls $f(x) = p$ konstant ist.

Berechnung der partikulären Lösung:
Spezielle Lösungsansätze, falls $f(x) = p$ konstant ist, oder Variation der Konstanten

### Lineare Differentialgleichungen 2. Ordnung: $y'' + p \cdot y' + q \cdot y = s(x)$
Charakteristische Gleichung: $\lambda^2 + p \cdot \lambda + q = 0$

$y_h = C_1 \cdot e^{\lambda_1 \cdot x} + C_2 \cdot e^{\lambda_2 \cdot x}$ $\qquad$ wenn $\lambda_1 \neq \lambda_2 \in \mathbb{R}$
$y_h = C_1 \cdot e^{\lambda \cdot x} + C_2 \cdot x \cdot e^{\lambda \cdot x}$ $\qquad$ wenn $\lambda_1 = \lambda_2 = \lambda \in \mathbb{R}$
$y_h = C_1 \cdot e^{\alpha \cdot x} \cdot \cos(\beta x) + C_2 \cdot e^{\alpha \cdot x} \cdot \sin(\beta x)$ $\qquad$ wenn $\lambda_{1,2} = \alpha \pm j \cdot \beta \in \mathbb{C}$

### Schwingungen

Mechanische Schwingung:

$m \cdot \ddot{y} + b \cdot \dot{y} + k \cdot y = F(t)$

$\ddot{y} + 2\delta \cdot \dot{y} + \omega_0^2 \cdot y = \frac{F(t)}{m}$

$\delta = \frac{b}{2m}; \quad \omega_0^2 = \frac{k}{m}$

m ... Masse, k ... Federkonstante,
b ... Reibungskonstante

Elektromagnetische Schwingung:

$L \cdot \frac{d^2i}{dt^2} + R \cdot \frac{di}{dt} + \frac{1}{C} \cdot i = \frac{du_e}{dt}$

$L \cdot \frac{d^2q}{dt^2} + R \cdot \frac{dq}{dt} + \frac{1}{C} \cdot q = u_e$

$L \cdot C \cdot \frac{d^2u_c}{dt^2} + R \cdot C \cdot \frac{du_c}{dt} + u_c = u_e$

L ... Induktivität, C ... Kapazität,
R ... Ohm'scher Widerstand

### Numerische Lösungsverfahren
Streckenzugverfahren von Euler, Runge-Kutta-Verfahren

## Weitere Aufgaben

### Lineare Differentialgleichungen 1. Ordnung

**4.128** Ermittle die allgemeine Lösung der Differentialgleichung.
  a) $y' + 3y = e^{-3x}$ $\qquad$ b) $4y' + 8y = \sin(x)$ $\qquad$ c) $y' - 5y = 6 \cdot \cos(x)$

Aufgaben 4.129 – 4.130: Ermittle jeweils die Lösung der Anfangswertaufgabe.

**4.129** a) $y' + 3y = \sin(3x) + \cos(3x); \quad y(0) = 1$ $\qquad$ b) $y' + 6y = 3 \cdot \cos(x) + 4 \cdot \sin(x); \quad y(0) = 0$

**4.130** a) $y' - 5y = 4e^{2x}; \quad y(0) = 1$ $\qquad$ b) $y' + 3y = -\cos(x); \quad y(0) = 5$

**4.131** Löse die Differentialgleichung mittels Trennen der Variablen.
  a) $y' + x^2 y = x^2$ $\qquad$ b) $y' = \frac{xy}{x^2 - 1}$ $\qquad$ c) $y' - 2xy = 4x$

# Differentialgleichungen

**4.132** Ein Wassertank wird durch Bakterien verunreinigt. Die Anzahl der Bakterien vergrößert sich proportional zur jeweils vorhandenen Anzahl. Zu Beginn der Beobachtung sind 5 000 Bakterien im Tank, nach 20 Minuten sind es bereits 10 000.
1) Stelle die Differentialgleichung auf, die diesen Vorgang beschreibt.
2) Ermittle, wie viele Bakterien sich nach zwei Tagen im Tank befinden.

**4.133** Ein Aquarium für Salzwasserfische enthält zu Beginn 1 kg Salz in 100 Liter Wasser gelöst. In dieses Aquarium fließen nun 15 Liter Salzwasser pro Minute mit einer Konzentration von 0,1 kg Salz pro Liter zu. 15 Liter dieser Mischung fließen pro Minute wieder ab. Zufluss und Abfluss sind während des Vorgangs immer geöffnet. Durch ständiges Umrühren entsteht eine homogene Mischung. Berechne, welcher Salzanteil sich nach 25 Minuten im Aquarium befindet.

**4.134** Nach dem Grillen hat ein Grillgitter eine Temperatur von 150 °C. Das Maß der Abkühlung des Grillgitters ist proportional zur Differenz zwischen der Umgebungstemperatur und der jeweiligen Temperatur des Grillgitters. Die Außentemperatur beträgt 25 °C.
Das Grillgitter kühlt nach 18 Minuten im Freien auf 90 °C ab.
1) Stelle die entsprechende Differentialgleichung auf.
2) Herr Burger möchte das Grillgitter erst angreifen, wenn es eine Temperatur von 30 °C hat. Wie lange muss er darauf mindestens warten?

**4.135** Bei vielen Pflanzen ist am Beginn des Wachstums die momentane Änderungsrate der Höhe, abhängig von der Zeit t, direkt proportional zur Höhe h und umgekehrt proportional zu $t^2$.
1) Stelle die Differentialgleichung auf, die diesen Vorgang beschreibt.
2) Nach einem Tag ist eine Pflanze 1 cm hoch, nach drei Tagen misst sie bereits 5 cm. Ermittle die spezielle Lösung für h(t).

### Lineare Differentialgleichungen 2. Ordnung

Aufgaben 4.136– 4.137: Ermittle jeweils die Lösung der Anfangswertaufgabe.

**4.136 a)** $y'' + 2y' - 3y = 0;\ y(0) = 0, y'(0) = 4$ **b)** $y'' + 2y' - 8y = 0;\ y(0) = 3, y'(0) = 0$

**4.137 a)** $y'' + 3y' = 5;\ y(0) = 0, y'(0) = 2$ **b)** $y'' + 2y' - 3y = 9;\ y(0) = 0, y'(0) = 0$

Aufgaben 4.138 – 4.139: Ermittle jeweils die allgemeine Lösung.

**4.138 a)** $y'' - 16y' + 64y = 128t + 128$ **b)** $y'' + 2y' + 2y = 4$

**4.139 a)** $y'' + 2y' + y = 8 \cdot \sin(t)$ **b)** $y'' + 12y' = 16 \cdot \cos(2t)$

### Schwingungen

**4.140** Bei einem Auto wird der Stoßdämpfer eines Rads durch die Masse m = 300 kg belastet. Der Stoßdämpfer hat den Reibungskoeffizienten b = 1 000 $\frac{kg}{s}$ und die Federkonstante k = 42 000 $\frac{N}{m}$. Er wird um 5 cm zusammengedrückt und zum Zeitpunkt t = 0 s wieder losgelassen.
1) Stelle die Differentialgleichung auf und gib an, welcher Schwingfall vorliegt.
2) Ermittle die Lösung der Anfangswertaufgabe und stelle sie grafisch dar.

# Differentialgleichungen

**4.141** Ein Feder-Masse-System hat die Masse m = 2 kg, die Federkonstante k = 200 $\frac{N}{m}$ und den Reibungskoeffizienten b = 10 $\frac{kg}{s}$. Zum Zeitpunkt t = 0 s wird es aus der Ruhelage durch einen Stoß angeregt, der eine Anfangsgeschwindigkeit von v(0 s) = 5 $\frac{m}{s}$ hervorruft.
1) Stelle die Differentialgleichung auf und löse sie.
2) Beschreibe den Schwingfall und stelle den Verlauf der Schwingung grafisch dar.
3) Ermittle die maximale Auslenkung grafisch und rechnerisch.
4) Löse die Differentialgleichung für den Fall, dass das System durch eine konstante Kraft von F(t) = 4 N angeregt wird.

**4.142** Ein elektrischer Schwingkreis hat einen Widerstand von 6 Ω, eine Induktivität von 2 H und eine Kapazität von 200 μF. Zum Zeitpunkt t = 0 s fließt kein Strom und der Kondensator ist nicht aufgeladen. Es wird eine konstante Spannung $u_e(t)$ = 60 V angelegt.
1) Stelle die Differentialgleichung der Ladung auf.
2) Löse die homogene Differentialgleichung und beschreibe die Art der Schwingung.

**4.143** In Wasser mit einer Dichte $\rho_0$ treibt eine quaderförmige Boje mit einer quadratischen Grundfläche mit der Seitenlänge $\ell$ und der Dichte $\rho$. Drückt man auf die Boje und lässt sie wieder los, beginnt sie vertikal zu schwingen. Vernachlässigt man die Dämpfung aufgrund des Reibungswiderstands im Wasser bzw. der umgebenden Luft, gilt für die Schwingung aufgrund des Archimedischen Prinzips die Differentialgleichung:
$\rho \cdot \ell \cdot y'' + \rho_0 \cdot g \cdot y = 0$   g ... Gravitationsbeschleunigung
Löse die Differentialgleichung und bestimme das Schwingungsverhalten der Boje.

**Aufgaben in englischer Sprache**

| boundary value | Randwert | initial condition | Anfangsbedingung |
|---|---|---|---|
| characteristic equation | charakteristische Gleichung | initial value problem | Anfangswertaufgabe |
| differential equation | Differentialgleichung | ordinary differential equation (ODE) | gewöhnliche Differentialgleichung |
| general solution | allgemeine Lösung | particular solution | partikuläre Lösung |
| homogenous/inhomogenous | homogen/inhomogen | separation of variables | Trennen der Variablen |

**4.144** Solve the initial value problem $\frac{dy}{dx} = \frac{y-1}{x}$ and y(1) = 2 using separation of variables.

**4.145** A tank contains 100 gallons of brine that contains a NaCl-concentration of 3 pounds per gallon. Three gallons of brine with a NaCl-concentration of 2 pounds per gallon flows into the tank each minute. At the same time 3 gallons of the mixture flows out each minute. The mixture is kept uniform by constant stirring. Find the NaCl-content of the brine as a function of the time.

**4.146** A mass that has a temperature of 95 °C is immersed in a bain-marie which is kept at a constant temperature of 60 °C. In one minute, the temperature of the mass decreases to 80 °C. Calculate how long it will take for the mass temperature to decrease to 65 °C.

# Differentialgleichungen

**Wissens-Check**

|   |   | gelöst |
|---|---|---|
| 1 | Ich kann die Ordnung einer Differentialgleichung angeben.<br>ZB: $4y'' + 3y' - 5y^3 = 3 \cdot \sin(2x)$     Ordnung: ___ |   |
| 2 | Ich kann die Begriffe Richtungsfeld und Linienelement erklären und das Richtungsfeld einer Differentialgleichung zeichnen. |   |
| 3 | Gib an, welche der folgenden Aussagen wahr sind.<br>A) Die Lösung einer Anfangswertaufgabe ist eine Zahl.<br>B) Die Lösung einer Differentialgleichung ist eine Funktion.<br>C) Die Lösung einer Differentialgleichung ist eine Funktionenschar.<br>D) Die Lösung einer Anfangswertaufgabe ist eine Funktion. |   |
| 4 | Ich kann die Lösung einer Differentialgleichung 1. Ordnung mittels Trennen der Variablen ermitteln.<br>ZB: $y' = y \cdot \sin(x)$ |   |
| 5 | Ich kenne den Unterschied zwischen einer homogenen und einer inhomogenen linearen Differentialgleichung. |   |
| 6 | Ich kann den Unterschied zwischen allgemeiner und spezieller Lösung einer Differentialgleichung erklären. |   |
| 7 | Ordne den angegebenen Gleichungen den zugehörigen Lösungsansatz zur Ermittlung der partikulären Lösung zu.<br><br>**1** $y' + 5y = 4 \cdot \cos(3t)$  ☐<br>**2** $y'' + 9y = 4 \cdot \sin(3t)$  ☐<br><br>**A** $y_p = A \cdot \cos(3t)$<br>**B** $y_p = (A \cdot \cos(3t) + B \cdot \sin(3t)) \cdot t$<br>**C** $y_p = A \cdot \cos(3t) + B \cdot \sin(3t)$<br>**D** $y_p = A \cdot \sin(3t)$ |   |
| 8 | Ich kann die charakteristische Gleichung zu einer Differentialgleichung 2. Ordnung mit konstanten Koeffizienten angeben.<br>ZB: $2y'' + 3y' - 8y = 3x + 1$ |   |
| 9 | Die angegebenen Differentialgleichungen beschreiben eine freie Schwingung. Bestimme $\delta$ und $\omega_0$ und gib an, um welchen Schwingfall es sich handelt.<br>A) $y'' + 8y' + 16y = 0$     B) $y'' + 2y' + 25y = 0$ |   |

Lösung:
1) Ordnung: 2   2) siehe Seiten 81ff   3) C, D   4) $y = C \cdot e^{-\cos(x)}$
5) siehe Seite 93   6) siehe Seite 94   7) 1C; 2B   8) $2\lambda^2 + 3\lambda - 8 = 0$
9) A) $\delta = 4$, $\omega_0 = 4$; aperiodischer Grenzfall, B) $\delta = 1$, $\omega_0 = 5$; gedämpfte Schwingung

**Analysis**

# 5 Matrizen

Im Alltag liegen Daten oft in Form von Tabellen vor, wie zum Beispiel bei Kalendern, Preislisten, technische Daten von Geräten und vielem mehr. Ist der Zusammenhang zwischen den Daten bzw. deren Bedeutung bekannt, kann man sich auf die Angabe der entsprechenden Zahlenwerte beschränken.

## 5.1 Definitionen

**5.1** In der Qualifikationsgruppe G der FIFA-Fußball-Europameisterschaft 2016 in Frankreich belegte die österreichische Nationalmannschaft den 1. Platz.

|   | Team | Sp. | S | U | N | Tore | Diff. | P |
|---|---|---|---|---|---|---|---|---|
| 1. | Österreich | 10 | 9 | 1 | 0 | 22:5 | +17 | 28 |
| 2. | Russland | 10 | 6 | 2 | 2 | 21:5 | +16 | 20 |
| 3. | Schweden | 10 | 5 | 3 | 2 | 15:9 | +6 | 18 |
| 4. | Montenegro | 10 | 3 | 2 | 5 | 10:13 | −3 | 11 |
| 5. | Liechtenstein | 10 | 1 | 2 | 7 | 2:26 | −24 | 5 |
| 6. | Moldawien | 10 | 0 | 2 | 8 | 4:16 | −12 | 2 |

1) Welcher Zusammenhang besteht zwischen „S", „U" und „N" und der Spalte „Sp.", der Anzahl der Spiele?
2) Gib eine Formel an, mit der aus der Anzahl der Siege „S" (3 Pkt.), der Unentschieden „U" (1 Pkt.) und der Niederlagen „N" (0 Pkt.) die Gesamtpunkteanzahl „P" ermittelt werden kann.
3) Füge zwei Spalten in die Tabelle ein, mit deren Hilfe man die Tordifferenz "Diff." berechnen kann.

Die Daten einer Tabelle können verkürzt als Zahlenschema dargestellt werden.

ZB: Aus den Farben Rot, Grün und Blau werden vier Farbmischungen hergestellt. In der Tabelle sind die jeweiligen Mengen angegeben.

|   | Rot | Grün | Blau |
|---|---|---|---|
| Mischung 1 | 3 L | 2 L | 4 L |
| Mischung 2 | 5 L | 0 L | 1 L |
| Mischung 3 | 1 L | 3 L | 2 L |
| Mischung 4 | 0 L | 1 L | 3 L |

Den angegebenen Daten entspricht das folgende rechteckige Zahlenschema:

$$A = \begin{pmatrix} 3 & 2 & 4 \\ 5 & 0 & 1 \\ 1 & 3 & 2 \\ 0 & 1 & 3 \end{pmatrix}$$

Ein solches Zahlenschema bezeichnet man als **Matrix** (Mehrzahl: Matrizen). Da die Matrix A aus 4 Zeilen und 3 Spalten besteht, bezeichnet man sie als (4 x 3)-Matrix bzw. (4,3)-Matrix [sprich: „4 kreuz 3"- bzw. „4 mal 3"-Matrix]. Die einzelnen Einträge nennt man **Elemente der Matrix**.

Allgemein wird mit $a_{ij}$ das Element in **Zeile i** und **Spalte j** bezeichnet, zum Beispiel ist $a_{32}$ jenes Element der Matrix, das in der 3. Zeile und in der 2. Spalte steht.
Merkhilfe: „**Z**eile **z**uerst, **S**palte **s**päter"

$$A = \begin{pmatrix} a_{11} & a_{12} & a_{13} & \dots & a_{1n} \\ a_{21} & a_{22} & a_{23} & \dots & a_{2n} \\ a_{31} & a_{32} & a_{33} & \dots & a_{3n} \\ \dots & \dots & \dots & \dots & \dots \\ a_{m1} & a_{m2} & a_{m3} & \dots & a_{mn} \end{pmatrix}$$

1. Spalte 2. Spalte ... n-te Spalte
1. Zeile
...
3. Zeile
...
m-te Zeile

> Eine Matrix A vom Typ (m x n) bzw. (m,n) ist ein **rechteckiges Zahlenschema** aus m Zeilen und n Spalten. Matrizen werden im Allgemeinen mit Großbuchstaben und runden Klammern angeschrieben.
>
> Die Position der **Elemente der Matrix** $a_{11}, a_{12}, a_{13}, \dots, a_{ij}, \dots, a_{mn}$ wird mithilfe von Indizes i und j mit i = 1, ..., m und j = 1, ..., n festgelegt.

# Matrizen

**Spezielle Matrizen**

- **Zeilenvektor**
  Einzeilige Matrix, zB: $A = (3 \;\; -1 \;\; 0 \;\; 2)$ bzw. $\vec{a} = (3 \;\; -1 \;\; 0 \;\; 2)$

- **Spaltenvektor**
  Einspaltige Matrix, zB: $B = \begin{pmatrix} -2 \\ 3 \end{pmatrix}$ bzw. $\vec{b} = \begin{pmatrix} -2 \\ 3 \end{pmatrix}$

- **Nullmatrix O**
  Alle Elemente der Matrix haben den Wert null, zB: $O = \begin{pmatrix} 0 & 0 \\ 0 & 0 \\ 0 & 0 \end{pmatrix}$

- **Quadratische Matrix**
  Die Anzahl der Zeilen und der Spalten einer quadratischen Matrix ist gleich groß und wird als **Ordnung** bezeichnet.
  
  ZB: Quadratische Matrix der Ordnung 3: $A = \begin{pmatrix} 1 & 2 & -5 \\ -1 & 12 & 1 \\ 0 & 9 & 7 \end{pmatrix}$

- **Diagonalmatrix**
  Quadratische Matrix, bei der alle Elemente, die nicht in der Hauptdiagonalen – das ist die Diagonale von links oben nach rechts unten – stehen, den Wert null haben. ZB: $A = \begin{pmatrix} -2 & 0 & 0 \\ 0 & 4 & 0 \\ 0 & 0 & 3 \end{pmatrix}$

- **Einheitsmatrix E**
  Diagonalmatrix, bei der alle Elemente der Hauptdiagonale gleich 1 sind. ZB: $E = \begin{pmatrix} 1 & 0 & 0 \\ 0 & 1 & 0 \\ 0 & 0 & 1 \end{pmatrix}$

- **Matrix in Dreiecksform**
  Alle Elemente unterhalb oder alle Elemente oberhalb der Hauptdiagonalen sind gleich 0.
  ZB: $A = \begin{pmatrix} 3 & 5 & -9 \\ 0 & -1 & -2 \\ 0 & 0 & 6 \end{pmatrix}$ bzw. $B = \begin{pmatrix} 1 & 0 & 0 \\ -7 & 3 & 0 \\ 2 & 1 & -4 \end{pmatrix}$

- **Transponierte Matrix**
  Werden Zeilen und Spalten einer Matrix A vertauscht, so erhält man die transponierte Matrix $A^T$.
  ZB: $A = \begin{pmatrix} 2 & 4 \\ -3 & 5 \\ 1 & 0 \end{pmatrix} \Rightarrow A^T = \begin{pmatrix} 2 & -3 & 1 \\ 4 & 5 & 0 \end{pmatrix}$

- **Symmetrische Matrix**
  Ist $A^T = A$, handelt es sich um eine symmetrische Matrix.
  ZB: $A = \begin{pmatrix} 1 & -2 & 3 \\ -2 & 1 & -2 \\ 3 & -2 & 1 \end{pmatrix} \Rightarrow A^T = \begin{pmatrix} 1 & -2 & 3 \\ -2 & 1 & -2 \\ 3 & -2 & 1 \end{pmatrix} = A$

**5.2** Die Tabelle zeigt den Salzgehalt von Meerwasser (Salinität) bei unterschiedlichen Temperaturen und Dichten in PSU (Practical Salinity Units).

1) Schreibe die Salinitäten in Form einer Matrix an und gib den Typ dieser Matrix an.
2) Ergänze die fehlenden Indizes:
   **A)** a____ = 31,9 PSU   **C)** a____ = 29,5 PSU
   **B)** a____ = 33,8 PSU   **D)** a____ = 35,1 PSU

| Salinität in PSU | Mittlere Dichte in $\frac{kg}{dm^3}$ | | | | |
|---|---|---|---|---|---|
| | 1,020 | 1,021 | 1,022 | 1,023 | 1,024 |
| Temperatur in °C  22 | 29,5 | 30,8 | 32,1 | 33,4 | 34,8 |
| 23 | 29,9 | 31,2 | 32,5 | 33,8 | 35,1 |
| 24 | 30,2 | 31,6 | 32,9 | 34,2 | 35,5 |
| 25 | 30,6 | 31,9 | 33,3 | 34,6 | 35,9 |

**Algebra und Geometrie**

# Matrizen

**5.3** Ein Lehrer hat die jeweilige Anzahl der Schularbeitsnoten einer Klasse in Form einer Matrix A festgehalten. Dabei entspricht eine Zeile jeweils einer Schularbeit. In den Spalten ist die Anzahl der Schularbeiten mit den Noten von 1 bis 5 angegeben.

$$A = \begin{pmatrix} 3 & 5 & 10 & 4 & 2 \\ 2 & 6 & 9 & 6 & 1 \\ 4 & 1 & 14 & 3 & 2 \\ 1 & 2 & 9 & 12 & 0 \end{pmatrix}$$

1) Gib den Typ der Matrix A an.
2) Gib die Elemente $a_{12}$, $a_{35}$ und $a_{44}$ an.
3) Lies ab, wie viele „Gut" und wie viele „Befriedigend" es bei der 3. Schularbeit gab.
4) Erkläre die Bedeutung des Werts von $a_{24}$ im gegebenen Sachzusammenhang.

**5.4** 1) Gib den Typ der Matrix an und bestimme die angegebenen Elemente.
2) Ermittle die transponierte Matrix.

**a)** $A = \begin{pmatrix} 2 & -4 & 0 & 8 & 7 \\ 0 & 1 & 0 & -2 & 3 \end{pmatrix}$; $a_{13}, a_{24}, a_{15}, a_{22}$

**b)** $B = \begin{pmatrix} a & 0 & -b & 1 \\ b & 0 & 1 & a \\ c & 1 & e & 0 \\ -c & -e & 0 & 1 \end{pmatrix}$; $b_{33}, b_{21}, b_{13}, b_{42}$

**5.5** Beantworte die folgenden Fragen anhand eines selbst gewählten Beispiels.
1) Welche Art von Matrix entsteht, wenn man einen Zeilenvektor transponiert?
2) Welche Matrix entsteht, wenn man eine Einheitsmatrix transponiert?

## 5.2 Rechnen mit Matrizen

**5.6** Ein Smartphone-Hersteller hat die Verkaufszahlen zweier Handy-Modelle MoTeen und MoTwen von drei Vertriebsfilialen F1, F2 und F3 für die Monate März und April in Form von Tabellen festgehalten.

| März | F1 | F2 | F3 |
|---|---|---|---|
| MoTeen | 89 | 56 | 0 |
| MoTwen | 31 | 22 | 86 |

| April | F1 | F2 | F3 |
|---|---|---|---|
| MoTeen | 7 | 18 | 93 |
| MoTwen | 72 | 0 | 78 |

1) Schreibe beide Tabellen jeweils als Matrix an.
2) Erstelle eine Matrix für die Summe der Verkaufszahlen von März und April.
3) Im Mai wurden in jeder Filiale doppelt so viele Smartphones verkauft wie im April. Gib die Matrix der Verkaufszahlen für den Monat Mai an.
4) Das Modell MoTeen wird um 599,00 € verkauft, MoTwen kostet 678,50 €. Schreibe die Preise in Form eines Zeilenvektors an. Überlege ein Rechenverfahren, mit dem man mit der Matrix aus 2) und der Preismatrix eine Matrix für den Gesamtumsatz aller Filialen im März und im April ermitteln kann.

### 5.2.1 Matrizenaddition und -subtraktion, Multiplikation mit einem Skalar

Für die Rechenoperationen Addieren, Subtrahieren und Multiplizieren mit einem Skalar gelten bei Matrizen die gleichen Regeln wie beim Rechnen mit Vektoren.

- Addition und Subtraktion von Matrizen gleichen Typs:
  Gleichplatzierte Elemente werden addiert bzw. subtrahiert.

$$\begin{pmatrix} 4 & -5 \\ 2 & 1 \end{pmatrix} + \begin{pmatrix} -3 & 1 \\ -1 & 0 \end{pmatrix} = \begin{pmatrix} 4+(-3) & (-5)+1 \\ 2+(-1) & 1+0 \end{pmatrix} = \begin{pmatrix} 1 & -4 \\ 1 & 1 \end{pmatrix} \text{ bzw. } \begin{pmatrix} 4 & -5 \\ 2 & 1 \end{pmatrix} - \begin{pmatrix} -3 & 1 \\ -1 & 0 \end{pmatrix} = \begin{pmatrix} 4-(-3) & (-5)-1 \\ 2-(-1) & 1-0 \end{pmatrix} = \begin{pmatrix} 7 & -6 \\ 3 & 1 \end{pmatrix}$$

⚠️ Matrizen unterschiedlichen Typs können weder addiert noch subtrahiert werden.

- Multiplikation mit einem Skalar:
  Jedes Element der Matrix wird mit dem Skalar multipliziert.

$$2 \cdot \begin{pmatrix} 4 & -5 \\ 2 & 1 \end{pmatrix} = \begin{pmatrix} 2 \cdot 4 & 2 \cdot (-5) \\ 2 \cdot 2 & 2 \cdot 1 \end{pmatrix} = \begin{pmatrix} 8 & -10 \\ 4 & 2 \end{pmatrix}$$

# Matrizen

Sind A und B Matrizen vom gleichen Typ (m x n) und ist k eine Konstante mit $k \in \mathbb{R}$, so gilt:

Man erhält die **Summe** bzw. **Differenz** der Matrizen A und B, indem man die Summe bzw. die Differenz jener Elemente von A und B bildet, die dieselben Indizes haben. Die entstehende Matrix C ist ebenfalls vom gleichen Typ.

$$C = A \pm B = \begin{pmatrix} a_{11} & \cdots & a_{1n} \\ \cdots & \cdots & \cdots \\ a_{m1} & \cdots & a_{mn} \end{pmatrix} \pm \begin{pmatrix} b_{11} & \cdots & b_{1n} \\ \cdots & \cdots & \cdots \\ b_{m1} & \cdots & b_{mn} \end{pmatrix} = \begin{pmatrix} a_{11} \pm b_{11} & \cdots & a_{1n} \pm b_{1n} \\ \cdots & \cdots & \cdots \\ a_{m1} \pm b_{m1} & \cdots & a_{mn} \pm b_{mn} \end{pmatrix}$$

Man **multipliziert** eine Matrix A **mit einem Skalar k**, indem man jedes Element der Matrix mit k multipliziert.

$$D = k \cdot A = k \cdot \begin{pmatrix} a_{11} & \cdots & a_{1n} \\ \cdots & \cdots & \cdots \\ a_{m1} & \cdots & a_{mn} \end{pmatrix} = \begin{pmatrix} k \cdot a_{11} & \cdots & k \cdot a_{1n} \\ \cdots & \cdots & \cdots \\ k \cdot a_{m1} & \cdots & k \cdot a_{mn} \end{pmatrix}$$

- Die Addition ist **kommutativ** und **assoziativ**:  A + B = B + A und A + (B + C) = (A + B) + C
- A + O = A und A + (–A) = O mit O ... Nullmatrix
- 1 · A = A und 0 · A = O
- s · (A ± B) = s · A ± s · B und (s ± t) · A = s · A ± t · A mit s, t $\in \mathbb{R}$

**5.7** Gegeben sind die Matrizen A, B und C:  $A = \begin{pmatrix} 2 & -1 \\ 0 & 3 \end{pmatrix}$, $B = \begin{pmatrix} -5 & -4 \\ 1 & 2 \end{pmatrix}$, $C = \begin{pmatrix} 2 & 0 \\ 0 & -3 \end{pmatrix}$
1) Berechne die Summe A + B.
2) Berechne die Differenz C – B.
3) Multipliziere die Matrix B mit dem Skalar 1,5.

**5.8** Berechne und multipliziere das Ergebnis mit dem angegebenen Skalar.

a) $\begin{pmatrix} \frac{1}{2} & -\frac{2}{3} \\ \frac{4}{3} & -1 \end{pmatrix} + \begin{pmatrix} -\frac{2}{3} & 0 \\ \frac{5}{2} & -3 \end{pmatrix}$; k = –6

b) $\begin{pmatrix} 14 & -6 & 12 \\ -5 & 12 & 3 \\ 0 & 4 & 3 \end{pmatrix} - \begin{pmatrix} 6 & -4 & -2 \\ 10 & 18 & -13 \\ -5 & 1 & 7 \end{pmatrix}$; k = $\frac{1}{5}$

**5.9** Die Tabelle zeigt die Vollpreis-Tarife (in Euro) eines Busunternehmens für die Fahrten zwischen Haltestellen, die in verschiedenen Zonen (rot, grün, gelb und blau) liegen. Kinder zwischen 6 und 12 Jahren zahlen die Hälfte, für Kinder unter 6 Jahren sowie für den Transport von Haustieren fallen jeweils 20 % des Vollpreis-Tarifs an.

| Zone | rot | grün | gelb | blau |
|---|---|---|---|---|
| rot | 0,9 | 1,5 | 2,4 | 3,5 |
| grün | 1,5 | 0,9 | 3,5 | 2,4 |
| gelb | 2,4 | 3,5 | 0,9 | 1,5 |
| blau | 3,5 | 2,4 | 1,5 | 0,9 |

1) Gib die Tariftabelle als Matrix A an.
2) Erstelle mithilfe der Matrix A eine Formel für die Tarife für Kinder unter 6 Jahren.
3) Erstelle mithilfe der Matrix A eine Formel für die Tarife für eine Familie mit 2 Erwachsenen, 9-jährigen Zwillingen, einem Baby und einem Hund.

**5.10** In der Zentrale einer Elektronikfirma sind die Verkaufszahlen von Geräten aus zwei Filialen A und B in Tabellenform eingelangt. Der Geschäftsführer der Filiale C gibt an, jeweils doppelt so viele Geräte verkauft zu haben, wie in Filiale A verkauft wurden. Gib die Gesamtverkaufszahlen aller drei Filialen mithilfe einer Matrix an.

| Filiale A | Flat-Screens | Sat-Receiver | USB-Sticks |
|---|---|---|---|
| Juni | 54 | 12 | 123 |
| Juli | 26 | 5 | 88 |
| August | 43 | 14 | 105 |

| Filiale B | Juni | Juli | August |
|---|---|---|---|
| Flat-Screens | 31 | 34 | 58 |
| Sat-Receiver | 14 | 25 | 16 |
| USB-Sticks | 143 | 114 | 67 |

**Algebra und Geometrie**

# Matrizen

## 5.2.2 Multiplikation von Matrizen

ZB: Auf einer Schihütte werden zwei Sorten Schiwasser angeboten, die sich nur durch das Mischverhältnis von Himbeersirup und Mineralwasser unterscheiden.

Ein Liter Himbeersirup kostet 2,99 €, ein Liter Mineralwasser 0,47 €.

|  | Mischung 1 | Mischung 2 |
|---|---|---|
| Sirup | 5 Liter | 3 Liter |
| Wasser | 25 Liter | 27 Liter |

Mischverhältnismatrix M (Angaben in Liter): $M = \begin{pmatrix} 5 & 3 \\ 25 & 27 \end{pmatrix}$

Preismatrix P (Angaben in $\frac{€}{Liter}$): P = (Sirup  Wasser) = (2,99  0,47)

Um die Gesamtpreise pro Sorte zu ermitteln, müssen die Elemente der Zeilen von P mit den Elementen der jeweiligen Spalten von M multipliziert und anschließend addiert werden. Das Ergebnis ist eine Matrix, die die Gesamtpreise für 30 Liter beider Sorten angibt:

$P \cdot M = \begin{pmatrix} 2{,}99 & 0{,}47 \end{pmatrix} \cdot \begin{pmatrix} 5 & 3 \\ 25 & 27 \end{pmatrix} = \begin{pmatrix} 2{,}99 \cdot 5 + 0{,}47 \cdot 25 & 2{,}99 \cdot 3 + 0{,}47 \cdot 27 \end{pmatrix} = \begin{pmatrix} 26{,}70 & 21{,}66 \end{pmatrix}$

30 Liter der Mischung 1 kosten 26,70 € und 30 Liter der Mischung 2 kosten 21,66 €.

> Das Ergebnis der **Multiplikation der Matrizen** A vom Typ (m x n) und B vom Typ (n x r) ist eine Matrix C vom Typ (m x r). Das Element $c_{ij}$ ist dabei das skalare Produkt des i-ten Zeilenvektors der Matrix A mit dem j-ten Spaltenvektor der Matrix B.
>
> $\begin{pmatrix} a_{11} & a_{12} & \dots & a_{1n} \\ a_{21} & a_{22} & \dots & a_{2n} \\ \dots & \dots & \dots & \dots \\ a_{m1} & a_{m2} & \dots & a_{mn} \end{pmatrix} \cdot \begin{pmatrix} b_{11} & b_{12} & \dots & b_{1r} \\ b_{21} & b_{22} & \dots & b_{2r} \\ \dots & \dots & \dots & \dots \\ b_{n1} & b_{n2} & \dots & b_{nr} \end{pmatrix} = \begin{pmatrix} a_{11} \cdot b_{11} + a_{12} \cdot b_{21} + \dots + a_{1n} \cdot b_{n1} & \dots & a_{11} \cdot b_{1r} + a_{12} \cdot b_{2r} + \dots + a_{1n} \cdot b_{nr} \\ \dots & \dots & \dots \\ a_{m1} \cdot b_{11} + a_{m2} \cdot b_{21} + \dots + a_{mn} \cdot b_{n1} & \dots & a_{m1} \cdot b_{1r} + a_{m2} \cdot b_{2r} + \dots + a_{mn} \cdot b_{nr} \end{pmatrix}$
>
> Merke: „**Zeile mal Spalte**"

Es gilt:

- Man kann Matrizen nur dann miteinander multiplizieren, wenn die Spaltenanzahl der linken Matrix gleich der Zeilenanzahl der rechten Matrix ist. Andernfalls ist die Matrizenmultiplikation nicht definiert.
- Die Multiplikation zweier Matrizen ist im Allgemeinen **nicht kommutativ**: $A \cdot B \neq B \cdot A$
- Da die Matrizenmultiplikation nicht kommutativ ist, spricht man bei der Multiplikation zweier quadratischer Matrizen auch von **linksseitiger** und **rechtsseitiger Multiplikation**.
  B · A ... linksseitige Multiplikation von A mit B
  C · D ... rechtsseitige Multiplikation von C mit D
- $A \cdot O = O$ und $O \cdot A = O$ mit O ... Nullmatrix
- $A \cdot E = A$ und $E \cdot A = A$ mit E ... Einheitsmatrix
- $k \cdot (A \cdot B) = (k \cdot A) \cdot B = A \cdot (k \cdot B)$ mit $k \in \mathbb{R}$
- Für quadratische Matrizen gilt das Assoziativgesetz: $A \cdot (B \cdot C) = (A \cdot B) \cdot C$

**ZB** Es soll die Matrix $A = \begin{pmatrix} 1 & 0 & -3 \\ -2 & 5 & 2 \end{pmatrix}$ mit der Matrix $B = \begin{pmatrix} -3 & -1 \\ 1 & 0 \\ -4 & 2 \end{pmatrix}$ multipliziert werden.

$A \cdot B = \begin{pmatrix} 1 & 0 & -3 \\ -2 & 5 & 2 \end{pmatrix} \cdot \begin{pmatrix} -3 & -1 \\ 1 & 0 \\ -4 & 2 \end{pmatrix} = \begin{pmatrix} 1 \cdot (-3) + 0 \cdot 1 + (-3) \cdot (-4) & 1 \cdot (-1) + 0 \cdot 0 + (-3) \cdot 2 \\ -2 \cdot (-3) + 5 \cdot 1 + 2 \cdot (-4) & -2 \cdot (-1) + 5 \cdot 0 + 2 \cdot 2 \end{pmatrix} = \begin{pmatrix} 9 & -7 \\ 3 & 6 \end{pmatrix}$

**Algebra und Geometrie**

# Matrizen

**Technologieeinsatz: Rechnen mit Matrizen**
**Excel**

GeoGebra, Mathcad, CASIO ClassPad II, TI-Nspire: www.hpt.at

Eine Matrix wird in Form einer Tabelle eingegeben. Die Matrix bildet ein so genanntes **array**. Vor dem Ermitteln der Ergebnismatrix muss das Ziel-array im Tabellenblatt markiert sein. Daher ist es notwendig, den Typ der Ergebnismatrix schon vor der Eingabe des Befehls zu kennen. Beim Rechnen mit Matrizen muss jeder Excel-Befehl mit der Tastenkombination
STRG + SHIFT + ENTER bestätigt werden.

ZB: Eine (5 × 3)-Matrix A soll mit einer
(3 × 2)-Matrix B mutlipliziert werden.
**array** von Matrix A: **B2:D6**
**array** von Matrix B: **G3:H5**

Das Ergebnis der Matrizenmultiplikation ist eine
(5 × 2)-Matrix C. Man markiert daher ein
(5 × 2)-array, zB **B8:C12**.

Der Befehl zur Matrizenmultiplikation lautet:
**MMULT()**

Eingabe in B8: **=MMULT(B2:D6;G3:H5)**

---

**5.11** Ein Kunde bestellt 140 ME eines Endprodukts E1 sowie 230 ME eines Endprodukts E2. Die Zusammensetzung dieser Endprodukte aus den Zwischenprodukten Z1, Z2 und Z3 sowie die jeweilige Anzahl der dafür benötigten Rohstoffe R1 und R2 sind in den nebenstehenden Tabellen angegeben.

| Tab. 1 | Z1 | Z2 | Z3 |
|---|---|---|---|
| R1 | 5 | 7 | 9 |
| R2 | 12 | 0 | 1 |

| Tab. 2 | E1 | E2 |
|---|---|---|
| Z1 | 0 | 3 |
| Z2 | 2 | 4 |
| Z3 | 8 | 1 |

1) Erstelle mithilfe der Matrizenrechnung eine Tabelle, die den Zusammenhang zwischen den jeweils benötigten Rohstoffmengen und den Endprodukten darstellt.
2) Ermittle, wie viele Mengeneinheiten an Rohstoffen benötigt werden.

**Lösung:**

1) $A = \begin{pmatrix} 5 & 7 & 9 \\ 12 & 0 & 1 \end{pmatrix}$, $B = \begin{pmatrix} 0 & 3 \\ 2 & 4 \\ 8 & 1 \end{pmatrix}$
   • Anschreiben der Tabellen in Matrizenform

   $C = A \cdot B = \begin{pmatrix} 5 & 7 & 9 \\ 12 & 0 & 1 \end{pmatrix} \cdot \begin{pmatrix} 0 & 3 \\ 2 & 4 \\ 8 & 1 \end{pmatrix} = \begin{pmatrix} 86 & 52 \\ 8 & 37 \end{pmatrix}$
   • Zur Bestimmung der Matrix C der benötigten Rohstoffmengen müssen die Matrizen A und B multipliziert werden.

   | Tab. 3 | E1 | E2 |
   |---|---|---|
   | R1 | 86 | 52 |
   | R2 | 8 | 37 |

   • Mihilfe der Matrix C wird jene Tabelle erstellt, die den Zusammenhang zwischen den jeweils benötigten Rohstoffmengen und den Endprodukten darstellt.

2) $D = \begin{pmatrix} 140 \\ 230 \end{pmatrix}$

   $C \cdot D = \begin{pmatrix} 86 & 52 \\ 8 & 37 \end{pmatrix} \cdot \begin{pmatrix} 140 \\ 230 \end{pmatrix} = \begin{pmatrix} 24\,000 \\ 9\,630 \end{pmatrix}$
   • Da die Rohstoffmengen der Endprodukte E1 und E2 jeweils in Spalten stehen, muss die Anzahl der Endprodukte in Form eines Spaltenvektors angegeben werden und von rechts mit C multipliziert werden.

Man benötigt 24 000 ME von R1 und 9 630 ME von R2.

# Matrizen

**5.12** Multipliziere die Matrix P mit der Matrix Q.

a) $P = \begin{pmatrix} 1 & -2 \\ 2 & 0 \\ -3 & 1 \\ -1 & 2 \end{pmatrix}$; $Q = \begin{pmatrix} 1 & -3 & 2 \\ 4 & -2 & 0 \end{pmatrix}$

b) $P = (5 \ -4 \ 0 \ -1)$; $Q = \begin{pmatrix} -3 \\ -4 \\ -8 \\ -5 \end{pmatrix}$

**5.13** Erkläre, ob die folgenden Multiplikationen mit den angegebenen Matrizen A, B und C möglich sind. Führe sie gegebenenfalls durch.

$A = \begin{pmatrix} -5 & 3 & 2 \\ 1 & 7 & 0 \end{pmatrix}$  $B = \begin{pmatrix} 6 & -2 \\ -3 & 1 \\ 10 & -1 \end{pmatrix}$  $C = \begin{pmatrix} 1 & -2 & 1 \\ -3 & 0 & 4 \end{pmatrix}$

1) $A \cdot B$  2) $A \cdot C$  3) $B \cdot C$  4) $C \cdot B$  5) $B \cdot A$  6) $C \cdot A$

**5.14** Für reelle Zahlen gilt a · b = 0 nur dann, wenn a = 0 oder b = 0 ist. Bei der Multiplikation von Matrizen kann allerdings auch gelten:
$A \cdot B = O$ mit $A \neq O$ und $B \neq O$
Ergänze in der Matrix die fehlenden Elemente so, dass die Gleichung erfüllt ist.

$\begin{pmatrix} 1 & 2 \\ 2 & 4 \end{pmatrix} \cdot \begin{pmatrix} \phantom{x} & -2 \\ -1 & \phantom{x} \end{pmatrix} = \begin{pmatrix} 0 & 0 \\ 0 & 0 \end{pmatrix}$

**5.15** Bei der Herstellung von Trockenfutter für Haustiere werden zuerst die Zutaten Z1, Z2, Z3 und Z4 zu drei verschiedenen Formen F1, F2 und F3 gepresst. Im zweiten Schritt werden daraus drei verschiedenen Mischungen M1, M2 und M3 hergestellt. Die benötigten Mengenanteile sind aus den Tabellen ersichtlich.
1) Erstelle mithilfe der Matrizenrechnung eine Tabelle, die den Zusammenhang zwischen den Zutaten und den Mischungen darstellt.
2) Berechne, wie viele Mengenanteile von den Zutaten notwendig sind, um 450 Packungen von M1, 750 Packungen von M2 und 860 Packungen von M3 herzustellen.

| Tab. 1 | F1 | F2 | F3 |
|---|---|---|---|
| Z1 | 40 | 12 | 23 |
| Z2 | 53 | 19 | 72 |
| Z3 | 42 | 16 | 85 |
| Z4 | 80 | 113 | 0 |

| Tab. 2 | M1 | M2 | M3 |
|---|---|---|---|
| F1 | 1 | 4 | 2 |
| F2 | 3 | 0 | 1 |
| F3 | 5 | 2 | 0 |

**5.16** Ein Ausstatter für Büromöbel hat vier Aktenschränke A1, A2, A3 und A4 in seinem Sortiment, für deren Zusammenbau die Bauelemente B1, B2, B3, B4 und B5 kombiniert werden. Eine Firma bestellt für vier Bürohäuser H1, H2, H3 und H4 jeweils unterschiedliche Mengen an Aktenschränken. Die benötigten Mengen können aus den nebenstehenden Tabellen entnommen werden.
1) Erstelle mithilfe der Matrizenrechnung eine Tabelle, die den Zusammenhang zwischen den Bauelementen und den Aktenschränken der jeweiligen Bürohäuser angibt.
2) Berechne die Gesamtkosten aller Aktenschränke. Verwende dazu die Werte aus der Tabelle „Tab. 3".

| Tab. 1 | A1 | A2 | A3 | A4 |
|---|---|---|---|---|
| B1 | 2 | 1 | 0 | 5 |
| B2 | 1 | 4 | 2 | 4 |
| B3 | 0 | 2 | 2 | 1 |
| B4 | 3 | 1 | 2 | 0 |
| B5 | 14 | 16 | 8 | 22 |

| Tab. 2 | H1 | H2 | H3 | H4 |
|---|---|---|---|---|
| A1 | 54 | 37 | 0 | 44 |
| A2 | 26 | 35 | 6 | 16 |
| A3 | 38 | 12 | 3 | 0 |
| A4 | 12 | 0 | 8 | 10 |

| Tab. 3 | B1 | B2 | B3 | B4 | B5 |
|---|---|---|---|---|---|
| € pro Schrank | 72,90 | 38,40 | 52,10 | 25,60 | 3,50 |

# Matrizen

**5.17** Eine Elektronikfirma hat sich auf die Produktion von drei verschiedenen Arten von Mikrochips C1, C2 und C3 spezialisiert. Die benötigten Mengeneinheiten an Mikrochips werden an zwei Standorten in jeweils vier Arbeitsschritten produziert. Dabei unterscheiden sich sowohl die Arbeitszeiten Z1 und Z2 (in Stunden) an den Standorten, als auch die Stundenlöhne für die vier Arbeitsschritte L1, L2, L3 und L4 (in $\frac{€}{h}$). Die entsprechenden Zusammenhänge sind in den nachfolgenden Tabellen angegeben.

| Tab. 1 | C1 | C2 | C3 |
|---|---|---|---|
| Z1 | 7 | 4 | 5 |
| Z2 | 9 | 3 | 8 |

| Tab. 2 | L1 | L2 | L3 | L4 |
|---|---|---|---|---|
| Z1 | 11,80 | 12,40 | 9,60 | 15,80 |
| Z2 | 10,40 | 9,30 | 8,60 | 15,20 |

1) Erstelle mithilfe der Matrizenrechnung eine Tabelle, die die Lohnkosten bei den einzelnen Arbeitsschritten zur Erzeugung der Mikrochips darstellt. Gib die Daten der Tabelle in Form einer Matrix M an.
2) Erkläre, welche Bedeutung das Ergebnis folgender Multiplikation im gegebenen Sachzusammenhang hat: $(1\ \ 1\ \ 1\ \ 1) \cdot M^T$

**5.18** Die dritten Jahrgänge einer HTL planen, auf Sommersportwoche zu fahren. Die Schülerinnen und Schüler dürfen jeweils einen Kurs aus den Sportarten Tennis (T), Windsurfen (W) und Segeln (S) wählen. In der Tabelle ist die Anzahl der Teilnehmenden an den jeweiligen Kursen aus den vier Klassen A, B, C und D angegeben. Der Tenniskurs kostet 130,00 € pro Person, der Windsurfing-Kurs 90,00 € pro Person und für den Segelkurs muss man 210,00 € pro Person bezahlen.

|   | T | W | S |
|---|---|---|---|
| A | 10 | 12 | 2 |
| B | 9 | 13 | 5 |
| C | 7 | 16 | 0 |
| D | 13 | 8 | 3 |

1) Schreibe die Tabelle in Matrizenform an.
2) Die Kurskosten in Euro können als Spalten- oder Zeilenvektor angegeben werden:

**A)** $\vec{a_S} = \begin{pmatrix} 130 \\ 90 \\ 210 \end{pmatrix}$ **B)** $\vec{a_Z} = (130\ \ 90\ \ 210)$

Ermittle auf zwei Arten, wie viel Geld für die Kurse in den Klassen A, B, C und D jeweils eingesammelt werden muss. Verwende zuerst den Vektor $\vec{a_S}$ und dann den Vektor $\vec{a_Z}$. Beschreibe die unterschiedlichen Vorgehensweisen.

3) Führe folgende Matrizenmultiplikation durch und erkläre, welche Bedeutung das Ergebnis im gegebenen Sachzusammenhang hat:
$$\begin{pmatrix} 130 & 0 & 0 \\ 0 & 90 & 0 \\ 0 & 0 & 210 \end{pmatrix} \cdot \begin{pmatrix} 10 & 9 & 7 & 13 \\ 12 & 13 & 16 & 8 \\ 2 & 5 & 0 & 3 \end{pmatrix}$$

**5.19** Überlege, aus welchen beiden Matrizen die Matrix A durch Multiplikation entstanden sein kann und gib diese an.

**a)** $A = (a \cdot d + b \cdot f \quad a \cdot e + b \cdot g)$

**b)** $A = \begin{pmatrix} 3a + 4c & 3b + 4d \\ -a + 2c & -b + 2d \end{pmatrix}$

**5.20** Multipliziere die Matrix A erst linksseitig mit der Matrix B, dann rechtsseitig. Multipliziere anschließend die Matrix A mit der geeigneten Einheitsmatrix linksseitig und rechtsseitig. Vergleiche die Ergebnisse. Was fällt dir auf?

$A = \begin{pmatrix} -1 & 3 & 2 \\ 1 & -3 & 0 \\ -2 & 0 & 4 \end{pmatrix}$, $B = \begin{pmatrix} -2 & 0 & -3 \\ -1 & 2 & 1 \\ -3 & 3 & -1 \end{pmatrix}$

**Algebra und Geometrie**

# Matrizen

## 5.2.3 Determinanten

**5.21** Löse das Gleichungssystem mithilfe der Cramer'schen Regel.
I:   $2x - 5y = -61$
II: $-3x + 4y = 67$

In Band 1 wurde die Cramer'sche Regel als Methode zum Lösen von linearen Gleichungssystemen vorgestellt. Dabei ist es notwendig, Determinanten zu berechnen. Eine **Determinante** ordnet einer quadratischen Matrix einen Zahlenwert zu.

### Determinanten von (2 x 2)- und (3 x 3)-Matrizen

- Determinante einer (2 x 2)-Matrix:

$$A = \begin{pmatrix} a_{11} & a_{12} \\ a_{21} & a_{22} \end{pmatrix} \Rightarrow \det(A) = \begin{vmatrix} a_{11} & a_{12} \\ a_{21} & a_{22} \end{vmatrix} = a_{11} \cdot a_{22} - a_{12} \cdot a_{21}$$

- Determinante einer (3 x 3)-Matrix: **Regel von Sarrus**

$$A = \begin{pmatrix} a_{11} & a_{12} & a_{13} \\ a_{21} & a_{22} & a_{23} \\ a_{31} & a_{32} & a_{33} \end{pmatrix} \Rightarrow \det(A) = \begin{vmatrix} a_{11} & a_{12} & a_{13} \\ a_{21} & a_{22} & a_{23} \\ a_{31} & a_{32} & a_{33} \end{vmatrix} \begin{matrix} a_{11} & a_{12} \\ a_{21} & a_{22} \\ a_{31} & a_{32} \end{matrix}$$

$\det(A) = a_{11} \cdot a_{22} \cdot a_{33} + a_{12} \cdot a_{23} \cdot a_{31} + a_{13} \cdot a_{21} \cdot a_{32} - a_{13} \cdot a_{22} \cdot a_{31} - a_{11} \cdot a_{23} \cdot a_{32} - a_{12} \cdot a_{21} \cdot a_{33}$

### Eigenschaften von Determinanten

- $\det(A) = \det(A^T)$
- $\det(k \cdot A) = k^n \cdot \det(A)$, wobei n die Ordnung der Matrix ist.
- Eine Determinante hat den Wert null, wenn alle Elemente einer Zeile (Spalte) gleich 0 sind.
- Eine Determinante hat den Wert null, wenn mindestens zwei Zeilen (Spalten) gleich sind oder wenn mindestens eine Zeile (Spalte) eine Linearkombination einer oder mehrerer Zeilen (Spalten) ist.

Weitere Eigenschaften von Determinanten werden in den Aufgaben 5.28 bis 5.31 behandelt. Determinanten höherer Ordnung werden meist mithilfe von Technologieeinsatz ermittelt.

### Technologieeinsatz: Matrizen und Determinanten
### TI-Nspire

Excel, GeoGebra, CASIO ClassPad II, Mathcad: www.hpt.at

Eine **Matrix** kann am TI-Nspire zum Beipiel mithilfe der mathematischen Vorlagen ▦ und anschließender Auswahl des Matrizensymbols einer (3 x 3)-Matrix oder über das Menü **7: Matrix und Vektor**, **1: Erstellen**, **1: Matrix...** eingegeben werden.

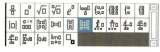

In beiden Fällen erscheint ein Eingabefenster, in dem die Zeilen- und die Spaltenanzahl festgelegt werden können.

Eine weitere Möglichkeit zur Eingabe von Matrizen erfolgt mithilfe von eckigen Klammern **[ ]**. Dabei werden die Elemente einer Zeile durch Beistriche „ **,** " getrennt eingegeben, die Zeilenwechsel erfolgen mithilfe von Strichpunkten „ **;** ".

ZB: Eingabe der Matrix $A = \begin{pmatrix} 2 & -5 \\ 1 & 3 \end{pmatrix}$: **a:=[2,-5;1,3]**

Die **Determinante** einer quadratischen Matrix erhält man über das Menü **7: Matrix und Vekor**, **3: Determinante** bzw. mithilfe des Befehls **det()**.

# Matrizen

**5.22** Berechne die Determinante der gegebenen Matrix ohne Technologieeinsatz.

    **a)** $A = \begin{pmatrix} -1 & 5 \\ 9 & 7 \end{pmatrix}$      **b)** $B = \begin{pmatrix} 10 & 22 \\ 2 & -8 \end{pmatrix}$      **c)** $C = \begin{pmatrix} 7 & 2 & -6 \\ 5 & 1 & -9 \\ 2 & -2 & -1 \end{pmatrix}$      **d)** $D = \begin{pmatrix} -2 & 1 & 8 \\ 0 & -1 & 2 \\ -7 & 0 & 3 \end{pmatrix}$

**5.23** Die Matrix $A = \begin{pmatrix} 3 & 5 & -9 \\ 0 & -1 & -2 \\ 0 & 0 & 6 \end{pmatrix}$ ist eine Matrix in Dreiecksform.

    **1)** Berechne die Determinante von A ohne Technologieeinsatz. Was fällt dir auf?

    **2)** Gib eine möglichst einfache Regel zur Berechnung der Determinante einer Matrix in Dreiecksform an.

**5.24** Gib jeweils ohne zu rechnen an, ob die Determinante der gegebenen Matrix den Wert null hat. Begründe deine Entscheidung.

    **1)** $A = \begin{pmatrix} -11 & 3 & 22 \\ 4 & 13 & -8 \\ 5 & -4 & -10 \end{pmatrix}$      **2)** $B = \begin{pmatrix} 0 & -1 & 0 \\ -1 & 1 & 0 \\ 0 & 0 & 0 \end{pmatrix}$      **3)** $C = \begin{pmatrix} 5 & 6 & 7 \\ -15 & -24 & -37 \\ 25 & 36 & 49 \end{pmatrix}$      **4)** $D = \begin{pmatrix} 3 & 0 & 3 \\ 0 & -4 & 0 \\ 3 & 0 & 3 \end{pmatrix}$

**5.25** **1)** Ermittle jeweils den Wert der folgenden Determinanten:

$$|1|, \quad \begin{vmatrix} 1 & 2 \\ 2 & 2 \end{vmatrix}, \quad \begin{vmatrix} 1 & 2 & 3 \\ 2 & 2 & 3 \\ 3 & 3 & 3 \end{vmatrix}, \quad \begin{vmatrix} 1 & 2 & 3 & 4 \\ 2 & 2 & 3 & 4 \\ 3 & 3 & 3 & 4 \\ 4 & 4 & 4 & 4 \end{vmatrix}$$

    **2)** Stelle eine allgemeine Vermutung über die Werte von Determinanten analoger Bauart auf und überprüfe sie anhand der Determinante der entsprechenden (10 x 10)-Matrix.

**5.26** Gegeben sind die Matrizen $A = \begin{pmatrix} 4 & -1 & 0 \\ -2 & 0 & 3 \\ 1 & 5 & 2 \end{pmatrix}$ und $B = \begin{pmatrix} -6 & 8 & 0 \\ 4 & 7 & -1 \\ 0 & 2 & -3 \end{pmatrix}$.

    Überprüfe nachweislich, ob gilt: $\det(A \cdot B) = \det(A) \cdot \det(B)$

**5.27** Gegeben sind die Matrizen $P = \begin{pmatrix} x & 0 & 1 \\ 0 & x+1 & 0 \\ 1 & x & 0 \end{pmatrix}$ und $Q = \begin{pmatrix} -x & 0 & 2 \\ 0 & -x & 0 \\ 1 & x & 0 \end{pmatrix}$.

    **1)** Bestimme x so, dass $\det(P) + \det(Q) = \det(P + Q)$ ist.

    **2)** Zeige anhand der Matrizen A und B aus Aufgabe **5.26**, dass die Gleichung aus **1)** nicht allgemein gültig ist.

Aufgaben 5.28 – 5.31: Arbeite mit der Matrix $M = \begin{pmatrix} 5 & -1 & 2 \\ 1 & 1 & -3 \\ 3 & -4 & 2 \end{pmatrix}$ und ihrer Determinante.

**5.28** Erstelle eine Matrix A, indem du die erste Zeile von M mit (–2) multiplizierst und eine Matrix B, indem du die erste Zeile von M mit (+2) multiplizierst. Ermittle die Determinanten von A und B und vergleiche sie jeweils mit jener von M.

**5.29** Erstelle eine Matrix C, indem du die erste und die dritte Zeile sowie die erste und die dritte Spalte der Matrix M vertauschst. Ermittle die Determinante von C und vergleiche sie mit jener von M.

**5.30** Erstelle eine Matrix D, indem du zu den Elementen der ersten Zeile von M die Elemente der dritten Zeile von M addierst (zB: $d_{11} = m_{11} + m_{31} = 5 + 3 = 8$). Verändere die anderen Zeilen nicht. Ermittle die Determinante von D und vergleiche sie mit jener von M.

**5.31** **1)** Gib die transponierte Matrix $M^T$ an und berechne ihre Determinante.

    **2)** Zeige, dass für jede (3 x 3)-Matrix A gilt: $\det(A) = \det(A^T)$

**Algebra und Geometrie**

# Matrizen

## 5.2.4 Inverse Matrizen

Für Zahlen $a \in \mathbb{R}\setminus\{0\}$ gilt: $a \cdot 1 = a$ und $a \cdot \frac{1}{a} = a \cdot a^{-1} = 1$

Man bezeichnet 1 als das **neutrale Element** bezüglich der Multiplikation in $\mathbb{R}\setminus\{0\}$ und den Kehrwert $a^{-1}$ als das zu a **inverse Element** (latein: „inversio" = Umstellung) bezüglich der Multiplikation in $\mathbb{R}\setminus\{0\}$. Diese Begriffe können auch auf das Multiplizieren von Matrizen übertragen werden. Das **neutrale Element** ist die **Einheitsmatrix** E. Das **inverse Element** ist die **inverse Matrix**, deren Berechnung **Invertieren** genannt wird.
Eine quadratische Matrix ist nur dann invertierbar, wenn ihre Determinante ungleich null ist. Man nennt sie dann **reguläre Matrix**, andernfalls heißt sie **singuläre Matrix**.

> Eine Matrix $A^{-1}$ ist die **inverse Matrix** zu einer quadratischen Matrix A mit $\det(A) \neq 0$, wenn das Produkt $A \cdot A^{-1} = A^{-1} \cdot A$ die Einheitsmatrix E ergibt: $A \cdot A^{-1} = A^{-1} \cdot A = E$

Die Inverse einer quadratischen Matrix kann mithilfe der Determinante ermittelt werden. Für eine (2 x 2)-Matrix kann eine einfache Formel angegeben werden.

> **Invertieren von (2 x 2)-Matrizen**
>
> Für $A = \begin{pmatrix} a & b \\ c & d \end{pmatrix}$ gilt: $A^{-1} = \frac{1}{\det(A)} \cdot \begin{pmatrix} d & -b \\ -c & a \end{pmatrix}$, $\det(A) \neq 0$

Quadratische Matrizen höherer Ordnung können zB mit dem **Gauß-Jordan-Algorithmus** (Wilhelm Jordan, deutscher Geodät, 1842 – 1899) invertiert werden (siehe Aufgabe 5.37). Das Invertieren ist aber aufwändig und wird daher meist mittels Technologieeinsatz durchgeführt.

### Technologieeinsatz: Inverse Matrizen
**TI-Nspire**

Excel, GeoGebra, CASIO ClassPad II: www.hpt.at

ZB: Es soll die inverse Matrix zur Matrix $A = \begin{pmatrix} -2 & -1 & 2 & 0 \\ 1 & 0 & -2 & 2 \\ 2 & 0 & 1 & -2 \\ 1 & 0 & -2 & 0 \end{pmatrix}$ gebildet werden.

- Zuerst wird die Matrix **a** definiert.
- Durch die Eingabe $a^{-1}$ erhält man die zu A inverse Matrix:

$$A^{-1} = \begin{pmatrix} 0 & 0{,}4 & 0{,}4 & -0{,}2 \\ -1 & -0{,}4 & -0{,}4 & -0{,}8 \\ 0 & 0{,}2 & 0{,}2 & -0{,}6 \\ 0 & 0{,}5 & 0 & -0{,}5 \end{pmatrix}$$

ZB: Die Determinante der Matrix $A = \begin{pmatrix} -7 & 8 & -9 \\ 5 & -13 & 10 \\ 14 & -16 & 18 \end{pmatrix}$ hat den Wert null,

da die Matrix zwei Zeilen enthält, die voneinander linear abhängig sind: 3. Zeile = 1. Zeile · (–2)
Sie ist daher nicht invertierbar. Bei der Eingabe von $a^{-1}$ erscheint eine Fehlermeldung (siehe Abbildung).

**5.32** Invertiere die gegebene Matrix ohne Technologieeinsatz mithilfe obiger Formel.

**a)** $A = \begin{pmatrix} 3 & 5 \\ 2 & 4 \end{pmatrix}$ **b)** $B = \begin{pmatrix} -1 & 2 \\ -2 & 1 \end{pmatrix}$ **c)** $C = \begin{pmatrix} 2 & -5 \\ -1 & 3 \end{pmatrix}$

**5.33** Invertiere die gegebene Matrix.

**a)** $A = \begin{pmatrix} 2 & 0 & 1 \\ -2 & 1 & 1 \\ 0 & -2 & 1 \end{pmatrix}$ **b)** $B = \begin{pmatrix} 1 & 5 & -1 \\ -1 & 2 & 2 \\ -1 & 1 & 2 \end{pmatrix}$ **c)** $C = \begin{pmatrix} 0 & 1 & -2 & 1 \\ 1 & -1 & -2 & -1 \\ 1 & -1 & 0 & 1 \\ -1 & 2 & -1 & 0 \end{pmatrix}$

# Matrizen

**5.34** Zeige mithilfe der Matrizenmultiplikation, dass die Matrix Q invers zur Matrix P ist.

**a)** $P = \begin{pmatrix} 2 & -1 & 1 \\ 0 & 1 & -3 \\ 2 & 1 & 1 \end{pmatrix}$, $Q = \begin{pmatrix} \frac{1}{3} & \frac{1}{6} & \frac{1}{6} \\ -\frac{1}{2} & 0 & \frac{1}{2} \\ -\frac{1}{6} & -\frac{1}{3} & \frac{1}{6} \end{pmatrix}$

**b)** $P = \begin{pmatrix} 0 & 5 & 4 \\ -8 & 0 & -5 \\ 6 & -10 & 2 \end{pmatrix}$, $Q = \begin{pmatrix} -\frac{1}{5} & -\frac{1}{5} & -\frac{1}{10} \\ -\frac{7}{125} & -\frac{12}{125} & -\frac{16}{125} \\ \frac{8}{25} & \frac{3}{25} & \frac{4}{25} \end{pmatrix}$

**5.35** Ermittle die Matrix B aus folgender Gleichung: $A \cdot B = C$

$A = \begin{pmatrix} 1 & -2 & 0 \\ 0 & 1 & 2 \\ -1 & 0 & -2 \end{pmatrix}$, $C = \begin{pmatrix} 8 & -2 & 4 \\ -1 & 1 & 6 \\ -4 & 0 & -10 \end{pmatrix}$

**Lösung:**

$A \cdot B = C$

$\underbrace{A^{-1} \cdot A}_{= E} \cdot B = A^{-1} \cdot C$ • Linksseitige Multiplikation mit $A^{-1}$ auf beiden Seiten der Gleichung

$B = A^{-1} \cdot C$

$B = \begin{pmatrix} -1 & -2 & -2 \\ -1 & -1 & -1 \\ 0{,}5 & 0 & 0{,}5 \end{pmatrix} \cdot \begin{pmatrix} 8 & -2 & 4 \\ -1 & 1 & 6 \\ -4 & 0 & -10 \end{pmatrix}$ • Bestimmen der zu A inversen Matrix $A^{-1}$:

$B = \begin{pmatrix} 2 & 0 & 4 \\ -3 & 1 & 0 \\ 1 & 0 & 3 \end{pmatrix}$  $A^{-1} = \begin{pmatrix} -1 & -2 & -2 \\ -1 & -1 & -1 \\ 0{,}5 & 0 & 0{,}5 \end{pmatrix}$

**5.36** Ermittle die Matrix M aus der angegebenen Gleichung.

**a)** $\begin{pmatrix} 3 & 0 & -1 \\ 2 & 1 & 0 \\ 1 & 4 & -1 \end{pmatrix} \cdot M = \begin{pmatrix} 1 & 10 & -1 \\ 7 & 6 & 0 \\ 19 & 4 & -1 \end{pmatrix}$

**b)** $M \cdot \begin{pmatrix} 2 & -4 & 3 \\ 1 & -7 & 5 \\ -5 & 2 & -3 \end{pmatrix} = \begin{pmatrix} -18 & 4 & -9 \\ -1 & -13 & 9 \\ -1 & -26 & 17 \end{pmatrix}$

**5.37** Eine Methode zum Invertieren von Matrizen ohne Technologieeinsatz ist der **Gauß-Jordan-Algorithmus**. Dabei wird die Einheitsmatrix neben der zu invertierenden Matrix A angeschrieben. Nun ist es das Ziel, durch geeignete Umformungen die Matrix A in die Einheitsmatrix überzuführen. Dabei sind das Vertauschen von Zeilen oder von Spalten und das Bilden von Linearkombinationen von Zeilen oder von Spalten erlaubt. Jeder Rechenschritt wird dabei auch bei der rechts angeschriebenen Matrix durchgeführt.

ZB: $A = \begin{pmatrix} 3 & 5 & 1 \\ 2 & 4 & 5 \\ 1 & 2 & 2 \end{pmatrix}$

| | | | | | | |
|---|---|---|---|---|---|---|
| I: | 3 | 5 | 1 | 1 | 0 | 0 |
| II: | 2 | 4 | 5 | 0 | 1 | 0 |
| III: | 1 | 2 | 2 | 0 | 0 | 1 |
| I: | 1 | 2 | 2 | 0 | 0 | 1 |
| II: | 2 | 4 | 5 | 0 | 1 | 0 |
| III: | 3 | 5 | 1 | 1 | 0 | 0 |
| I: | 1 | 2 | 2 | 0 | 0 | 1 |
| II: | 0 | 0 | 1 | 0 | 1 | -2 |
| III: | 0 | 1 | 5 | -1 | 0 | 3 |
| I: | 1 | 2 | 2 | 0 | 0 | 1 |
| II: | 0 | 1 | 5 | -1 | 0 | 3 |
| III: | 0 | 0 | 1 | 0 | 1 | -2 |

• Die Matrix A und die Einheitsmatrix E werden nebeneinander angeschrieben.
• In der 3. Zeile steht an erster Stelle die Zahl 1. Man vertauscht daher die 3. Zeile mit der 1. Zeile.
• 2. Zeile: II – 2 · I
  3. Zeile: 3 · I – III
  Somit lautet die 1. Spalte 1 – 0 – 0
• Vertauschen der 2. Zeile mit der 3. Zeile

Führt man diesen Algorithmus so lange fort, bis auf der linken Seite die Einheitsmatrix E steht, so steht dann rechts die zu A inverse Matrix $A^{-1}$.

**1)** Stelle die Berechnung fertig und führe die Probe durch.
**2)** Bilde die zur Matrix A aus Aufgabe **5.35** inverse Matrix $A^{-1}$ mithilfe des Gauß-Jordan-Algorithmus.

**Algebra und Geometrie**

# Matrizen

## 5.3 Anwendungen der Matrizenrechnung

### 5.3.1 Lösen von linearen Gleichungssystemen

 **5.38** Von einem linearen Gleichungssystem in zwei Variablen x und y sind die Koeffizientenmatrix A und der Vektor der Konstanten $\vec{b}$ gegeben. Schreibe das Gleichungssystem an.

$$A = \begin{pmatrix} -1 & 3 \\ 5 & -8 \end{pmatrix}, \quad \vec{b} = \begin{pmatrix} 1 \\ 2 \end{pmatrix}$$

Die Matrizenmultiplikation bietet eine Möglichkeit, lineare Gleichungssysteme zu lösen.

**ZB** Es soll folgendes Gleichungssystem mithilfe der Matrizenrechnung gelöst werden:

I: $2x + 2y - z = 2$
II: $x - y + z = 6$
III: $2x - y + z = 9$

Man bestimmt die Koeffizientenmatrix $A = \begin{pmatrix} 2 & 2 & -1 \\ 1 & -1 & 1 \\ 2 & -1 & 1 \end{pmatrix}$,

den Vektor der Variablen $\vec{x} = \begin{pmatrix} x \\ y \\ z \end{pmatrix}$ sowie den Vektor der Konstanten $\vec{b} = \begin{pmatrix} 2 \\ 6 \\ 9 \end{pmatrix}$.

$\begin{pmatrix} 2 & 2 & -1 \\ 1 & -1 & 1 \\ 2 & -1 & 1 \end{pmatrix} \cdot \begin{pmatrix} x \\ y \\ z \end{pmatrix} = \begin{pmatrix} 2 \\ 6 \\ 9 \end{pmatrix}$ • Anschreiben in der Form $A \cdot \vec{x} = \vec{b}$

Diese Darstellung entspricht dem obigen Gleichungssystem, da jeder Zeilenvektor der Koeffizientenmatrix mit dem Vektor der Variablen skalar multipliziert wird.

$A^{-1} = \begin{pmatrix} 0 & -1 & 1 \\ 1 & 4 & -3 \\ 1 & 6 & -4 \end{pmatrix}$ • Bilden der inversen Matrix $A^{-1}$

$\begin{pmatrix} 0 & -1 & 1 \\ 1 & 4 & -3 \\ 1 & 6 & -4 \end{pmatrix} \cdot \begin{pmatrix} 2 & 2 & -1 \\ 1 & -1 & 1 \\ 2 & -1 & 1 \end{pmatrix} \cdot \begin{pmatrix} x \\ y \\ z \end{pmatrix} = \begin{pmatrix} 0 & -1 & 1 \\ 1 & 4 & -3 \\ 1 & 6 & -4 \end{pmatrix} \cdot \begin{pmatrix} 2 \\ 6 \\ 9 \end{pmatrix}$ • Linksseitige Multiplikation auf beiden Seiten mit $A^{-1}$: $A^{-1} \cdot A \cdot \vec{x} = A^{-1} \cdot \vec{b}$

$\begin{pmatrix} 1 & 0 & 0 \\ 0 & 1 & 0 \\ 0 & 0 & 1 \end{pmatrix} \cdot \begin{pmatrix} x \\ y \\ z \end{pmatrix} = \begin{pmatrix} 0 & -1 & 1 \\ 1 & 4 & -3 \\ 1 & 6 & -4 \end{pmatrix} \cdot \begin{pmatrix} 2 \\ 6 \\ 9 \end{pmatrix}$ • $E \cdot \vec{x} = A^{-1} \cdot \vec{b}$

$\begin{pmatrix} x \\ y \\ z \end{pmatrix} = \begin{pmatrix} 3 \\ -1 \\ 2 \end{pmatrix}$ • Es gilt: $\vec{x} = A^{-1} \cdot \vec{b}$

Die Lösung des linearen Gleichungssystem lautet: $x = 3;\ y = -1;\ z = 2$

Sind die Zeilen bzw. Spalten eines Gleichungssystems voneinander linear unabhängig, so gibt es **genau eine Lösung**. Für die Determinante der Koeffizientenmatrix gilt: **det(A) ≠ 0**

Ist die Determinante **det(A) = 0**, so hat das Gleichungssystem **keine eindeutige Lösung**.

---

Ein **lineares Gleichungssystem** aus n Gleichungen mit n Unbekannten kann in der Form $A \cdot \vec{x} = \vec{b}$ angeschrieben werden. Für det(A) ≠ 0 kann die **Lösung des Gleichungssystems** folgendermaßen berechnet werden:

$\vec{x} = A^{-1} \cdot \vec{b}$

A … Koeffizientenmatrix, $\vec{b}$ … Vektor der Konstanten, $\vec{x}$ … Vektor der Variablen

# Matrizen

Soll ein Gleichungssystem in Matrizenschreibweise gelöst werden, muss das Gleichungssystem nach den Variablen geordnet werden.

I: $2b = 4 + c$  
II: $a + 4c + 3 = 0$  
III: $b = 2a$  

$\Rightarrow$  

I: $2b - c = 4$  
II: $a + 4c = -3$  
III: $2a - b = 0$  

$\Rightarrow$ $\begin{pmatrix} 0 & 2 & -1 \\ 1 & 0 & 4 \\ 2 & -1 & 0 \end{pmatrix} \cdot \begin{pmatrix} a \\ b \\ c \end{pmatrix} = \begin{pmatrix} 4 \\ -3 \\ 0 \end{pmatrix}$

**5.39** Schreibe das Gleichungssystem in Matrizenform an und löse es mithilfe der Matrizenrechnung.

I: $x_2 = 0{,}7 - 2x_3$  
II: $3x_1 - x_4 = -10{,}6$  
III: $x_1 + x_2 + x_3 + 0{,}2 = 0$  
IV: $x_4 = 7{,}1 + 2x_3$

Lösung mit Mathcad Prime:

$\begin{pmatrix} 0 & 1 & 2 & 0 \\ 3 & 0 & 0 & -1 \\ 1 & 1 & 1 & 0 \\ 0 & 0 & -2 & 1 \end{pmatrix} \cdot \begin{pmatrix} x_1 \\ x_2 \\ x_3 \\ x_4 \end{pmatrix} = \begin{pmatrix} 0{,}7 \\ -10{,}6 \\ -0{,}2 \\ 7{,}1 \end{pmatrix}$

- Anschreiben des Gleichungssystems in Matrizenform

$A := \begin{bmatrix} 0 & 1 & 2 & 0 \\ 3 & 0 & 0 & -1 \\ 1 & 1 & 1 & 0 \\ 0 & 0 & -2 & 1 \end{bmatrix} \quad b := \begin{bmatrix} 0{.}7 \\ -10{.}6 \\ -0{.}2 \\ 7{.}1 \end{bmatrix}$

- Definieren der Koeffizientenmatrix und des Vektors der Konstanten

$x := A^{-1} \cdot b \qquad x = \begin{bmatrix} -1{.}7 \\ 2{.}3 \\ -0{.}8 \\ 5{.}5 \end{bmatrix}$

- Multiplikation $A^{-1} \cdot \vec{b}$ und speichern des Ergebnisses

$x_1 = -1{,}7;\ x_2 = 2{,}3;\ x_3 = -0{,}8;\ x_4 = 5{,}5$

**5.40** Schreibe die Gleichung als lineares Gleichungssystem an.

a) $\begin{pmatrix} -3 & 1 \\ 4 & -2 \end{pmatrix} \cdot \begin{pmatrix} x \\ y \end{pmatrix} = \begin{pmatrix} -5 \\ 6 \end{pmatrix}$

b) $\begin{pmatrix} 9 & 5 \\ -4 & 3 \end{pmatrix} \cdot \begin{pmatrix} a_1 \\ a_2 \end{pmatrix} = \begin{pmatrix} -3{,}5 \\ 2{,}6 \end{pmatrix}$

c) $\begin{pmatrix} -7 & 6 \\ -2 & -5 \end{pmatrix} \cdot \begin{pmatrix} u \\ v \end{pmatrix} = \begin{pmatrix} 1 \\ -87 \end{pmatrix}$

Aufgaben 5.41 – 5.42: Schreibe das Gleichungssystem jeweils in Matrizenform an und löse es mithilfe der Matrizenrechnung.

**5.41**
a) I: $5c - 4d = 18$  
   II: $7c + 2d = 10$

b) I: $2x + 3y = -7$  
   II: $4y + 3z = 8$  
   III: $x + y + z = 1$

c) I: $3s + 4t = 16$  
   II: $2r + s - 2t = 8$  
   III: $8r - 3s = 12$

**5.42**
a) I: $3a_1 + 4a_2 + 2a_3 = 1$  
   II: $a_3 + 3a_2 + 2a_1 = 2$  
   III: $7a_2 = 3 - 3a_3 - 8a_1$

b) I: $3x_2 - 2x_3 - 6 = 0$  
   II: $x_4 + 2x_1 = -11$  
   III: $-5x_3 - 2x_4 + 1 = 0$  
   IV: $x_3 + 9 = -6x_1$

c) I: $-2c + 6b = -2{,}5$  
   II: $2a = 2{,}25 - 5c$  
   III: $a - 5d = -9{,}5$  
   IV: $9b + 2a + 2 = 0$

**5.43** Im nebenstehenden Fünfeck sind die Variablen a, b, c, d und e eingetragen. Zwischen zwei Variablen steht jeweils deren Summe.
1) Erstelle ein Gleichungssystem zur Ermittlung der Variablen.
2) Löse das Gleichungssystem mithilfe der Matrizenrechnung.

**Algebra und Geometrie**

# Matrizen

**5.44** In der letzten Saison hat ein Fußballverein 44 Pflichtspiele absolviert. Die Anzahl der Spiele, die die Mannschaft nicht verloren hat, ist dreimal größer als die Anzahl der Niederlagen. Die Anzahl der Siege ist um 14 größer als die Anzahl der Niederlagen.

1) Stelle ein Gleichungssystem in drei Variablen auf, mit dem die Anzahl der Siege, der Niederlagen und der Unentschieden berechnet werden kann.
2) Löse das Gleichungssystem mithilfe der Matrizenrechnung.

**5.45** Die Ziffernsumme einer vierstelligen Zahl ist 22. Die Hunderterziffer ist die Summe aus der Tausender- und der Zehnerziffer. Subtrahiert man die Zehnerziffer von der Tausenderziffer, so erhält man die Einerziffer. Die Summe der Tausender- und der Hunderterziffer ist um 8 größer als die Summe der Zehner- und der Einerziffer.
Stelle ein Gleichungssystem zur Ermittlung der Ziffern der vierstelligen Zahl auf und löse es mithilfe der Matrizenrechnung. Gib die gesuchte vierstellige Zahl an.

**5.46** Ein Radfahrer fährt auf ebenem Gelände mit einer mittleren Geschwindigkeit von 18 $\frac{km}{h}$. Fährt er bergauf, hat er eine mittlere Geschwindigkeit von 9 $\frac{km}{h}$, fährt er bergab, so hat er eine mittlere Geschwindigkeit von 30 $\frac{km}{h}$. Für eine Radtour von 90 km benötigt der Radfahrer am Hinweg 6 Stunden und 48 Minuten, am Rückweg nur 5 Stunden und 24 Minuten.

Es sollen die Gesamtlängen der ebenen Strecken ($s_1$), der bergauf führenden Strecken ($s_2$) und der bergab führenden Strecken ($s_3$) ermittelt werden.
1) Stelle ein Gleichungssystem zur Ermittlung von $s_1$, $s_2$ und $s_3$ auf.
2) Schreibe es in Matrizenform an und löse es mithilfe der Matrizenrechnung.

**Aufgaben aus der Analysis**

Aufgaben 5.47 – 5.50:
1) Stelle jeweils ein Gleichungssystem zur Ermittlung der Koeffizienten der gesuchten Polynomfunktion auf.
2) Löse das Gleichungssystem mithilfe der Matrizenrechnung und gib die Funktionsgleichung an.

**5.47** Der Graph einer Polynomfunktion 3. Grads hat im Schnittpunkt mit der y-Achse einen Tiefpunkt. An der Stelle x = 2 liegt ein Wendepunkt mit der Wendetangente $t_W$: 12x + y = −8.

**5.48** Der Graph einer Polynomfunktion 4. Grads hat im Punkt P(1|2) einen Sattelpunkt. An der Stelle x = 3 hat die Funktion einen Wendepunkt. Die zugehörige Wendetangente hat die Steigung k = 0,75.

**5.49** Der Graph einer Polynomfunktion 5. Grads verläuft durch den Punkt P(3|2) und hat im Punkt E(1|7) einen Extrempunkt. Im Wendepunkt W(−5|−7) hat die Tangente die Steigung k = −4.

**5.50** Die Abbildung zeigt den Graphen einer Polynomfunktion 4. Grads. Lies die zur Ermittlung der Funktionsgleichung notwendigen Informationen aus dem Graphen ab.

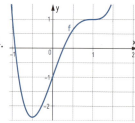

# Matrizen

## 5.3.2 Transformationsmatrizen

**Transformationen** wie Drehungen oder Schiebungen können mithilfe von Matrizen durchgeführt werden. Die Transformation eines (Orts-)Vektors $\vec{x}$ erfolgt dabei durch linksseitige Multiplikation mit einer **Transformationsmatrix** T.

Für den transformierten (Orts-)Vektor $\vec{x}'$ gilt: $\vec{x}' = T \cdot \vec{x}$

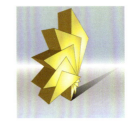

### Drehungen

Ein Punkt Q(x|y) befindet sich in einem Abstand r zum Koordinatenursprung O. Dabei schließt die Strecke OQ mit der x-Achse den Winkel $\alpha$ ein. Dreht man OQ um den Winkel $\varphi$ in mathematisch positiver Richtung (gegen den Uhrzeigersinn), so erhält man den Punkt Q'(x'|y').

Die Position von Q kann mithilfe eines Vektors angegeben werden:

$$\overrightarrow{OQ} = \begin{pmatrix} x \\ y \end{pmatrix} = \begin{pmatrix} r \cdot \cos(\alpha) \\ r \cdot \sin(\alpha) \end{pmatrix}$$

Für Q' erhält man:

$$\overrightarrow{OQ'} = \begin{pmatrix} x' \\ y' \end{pmatrix} = \begin{pmatrix} r \cdot \cos(\alpha + \varphi) \\ r \cdot \sin(\alpha + \varphi) \end{pmatrix} = \begin{pmatrix} r \cdot \cos(\alpha) \cdot \cos(\varphi) - r \cdot \sin(\alpha) \cdot \sin(\varphi) \\ r \cdot \sin(\alpha) \cdot \cos(\varphi) + r \cdot \cos(\alpha) \cdot \sin(\varphi) \end{pmatrix} = \begin{pmatrix} x \cdot \cos(\varphi) - y \cdot \sin(\varphi) \\ y \cdot \cos(\varphi) + x \cdot \sin(\varphi) \end{pmatrix}$$

Diese Matrix kann als Ergebnis folgender Matrizenmultiplikation angeschrieben werden:

$$\overrightarrow{OQ'} = \begin{pmatrix} x' \\ y' \end{pmatrix} = \begin{pmatrix} \cos(\varphi) & -\sin(\varphi) \\ \sin(\varphi) & \cos(\varphi) \end{pmatrix} \cdot \begin{pmatrix} x \\ y \end{pmatrix} = D \cdot \begin{pmatrix} x \\ y \end{pmatrix} \qquad \text{D ... \textbf{Drehmatrix}}$$

- Drehung eines Punkts P(x|y) in $\mathbb{R}^2$ um den Winkel $\varphi$ um den Koordinatenursprung:

$$D = \begin{pmatrix} \cos(\varphi) & -\sin(\varphi) \\ \sin(\varphi) & \cos(\varphi) \end{pmatrix}$$

- Drehung eines Punkts P(x|y|z) in $\mathbb{R}^3$ um den Winkel $\varphi$ um die z-Achse:

$$D = \begin{pmatrix} \cos(\varphi) & -\sin(\varphi) & 0 \\ \sin(\varphi) & \cos(\varphi) & 0 \\ 0 & 0 & 1 \end{pmatrix}$$

### Streckungen

Eine Streckung kann ebenfalls durch eine Matrix beschrieben werden:

$$S = \begin{pmatrix} s_x & 0 \\ 0 & s_y \end{pmatrix} \qquad \begin{array}{l} \text{S ... \textbf{Streckungsmatrix}} \\ s_x, s_y \text{ ... Streckungsfaktoren} \end{array}$$

**ZB** Das Quadrat A(0|0), B(1|0), C(1|1), D(0|1) soll in x-Richtung um den Faktor 2 gestreckt und in y-Richtung um den Faktor 0,5 gestaucht werden.

Streckungsmatrix: $S = \begin{pmatrix} 2 & 0 \\ 0 & 0,5 \end{pmatrix}$

$A' = A = \begin{pmatrix} 0 \\ 0 \end{pmatrix}; \quad B': \begin{pmatrix} x_B' \\ y_B' \end{pmatrix} = S \cdot \begin{pmatrix} 1 \\ 0 \end{pmatrix} = \begin{pmatrix} 2 \\ 0 \end{pmatrix};$

$C': \begin{pmatrix} x_C' \\ y_C' \end{pmatrix} = S \cdot \begin{pmatrix} 1 \\ 1 \end{pmatrix} = \begin{pmatrix} 2 \\ 0,5 \end{pmatrix}; \quad D': \begin{pmatrix} x_D' \\ y_D' \end{pmatrix} = S \cdot \begin{pmatrix} 0 \\ 1 \end{pmatrix} = \begin{pmatrix} 0 \\ 0,5 \end{pmatrix}$

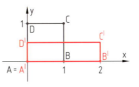

Die neuen Koordinaten lauten: A'(0|0), B'(2|0), C'(2|0,5) und D'(0|0,5)

**Algebra und Geometrie**

# Matrizen

## Spiegelungen

In der Ebene kann die Spiegelung eines Punkts P an einer Geraden g, die durch den Koordinatenursprung verläuft, durch eine Matrix beschrieben werden.

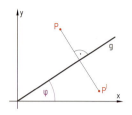

$$S = \begin{pmatrix} \cos(2\varphi) & \sin(2\varphi) \\ \sin(2\varphi) & -\cos(2\varphi) \end{pmatrix} \qquad \begin{array}{l} S \ldots \textbf{Spiegelungsmatrix} \\ \varphi \ldots \text{Steigungswinkel der Geraden} \end{array}$$

Speziell ergibt sich für die Spiegelung an der x-Achse, also für $\varphi = 0°$: $S_x = \begin{pmatrix} 1 & 0 \\ 0 & -1 \end{pmatrix}$

Für die Spiegelung an der y-Achse, also für $\varphi = 90°$, gilt: $S_y = \begin{pmatrix} -1 & 0 \\ 0 & 1 \end{pmatrix}$

 Der Punkt P(2|1) soll an der x-Achse gespiegelt werden.

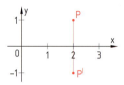

$$\begin{pmatrix} x' \\ y' \end{pmatrix} = \begin{pmatrix} 1 & 0 \\ 0 & -1 \end{pmatrix} \cdot \begin{pmatrix} 2 \\ 1 \end{pmatrix} = \begin{pmatrix} 2 \\ -1 \end{pmatrix} \Rightarrow P'(2|-1)$$

## Hintereinanderausführen von Transformationen

Werden zwei oder mehrere Transformationen hintereinander ausgeführt, so können die Transformationsmatrizen multipliziert werden. Dabei ist die Reihenfolge der Ausführung wichtig, da die Matrizenmultiplikation nicht kommutativ ist. Da **von links** mit der Transformationsmatrix **multipliziert** wird, steht die zu letzt ausgeführte Transformation ganz links.

 Der Punkt P(2|−1) soll zuerst an der x-Achse und dann an der 1. Mediane gespiegelt werden.

$$S_x = \begin{pmatrix} 1 & 0 \\ 0 & -1 \end{pmatrix}, \quad \overrightarrow{OP_1'} = S_x \cdot \overrightarrow{OP} = \begin{pmatrix} x' \\ y' \end{pmatrix} = \begin{pmatrix} 1 & 0 \\ 0 & -1 \end{pmatrix} \cdot \begin{pmatrix} 2 \\ -1 \end{pmatrix} = \begin{pmatrix} 2 \\ 1 \end{pmatrix} \ldots \text{Spiegelung an der x-Achse}$$

$$S_M = \begin{pmatrix} 0 & 1 \\ 1 & 0 \end{pmatrix}, \quad \overrightarrow{OP_1''} = S_M \cdot \overrightarrow{OP_1'} = \begin{pmatrix} x'' \\ y'' \end{pmatrix} = \begin{pmatrix} 0 & 1 \\ 1 & 0 \end{pmatrix} \cdot \begin{pmatrix} 2 \\ 1 \end{pmatrix} = \begin{pmatrix} 1 \\ 2 \end{pmatrix} \ldots \text{Spiegelung an der 1. Mediane}$$

Die Berechnung kann auch mithilfe des Produkts der beiden Matrizen erfolgen:

$$M = S_M \cdot S_x = \begin{pmatrix} 0 & 1 \\ 1 & 0 \end{pmatrix} \cdot \begin{pmatrix} 1 & 0 \\ 0 & -1 \end{pmatrix} = \begin{pmatrix} 0 & -1 \\ 1 & 0 \end{pmatrix}$$

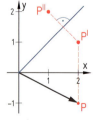

$$\overrightarrow{OP''} = M \cdot \overrightarrow{OP} = \begin{pmatrix} x'' \\ y'' \end{pmatrix} = \begin{pmatrix} 0 & -1 \\ 1 & 0 \end{pmatrix} \cdot \begin{pmatrix} 2 \\ -1 \end{pmatrix} = \begin{pmatrix} 1 \\ 2 \end{pmatrix} \Rightarrow P''(1|2)$$

Vertauscht man die Reihenfolge, so erhält man jenen Punkt **P₁″**, der entsteht, wenn man P zuerst an der 1. Mediane (**P₁′**) und dann an der x-Achse spiegelt.

$$M_1 = S_x \cdot S_M = \begin{pmatrix} 1 & 0 \\ 0 & -1 \end{pmatrix} \cdot \begin{pmatrix} 0 & 1 \\ 1 & 0 \end{pmatrix} = \begin{pmatrix} 0 & 1 \\ -1 & 0 \end{pmatrix}$$

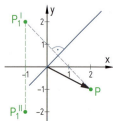

$$\overrightarrow{OP_1''} = M_1 \cdot \overrightarrow{OP} = \begin{pmatrix} x'' \\ y'' \end{pmatrix} = \begin{pmatrix} 0 & 1 \\ -1 & 0 \end{pmatrix} \cdot \begin{pmatrix} 2 \\ -1 \end{pmatrix} = \begin{pmatrix} -1 \\ -2 \end{pmatrix} \Rightarrow P_1''(-1|-2)$$

# Matrizen

## Schiebungen, homogene Koordinaten

Bei einer **Schiebung** wird zum Ortsvektor $\begin{pmatrix} x \\ y \end{pmatrix}$ eines Punkts der Schiebungsvektor $\begin{pmatrix} s_x \\ s_y \end{pmatrix}$ addiert.

Um auch die Schiebung mit anderen Transformationen kombinieren zu können, muss sie mithilfe einer Matrizenmultiplikation dargestellt werden. Dazu verwendet man so genannte **homogene Koordinaten**. Dabei wird eine zusätzliche Koordinate mit dem Wert 1 eingefügt.

Statt $\begin{pmatrix} x \\ y \end{pmatrix}$ verwendet man also $\begin{pmatrix} x \\ y \\ 1 \end{pmatrix}$. Die Schiebungsmatrix lautet: $S = \begin{pmatrix} 1 & 0 & s_x \\ 0 & 1 & s_y \\ 0 & 0 & 1 \end{pmatrix}$

Man erhält: $\begin{pmatrix} 1 & 0 & -1 \\ 0 & 1 & s_x \\ 0 & 0 & s_y \end{pmatrix} \cdot \begin{pmatrix} x \\ y \\ 1 \end{pmatrix} = \begin{pmatrix} x + s_x \\ y + s_y \\ 1 \end{pmatrix}$ Der verschobene Punkt hat die Koordinaten $\begin{pmatrix} x + s_x \\ y + s_y \end{pmatrix}$.

 Der Punkt P(2|3) soll um den Vektor $\vec{s} = \begin{pmatrix} -1 \\ 2 \end{pmatrix}$ verschoben werden.

$\begin{pmatrix} x' \\ y' \\ 1 \end{pmatrix} = \begin{pmatrix} 1 & 0 & -1 \\ 0 & 1 & 2 \\ 0 & 0 & 1 \end{pmatrix} \cdot \begin{pmatrix} 2 \\ 3 \\ 1 \end{pmatrix} = \begin{pmatrix} 1 \\ 5 \\ 1 \end{pmatrix} \;\Rightarrow\; P'(1|5)$

Wird mit homogenen Koordinaten gerechnet, so müssen die Transformationsmatrizen T für Drehungen, Streckungen bzw. Spiegelungen auf (3 x 3)-Matrizen erweitert werden.

## Umkehrung einer Transformation

Um eine Transformation umzukehren, wird mit der zur Transformationsmatrix inversen Matrix multipliziert.

 Eine Drehung um 90° (in positiver Richtung) wird durch die Drehmatrix $D = \begin{pmatrix} 0 & -1 \\ 1 & 0 \end{pmatrix}$ beschrieben.

Die dazu inverse Matrix $D^{-1} = \begin{pmatrix} 0 & 1 \\ -1 & 0 \end{pmatrix}$ beschreibt eine Drehung um –90°.

---

**Transformationsmatrizen**

**Drehungen:**
Drehung um den Ursprung um den Winkel φ in $\mathbb{R}^2$: $D = \begin{pmatrix} \cos(\varphi) & -\sin(\varphi) \\ \sin(\varphi) & \cos(\varphi) \end{pmatrix}$

Drehung um die z-Achse um den Winkel φ in $\mathbb{R}^3$: $D = \begin{pmatrix} \cos(\varphi) & -\sin(\varphi) & 0 \\ \sin(\varphi) & \cos(\varphi) & 0 \\ 0 & 0 & 1 \end{pmatrix}$

**Streckungen:** $S = \begin{pmatrix} s_x & 0 \\ 0 & s_y \end{pmatrix}$ mit $s_x, s_y \in \mathbb{R}$ ... Streckungs- bzw. Stauchungsfaktoren

**Spiegelungen:** Spiegelung um eine Gerade, die im Winkel φ zur x-Achse liegt:

$S = \begin{pmatrix} \cos(2\varphi) & \sin(2\varphi) \\ \sin(2\varphi) & -\cos(2\varphi) \end{pmatrix}$

**Schiebungen:** Die Verwendung von **homogenen Koordinaten** ist notwendig.

$S = \begin{pmatrix} 1 & 0 & s_x \\ 0 & 1 & s_y \\ 0 & 0 & 1 \end{pmatrix}$ mit $s_x, s_y \in \mathbb{R}$ ... Komponenten des Schiebevektors

Beim **Hintereinanderausführen von mehreren Transformationen** können die entsprechenden Transformationsmatrizen multipliziert werden. Die zuletzt ausgeführte Transfomation steht dabei ganz links.

**Algebra und Geometrie**

# Matrizen

**5.51** Drehe den Punkt P(4|5) um den Punkt D(2|2) um 90° (in positiver Richtung).
1) Erkläre, welche Transformationen für diese Drehung durchgeführt werden müssen.
2) Gib die Transformationsmatrix an und ermittle den gedrehten Punkt P'.

**Lösung:**
1) Zuerst werden die Punkte so verschoben, dass der Punkt D im Koordinatenursprung liegt.
verschoben. Dann erfolgt die Drehung. Anschließend muss zurückverschoben werden.

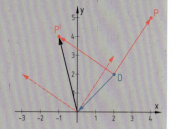

2) 1. Schiebungsvektor: $\vec{s_1} = \begin{pmatrix} -2 \\ -2 \end{pmatrix}$

1. Schiebungsmatrix: $S_1 = \begin{pmatrix} 1 & 0 & -2 \\ 0 & 1 & -2 \\ 0 & 0 & 1 \end{pmatrix}$ • Verschiebung und Ergänzung auf homogene Koordinaten

$D = \begin{pmatrix} \cos(90°) & -\sin(90°) & 0 \\ \sin(90°) & \cos(90°) & 0 \\ 0 & 0 & 1 \end{pmatrix} = \begin{pmatrix} 0 & -1 & 0 \\ 1 & 0 & 0 \\ 0 & 0 & 1 \end{pmatrix}$ • Erstellen der Drehmatrix und Ergänzung auf homogene Koordinaten

2. Schiebungsvektor: $\vec{s_2} = \begin{pmatrix} 2 \\ 2 \end{pmatrix}$

2. Schiebungsmatrix: $S_2 = \begin{pmatrix} 1 & 0 & 2 \\ 0 & 1 & 2 \\ 0 & 0 & 1 \end{pmatrix}$ • Ergänzung des Schiebungsvektors auf homogene Koordinaten

Transformationsmatrix:
$T = S_2 \cdot D \cdot S_1 = \begin{pmatrix} 0 & -1 & 4 \\ 1 & 0 & 0 \\ 0 & 0 & 1 \end{pmatrix}$ • Hintereinanderausführen der Transformationen von rechts nach links

$\vec{OP'} = T \cdot \vec{OP} = \begin{pmatrix} 0 & -1 & 4 \\ 1 & 0 & 0 \\ 0 & 0 & 1 \end{pmatrix} \cdot \begin{pmatrix} 4 \\ 5 \\ 1 \end{pmatrix} = \begin{pmatrix} -1 \\ 4 \\ 1 \end{pmatrix}$ • Ermitteln von P' durch Ergänzung von $\vec{OP}$ auf homogene Koordinaten und linksseitige Multiplikation mit der Transformationsmatrix T

Gedrehter Punkt: P'(−1|4)

**5.52** Erkläre, welche Transformation durch die Matrix $M = \begin{pmatrix} 0 & -1 \\ -1 & 0 \end{pmatrix}$ beschrieben wird.

**5.53** Bestimme die Koordinaten des Punkts P', der durch Drehung des Punkts P um den Winkel φ um den Koordinatenursprung entsteht.
a) P(4|3), φ = 45°   b) P(6|8), φ = −30°   c) P(1,5|2), φ = 60°   d) P(5|2), φ = 90°

**5.54** Ein Dreieck ABC wird um den Winkel φ um den Punkt A gedreht. Berechne die Koordinaten der neuen Eckpunkte.
a) A(1|2), B(3|4), C(2|7), φ = −135°   b) A(1|1), B(4|6), C(−1|3), φ = 30°

**5.55** Eine Kreisscheibe mit dem Mittelpunkt in M ist mit einem festen Punkt O(0|0) durch eine Teleskopstange verbunden. Sie wird um den Winkel φ gedreht. Die Stange wird dabei um den Faktor k verlängert. Berechne die Koordinaten des neuen Mittelpunkts M'.
a) M(3|2), φ = 25°, k = 3   b) M(2|5), φ = 35°, k = 1,8

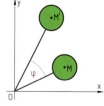

**5.56** Spiegle den Punkt P an der Geraden g. Überprüfe das Ergebnis mithilfe einer Zeichnung.
a) P(2|2), g: $y = \frac{1}{2} \cdot x$   b) P(−1|1), g: y = −3x   c) P(3|5), g ist die 1. Mediane.

# Matrizen

**5.57** Erstelle in GeoGebra mithilfe von Transformationsmatrizen eine Animation. Dabei soll das Quadrat A(0|0), B(1|0), C(1|1), D(0|1) um einen beliebigen Winkel gedreht und anschließend gestreckt werden. Dokumentiere deine Vorgehensweise.

Lösung:

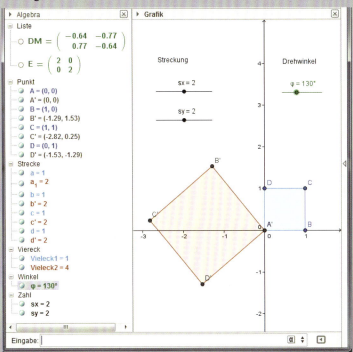

Zuerst werden die Eckpunkte des Quadrats angegeben und danach das Quadrat mit dem Werkzeug **Vieleck** gezeichnet.
Anschließend werden die Schieberegler für den Drehwinkel und die Streckfaktoren definiert. Die Transformationsmatrizen werden wie folgt eingegeben:
**DM={{cos(φ),–sin(φ)},{sin(φ), cos(φ)}}, E={{sx,0},{0,sy}}**
Die Punkte A′, B′, C′ und D′ erhält man durch Multiplikation mit DM und E.
ZB: **A′=E*DM*A**

**5.58** Wende auf den Punkt P(2|0) folgende Transformationen an und stelle sie grafisch dar. Drehe P zuerst um 30° (in positiver Richtung) um den Ursprung des Koordinatensystems und verschiebe den neuen Punkt um den Vektor $\begin{pmatrix} 3 \\ 0 \end{pmatrix}$.

**5.59** 1) Erkläre, wie du einen Punkt P an einer um den Winkel α zur x-Achse geneigten Geraden spiegeln kannst, wenn du dafür nur die Drehung um den Ursprung und die Spiegelung an der x-Achse verwendest.
2) Gib die Transformationsmatrix aus 1) für α = 30° an und zeige, dass diese mit der Spiegelungsmatrix übereinstimmt.

**5.60** 1) Ein Punkt im $\mathbb{R}^3$ soll um 3 Einheiten in x-Richtung, um 2 Einheiten in y-Richtung und um 4 Einheiten in z-Richtung verschoben werden. Gib die Transformationsmatrix an.
2) Gib die Spiegelungsmatrix für die Spiegelung an der z-Achse im $\mathbb{R}^3$ an. Ermittle die Koordinaten des gespiegelten Punkts von P(0|2|3).

# Matrizen

## Zusammenfassung

**(m x n)-Matrix**

$$A = \begin{pmatrix} a_{11} & a_{12} & \cdots & a_{1n} \\ a_{21} & a_{22} & \cdots & a_{2n} \\ \cdots & \cdots & \cdots & \cdots \\ a_{m1} & a_{m2} & \cdots & a_{mn} \end{pmatrix}$$

m ... Anzahl der Zeilen; n ... Anzahl der Spalten

$a_{ij}$ ... Elemente der Matrix mit i = 1, ..., m und j = 1, ..., n

Die **Addition** und **Subtraktion** zweier (m x n)-Matrizen und die **Multiplikation** einer Matrix **mit einem Skalar** erfolgen komponentenweise.

**Matrizenmultiplikation:** Man bildet jeweils das skalare Produkt des i-ten Zeilenvektors einer (m x n)-Matrix mit dem j-ten Spaltenvektor einer (n x r)-Matrix und erhält dadurch eine (m x r)-Matrix. Merke: „**Zeile mal Spalte**"

**Inverse Matrix $A^{-1}$:** $A \cdot A^{-1} = A^{-1} \cdot A = E$   E ... Einheitsmatrix

**Anwendungen der Matrizenrechnung:**
Lineare Gleichungssysteme: $A \cdot \vec{x} = \vec{b} \Rightarrow \vec{x} = A^{-1} \cdot \vec{b}$ mit det(A) ≠ 0
Transformationen: Drehungen, Streckungen, Spiegelungen, Schiebungen

### Weitere Aufgaben

**5.61** Führe mit den gegebenen Matrizen folgende Rechenoperationen durch bzw. begründe, warum dies nicht möglich ist.

$A = \begin{pmatrix} 1 & -2 \\ 7 & 6 \end{pmatrix}$, $B = \begin{pmatrix} 1 & 0 & 2 \\ 3 & 2 & 1 \end{pmatrix}$, $C = (3 \; 1 \; 5)$, $D = \begin{pmatrix} 1 & 0 \\ 0 & -1 \end{pmatrix}$

**a)** $2 \cdot B$  **b)** $A + D$  **c)** $B^{-1}$  **d)** $B \cdot C$  **e)** $B \cdot D$  **f)** $D \cdot B$  **g)** $A^{-1}$  **h)** $B^T$

**5.62** Drei Rohstoffe R1, R2 und R3 werden zu zwei Zwischenprodukten Z1 und Z2 verarbeitet. Daraus werden drei Endprodukte E1, E2 und E3 hergestellt. In den Tabellen sind die jeweiligen Mengen (in ME) angegeben.

| Tab. 1 | Z1 | Z2 |
|---|---|---|
| R1 | 20 | 40 |
| R2 | 10 | 30 |
| R3 | 30 | 10 |

| Tab. 2 | Z1 | Z2 |
|---|---|---|
| E1 | 5 | 8 |
| E2 | 3 | 10 |
| E3 | 4 | 9 |

| Tab. 3 | E1 | E2 | E3 |
|---|---|---|---|
| R1 | 420 | 460 | |
| R2 | 290 | | |
| R3 | 230 | | |

1) Gib die zur Berechnung der Einträge in Tabelle 3 notwendigen Matrizen an und schreibe die Matrizenmultiplikation auf. Berechne die fehlenden Einträge.
2) Es werden 10 Stück von E1, 20 Stück von E2 und 15 Stück von E3 verkauft. Berechne die benötigten Mengen der Rohstoffe.

**5.63** Löse das Gleichungssystem mithilfe der Matrizenrechnung.

**a)** I: 2x + 3z = 10
II: x − 4y = 19
III: 7y + 2z = −27

**b)** I: $t_1 + t_2 + 0{,}2 = t_3$
II: $t_3 + 2t_4 = 0{,}8$
III: $3t_1 − t_3 − 1 = 0$
IV: $− t_2 − 4t_3 = 2{,}4$

**c)** I: −b + d = 10 + a
II: 2a + 4b − 5c = −20
III: a + 14 − d = 0
IV: 3a = −34 + 5c

**5.64** Auf den Punkt P(3|2) sollen die angegebenen Transformationen angewendet werden. Gib jeweils die Transformationsmatrix und P' an. Beschreibe deine Vorgehensweise.
1) Streckung um den Faktor 3 in x-Richtung und um 1,5 in y-Richtung
2) Drehung um 60° um den Ursprung und anschließend Spiegelung an der y-Achse

# Matrizen

## Aufgaben in englischer Sprache

| | | | |
|---|---|---|---|
| dilation | Streckung | rotation | Drehung |
| identity / unit matrix | Einheitsmatrix | system of equations | Gleichungssystem |
| inverse of a square matrix | inverse Matrix | translation | Schiebung |
| reflection with respect to a line | Spiegelung an einer Geraden | transposed matrix | transponierte Matrix |
| | | zero matrix | Nullmatrix |

**5.65** The table shows the production costs (in $) of the components mainboard, graphics card, processor and hard disc for three different personal computers (PC) Kell, Racer and Veno. Merchant A orders 230 PCs of Kell, 80 PCs of Racer and 310 PCs of Veno. Merchant B orders 190 PCs of Kell, 40 PCs of Racer and 220 PCs of Veno. Create a table using matrix methods that shows the costs of all components for each merchant. Find the total costs for each merchant.

| PC | Kell | Racer | Veno |
|---|---|---|---|
| mainboard | 49,00 | 138,00 | 85,00 |
| graphics card | 38,00 | 197,00 | 68,00 |
| processor | 77,00 | 203,00 | 118,00 |
| hard disc | 67,00 | 95,00 | 72,00 |

**5.66** Find the transformation-matrix when a point is rotated clockwise about the point D(0|1) through an angle of 45°.

## Wissens-Check

|   |   | gelöst |
|---|---|---|
| 1 | Kreuze an, welche der Multiplikationen möglich ist. $P = \begin{pmatrix} 4 & -1 & 0 \\ 2 & 0 & 1 \\ -3 & 1 & 0 \\ 1 & 1 & -1 \end{pmatrix}$   $Q = \begin{pmatrix} 1 & 0 & 2 & 0 & 3 \\ 0 & 5 & 0 & 4 & 0 \end{pmatrix}$   $R = \begin{pmatrix} 5 & -1 \\ 2 & 0 \\ -1 & 3 \end{pmatrix}$ <br><br> ☐ P·Q  A  ☐ R·P  B  ☐ Q·R  C  ☐ R·Q  D  ☐ Q·P  E | |
| 2 | A) Schreibe das Gleichungssystem in Matrizenform an. <br> B) Überprüfe nachweislich, ob das Gleichungssystem eindeutig lösbar ist, ohne es tatsächlich zu lösen. <br><br> I:   $3x + 2y - z = 4$ <br> II:  $y + 2z - 3 = 0$ <br> III: $2z - 6x + 4y = -8$ | |
| 3 | Erkläre, welche Transformation durch die Multiplikation mit der Matrix M beschrieben wird. <br><br> A) $M = \begin{pmatrix} 2 & 0 \\ 0 & 1 \end{pmatrix}$   B) $M = \begin{pmatrix} -1 & 0 \\ 0 & 1 \end{pmatrix}$   C) $M = \begin{pmatrix} 0 & 1 \\ -1 & 0 \end{pmatrix}$ | |

Lösung:

1) A) 2) D  
2) A) $\begin{pmatrix} 3 & 2 & -1 \\ 0 & 1 & 2 \\ -6 & 4 & 2 \end{pmatrix} \cdot \begin{pmatrix} x \\ y \\ z \end{pmatrix} = \begin{pmatrix} 4 \\ 3 \\ -8 \end{pmatrix}$   B) $det \begin{pmatrix} 3 & 2 & -1 \\ 0 & 1 & 2 \\ -6 & 4 & 2 \end{pmatrix} = -48 \Rightarrow det(A) \neq 0$ ... eindeutig lösbar

3) A) Streckung in x-Richtung  B) Spiegelung an der y-Achse  C) Drehung um $-90°$

# 6 Wirtschaftsbezogene Mathematik

Bei jeder Produktion müssen die Kosten, der Erlös und der damit verbundene Gewinn laufend evaluiert werden. In diesem Abschnitt werden mathematische Modelle und Methoden vorgestellt, mit deren Hilfe man diese berechnen bzw. optimieren kann.

## 6.1 Kosten, Erlös- und Gewinnfunktionen

 **6.1** Eine Klasse richtet für ein Schulfest das Buffet aus. Mit dem erzielten Gewinn soll eine Sprachreise mitfinanziert werden. Für den Einkauf der Speisen und Getränke werden insgesamt 630,00 € ausgegeben. Pro Gast wird ein Kostenbeitrag von 5,00 € eingehoben. Insgesamt können höchstens 250 Personen das Fest besuchen.
1) Gib den Erlös an, der bei 120 Gästen erzielt wird.
2) Berechne, ab wie vielen zahlenden Personen Gewinn erzielt wird.
3) Gib den maximal möglichen Gewinn an.

Die in Band 3, Abschnitt 5.6, erklärten Begriffe werden im Folgenden wiederholt und vertieft.

### Kostenfunktionen

Kostenfunktionen beschreiben näherungsweise die bei Produktionen anfallenden Gesamtkosten in Abhängigkeit von der produzierten Menge x.

- **Lineare Kostenfunktion**
  Pro produzierter Mengeneinheit steigen die Kosten K um den gleichen Wert k:
  $K(x) = k \cdot x + F$
  k … proportionale Kosten, F …Fixkosten

- **Degressive Kostenfunktion**
  Die Kosten wachsen verhältnismäßig langsamer als die Stückzahl („unterproportionale Kosten").
  Der Graph ist negativ gekrümmt: **K″(x) < 0**

- **Progressive Kostenfunktion**
  Die Kosten wachsen verhältnismäßig schneller als die Stückzahl („überproportionale Kosten").
  Der Graph ist positiv gekrümmt: **K″(x) > 0**

- **Ertragsgesetzliche Kostenfunktion**
  Die Funktion verläuft degressiv bis zur Wendestelle, der so genannten **Kostenkehre**, ab dann progressiv.
  Meist wird als Kostenfunktion eine streng monoton steigende kubische Funktion verwendet.
  $K(x) = a \cdot x^3 + b \cdot x^2 + c \cdot x + F$  mit F > 0

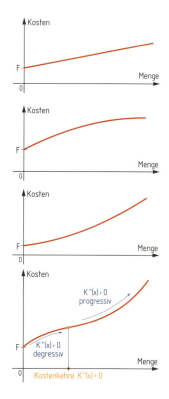

Für betriebswirtschaftliche Überlegungen werden noch die folgenden Funktionen verwendet:

Variable Kostenfunktion $K_v$:  $K_v(x) = K(x) - F$

Grenzkostenfunktion $K'$:  $K'(x) = \dfrac{dK(x)}{dx}$

Stückkostenfunktion (Durchschnittskostenfunktion) $\overline{K}$: $\overline{K}(x) = \dfrac{K(x)}{x}$

# Wirtschaftsbezogene Mathematik

Die Minimumstelle der Stückkostenfunktion $\bar{K}$ wird als **Betriebsoptimum** $x_{opt}$ bezeichnet. Die Stückkosten an dieser Stelle $\bar{K}(x_{opt})$ entsprechen der **langfristigen Preisuntergrenze** (LPU).

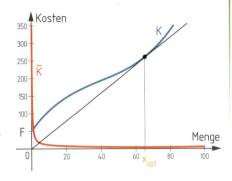

Das Betriebsoptimum kann grafisch ermittelt werden, indem man aus dem Ursprung des Koordinatensystems eine Tangente an den Graphen der Kostenfunktion legt. Die x-Koordinate des Berührpunkts einspricht dem Betriebsoptimum, die Steigung der Tangente entspricht der LPU.

### Preis-, Erlös- und Gewinnfunktion

Je nach Marktsituation kann man von einem Fixpreis p oder von einer nachfrageabhängigen Preisfunktion $p_N(x)$ ausgehen.

Für die Erlösfunktion E gilt: $\quad E(x) = p \cdot x \quad$ bzw. $\quad E(x) = p_N(x) \cdot x$

Für die Gewinnfunktion G gilt: $\quad G(x) = E(x) - K(x)$

---

**6.2** Die Kosten für die Produktion einer bestimmten Ware lassen sich näherungsweise durch eine Polynomfunktion 3. Grads beschreiben. Die Fixkosten betragen 350 GE. Die Kostenkehre liegt bei 40 ME. Bei dieser Produktionsmenge betragen die Gesamtkosten 494 GE und die Grenzkosten $2\,\frac{GE}{ME}$.

1) Stelle die Kostenfunktion auf.
2) Gib die Stückkostenfunktion an, ermittle das Betriebsoptimum und die langfristige Preisuntergrenze.

**Lösung:**

**1)** $K(x) = a \cdot x^3 + b \cdot x^2 + c \cdot x + F \qquad$ x ... Menge in ME
$K'(x) = 3a \cdot x^2 + 2b \cdot x + c \qquad\qquad$ K(x) ... Kosten bei der Menge x in GE
$K''(x) = 6a \cdot x + 2b$

I: $\ K(0) = 350 \ \Rightarrow \qquad\qquad\qquad\qquad F = 350$
II: $\ K''(40) = 0 \ \Rightarrow \qquad 240 \cdot a + 2 \cdot b \qquad\qquad = 0$
III: $\ K(40) = 494 \ \Rightarrow \ 64\,000 \cdot a + 1\,600 \cdot b + 40 \cdot c + F = 494$
IV: $\ K'(40) = 2 \ \Rightarrow \qquad 4\,800 \cdot a + 80 \cdot b + c = 2$

$a = 0{,}001 \quad b = -0{,}12 \quad c = 6{,}8 \quad F = 350 \qquad$ • Lösen des Gleichungssystems mit TE

$K(x) = 0{,}001x^3 - 0{,}12x^2 + 6{,}8x + 350 \qquad$ • Kostenfunktion

**2)** $\bar{K}(x) = 0{,}001x^2 - 0{,}12x + 6{,}8 + \frac{350}{x} \qquad$ • Stückkostenfunktion: $\bar{K}(x) = \frac{K(x)}{x}$

$\bar{K}'(x) = 0{,}002x - 0{,}12 - \frac{350}{x^2} \qquad$ • 1. Ableitung

$0{,}002x - 0{,}12 - \frac{350}{x^2} = 0 \qquad$ • Berechnen des Minimums: $\bar{K}'(x_{opt}) = 0$

$x_{opt} = 84{,}505...$

$\bar{K}(x_{opt}) = 7{,}942... \qquad$ • Berechnen der LPU

Das Betriebsoptimum liegt bei 84,5 ME und die langfristige Preisuntergrenze beträgt $7{,}94\,\frac{GE}{ME}$.

**Analysis**

# Wirtschaftsbezogene Mathematik

**6.3** Kreuze jene Grafik an, die eine ertragsgesetzliche Kostenfunktion darstellt. Begründe deine Auswahl.

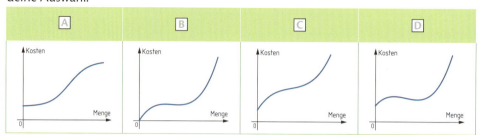

**6.4** Von einer Produktion mit einer Kapazitätsgrenze von 400 Stück sind die Kostenfunktion K und die Erlösfunktion E bekannt:
$K(x) = -0{,}04x^2 + 40x + 150$ und $E(x) = 32x$
x … Stückzahl, K(x) … Kosten bei x Stück in Euro, E(x) … Erlös bei x Stück in Euro
*1)* Stelle die Kosten- und die Erlösfunktion in einem Koordinatensystem grafisch dar.
*2)* Kennzeichne den Gewinnbereich in der Grafik.

**6.5** Ein Betrieb stellt Speichermedien her. Dabei betragen die Fixkosten 250 GE und die proportionalen Kosten pro Mengeneinheit 30 GE. Die Preisfunktion der Nachfrage wurde empirisch ermittelt:
$p_N(x) = 80 - 2x$
x … Absatzmenge in ME
$p_N(x)$ … Preis bei einer Absatzmenge x in $\frac{GE}{ME}$

*1)* Stelle die Kostenfunktion K auf.
*2)* Gib die Erlösfunktion E und die Gewinnfunktion G an.
*3)* Ermittle den Gewinnbereich sowie den maximalen Gewinn.

**6.6** Ein Unternehmen produziert Spezialwerkzeuge. Die Kosten können durch folgende Funktion K beschrieben werden:
$K(x) = 0{,}05x^3 - 2{,}3x^2 + 40x + 200$
x … Produktionsmenge in Stück, K(x) … Kosten bei x Stück in Euro
*1)* Berechne, bei wie viel Stück der Kostenzuwachs am geringsten ist.
*2)* Überprüfe, ob die Kosten bei 14 Stück im progressiven oder im degressiven Bereich liegen.

**6.7** Die Kosten für die Produktion einer bestimmten Ware lassen sich näherungsweise durch eine Polynomfunktion 3. Grads beschreiben. Die Fixkosten betragen 1 200 GE. Die Kostenkehre liegt bei 10 ME. Die Grenzkosten bei der Kostenkehre betragen 100 $\frac{GE}{ME}$. Die Gesamtkosten bei einer Produktionsmenge von 50 ME betragen 71 200 GE.
*1)* Ermittle die Gleichung der Kostenfunktion.
*2)* Argumentiere, dass es sich um eine ertragsgesetzliche Kostenfunktion handelt.
*3)* Ermittle jene Stelle, an der die Steigung der Kostenfunktion minimal ist.

**6.8** Eine Firma hat bei der Herstellung eines Produkts Fixkosten von 1 500 Euro. Die Grenzkosten lassen sich durch die Funktion K′ beschreiben:
$K'(x) = 0{,}09x^2 - 2{,}4x + 40$
x … Produktionsmenge in Stück
K′(x) … Grenzkosten bei x Stück in Euro pro Stück
Ermittle die Kostenfunktion K.

**Analysis**

# Wirtschaftsbezogene Mathematik

**6.9** Gib an, ob die folgenden Aussagen auf die dargestellten Funktionen zutreffen. Begründe deine Antworten.

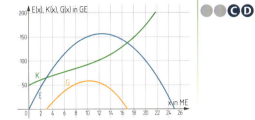

1) Der maximale Gewinn ist abhängig von den Fixkosten.
2) Der Gewinn bei 14 ME ist größer als der bei 5 ME.
3) Die Grenzkostenfunktion schneidet die x-Achse bei 3 ME und bei 17 ME.
4) Bei 20 ME wird Verlust gemacht.
5) Der Break-Even-Point liegt bei rund 17 ME.

**6.10** Die Kosten für die Herstellung eines Produkts lassen sich durch folgende Funktion K beschreiben:
$K(x) = 0{,}1x^2 + 5x + 30$
x … Produktionsmenge in Stück, K(x) … Kosten bei x Stück in Euro

1) Argumentiere, dass die Funktion progressiv ist.
2) Berechne das Betriebsoptimum.
3) Zeige, dass das Betriebsoptimum einer degressiven quadratischen Kostenfunktion ein Randextremum sein muss.

**6.11** Von einer kubischen Kostenfunktion sind folgende Daten bekannt: Die Grenzkosten liegen bei Produktionsstillstand (also bei x = 0) bei 5 GE pro ME. Bei der Produktion von 20 ME beträgt die lokale Änderungsrate 53 GE pro ME. Die Kostenkehre liegt bei 2 ME. Bei der Produktion von 10 ME betragen die Gesamtkosten 370 GE.

1) Stelle das Gleichungssystem auf, das zur Berechnung der Koeffizienten der Kostenfunktion benötigt wird. Gib die Funktionsgleichung der Kostenfunktion an.
2) Ermittle die Stückkostenfunktion.
3) Berechne das Betriebsoptimum und die langfristige Preisuntergrenze.

**6.12** Die Kosten bei der Herstellung eines Produkts können durch folgende Funktion K beschrieben werden:
$K(x) = 0{,}04x^3 - 2{,}1x^2 + 50x + 200$
x … Produktionsmenge in Stück, K(x) … Kosten bei x Stück in GE

1) Zeichne die Kostenfunktion und ermittle das Betriebsoptimum grafisch mithilfe einer geeigneten Tangente.
2) Zeige nachweislich, dass die Stückkostenfunktion an der Stelle des Berührpunkts ein Minimum hat.

**6.13** In der Grafik ist die variable Kostenfunktion $K_v$ dargestellt: $K_v(x) = 0{,}03x^3 - 1{,}8x^2 + 40x$
x … Produktionsmenge in Stück
$K_v(x)$ … variable Kosten bei x Stück in GE

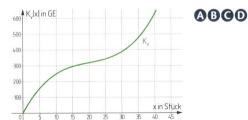

1) Zeichne eine Gerade durch den Koordinatenursprung, die den Graphen der variablen Kostenfunktion $K_v$ im Punkt $P(x > 0 | y)$ berührt.
2) Lies die Koordinaten des Punkts P ab.
3) Zeige, dass die variable Stückkostenfunktion an der Stelle des Berührpunkts ein Minimum (Betriebsminimum $x_{min}$) aufweist.
4) Die variablen Stückkosten an der Stelle $x_{min}$ entsprechen der kurzfristigen Preisuntergrenze. Berechne diese Preisuntergrenze.
5) Vergleiche die kurzfristige Preisuntergrenze mit der Steigung der Tangente.

Analysis

# Wirtschaftsbezogene Mathematik

## 6.2 Lineare Optimierung

In vielen mathematischen Aufgaben geht es im Wesentlichen um das Auffinden eines unter gewissen Gesichtspunkten optimalen Werts, wie dies zum Beispiel bei Extremwertaufgaben der Fall ist. Im Folgenden wird eine weitere Methode vorgestellt, um unter vielen möglichen Lösungen die optimale Lösung zu finden. Diese **Optimierungsaufgaben** werden beispielsweise bei der Produktionsplanung oder im Transportwesen angewendet.

### 6.2.1 Einleitung

**6.14** Die Veranstalter eines jährlich stattfindenden Schulballs verkaufen unterschiedlich teure Eintrittskarten. Die Erwachsenenkarte kostet 27,00 € und die Schülerkarte kostet 18,00 €.
1) Stelle eine Formel für die Einnahmen aus dem Kartenverkauf auf.
   x … Anzahl der Erwachsenenkarten, y … Anzahl der Schülerkarten
2) Im ersten Jahr werden 300 Erwachsenenkarten und 1 050 Schülerkarten verkauft, im zweiten Jahr 250 Erwachsenenkarten und 1 125 Schülerkarten und im dritten Jahr 350 Erwachsenenkarten und 975 Schülerkarten. Vergleiche die jeweils erzielten Einnahmen.
3) Trage die Anzahl der Erwachsenenkarten und der Schülerkarten aus 2) in ein Koordinatensystem ein. Was fällt dir auf? Finde ein weiteres Zahlenpaar, das dieselbe Eigenschaft hat.

Das Lösen von Optimierungsaufgaben erfordert es, verbal formulierte Bedingungen als Gleichungen bzw. Ungleichungen anzugeben.

ZB: Für verschiedene Attraktionen eines Vergnügungsparks gibt es Beschränkungen.
E … Anzahl der Erwachsenen, K … Anzahl der Kinder

| Bedingung | Gleichung bzw. Ungleichung |
|---|---|
| Ein Ringelspiel ist nur für Kinder zugelassen. Es hat maximal 20 Sitzplätze. | $E = 0$ <br> $K \leq 20$ |
| Eine Attraktion darf nur von maximal 30 Erwachsenen benutzt werden, Kinder zählen als halbe Erwachsene. | $E + 2K \leq 30$ |
| Jedes Kind muss von mindestens einem Erwachsenen begleitet werden. | $K \leq E$ |

Der Bereich, in dem alle Bedingungen, die für ein Problem von Bedeutung sind, erfüllt sind, heißt **Lösungsbereich** oder **zulässiger Bereich**. Aus allen möglichen Werten dieses Bereichs soll nun jener Wert ermittelt werden, der für eine bestimmte Fragestellung der „beste" ist.
Das Verfahren zum Auffinden dieser „besten" Lösung nennt man **lineare Optimierung**. Hängen die Bedingungen von höchstens zwei Variablen ab, so kann die Lösung grafisch ermittelt werden, andernfalls benötigt man andere Methoden.

Im Allgemeinen handelt es sich bei den gesuchten Größen um solche, die nur positive Werte annehmen. Dies wird durch die so genannten **Nichtnegativitätsbedingungen** ($x \geq 0$, $y \geq 0$) ausgedrückt.

# Wirtschaftsbezogene Mathematik

## 6.2.2 Lineare Ungleichungen und Ungleichungssysteme

**6.15** Gib zur Geraden g: $y = \frac{3}{4}x + 1$ jeweils einen Punkt $P(1|y_p)$ an, der auf, über bzw. unter der Geraden liegt.

Die Lösung einer linearen Ungleichung $ax + by > c$ bzw. $ax + by < c$ sind alle Punkte, die oberhalb bzw. unterhalb der Geraden g: $ax + by = c$ liegen. Die xy-Ebene wird durch diese Gerade in zwei **Halbebenen** geteilt.

ZB:

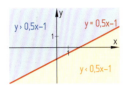 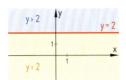 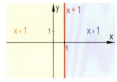

Wird die Ungleichung mit $<$ bzw. $>$ angegeben, erhält man eine **offene Halbebene**, die Punkte auf der Randgeraden gehören nicht dazu. Eine **abgeschlossene Halbebene** inklusive Randgeraden erhält man mittels $\leq$ bzw. $\geq$, zB:

offene Halbebene          abgeschlossene Halbebene

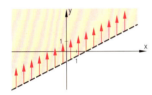    $y > 0{,}5x - 1$      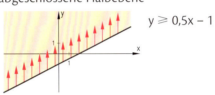    $y \geq 0{,}5x - 1$

Um ein System von zwei oder mehreren linearen Ungleichungen grafisch zu lösen, stellt man die Lösungsmenge jeder Ungleichung als Halbebene dar. Die **Lösungsmenge des Ungleichungssystems** ist dann der **Durchschnitt aller Halbebenen**. Diese Lösungsmenge kann dabei beschränkt, unbeschränkt oder leer sein.

beschränkte Lösungsmenge     unbeschränkte Lösungsmenge     leere Lösungsmenge

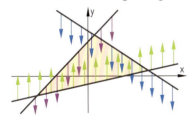 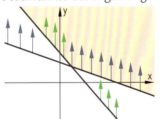 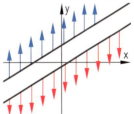

**Technologieeinsatz: Lineare Ungleichungen und Ungleichungssysteme**
**TI-Nspire**

ZB: Es soll die Lösungsmenge des nebenstehenden Ungleichungssystems grafisch dargestellt werden.

I: $y \leq 0{,}5x + 2$
II: $y \leq -0{,}25x + 3$

GeoGebra, CASIO ClassPad II: www.hpt.at

Entfernt man in der Applikation **Graphs** in der Eingabezeile das =-Zeichen, so erscheint ein Menü, aus dem Ungleichungen gewählt werden können.

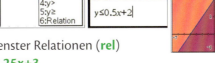

Nach der Auswahl können im aktuellen Fenster Relationen (**rel**) eingegeben werden: **y≤0.5x+2** und **y≤-0.25x+3**

Die Ungleichungen werden als verschiedenfärbige Bereiche angezeigt. Die Lösungsmenge wird durch die Überlagerung dieser Bereiche dargestellt.

**Algebra und Geometrie**

# Wirtschaftsbezogene Mathematik

Aufgaben 6.16 – 6.18: Stelle jeweils die Lösungsmenge grafisch dar.

**6.16** a) $y > 4$  b) $y < -2$  c) $y \geq 5$  d) $y \leq -1$

**6.17** a) $x > -3$  b) $x < 0$  c) $x \geq -4$  d) $x \leq 2$

**6.18** a) $5x < 8y$  b) $-7x \leq 4y$  c) $-5x - 18y > 0$  d) $x \geq -y$

**6.19** Gib die passende Ungleichung zur dargestellten Halbebene an.

a)   b)   c)   d)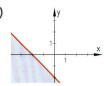

**6.20** Stelle die Lösungsmenge des Ungleichungssystems grafisch dar.

I: $x + 3y \geq 6$
II: $4x > y + 1$

Lösung:
I: $x + 3y \geq 6 \Rightarrow y \geq -\frac{1}{3}x + 2$
II: $4x > y + 1 \Rightarrow y < 4x - 1$

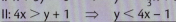

Aufgaben 6.21 – 6.22: Stelle jeweils die Lösungsmenge des Ungleichungssystems grafisch dar.

**6.21** 
a) I: $x > 4$  
   II: $y \geq 3{,}5$  
b) I: $x < 5$  
   II: $y > -2$  
c) I: $2x + y \leq 9$  
   II: $x + 2y > -1$  
d) I: $0{,}5x - 2y > 1$  
   II: $x + 0{,}2y \leq 0{,}5$

**6.22** 
a) I: $x - y \geq 5$  
   II: $x + 2y \leq 5$  
   III: $y \geq 0$  
b) I: $x < 5$  
   II: $x + y \geq 8$  
   III: $4x + 5y \leq 20$  
c) I: $x + 3y \geq -8$  
   II: $2x - y \geq -16$  
   III: $x - 4y < 23$  
d) I: $x + y \geq 0$  
   II: $-2x + y \leq 2$  
   III: $3x + y > 9$

**6.23** Gib das zum markierten Bereich passende Ungleichungssystem an.

a)   b)   c)   d)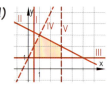

**6.24** Ordne den markierten Bereichen jeweils das passende Ungleichungssystem zu.

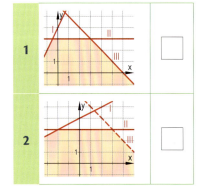

| | |
|---|---|
| A | $y \leq 2x + 4,\ y \leq -x + 6,\ y \leq 3$ |
| B | $y \leq 0{,}5x + 4,\ y < -x + 6,\ y \leq 3$ |
| C | $y \leq 0{,}5x + 4,\ y \leq -x + 6,\ y \leq 3$ |
| D | $y \leq 2x + 4,\ y < -x + 6,\ y \leq 3$ |

# Wirtschaftsbezogene Mathematik

## 6.2.3 Lösungsverfahren für lineare Optimierungsaufgaben

Die Vorgehensweise bei der Lösung von linearen Optimierungsaufgaben wird anhand von Beispielen erklärt. Zum besseren Verständnis werden die Aufgabenstellungen bzw. die Zahlenangaben zum Teil vereinfacht.

### Maximumaufgabe

In einem Produktionsbetrieb werden mithilfe dreier Maschinen $M_1$, $M_2$ und $M_3$ zwei verschiedene Werkstücke A und B hergestellt. Das Werkstück A wird zuerst von der Maschine $M_1$ eine Stunde lang bearbeitet, dann von $M_2$ vier Stunden und anschließend von $M_3$ zwei Stunden. Das Werkstück B wird von $M_1$ drei Stunden, von $M_2$ drei Stunden und von $M_3$ eine Stunde bearbeitet. Insgesamt steht die Maschine $M_1$ für maximal 24 Wochenstunden zur Verfügung, Maschine $M_2$ für maximal 42 Wochenstunden und Maschine $M_3$ für maximal 20 Wochenstunden. Der Gewinn für ein Werkstück A beträgt 215,00 €, der Gewinn für B beträgt 327,00 €. Es soll ermittelt werden, wie viele Werkstücke von A und B hergestellt werden sollten, damit der Gewinn möglichst groß wird.

| Maschine | Anzahl der Arbeitsstunden für A | Anzahl der Arbeitsstunden für B | Maximale Wochenstundenanzahl |
|---|---|---|---|
| $M_1$ | 1 | 3 | 24 |
| $M_2$ | 4 | 3 | 42 |
| $M_3$ | 2 | 1 | 20 |
| Gewinn | 215,00 € | 327,00 € | |

- Die Angaben werden in Form einer Tabelle angeschrieben.

x ... Stückanzahl von A,   y ... Stückanzahl von B

I:   $x + 3y \leq 24 \Rightarrow y \leq -\frac{1}{3}x + 8$
II:  $4x + 3y \leq 42 \Rightarrow y \leq -\frac{4}{3}x + 14$
III: $2x + y \leq 20 \Rightarrow y \leq -2x + 20$
IV: $x \geq 0$   und   V: $y \geq 0$

$G = 215 \cdot x + 327 \cdot y \rightarrow$ maximal

$y = -\frac{215}{327}x + \frac{G}{327}$

- Die gegebenen Bedingungen werden anschließend als Ungleichungen formuliert. Zusätzlich gelten die Nichtnegativitätsbedingungen. Man erhält ein Ungleichungssystem.

- Der Gewinn kann mithilfe der Funktion G ermittelt werden. Diese Funktion nennt man die **Zielfunktion**.

- Um die Zielfunktion grafisch darzustellen, wird sie in Normalform umgeformt. Man erkennt, dass der y-Achsenabstand von G abhängt.

- Der Lösungsbereich des Ungleichungssystems wird in ein Koordinatensystem eingezeichnet.

- Es wird üblicherweise jene Zielfunktion eingezeichnet, die durch den Koordinatenursprung geht. Diese wird so parallel verschoben, dass der Ordinatenabstand und damit G möglichst groß wird. Die Gerade muss noch durch mindestens einen Punkt des Lösungsbereichs verlaufen. Dieser „letzte" Punkt ist die Lösung der Optimierungsaufgabe, hier P(6|6).

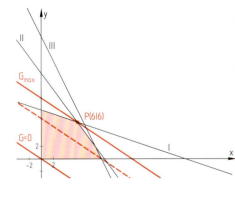

Es sollten daher jeweils sechs Stück von jedem Werkstück hergestellt werden.

**Algebra und Geometrie**

# Wirtschaftsbezogene Mathematik

**Minimumaufgabe**
Bei einer Minimumaufgabe beschreibt die Zielfunktion jene Größe, die minimal werden soll, zum Beispiel Produktionskosten oder Energieverbrauch. Die Lösungsmethode ist analog zu jener bei Maximumaufgaben. Im nebenstehenden Diagramm sind die geringsten Kosten $K_{min}$ gesucht. Wie im Diagramm ersichtlich, ergeben sich nun die geringsten Kosten $K_{min}$ durch die „erstmalige" Berührung der Zielfunktion mit dem Lösungsbereich.

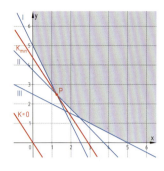

Sind für die beiden Variablen einer Optimierungsaufgabe reelle Zahlen zulässig, so gilt der **Hauptsatz der linearen Optimierung**.

> **Hauptsatz der linearen Optimierung**
> Die optimale Lösung linearer Optimierungsaufgaben liegt immer am Rand des Lösungsbereichs.

Wird das Maximum bzw. Minimum in genau einem Punkt angenommen, so ist die Optimierungsaufgabe eindeutig lösbar. Dies muss aber nicht immer der Fall sein. Verläuft der Graph der Zielfunktion parallel zu einer Seite des Lösungsbereichs, so ist jeder Punkt dieser Seite eine optimale Lösung des Problems.

ZB: Ein Ungleichungssystem lautet:
I: $y \leq -0{,}5x + 7$
II: $y \leq -4x + 25$

Die Zielfunktion lautet:
$Z = 150x + 300y \Rightarrow y = -0{,}5x + \frac{Z}{300}$

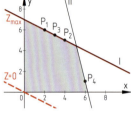

Jeder Punkt der rot markierten Seitenkante des Lösungsbereichs liefert einen maximalen Wert.
ZB: $P_1(2|6) \Rightarrow Z = 150 \cdot 2 + 300 \cdot 6 = 2\,100$
$P_2(4|5) \Rightarrow Z = 150 \cdot 4 + 300 \cdot 5 = 2\,100$
$P_3(3|5{,}5) \Rightarrow Z = 150 \cdot 3 + 300 \cdot 5{,}5 = 2\,100$
aber $P_4(6|1) \Rightarrow Z = 150 \cdot 6 + 300 \cdot 1 = 1\,200 \neq 2\,100$

Die Eckpunkte eines Lösungsbereichs müssen keine ganzzahligen Werte annehmen. Oft sind aber nur ganzzahlige Lösungen sinnvoll. Abhilfe schafft hier die Verwendung eines ganzzahligen Rasters.

ZB: Ein Ungleichungssystem lautet:
I: $y \leq 3{,}5$
II: $y \leq -2x + 7{,}5$

Die Zielfunktion lautet:
$Z = x + y \Rightarrow y = -x + Z$

Die optimale Lösung liegt im Punkt P. Für die ganzzahlige Lösung wird die Zielfunktion nur bis zum letzten Rasterschnittpunkt im Lösungsbereich verschoben. Man erhält den Lösungspunkt Q.

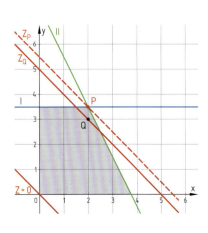

Lösung mit ganzzahligen Anteilen: $Q(2|3) \Rightarrow Z = 2 + 3 = 5$
Optimale Lösung: $P(2|3{,}5) \Rightarrow Z = 2 + 3{,}5 = 5{,}5$

# Wirtschaftsbezogene Mathematik

**6.25** Markus findet zwei Vitaminmischungen V1 und V2 im Handel. Eine Kapsel von V1 enthält 5 mg Vitamin E, 36 mg Vitamin C und 0,7 mg Vitamin $B_6$. V2 enthält 7 mg Vitamin E, 12 mg Vitamin C und 0,5 mg Vitamin $B_6$. Beide Packungen beinhalten gleich viele Kapseln. V1 kostet 4,00 € und V2 kostet 5,00 €. Markus möchte täglich eine Mindestmenge von 35 mg Vitamin E, 108 mg Vitamin C und 3,5 mg Vitamin $B_6$ einnehmen und dabei möglichst wenig ausgeben. Berechne die Anzahl der Kapseln pro Vitaminmischung, die er zu sich nehmen muss.

GeoGebra, Excel:
www.hpt.at

Lösung mit TI-Nspire:

|  | V1 | V2 | min. Tagesmenge |
|---|---|---|---|
| Vitamin E in mg | 5 | 7 | 35 |
| Vitamin C in mg | 36 | 12 | 108 |
| Vitamin $B_6$ in mg | 0,7 | 0,5 | 3,5 |
| Kosten | 4,00 € | 5,00 € |  |

• Angabe in Form einer Tabelle anschreiben

x ... Kapselanzahl von V1
y ... Kapselanzahl von V2

I:   $5x + 7y \geq 35$
II:  $36x + 12y \geq 108$
III: $0,7x + 0,5y \geq 3,5$
IV: $x \geq 0$ und V: $y \geq 0$

$Z = 4x + 5y \rightarrow$ minimal

• Die Bedingungen als Ungleichungen formulieren

• Nichtnegativitätsbedingungen hinzufügen

• Zielfunktion bestimmen

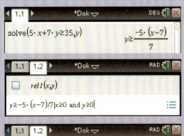

• Mit dem Befehl **solve** können die Ungleichungen auf die Normalform umgeformt werden.

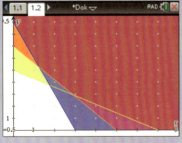

• Die umgeformten Bedingungen werden jeweils zusammen mit den Nichtnegativitätsbedingungen in der Applikation Graphs als Relation eingegeben. ZB: **y≥-5*(x-7)/7|x≥0 and y≥0**

• Durch die Eingabe der drei Bedingungen erscheinen verschiedenfärbige Bereiche. Der Zielbereich wird als Überlagerung dieser Bereiche angezeigt.

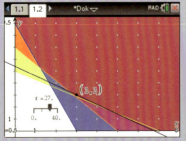

• Um ganzzahlige Ergebnisse ablesen zu können, kann im Menü **2: Ansicht**, **6: Gitter**, **2: Punktgitter** ein Gitter eingeblendet werden.

• Die umgeformte Zielfunktion wird als Relation mit der Formvariablen z eingegeben:
**y=-4/5x+z/5**
Es wird automatisch ein Schieberegler für die Variable z erstellt.

• Mithilfe des Schiebereglers kann die Zielfunktion bis zum ersten Gitterpunkt im Lösungsbereich, P(3|3), parallel verschoben werden.

Markus müsste täglich je drei Kapseln pro Mischung einnehmen.

**Algebra und Geometrie**

# Wirtschaftsbezogene Mathematik

**Optimierungsaufgaben mit mehr als zwei Variablen**

Hängt die Zielfunktion einer linearen Optimierungsaufgabe von mehr als zwei Größen ab, so kann die Aufgabe nicht mehr grafisch gelöst werden. Anhand des so genannten **Transportproblems** wird eine Lösungsmethode mit Technologieeinsatz gezeigt.

Zwei Schottergruben S1 und S2 beliefern drei Baustellen B1, B2 und B3. S1 ist 4 km von B1 entfernt, 7 km von B2 und 10 km von B3. S2 ist 6 km von B1 entfernt, 12 km von B2 und 8 km von B3. S1 kann pro Woche 15 LKW-Fuhren liefern und S2 kann 20 Fuhren liefern. B1 benötigt 10 Lieferungen, B2 benötigt 5 und B3 benötigt 14 Lieferungen. Der kürzeste Fahrweg, um alle drei Baustellen ausreichend beliefern zu können, ist zu ermitteln.

Lösung mit Excel:
Optimierungsaufgaben können in Excel mithilfe des **Solvers** gelöst werden. Dieser muss als Add-In hinzugefügt werden (**Datei**, **Optionen**, **Add-Ins**, im Feld **Verwalten Excel-Add-Ins** auswählen und auf **Gehe zu ...** klicken, bei **Verfügbare Add-Ins** den **Solver** aktivieren). Der Solver steht dann im Register **Daten** in der Gruppe **Analyse** zur Verfügung.

- Die Werte der Angabe werden in eine Tabelle geschrieben.

- In einer weiteren Tabelle werden für die gesuchten Größen Startwerte (zB 1) und die Formeln für die Summen eingegeben.

- Die Zielfunktion (Gesamtweg) wird in der Zelle E10 berechnet.

- Nun wird der **Solver** aufgerufen.

- Die Zielzelle ist **$E$10** und der Wert soll ein Minimum (**Min.**) werden.

- Die Variablenzellen sind **B7:D8**.

- Durch Klicken auf **Hinzufügen** werden die Nebenbedingungen mithilfe eines weiteren Fensters eingegeben:
Die Werte in **B7:D8** müssen ganzzahlig (**int**) und größer oder gleich 0 sein.
Die verwendeten Mengen in **B9:D9** müssen größer oder gleich den benötigten Mengen in **B4:D4** sein.
Die gelieferten Mengen in **E7:E8** müssen kleiner oder gleich den Kapazitäten in **E2:E3** sein.

- Nach Eingabe aller Bedingungen wählt man als Lösungsmethode **Simplex-LP** und klickt auf **Lösen**.

- Nach der Berechnung erscheint ein Fenster, in dem das Ergebnis akzeptiert werden kann.

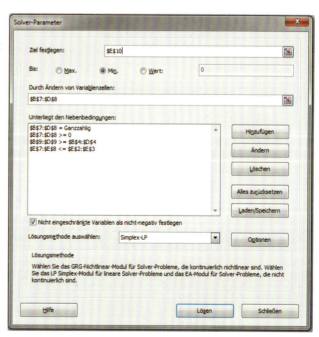

# Wirtschaftsbezogene Mathematik

**6.26** In einem Produktionsbetrieb werden mithilfe von vier Maschinen $M_1$, $M_2$, $M_3$ und $M_4$ zwei verschiedene Werkstücke A und B hergestellt. Die benötigten Zeiten pro Maschine (in Minuten) und deren Verfügbarkeit (in Stunden pro Tag) sind in der Tabelle angeführt. Der Gewinn für ein Werkstück A beträgt 300,00 €, der Gewinn für B 200,00 €. Ermittle, wie viele Werkstücke von A und B hergestellt werden sollten, damit der Gewinn möglichst groß wird.

| Maschine | A | B | verfügbar |
|---|---|---|---|
| $M_1$ | 30 | 60 | 14 |
| $M_2$ | 60 | 0 | 16 |
| $M_3$ | 0 | 60 | 12 |
| $M_4$ | 40 | 50 | 10 |

**6.27** Amalgame sind Quecksilberlegierungen aus Quecksilber und einer Mischung aus verschiedenen Metallen wie zum Beispiel Silber, Zinn oder Kupfer. Aus zwei Metallmischungen, die aus den Elementen Silber, Zinn und Kupfer bestehen, soll eine neue Mischung entstehen. Die erste Mischung enthält 50 % Silber, 30 % Zinn und 20 % Kupfer, die zweite 30 % Silber, 35 % Zinn und 35 % Kupfer. Die Mindestmenge an Silber in der neuen Mischung soll 15 g, an Zinn 12 g und an Kupfer 11 g betragen. Dabei betragen die Kosten für ein Kilogramm der ersten Mischung 3 600,00 € und für ein Kilogramm der zweiten Mischung 2 700,00 €.
Ermittle grafisch, wie viel von jeder Mischung verwendet werden muss, um die Kosten für die neue Mischung möglichst gering zu halten. Berechne die Höhe dieser Kosten.

**6.28** Ein Betrieb stellt für Hybridantriebe Elektromotoren mit 15 kW und 22 kW Leistung her. Täglich können maximal 600 Stück mit 15 kW und 400 Stück mit 22 kW erzeugt werden. Die Abnehmerfirma kann maximal 700 Hybridantriebe pro Tag mit diesen Elektromotoren bestücken. Der Gewinn für den Herstellerbetrieb beträgt bei einem 15-kW-Motor 700,00 €, bei einem 22-kW-Motor 1 750,00 €. Ermittle grafisch, wie viele Elektromotoren von jedem Typ täglich geliefert werden müssen, damit der Gewinn maximal ist. Berechne diesen maximalen Gewinn.

**6.29** Die Geschäftsführerin einer Blumenhandlung mischt einen Spezialdünger. Dabei stehen ihr zwei mineralische Feststoffdünger zur Verfügung, deren Hauptbestandteile Stickstoff (N), Phosphor (P) und Kalium (K) sind. Die erste Sorte ist ein Dünger mit der Bezeichnung „NPK = 3 – 1 – 5", dieser enthält 3 % Stickstoff, 1 % Phosphor und 5 % Kalium. Die zweite Sorte trägt die Bezeichnung „NPK = 3 – 3 – 2".
Die Geschäftsführerin möchte eine Spezialmischung herstellen, die mindestens 270 g Stickstoff, 150 g Phosphor und 240 g Kalium enthält, wobei die Kosten für diese Mischung minimal sein sollen. Der erste Dünger kostet 30,00 € pro Kilogramm und der zweite 70,00 € pro Kilogramm.
*1)* Stelle das Ungleichungssystem auf, das den Zusammenhang beschreibt.
*2)* Berechne, wie viel sie von jeder Düngersorte für die Mischung benötigt.
*3)* Ermittle den Gewinn, wenn sie für ein Kilogramm ihrer Mischung 55,00 € erhält.

**6.30** Eine Supermarktkette hat zwei Zentrallager Z1 und Z2. Von beiden Lagern können pro Tag maximal 30 Fahrten getätigt werden. Ein Zustellkilometer kostet 0,50 €. Es sollen drei Filialen F1, F2 und F3 beliefert werden. Z1 ist 22 km von F1 entfernt, 54 km von F2 und 134 km von F3. Z2 ist 122 km von F1 entfernt, 48 km von F2 und 36 km von F3. F1 benötigt 10 Lieferungen pro Tag, F2 benötigt 20 und F3 benötigt 15 Lieferungen.
*1)* Berechne die minimalen Zustellkosten.
*2)* Es wird eine vierte Filiale F4 eröffnet, die 15 km von Z1 und 115 km von Z2 entfernt ist und täglich 15 Lieferungen benötigt. Berechne die neuen minimalen Zustellkosten. Vergleiche die Anzahl der Fahrten mit jenen aus *1)*.

**Algebra und Geometrie**

# Wirtschaftsbezogene Mathematik

## Zusammenfassung

**Kosten-, Erlös- und Gewinnfunktionen**

Die Kostenfunktion beschreibt näherungsweise die bei einer Produktion anfallenden Gesamtkosten in Abhängigkeit von der produzierten Menge.
ZB: lineare, degressive, progressive oder ertragsgesetzliche Kostenfunktion

Stückkostenfunktion: $\overline{K}(x) = \frac{K(x)}{x}$

Betriebsoptimum: Minimumstelle $x_{opt}$ der Stückkostenfunktion

Erlösfunktion: $E(x) = p_N(x) \cdot x$ \qquad $p_N$ ... Preisfunktion der Nachfrage

Gewinnfunktion: $G(x) = E(x) - K(x)$

**Lineare Optimierung**

Aus unendlich vielen möglichen Lösungen wird die unter vorgegebenen Bedingungen optimale Lösung ermittelt. Bei diesem Verfahren sollen jene Punkte ermittelt werden, für die die Zielfunktion möglichst große (Maximum) bzw. möglichst kleine (Minimum) Werte liefert.

### Weitere Aufgaben

 **6.31** Ein Start-up erzeugt vegane Laptoptaschen. Die Kosten für die Herstellung können durch die Funktion K beschrieben werden:
$K(x) = 0{,}001x^3 - 0{,}11x^2 + 5{,}8x + 100$
x ... Produktionsmenge in Stück
K(x) ... Kosten bei x Stück in GE

1) Gib jeweils den Bereich an, in dem die Kostenfunktion degressiv bzw. progessiv ist.
2) Ermittle das Betriebsoptimum und die langfristige Preisuntergrenze.

Die Taschen werden um 5,5 GE pro Stück verkauft.

3) Gib die Erlös- und die Gewinnfunktion an.
4) Ermittle den Gewinnbereich sowie den maximalen Gewinn.

 **6.32** Aus zwei Standardgoldlegierungen soll eine neue Legierung hergestellt werden. Die erste Legierung, Gold 916 (22 Karat), enthält 916 Massenpromille reines Gold und die zweite, Gold 750 (18 Karat), enthält 750 Massenpromille reines Gold. 650 g der neuen Legierung sollen mindestens 500 g reines Gold enthalten. Die Kosten für Gold 916 betragen 28 000,00 € pro Kilogramm, die für Gold 750 betragen 24 000,00 € pro Kilogramm.

1) Wie ist die Zusammensetzung der neuen Legierung zu wählen, damit die Kosten möglichst gering ausfallen?
2) Die neue Legierung kann um 26 500,00 € pro Kilogramm verkauft werden. Berechne den Gewinn.

 **6.33** Frau Michel, die Besitzerin eines Ladens für Berufskleidung in Salzburg, möchte sich vor Schulbeginn mit neuer Ware eindecken. Sie möchte 400 Artikel einkaufen und hat dafür höchstens 10 000,00 € zur Verfügung. Die Lieferfirma legt zwei Angebote vor.
Ein Overall hat einen Einkaufspreis von 20,00 € und einen Verkaufspreis von 50,00 €, ein Schlosseranzug einen Einkaufspreis von 35,00 € und einen Verkaufspreis von 85,00 €.

1) Frau Michel möchte 250 Overalls und 150 Schlosseranzüge kaufen.
Überprüfe, ob dies mit dem verfügbaren Geldbetrag möglich ist.
2) Wie muss Frau Michel ihre Bestellung zusammenstellen, damit sie einen größtmöglichen Gewinn erzielen kann? Berechne diesen Gewinn.

# Wirtschaftsbezogene Mathematik

## Aufgaben in englischer Sprache

| | | | |
|---|---|---|---|
| average total costs (ATC) | Durchschnittskosten | to optimise | optimieren |
| break-even | Gewinnschwelle | price-demand function | Preisfunktion der Nachfrage |
| cost-covering | kostendeckend | | |
| feasible solution | zulässige Lösung | profit function (P) | Gewinnfunktion |
| inequality | Ungleichung | progressive | progressiv |
| linear programming | lineare Optimierung | regressive | degressiv |
| longterm/shortterm break-even price | lang-/kurzfristige Preisuntergrenze | revenue (R) | Erlös |
| marginal costs (MC) | Grenzkosten | total cost function (TC) | Kostenfunktion |
| non-negativity constraint | Nichtnegativitätsbedingung | unit costs | Stückkosten |
| operational optimum | Betriebsoptimum | variable costs | variable Kosten |

**6.34** A tailor is able to produce a maximum of 12 jackets per day. The total cost function for one day is given as $TC(q) = 1.4q^3 - 20q^2 + 113.8q + 200$, where q represents the amount of jackets and TC(q) represents the cost to produce q jackets in dollar. He sells the jackets for $ 90.00 each.

1) Calculate the function of marginal costs and determine the ranges of regressive and progressive costs.
2) Find the price function, the revenue function and the profit function. Sketch them as well as the cost function using one coordinate system. Visualise the range of cost-covering producing. Calculate the break-even and the highest profit possible.

**6.35** The annual subscription for a golf club is $ 100.00 for adults and $ 25.00 for juniors. The club needs to raise $ 3 500.00 from subscriptions to cover ist costs. The number of members is to be limited to 100. There must be at least as many adult members as junior members, but not more adult members than double of the junior members. Represent this situation graphically. Find the number of adult and junior members which will raise the most money and find the largest total membership which will just cover the costs.

## Wissens-Check

| | | gelöst |
|---|---|---|
| 1 | Ich kenne die Eigenschaften von ertragsgesetzlichen Kostenfunktionen. | |
| 2 | Setze die Ungleichheitszeichen $\leq$ und $\geq$ so ein, dass kein Lösungsbereich für das Ungleichungssystem entsteht.  I: $y \;\square\; -0{,}25x + 1$  II: $4y \;\square\; -x + 3$ | |
| 3 | Welche der folgenden Aussagen ist wahr?  A) Bei linearer Optimierung wird ein Extremwert der Zielfunktion gesucht.  B) Existiert bei linearer Optimierung eine eindeutige Lösung, liegt diese an einem Eckpunkt des Lösungsbereichs.  C) Bei linearer Optimierung wird der höchste bzw. der niedrigste Punkt des Lösungsbereichs gesucht. | |

Lösung: 1) siehe Seite 152  2) I: $\leq$  II: $\geq$  3) B

**Algebra und Geometrie/Analysis**

# 7 Algebra und Zahlentheorie

In der Mathematik wurden immer wieder neue Rechenmodelle und Rechenmethoden entwickelt. So befasst sich zum Beispiel die Kombinatorik mit der Anzahl möglicher Anordnungen, wie den Anordnungen von Ziffern bei Passwörtern. Die Restklassenrechnung wird bei der Codierung von Passwörtern verwendet.
Jedoch gelten die bekannten Rechengesetze nicht in allen Strukturen. Daher entwickelte sich in der Mathematik Anfang des 20. Jahrhunderts die „Moderne Algebra", um mithilfe eines strikten Regelwerks eine Ordnung in die Vielzahl von Rechentechniken zu bringen. Diese Idee fand sich auch in den 1960er und 1970er Jahren im Schulunterricht wieder, als unter dem Namen „New Math" verstärkt Mengenlehre unterrichtet wurde.

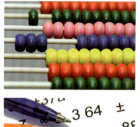

## 7.1 Algebraische Strukturen

### 7.1.1 Verknüpfungen

**7.1** Untersuche folgende Aussage: „In einem Raum befinden sich vier Personen. Wenn sieben Leute den Raum verlassen, müssen drei Leute hineingehen, damit der Raum leer ist."
1) Kann dieses Ereignis eintreten? Begründe deine Antwort.
2) Von welcher Zahlenmenge müsste man ausgehen, damit die Aussage theoretisch sinnvoll ist?

Um mit Objekten von Mengen (Zahlen, Vektoren, Matrizen, ...) arbeiten zu können, ist es wichtig, die Gesetzmäßigkeiten in diesen Mengen und die Zusammenhänge zwischen den Objekten zu kennen. Um eine Rechenoperation in einer Menge allgemein zu beschreiben, verwendet man in der **modernen Algebra** bzw. der **abstrakten Algebra** das Zeichen „∘" [sprich: „verknüpft"] als Zeichen für die Rechenoperation.
In diesem Abschnitt werden die algebraischen Strukturen Gruppe, Ring und Körper und die dort geltenden Gesetzmäßigkeiten besprochen. Damit wird jedoch nur ein kleiner Einblick in die abstrakte Algebra gegeben.

**Verknüpfungen** sind Funktionen f, die n Elementen $a_1, a_2, ..., a_n$ aus einer Menge $\mathbb{A}$ jeweils ein Element $b = f(a_1, a_2, ..., a_n)$ aus $\mathbb{A}$ zuordnen. Die Menge $\mathbb{A}$ ist also bezüglich dieser Verknüpfung **abgeschlossen**. Man nennt das Paar $(\mathbb{A}, \circ)$ **Verknüpfungsgebilde** oder **Struktur**.
Für n = 2 schreibt man: $a_1 \circ a_2 = b$
Häufig verwendet man die Schreibweise $a \circ b = c$ mit $a, b, c \in \mathbb{A}$.

ZB: In der Menge der natürlichen Zahlen $\mathbb{N}$ ist die Multiplikation zweier natürlichen Zahlen eine Verknüpfung. In diesem Fall gilt: $a \circ b = a \cdot b$, also zB: $4 \circ 7 = 28 \in \mathbb{N}$

In Band 1, Abschnitt 1.1, wurden die wichtigsten Rechengesetze zusammengefasst. Verknüpfungen werden auf die Gültigkeit dieser Gesetze untersucht.
- **Kommutativgesetz**: $a \circ b = b \circ a$
- **Assoziativgesetz**: $a \circ (b \circ c) = (a \circ b) \circ c$

ZB: $(\mathbb{Z}, -)$
Da die Differenz zweier ganzer Zahlen wieder eine ganze Zahl ist, ist die Menge $\mathbb{Z}$ bezüglich der Verknüpfungen „−" abgeschlossen, $(\mathbb{Z}, -)$ ist ein Verknüpfungsgebilde. Die Subtraktion ist aber weder kommutativ noch assoziativ:
$3 - 5 \neq 5 - 3$, $\quad 5 - (3 - 1) \neq (5 - 3) - 1$

# Algebra und Zahlentheorie

Aufgaben 7.2 – 7.3: Wende die Verknüpfungen auf die gegebenen Zahlen an.

**7.2** Für a ∘ b gilt: Bilde die Differenz der Zahlen a und b ∈ ℕ, wenn a ≥ b ist. Ist a < b, ist das Ergebnis a.
 a) a = 7, b = 3  b) a = 23, b = 24  c) a = 117, b = 117
 Lösung:
 a) 7 ∘ 3 = 4, da 7 ≥ 3  b) 23 ∘ 24 = 23, da 23 < 24  c) 117 ∘ 117 = 0, da 117 ≥ 117

**7.3** Für a ∘ b mit a, b ∈ ℚ gilt: Ist a ein Vielfaches von drei, wird a mit b multipliziert, andernfalls wird a durch b dividiert.
 a) a = 4, b = 0,5  b) a = 12, b = 3  c) a = 342, b = 1,5  d) a = 2 545, b = 5

**7.4** Überprüfe nachweislich, ob die Division zweier Zahlen eine Verknüpfung in der gegebenen Menge ist.
 1) ℕ  2) ℤ  3) ℚ  4) ℝ

## 7.1.2 Gruppe, Ring und Körper

**7.5** Recherchiere, welche Führerscheinklassen es in Österreich gibt. Welche Voraussetzungen müssen für diese Klassen jeweils erfüllt sein? Welche Regeln gelten dann automatisch für andere Klassen?

Beim Rechnen in ℝ verwendet man ein bestimmtes Regelwerk, das so vertraut ist, dass dessen Rechenregeln für selbstverständlich gehalten werden. Will man nun in einer neuen Menge von Objekten mit anderen Verknüpfungen arbeiten, so muss man untersuchen, unter welchen Bedingungen dieses Regelwerk auf diese Strukturen übertragbar ist.

### Die Gruppe

Meist verstehen wir unter einer Gruppe eine Ansammlung von Menschen oder Dingen, die viele Eigenschaften gemeinsam haben und die den gleichen Regeln und Gesetzen folgen.

Damit eine bestimmte Menge 𝕄 bezüglich der Verknüpfung „∘" eine **Gruppe** im mathematischen Sinn bildet, müssen folgende Gesetzmäßigkeiten, die so genannten **Gruppenaxiome**, gelten (a, b, c ∈ 𝕄):
- Das **Assoziativgesetz** muss erfüllt sein: a ∘ (b ∘ c) = (a ∘ b) ∘ c
- Es muss ein **neutrales Element** n ∈ 𝕄 geben, für das gilt: a ∘ n = n ∘ a = a
- Zu jedem Element a aus 𝕄 muss es ein **inverses Element** ā ∈ 𝕄 geben, so dass gilt: a ∘ ā = ā ∘ a = n

 Es soll überprüft werden, ob die Menge ℚ* = ℚ \ {0} eine Gruppe bezüglich der Multiplikation „·" bildet.

 a · (b · c) = (a · b) · c  ∀ a, b, c ∈ ℚ*    • „·" ist assoziativ in ℚ*.

 Neutrales Element: a · 1 = 1 · a = a    • Es existiert das neutrale Element n = 1.

 Inverses Element: $a \cdot \frac{1}{a} = \frac{1}{a} \cdot a = 1$    • Der Kehrwert jeder rationalen Zahl ≠ 0 ist wieder eine rationale Zahl. Es existiert ∀ a ∈ ℚ* das inverse Element $\bar{a} = \frac{1}{a} \in ℚ^*$.

Da alle Gruppenaxiome erfüllt sind, bildet (ℚ*, ·) eine Gruppe bezüglich der Multiplikation.

Ist die Verknüpfung in einer Gruppe zusätzlich kommutativ, nennt man sie eine **Abel'sche Gruppe** (Niels Henrik Abel, norwegischer Mathematiker, 1802 – 1829).

# Algebra und Zahlentheorie

**Der Ring**

Wenn man sich entschließt zu heiraten, tauscht man als Zeichen der Verbundenheit Ringe aus. Das ist ein Symbol dafür, dass die Eigenschaften zweier unterschiedlicher Dinge zu einem Ganzen zusammengefügt werden. Aus mathematischer Sicht ist ein **Ring** eine Menge, auf der zwei Verknüpfungen definiert sind.

Da in einem Ring zwei unterschiedliche Verknüpfungen „⊕" und „⊙" auftreten, kommen hier auch die Distributivgesetze zur Anwendung (vergleiche Band 1, Abschnitt 1.1):

**Distributivgesetze**: $\quad c \odot (a \oplus b) = (c \odot a) \oplus (c \odot b)$ … linksdistributiv

$\qquad\qquad\qquad\qquad (a \oplus b) \odot c = (a \odot c) \oplus (b \odot c)$ … rechtsdistributiv

Damit eine Menge $\mathbb{M}$ bezüglich der Verknüpfungen „⊕" und „⊙" einen Ring bildet, müssen folgende **Ringaxiome** erfüllt sein (a, b, c $\in \mathbb{M}$):

- Die Menge $\mathbb{M}$ bildet eine **Abel'sche Gruppe** bezüglich „⊕".
  Das **neutrale Element** von „⊕" wird **Nullelement** genannt.

- „⊙" muss assoziativ sein:
  $a \odot (b \odot c) = (a \odot b) \odot c$

- Die **Distributivgesetze** müssen erfüllt sein:
  $c \odot (a \oplus b) = (c \odot a) \oplus (c \odot b)$ und $(a \oplus b) \odot c = (a \odot c) \oplus (b \odot c)$

**7.6** Untersuche, ob die Menge der ganzen Zahlen $\mathbb{Z}$ einen Ring bezüglich der Addition „+" und **1)** der Multiplikation „·", **2)** der Division „:" bildet.

Lösung:

**1)** $a + b = b + a \; \forall \, a, b \in \mathbb{Z}$      • „+" ist kommutativ und assoziativ.
$a + (b + c) = (a + b) + c \; \forall \, a, b, c \in \mathbb{Z}$

Nullelement n = 0:   $a + 0 = 0 + a = a$     • Es gibt ein Nullelement und $\forall a \in \mathbb{Z}$
Inverses Element $\bar{a}$ = –a:   $a + (-a) = 0$      existiert das inverse Element.

$(\mathbb{Z}, +)$ bildet eine Abel'sche Gruppe.

$a \cdot (b \cdot c) = (a \cdot b) \cdot c \; \forall \, a, b, c \in \mathbb{Z}$      • Das Assoziativgesetz für „·" ist erfüllt.
$c \cdot (a + b) = (c \cdot a) + (c \cdot b)$ und      • Die Distributivgesetze gelten.
$(a + b) \cdot c = (a \cdot c) + (b \cdot c) \; \forall \, a, b, c \in \mathbb{Z}$

$(\mathbb{Z}, +, \cdot)$ bildet einen Ring bezüglich „+" und „·".

**2)** $\mathbb{Z}$ bildet eine Abel'sche Gruppe bezüglich „+" (siehe **1)**).
Die Division ist keine Verknüpfung in $\mathbb{Z}$, da zum Beispiel 3 : 5 $\notin \mathbb{Z}$ ist.

$(\mathbb{Z}, +, :)$ bildet daher keinen Ring bezüglich „+" und „:".

Bemerkung:
In Aufgabe **7.6. 2)** hätte die Überprüfung im 2. Schritt fortgesetzt werden können. Im Allgemeinen werden derartige Untersuchungen oft bis zum Ende durchgeführt, da es noch einige Unterstrukturen von Gruppen und Ringen gibt.

# Algebra und Zahlentheorie

**Der Körper**

Die reellen Zahlen $\mathbb{R}$ bilden einen Körper bezüglich der gebräuchlichen Verknüpfungen „+" und „·". Anstelle der Ring- und Kreissymbolik werden nun diese Rechenzeichen verwendet.

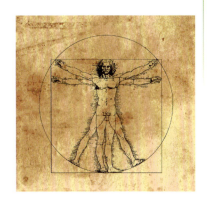

Erfüllt eine Menge $\mathbb{M}$ bezüglich der Verknüpfungen „+" und „·" folgende **Körperaxiome**, so spricht man von einem **Körper** ($a, b, c \in \mathbb{M}$):

- $\mathbb{M}$ bildet eine **Abel'sche Gruppe** bezüglich „+":
  $a + b = b + a$ (**kommutativ**)
  $a + (b + c) = (a + b) + c$ (**assoziativ**)
  **Neutrales Element** – **Nullelement** 0: $a + 0 = 0 + a = a$
  **Inverses Element** $\bar{a} = -a$: $a + (-a) = (-a) + a = 0$

- $\mathbb{M} \setminus \{0\}$ bildet eine **Abel'sche Gruppe** bezüglich „·":
  $a \cdot b = b \cdot a$ (**kommutativ**)
  $a \cdot (b \cdot c) = (a \cdot b) \cdot c$ (**assoziativ**)
  **Neutrales Element** – **Einselement** 1: $a \cdot 1 = 1 \cdot a = a$
  **Inverses Element** $\bar{a} = \frac{1}{a}$: $a \cdot \frac{1}{a} = \frac{1}{a} \cdot a = 1$

- Die **Distributivgesetze** müssen gelten:
  $c \cdot (a + b) = (c \cdot a) + (c \cdot b)$ und $(a + b) \cdot c = (a \cdot c) + (b \cdot c)$

---

**7.7** Überprüfe stichprobenartig für $a = 5$, $b = 1{,}5$ und $c = -2$, dass die Menge der reellen Zahlen $\mathbb{R}$ einen Körper bezüglich der Addition und der Multiplikation bildet.

Lösung:
Untersuchung auf Abel'sche Gruppen:

$\left.\begin{array}{l} 5 + 1{,}5 = 6{,}5 \\ 1{,}5 + 5 = 6{,}5 \end{array}\right\} \Rightarrow$ kommutativ $\qquad \left.\begin{array}{l} 5 \cdot 1{,}5 = 7{,}5 \\ 1{,}5 \cdot 5 = 7{,}5 \end{array}\right\} \Rightarrow$ kommutativ

$\left.\begin{array}{l} (5 + 1{,}5) + (-2) = 4{,}5 \\ 5 + (1{,}5 + (-2)) = 4{,}5 \end{array}\right\} \Rightarrow$ assoziativ $\qquad \left.\begin{array}{l} (5 \cdot 1{,}5) \cdot (-2) = -15 \\ 5 \cdot (1{,}5 \cdot (-2)) = -15 \end{array}\right\} \Rightarrow$ assoziativ

Neutrales Element bezüglich „+": $\qquad\qquad$ Neutrales Element bezüglich „·":
$n = 0$: $5 + 0 = 0 + 5 = 5$ $\qquad\qquad\qquad\qquad$ $n = 1$: $5 \cdot 1 = 1 \cdot 5 = 5$

Inverses Element bezüglich „+": $\qquad\qquad$ Inverses Element bezüglich „·":
$\bar{a} = -5$: $5 + (-5) = (-5) + 5 = 0$ $\qquad\qquad$ $\bar{a} = \frac{1}{5}$: $5 \cdot \frac{1}{5} = \frac{1}{5} \cdot 5 = 1$

$\left.\begin{array}{l} (-2) \cdot (5 + 1{,}5) = -13 \text{ und } ((-2) \cdot 5) + ((-2) \cdot 1{,}5) = -13 \\ (5 + 1{,}5) \cdot (-2) = -13 \text{ und } (5 \cdot (-2)) + (1{,}5 \cdot (-2)) = -13 \end{array}\right\} \Rightarrow$ Distributivgesetze

Die reellen Zahlen ($\mathbb{R}, +, \cdot$) bilden einen Körper bezüglich Addition und Multiplikation.

---

**7.8** Überprüfe, ob ($\mathbb{Q}, :$) eine Gruppe bildet.

**7.9** Erkläre anhand eines Beispiels, warum ($\mathbb{N}, +$) keine Gruppe bildet.

**7.10** Untersuche, ob die gegebene Struktur einen Ring bildet.
a) ($\mathbb{C}, +, \cdot$) $\qquad$ b) (Vektoren in $\mathbb{R}^3$, +, Kreuzprodukt)

**7.11** Zeige, dass $\mathbb{C}$ einen Körper bezüglich der Addition und der Multiplikation bildet.

**Algebra und Geometrie**

# Algebra und Zahlentheorie

## 7.2 Restklassen, Codierung und Chiffrierung

Ein wichtiges Anwendungsgebiet der Zahlentheorie ist die
**Kryptographie**, (griechisch: „kryptós" = verborgen, geheim;
„graphéin" = schreiben). Im Laufe der Jahrhunderte wurden viele
Methoden zur Übermittlung geheimer Nachrichten entwickelt, wie
zum Beispiel wachsüberzogene Tafeln. Heutzutage werden zur sicheren
Übertragung von Daten und Informationen computerunterstützte

Verschlüsselungsmethoden verwendet, wie das RSA-Verfahren oder die Quantenkryptographie.
Da die übermittelten Nachrichten meist in Form von Zahlen dargestellt werden, dienen das
Rechnen mit Restklassen, die Primfaktorzerlegung und die Teilbarkeit als mathematische
Grundlagen für die Verschlüsselung.

### 7.2.1 Restklassen

**7.12** Martina möchte 74 Schokoladepralinen verpacken. Sie möchte sechs Verpackungen so mit Pralinen füllen, dass überall die gleiche Anzahl an Pralinen enthalten ist.
 **1)** Ermittle, wie viele Pralinen jede Schachtel enthält und wie viele Pralinen übrig bleiben.
 **2)** Gib 3 weitere Stückzahlen an, die bei Aufteilung auf 6 Schachteln den gleichen Rest ergeben.

Sollen zum Beispiel Nägel in Schachteln so aufgeteilt werden, dass in jeder Schachtel gleich viele Nägel sind, so ist auch von Interesse, wie viele Nägel „übrig bleiben". Das heißt, es ist jener Rest gesucht, der bei der Division der Gesamtanzahl der Nägel durch die Schachtelanzahl entsteht. Ergibt die Division einer ganzen Zahl a durch die ganze Zahl m den Rest r, so schreibt man:
**a mod m = r**   [sprich: „a modulo m", latein: „modulo" = mit dem Maß]

 13 mod 5 = 3, da gilt: 13 : 5 = 2
                          3 Rest

Für zwei ganze Zahlen a und b, die bei Division durch m denselben Rest haben, schreibt man:
**a ≡ b mod m** oder **a ≡ b (m)** [sprich: „a kongruent b modulo m"]

 1 ≡ 37 ≡ 85 mod 12, da bei Division durch 12 diese Zahlen den Rest 1 haben.

Da bei der Division von a durch m nur die Reste 0, 1, 2, …, m − 1 entstehen können, fasst man alle Zahlen, die denselben Rest wie a haben, zu **Restklassen** zusammen.
Man schreibt: $\overline{a}$ oder $[a]_m$. Die Menge der Restklassen wird meist mit $\mathbb{Z}_m$ bezeichnet.

 Restklassen modulo 3: $\overline{0}$ = {…, −3, 0, 3, 6, …}, $\overline{1}$ = {…, −2, 1, 4, 7, …}, $\overline{2}$ = {…, −1, 2, 5, 8, …}
$\mathbb{Z}_3$ = {$\overline{0}$, $\overline{1}$, $\overline{2}$} oder $\mathbb{Z}_3$ = {0, 1, 2}

> Zwei Zahlen a, b ∈ $\mathbb{Z}$ heißen **kongruent modulo m** ∈ $\mathbb{N}^*$ (a ≡ b mod m), wenn sie bei der Division durch m denselben Rest haben. Die Relation „modulo" ist eine Äquivalenzrelation.
>
> Eine **Restklasse modulo m** ist die Menge aller Zahlen, die bei Division durch m denselben Rest wie a haben.
> Man schreibt: $\overline{a}$ oder $[a]_m$. Dabei ist a ist ein beliebiger Repräsentant der Restklasse, üblicherweise wird der kleinste positive Repräsentant angegeben, also 0 ≤ a < m gewählt.
> Die Menge der Restklassen wird mit $\mathbb{Z}_m$ bezeichnet.

# Algebra und Zahlentheorie

**Rechnen mit Restklassen**

Die Addition und Multiplikation mit Restklassen erfolgt wie bei den ganzen Zahlen, allerdings muss das Ergebnis wieder eine Restklasse sein.

Für $[1]_3 + [2]_3$ gilt: $1 + 2 = 3 \equiv 0 \bmod 3$, also $[1]_3 + [2]_3 = [3]_3 = [0]_3$
Für $[2]_3 \cdot [2]_3$ gilt: $2 \cdot 2 = 4 \equiv 1 \bmod 3$, also $[2]_3 \cdot [2]_3 = [4]_3 = [1]_3$

> Für die **Addition** und **Multiplikation** von Restklassen gilt:
> $[a]_m + [b]_m = [a + b]_m$ $\qquad$ $[a]_m \cdot [b]_m = [a \cdot b]_m$

Die folgenden **Rechenregeln** werden bei verschiedenen Verschlüsselungsverfahren benötigt.
- Restklassen können gliedweise miteinander multipliziert werden.
  Ist $a \equiv b \bmod m$ und $c \equiv d \bmod m$, dann gilt: $a \cdot c \equiv b \cdot d \bmod m$
  ZB: $45 \equiv 3 \bmod 7$ und $22 \equiv 1 \bmod 7$ $\Rightarrow$ $45 \cdot 22 \equiv 3 \cdot 1 \bmod 7$ $\Rightarrow$ $990 \equiv 3 \bmod 7$

- Werden zwei Elemente einer Restklasse mit demselben Exponenten potenziert, so bleibt die Kongruenz erhalten.
  Ist $a \equiv b \bmod m$, dann gilt: $a^n \equiv b^n \bmod m$ (n = 1, 2, 3, ...)
  ZB: $12 \equiv 2 \bmod 5$ $\Rightarrow$ $12^2 \equiv 2^2 \bmod 5$ $\Rightarrow$ $144 \equiv 4 \bmod 5$

Beim Entschlüsseln von Nachrichten ist es oft notwendig, die kleinste natürliche Zahl z zu finden, für die gilt: $a^n \equiv z \bmod m$

$5^{12} \equiv z \bmod 3$
$5^1 \qquad\qquad\qquad \equiv 2 \bmod 3$
$5^2 \qquad\qquad\qquad \equiv 2^2 \bmod 3 \qquad \equiv 1 \bmod 3$ • Anwenden der Rechenregel für Potenzen
$5^3 = 5^2 \cdot 5 \qquad \equiv 1 \cdot 2 \bmod 3 \qquad \equiv 2 \bmod 3$ • Zerlegen der Potenz von 5 in Potenzen
$5^4 = 5^2 \cdot 5^2 \qquad \equiv 1 \cdot 1 \bmod 3 \qquad \equiv 1 \bmod 3$ $\qquad$ mit bekanntem Rest
$5^{12} = 5^4 \cdot 5^4 \cdot 5^4 \equiv 1 \cdot 1 \cdot 1 \bmod 3 \equiv \mathbf{1} \bmod 3$

Ein bereits 200 v. Chr. in Indien entwickelter Algorithmus zur Berechnung von z ist das **Square-and-Multiply-Verfahren**. Bei diesem Algorithmus wird der Exponent mithilfe der Binärdarstellung in eine Summe von Zweierpotenzen zerlegt.

Es soll die kleinste natürliche Zahl z ermittelt werden, für die gilt: $7^{41} \equiv z \bmod 5$

$41_{10} = 101001_2$ $\qquad$ • Binärdarstellung des Exponenten (vgl. Band 1)

$41 = 1 \cdot 2^5 + 1 \cdot 2^3 + 1 \cdot 2^0$ $\qquad$ • Darstellung als Summe von Zweierpotenzen
$41 = 32 + 8 + 1$

$7^{41} = 7^{32} \cdot 7^8 \cdot 7^1$ $\qquad$ • Zerlegung der Potenz in ein Produkt von Potenzen

$7^1 \qquad\qquad\qquad \equiv 2 \bmod 5$ $\qquad$ • Rechenregeln für Restklassen anwenden
$7^2 \qquad\qquad\qquad \equiv 2^2 \bmod 5 \qquad \equiv 4 \bmod 5$
$7^4 = 7^2 \cdot 7^2 \qquad \equiv 4 \cdot 4 \bmod 5 \qquad \equiv 16 \bmod 5 \equiv 1 \bmod 5$
$7^8 = 7^4 \cdot 7^4 \qquad \equiv 1 \cdot 1 \bmod 5 \qquad \equiv 1 \bmod 5$
$7^{16} = 7^8 \cdot 7^8 \qquad \equiv 1 \cdot 1 \bmod 5 \qquad \equiv 1 \bmod 5$
$7^{32} = 7^{16} \cdot 7^{16} \quad \equiv 1 \cdot 1 \bmod 5 \qquad \equiv 1 \bmod 5$
$7^{41} = 7^{32} \cdot 7^8 \cdot 7^1 \equiv 1 \cdot 1 \cdot 2 \bmod 5 \equiv 2 \bmod 5$
$7^{41} \equiv 2 \bmod 5 \Rightarrow z = 2$

# Algebra und Zahlentheorie

**Erweiterter Euklid'scher Algorithmus**

**7.13** Zerlege die Zahlen 576 und 328 jeweils in ein Produkt von Primfaktoren. Bestimme das kleinste gemeinsame Vielfache und den größten gemeinsamen Teiler dieser beiden Zahlen.

Eine Methode zur Ermittlung des größten gemeinsamen Teilers zweier Zahlen ist der **Euklid'sche Algorithmus**.

ZB: Gesucht ist der größte gemeinsame Teiler von 333 und 96.
ggT(333, 96)

| | |
|---|---|
| 333 : 96 = 3; Rest 45 | • Die größere Zahl wird durch die kleinere dividiert. |
| 96 : 45 = 2; Rest 6 | • Die kleinere Zahl wird durch den vorherigen Rest dividiert. |
| 45 : 6 = 7; Rest 3 | • Dieser Vorgang wird bis zum Rest null wiederholt. |
| 6 : 3 = 2; Rest 0 | |
| ggT(333, 96) = 3 | • Der letzte Divisor ist der größte gemeinsame Teiler. |

Für die folgende Erweiterung des Euklid'schen Algorithmus wird eine Schreibweise benötigt, die sich aus Obigem ableiten lässt:

333 = 3 · 96 + 45  ⇒  96 = 2 · 45 + 6  ⇒  45 = 7 · 6 + 3  ⇒  6 = 2 · 3 + 0

Mit dem **erweiterten Euklid'schen Algorithmus** kann der größte gemeinsame Teiler zweier Zahlen a und b als **Linearkombination** dieser beiden Zahlen dargestellt werden:
ggT(a, b) = r · a + s · b

Sind die beiden Zahlen a und b zusätzlich teilerfremd, also ggT(a, b) = 1, so erhält man mit dem erweiterten Euklid'schen Algorithmus jene eindeutig bestimmte positive Zahl c < b, die die Gleichung **a · c mod b = 1** erfüllt. Die Zahl c wird **modulare Inverse** zu a mod b genannt. Die Bestimmung von c wird nun anhand eines Beispiels gezeigt.

ZB: Es soll die modulare Inverse c zu 5 mod 38 berechnet werden.

ggT(38, 5) = 1   • Die Zahlen sind teilerfremd.
(1) **38** = 7 · **5** + **3**   • Der Euklid'sche Algorithmus wird angewendet.
(2) **5** = 1 · **3** + **2**
(3) **3** = 1 · **2** + 1
    **2** = 2 · 1 + 0

| | |
|---|---|
| aus (3): 1 = **3** − 1 · **2**  (4) | • Die einzelnen Zeilen werden nach den Resten umgeformt. |
| aus (2):         **2** = **5** − 1 · **3** | |
| aus (1):         **3** = **38** − 7 · **5** | |

1 = **3** − 1 · **2**   • Die einzelnen Reste werden nun der Reihe nach in (4) eingesetzt.
1 = **3** − 1 · (**5** − 1 · **3**) =
  = **3** − 1 · **5** + 1 · **3** = 2 · **3** − 1 · **5**
1 = 2 · (**38** − 7 · **5**) − 1 · **5** = 2 · **38** − 14 · **5** − 1 · **5** = 2 · **38** − 15 · **5**

1 = 2 · **38** − 15 · **5**   • Man erhält eine **Linearkombination** von 38 und 5 für den ggT(38, 5).

−15 ≡ 23 mod 38   • Da die modulare Inverse eine positive Zahl sein muss, wird 38
−15 + 38 = 23      zu (−15) so oft addiert, bis man eine positive Zahl erhält.
5 · 23 mod 38 = 1
c = 23           • 23 ist die modulare Inverse zu 5 mod 38.

# Algebra und Zahlentheorie

Mit dem **erweiterten Euklid'schen Algorithmus** kann man zu zwei natürlichen Zahlen a und b mit b ≠ 0 zwei ganze Zahlen r und s ermitteln, für die gilt:
**r · a + s · b = ggT(a, b)**
Sind die beiden Zahlen zusätzlich teilerfremd, also **ggT(a, b) = 1**, dann lässt sich jene eindeutig bestimmte positive Zahl c < b finden, für die gilt:
**a · c mod b = 1**
Die Zahl c wird **modulare Inverse** zu a mod b genannt.

**Technologieeinsatz: Modulo-Rechnung**
**TI-Nspire**

Beim TI-Nspire steht im Menü **2: Zahl**, **8: Zahlenwerkzeuge** der Befehl **5: Modulo** zur Verfügung.

Stattdessen kann auch der Befehl **remain** im Menü **2: Zahl**, **6: Rest** gewählt werden.

**7.14** Berechne die modulare Inverse c zu 5 mod 182.
Lösung:
$182 = 36 \cdot 5 + 2$      • Anwenden des Euklid'schen Algorithmus
$5 = 2 \cdot 2 + 1$
$2 = 2 \cdot 1 + 0$      • ggT(182, 5) = 1
Erweiterter Euklid'scher Algorithmus:
$1 = 5 - 2 \cdot 2$      • Einsetzen der Reste
$1 = 5 - 2 \cdot (182 - 36 \cdot 5)$
$1 = 5 - 2 \cdot 182 + 72 \cdot 5$
$1 = 73 \cdot 5 - 2 \cdot 182$
$5 \cdot 73 \bmod 182 = 1 \Rightarrow c = 73$      • Ermitteln der modularen Inversen

Die gesuchte modulare Inverse lautet 73, da $73 \cdot 5 \equiv 1 \bmod 182$.

**7.15** Der 1. April 2018 war ein Sonntag. Gib den Wochentag zum gegebenen Datum an und erkläre deine Vorgehensweise.
**1)** 5. April 2018    **2)** 8. April 2018    **3)** 12. April 2018    **4)** 15. April 2018    **5)** 24. April 2018

**7.16** Erkläre, wie folgende Zahlenangaben mithilfe von Restklassen ermittelt werden können.
**1)** 3:00 Uhr statt 15:00 Uhr
**2)** 1 Minute 20 Sekunden statt 80 Sekunden

**7.17** Berechne.
**a)** 93 mod 14     **b)** 248 mod 6     **c)** 1 225 mod 9     **d)** 578 mod 7

**7.18** Berechne.
**a)** $[2]_6 + [5]_6$     **b)** $[11]_{12} + [5]_{12}$     **c)** $[3]_7 \cdot [4]_7$     **d)** $[9]_{10} \cdot [3]_{10}$

**7.19** Überprüfe, welche Aussagen wahr bzw. falsch sind. Stelle die falschen Aussagen richtig.
**A)** $29 \equiv 6 \bmod 8$    **B)** $2\,358 \equiv 3 \bmod 15$    **C)** $346 \equiv 4 \bmod 6$    **D)** $68 \equiv 3 \bmod 4$

# Algebra und Zahlentheorie

**7.20** Die Addition und Multiplikation für $\mathbb{Z}_m$ kann auch als Tabelle angegeben werden, zB:
$\mathbb{Z}_3$:  Addition          Multiplikation

| + | 0 | 1 | 2 |
|---|---|---|---|
| 0 | 0 | 1 | 2 |
| 1 | 1 | 2 | 0 |
| 2 | 2 | 0 | 1 |

| · | 0 | 1 | 2 |
|---|---|---|---|
| 0 | 0 | 0 | 0 |
| 1 | 0 | 1 | 2 |
| 2 | 0 | 2 | 1 |

Gib die Additions- und die Multiplikationstabelle für **a)** $\mathbb{Z}_4$, **b)** $\mathbb{Z}_5$ an.

**7.21** Beweise mithilfe von Restklassen die Teilbarkeitsregel für 3. Schreibe dazu die Zahl als Summe von Zehnerpotenzen an und berechne $10^n$ mod 3.

**7.22** Restklassen werden auch zur Überprüfung der Identifikationsnummern bei Waren (GTIN) oder bei Büchern (ISBN) verwendet. Dabei ist die letzte Ziffer der Nummer eine Prüfziffer. Damit kann ein Vertauschen oder Ändern einer Ziffer entdeckt werden.
Für die 13-stellige GTIN (Global Trade Item Number) gilt:
$x_1 + 3x_2 + x_3 + 3x_4 + x_5 + \ldots + 3x_{12} + x_{13} \equiv 0 \bmod 10$

**1)** Ist die dargestellte GTIN korrekt? Wenn nein, gib die richtige Prüfziffer $x_{13}$ an.
**2)** Kontrolliere die ISBN dieses Schulbuchs, wobei zu beachten ist, dass die Prüfziffer analog zur GTIN ermittelt wird.

**7.23** Recherchiere im Internet, wie man zu jedem beliebigen Datum den Wochentag berechnen kann. Präsentiere dein Ergebnis und gib an, welcher Wochentag der
**1)** 7. November 1867 (Geburtstag von Marie Curie),
**2)** 15. April 1707 (Geburtstag von Leonhard Euler) war.

**7.24**
**1)** Für die Potenzen der imaginären Einheit gilt:
$j^{4n+1} = j$, $j^{4n+2} = -1$, $j^{4n+3} = -j$, $j^{4n} = 1$, $n \in \mathbb{Z}$
Gib diese Regel mithilfe von Restklassen an.
**2)** Erkläre, wie die n-te Ableitung der Sinusfunktion $y = \sin(x)$ mithilfe von Restklassen angegeben werden kann.

**7.25** Berechne jeweils mithilfe des Square-and-Multiply-Verfahrens.
**a)** $7^{52}$ mod 5       **b)** $11^{23}$ mod 7       **c)** $115^{43}$ mod 9       **d)** $13^{34}$ mod 3

**7.26** Berechne den größten gemeinsamen Teiler mithilfe des Euklid'schen Algorithmus.
**a)** ggT(420, 78)       **b)** ggT(504, 220)       **c)** ggT(405, 168)       **d)** ggT(364, 150)

**7.27** Ermittle die modulare Inverse c.
**a)** $5 \cdot c$ mod 198       **c)** $7 \cdot c$ mod 248       **e)** $15 \cdot c$ mod 326       **g)** $4 \cdot c$ mod 375
**b)** $13 \cdot c$ mod 160       **d)** $3 \cdot c$ mod 197       **f)** $9 \cdot c$ mod 496       **h)** $7 \cdot c$ mod 435

**7.28** Zeige, dass Restklassen bezüglich der Addition und Multiplikation einen kommutativen Ring bilden, den so genannten Restklassenring.

## 7.2.2 Codierung

Bei der Verschlüsselung (Codierung) wird eine Information, auch **Klartext** genannt, in einen „unlesbaren", scheinbar sinnlosen Text, den **Geheimtext**, umgewandelt. Für diesen Vorgang wird ein so genannter **Schlüssel**, also eine Information, die man zum Ver- und Entschlüsseln braucht, benötigt. Bei den Verschlüsselungsverfahren unterscheidet man zwischen **symmetrischen** und **asymmetrischen Verfahren**.

- **Symmetrische Verfahren**

    Bei symmetrischen Verfahren werden zur Ver- und Entschlüsselung einer Nachricht **derselbe Schlüssel** verwendet.

    Ein bekanntes Beispiel hierfür ist die **Caesar-Verschlüsselung**. Julius Caesar (römischer Konsul, Feldherr und Autor, 100 v. Chr. – 44 v. Chr.) verwendete diese nach ihm benannte Verschlüsselungsmethode für militärische Zwecke im Gallischen Krieg. Bei dieser Methode wird das Prinzip der Verschiebung verwendet. Caesar ersetzte jeden Buchstaben der Nachricht durch den Buchstaben, der drei Stellen weiter im Alphabet folgt:
    A $\Rightarrow$ D, B $\Rightarrow$ E, usw.
    Der Schlüssel ist hier die Anzahl der Stellen, um die das Alphabet verschoben wird.
    Um die Nachricht zu entschlüsseln, muss nur die Verschiebung wieder rückgängig gemacht, also der Schlüssel umgekehrt angewendet werden. Die **Entschlüsselung** erfolgt also durch die **Umkehr der Verschlüsselung**.

- **Asymmetrische Verfahren**

    Bei asymmetrischen Verfahren werden zur Ver- und Entschlüsselung **zwei verschiedene Schlüssel** verwendet.

    Die Funktionsweise eines solchen asymmetrischen Verfahrens soll anhand des folgenden Beispiels erklärt werden.

    Bob möchte Alice eine geheime Nachricht in einer Kiste zukommen lassen. Alice schickt ihm ein offenes Vorhängeschloss, zu dem nur sie den Schlüssel besitzt. Bob legt seine Nachricht in die Kiste und verschließt diese durch Zudrücken des Vorhängeschlosses. Er schickt die verschlossene Kiste an Alice. Sie öffnet das Schloss mit ihrem Schlüssel und liest die Nachricht. Das Schloss (die Verschlüsselung) verschließt die Nachricht, der Schlüssel (die Entschlüsselung) öffnet sie.

    Das offene Vorhängeschloss, mit dem die Kiste verschlossen wird, entspricht einem so genannten **öffentlichen Schlüssel**. Mit diesem Schlüssel kann jeder eine Nachricht verschlüsseln und an Alice schicken. Dieser öffentliche Schlüssel muss daher auch nicht geheim gehalten werden.
    Der Schlüssel, mit dem nur Alice das Vorhängeschloss öffnen kann, wird als **privater Schlüssel** bezeichnet. Dieser ist nur Alice bekannt und wird geheim gehalten. Nur wer diesen Schlüssel besitzt, kann die Nachricht entschlüsseln.

**Symmetrische Verfahren**
Zur Ver- und Entschlüsselung wird derselbe Schlüssel verwendet.

**Asymmetrische Verfahren**
Zur Ver- und Entschlüsselung werden zwei verschiedene Schlüssel verwendet.

# Algebra und Zahlentheorie

**RSA-Verfahren**

Ein sehr bekanntes asymmetrisches Verfahren ist das nach Ronald **R**ivest (amerikanischer Mathematiker und Kryptograph, *1947), Adi **S**hamir (israelischer Kryptologe, *1952) und Leonard **A**dleman (amerikanischer Mathematiker und Molekularbiologe, *1945) benannte und 1977 veröffentlichte **RSA-Verfahren**.

Die Sicherheit des RSA-Verfahrens beruht darauf, dass zwei sehr große Primzahlen p und q für ein Produkt n gewählt werden. Zur Entschlüsselung einer Nachricht benötigt man die Zerlegung dieses Produkts in diese beiden Primzahlen. Während die Berechnung des Produkts nur wenige Sekunden dauert, dauert das Faktorisieren hingegen selbst mit den schnellsten leistungsfähigsten Computern mehrere Jahre. Werden die beiden Primzahlen also genügend groß gewählt, geht man auch kein Risiko ein, wenn das Produkt der beiden Primzahlen veröffentlicht wird. Zu Übungszwecken werden in diesem Buch allerdings Zahlen verwendet, die einfach faktorisiert werden können.

Das RSA-Verfahren wird heutzutage für die Authentifizierung mittels digitaler Signaturen verwendet und soll hier nun im Folgenden anhand eines Beispiels erklärt werden.

- **Erzeugen des öffentlichen und des privaten Schlüssels**

$n = p \cdot q$
$n = 29 \cdot 41 = 1\,189$

- Es werden zwei Primzahlen zum Beispiel p = 29 und q = 41 gewählt und das Produkt n der beiden Zahlen gebildet.

$z = (p - 1) \cdot (q - 1)$
$z = 28 \cdot 40 = 1\,120$

- Man berechnet die Zahl z mit $z = (p - 1) \cdot (q - 1)$.

**Öffentlicher Schlüssel**: (e, n)
(e, n) = (17, 1 189)

- Nun wählt man eine Zahl e, die teilerfremd zu z ist, zum Beispiel e = 17.

**Privater Schlüssel**: (d, n)
$e \cdot d \equiv 1 \bmod z$
$17 \cdot d \equiv 1 \bmod 1\,120$

- Die Zahl d ist die modulare Inverse zu e mod z. (e ... „encrypt", d ... „decrypt")

$1\,120 = 65 \cdot 17 + 15$
$17 = 1 \cdot 15 + 2$
$15 = 7 \cdot 2 + 1$
$2 = 2 \cdot 1 + 0$

- Anwenden des Euklid'schen Algorithmus

$1 = 15 - 7 \cdot 2$
$1 = 15 - 7 \cdot (17 - 1 \cdot 15) = 8 \cdot 15 - 7 \cdot 17$
$1 = 8 \cdot (1\,120 - 65 \cdot 17) - 7 \cdot 17$
$1 = 8 \cdot 1\,120 - 520 \cdot 17 - 7 \cdot 17$
$1 = 8 \cdot 1\,120 - 527 \cdot 17$
$-527 + 1\,120 = 593$
$1 \equiv 17 \cdot 593 \bmod 1\,120$
$\Rightarrow d = 593$

- Erweiterter Euklid'scher Algorithmus

Privater Schlüssel:
(d, n) = (593, 1 189)

# Algebra und Zahlentheorie

- **Verschlüsseln der Nachricht**
  
  Die Verschlüsselung der Nachricht erfolgt mit dem öffentlichen Schlüssel (e, n). Es gilt:
  $y = x^e \mod n$
  
  x ... Nachricht, Klartext
  y ... Geheimtext
  
  Der Klartext x mit x = 4 soll mit n = 1 189 und e = 17 verschlüsselt werden.
  $y = 4^{17} \mod 1\,189$ • Anwenden der Formel $y = x^e \mod n$
  y = 1 050 • Anwenden des Square-and-Multiply-Verfahrens
  Die verschlüsselte Nachricht lautet somit: y = 1 050

- **Entschlüsseln einer Nachricht**
  
  Die Entschlüsselung einer Nachricht y erfolgt mithilfe des privaten Schlüssels (d, n). Es gilt:
  $x = y^d \mod n$
  
  Der Geheimtext y = 1 050 soll mit d = 593 und n = 1 189 entschlüsselt werden.
  $x = 1\,050^{593} \mod 1\,189$ • Anwenden der Formel $x = y^d \mod n$
  $1\,050^{593} \equiv 4 \mod 1\,189$ • Anwenden des Square-and-Multiply-Verfahrens
  x = 4
  
  Die Nachricht, die verschlüsselt wurde, lautet 4.

---

**RSA-Verfahren**

Produkt zweier Primzahlen: $n = p \cdot q$
$$z = (p - 1) \cdot (q - 1)$$

**Öffentlicher Schlüssel**: (e, n) mit e teilerfremd zu z
**Privater Schlüssel**: (d, n) mit $e \cdot d \equiv 1 \mod z$

**Verschlüsseln** einer Nachricht x:   $y = x^e \mod n$
**Entschlüsseln** einer Nachricht y:   $x = y^d \mod n$

---

- **Ver- und Entschlüsselung von Texten**
  
  Ist eine Nachricht in Textform verfasst, müssen die Buchstaben zuerst in Zahlenwerte umgewandelt werden. Man ersetzt dazu die Buchstaben zum Beispiel durch ihre Position im Alphabet:
  A = 01, B = 02, C = 03, ... sowie das Leerzeichen mit 00
  Danach wird die Nachricht, die nun eine Zahl ist, verschlüsselt.
  
  Da die Zahl, die den Text beschreibt, sehr viele Stellen hat, wäre die Verschlüsselung sehr aufwändig. Daher wird die Zahl in Blöcke unterteilt. Beim RSA-Verfahren ist die Größe der Blöcke üblicherweise um 1 kleiner als die Anzahl der Stellen der Zahl $n = p \cdot q$. Dadurch ist gewährleistet, dass die zu verschlüsselnde Zahl kleiner als das Produkt n ist.
  
  Hat die Zahl n zum Beispiel 3 Stellen, so werden Blöcke der Länge 2 gebildet. Die Blockbildung wird ganz links begonnen und am Ende gegebenenfalls mit Nullen aufgefüllt. Anschließend wird jeder Block mit der bereits bekannten Formel verschlüsselt. Beim Umwandeln der entschlüsselten Nachricht in Buchstaben müssen gegebenenfalls führende Nullen in den einzelnen Blöcken ergänzt werden.

**Algebra und Geometrie**

# Algebra und Zahlentheorie

**7.29** Verschlüssle die Nachricht HASE mit n = 1 219 und e = 37 mit dem RSA-Verfahren. Entschlüssle anschließend den Geheimtext.

Lösung mit Excel:
HASE: H = 08, A = 01, S = 19, E = 05  • Umwandeln der Buchstaben in Zahlenwerte
Die zu verschlüsselnde Nachricht  • n ... 4 Stellen $\Rightarrow$ Blöcke der Länge 3
lautet: 08011905
$x_1 = 080$; $x_2 = 119$; $x_3 = 050$  • Letzten Block mit 0 ergänzen
$y = x^e \mod n = x^{37} \mod 1\,219$  • Formel für die Verschlüsselung
$y_1 = 80^{37} \mod 1\,219$  • Die zu verschlüsselnden Nachrichten
$y_2 = 119^{37} \mod 1\,219$  werden eingesetzt.
$y_3 = 50^{37} \mod 1\,219$

Anwenden des Square-and-Multiply-Verfahrens:
$37_{10} = 100101_2$  • Binärdarstellung von 37

$37 = 2^5 + 2^2 + 2^0 = 32 + 4 + 1$  • Ermitteln der benötigten Zweierpotenzen

|   | A | B | C | D |
|---|---|---|---|---|
| 1 | Potenz | 80 | 119 | 50 |
| 2 | von 2 | $x_1$ | $x_2$ | $x_3$ |
| 3 | 1 | 80 | 119 | 50 |
| 4 | 2 | 305 | 752 | 62 |
| 5 | 4 | 381 | 1107 | 187 |
| 6 | 8 | 100 | 354 | 837 |
| 7 | 16 | 248 | 978 | 863 |
| 8 | 32 | 554 | 788 | 1179 |
| 9 |  |  |  |  |
| 10 | y | 332 | 440 | 233 |

• In die Zellen B3, C3 und D3 werden die zu verschlüsselnden Zahlen eingegeben.
• In den Zellen darunter wird mithilfe des Befehls **=REST(Zahl^2;Divisor)** der Rest berechnet.
ZB in B4: **=REST(B3^2;1219)**
• Die Formeln werden bis zum gewünschten Wert kopiert.

• Die verschlüsselten Nachrichten erhält man durch Multiplikation der gewünschten Potenzen. ZB in B10: **=REST(B3*B5*B8;1219)**

Die verschlüsselten Nachrichten lauten: $y_1 = 332$, $y_2 = 440$, $y_3 = 233$

Entschlüsseln der Nachricht:
$n = p \cdot q$  • Ermitteln der Faktoren p und q

factor(1219)    23·53

ZB TI-Nspire: mithilfe des Befehls im Menü **2: Zahl**, **3: Faktorisiere**

p = 23  q = 53
$z = 22 \cdot 52 = 1\,144$  • Berechnen des privaten Schlüssels (d, n)
$37 \cdot d \equiv 1 \mod 1\,144$  $z = (p-1) \cdot (q-1)$, $e \cdot d \equiv 1 \mod z$
$37 \cdot 773 \equiv 1 \mod 1\,144$  • Ermitteln von d mithilfe des erweiterten
d = 773  Euklid'schen Algorithmus

| 15 | Potenz | 332 | 440 | 233 |
|---|---|---|---|---|
| 16 | von 2 | $x_1$ | $x_2$ | $x_3$ |
| 17 | 1 | 332 | 440 | 233 |
| 18 | 2 | 514 | 998 | 653 |
| 19 | 4 | 892 | 81 | 978 |
| 20 | 8 | 876 | 466 | 788 |
| 21 | 16 | 625 | 174 | 473 |
| 22 | 32 | 545 | 1020 | 652 |
| 23 | 64 | 808 | 593 | 892 |
| 24 | 128 | 699 | 577 | 876 |
| 25 | 256 | 1001 | 142 | 625 |
| 26 | 512 | 1202 | 660 | 545 |
| 27 | $x_a$ | 67 | 811 | 604 |
| 28 | x | 80 | 119 | 50 |

• Entschlüsseln der Nachrichten
$x = y^d \mod n$
ZB: $x_1 = 332^{773} \mod 1\,219$
• Anwenden des Square-and-Multiply-Verfahrens
• Die Berechnung erfolgt aufgrund des Rechenaufwands in zwei Schritten.
ZB: $x_a = 332 \cdot 892 \cdot 1\,001 \mod 1\,219$

$x_1 = 080$, $x_2 = 119$, $x_3 = 050$
Man erhält 08 01 19 05 und damit das Wort HASE.

• Die entschlüsselten Nachrichten werden auf 3 Stellen mit führenden Nullen ergänzt.
• Die gesamte Nachricht wird in Zweiergruppen aufgeteilt.

# Algebra und Zahlentheorie

**7.30** 1) Erkläre, welche Werte für eine Caesar-Verschlüsselung sinnvoll sind.
2) Verschlüssle die Nachricht „TREFFPUNKT MORGEN MITTAG AN DER ALTEN EICHE" mit einer Caesar-Verschlüsselung von 6.

**7.31** Folgende Nachricht wurde mit einer Caesar-Verschlüsselung verschlüsselt:
UWBNOHA ZUFFY
Entschlüssle die Nachricht, unter der Annahme, dass es sich dabei um einen sinnvollen deutschen Text handelt.

Aufgaben 7.32 – 7.38: Bei den Aufgaben ist das RSA-Verfahren anzuwenden.

**7.32** Verschlüssle jeweils die Zahl mit n = 2 627 und e = 31.
 **a)** 8 **b)** 48 **c)** 76 **d)** 112 **e)** 324

**7.33** Verschlüssle die Zahlen 388 und 627, wenn der öffentliche Schlüssel (29, 1 139) bekannt ist.

**7.34** Sandra möchte die Zahlenkombination 3876 des PIN-Codes ihrer Bankomatkarte verschlüsseln. Sie verwendet dazu den öffentlichen Schlüssel mit n = 1 177 und e = 31. Ermittle den verschlüsselten PIN-Code.

**7.35** Bernhard möchte Astrid die Nachricht „STERNSCHNUPPE" verschlüsselt zukommen lassen. Er verwendet den öffentlichen Schlüssel mit n = 2 537 und e = 37 sowie Blöcke der Länge 3. Ermittle die verschlüsselte Nachricht.

**7.36** Geheimagent Müller möchte seine Kontaktperson zum Austausch wichtiger Unterlagen treffen. Er erhält eine verschlüsselte Nachricht über das Transportmittel, mit dem die Kontaktperson anreisen wird.
Diese lautet:  1751  1384  0999  1070
1) Ermittle den privaten Schlüssel, der notwendig ist, um die Nachricht zu entschlüsseln, wenn der öffentliche Schlüssel (29, 1 817) verwendet wurde.
2) Entschlüssle die Nachricht.

**7.37** Beim Geo-Caching versteckt jemand in einer Schatzkiste einen Zettel mit einer verschlüsselten Nachricht über das nächste Versteck. Der Zahlencode lautet:  939  815  688
1) Berechne den privaten Schlüssel, wenn der öffentliche Schlüssel (23, 1 273) lautet.
2) Gib an, wo sich das nächste Versteck befindet.

**7.38** Um sein Rezept zu sichern, verschlüsselt ein Koch die Zutaten für seine Nachspeise. Eine dieser Zutaten wurde mit dem öffentlichen Schlüssel (31, 1 157) verschlüsselt und lautet:
408  464  291  938  185  715  990
1) Ermittle den privaten Schlüssel.
2) Entschlüssle anschließend den Geheimtext.

**7.39** Recherchiere im Internet die Funktionsweise der Vigenère-Verschlüsselung, benannt nach dem bekannten französischen Kryptographen Blaise de Vigenère (1523 – 1596). Erkläre die Funktionsweise dieses Verfahrens.

# Algebra und Zahlentheorie

## 7.3 Kombinatorik

Die **Kombinatorik** (latein: „combinatio" = Vereinigung) befasst sich mit der Anzahl der Möglichkeiten bei Anordnungs- bzw. Auswahlaufgaben. Da es im Allgemeinen aufwändig wäre, alle Möglichkeiten aufzuzählen, wurden zur Berechnung sogenannte **Abzähltechniken** entwickelt.

### 7.3.1 Einführung

**7.40**  In einem Geschäft werden Schutzhelme in 2 Ausführungen und jeweils 4 Farben angeboten. Wie viele verschiedene Helmarten gibt es?

Zunächst wird anhand eines Beispiels überlegt, wie die Gesamtzahl der Möglichkeiten ermittelt werden kann, wenn mehrere Entscheidungen hintereinander getroffen werden.

ZB: An einer Kreuzung stehen Alex mit dem Motorrad und Niki mit dem Fahrrad. Beide möchten vom Ort A zum Ort D fahren. Der Ort D kann entweder über den Ort B oder über den Ort C erreicht werden (siehe Abbildung).

Alex hat **3** Möglichkeiten, um zunächst nach B zu gelangen **UND** unabhängig davon, welchen der 3 Wege sie wählt, **2** Möglichkeiten, um von B nach D zu gelangen.

Alex kann also auf **3 · 2** = 6 verschiedene Arten von A nach D fahren.

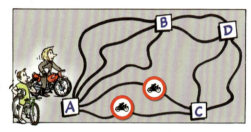

Man erhält die Gesamtzahl der Möglichkeiten durch **Multiplikation**.

Niki kann mit dem Fahrrad – wie Alex – auf **6** verschiedene Arten über B nach D fahren **ODER** einen Weg über C wählen. Er hat dazu 2 · 2 = **4** Möglichkeiten.

Niki hat also insgesamt **6 + 4** = 10 Möglichkeiten, nach D zu fahren. Die Wegkombinationen über B und jene über C schließen einander aus.

Man erhält die Gesamtzahl der Möglichkeiten durch **Addition**.

Im Folgenden wird beschrieben, welche Fälle von Anordnungs- bzw. Auswahlaufgaben unterschieden werden.

- **Anordnung** von Elementen
  Es werden **n Elemente auf n Plätzen** angeordnet.
  Dabei ist zu beachten, ob **alle** n Elemente voneinander **unterscheidbar** sind **oder** ob es **auch gleiche** Elemente gibt.

- **Auswahl** von Elementen
  Es werden **aus n Elementen k Elemente** ausgewählt.
  Dabei ist zu beachten,
  - ob die **Anordnung** (Reihenfolge) der ausgewählten Elemente von Bedeutung ist. Mathematisch formuliert entspricht das der Unterscheidung, ob eine Menge oder eine Folge ausgewählt wird. Bei einer Menge spielt – im Gegensatz zur Folge – die Reihenfolge der Elemente keine Rolle.
  - ob ein Element **wiederholt** ausgewählt werden kann.

# Algebra und Zahlentheorie

## 7.3.2 Permutation

Eine Anordnung von n Elementen nennt man eine **Permutation** (latein: „permutare" = vertauschen).

Möchte man zum Beispiel drei verschiedenfärbige Kugeln (eine gelbe, eine rote und eine blaue) anordnen, so hat man folgende Möglichkeiten:

Für den 1. Platz hat man drei und für den 2. Platz noch zwei Farben zur Wahl. Für den letzten Platz bleibt nur noch eine Farbe übrig. Es gibt also 3 · 2 · 1 = 6 Möglichkeiten.

Anstelle von **3 · 2 · 1** kann man auch **3!** schreiben [sprich: „3 **Faktorielle**" oder „3 **Fakultät**"].

Allgemein kann man die Anzahl der Möglichkeiten, n **verschiedene** Elemente unterschiedlich anzuordnen, mit n! = n · (n – 1) · (n – 2) · ... · 2 · 1 berechnen. In diesem Fall spricht man auch von einer **Permutation ohne Wiederholung**.

Wird im obigen Beispiel eine rote Kugel durch eine weitere gelbe Kugel ersetzt, so erhält man:

Je zwei der abgebildeten Fälle stellen die gleiche Anordnung dar. Es entfallen daher jeweils jene 2! Möglichkeiten, die dem Vertauschen der gelben Kugeln entsprechen.
Es müssen also die ursprünglich 3! Möglichkeiten durch 2! dividiert werden:

$\frac{3!}{2!}$ = 3 Möglichkeiten

Sind nicht alle Elemente voneinander unterscheidbar, so erhält man durch deren Vertauschen keine neue Anordnung. Man spricht dann von einer **Permutation mit Wiederholung**.

---

**n! (n-Faktorielle)**
n! = n · (n – 1) · (n – 2) · ... · 2 · 1       mit n ∈ ℕ
Es gilt: 0! = 1   und   1! = 1

**Permutation ohne Wiederholung: n** unterscheidbare **Elemente** werden **angeordnet**.
P = n!

**Permutation mit Wiederholung: n Elemente**, von denen **r, s, t,** ... Elemente **jeweils gleich** sind, werden **angeordnet**.

$P_W = \frac{n!}{r! \cdot s! \cdot t! \cdot ...}$

---

**7.41** Wie viele Anagramme können aus den Wörtern **1)** DONAU und **2)** ATTERSEE gebildet werden?

Lösung:
**1)** n = 5         • Jeder Buchstaben kommt nur einmal vor.
P = 5! = 120
Es gibt 120 Anagramme des Worts DONAU.

**2)** n = 8, T ... 2, E ... 3    • Zwei Buchstaben kommen mehrfach vor.

$P_W = \frac{8!}{2! \cdot 3!} = 3\,360$

Es gibt 3 360 Anagramme des Worts ATTERSEE.

**Stochastik**

# Algebra und Zahlentheorie

**Permutation ohne Wiederholung**

**7.42** Eine Pharmareferentin will neun Kundengespräche führen. Gib an, wie viele verschiedene Reihenfolgen (Anordnungen) möglich sind.

**7.43** Wie viele verschiedene Sitzordnungen gibt es in einer Klasse mit 20 Schülerinnen und 20 Plätzen? Berechne, wie viele Jahre es dauern würde, jede Sitzordnung einzunehmen, wenn jeden Tag eine andere Sitzordnung gewählt wird.

**7.44** Fünf Personen möchten eine Autofahrt unternehmen. Berechne, auf wie viele Arten sie in einem Auto mit insgesamt fünf Sitzplätzen Platz nehmen können, wenn nur eine Person einen Führerschein hat.

**Permutation mit Wiederholung**

**7.45** Aus den Buchstaben des Worts ABBA sollen Anagramme gebildet werden.
**1)** Schreibe alle Möglichkeiten an. **2)** Überprüfe die Anzahl anschließend mit der Formel.

**7.46** Berechne, wie viele Möglichkeiten es gibt, 6 weiße, 3 gelbe und 5 schwarze Kugeln anzuordnen.

**7.47** Wie viele verschiedene Sitzplatzanordnungen gibt es in einer Klasse mit 30 Schülern bei 36 Plätzen? Erkläre deine Vorgehensweise.

**7.48** Christiaan Huygens (niederländischer Astronom, 1629 – 1695) veröffentlichte zur Beschreibung des Saturns in lateinischer Sprache folgendes Anagramm:
AAAAAAA CCCCC D EEEEE G H IIIIIII LLLL MM
NNNNNNNN OOOO PP Q RR S TTTTT UUUUU
**1)** Wie viele weitere Anagramme kann man bilden?
**2)** Recherchiere den tatsächlichen Wortlaut der Beschreibung.

**Vermischte Aufgaben**

**7.49** In einer Bonbonniere befinden sich vier gleiche Nougatpralinen und vier gleiche Nusspralinen. Wie viele Möglichkeiten gibt es, die Pralinen anzuordnen?

**7.50** Je eine 1-Euro-, 50-Cent- und 20-Cent-Münze aus Österreich, Irland und Finnland liegen auf dem Tisch. Berechne, wie viele verschiedene Anordnungen man bilden kann, wenn immer das Bild sichtbar ist.

**7.51** Drei Paare sollen gemeinsam fotografiert werden. Wie viele Anordnungen gibt es,
**a)** wenn sich die sechs Personen beliebig nebeneinander aufstellen?
**b)** wenn der jeweils größere Partner unmittelbar hinter dem kleineren Partner steht?
**c)** wenn sie paarweise nebeneinander stehen?

**7.52** Im Lauf der Geschichte wurden die Regeln für das Schachspiel immer wieder geändert.
**1)** Berechne, wie viele Möglichkeiten es gibt, die weißen Schachfiguren in den ersten beiden Reihen beliebig anzuordnen.
**2)** Bei der Eröffnungsstellung von Chess960 stehen die Bauern wie üblich in der zweiten Reihe. Die restlichen weißen Figuren stehen in der ersten Reihe. Ein Läufer muss auf weiß und der andere auf schwarz stehen, die Dame und die Springer können beliebig stehen. Der König kann beliebig zwischen den Türmen angeordnet werden.
Die schwarzen Figuren werden symmetrisch zu den weißen Figuren aufgestellt.
Berechne, wie viele Eröffnungsstellungen für Chess960 möglich sind.

# Algebra und Zahlentheorie

## 7.3.3 Variation

**7.53** Anne, George, Julian, Richard und Tim gehen ins Theater. Auf wie viele Arten können sie in einer Loge mit 8 Sitzen Platz nehmen?

Eine **Auswahl von k** Elementen **aus** einer Grundmenge von **n Elementen** nennt man **Variation**, wenn die **Anordnung** (Reihenfolge) der ausgewählten Elemente **berücksichtigt** wird. Jede mögliche Auswahl führt auf eine Folge von k Elementen.

Kann **jedes Element nur einmal** ausgewählt werden („Ziehen OHNE Zurücklegen"), erhält man eine Folge von k verschiedenen Elementen und spricht von einer **Variation ohne Wiederholung**. Können **Elemente auch mehrfach** ausgewählt werden („Ziehen MIT Zurücklegen"), spricht man von einer **Variation mit Wiederholung**. Man erhält eine Folge, in der das gleiche Element auch mehrfach vorkommen kann.

ZB: Aus den 6 Buchstaben  soll ein 4-stelliger Code erstellt werden. Jeder Buchstabe darf nur einmal vorkommen.
Für die 1. Stelle stehen 6 Buchstaben zur Verfügung, für die 2. Stelle stehen 5 Buchstaben zur Verfügung, usw. Insgesamt gibt es also $6 \cdot 5 \cdot 4 \cdot 3 = 360$ Möglichkeiten.
Um diesen Ausdruck mithilfe der Faktoriellen anschreiben zu können, wird erweitert:

$6 \cdot 5 \cdot 4 \cdot 3 = \frac{6 \cdot 5 \cdot 4 \cdot 3 \cdot 2 \cdot 1}{2 \cdot 1} = \frac{6!}{2!} = \frac{6!}{(6-4)!} = 360$

Allgemein: $n \cdot (n-1) \cdot (n-2) \cdot \ldots \cdot (n-k+1) = \frac{n \cdot (n-1) \cdot (n-2) \cdot \ldots \cdot (n-k+1) \cdot (n-k)!}{(n-k)!} = \frac{n!}{(n-k)!}$

Darf der Code hingegen auch gleiche Buchstaben enthalten, so kann man die Anzahl der möglichen Codes folgendermaßen ermitteln:
Beim 1. Zug hat man 6 Buchstaben zur Verfügung, ebenso bei allen weiteren Zügen. Insgesamt kann man also $6 \cdot 6 \cdot 6 \cdot 6 = 6^4 = 1\,296$ verschiedene Codes bilden.

> Aus **n** verschiedenen Elementen werden **k** verschiedene Elemente **ausgewählt**. Die **Anordnung** (Reihenfolge) der ausgewählten Elemente wird **berücksichtigt**.
>
> **Variationen ohne Wiederholung:** Jedes Element kann nur einmal ausgewählt werden.
> $V = \frac{n!}{(n-k)!}$
>
> **Variation mit Wiederholung**: Elemente können auch mehrfach ausgewählt werden.
> $V_w = n^k$

Bemerkung: Die Berechnung wird bei vielen Taschenrechnern mithilfe des Befehls **nPr** (englisch: „n permute r") durchgeführt. Im englischen Sprachraum wird nicht zwischen Permutation und Variation ohne Wiederholung unterschieden.

**7.54** Aus einer Schachtel mit 7 verschiedenen Kugeln werden 3 herausgenommen. Berechne die Anzahl der möglichen Anordnungen der 3 Kugeln.

Lösung mit TI-Nspire:

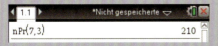

- Der Befehl **nPr()** befindet sich im Menü **5: Wahrscheinlichkeit**, **2: Permutationen**.

Es gibt 210 mögliche Anordnungen.

# Algebra und Zahlentheorie

**7.55** Mit einem Würfel wird zweimal gewürfelt und jedesmal die Augenzahl notiert. Berechne, wie viele Zahlenfolgen dadurch entstehen können.

Lösung:
n = 6 und k = 2

$V_W = 6^2 = 36$ • Aus 6 möglichen Augenzahlen wird 2-mal „ausgewählt".

Es können 36 verschiedene Zahlenfolgen entstehen.

**Variation ohne Wiederholung**

**7.56** Berechne, wie viele Möglichkeiten es für 3 Personen gibt, auf 10 Sesseln Platz zu nehmen.

**7.57** Wie viele dreiziffrige Zahlen kann man aus den Ziffern 2, 3, 4, 5 und 6 bilden, wenn in der Zahl jede Ziffer nur einmal vorkommen darf?

**7.58** *1)* Löse Aufgabe **7.47** mithilfe der Formel für die Variation.
*2)* Erkläre, warum im englischsprachigen Raum lediglich der Begriff „permutation" für die beiden Begriffe „Permutation" und „Variation" verwendet wird.

**Variation mit Wiederholung**

**7.59** Bei einer Lotterie wird eine „Jokerzahl" ermittelt. Für die 6 Stellen dieser Zahl werden jeweils Ziffern aus 0 bis 9 gezogen. Gib an, wie viele Jokerzahlen möglich sind.

**7.60** Bei einem Tipp beim Fußball-Toto kann für 13 Spiele jeweils 1, 2 oder X angekreuzt werden. Berechne, wie viele Tipps ausgefüllt werden müssen, damit sich darunter mit Sicherheit der richtige Tipp befindet.

**7.61** Wie viele vierstellige Zahlen kann man aus den Ziffern 3, 2, 1 und 0 bilden, wenn jede Ziffer beliebig oft verwendet werden darf?

**Vermischte Aufgaben**

**7.62** Beim Elfmeterschießen wählt der Trainer fünf Spieler in einer bestimmten Reihenfolge aus einer Mannschaft von elf Spielern (inkl. Torwart) aus. Wie viele Möglichkeiten hat er,
*1)* wenn er den Torwart berücksichtigt?
*2)* wenn er den Torwart nicht berücksichtigt und nur noch neun Feldspieler zur Verfügung stehen?

**7.63** Aminosäuren, die am Aufbau der Proteine beteiligt sind, werden durch eine Sequenz – ein so genanntes Codon – von drei der vier Nucleinbasen (Adenin, Cytosin, Guanin, Uracil) codiert. Dabei kann jede Nucleinbase mehrmals in einem Codon vorkommen. Wie viele verschiedene Codone können insgesamt gebildet werden?

**7.64** Ein Passwort soll aus zehn Zeichen (Ziffern oder Buchstaben) bestehen. Jeder Buchstabe und jede Ziffer darf mehrmals verwendet werden. Es wird nicht zwischen Groß- und Kleinbuchstaben unterschieden. Wie viele Passwörter kann man jeweils bilden?

**7.65** Ein Code soll aus 12 Zeichen bestehen. Jeder Buchstabe und jede Ziffer darf mehrmals verwendet werden, wobei zwischen Groß- und Kleinbuchstaben unterschieden wird. Berechne die Anzahl der möglichen Codewörter, die man bilden kann.

**7.66** Susanne möchte für ein 16-stelliges Passwort als erstes Zeichen einen Großbuchstaben wählen, als zweites Zeichen einen Kleinbuchstaben und für die weiteren Zeichen nur mehr Ziffern. Berechne die Anzahl der möglichen Passwörter.

# Algebra und Zahlentheorie

## 7.3.4 Kombination

**7.67** In einem Betrieb arbeiten 5 Personen. Die Unternehmensleitung wählt 3 Personen für eine Fortbildungsveranstaltung aus. Überlege, wie viele verschiedene Dreiergruppen es gibt.

Eine **Auswahl von k** Elementen **aus** einer Grundmenge von **n Elementen** nennt man **Kombination**, wenn die **Anordnung** (Reihenfolge) der ausgewählten Elemente **nicht berücksichtigt** wird. Jede mögliche Auswahl führt auf eine Menge von k Elementen.

**Kombination ohne Wiederholung**

Kann jedes **Element nur einmal** ausgewählt werden („Ziehen OHNE Zurücklegen"), spricht man von einer **Kombination ohne Wiederholung**.

ZB: In einer Urne befinden sich folgende Kugeln: 🟡 🟠 🔴 🟣 🔵 🟢
Drei Kugeln sollen gezogen werden, wobei es nicht auf die Reihenfolge ankommt. Wäre die Reihenfolge von Bedeutung, so gäbe es $\frac{6!}{(6-3)!}$ Möglichkeiten.

Da die Reihenfolge bedeutungslos ist, müssen alle Möglichkeiten, die durch Umordnung entstehen, als **eine** Möglichkeit gezählt werden. Handelt es sich zum Beispiel um eine gelbe, eine rote und eine blaue Kugel, sind folgende Permutationen möglich:

Diese 3! Anordnungen stellen nur **eine** Möglichkeit dar, wenn die Anordnung nicht berücksichtigt wird. Die mit der Formel der Variation berechnete Anzahl muss daher noch durch 3! dividiert werden.

$$\frac{\frac{6!}{(6-3)!}}{3!} = \frac{6!}{(6-3)! \cdot 3!} = 20 \text{ Farbkombinationen}$$

Der Ausdruck $\frac{n!}{(n-k)! \cdot k!} = \frac{n \cdot (n-1) \cdot \ldots \cdot (n-k+1)}{(n-k)!}$ ($n \geq k$, $k \in \mathbb{N}$) wird mit $\binom{n}{k}$ [sprich: „n über k"] abgekürzt und **Binomialkoeffizient** genannt.

Auf vielen Taschenrechnern kann der Binomialkoeffizient $\binom{n}{r}$ mit dem Befehl **nCr** (englisch: „n choose r") berechnet werden.

---

**Kombination ohne Wiederholung**
Aus **n verschiedenen Elementen** werden **k verschiedene Elemente** ausgewählt. Jedes Element kann nur einmal ausgewählt werden. Die **Reihenfolge** der Auswahl ist **nicht von Bedeutung**.

$C = \frac{n!}{(n-k)! \cdot k!} = \binom{n}{k}$ $\qquad$ $\binom{n}{k}$ ... Binomialkoeffizient „n über k"

---

**7.68** In einer Lade befinden sich 6 Blu-rays. Es werden 2 davon blind herausgenommen. Berechne die Anzahl der möglichen Kombinationen.

Lösung mit TI-Nspire:

- Der Befehl **nCr()** befindet sich im Menü **5: Wahrscheinlichkeit**, **3: Kombinationen**.

Es sind 15 Kombinationen möglich.

**Stochastik**

# Algebra und Zahlentheorie

**Binomischer Lehrsatz**

  **7.69** Gib die Formeln für $(a + b)^2$ und $(a + b)^3$ an.

Der Binomialkoeffizient spielt bei der Berechnung von Potenzen eines Binoms eine wichtige Rolle. Berechnet man zum Beispiel

$\binom{2}{0} = 1, \binom{2}{1} = 2, \binom{2}{2} = 1$ oder $\binom{3}{0} = 1, \binom{3}{1} = 3, \binom{3}{2} = 3, \binom{3}{3} = 1$, so erkennt man, dass es sich dabei um

die Koeffizienten von $(a + b)^2$ und $(a + b)^3$ handelt. Durch Anordnen der Binomialkoeffizienten in Form eines Dreiecks erhält man das **Pascal'sche Dreieck**.

$$\begin{array}{c}
\binom{0}{0} \\
\binom{1}{0} \quad \binom{1}{1} \\
\binom{2}{0} \quad \binom{2}{1} \quad \binom{2}{2} \\
\binom{3}{0} \quad \binom{3}{1} \quad \binom{3}{2} \quad \binom{3}{3}
\end{array} \qquad \begin{array}{c} 1 \\ 1 \quad 1 \\ 1 \quad 2 \quad 1 \\ 1 \quad 3 \quad 3 \quad 1 \end{array}$$

ZB: $(a + b)^4 \ldots \binom{4}{0} \; \binom{4}{1} \; \binom{4}{2} \; \binom{4}{3} \; \binom{4}{4}$ ...... $n = 4; \; k = 0, 1, \ldots, 4 \qquad 1 \quad 4 \quad 6 \quad 4 \quad 1$

Mithilfe des Binomialkoeffizienten lässt sich die **binomische Reihe** anschreiben, die eine Formel für $(a + b)^n$, $n \in \mathbb{N}$, angibt. Man nennt diese Formel den **binomischen Lehrsatz**.

> **Binomischer Lehrsatz**
>
> $(a + b)^n = \sum_{k=0}^{n} \binom{n}{k} \cdot a^{n-k} \cdot b^k \quad$ mit $\; n, k \in \mathbb{N}$

**Kombination mit Wiederholung**

Können Elemente auch mehrfach ausgewählt werden, handelt es sich um eine **Kombination mit Wiederholung**. Die zugehörige Formel kann auf die Formel für die Kombination ohne Wiederholung zurückgeführt werden. Dazu wird im Folgenden das „Fächermodell" verwendet, bei dem **Fächer ausgewählt** werden, indem man Kugeln hineinlegt.

ZB: 6 (gleichartige) Kugeln sollen auf 3 Fächer verteilt werden. Für die erste Kugel wählt man eines der 3 Fächer aus, ebenso für die zweite Kugel usw. Aus einer **Menge von 3 Fächern** wird also **6-mal** ein Fach **ausgewählt**, indem man eine Kugel hineinlegt.
Im nebenstehend abgebildeten Beispiel wurde 2-mal Fach A ausgewählt, 1-mal Fach B ausgewählt und 3-mal Fach C ausgewählt. Anstelle „echte" Fächer zu verwenden, kann man auch $3 - 1 = \mathbf{2}$ zusätzliche (hier **blau** gezeichnete) Kugeln als „Trennzeichen" verwenden.

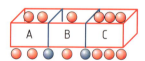

$n = 3$ Fächer
$k = 6$ Kugeln
$n - 1 = 2$ blaue Kugeln
$k + n - 1$ Kugeln insgesamt

Für das Platzieren dieser **2** blauen Kugeln unter den nun insgesamt 8 Kugeln gibt es $\binom{8}{2}$

Möglichkeiten. Sie entsprechen den Möglichkeiten, aus 3 Fächern 6-mal eines auszuwählen, in das eine Kugel gelegt wird.

> **Kombination mit Wiederholung**
>
> Aus **n verschiedenen Elementen** wird **k mal ausgewählt**. Jedes Element kann **mehrfach ausgewählt** werden. Die **Reihenfolge** der Auswahl ist **nicht von Bedeutung**.
>
> $C_W = \binom{n + k - 1}{n - 1} = \binom{n + k - 1}{k}$

# Algebra und Zahlentheorie

**Kombination ohne Wiederholung**

**7.70** Berechne, wie viele verschiedene Möglichkeiten es gibt, aus einem Fragenkatalog mit 100 Fragen für einen Test 3 Fragen auszuwählen.

**7.71** Ein „französisches Blatt" besteht aus 52 Spielkarten in den Farben „Treff" ♣, „Pik" ♠, „Herz" ♥ und „Karo" ♦. Jede Farbe gibt es in den Werten 2, 3, ..., 10, Bube, Dame, König, Ass. Berechne die Anzahl der Möglichkeiten für die angegebene „Hand" mit n Karten.
  **1)** n = 5, nur ♦
  **2)** n = 2, nur Damen
  **3)** n = 7, kein ♥
  **4)** n = 5, nur ♣ oder nur ♠

**7.72** An einer Fortbildung zum Thema „CNC-Maschinen" nehmen 13 Frauen und 7 Männer teil. Aus den Teilnehmern wird ein Team von 3 Personen gebildet.
  **1)** Berechne, wie viele verschiedene Teams gebildet werden können.
  **2)** In wie viel Prozent aller möglichen Teams sind nur Frauen?
  **3)** Berechne, wie viele Teams es gibt, in denen 2 oder 3 Männer sind.

**7.73** Es sind sieben Punkte in der Ebene gegeben. Wie viele Geraden kann man durch jeweils zwei Punkte legen, wenn nie drei der Punkte auf einer Geraden liegen?

**7.74** Berechne, auf wie viele verschiedene Arten man 6 (gleichartige) Kugeln auf 8 Fächer verteilen kann, wenn in jedem Fach höchstens eine Kugel liegen darf.

**Kombination mit Wiederholung**

**7.75** Für einen Becher mit 3 Kugeln Eis darf aus 5 verschiedenen Eissorten gewählt werden.
Berechne, wie viele verschiedene Zusammenstellungen es gibt, wenn die Eissorten dabei auch mehrfach ausgewählt werden können.

**7.76** Überprüfe nachweislich, dass gilt:
$$\binom{n + k - 1}{n - 1} = \binom{n + k - 1}{k}$$

**7.77** Es sollen 10 gleiche Bälle an 4 Kinder verteilt werden. Berechne, auf wie viele Arten das möglich ist, wenn
  **1)** jedes Kind beliebig viele Bälle bekommen kann.
  **2)** jedes Kind mindestens einen Ball bekommen soll.
  **3)** Anna höchstens einen Ball möchte.

**Binomischer Lehrsatz**

**7.78** Schreibe die ersten fünf Zahlen der 18. Zeile des Pascal'schen Dreiecks an, wenn man mit der „nullten Zeile" zu zählen beginnt.

**7.79** Schreibe die binomische Reihe an.
  **a)** $(a + b)^5$
  **b)** $(x - 1)^7$
  **c)** $(2a - 5)^4$
  **d)** $(y + 3)^6$

**7.80** Für welches n enthält $(a + b)^n$ einen Term der Form $c \cdot a^8 b^5$? Ermittle c.

**7.81** Überprüfe die Aussage für ein selbst gewähltes Beispiel und zeige allgemein.
  **a)** $\binom{n}{k} = \binom{n}{n - k}$
  **b)** $\binom{n}{n} = 1$
  **c)** $\binom{n}{1} = n$
  **d)** $\binom{n + k - 1}{n - 1} = \binom{n + k - 1}{k}$

**Stochastik**

# Algebra und Zahlentheorie

**Vermischte Aufgaben aus der Kombinatorik**

**7.82** Berechne, wie viele verschiedene Tipps im deutschen Lotto „6 aus 49" möglich sind.

**7.83** Berechne, wie viele Reihenfolgen möglich sind, wenn 15 Personen nacheinander einen Raum verlassen.

**7.84** Daniel hat eine neue Playlist mit 11 verschiedenen Liedern erstellt. Er startet das Abspielen der Playlist im Zufallsmodus und hört sich 11 Lieder an.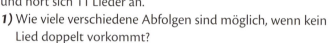
1) Wie viele verschiedene Abfolgen sind möglich, wenn kein Lied doppelt vorkommt?
2) Wie viele verschiedene Abfolgen sind möglich, wenn jedes Lied beliebig oft vorkommen kann?

**7.85** Berechne, wie viele verschiedene Anagramme man aus den Buchstaben des Namens
a) Phillipp, b) Barbara bilden kann.

**7.86** In einer Klasse sind 30 Schülerinnen und Schüler. Ein „Tafelordner" und ein „Klassenbuchordner" werden ausgewählt. Berechne, auf wie viele verschiedene Arten dies möglich ist, wenn die beiden Aufgaben
a) nicht von der gleichen Person übernommen werden können.
b) auch von der gleichen Person übernommen werden können.

**7.87** Gib an, wie viele verschiedene (auch physikalisch falsche) „Regenbogen" aus sieben Farben gezeichnet werden können.

**7.88** In einem Büro sind 18 Telefone vorhanden. Berechne, wie viele Verbindungen zwischen diesen Apparaten hergestellt werden können.

**7.89** Um eine Maschine zu starten, müssen 10 Schalter richtig eingestellt werden. Jeder Schalter kann 2 Positionen haben. Berechne die Anzahl der Möglichkeiten, die Schalter falsch einzustellen.

**7.90** In einer Urne sind 9 Kugeln, die mit den Ziffern von 1 bis 9 beschriftet sind. 5 Kugeln werden hintereinander gezogen. Berechne, wie viele verschiedene Ziffernfolgen dabei möglich sind, wenn
1) mit Zurücklegen gezogen wird.
2) ohne Zurücklegen gezogen wird.

**7.91** In einem Einfamilienhaus werden bei Abwesenheit der Besitzer abends jeweils 4 von 11 Leuchten computergesteuert eingeschaltet. Berechne, wie viele verschiedene Beleuchtungssituationen das Programm maximal erzeugen kann.

**7.92** 12 Schüler würden gerne auf den 5 Plätzen der letzten Reihe im Bus sitzen. Berechne, wie viele Möglichkeiten es gibt, die 5 Plätze zu besetzen, wenn die Anordnung innerhalb der Reihe
a) berücksichtigt wird.
b) nicht berücksichtigt wird.

**7.93** Eine Spielgemeinschaft kreuzt alle möglichen Lottotipps bei Lotto „6 aus 45" an. Wie viele Fünfer mit bzw. ohne Zusatzzahl und wie viele Vierer erzielt sie damit?

# Algebra und Zahlentheorie

## Zusammenfassung

### Algebraische Strukturen

Mengen bilden bezüglich **Verknüpfungen** (Rechenoperationen) **algebraische Strukturen**.

Die Verknüpfungen werden auf das **Kommutativ**- und das **Assoziativgesetz** sowie auf die **Distributivgesetze** hin überprüft.
Weiters wird die Struktur auf die Existenz **neutraler** und **inverser Elemente** untersucht.
Wichtige algebraische Strukturen sind **Gruppe, Ring** und **Körper**.

### Codierung

Zwei Zahlen $a, b \in \mathbb{Z}$ heißen **kongruent modulo** $m \in \mathbb{N}^*$ ($a \equiv b \bmod m$), wenn sie bei der Division durch m denselben Rest haben.
Mit dem **erweiterten Euklid'schen Algorithmus** kann man zu je zwei natürlichen Zahlen a und b mit $b \neq 0$ zwei ganze Zahlen r und s ermitteln, für die gilt: $r \cdot a + s \cdot b = ggT(a, b)$
Sind die beiden Zahlen zusätzlich teilerfremd, also $ggT(a, b) = 1$, dann lässt sich jene eindeutig bestimmte positive Zahl $c < b$ finden, für die gilt: $a \cdot c \bmod b = 1$
Die Zahl c wird **modulare Inverse** zu a mod b genannt.

Für die Berechnung sehr hoher Potenzen modulo m verwendet man das **Square-and-Multiply-Verfahren**.

### Symmetrische Verschlüsselungsverfahren

Zur Ver- und Entschlüsselung wird **derselbe Schlüssel** verwendet, zum Beispiel die Caesar-Verschlüsselung.

### Asymmetrische Verschlüsselungsverfahren

Zur Ver- und Entschlüsselung werden **zwei verschiedene Schlüssel** (**öffentlicher** und **privater Schlüssel**) verwendet, zum Beispiel das RSA-Verfahren.

### Kombinatorik

**Faktorielle**: $n! = n \cdot (n-1) \cdot \ldots \cdot 2 \cdot 1$    **Binomialkoeffizient**: $\binom{n}{k} = \frac{n!}{(n-k)! \cdot k!}$

```
                        Auswahl von
             nein ─────  Elementen  ───── ja
              │                              │
              │                              │
              │                         Reihenfolge von
              │                    ja ──  Bedeutung  ── nein
              │                     │                    │
          Permutation          Variation            Kombination
          (Anordnung)     (Auswahl + Anordnung)      (Auswahl)
              │                     │                    │
    Elemente mehrfach         Ziehen mit            Ziehen mit
 nein─ vorhanden ─ja      nein─ Zurücklegen ─ja  nein─ Zurücklegen ─ja
   │              │        │                 │     │                │
                n!        n!                      ⎛n⎞          ⎛n+k-1⎞
  n!       ─────────    ──────              n^k   ⎝k⎠          ⎝  k  ⎠
         r!·s!·t!·...   (n-k)!
```

**Algebra und Geometrie / Stochastik**

# Algebra und Zahlentheorie

**Weitere Aufgaben**

**7.94** Überprüfe für a = $\frac{1}{2}$, b = −1 und c = $\frac{3}{5}$, ob ($\mathbb{Q}\setminus\{0\}$, +, ·) einen Körper bildet.

**7.95** Die IBAN (**I**nternational **B**ank **A**ccount **N**umber) ist eine standardisierte Schreibweise für Bankkontonummern. Eine österreichische IBAN hat immer 20 Stellen. Sie setzt sich aus der 2-stelligen Länderkennung, einer 2-stelligen Prüfziffer (PZ), der 5-stelligen Bankleitzahl (BLZ) sowie der mithilfe von führenden Nullen auf 11 Stellen ergänzten Kontonummer (KN) zusammen.
Vor der Berechnung der Prüfziffer wird die Länderkennung durch eine 4-stellige Zahl (LK) ersetzt, für Österreich gilt: AT $\triangleq$ 1029
Für die Prüfziffer gilt: PZ = 98 − [(BLZ · $10^6$ + KN · $10^6$ + LK · $10^2$) mod 97]
**a)** Überprüfe anhand der Prüfziffer, ob es sich um eine korrekte IBAN handelt:
   AT**25** 8763 4000 0756 8921
**b)** Gib die gültige IBAN zu folgender österreichischen Bankverbindung an:
   BLZ: 63458   KN: 86735603

**7.96** Verschlüssle die Nachricht „KOMET" mit dem öffentlichen Schlüssel (41, 1 079).

**7.97** Jemand fängt folgende Nachricht ab:  0102  0207  1095  0629  0655  0647  0168
Ermittle den Klartext, wenn der öffentliche Schlüssel (43, 1 537) lautet.

**7.98** In einem Schigebiet gibt es einen 8er-Sessellift. Berechne, auf wie viele Arten
**1)** 8 Personen, **2)** 6 Personen auf den 8 Sitzen Platz nehmen können.

**7.99** Auf einem Maturaball wird für A verschiedene Konzerte je eine Eintrittskarte verlost. Es sind B Gäste anwesend (B > A). Gib jeweils eine Formel für die Anzahl N der möglichen Ausgänge der Verlosung unter folgenden Voraussetzungen an.
**1)** Kein Gast kann mehr als eine Karte gewinnen.
**2)** Jeder Gast kann mehrere Karten gewinnen.

**7.100** In verschiedenen Ländern gibt es unterschiedliche Lotto-Varianten, zum Beispiel:
   Bulgarien: 5 aus 35    Italien: 6 aus 90    Litauen: 6 aus 30
   Österreich: 6 aus 45    Schweden: 7 aus 35    Schweiz: 6 aus 42 plus 1 aus 6
   Ermittle für jedes Land die Anzahl der Möglichkeiten, einen gültigen Tipp zu setzen.

**Aufgaben in englischer Sprache**

| | | | |
|---|---|---|---|
| abelian group | Abel'sche Gruppe | inverse element | inverses Element |
| binomial coefficient „n choose k" | Binomialkoeffizient „n über k" | n-factorial | n-Faktorielle |
| | | operation | Verknüpfung |
| combination | Kombination | permutation | Permutation |
| to decrypt | entschlüsseln | prime factorisation | Primfaktorzerlegung |
| field | Körper (math.) | public key | öffentlicher Schlüssel |
| to encrypt | verschlüsseln | remainder | Rest |
| greatest common factor | größter gemeinsamer Teiler | residue class | Restklasse |
| | | ring | Ring |
| identity element | neutrales Element | set | Menge |

# Algebra und Zahlentheorie

**7.101** True or false? Give reasons for your decision.
   **1)** Every field is a ring.    **2)** ($\mathbb{N}$, +) is an abelian group.    **3)** ($\mathbb{Q}$, +, ·) is a field.

**7.102** Using a pocket calculator, the result of computing the number $2^{200}$ is shown as $1.606938E+60$ due to the limited amount of digits on the display. Calculate the last three digits of the number $2^{200}$ using the square-and-multiply-algorithm.
Hint: $2^{200} \equiv x \bmod 1\,000$

**7.103** Use Euclid's method to find the greatest common factor of (664, 84).

**7.104** Encrypt the text „CAT" with the public key (13, 1 007).

**7.105** A fence that surrounds a park has four gates. David wants to go for a walk in the park. How many options can David take
   **1)** to enter the park and exit the park?
   **2)** to enter by one gate and exit by another gate?

**7.106** Three-digit-numbers shall be formed from the digits 2, 3, 5 and 7. No digit should appear more than once per number.
   **1)** How many different numbers can be created?
   **2)** How many numbers are less than 500?
   **3)** How many numbers are odd?

## Wissens-Check

| | | gelöst |
|---|---|---|
| 1 | Ich kenne einige algebraische Strukturen. | |
| 2 | Ich kann einen wichtigen Unterschied zwischen Gruppe und Körper nennen. | |
| 3 | Gib jeweils das neutrale und das inverse Element an.<br>A) ($\mathbb{Z}$, +)    B) ($\mathbb{Q}$, ·) | |
| 4 | Berechne:<br>1) $[31]_7$    2) $[28]_7 + [2]_7$    3) $[5]_7 \cdot [17]_7$ | |
| 5 | Überprüfe, welche Aussagen wahr bzw. welche falsch sind. Ermittle gegebenenfalls den richtigen Rest.<br>A) $46 \equiv 3 \bmod 7$    B) $83 \equiv 5 \bmod 6$    C) $112 \equiv 3 \bmod 11$ | |
| 6 | Ich kann das Square-and-Multiply-Verfahren erklären. | |
| 7 | Ich kenne den Unterschied zwischen einem asymmetrischen und einem symmetrischen Verschlüsselungsverfahren. | |
| 8 | Aus einer Menge von 5 verschiedenfärbigen Kugeln soll eine Menge von 2 Kugeln ausgewählt werden. Wie viele Farbanordnungen sind möglich? | |
| 9 | Gib an, welcher Ausdruck die Anzahl der Möglichkeiten angibt, 4 Personen in einer bestimmten Reihenfolge anzuordnen.<br>A) $\binom{4}{1}$    B) 44    C) 4! | |

Lösung:
1) siehe Seiten 166ff  2) In einer Gruppe ist eine Verknüpfung definiert, in einem Körper sind zwei Verknüpfungen definiert.
3) A) neutral: 0; invers: –a;  B) neutral: 1; invers: $\frac{1}{a}$;  4) 1) $[3]_7$  2) $[2]_7$  3) $[1]_7$;  5) A) falsch, $46 \equiv 4 \bmod 7$;  B) wahr;  C) falsch, $112 \equiv 2 \bmod 11$  6) siehe Seite 171  7) siehe Seite 175  8) $\binom{5}{2} = 10$  9) C)

# 8 Wahrscheinlichkeitsrechnung

Die österreichische Lottoziehung vom 28. September 2003 lieferte nahezu dieselben Zahlen wie jene des Vorabends in Deutschland: „3, 17, 35, 39, 40, 44" bzw. „7, 17, 35, 39, 40, 44". Doch nicht eine seltene Planetenkonstellation war die Ursache, sondern lediglich der Zufall. Die Wahrscheinlichkeitsrechnung ist jenes Teilgebiet der Mathematik, in dem zufällige Ereignisse mit den Methoden der Mathematik untersucht und beschrieben werden. Einen wichtigen Beitrag dazu liefert der französische Mathematiker Pierre-Simon de Laplace (1749 – 1827).

## 8.1 Grundbegriffe

**8.1** Beim Schulball von Daniel gibt es 300 Tombola-Lose, von denen 20 gewinnen. Beim Schulball von Claudia gibt es 500 Lose und 40 davon gewinnen. Bei welchem Schulball ist die Chance auf einen Gewinn größer, wenn man jeweils nur ein Los kauft?

Das grundlegende Modell in der Wahrscheinlichkeitsrechnung ist ein Experiment, dessen Ausgang vom Zufall abhängig ist, ein so genanntes **Zufallsexperiment**. Jeder mögliche Ausgang des Experiments wird **Ergebnis** oder **Elementarereignis** genannt.
Erfüllt ein Zufallsexperiment folgende Eigenschaften, so nennt man es **Laplace-Experiment**:
- Jedes mögliche Ergebnis des Experiments hat die gleiche Chance einzutreten.
- Das Experiment ist beliebig oft wiederholbar. Die Chancen für jedes der möglichen Ergebnisse ändern sich dabei nicht.

Eine Menge von Ergebnissen wird als **Ereignis** bezeichnet. Soll die Wahrscheinlichkeit, dass ein bestimmtes Ereignis eintritt, untersucht werden, bezeichnet man die zugehörigen Ergebnisse als „**günstige Fälle**".

 Beim Würfeln mit einem fairen (idealen, unverfälschten) Würfel haben bei jedem Wurf die Augenzahlen 1, 2, 3, 4, 5 und 6 jeweils die gleiche Chance einzutreten. Es handelt sich beim Würfeln also um ein Laplace-Experiment mit 6 möglichen Ergebnissen.
Das Ereignis E „Würfeln einer geraden Augenzahl" besteht aus den Ergebnissen 2, 4 und 6. Diese werden als günstige Fälle bezeichnet.

Die **Wahrscheinlichkeit** P (latein: „probabilitas" = Wahrscheinlichkeit), dass bei der Ausführung eines Laplace-Experiments ein bestimmtes Ereignis E eintritt, wird folgendermaßen festgelegt:

Für ein **Laplace-Experiment** gilt: $P(\text{Ereignis}) = \dfrac{\text{Anzahl der günstigen Fälle}}{\text{Anzahl aller möglichen Fälle}}$

 Beim Würfeln mit einem fairen Würfel sollen die Wahrscheinlichkeiten für verschiedene Ereignisse ermittelt werden.
- $E_1$ … Augenzahl 6 würfeln:  Anzahl der günstigen Fälle … 1
  Anzahl der möglichen Fälle … 6     $P(E_1) = \frac{1}{6} \approx 16{,}7\,\%$
- $E_2$ … Würfeln einer geraden Augenzahl: Anzahl der günstigen Fälle … 3
  Anzahl der möglichen Fälle … 6     $P(E_2) = \frac{3}{6} = \frac{1}{2} = 50\,\%$

Alle Ergebnisse, die nicht zu einem bestimmten Ereignis E gehören, bilden das Gegenereignis von E. Für dieses Gegenereignis „nicht E" schreibt man kurz $\neg E$ oder $\overline{E}$. Die Wahrscheinlichkeit von „nicht E" bezeichnet man als **Gegenwahrscheinlichkeit**. Es gilt: $P(\neg E) = 1 - P(E)$

 P(Augenzahl ist nicht 6) = 1 − P(Augenzahl ist 6) = $1 - \frac{1}{6} = \frac{5}{6}$

# Wahrscheinlichkeitsrechnung

Für das Rechnen mit Wahrscheinlichkeiten gelten einige Grundaussagen, die nicht bewiesen werden können, sondern festgelegt wurden. Solche Aussagen nennt man Axiome. Der russische Mathematiker Andrei Nikolajewitsch Kolmogorow (1903 – 1987) formulierte 1933 die folgenden Axiome:

> P(nicht E) = 1 – P(E)   „nicht E" ... Gegenereignis von E
> P(E) = 0   Die Wahrscheinlichkeit eines unmöglichen Ereignisses ist 0.
> P(E) ≥ 0   Die Wahrscheinlichkeit eines Ereignisses ist eine nichtnegative reelle Zahl.
> P(E) = 1   Die Wahrscheinlichkeit eines sicheren Ereignisses ist 1.

In der modernen Mathematik hat sich neben dem bisher beschriebenen klassischen Wahrscheinlichkeitsbegriff auch der **statistische Wahrscheinlichkeitsbegriff** entwickelt. Dabei wird die Wahrscheinlichkeit eines Ereignisses mithilfe der relativen Wahrscheinlichkeit definiert. Würfelt man zum Beispiel sehr oft mit einem fairen Würfel, so liegt der relative Anteil der Sechser bei rund $\frac{1}{6} = 1,\dot{6}$.

Wird ein Experiment sehr oft durchgeführt, so stabilisiert sich die relative Häufigkeit bei jenem Wert, der der Wahrscheinlichkeit für dieses Ereignis entspricht. Die **relative Häufigkeit** kann daher als **Schätzwert** für die **Wahrscheinlichkeit** verwendet werden.

| n Würfe | x 6er | $\frac{x}{n}$ |
|---|---|---|
| 50 | 9 | $\frac{9}{50} = 0,18$ |
| 100 | 17 | $\frac{17}{100} = 0,17$ |
| 1 000 | 161 | $\frac{161}{1\,000} = 0,161$ |

**8.2** In einer Urne liegen 5 rote, 6 weiße und 3 blaue Kugeln. Man zieht eine Kugel. Berechne die Wahrscheinlichkeit, dass man

a) eine rote Kugel zieht.   b) eine rote oder eine blaue Kugel zieht.

Lösung:

a) P(rot) ... Wahrscheinlichkeit, eine rote Kugel zu ziehen   • $P(rot) = \frac{\text{Anzahl der roten Kugeln}}{\text{Gesamtzahl der Kugeln}}$

$P(rot) = \frac{5}{14} = 0,3571... \approx 35,7\,\%$

b) $P(\text{rot oder blau}) = \frac{8}{14} = 0,5714... \approx 57,1\,\%$   • 8 Kugeln sind rot oder blau.

**8.3** Berechne die Wahrscheinlichkeit, bei einem Wurf mit zwei unverfälschten Würfeln folgende Augensumme zu erzielen.

a) 5   b) mindestens 9   c) höchstens 4   d) höchstens 12   e) 13

Lösung:

• Beim Werfen mit zwei Würfeln kann man 36 verschiedene Ereignisse beobachten: (1,1), ..., (6,6)

a) $P(\text{Summe} = 5) = \frac{4}{36} = \frac{1}{9} \approx 11,1\,\%$   • Die Augensumme 5 tritt 4-mal auf: (1,4), (2,3), (3,2), (4,1)

b) $P(\text{Summe} \geq 9) = \frac{10}{36} = \frac{5}{18} \approx 27,8\,\%$   • Die Augensummen 9 oder mehr erhält man mit: (3,6), (4,5), (4,6), (5,4), ..., (5,6), (6,3), ..., (6,6)

c) $P(\text{Summe} \leq 4) = \frac{6}{36} = \frac{1}{6} \approx 16,7\,\%$   • Die Augensummen 4 oder weniger erhält man mit: (1,1), (1,2), (1,3), (2,1), (2,2), (3,1)

d) $P(\text{Summe} \leq 12) = 1 = 100\,\%$   • Eine Augensumme von höchstens 12 ist ein sicheres Ereignis.

e) $P(\text{Summe} = 13) = 0 = 0\,\%$   • Eine Augensumme von 13 ist ein unmögliches Ereignis.

 Beim Würfeln mit zwei Würfeln muss man sich, wenn nicht anders angegeben, **zwei voneinander unterscheidbare Würfel** vorstellen.

**Stochastik**

# Wahrscheinlichkeitsrechnung

**B** **8.4** Ein Paket mit 20 französischen Schnapskarten enthält 4 Asse. Eine Karte wird gezogen. Berechne die Wahrscheinlichkeit, dabei **1)** ein Ass zu ziehen, **2)** kein Ass zu ziehen.

Lösung:

**1)** $P(Ass) = \frac{4}{20} = \frac{1}{5} = 20\,\%$ 
- günstige Fälle … 4 Asse
- mögliche Fälle … 20 Karten

**2)** $P(kein\ Ass) = \frac{16}{20} = \frac{4}{5} = 80\,\%$ oder
- günstige Fälle … 16 Karten

$P(kein\ Ass) = 1 - P(Ass) = 1 - \frac{1}{5} = \frac{4}{5} = 80\,\%$
- Gegenwahrscheinlichkeit

**A B** **8.5** Von 100 Schrauben sind 12 defekt. Berechne die Wahrscheinlichkeit, dass eine zufällig ausgewählte Schraube **1)** defekt, **2)** nicht defekt ist.

**A B** **8.6** In einer Klasse sind 12 Schülerinnen und 15 Schüler. Es wird per Los entschieden, wer die Klassenkasse übernehmen muss. Berechne die Wahrscheinlichkeit, dass sie **1)** von einer Schülerin, **2)** von einem Schüler übernommen werden muss?

**A B** **8.7** Jemand wirft dreimal eine Münze. Er notiert dabei jeweils, ob „Zahl" oder „Wappen" zu sehen ist. Berechne die Wahrscheinlichkeit der folgenden Ereignisse.
**1)** Zahl, Zahl, Wappen in dieser Reihenfolge   **3)** dreimal Wappen
**2)** zweimal Zahl, einmal Wappen in beliebiger Reihenfolge   **4)** mindestens einmal Zahl

**A B** **8.8** In einer Packung gibt es Pralinen in vier Sorten: 3-mal Nuss, 5-mal Marzipan, 2-mal Bitterschokolade und 5-mal Kaffee. Lea zieht ohne Hinzusehen eine Praline. Berechne die Wahrscheinlichkeit, dass die gezogene Praline
**a)** eine Nusspraline ist.   **c)** keine Kaffeepraline ist.
**b)** kein Marzipan und keine Bitterschokolade ist.   **d)** keine Erdbeerpraline ist.

**C** **8.9** In einer Straßenbahn fahren 28 Fahrgäste. 12 Fahrgäste haben eine Jahreskarte, die Hälfte von ihnen sind Senioren. Ein Sechstel der Jahreskartenbesitzer sind Studenten. Ein Fahrgast F wird zufällig ausgewählt. Ordne der gegebenen Wahrscheinlichkeit das passende Ereignis zu.

| 1 | $P(E) = \frac{1}{7}$ | ☐ |
|---|---|---|
| 2 | $P(E) = \frac{3}{7}$ | ☐ |

| A | F ist Senior mit Jahreskarte. |
|---|---|
| B | F hat eine Jahreskarte. |
| C | F hat eine Jahreskarte, ist aber weder Student noch Senior. |
| D | F ist Student mit Jahreskarte. |

**A B C** **8.10** Preferencekarten bestehen aus 32 Karten in 4 Farben (Eichel, Blatt, Schellen, Herz) und den Werten 7, 8, 9, 10, Unter, Ober, König und Ass (Sau). Es wird eine Karte gezogen.
**a)** Berechne die Wahrscheinlichkeit, dass die Karte
 **1)** keinen Mann (Unter, Ober, König) zeigt.   **3)** eine Herzkarte ohne Zahl ist.
 **2)** eine Zahl zeigt.   **4)** eine Blatt- oder Herzkarte ist.
**b)** Gib ein Ereignis im gegebenen Sachzusammenhang an, dessen Wahrscheinlichkeit durch folgenden Ausdruck berechnet werden kann:   $P(E) = 1 - \frac{4}{32}$

**A B** **8.11** Jemand würfelt mit einem idealen Würfel dreimal hintereinander. Gib die Wahrscheinlichkeit für das beschriebene Ereignis an.
**a)** Augensumme drei   **c)** erster Wurf eins   **e)** drei gleiche Augenzahlen
**b)** Augensumme 17   **d)** letzter Wurf fünf oder sechs   **f)** drei verschiedene Augenzahlen

**Stochastik**

# Wahrscheinlichkeitsrechnung

## 8.2 Wahrscheinlichkeit zusammengesetzter Ereignisse

Ein Ereignis kann sich aus mehreren Einzelereignissen zusammensetzen:
- Die Einzelereignisse können durch „**ODER**" verknüpft sein.
  ZB: Der Würfel zeigt die Augenzahl 2 **oder** die Augenzahl 3.
- Die Einzelereignisse können durch „**UND**" verknüpft sein.
  ZB: Bei zweimaligem Würfeln zeigt der erste **und** der zweite Wurf die Augenzahl 6.

Die Wahrscheinlichkeit des zusammengesetzten Ereignisses kann mithilfe der Einzelwahrscheinlichkeiten berechnet werden.

### Additionssatz – „ODER"-Verknüpfung

Anhand des Ziehens einer Karte aus einem Stapel von Schnapskarten wird nun gezeigt, wie die Wahrscheinlichkeiten von „ODER"-Verknüpfungen berechnet werden können.

- Die gezogene Karte ist eine Herz-Karte oder eine Karo-Karte.
  $P(Herz) = \frac{5}{20}$    $P(Karo) = \frac{5}{20}$
  
  Da die Ereignisse **einander ausschließen**, können die günstigen Fälle addiert werden.
  $P(Herz\ ODER\ Karo) = \frac{5+5}{20} = \frac{5}{20} + \frac{5}{20} = P(Herz) + P(Karo)$
  
  Die Wahrscheinlichkeit des zusammengesetzten Ereignisses ist in diesem Fall die **Summe der Einzelwahrscheinlichkeiten**.

Schnapsen ist ein Kartenspiel, das zum Beispiel mit 20 französischen Karten gespielt wird. Es gibt von den 4 Farben Herz, Karo, Pik und Kreuz (Treff) je 5 Karten:

Ass, König, Dame, Bube, Zehner

- Die gezogene Karte ist eine Herz-Karte oder eine Ass-Karte.

$P(Herz) = \frac{5}{20}$

$P(Ass) = \frac{4}{20}$

Addiert man die Wahrscheinlichkeiten P(Herz) und P(Ass), so wird das Herz-Ass doppelt gezählt. Die Wahrscheinlichkeit P(Herz-Ass) muss daher einmal abgezogen werden.
$P(Herz\text{-}Ass) = \frac{1}{20}$
$P(Herz\ ODER\ Ass) = \frac{5}{20} + \frac{4}{20} - \frac{1}{20} = P(Herz) + P(Ass) - P(Herz\text{-}Ass)$

Für „ODER" wird auch das Symbol $\vee$ verwendet.

> **Additionssatz** für die „**ODER**"-**Verknüpfung** von Ereignissen
> 
> $P(A\ oder\ B) = P(A \vee B) = P(A) + P(B)$              A, B ... einander ausschließende Ereignisse
> $P(A\ oder\ B) = P(A \vee B) = P(A) + P(B) - P(A\ und\ B)$  A, B ... beliebige Ereignisse

**8.12** In einer Schachtel befinden sich 3 große rote, 4 kleine rote, 7 große blaue, 2 kleine blaue sowie 9 kleine grüne Kugeln. Jemand zieht eine Kugel ohne hinzusehen. Berechne die Wahrscheinlichkeit, dass a) eine rote oder eine blaue Kugel, b) eine große oder eine rote Kugel gezogen wird.

Lösung:
a) $P(rot \vee blau) = P(rot) + P(blau) = \frac{7}{25} + \frac{9}{25} = \frac{16}{25} = 0{,}64 = 64\ \%$

b) $P(groß \vee rot) = P(groß) + P(rot) - P(groß\ und\ rot) = \frac{10}{25} + \frac{7}{25} - \frac{3}{25} = \frac{14}{25} = 0{,}56 = 56\ \%$

**Stochastik**

# Wahrscheinlichkeitsrechnung

**Multiplikationssatz – „UND"-Verknüpfung und bedingte Wahrscheinlichkeit**

**8.13** Eine HTL in Kärnten hat 612 Studierende. $\frac{2}{3}$ der Studierenden wohnen in Kärnten, $\frac{1}{4}$ der Studierenden aus Kärnten besuchen die Abteilung „Design".
Berechne die Anzahl der Studierenden, die in Kärnten wohnen und die Abteilung „Design" besuchen. Gib den Anteil dieser Studierenden als Bruch an.

Setzt sich ein Zufallsexperiment aus mehreren Einzelschritten zusammen, die durch „UND" verknüpft sind, so werden die **Einzelwahrscheinlichkeiten multipliziert** (vgl. Abschnitt 7.3). Die Wahrscheinlichkeit eines Einzelschritts kann vom Ausgang des vorhergehenden Einzelschritts abhängen.

ZB: In einer Schachtel sind 7 blaue und 3 rote Kugeln. Es soll die Wahrscheinlichkeit ermittelt werden, bei zweimaligem Ziehen 2-mal eine rote Kugel zu ziehen.
Beim ersten Zug beträgt die Wahrscheinlichkeit, eine rote Kugel zu ziehen:

P(1. Kugel ist rot) = $\frac{3}{10}$

Beim zweiten Zug geht man von der Voraussetzung „1. Kugel ist rot" aus. Andernfalls kann das Ereignis „2-mal eine rote Kugel ziehen" nicht eintreten. Nun muss **unterschieden** werden, ob die schon gezogene rote Kugel **zurückgelegt wurde oder nicht**.

Ziehen **MIT** Zurücklegen:
In der Schachtel sind die 7 blauen und wieder 3 rote Kugeln.
Das Ergebnis des 1. Zugs hat keinen Einfluss auf den 2. Zug.
Da der 2. Zug **unabhängig** vom Ergebnis des ersten Zugs ist, gilt:

P(2. Kugel rot) = $\frac{3}{10}$

Für die Wahrscheinlichkeit, 2-mal eine rote Kugel zu ziehen, gilt:
P(1. Kugel rot und 2. Kugel rot) =
P(1. Kugel rot) · P(2. Kugel rot) =
$\frac{3}{10} \cdot \frac{3}{10} = \frac{9}{100} = 9\,\%$

Ziehen **OHNE** Zurücklegen:
In der Schachtel sind die 7 blauen Kugeln, aber nur mehr 2 rote Kugeln.
Das Ergebnis des 1. Zugs ist beim 2. Zug zu berücksichtigen.
Da der 2. Zug **abhängig** vom Ergebnis des ersten Zugs ist, gilt:

P(2. Kugel rot, vorausgesetzt 1. Kugel rot) = $\frac{2}{9}$

Für die Wahrscheinlichkeit, 2-mal eine rote Kugel zu ziehen, gilt:
P(1. Kugel rot und 2. Kugel rot) =
P(1. Kugel rot) · P(2. Kugel rot, vorausgesetzt 1. Kugel rot) =
$\frac{3}{10} \cdot \frac{2}{9} = \frac{6}{90} = \frac{1}{15} \approx 6,7\,\%$

Die Wahrscheinlichkeit, dass ein Ereignis B eintritt, **vorausgesetzt** ein Ereignis A ist bereits eingetreten, nennt man **bedingte Wahrscheinlichkeit**. Man schreibt **P(B|A)**, wobei der senkrechte Strich als „unter der Bedingung" gesprochen wird.

Für „UND" wird auch das Symbol $\wedge$ verwendet.

---

**Multiplikationssatz** für die **„UND"-Verknüpfung** von Ereignissen
P(A und B) = P(A $\wedge$ B) = P(A) · P(B)          A, B … voneinander unabhängige Ereignisse
P(A und B) = P(A $\wedge$ B) = P(A) · P(B|A)        A, B … beliebige Ereignisse

Die Wahrscheinlichkeit, dass ein Ereignis B eintritt, **vorausgesetzt** ein Ereignis A ist bereits eingetreten, nennt man **bedingte Wahrscheinlichkeit** und man schreibt **P(B|A)**.
Ist das Ereignis B vom Ereignis A **unabhängig**, so hat die Voraussetzung, dass A eingetreten ist, keinerlei Einfluss auf B, es gilt also in diesem Fall: P(B|A) = P(B)

## Wahrscheinlichkeitsrechnung

Durch Umformen erhält man die Formel für die bedingte Wahrscheinlichkeit:

$P(A \wedge B) = P(A) \cdot P(B|A) \quad \Rightarrow \quad P(B|A) = \frac{P(A \wedge B)}{P(A)}$

Der Zusammenhang zwischen den bedingten Wahrscheinlichkeiten P(A|B) und P(B|A) wurde von Thomas Bayes (englischer Mathematiker und Theologe, um 1701 – 1761) formuliert und wird **Satz von Bayes** genannt. Da P(B ∧ A) = P(A ∧ B), gilt:

$P(B) \cdot P(A|B) = P(A) \cdot P(B|A) \quad \Rightarrow \quad P(A|B) = \frac{P(B|A) \cdot P(A)}{P(B)}$

**Satz von Bayes**: $P(A|B) = \frac{P(B|A) \cdot P(A)}{P(B)} = \frac{P(A \wedge B)}{P(B)}$

**8.14** In einer Textilfabrik werden an Jeans drei verschiedene, unabhängig voneinander auftretende Mängel erhoben. Farbfehler treten bei 5 % der Hosen auf, Verarbeitungsfehler bei 3 % und defekte Zippverschlüsse bei 2 %.
**a)** Wie viel Prozent der Hosen haben korrekte Farbe und Verarbeitung, aber einen defekten Zipp?
**b)** Wie viel Prozent der Hosen sind fehlerfrei?
**c)** Wie viel Prozent aller Hosen sind fehlerhaft?

Lösung:
F ... Farbfehler, V ... Verarbeitungsfehler, Z ... Zippverschluss defekt
**a)** P(¬F und ¬V und Z) = P(¬F) · P(¬V) · P(Z) =
= (1 – 0,05) · (1 – 0,03) · 0,02 = 0,0184... ≈ 1,8 %
**b)** P(fehlerfrei) = P(¬F und ¬V und ¬Z) =
= (1 – 0,05) · (1 – 0,03) · (1 – 0,02) = 0,9030... ≈ 90,3 %
**c)** P(fehlerhaft) = 1 – P(fehlerfrei) = 1 – 0,9030... = 0,0969... ≈ 9,7 %

**8.15** In einem Motorenwerk werden Dichtungen verwendet. 55 % der Dichtungen werden von Firma A geliefert, 45 % von Firma B. Aus Erfahrung weiß man, dass 3 % der Dichtungen von Firma A und 2 % der Dichtungen von Firma B unbrauchbar sind.
**1)** Schreibe die Wahrscheinlichkeit des folgenden Ereignisses mithilfe der bedingten Wahrscheinlichkeit an.
  **i)** Eine Dichtung, die unbrauchbar ist, wurde von Firma A geliefert.
  **ii)** Eine Dichtung, die von Firma A geliefert wurde, ist unbrauchbar.
**2)** Berechne die Wahrscheinlichkeit, dass eine zufällig ausgewählte Dichtung von Firma A geliefert wurde und unbrauchbar ist.
**3)** Berechne die Wahrscheinlichkeit, dass eine zufällig ausgewählte Dichtung, die unbrauchbar ist, von Firma B geliefert wurde.

Lösung:
**1) i)** P(A | unbrauchbar),  **ii)** P(unbrauchbar | A)
**2)** P(A UND unbrauchbar) = P(A) · P(unbrauchbar | A) =
= 0,55 · 0,03 = 0,0165 = 1,65 %
**3)** $P(B | \text{unbrauchbar}) = \frac{P(B \text{ UND unbrauchbar})}{P(\text{unbrauchbar})} =$

$= \frac{P(B) \cdot P(\text{unbrauchbar} | B)}{P(A) \cdot P(\text{unbrauchbar} | A) + P(B) \cdot P(\text{unbrauchbar} | B)} = \frac{0{,}45 \cdot 0{,}02}{0{,}55 \cdot 0{,}03 + 0{,}45 \cdot 0{,}02} = 0{,}3529... \approx 35{,}3 \%$

# Wahrscheinlichkeitsrechnung

**Ⓐ🅱︎◯Ⓓ 8.16** In einer Lieferung von Neonröhren haben 2 % den Defekt A und 3 % den davon unabhängigen Defekt B.
*1)* Erkläre mithilfe des Multiplikationssatzes, wie viel Prozent nur den Defekt A haben.
*2)* Berechne, wie viel Prozent der Neonröhren keinen Defekt haben.
*3)* Berechne, wie viel Prozent der Neonröhren genau einen der beiden Defekte haben.

**Ⓐ🅱︎◯◯ 8.17** Eine Gruppe von 92 Schülerinnen und Schülern möchte auf Schikurs fahren. Von den 24 Schülerinnen möchten 17 Schi fahren, der Rest Snowboarden. Unter den Schülern entscheiden sich 27 für Snowboarden, der Rest für Schi fahren. Eine Person S aus dieser Gruppe wird zufällig ausgewählt. Ermittle folgende Wahrscheinlichkeiten:
*1)* P(S ist ein Schüler | fährt Schi)      *3)* P(S fährt Schi | ist Schülerin)
*2)* P(S ist eine Schülerin | fährt Snowboard)      *4)* P(S fährt Snowboard | ist Schüler)

**Ⓐ🅱︎◯◯ 8.18** Die Wahrscheinlichkeit, dass ein Bauteil während des gesamten Wartungsintervalls nicht ausfällt, beträgt 98 %. Es werden drei solcher Bauteile so in ein Gerät eingebaut, dass die Funktionstüchtigkeit gewährleistet ist, wenn mindestens einer dieser Bauteile funktioniert. Berechne, welche Sicherheit damit erzielt wird.

**Ⓐ🅱︎Ⓒ◯ 8.19** Bärbels Freilandeier wurden getestet. 2 % der Eier sind nicht frisch genug, 3 % sind leichter als es der angegebenen Gewichtsklasse entspricht, bei 1,5 % ist die Schale beschädigt. Diese drei Fehler beeinflussen einander nicht.
*1)* Berechne die Wahrscheinlichkeit, dass ein getestetes Ei
   *A)* keinen Fehler aufweist.
   *B)* mindestens einen der drei Fehler aufweist.
   *C)* zu leicht oder nicht frisch genug oder beides ist.
   *D)* entweder zu leicht oder nicht frisch genug ist, aber nicht beides.
*2)* Gib ein Ereignis an, dessen Wahrscheinlichkeit durch folgenden Ausdruck berechnet werden kann.
   *A)* $1 - 0{,}02 \cdot 0{,}03$      *B)* $0{,}015 + 0{,}03 - 0{,}015 \cdot 0{,}03$      *C)* $0{,}015 \cdot 0{,}97 \cdot 0{,}98$

**Ⓐ🅱︎◯◯ 8.20** Ein neuer Virenscanner erkennt einen Virus im Anhang einer Email mit einer Wahrscheinlichkeit von 95 %. Aus Erfahrung weiß man, dass 15 % der Emails tatsächlich einen Virus im Anhang enthalten. Im Testlauf meldete der Virenscanner auch bei 4 % der einwandfreien Emails einen Virus. Berechne die Wahrscheinlichkeit, dass der Anhang einen Virus enthält, obwohl der Virenscanner keinen Virus gemeldet hat.

**Ⓐ🅱︎◯◯ 8.21** Eine Wasserprobe wird auf Verunreinigungen untersucht. Der Test erkennt eine Verunreinigung zu 85 %. Wie oft muss man den Test mindestens durchführen, um eine Verunreinigung mit mindestens 99%iger Sicherheit zu entdecken?

Lösung:
P(erkennen) $\geq 0{,}99 \Rightarrow$ P(nicht erkennen) $< 0{,}01$
P(bei einer Kontrolle übersehen) $= 0{,}15$           • Gegenwahrscheinlichkeit
P(bei n Kontrollen übersehen) $= 0{,}15 \cdot 0{,}15 \cdot \ldots \cdot 0{,}15 = 0{,}15^n$
$\quad 0{,}15^n < 0{,}01 \quad | \ln\ldots$
$\quad n \cdot \ln(0{,}15) < \ln(0{,}01) \; | : \ln(0{,}15)$    • $\ln(0{,}15) < 0 \Rightarrow$ Umkehr des Ungleichheitszeichens
$\quad n > 2{,}4\ldots \;\Rightarrow\;$ Der Test muss mindestens dreimal durchgeführt werden.

**Ⓐ🅱︎◯◯ 8.22** In die Signalanlage einer Eisenbahnkreuzung werden Lampen eingebaut, die im Wartungszeitraum eine Ausfallsicherheit von 97 % haben.
*1)* Wie groß ist die Wahrscheinlichkeit, dass das Signal funktioniert, wenn man fünf Lampen eingebaut hat, von denen mindestens eine funktionieren muss?
*2)* Wie viele Lampen muss man einbauen, um eine 99,9%ige Ausfallssicherheit zu erhalten?

# Wahrscheinlichkeitsrechnung

## 8.3 Baumdiagramme

**8.23** An den Kreuzungen A, B und C wird das Verkehrsaufkommen gezählt. In A nehmen 60 % der Autos den Weg Richtung B, die anderen fahren nach C. In B nehmen 25 % den Weg nach D, in C zweigen 70 % nach F ab.

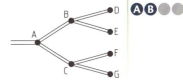

1) Wie viel Prozent aller in A abfahrenden Autos fahren nach G?
2) Zwischen den Orten E und F soll ein gemeinsamer Parkplatz errichtet werden. Mit wie viel Prozent der in A abfahrenden Autos muss man dort rechnen?

Viele Zufallsexperimente setzen sich aus mehreren Einzelschritten zusammen. Wenn die möglichen Versuchsausgänge in jedem Einzelschritt einander ausschließen, kann man diesen Sachverhalt in einem so genannten **Baumdiagramm** darstellen.

ZB: In einer Schachtel befinden sich 4 rote, 3 blaue und 2 grüne Kugeln. Zwei Kugeln werden hintereinander ohne Zurücklegen gezogen.

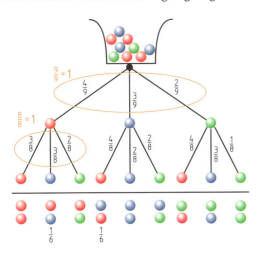

Beim 1. Zug sind drei Ausgänge mit den Wahrscheinlichkeiten $\frac{4}{9}$, $\frac{3}{9}$ und $\frac{2}{9}$ möglich.

Die drei möglichen Versuchsausgänge werden durch drei Linien dargestellt, die mit den Einzelwahrscheinlichkeiten beschriftet sind. Am Ende jeder Linie ist das jeweilige Ergebnis angegeben. Da die Ergebnisse einander ausschließen, muss die Summe der Wahrscheinlichkeiten den Wert 1 ergeben.

Für jedes Ergebnis des 1. Zugs wird nun der zweite Zug dargestellt. Jeder Pfad durch das Diagramm beschreibt jeweils einen Versuchsausgang.

Ist die Wahrscheinlichkeit gesucht, eine rote Kugel und eine blaue Kugel in beliebiger Reihenfolge zu ziehen, so sucht man am Ende des Diagramms alle Ergebnisse, die diesem Ereignis entsprechen. Für jedes dieser Ergebnisse wird die zugehörige Wahrscheinlichkeit ermittelt, indem man die Wahrscheinlichkeiten entlang des Pfads multipliziert, da es sich um eine „UND"-Verknüpfung handelt. Die einzelnen Wahrscheinlichkeiten werden anschließend addiert, da es sich um eine „ODER"-Verknüpfung handelt.

$$P(\bullet \text{ und } \bullet) = \frac{4}{9} \cdot \frac{3}{8} = \frac{1}{6}$$
$$P(\bullet \text{ und } \bullet) = \frac{3}{9} \cdot \frac{4}{8} = \frac{1}{6}$$

$\Rightarrow \quad P(\bullet\bullet \text{ oder } \bullet\bullet) = \frac{1}{6} + \frac{1}{6} = \frac{1}{3} = 0{,}3333\ldots \approx 33{,}3\ \%$

Es ergeben sich folgende Regeln:

> **1. Pfadregel – „UND"-Verknüpfung**
> Die Wahrscheinlichkeit für ein Ergebnis, das einem bestimmten Pfad entspricht, erhält man, indem man die Wahrscheinlichkeiten entlang dieses Pfads multipliziert.
>
> **2. Pfadregel – „ODER"-Verknüpfung**
> Die Wahrscheinlichkeit eines Ereignisses, das sich aus mehreren Ergebnissen zusammensetzt, ist die Summe der zugehörigen Pfadwahrscheinlichkeiten.

**Stochastik**

# Wahrscheinlichkeitsrechnung

**8.24** Die Schülerinnen und Schüler eines 2. Jahrgangs sind auf 4 Klassen aufgeteilt. 28 % der Schülerinnen und Schüler sind in der 2A, 26 % in der 2B und je 23 % in der 2C und 2D. 85 % der Schülerinnen und Schüler der 2A, 70 % der 2B, 62 % der 2C und 31 % der 2D besuchen einen Freigegenstand (F).
1) Stelle den Sachverhalt in einem Baumdiagramm dar.
2) Berechne die Wahrscheinlichkeit, dass eine zufällig ausgewählte Person einen Freigegenstand besucht.
3) Berechne die Wahrscheinlichkeit, dass eine zufällig ausgewählte Person, die einen Freigegenstand besucht, aus der 2B stammt.

Lösung:
1)

2) P(F) = 0,28 · 0,85 + 0,26 · 0,70 + 0,23 · 0,62 + 0,23 · 0,31 = 0,6339 = 63,39 %

3) $P(2B \mid F) = \frac{P(2B \text{ und } F)}{P(F)} = \frac{0{,}26 \cdot 0{,}70}{0{,}6339} =$ • bedingte Wahrscheinlichkeit
= 0,28711... ≈ 28,71 %

**8.25** Aus einer Produktion mit fehlerfreien (f) und defekten (d) Produkten werden drei Stück zufällig ausgewählt. Ordne jeweils dem im Baumdiagramm färbig markierten Pfad die zutreffende Aussage zu.

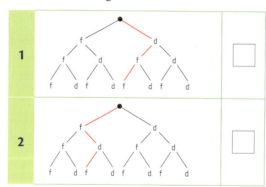

| | |
|---|---|
| A | Nur das dritte Stück ist defekt. |
| B | Nur das erste Stück ist defekt. |
| C | Das zweite und das dritte Stück sind defekt. |
| D | Das erste und das dritte Stück sind fehlerfrei. |

**8.26** In einer Urne sind verschiedenfärbige Kugeln. Es wird 2-mal eine Kugel ohne Zurücklegen gezogen. Trage in das Baumdiagramm die fehlenden Wahrscheinlichkeiten ein.

a) 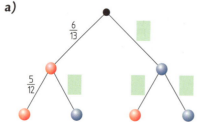    b)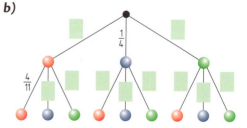

# Wahrscheinlichkeitsrechnung

**8.27** Bei einer Lotterie gibt es 500 Lose, davon sind 4 Gewinnlose. Berechne mithilfe eines Baumdiagramms die Wahrscheinlichkeiten, beim Kauf von zwei Losen
1) genau ein Gewinnlos zu erhalten.
2) genau zwei Gewinnlose zu erhalten.
3) mindestens ein Gewinnlos zu erhalten.

**8.28** In einer Schraubenpackung sind 50 Stück, zwei Schrauben davon sind defekt. Man nimmt drei Schrauben hintereinander aus der Packung.
1) Veranschauliche den Sachverhalt mithilfe eines Baumdiagramms.
2) Ermittle die Wahrscheinlichkeit, dass sich unter den drei gezogenen Schrauben die zwei defekten Schrauben befinden.

**8.29** In einer Obstschale sind Zwetschken und Orangen.
1) Erkläre, ob das nebenstehende Baumdiagramm „Ziehen mit Zurücklegen" oder „Ziehen ohne Zurücklegen" darstellt.
2) Gib jeweils ein Ereignis an, dessen Wahrscheinlichkeit wie folgt berechnet wird.
   A) $P(E_1) = \frac{3}{8} \cdot \frac{5}{7} \cdot \frac{4}{6} + \frac{5}{8} \cdot \frac{3}{7} \cdot \frac{4}{6} + \frac{5}{8} \cdot \frac{4}{7} \cdot \frac{3}{6}$
   B) $P(E_2) = 1 - \frac{3}{8} \cdot \frac{2}{7} \cdot \frac{1}{6}$

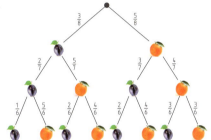

**8.30** In einer Schublade sind 7 graue, 9 schwarze und 5 blaue Socken. Herr Müller nimmt „blind" zwei Socken heraus.
1) Zeichne ein Baumdiagramm und berechne die Wahrscheinlichkeit, dass
   A) ein Socken blau und der andere schwarz ist.
   B) die beiden Socken die gleiche Farbe haben.
2) Argumentiere, ob sich die Wahrscheinlichkeiten aus **1)** verändern, wenn die Anzahl der Socken jeder Farbe verdoppelt wird.

**8.31** Mikrocontroller werden von zwei Firmen bezogen, wobei 35 % vom Hersteller AMIC und 65 % von BMIC stammen. Der Anteil der fehlerhaften Controller von AMIC beträgt 5 %, jener von BMIC 4 %.
1) Stelle diesen Sachverhalt in einem Baumdiagramm dar.
2) Berechne die Wahrscheinlichkeit, dass ein zufällig ausgewählter Mikrocontroller von AMIC stammt und fehlerfrei ist.
3) Beschreibe, welche Wahrscheinlichkeit durch P(AMIC | fehlerhafter Controller) angegeben wird und berechne diese Wahrscheinlichkeit.

**8.32** Für das Modell Beta Julia werden Scheibenwischer von drei verschiedenen Herstellerfirmen verwendet, wobei Firma A 15 %, Firma B 35 % und Firma C 50 % liefert. Nach einer Prüfserie hat man festgestellt, dass 8 % der Scheibenwischer der Firma A, 20 % der Wischer von Firma B und 7 % der Wischer der Firma C unbrauchbar sind.
1) Berechne, wie groß die Wahrscheinlichkeit ist, dass ein zufällig ausgewählter Wischer
   A) unbrauchbar ist.
   B) in Ordnung ist.
   C) von Firma A stammt und unbrauchbar ist.
   D) von Firma A stammt, wenn er unbrauchbar ist.
2) Erkläre den Unterschied zwischen **C)** und **D)**.

**8.33** Markus hat in seiner Geldbörse zwei 2-€-Münzen, zwei 1-€-Münzen und fünf 50-Cent-Münzen. Er nimmt zwei beliebige Münzen heraus. Wie groß ist die Wahrscheinlichkeit, dass ihre Summe
1) genau 3,00 € ergibt?
2) mindestens 3,00 € ergibt?
3) höchstens 3,00 € ergibt?

**Stochastik**

# Wahrscheinlichkeitsrechnung

## Zusammenfassung

**Wahrscheinlichkeit** bei einem **Laplace-Experiment**:

$P(\text{Ereignis}) = \dfrac{\text{Anzahl der günstigen Fälle}}{\text{Anzahl aller möglichen Fälle}}$  mit $0 \leq P(\text{Ereignis}) \leq 1$

**Gegenwahrscheinlichkeit**: $P(\text{nicht } E) = 1 - P(E)$

**Additionssatz** für die „ODER"-Verknüpfung von Ereignissen:
$P(A \text{ oder } B) = P(A \vee B) = P(A) + P(B)$ $\quad$ A, B ... einander ausschließende Ereignisse
$P(A \text{ oder } B) = P(A \vee B) = P(A) + P(B) - P(A \text{ und } B)$ $\quad$ A, B ... beliebige Ereignisse

**Multiplikationssatz** für die „UND"-Verknüpfung von Ereignissen:
$P(A \text{ und } B) = P(A \wedge B) = P(A) \cdot P(B)$ $\quad$ A, B ... voneinander unabhängige Ereignisse
$P(A \text{ und } B) = P(A \wedge B) = P(A) \cdot P(B|A)$ $\quad$ A, B ... beliebige Ereignisse

**Bedingte Wahrscheinlichkeit, Satz von Bayes**: $P(A|B) = \dfrac{P(B|A) \cdot P(A)}{P(B)} = \dfrac{P(A \wedge B)}{P(B)}$

**Baumdiagramme** dienen zur übersichtlichen Darstellung von mehrstufigen Versuchen; die Berechnung der Wahrscheinlichkeiten erfolgt mithilfe der Pfadregeln.

### Weitere Aufgaben

**8.34** Mit einem fairen Würfel wird 2-mal gewürfelt. Berechne die Wahrscheinlichkeit.
1) Der 1. Wurf zeigt fünf.
2) Ein beliebiger Würfel zeigt fünf.
3) Die Augensumme ist fünf.
4) Die Augensumme ist mindestens fünf.

**8.35** Thomas wirft eine Münze dreimal. Veranschauliche den Sachverhalt mithilfe eines Baumdiagramms und gib die Wahrscheinlichkeit für das folgende Ereignis an.
a) dreimal Kopf
b) höchstens zweimal Kopf
c) kein Kopf

**8.36** In einer Schachtel sind je fünf Lose in den Farben rot, gelb und blau. Sabrina zieht hintereinander zwei Lose, ohne sie wieder in die Schachtel zurückzulegen.
1) Veranschauliche den Sachverhalt mithilfe eines Baumdiagramms.
2) Gib die Wahrscheinlichkeit an, dass sie folgende Lose gezogen hat:
$\quad$ **A)** 1. Los rot, 2. Los blau $\quad$ **C)** ein rotes und ein blaues Los in beliebiger Reihenfolge
$\quad$ **B)** 1. Los rot, 2. Los rot $\quad$ **D)** kein gelbes Los

**8.37** Bei einer Probefertigung von Stanzteilen treten drei Fehler unabhängig voneinander auf: Bruch bei 15 %, Stanzfehler bei 5 % und Kratzer bei 10 % der Stanzteile.
Ein Stanzteil wird zufällig ausgewählt. Berechne die Wahrscheinlichkeit, dass das Teil
1) alle drei Fehler aufweist.
2) fehlerhaft ist.
3) nur den Fehler „Bruch" aufweist.
4) genau einen der drei Fehler aufweist.

**8.38** In einer Stadt wird im Mittel für jeden 10. Hund keine Hundesteuer bezahlt. Bei einer Kontrolle werden drei Hundebesitzer überprüft. Wie groß ist die Wahrscheinlichkeit, dass
a) alle drei Hundebesitzer die Steuer bezahlt haben?
b) die ersten beiden Hundebesitzer die Steuer bezahlt haben, der dritte jedoch nicht?

**8.39** Rund 12 % der Bevölkerung sind Linkshänder.
1) Erstelle ein Baumdiagramm zur Ermittlung der Wahrscheinlichkeit, dass unter 3 Befragten mindestens ein Linkshänder ist. Berechne diese Wahrscheinlichkeit.
2) Wie viele Menschen muss man auswählen, damit mit einer Wahrscheinlichkeit von mindestens 95 % mindestens ein Linkshänder in der Gruppe ist?

# Wahrscheinlichkeitsrechnung

## Aufgaben in englischer Sprache

| | | | |
|---|---|---|---|
| complementary probability | Gegenwahrscheinlichkeit | event | Ereignis |
| | | (in)dependent | (un)abhängig |
| conditional probability | bedingte Wahrscheinlichkeit | probability | Wahrscheinlichkeit |
| | | tree diagramm | Baumdiagramm |

**8.40** Historical records indicate that 7 % of hydraulic pump assemblies coming from a rework facility have defects in bushings only, 9 % have defects in shafts only and 3 % have defects in both bushings and shafts. One of the assemblies is selected randomly. What is the probability that the assembly has

a) a bushing defect?
b) a shaft defect?
c) exactly one of the two defects?
d) neither type of defect?

**8.41** After a robbery an eyewitness on the crime scene was telling the police that the thief jumped into a yellow taxi and had disappeared. In that particular city 80 % of the taxis are black, the rest are yellow. Known from past experience it is expected, that 7 out of 10 eyewitnesses identify the colour of cars accurately. Calculate the probability that the eyewitness has identified the right colour of the taxi.

## Wissens-Check

**1)** Ein Würfel wird geworfen. Ordne dem Ereignis die passende Wahrscheinlichkeit zu:

1. E ... Augenzahl 8
2. E ... Augenzahl nicht 6

A  $P(E) = 0$
B  $P(E) = \frac{1}{6}$
C  $P(E) = 1 - \frac{1}{6}$
D  $P(E) = 1$

**2)** Aus einer Urne mit 3 roten und 5 blauen Kugeln wird gezogen.
A) Wird „Ziehen mit Zurücklegen" oder „Ziehen ohne Zurücklegen" dargestellt?
B) Ergänze das Baumdiagramm.
C) Gib an, welche Wahrscheinlichkeit am Ende des markierten Pfads berechnet wird.

**3)** Auf einer Anzeigetafel sind 5 grüne und 4 rote Kontrolllampen angebracht. Bei einem Test leuchten hintereinander drei zufällig ausgewählte Lampen auf. Kreuze an, welcher Ausdruck die Wahrscheinlichkeit angibt, dass höchstens 2-mal eine grüne Lampe geleuchtet hat. Begründe deine Auswahl.

A  $\left(\frac{5}{9}\right)^2 \cdot \frac{4}{9}$
B  $3 \cdot \frac{5}{9} \cdot \frac{4}{9}$
C  $3 \cdot \frac{5}{9} \cdot \left(\frac{4}{9}\right)^2 + 3 \cdot \frac{4}{9} \cdot \left(\frac{5}{9}\right)^2$
D  $1 - \left(\frac{5}{9}\right)^3$
E  $1 - \left(\frac{4}{9}\right)^3$

Lösung:
1) 1A, 2C  2) A) Ziehen mit Zurücklegen  B) rechter Ast jeweils $\frac{5}{8}$, linker Ast jeweils $\frac{3}{8}$  C) P(2 Kugeln sind rot)  3) D: Die Wahrscheinlichkeit, dass höchstens 2-mal eine grüne Lampe geleuchtet hat, ist die Gegenwahrscheinlichkeit davon, dass alle drei Lampen grün geleuchtet haben.

# 9 Wahrscheinlichkeitsverteilungen

Um zu beschreiben, wie wahrscheinlich die möglichen Ergebnisse eines Zufallsexperiments jeweils sind, werden verschiedene Modelle, so genannte Wahrscheinlichkeitsverteilungen, verwendet.

## 9.1 Grundbegriffe

**Zufallsvariable**

 **9.1** Auf Daniels Schulweg gibt es fünf Ampeln. Die Größe X beschreibt die Anzahl der roten Ampeln auf diesem Weg. Welche Werte kann X annehmen?

Um die möglichen Ausgänge eines Zufallsexperiments mathematisch zu erfassen, verwendet man eine **Zufallsvariable** (Zufallsgröße). Eine Zufallsvariable ordnet jedem Ausgang eines Zufallsexperiments eine reelle Zahl zu.

 Würfeln:

| Ergebnis | ⚀ | ⚁ | ⚂ | ⚃ | ⚄ | ⚅ |
|---|---|---|---|---|---|---|
| Zufallsvariable: Augenzahl | 1 | 2 | 3 | 4 | 5 | 6 |

> Eine **Zufallsvariable** X ordnet jedem Ausgang eines Zufallsexperiments eine reelle Zahl x zu.

Man unterscheidet zwischen diskreten Zufallsvariablen und stetigen Zufallsvariablen.
Eine **diskrete Zufallsvariable** nimmt **abzählbar viele Werte** $x_i$ an.
Eine **stetige Zufallsvariable** kann **alle Werte** innerhalb eines Intervalls annehmen. Auf stetige Zufallsvariablen wird in Abschnitt 9.4 eingegangen.

**Wahrscheinlichkeitsfunktion und Verteilungsfunktion diskreter Zufallsvariablen**

Die **Wahrscheinlichkeitsfunktion** f ordnet jedem Wert einer diskreten Zufallsvariablen X die Wahrscheinlichkeit zu, dass X **genau** diesen Wert annimmt: $f(x_i) = P(X = x_i)$
Die Summe aller Funktionswerte von f ist 1. Zur Veranschaulichung der Wahrscheinlichkeitsfunktion wird meist ein Stabdiagramm verwendet. Sie kann auch als Balkendiagramm mit der Balkenbreite 1 dargestellt werden.

 Ist die Zufallsvariable X die gewürfelte Augenzahl, so kann sie die Werte 1, 2, 3, 4, 5 oder 6 annehmen.
ZB: Für x = 1 gilt: $P(X = 1) = \frac{1}{6} \Rightarrow f(1) = \frac{1}{6}$

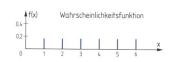

Die **Verteilungsfunktion** F ordnet jedem Wert einer diskreten Zufallsvariable X die Wahrscheinlichkeit zu, dass X **höchstens** diesen Wert annimmt: $F(x) = P(X \leq x)$
Sie ist also die Summe der Einzelwahrscheinlichkeiten bis zu diesem Wert.
Die Funktion F ist stückweise konstant, also eine Treppenfunktion. Links vom kleinsten Wert, den X annehmen kann, ist F(x) gleich 0, ab dem größten Wert, den X annehmen kann, ist F(x) gleich 1.

 Die Wahrscheinlichkeit, dass die Augenzahl beim Würfeln höchstens 2 ist, ist die Summe der Einzelwahrscheinlichkeiten.
$P(X \leq 2) = P(X = 1 \text{ ODER } X = 2) \Rightarrow$
$F(2) = f(1) + f(2) = \frac{1}{6} + \frac{1}{6} = \frac{2}{6} = \frac{1}{3}$

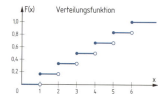

# Wahrscheinlichkeitsverteilungen

Die **Wahrscheinlichkeitsfunktion f** ordnet jedem Wert x einer diskreten Zufallsvariablen X die entsprechende Wahrscheinlichkeit zu.

$$f(x) = \begin{cases} P(X = x) & \text{für } x = x_1, x_2, \ldots \\ 0 & \text{sonst} \end{cases}$$

Die **Verteilungsfunktion F** ordnet jedem Wert x einer diskreten Zufallsvariablen X die Wahrscheinlichkeit zu, dass die Zufallsvariable höchstens diesen Wert annimmt.

$$F(x) = P(X \leq x) = \sum_i f(x_i) \quad \text{für } x_i \leq x$$

**9.2** Beim Würfeln mit zwei Würfeln sind elf verschiedene Augensummen möglich.
1) Bestimme die Zufallsvariable und deren möglichen Werte.
2) Erstelle eine Tabelle der Wahrscheinlichkeits- und der Verteilungsfunktion.
3) Veranschauliche beide Funktionen grafisch.
4) Beschreibe den Zusammenhang zwischen den beiden Funktionen.

Lösung:
1) Zufallsvariable X … Augensumme  mögliche Werte: 2, 3, 4, 5, 6, 7, 8, 9, 10, 11, 12

2)

| x | 2 | 3 | 4 | 5 | 6 | 7 | 8 | 9 | 10 | 11 | 12 |
|---|---|---|---|---|---|---|---|---|----|----|----|
| f(x) | $\frac{1}{36}$ | $\frac{2}{36}$ | $\frac{3}{36}$ | $\frac{4}{36}$ | $\frac{5}{36}$ | $\frac{6}{36}$ | $\frac{5}{36}$ | $\frac{4}{36}$ | $\frac{3}{36}$ | $\frac{2}{36}$ | $\frac{1}{36}$ |
| F(x) | $\frac{1}{36}$ | $\frac{3}{36}$ | $\frac{6}{36}$ | $\frac{10}{36}$ | $\frac{15}{36}$ | $\frac{21}{36}$ | $\frac{26}{36}$ | $\frac{30}{36}$ | $\frac{33}{36}$ | $\frac{35}{36}$ | $\frac{36}{36}=1$ |

3) Wahrscheinlichkeitsfunktion:   Verteilungsfunktion:

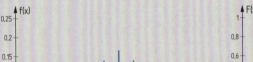
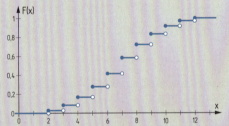

4) Die Verteilungsfunktion (Treppenfunktion) entsteht durch Aufsummieren der Einzelwahrscheinlichkeiten, also der Werte der Wahrscheinlichkeitsfunktion.

## Erwartungswert, Varianz und Standardabweichung bei diskreten Verteilungen

**9.3** Würfle mit einem Würfel 20-mal. Berechne das arithmetische Mittel der Augenzahlen. Vergleicht die Ergebnisse in der Klasse.

Der **Erwartungswert** E(X) einer Zufallsvariablen X ist jener Wert, den die Variable im Mittel annimmt. Um zu berechnen, wie stark die Werte um diesen Mittelwert streuen, berechnet man die mittlere quadratische Abweichung vom Erwartungswert, die sogenannte Varianz V(X). Das in der Praxis verwendete Maß ist die Wurzel aus der Varianz, die sogenannte **Standardabweichung** $\sigma = \sqrt{V(X)}$ (vgl. Band 2, Abschnitt 10.2.2).

**Erwartungswert E(X) einer diskreten Zufallsvariablen**

$$E(X) = \mu = \sum_{i=1}^{n} x_i \cdot P(X = x_i) = \sum_{i=1}^{n} x_i \cdot f(x_i)$$

**Varianz V(X) und Standardabweichung $\sigma$ einer diskreten Zufallsvariablen**

$$V(X) = \sigma^2 = \sum_{i=1}^{n} (x_i - \mu)^2 \cdot f(x_i) = \sum_{i=1}^{n} (x_i^2 \cdot f(x_i)) - \mu^2 \quad \text{und} \quad \sigma = \sqrt{V(X)}$$

# Wahrscheinlichkeitsverteilungen

**B** 9.4 Berechne den Erwartungswert und die Standardabweichung für die Augenzahlen beim Würfeln mit einem Würfel.
Lösung:
$E(X) = 1 \cdot \frac{1}{6} + 2 \cdot \frac{1}{6} + 3 \cdot \frac{1}{6} + 4 \cdot \frac{1}{6} + 5 \cdot \frac{1}{6} + 6 \cdot \frac{1}{6} = 3{,}5$
$V(X) = (1-3{,}5)^2 \cdot \frac{1}{6} + (2-3{,}5)^2 \cdot \frac{1}{6} + (3-3{,}5)^2 \cdot \frac{1}{6} + (4-3{,}5)^2 \cdot \frac{1}{6} + (5-3{,}5)^2 \cdot \frac{1}{6} +$
$\phantom{V(X) =} + (6-3{,}5)^2 \cdot \frac{1}{6} = 2{,}91\dot{6} \Rightarrow \sigma = \sqrt{V(X)} \approx 1{,}71$

**B** **9.5** 1) Berechne den Erwartungswert und die Standardabweichung für die angegebene Zufallsvariable X.
2) Stelle die Wahrscheinlichkeits- und die Verteilungsfunktion grafisch dar.
a) X ... die Augensumme beim Würfeln mit zwei Würfeln
b) X ... die Anzahl von „Zahl" beim viermaligen Münzwurf

**B** 9.6 In einer Urne sind 4 grüne, 5 weiße und 6 orange Kugeln. Es werden zwei Kugeln ohne Zurücklegen gezogen. Ermittle den Erwartungswert und die Standardabweichung für X.
a) X ... Anzahl der grünen Kugeln  b) X ... Anzahl der Kugeln, die nicht weiß sind

**A B** 9.7 Bei einem Gewinnspiel darf jemand aus 12 Schachteln eine auswählen. In 4 Schachteln befindet sich je ein Gutschein in einer Höhe von 500 Euro, in 3 Schachteln je ein Gutschein über 200 Euro und in den restlichen Schachteln befindet sich je ein Gutschein über 50 Euro. Berechne den Erwartungswert für den Gewinn.

**A B** 9.8 Beim Besuch einer Sehenswürdigkeit kann man aus folgenden Angeboten wählen:
Eintritt (E): 15,00 €
Eintritt und Turmbesichtigung (E + T): 21,00 €
Eintritt und Museum (E + M): 19,00 €
Eintritt mit Turm und Museum (E + T + M): 24,00 €
Die Grafik zeigt die Wahrscheinlichkeiten, mit denen sich ein Besucher für eine der vier Möglichkeiten entscheidet.
1) Ergänze den fehlenden Balken in der Grafik.
2) Gib eine Formel für die zu erwartenden Einnahmen bei n Besuchern an.

**C** 9.9 Ein Eisverkäufer rechnet an sonnigen Tagen mit Einnahmen in einer Höhe von 1 200,00 € pro Tag und an regnerischen Tagen mit Einnahmen in einer Höhe von 530,00 € pro Tag. Im Wetterbericht wird für den nächsten Tag eine Regenwahrscheinlichkeit von 32 % vorhergesagt. Interpretiere die Bedeutung des Ausdrucks $1\,200 \cdot 0{,}68 + 530 \cdot 0{,}32$ im gegebenen Sachzusammenhang.

**A B** 9.10 Beim französischen Roulette gibt es 37 Felder. Dabei steht die Ziffer null auf einem grünen Feld und die übrigen Zahlen stehen jeweils zur Hälfte auf roten und schwarzen Feldern. Man kann auf rot bzw. schwarz setzen. Nur wenn die gesetzte Farbe mit der Gewinnfarbe übereinstimmt, bekommt man den Einsatz zurück
und erhält zusätzlich einen Gewinn in der Höhe des Einsatzes, sonst verliert man den Einsatz. Berechne den Erwartungswert und die Standardabweichung für den Gewinn bei einem Einsatz von 20,00 €, wenn man immer auf schwarz setzt.

# Wahrscheinlichkeitsverteilungen

## 9.2 Binomialverteilung

In dem 1713 veröffentlichten Buch „*Ars conjectandi*" befasste sich der schweizer Mathematiker und Physiker Jakob Bernoulli (1655 – 1705) unter anderem mit der Anwendung der Kombinatorik auf Glücks- und Würfelspiele. Ihm zu Ehren nennt man Zufallsexperimente, die genau zwei Ergebnisse haben, Bernoulli-Experimente. Solche Experimente sind zum Beispiel der Münzwurf („Zahl" oder „nicht Zahl") oder die Prüfung von Werkstücken („fehlerfrei" oder „nicht fehlerfrei").

**9.11** Ein Würfel wird 3-mal geworfen. Berechne die Wahrscheinlichkeit,
1) nur beim 1. Wurf einen Sechser zu würfeln, 2) genau einen Sechser zu würfeln.

Ein Zufallsexperiment wird als **Bernoulli-Experiment** bezeichnet, wenn es die folgenden Bedingungen erfüllt:
- Es sind **genau zwei Ergebnisse** möglich: „Erfolg" und „nicht Erfolg"
- Bei jeder Durchführung des Zufallsexperiments ist die **Wahrscheinlichkeit** für „Erfolg" **gleich** (= Erfolgswahrscheinlichkeit).
- Es sind **beliebig viele voneinander unabhängige Wiederholungen** des Zufallsexperiments möglich.

Bernoulli-Experimente können immer als „**Ziehen mit Zurücklegen**" interpretiert werden.

ZB: Es ist bekannt, dass 85 % der Eier von einem Bauernhof weiß sind, alle anderen sind nicht weiß. Wird ein Ei zufällig ausgewählt und überprüft, ob es weiß ist, handelt es sich um ein Bernoulli-Experiment:
- Ein Ei kann entweder **weiß oder nicht weiß** sein.
- Die **Wahrscheinlichkeit**, dass ein zufällig gewähltes Ei weiß ist, ist für jedes Ei **gleich** und beträgt 85 %.
- Die Farbe eines zufällig gewählten Eies hat **keinen Einfluss** auf die Farbe der anderen Eier.

Jeweils 4 zufällig gewählte Eier werden in einen Karton verpackt. Es soll die Wahrscheinlichkeit bestimmt werden, dass sich in einem Karton genau 3 weiße Eier befinden.

Um diesen Sachverhalt zu veranschaulichen, kann ein Baumdiagramm verwendet werden.
P(weiß) = p = 0,85   und   P(nicht weiß) = 1 – p = 0,15

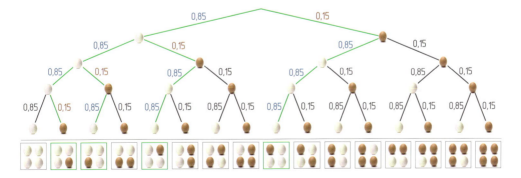

Das Ereignis „Genau 3 Eier sind weiß." wird durch 4 Pfade beschrieben. Folgt man diesen Pfaden, so erhält man jeweils die gleiche Wahrscheinlichkeit: $0,85^3 \cdot 0,15$
P(3 weiße Eier) = **4 · $0,85^3$ · 0,15** = 0,3684… ≈ 36,8 %

# Wahrscheinlichkeitsverteilungen

Es wird nun eine Formel hergeleitet, mit der die Wahrscheinlichkeit für x weiße Eier in einem Karton mit 4 Eiern ermittelt werden kann. Es gilt: X ... Anzahl der weißen Eier

| | | |
|---|---|---|
| $P(X = 0) = 1 \cdot 0{,}85^0 \cdot 0{,}15^4$ | 1 Möglichkeit: | 0 Eier sind weiß, 4 Eier sind nicht weiß |
| $P(X = 1) = 4 \cdot 0{,}85^1 \cdot 0{,}15^3$ | 4 Möglichkeiten: | 1 Ei ist weiß, 3 Eier sind nicht weiß |
| $P(X = 2) = 6 \cdot 0{,}85^2 \cdot 0{,}15^2$ | 6 Möglichkeiten: | 2 Eier sind weiß, 2 Eier sind nicht weiß |
| $P(X = 3) = 4 \cdot 0{,}85^3 \cdot 0{,}15^1$ | 4 Möglichkeiten: | 3 Eier sind weiß, 1 Ei ist nicht weiß |
| $P(X = 4) = 1 \cdot 0{,}85^4 \cdot 0{,}15^0$ | 1 Möglichkeit: | 4 Eier sind weiß, 0 Eier sind nicht weiß |

Die Anzahl der jeweils gleich wahrscheinlichen Möglichkeiten kann mithilfe des **Binomialkoeffizienten** berechnet werden (siehe Abschnitt 7.3.4).

$$P(X = x) = \binom{4}{x} \cdot 0{,}85^x \cdot 0{,}15^{4-x} \quad \ldots \text{ Wahrscheinlichkeit, dass sich in einem Karton mit 4 Eiern genau x weiße Eier befinden}$$

Um die Wahrscheinlichkeit zu bestimmen, dass sich zB höchstens 3 weiße Eier in einem Karton mit 4 Eiern befinden, müssen die Einzelwahrscheinlichkeiten aufsummiert werden:

$$P(X \leq 3) = P(0) + P(1) + P(2) + P(3) = \sum_{k=0}^{3} \binom{4}{k} \cdot 0{,}85^k \cdot 0{,}15^{4-k} = 0{,}4779\ldots \approx 47{,}8\,\%$$

Wird ein **Bernoulli-Experiment** n-mal durchgeführt, so kann die Wahrscheinlichkeit für die Anzahl der Erfolge mit der so genannten **Binomialverteilung** berechnet werden.

**Wahrscheinlichkeitsfunktion**

$$f(x) = P(X = x) = \binom{n}{x} \cdot p^x \cdot (1-p)^{n-x}$$

**Verteilungsfunktion**

$$F(x) = P(X \leq x) = \sum_{k=0}^{x} \binom{n}{k} \cdot p^k \cdot (1-p)^{n-k}$$

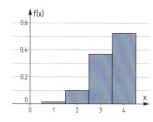
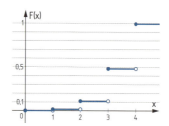

---

**Bernoulli-Experiment**

- Es sind genau zwei Ergebnisse möglich.
- Bei jeder Durchführung des Zufallsexperiments ist die Erfolgswahrscheinlichkeit gleich.
- Es sind beliebig viele voneinander unabängige Wiederholungen des Zufallsexperiments möglich.

**Wahrscheinlichkeitsfunktion der Binomialverteilung**

$$f(x) = P(X = x) = \binom{n}{x} \cdot p^x \cdot (1-p)^{n-x}$$

**Verteilungsfunktion der Binomialverteilung**

$$F(x) = P(X \leq x) = \sum_{k=0}^{x} \binom{n}{k} \cdot p^k \cdot (1-p)^{n-k}$$

X ... binomialverteilte Zufallsvariable
x ... Anzahl der Erfolge
n ... Anzahl der Versuche
p ... Erfolgswahrscheinlichkeit

Erwartungswert: $\mu = E(X) = n \cdot p$  Standardabweichung: $\sigma = \sqrt{n \cdot p \cdot (1-p)}$

---

Oft wird im Rahmen der Qualitätskontrolle bei der Prüfung auf fehlerhafte Einheiten aufgrund der großen Stückzahlen näherungsweise die Binomialverteilung verwendet, auch wenn es sich streng genommen um „Ziehen ohne Zurücklegen" handelt.

# Wahrscheinlichkeitsverteilungen

## Technologieeinsatz: Binomialverteilung

### GeoGebra

Im Menü **Ansicht**, **Wahrscheinlichkeitsrechner** kann man *Binomial* auswählen. Gibt man die Parameter n und p ein, wird die Wahrscheinlichkeitsfunktion grafisch dargestellt und in Tabellenform angegeben. Durch Anklicken des Symbols ⌐ wird die Verteilungsfunktion dargestellt. Um die Wahrscheinlichkeit für einen Bereich zu bestimmen, wählt man zuerst mithilfe der Schaltflächen ▯▯▯ die Intervallart aus. Die Intervallgrenzen können eingegeben oder mithilfe des Schiebereglers eingestellt werden. Man kann auch die entsprechenden Werte in der Tabelle markieren.

Excel, Mathcad, CASIO ClassPad II: www.hpt.at

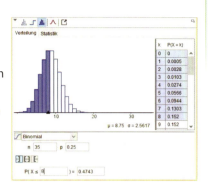

### TI-Nspire

Im Menü **5: Wahrscheinlichkeit**, **5: Verteilungen...** kann Folgendes ausgewählt werden:
- **A: BinomPdf...** Wahrscheinlichkeitsfunktion (probability density function)
- **B: BinomCdf...** Verteilungsfunktion (cumulative distribution function)

Es erscheint ein Eingabefenster für die Parameter.
Die Befehle können im **Calculator** auch direkt eingegeben werden.
P(X = x): **binomPdf(n,p,x)**    P(a ≤ X ≤ b): **binomCdf(n,p,a,b)**
Werden nur Werte für die Parameter n und p eingegeben, so erhält man eine Liste der entsprechenden Wahrscheinlichkeiten.

---

**9.12** Eine Werkstättenlehrerin weiß aus Erfahrung, dass 5 % aller Jugendlichen am Werkstättentag ihre Arbeitskleidung nicht mithaben.
1) Berechne die Wahrscheinlichkeit, dass von 11 Jugendlichen
   a) genau 4 Jugendliche ihre Arbeitskleidung nicht mithaben.
   b) mindestens 9 Jugendliche ihre Arbeitskleidung mithaben.
2) Gib ein Ereignis E im gegebenen Sachzusammenhang an, dessen Wahrscheinlichkeit mit folgendem Ausdruck berechnet wird:

$$P(E) = 1 - \sum_{x=0}^{1} \binom{11}{x} \cdot 0{,}95^x \cdot 0{,}05^{11-x}$$

Lösung mit TI-Nspire:
1) a) X ... Anzahl der Jugendlichen, die die Arbeitskleidung nicht mithaben
      n = 11,  p = 0,05
      P(X = 4) = 0,00144... ≈ 0,14 %     • binomPdf(11,0.05,4)    0.00144032

   b) X ... Anzahl der Jugendlichen, die die Arbeitskleidung mithaben
      n = 11,  p = 0,95
      P(X ≥ 9) = P(9) + P(10) + P(11) =   • binomCdf(11,0.95,9,11)    0.9847647
               = 0,98476... ≈ 98,48 %

2) Ereignis: Mindestens 2 von 11 Jugendlichen haben die Arbeitskleidung mit.

# Wahrscheinlichkeitsverteilungen

**AB** ○ ○ **9.13** Wie oft müsste man mit einem idealen Würfel würfeln, damit die Wahrscheinlichkeit, mindestens einen Sechser zu würfeln, mindestens 99 % beträgt?

Lösung:
X ... Anzahl der Sechser,   $p = \frac{1}{6}$ ... Wahrscheinlichkeit für das Würfeln eines Sechsers

P(mindestens ein 6er) = 1 − P(kein 6er)   • Gegenwahrscheinlichkeit
$\quad\quad 1 - P(X = 0) \geq 0{,}99$

$1 - \binom{n}{0} \cdot \left(\frac{1}{6}\right)^0 \cdot \left(\frac{5}{6}\right)^n \geq 0{,}99$   • $\binom{n}{0} = 1$, $\left(\frac{1}{6}\right)^0 = 1$

$\left(\frac{5}{6}\right)^n \leq 0{,}01 \quad | \ln ...$

$n \cdot \ln\left(\frac{5}{6}\right) \leq \ln(0{,}01) \Rightarrow n \geq 25{,}258...$   • $\ln\left(\frac{5}{6}\right) < 0$

Man müsste mindestens 26-mal würfeln.

**ABC** ○ **9.14** In einer Dose mit 100 Kugeln befinden sich 30 grüne Kugeln. Jemand zieht 5-mal hintereinander eine Kugel, wobei jede Kugel nach dem Ziehen wieder zurückgelegt wird.
1) Berechne die Wahrscheinlichkeit, dass von den gezogenen Kugeln
   a) alle fünf Kugeln grün sind.
   b) mindestens eine Kugel grün ist.
   c) genau eine Kugel grün ist.
   d) höchstens zwei Kugeln grün sind.
2) Gib an, welche Wahrscheinlichkeit mit dem Ausdruck $\binom{5}{3} \cdot 0{,}3^3 \cdot 0{,}7^2$ berechnet wird.

**AB** ○ **D** **9.15** Bei einem Single-Choice-Test gibt es zu zehn Fragen jeweils vier mögliche Antworten, von denen nur eine richtig ist. Jemand kreuzt bei allen Fragen die Antworten zufällig an.
1) Erkläre, warum die Binomialverteilung als Modell zur Berechnung der Wahrscheinlichkeit verwendet werden kann.
2) Ermittle die Wahrscheinlichkeit, bei jeder Frage die richtige Antwort anzukreuzen.
3) Berechne die Wahrscheinlichkeit, bei mindestens sieben Fragen die richtige Antwort anzukreuzen.

**ABC** ○ **9.16** 75 % der Baumwollfasern einer bestimmten Sorte sind kürzer als 45 mm.
1) Ermittle die Wahrscheinlichkeit, dass von 5 zufällig entnommenen Fasern genau 3 Fasern kürzer als 45 mm sind.
2) Berechne die Wahrscheinlichkeit, unter 5 Fasern mindestens 2 aber höchstens 4 Fasern zu erhalten, die kürzer als 45 mm sind.
3) Wie viele Fasern, die kürzer als 45 mm sind, kann man erwarten, wenn 10 Fasern entnommen werden?
4) Interpretiere den Ausdruck im Sachzusammenhang: $\sum_{x=9}^{10} \binom{12}{x} \cdot 0{,}75^x \cdot 0{,}25^{12-x}$

**ABCD** **9.17** In einem Restaurant mit 20 Tischen werden an einem Abend alle Tische reserviert. Man weiß aus Erfahrung, dass 8 % der reservierten Tische nicht genutzt werden.
1) Berechne die Wahrscheinlichkeit, dass
   a) alle Tische besetzt sind.
   b) weniger als zwei Tische frei bleiben.
   c) mehr als 15 Tische besetzt sind.
   d) höchstens 17 Tische besetzt sind.
2) Erkläre die Bedeutung der folgenden Ausdrücke im gegebenen Sachzusammenhang, wenn X die Anzahl der freien Tische angibt.
   **A)** F(2)   **B)** f(2)   **C)** 1 − F(2)
3) Stelle die Wahrscheinlichkeits- und die Verteilungsfunktion grafisch dar und markiere jeweils die Wahrscheinlichkeiten aus **2)**.

# Wahrscheinlichkeitsverteilungen

**9.18** Benjamin isst am liebsten Walnusseis. Bei seinem bevorzugten Eissalon beträgt die Wahrscheinlichkeit, dass es an einem beliebigen Tag im Sortiment ist, 25 %. Benjamin geht einmal täglich zu diesem Eissalon.
1) Ermittle die Wahrscheinlichkeit, dass das Walnusseis innerhalb von sieben Tagen mindestens zweimal angeboten wird.
2) Stelle eine Formel zur Berechnung der Wahrscheinlichkeit auf, dass das Walnusseis in 10 Tagen höchstens viermal angeboten wird.
3) Berechne, an wie vielen Tagen Benjamin in den Eissalon gehen müsste, damit die Wahrscheinlichkeit, mindestens einmal Walnusseis zu bekommen, mindestens 95 % beträgt.

**9.19** Für eine Werbeaktion wurde ein Achtel aller Kinokarten mit einer Markierung versehen, die zum kostenlosen Besuch eines weiteren Films berechtigt. Eine Gruppe von 25 Personen kauft 25 Kinokarten.
1) Erkläre, warum man die Wahrscheinlichkeit, dass genau drei Personen dieser Gruppe eine markierte Karte erhalten, mithilfe der Binomialverteilung berechnen kann.
2) Ermittle die Wahrscheinlichkeit, dass weniger als fünf Personen markierte Karten erhalten. Stelle die Verteilungsfunktion grafisch dar und veranschauliche diese Wahrscheinlichkeit.
3) Gib ein Ereignis im Sachzusammenhang an, dessen Wahrscheinlichkeit mit folgendem Ausdruck berechnet wird: $1 - \left[\binom{25}{0} \cdot 0{,}125^0 \cdot 0{,}875^{25} + \binom{25}{1} \cdot 0{,}125^1 \cdot 0{,}875^{24}\right]$
4) Ab welcher Anzahl von Karten ist die Wahrscheinlichkeit, dass mindestens eine Karte markiert ist, größer als 50 %?

**9.20** Andrea gewinnt auf einem Schulball einen 10-kg-Sack Gummibärchen. Es ist bekannt, dass 13 % der Gummibärchen die Farbe Grün haben.
1) Sie entnimmt diesem Sack zufällig 5 Gummibärchen. Erkläre, warum man die Wahrscheinlichkeit, dass darunter genau ein grünes Gummibärchen ist, mithilfe der Binomialverteilung berechnen kann.
2) Wie groß ist die Wahrscheinlichkeit, unter zehn zufällig ausgewählten Gummibärchen
   a) drei grüne, b) mindestens ein grünes, c) höchstens drei grüne Bärchen zu finden?
3) Andrea greift in den Sack und nimmt zufällig 20 Gummibärchen heraus. Wie viele grüne Gummibärchen sind zu erwarten?
4) Ermittle, wie viele Bärchen Andrea aus dem Sack nehmen muss, damit die Wahrscheinlichkeit, mindestens ein grünes zu erhalten, über 95 % liegt.
5) Wie groß müsste der Anteil an grünen Gummibärchen mindestens sein, damit Andrea unter 10 Bärchen mit einer Sicherheit von mindestens 90 % mindestens ein grünes Bärchen findet?

**9.21** Die Lötstellen einer Leiterplatte werden stichprobenartig getestet. Die Wahrscheinlichkeit, dass eine Lötstelle defekt ist, beträgt 2 %.
1) Berechne die Wahrscheinlichkeit, unter 500 getesteten Lötstellen höchstens 4 defekte Lötstellen zu finden.
2) Erkläre im gegebenen Sachzusammenhang den Unterschied zwischen f(2) und F(2), wenn die untersuchte Zufallsvariable die Anzahl der defekten Leitstellen angibt.
3) Es werden 20 Leiterplatten mit jeweils n Lötstellen getestet. Gib an, was mit dem Ausdruck $20 \cdot n \cdot 0{,}98$ im gegebenen Sachzusammenhang berechnet wird.

**Stochastik**

# Wahrscheinlichkeitsverteilungen

**9.22** Im Mittel leiden 8 von 100 Männern und 1 von 200 Frauen an Dyschromasie (Farbenfehlsichtigkeit).
**a)** Berechne die Wahrscheinlichkeit, unter 30 Männern höchstens einen farbenfehlsichtigen Mann anzutreffen.
**b)** Stelle eine Formel für die Berechnung der Wahrscheinlichkeit auf, dass von F Frauen mindestens x farbenfehlsichtig sind.

**9.23** Ein Glücksrad ist in 16 gleich große Sektoren unterteilt, die von 1 bis 16 durchnummeriert sind. Das Glücksrad wird ein dutzend Mal gedreht. Berechne die Wahrscheinlichkeit, dass
**1)** genau 2-mal die Zahl 10 angezeigt wird.
**2)** mindestens 3-mal die Zahl 13 angezeigt wird.
**3)** mindestens 8-mal, aber höchstens 10-mal eine Primzahl angezeigt wird.

**9.24** In einer Kugellagerproduktion sind 91 % der hergestellten Kugeln von Qualität I, der Rest von Qualität II.
**1)** Ermittle, wie groß die Wahrscheinlichkeit ist, dass in einer Packung von 100 Kugeln mindestens 80 Kugeln von Qualität I sind.
**2)** Berechne, wie viele Kugeln geprüft werden müssen, damit mit mindestens 95%iger Wahrscheinlichkeit wenigstens eine Kugel von Qualität II gefunden wird.

**9.25** Auf einer bestimmten Strecke verwendet eine Fluggesellschaft ein Flugzeug mit 555 Sitzplätzen. Die Belegungsstatistik zeigt, dass die Flüge auf dieser Strecke vorab stets ausgebucht sind. Man geht davon aus, dass 10 % der gebuchten Plätze kurzfristig storniert werden. Um besser ausgelastet zu sein, werden 600 Buchungen vorgenommen. Berechne die Wahrscheinlichkeit, dass bei einem bestimmten Flug nicht jeder Fluggast einen Sitzplatz bekommt.

**9.26** Untersuchungen haben ergeben, dass in einer Stadt im Ortsgebiet 23 % aller männlichen Autolenker nicht angegurtet waren.
**1)** Wie groß ist die Wahrscheinlichkeit, dass bei einer Kontrolle unter zehn männlichen Autolenkern mehr als drei nicht angegurtet sind?
**2)** Wie groß müsste der Anteil an männlichen nicht angegurteten Lenkern mindestens sein, damit die Wahrscheinlichkeit, bei einer Kontrolle unter zehn männlichen Lenkern mindestens einen nicht angegurteten anzuhalten, mindestens 90 % beträgt?

**9.27** In einem Schullabor befinden sich in einer Kiste Widerstände, von denen ein bestimmter Prozentsatz defekt ist. Es werden 10 Stück zufällig entnommen. Die folgende Grafik zeigt die zugehörige Wahrscheinlichkeitsfunktion.

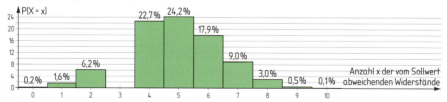

**1)** Ergänze den fehlenden Balken.
**2)** Stelle die zugehörige Verteilungsfunktion grafisch dar.
**3)** Ermittle die Wahrscheinlichkeit, dass
**a)** mehr als 6 **b)** höchstens 3 **c)** weniger als 5 **d)** mindestens 9
Widerstände defekt sind.

# Wahrscheinlichkeitsverteilungen

## 9.3 Weitere diskrete Verteilungen

### 9.3.1 Hypergeometrische Verteilung

**9.28** In einem Gefäß befinden sich 5 grüne und 3 blaue Kugeln. Beschreibe, welchen Vorgang das Baumdiagramm jeweils darstellt.

A)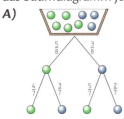

B)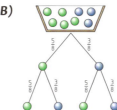

Im Gegensatz zum „**Ziehen mit Zurücklegen**" entspricht das Modell „**Ziehen ohne Zurücklegen**" nicht der Binomialverteilung.

Man geht davon aus, dass in einer Menge von N Elementen M Elemente ein bestimmtes Merkmal aufweisen. Aus dieser Menge wird eine Stichprobe vom Umfang n gezogen. Die Wahrscheinlichkeit, dass genau x Elemente in dieser Stichprobe des Merkmal aufweisen, wird mit der **hypergeometrischen Verteilung** ermittelt.

ZB: Für die Tombola einer Spendengala werden von einem Reisebüro zehn Städtereisen als Preise gespendet. Insgesamt werden 500 Lose verkauft. Herr Meier kauft fünf Lose. Wie groß ist die Wahrscheinlichkeit, dass er genau eine Städtereise gewinnt?

X … Anzahl der Gewinne in den gekauften Losen

N = 500 … Gesamtanzahl der Lose  $\qquad$ n = 5 … Anzahl der gekauften Lose

M = 10 … Anzahl der Preise $\qquad$ x = 1 … ein Gewinn

$$P(X=1) = \frac{\text{Anzahl der günstigen Fälle}}{\text{Anzahl der möglichen Fälle}} = \frac{1 \text{ Gewinn aus 10 Preisen und 4 Nieten aus 490 Nieten}}{5 \text{ Lose aus 500 Losen}}$$

$$P(X=1) = \frac{\binom{10 \text{ Preise}}{1 \text{ Gewinn}} \cdot \binom{490 \text{ Nieten}}{4 \text{ Nieten}}}{\binom{500 \text{ Lose}}{5 \text{ Lose}}} = \frac{\binom{10}{1} \cdot \binom{490}{4}}{\binom{500}{5}} = \frac{\binom{M}{x} \cdot \binom{N-M}{n-x}}{\binom{N}{n}} = 0{,}0929\ldots \approx 9{,}3\ \%$$

---

**Hypergeometrische Verteilung**

$$f(x) = P(X=x) = \frac{\binom{M}{x} \cdot \binom{N-M}{n-x}}{\binom{N}{n}}$$

**Erwartungswert und Varianz**

$$E(X) = n \cdot \frac{M}{N} \qquad V(x) = n \cdot \frac{M}{N} \cdot \left(1 - \frac{M}{N}\right) \cdot \frac{N-n}{N-1}$$

N … Grundgesamtheit
M … Anzahl der Elemente mit einem bestimmten Merkmal
n … Stichprobenumfang
x … Anzahl der Elemente mit dem bestimmten Merkmal in der Stichprobe

---

Ist der Stichprobenumfang n sehr klein im Verhältnis zur Grundgesamtheit N, so ändert sich durch das Ziehen ohne Zurücklegen der Anteil p, mit dem ein bestimmtes Merkmal auftritt, in einem vernachlässigbar kleinen Ausmaß. Die hypergeometrische Verteilung kann dann durch die **Binomialverteilung angenähert** werden.

Um diese Näherung sinnvoll verwenden zu können, gilt als Richtwert: $n < \frac{N}{10}$

**Stochastik**

# Wahrscheinlichkeitsverteilungen

Excel, TI-Nspire, GeoGebra: www.hpt.at

**Technologieeinsatz: Hypergeometrische Verteilung**

**Mathcad**

Wahrscheinlichkeitsfunktion P(X = x) ... **dhypergeom(x,M,N−M,n)**
Verteilungsfunktion P(X ≤ x) ... **phypergeom(x,M,N−M,n)**

**CASIO ClassPad II**

Die diskreten Verteilungen können im **Main**-Menü im Register **Aktion** oder **Interaktiv** unter **Verteilungsfunktionen**, **Diskret** gewählt werden. Die Wahrscheinlichkeitsfunktion wird mit **hypergeoPDf** und die Verteilungsfunktion mit **hypergeoCDf** aufgerufen.

**9.29** In Schottland ist der Anteil rothaariger Menschen weltweit am höchsten. Eine Haarshampoo-Firma verlost unter 1 000 schottischen Bewerberinnen 50 Auftritte in Werbefilmen. 140 der Bewerberinnen sind rothaarig.
Wie groß ist die Wahrscheinlichkeit, dass genau 10 rothaarige Frauen einen Auftritt gewinnen?
*1)* Rechne genau mit der hypergeometrischen Verteilung.
*2)* Rechne näherungsweise mit der Binomialverteilung.
*3)* Vergleiche die Ergebnisse aus *1)* und *2)*.

Lösung:

X ... Anzahl der rothaarigen Frauen

*1)* Hypergeometrische Verteilung:
N = 1 000, M = 140, n = 50, x = 10

$$P_H(X = 10) = \frac{\binom{140}{10} \cdot \binom{1\,000-140}{50-10}}{\binom{1\,000}{50}} = 0{,}07095\ldots$$

Die Wahrscheinlichkeit liegt bei rund 7,10 %.

*2)* Binomialverteilung:
$50 < \frac{1\,000}{10}$ und $p = \frac{M}{N} = 0{,}14$

$$P_B(X = 10) = \binom{50}{10} \cdot 0{,}14^{10} \cdot 0{,}86^{40} = 0{,}07126\ldots$$

Die Wahrscheinlichkeit liegt bei rund 7,13 %.

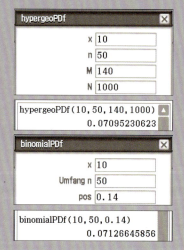

*3)* Vergleicht man die Prozentwerte, so liegt der Unterschied vom genäherten Wert zum genau berechneten Wert im Hundertstelbereich. Das spricht für eine gute Näherung.

**9.30** Aus Versehen wurden in einen Karton mit 45 Leuchtdioden fünf defekte Dioden geworfen. Jemand entnimmt drei Leuchtdioden. Berechne, wie groß die Wahrscheinlichkeit ist, dass
*1)* alle drei defekt sind.          *3)* keine defekt ist.
*2)* genau zwei defekt sind.    *4)* mehr als eine defekt ist.

# Wahrscheinlichkeitsverteilungen

**9.31** In eine Schulklasse gehen 15 Burschen und 4 Mädchen. Es werden 3 Personen zufällig ausgewählt.
Berechne die Wahrscheinlichkeit, dass unter den ausgewählten Personen
*1)* mindestens ein Bursch ist.
*2)* mehr Burschen als Mädchen sind.
*3)* genau 2 Mädchen sind.
*4)* nur Mädchen sind.

**9.32** In einer Schachtel liegen 30 Batterien, 6 davon sind „leer". Es werden 12 Batterien entnommen.
Berechne die Wahrscheinlichkeit, dass
*1)* alle „voll" sind.
*2)* lediglich zwei „leer" sind.
*3)* mindestens 7 „voll" sind.
*4)* keine „volle" dabei ist.

**9.33** Auf einem großen Bauernmarkt gibt es 250 Marktstände, davon verkaufen 15 Blumen. Das Marktamt prüft zehn zufällig ausgewählte Stände. Wie groß ist die Wahrscheinlichkeit, dass ein Fünftel der geprüften Stände Blumen verkauft?

*1)* Rechne genau mit der hypergeometrischen Verteilung.
*2)* Rechne näherungsweise mit der Binomialverteilung.
*3)* Vergleiche die Ergebnisse aus *1)* und *2)*.

**9.34** Eine Firma, die klinische Studien durchführt, testet ein neues Medikament an 500 Personen. Die Hälfte davon erhält ein Präparat mit dem neuen Wirkstoff, die andere Hälfte ein Medikament mit dem bewährten Wirkstoff. Nach drei Wochen wird eine Kontrolluntersuchung an 20 zufällig ausgewählten Personen vorgenommen.
Berechne die Wahrscheinlichkeit des unten angegebenen Ereignisses genau mit der hypergeometrischen Verteilung und näherungsweise mit der Binomialverteilung.
*a)* Genau 10 Personen testen den neuen Wirkstoff.
*b)* Mindestens 2 Personen testen den neuen Wirkstoff.
*c)* Höchstens 5 Personen nehmen das bewährte Medikament ein.

**9.35** Berechne, wie hoch die Wahrscheinlichkeit ist, beim Lotto „6 aus 45" mit einem Tipp
*a)* drei Zahlen richtig zu tippen.
*b)* einen Fünfer mit Zusatzzahl zu tippen.

**9.36** Die deutsche „Glücksspirale" ist ebenso wie die österreichische „Jokerzahl" eine Nummernlotterie, bei der die Ziffern einer Zahl einzeln gezogen werden. Die Gewinnzahl der Glücksspirale hat sieben Stellen, die bei den ersten Ausspielungen Ende der 1960er Jahre wie folgt bestimmt wurden:

In einer einzigen großen Trommel befanden sich je sieben Kugeln mit den Ziffern von Null bis Neun, also insgesamt 70 Kugeln, von denen sieben gezogen wurden. Eine gezogene Kugel wurde nicht wieder in die Trommel zurückgelegt. Die Verantwortlichen argumentierten, dass die Wahrscheinlichkeit für jede siebenstellige Zahl gleich hoch sei, da jede Ziffer gleich oft vorhanden ist.
*1)* Argumentiere, warum diese Aussage falsch ist.
*2)* Recherchiere, wie die Ziehung heute in Deutschland durchgeführt wird.
*3)* Berechne für das ursprüngliche und das korrigierte Verfahren die Wahrscheinlichkeiten, dass die Gewinnzahl 0000000 lautet. Vergleiche die Ergebnisse.

**Stochastik**

# Wahrscheinlichkeitsverteilungen

### 9.3.2 Poisson-Verteilung

**9.37** Schneide einen Rosinenstriezel in beliebig viele, annähernd gleich breite Scheiben. Zähle die Rosinen in jeder Scheibe. Gib an, wie viele Rosinen im Mittel in jeder Scheibe sind.

Eine weitere diskrete Wahrscheinlichkeitsverteilung ist nach dem französischen Physiker Siméon Poisson (1781 – 1840) benannt. Die **Poisson-Verteilung** wird als Modell für die Anzahl x von **Ereignissen**, die **pro Einheit** zufällig, unabhängig und mit einem **konstanten Mittelwert** $\mu$ auftreten, verwendet, zum Beispiel die Anzahl der Strickfehler pro Pullover. Diese Anzahl ist eine vom Zufall abhängige Zufallsvariable X.

Poisson konnte zeigen, dass für eine solche Zufallsvariable gilt: $P(X = x) = \frac{\mu^x}{x!} \cdot e^{-\mu}$

Der Mittelwert $\mu$ ist der einzige Parameter der Poisson-Verteilung. Sowohl der Erwartungswert E(X) als auch die Varianz V(X) haben denselben Wert wie $\mu$.

Die Herleitung erfolgt als Grenzfall der Binomialverteilung mit $n \to \infty$, $p \to 0$ und $n \cdot p = \mu$. Die Poisson-Verteilung wird deshalb auch als **Näherung der Binomialverteilung** verwendet, wenn $p \leq 0{,}05$ und $n \geq 50$ gilt. Man bezeichnet sie auch als **Verteilung der seltenen Ereignisse**.

---

**Poisson-Verteilung**

$f(x) = P(X = x) = \frac{\mu^x}{x!} \cdot e^{-\mu}$ für $x \in \mathbb{N}$ $\qquad \mu = E(X) = V(X)$

---

Eine weitere in der Praxis wichtige Eigenschaft ist, dass die Summe von poissonverteilten Zufallsvariablen ebenfalls poissonverteilt ist, wobei sich die Mittelwerte addieren.

---

**Additionssatz der Poisson-Verteilung**

Sind die Zufallsvariablen $X_1, X_2, ..., X_n$ poissonverteilt mit den Mittelwerten $\mu_1, \mu_2, ..., \mu_n$, dann ist auch die Summe $X = X_1 + X_2 + ... + X_n$ poissonverteilt mit dem Mittelwert $\mu = \mu_1 + \mu_2 + ... + \mu_n$.

---

**Technologieeinsatz: Poisson-Verteilung**

CASIO ClassPad II, GeoGebra, TI-Nspire: www.hpt.at

**Tabellenkalkulationsprogramm** (zB: Excel)

Zur Berechnung steht die Funktion **POISSON.VERT(x;μ;k)** zur Verfügung. k steht für kumuliert. Ist k = 0, so erhält man die Wahrscheinlichkeitsfunktion, ist k = 1, die Verteilungsfunktion.

**9.38** An einem Helpdesk werden im Schnitt 1,4 Anfragen pro Minute registriert. Berechne, wie groß die Wahrscheinlichkeit ist, dass folgende Anzahl an Anfragen eingeht:

1) mehr als zwei in einer Minute   2) höchstens 100 in einer Stunde

Lösung mit Excel:

1) $\mu = 1{,}4$
$P(X > 2) = 1 - P(X \leq 2) = 1 - 0{,}8334... =$
$\phantom{P(X > 2)} = 0{,}1665...$
Die Wahrscheinlichkeit beträgt rund 16,7 %.

2) $\mu_{\text{1 Stunde}} = \mu_{\text{1 Minute}} \cdot 60 = 1{,}4 \cdot 60 = 84$
$P(X \leq 100) = 0{,}9610...$
Die Wahrscheinlichkeit beträgt rund 96,1 %.

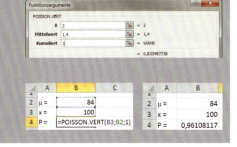

# Wahrscheinlichkeitsverteilungen

**9.39** In einem bestimmten Gebiet der USA gibt es im Mittel fünf Tornados pro Jahr.
1) Berechne, wie groß die Wahrscheinlichkeit ist, dass es im nächsten Jahr in diesem Gebiet sechs Tornados geben wird.
2) Stelle die Wahrscheinlichkeitsfunktion f und die Verteilungsfunktion F grafisch dar und veranschauliche jeweils $P(4 \leq X \leq 6)$, wenn X die Anzahl der Tornados pro Jahr angibt.

**9.40** Bei einer Autovermietung werden im Mittel 23,6 Autos pro Tag vermietet. Ermittle die Wahrscheinlichkeit, dass
a) an einem Tag genau 20 Autos vermietet werden.
b) an einem Tag 23 bis 27 Autos vermietet werden.

**9.41** In einem Bürohaus aus Stahlbeton wird die elektromagnetische Strahlung so abgeschirmt, dass Smartphones zeitweise einen schlechten Empfang haben. Empirische Untersuchungen haben ergeben, dass die Anzahl der Störungen poissonverteilt ist mit einem Mittelwert $\mu = 1{,}2$ Störungen pro Stunde. Ermittle die Wahrscheinlichkeit, dass
a) in einer Stunde keine Störung auftritt.
b) in 4 Stunden mehr als fünf Störungen auftreten.

**9.42** In einer Telefonzentrale gehen im Mittel sechs Anrufe in zehn Minuten ein. Berechne die Wahrscheinlichkeit, dass zwischen 11:30 Uhr und 11:40 Uhr
1) genau neun Anrufe eingehen.
2) mindestens vier Anrufe eingehen.
3) mehr als vier Anrufe eingehen.
4) neun bis zwölf Anrufe eingehen.

**9.43** Bei einer Versicherungsgesellschaft weiß man aus Erfahrung, dass im Mittel 21 ‰ der Versicherten pro Jahr in einen Unfall verwickelt sind. Eine Filiale betreut 3 000 Kunden. Berechne die Wahrscheinlichkeit, dass mehr als 50 Kunden während eines Jahres in einen Unfall verwickelt werden.

**9.44** Eine Maschine verpackt Büroklammern. Eine Packung enthält im Mittel 5 fehlerhafte Klammern.
1) Ermittle die Wahrscheinlichkeit, dass in einer Packung höchstens 3 fehlerhafte Klammern sind.
2) Ermittle die Wahrscheinlichkeit, dass in 3 Packungen insgesamt mindestens 15 fehlerhafte Klammern zu finden sind.
3) Erkläre, welche Wahrscheinlichkeit mit dem Ausdruck $\left(1 - \sum_{x=0}^{3} \frac{5^x}{x!} \cdot e^{-5}\right)$ berechnet wird.

**9.45** Bei einem Job-Vermittlungsbüro gehen im Mittel 8 Anfragen pro Stunde ein.
1) Schätze, welches Ereignis wahrscheinlicher ist: 8 Anrufe in der Stunde oder 64 Anrufe an einem 8-Stunden-Tag.
2) Berechne die Wahrscheinlichkeiten aus 1) und interpretiere das Ergebnis.

**9.46** In einer Serviceabteilung eines Elektrohändlers geht man bei der Erstellung der Dienstpläne davon aus, dass die Serviceleistung „Prozessortausch" im Mittel siebenmal pro Monat angefragt wird.
1) Berechne die Wahrscheinlichkeit, dass in einem Monat weniger als fünfmal nach einem Prozessortausch verlangt wird.
2) Erstelle eine Tabelle für die Werte der Verteilungsfunktion von $x = 0$ bis $x = 13$.
3) Argumentiere anhand der Werte aus 2), wie viele Anfragen nach einem Prozessortausch bei der Planung berücksichtigt werden müssen, wenn die Wahrscheinlichkeit, zu wenig eingeplant zu haben, unter 5 % liegen soll.

# Wahrscheinlichkeitsverteilungen

## 9.4 Normalverteilung

### 9.4.1 Grundbegriffe

Bisher wurde mit diskreten Zufallsvariablen gearbeitet, die nur bestimmte Werte annehmen. Nun werden **stetige Zufallsvariablen** behandelt, die in einem gewissen Bereich jeden beliebigen Wert annehmen können. Die zugehörige Größe ist also eine Messgröße und keine Zählgröße. Stetige Zufallsvariablen sind zum Beispiel Masse, Länge oder Wartezeit.

Da eine stetige Zufallsvariable unendlich viele Werte annehmen kann, ist es nicht möglich, für jeden Wert die Wahrscheinlichkeit anzugeben. Es gibt daher keine Wahrscheinlichkeitsfunktion wie bei diskreten Zufallsvariablen. Anhand des folgenden Beispiels wird erläutert, welche Funktion stattdessen verwendet wird:

In einer U-Bahn-Station fährt pünktlich alle 5 Minuten ein Zug ab. Die Wartezeit, mit der eine am Bahnsteig eintreffende Person rechnen muss, kann alle Werte im Intervall [0; 5] annehmen und ist daher eine stetige Zufallsvariable X.

Die Wartezeit liegt mit Sicherheit zwischen 0 und 5 Minuten, also gilt: $P(X \leq 5) = 1$

Da jede Wartezeit gleich wahrscheinlich ist, steigt die Wahrscheinlichkeit für eine Wartezeit von maximal x Minuten linear an. Somit ergibt sich folgende **Verteilungsfunktion** F:

$F(x) = \frac{x}{5}$ für $0 \leq x \leq 5$

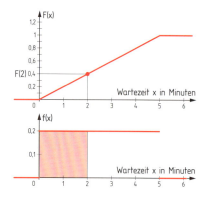

Für diskrete Zufallsvariablen kann die Verteilungsfunktion durch Aufsummieren der Einzelwahrscheinlichkeiten ermittelt werden. Diesem Vorgang entspricht im stetigen Fall das Integrieren.

Jene Funktion f, für die $F(x) = \int_{-\infty}^{x} f(\xi)\, d\xi$ gilt, heißt **Dichtefunktion** oder **Wahrscheinlichkeitsdichte**.

Der Graph der Dichtefunktion veranschaulicht die Verteilung einer stetigen Zufallsvariablen. Für die Dichtefunktion f ergibt sich damit: $f(x) = \frac{1}{5}$ für $0 \leq x \leq 5$

Mithilfe der Verteilungsfunktion F kann nun die Wahrscheinlichkeit berechnet werden, **höchstens** 2 Minuten oder **zwischen** 2 Minuten und 2,5 Minuten zu warten:

$P(X \leq 2) = F(2) = 0,4$ $\qquad$ $P(2 \leq X \leq 2,5) = F(2,5) - F(2) = 0,5 - 0,4 = 0,1$

Diese Werte entsprechen jeweils dem **Flächeninhalt** unter dem Graphen der Dichtefunktion f im entsprechenden Intervall. Ein Funktionswert an der Stelle x der Dichtefunktion f entspricht aber **nicht** der Wahrscheinlichkeit $P(X = x)$. Im Bereich [0; 5] liegen unendlich viele mögliche Wartezeiten, jeder einzelne Wert hat daher die Wahrscheinlichkeit „$\frac{1}{\infty}$", also 0. Die Wahrscheinlichkeit einer Wartezeit von **genau** 2 Minuten ist **null**. Das bedeutet allerdings nicht, dass die Wartezeit nie genau 2 Minuten betragen kann.

Um zu ermitteln, wie lange man im Mittel warten muss, berechnet man den **Erwartungswert**. Für stetige Zufallsvariablen wird dieser mithilfe des Integrals berechnet:

$E(X) = \int_{-\infty}^{\infty} x \cdot f(x)\, dx \;\Rightarrow\; E(X) = \int_{0}^{5} x \cdot \frac{1}{5}\, dx = \left.\frac{x^2}{10}\right|_{0}^{5} = 2,5$

Man wartet im Mittel 2,5 Minuten.

# Wahrscheinlichkeitsverteilungen

Für eine stetige Zufallsvariable X gilt:

**Verteilungsfunktion**: $F(x) = P(X \leq x) = \int_{-\infty}^{x} f(\xi)\, d\xi$

Die Funktion **f** wird **Dichtefunktion** genannt und es gilt: $\int_{-\infty}^{\infty} f(x)\, dx = 1$ und $f(x) \geq 0$

**Erwartungswert**: $E(X) = \int_{-\infty}^{\infty} x \cdot f(x)\, dx$

Die wichtigste stetige Verteilung ist die nach Carl Friedrich Gauß benannte **Gauß'sche Normalverteilung**. Sie ist in der Statistik von großer Bedeutung, da viele stetige Zufallsvariablen von Natur aus (annähernd) normalverteilt sind. Die Dichtefunktion der Normalverteilung hat eine charakteristische Glockenform, die **Gauß'sche Glockenkurve** genannt wird.

Wirken auf eine Zufallsgröße viele voneinander unabhängige Einflussgrößen, so ist die Zufallsgröße (annähernd) normalverteilt. Dies kann zum Beispiel durch ein so genanntes **Galton-Brett**, benannt nach Francis Galton (britischer Naturforscher, 1822 – 1911), veranschaulicht werden. Dabei fallen Kugeln aus einem Trichter durch ein System von Nagelreihen in Schächte. Die Nägel symbolisieren die unabhängigen Einflussgrößen. Die Kugeln verteilen sich nun so, dass man die Form einer Glocke erkennen kann.

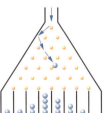

Die Verteilung der Kugeln in den Schächten des Galton-Bretts lässt sich durch eine Binomialverteilung mit p = 0,5 beschreiben. Je größer die Anzahl n der Nagelreihen ist, umso besser kann man die Näherung an die Gauß'sche Glockenkurve erkennen.

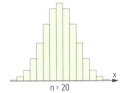
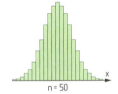
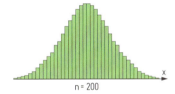

Die Normalverteilung verdankt ihre große Bedeutung in der Praxis dem **zentralen Grenzwertsatz**. Vereinfacht formuliert besagt dieser, dass jede Zufallsgröße, die sich als Summe sehr vieler unabhängiger Zufallsgrößen zusammensetzt, annähernd normalverteilt ist.

Führt man bei der Binomialverteilung den Grenzübergang $n \to \infty$ durch, so erhält man die Funktionsgleichung der **Dichtefunktion der Normalverteilung**.

$$f(x) = \frac{1}{\sqrt{2\pi} \cdot \sigma} \cdot e^{-\frac{1}{2} \cdot \left(\frac{x-\mu}{\sigma}\right)^2}$$

$F(x_0)$ gibt die Wahrscheinlichkeit an, mit der die normalverteilte Zufallsvariable X einen Wert von **höchstens $x_0$** annimmt. Sie wird durch den Flächeninhalt unter der Glockenkurve von $-\infty$ bis $x_0$ ermittelt. Da $x_0$ jeden beliebigen Wert annehmen kann, erhält man die **Verteilungsfunktion** F.

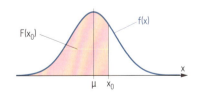

$$F(x_0) = P(X \leq x_0) = \int_{-\infty}^{x_0} f(x)\, dx = \frac{1}{\sqrt{2\pi} \cdot \sigma} \cdot \int_{-\infty}^{x_0} e^{-\frac{1}{2} \cdot \left(\frac{x-\mu}{\sigma}\right)^2} dx$$

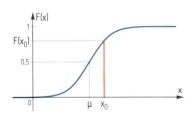

**Stochastik**

# Wahrscheinlichkeitsverteilungen

**Gauß'sche Normalverteilung N(μ, σ)**

**Dichtefunktion:** $f(x) = \dfrac{1}{\sqrt{2\pi} \cdot \sigma} \cdot e^{-\frac{1}{2} \cdot \left(\frac{x-\mu}{\sigma}\right)^2}$

**Verteilungsfunktion:** $F(x_0) = P(X \leq x_0) = \dfrac{1}{\sqrt{2\pi} \cdot \sigma} \cdot \displaystyle\int_{-\infty}^{x_0} e^{-\frac{1}{2} \cdot \left(\frac{x-\mu}{\sigma}\right)^2} dx$

**Zentraler Grenzwertsatz**
Die Summe von unabhängigen Zufallsvariablen ist annähernd normalverteilt.

## Merkmale und Eigenschaften der Glockenkurve

- Der Parameter μ ist der **Erwartungswert** der Verteilung. Der Graph hat an der Stelle μ ein Maximum und ist **symmetrisch** zur Senkrechten an der Stelle μ.

- Der Parameter σ ist die **Standardabweichung** der Verteilung. Die Wendestellen des Funktionsgraphen liegen symmetrisch zum Erwartungswert bei $x = \mu \pm \sigma$.
Die Wendetangenten schneiden die waagrechte Achse bei $x = \mu \pm 2\sigma$.

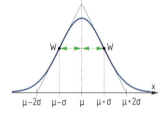

- Die Standardabweichung σ ist für die „Breite der Glocke" bestimmend. Da die Gesamtfläche unter einer Dichtefunktion immer den Wert 1 hat, sind Glockenkurven mit kleinem σ schmäler und höher als solche mit großem σ.

- Für $x \to \pm\infty$ nähert sich der Funktionsgraph asymptotisch der waagrechten Achse.

Im Folgenden werden Zusammenhänge zwischen der Fläche unter der Glockenkurve und der Wahrscheinlichkeit bei Normalverteilung gezeigt.

- $P(X \leq x_0) = F(x_0)$
Die färbige Fläche („links von $x_0$") entspricht der Wahrscheinlichkeit, dass die Zufallsvariable X einen Wert kleiner gleich $x_0$ (also höchstens $x_0$) annimmt.
Da $P(X = x_0) = 0$ ist, gilt: $P(X \leq x_0) = P(X < x_0)$

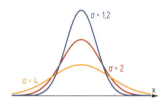

- $P(X \geq x_0) = 1 - F(x_0)$
Die rosa unterlegte Fläche („rechts von $x_0$") entspricht der Wahrscheinlichkeit, dass die Zufallsvariable X einen Wert größer gleich $x_0$ (also mindestens $x_0$) annimmt.

- Aufgrund der Symmetrie der Glockenkurve gilt:
$F(\mu - a) = 1 - F(\mu + a)$

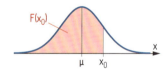

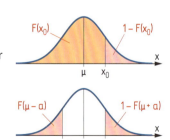

- $P(x_1 \leq X \leq x_2) = F(x_2) - F(x_1)$
Die färbige Fläche entspricht der Wahrscheinlichkeit, dass die Zufallsvariable X einen Wert zwischen $x_1$ und $x_2$ annimmt.

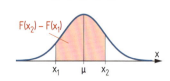

# Wahrscheinlichkeitsverteilungen

**9.47** In der Grafik sind die Dichtefunktion und die Verteilungsfunktion einer normalverteilten Größe dargestellt.

*1)* Erkläre den mathematischen Zusammenhang zwischen den beiden Funktionen.

*2)* Schreibe die folgenden Ausdrücke jeweils in das entsprechende Feld:

a, b, $f(x_0)$, $F(x_0)$, $F(a)$, $F(b) - F(a)$, $P(a \leq X \leq b)$

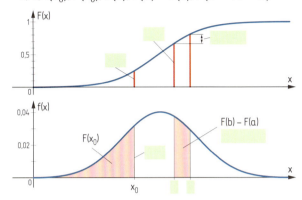

**9.48** Ergänze die Textlücken durch Ankreuzen der richtigen Satzteile so, dass eine korrekte Aussage entsteht.

Wird der Parameter σ einer Normalverteilung _____①_____, so _____②_____.

| ① | | ② | |
|---|---|---|---|
| verdoppelt | A | verdoppelt sich der Flächeninhalt unter der Kurve. | A |
| halbiert | B | halbiert sich der Erwartungswert. | B |
| vervierfacht | C | wird die Glockenkurve schmäler. | C |

**9.49** 10 % aller Werte einer normalverteilten Zufallsvariablen sind kleiner als 5 und 10 % aller Werte sind größer als 5,8. Gib den Erwartungswert dieser Verteilung an.

**9.50** 5 % aller Werte einer normalverteilten Zufallsgröße mit μ = 24 sind kleiner als 20. Welchen Wert überschreiten dann die größten 5 % der Werte? Dokumentiere deine Überlegungen.

**9.51** In nebenstehender Grafik sind Normalverteilungen mit unterschiedlichen Parametern dargestellt.

*1)* Lies den jeweiligen Wert für μ ab.

*2)* Ordne den Kurven jeweils den richtigen Wert des Parameters σ zu.

**A)** σ = 2     **B)** σ = 1     **C)** σ = 1,5

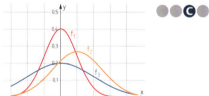

**9.52** Zeige mithilfe der Differentialrechnung, dass bei jeder Gauß'schen Glockenkurve der Extremwert bei x = μ und die Wendestellen bei x = μ ± σ liegen.

**9.53** Zeige mithilfe der Differentialrechnung, dass die Wendetangenten jeder Gauß'schen Glockenkurve die waagrechte Achse bei x = μ ± 2σ schneiden.

**Stochastik**

# Wahrscheinlichkeitsverteilungen

## 9.4.2 Die Standardnormalverteilung – Theoretische Grundlagen

Von besonderer Bedeutung ist die Normalverteilung mit $\mu = 0$ und $\sigma = 1$. Diese wird **Standardnormalverteilung** bzw. **standardisierte Normalverteilung** genannt.

Um die Wahrscheinlichkeiten bei normalverteilten Zufallsvariablen zu berechnen, muss das Integral der Verteilungsfunktion berechnet werden. Für dieses Integral existiert keine Stammfunktion, daher können die Werte nur numerisch ermittelt werden. Früher war man dabei auf Tabellen angewiesen, in denen die Werte der standardisierten Normalverteilung aufgelistet sind (vgl. Seite 331).

Um die Wahrscheinlichkeit bei normalverteilten Zufallsvariablen mithilfe der Standardnormalverteilung zu berechnen, muss eine **lineare Transformation** durchgeführt werden. Die Transformation wird auch heute noch benötigt, um Umkehraufgaben (Berechnung von $\mu$ und $\sigma$) zu lösen.

Für die Standardnormalverteilung sind folgende **Bezeichnungen** üblich:
Zufallsvariable: Z oder U
Dichtefunktion: $\varphi(z)$ oder $\varphi(u)$
Verteilungsfunktion: $\Phi(z)$ oder $\Phi(u)$

Da im englischsprachigen Raum und vor allem bei Taschenrechnern die Variable z verwendet wird, spricht man auch von der z-Verteilung. Im Folgenden wird daher die Variable z verwendet.

Um die Werte der Verteilungsfunktion F(x) einer beliebigen Normalverteilung N($\mu$, $\sigma$) mithilfe der Verteilungsfunktion $\Phi(z)$ der Standardnormalverteilung N(0, 1) ermitteln zu können, wendet man die folgende **Koordinatentransformation** an:

$z = \frac{x - \mu}{\sigma}$ ... **Standardisierungsformel**

- Die senkrechte Achse wird in den Erwartungswert $\mu$ verschoben.
  Das entspricht dem **Subtrahieren von $\mu$**.
- Die Skalierung der z-Achse wird so gewählt, dass die Standardabweichung $\sigma = 1$ ist.
  Das entspricht der **Division durch $\sigma$**.

Da die Fläche unter der Kurve immer 1 ist, hat im transformierten Koordinatensystem auch die senkrechte Achse eine veränderte Skalierung.

ZB: Normalverteilung mit N(4; 0,5)   Standardnormalverteilung N(0, 1)

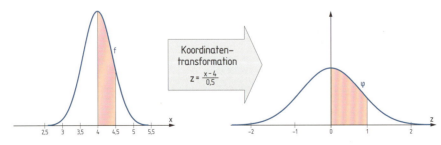

**Standardnormalverteilung** N(0, 1)

**Dichtefunktion:** $\varphi(z) = \frac{1}{\sqrt{2\pi}} \cdot e^{-\frac{z^2}{2}}$

**Verteilungsfunktion:** $\Phi(z_0) = P(Z \leq z_0) = \frac{1}{\sqrt{2\pi}} \cdot \int_{-\infty}^{z_0} e^{-\frac{z^2}{2}} \, dz$

**Standardisierungsformel:** $z = \frac{x - \mu}{\sigma}$

# Wahrscheinlichkeitsverteilungen

Im Folgenden wird das Ablesen von Werten aus der Normalverteilungstabelle (siehe Seite 331) erklärt.

- Ermitteln von $\Phi(z)$ bei gegebenem z:
  In der ersten Spalte der Tabelle sind die z-Werte in Zehntelschritten angegeben. Die weiteren Spalten der passenden Zeile entsprechen den jeweiligen Werten der Hundertstelstelle von z.
  ZB: $\Phi(\mathbf{0{,}12}) = \mathbf{0{,}54776}$
  Die standardnormalverteilte Zufallsvariable Z nimmt mit einer Wahrscheinlichkeit von rund 54,78 % einen Wert von höchstens z = 0,12 an.

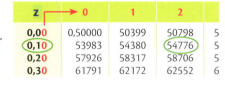

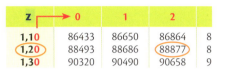

- Um z bei gegebenem $\Phi(z) = p$ zu ermitteln, sucht man in der Tabelle jenen Wert $z_p$, der sich von der vorgegebenen Wahrscheinlichkeit am wenigsten unterscheidet. $z_p$ wird **Quantil** oder **Schwellenwert** genannt.
  ZB: $\Phi(z) = 0{,}8885...$
  nächstliegender Tabellenwert: **0,88877** $\Rightarrow z \approx \mathbf{1{,}22}$

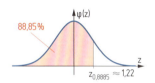

Da in Tabellen im Allgemeinen nur positive Werte von z enthalten sind, muss $\Phi(z)$ für negative Werte von z mithilfe der Symmetrie ermittelt werden: $\Phi(-z) = 1 - \Phi(z)$

---

**9.54** Eine Zufallsvariable X ist normalverteilt mit $\mu = 3{,}5$ und $\sigma = 2$. Ermittle mithilfe einer Normalverteilungstabelle, mit welcher Wahrscheinlichkeit die Zufallsvariable einen Wert annimmt, der größer als 4,7 ist.

Lösung:
$z = \dfrac{x - \mu}{\sigma} = \dfrac{4{,}7 - 3{,}5}{2} = 0{,}6$

$\Phi(0{,}6) = 0{,}72575$
$P(Z > 0{,}6) = 1 - \Phi(0{,}6) = 1 - 0{,}72575 = 0{,}27425 \approx 27{,}43\,\%$

Die Zufallsvariable X nimmt mit einer Wahrscheinlichkeit von rund 27,43 % einen Wert von mehr als 4,7 an.

---

Aufgaben 9.55 – 9.57: Arbeite mit einer Normalverteilungstabelle.

**9.55** Ermittle $\Phi(z)$.
1) $z = 2{,}4$  2) $z = -2{,}4$  3) $z = 0{,}24$  4) $z = -0{,}24$

**9.56** Ermittle z.
1) $\Phi(z) = 0{,}857$  2) $\Phi(z) = 0{,}936$  3) $\Phi(z) = 0{,}421$  4) $\Phi(z) = 0{,}199$

**9.57** Ermittle die gesuchte Wahrscheinlichkeit.
a) $P(X \geq 560)$ für $\mu = 500;\ \sigma = 45$
b) $P(X \leq 28)$ für $\mu = 30;\ \sigma = 1{,}9$
c) $P(-0{,}6 < X < -0{,}45)$ für $\mu = -0{,}5;\ \sigma = 0{,}08$
d) $P(X > 51)$ für $\mu = 55;\ \sigma = 2{,}5$

**9.58** Bei den üblichen Normalverteilungstabellen sind die Werte für z meist in einem Bereich von 0 bis 4 gegeben.
1) Erkläre, warum es nicht notwendig ist, Werte kleiner 0 zu tabellieren.
2) Erkläre, warum es ausreichend ist, die Werte für $z \leq 4$ anzugeben.

# Wahrscheinlichkeitsverteilungen

## 9.4.3 Berechnungen mithilfe der Normalverteilung

Bei **bekannten Parametern µ und σ** lassen sich folgende Berechnungen durchführen:
- Mithilfe der **Verteilungsfunktion** F kann man die Wahrscheinlichkeit bestimmen, dass eine normalverteilte Zufallsgröße **X in einem bestimmten Bereich** liegt.
- Mithilfe der **Umkehrfunktion** (inversen Funktion) der Verteilungsfunktion kann man zu einer **gegebenen Wahrscheinlichkeit p** jenen **Wert x** berechnen, für den gilt: $P(X \leq x) = p$

In der Praxis werden diese Wahrscheinlichkeiten oft als Anteile der Grundgesamtheit interpretiert. Die Berechnung wird heutzutage mit Technologieeinsatz durchgeführt.

**Technologieeinsatz: Normalverteilung**

**TI-Nspire**

Excel, Mathcad, GeoGebra, CASIO ClassPad II: www.hpt.at

Im Menü **5: Wahrscheinlichkeit**, **5: Verteilungen** stehen die Befehle **2: Normal Cdf**... bzw. **3: Invers Normalverteilung**... zur Verfügung. Es öffnet sich jeweils ein Eingabefenster, in dem die bekannten Parameter eingegeben werden können. Bei der inversen Normalverteilung wird die vorgegebene Wahrscheinlichkeit im Feld *Fläche:* eingetragen. Beide Befehle können auch im **Calculator** eingegeben werden, zB:
**normCdf(-∞,1.29,0,1)** bzw. **invNorm(0.9,0,1)**

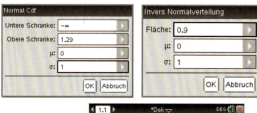

Eine Abfüllanlage für Ölkanister arbeitet mit einem Erwartungswert von µ = 5,00 Liter und einer Standardabweichung von σ = 0,09 Liter. Es soll Folgendes berechnet werden:
X ... Füllmenge in L

- die **Wahrscheinlichkeit**, dass ein Kanister eine Füllmenge von **höchstens** 5,10 L hat:
  Diese Wahrscheinlichkeit entspricht in der Grafik dem farbig markierten Bereich links von 5,10 L.
  $P(X \leq 5{,}10) = F(5{,}10) = 0{,}8667... \approx 86{,}7\ \%$

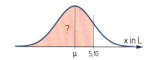

- die **Wahrscheinlichkeit**, dass ein Kanister eine Füllmenge von **mindestens** 4,80 L hat:
  Diese Wahrscheinlichkeit entspricht in der Grafik dem farbig markierten Bereich rechts von 4,80 L.
  $P(X \geq 4{,}80) = 1 - F(4{,}80) = 1 - 0{,}0131... = 0{,}9868... \approx 98{,}7\ \%$

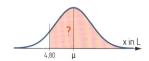

- die **Wahrscheinlichkeit**, dass die Füllmenge **zwischen** 4,80 L und 5,10 L liegt:
  Diese Wahrscheinlichkeit entspricht in der Grafik dem farbig markierten Bereich zwischen 4,80 L und 5,10 L.
  $P(4{,}80 \leq X \leq 5{,}10) = F(5{,}10) - F(4{,}80) = 0{,}8536... \approx 85{,}4\ \%$

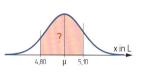

- **welche Füllmenge** 90 % der Kanister **höchstens** haben:
  $P(X \leq x) = 90\ \% \Rightarrow F(x) = 0{,}9;\ x = ?$
  Mithilfe der Umkehrfunktion der Verteilungsfunktion erhält man den Schwellenwert x = 5,115... ≈ 5,12 L.

- **welche Füllmenge** 95 % der Kanister **mindestens** haben:
  $P(X \geq x) = 95\ \% \Rightarrow P(X \leq x) = 5\ \% \Rightarrow F(x) = 0{,}05;\ x = ?$
  Man erhält: x = 4,851... ≈ 4,85 L

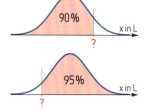

# Wahrscheinlichkeitsverteilungen

### Berechnung des Erwartungswerts μ bzw. der Standardabweichung σ

Sind bei einer Normalverteilung die **Parameter μ bzw. σ unbekannt**, können Berechnungen nicht direkt mit der Verteilung N(μ, σ) durchgeführt werden, sondern müssen mithilfe der **Standardnormalverteilung** N(1, 0) berechnet werden. Dabei wird jener Schwellenwert $z_p$ ermittelt, der der gegebenen Wahrscheinlichkeit entspricht. Mithilfe der **Standardisierungsformel** kann anschließend der gesuchte Parameter μ bzw. σ ermittelt werden.

**ZB** Ein Trinkwasserspender soll auf Knopfdruck rund 0,20 L Wasser abfüllen. Die Abfüllmenge ist annähernd normalverteilt, die Standardabweichung beträgt σ = 0,01 L. In höchstens 5 % der Fälle darf eine Mindestabfüllmenge von 0,19 L unterschritten werden. Es soll ermittelt werden, auf welchen Erwartungswert μ die Anlage eingestellt werden muss.

Es gilt also:
$P(X \leq 0,19) \leq 0,05$     X ... Abfüllmenge in Liter

Ermittlung des Schwellenwerts $z_{0,05}$ der Standardnormalverteilung mithilfe von Technologie oder aus der Tabelle:

$\Phi(z_{0,05}) = 0,05 \Rightarrow z_{0,05} = -1,64485...$

Ermittlung von μ mithilfe der Standardisierungsformel:
$z = \frac{x - \mu}{\sigma} \Rightarrow \mu = x - \sigma \cdot z \Rightarrow \mu = 0,19 - 0,01 \cdot (-1,64485...) = 0,206... L$

Die Anlage muss auf einen Erwartungswert von rund 0,21 L eingestellt werden.

### Abschätzungen mithilfe der Standardnormalverteilung

- Für eine Abschätzung über die Verteilung von Messwerten kann man generelle Überlegungen mithilfe der Standardnormalverteilung anstellen:

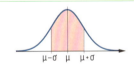

$x_u = \mu - \sigma$
$z_u = \frac{x - \mu}{\sigma} = \frac{\mu - \sigma - \mu}{\sigma} = -1$
$x_o = \mu + \sigma \Rightarrow z_o = 1$

$\Phi(1) - \Phi(-1) =$
$= 0,682... \approx 68\%$

Rund **68 %** bzw. $\frac{2}{3}$ aller Werte liegen im Bereich μ ± σ.

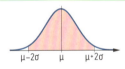

$x_u = \mu - 2\sigma$
$z_u = \frac{x - \mu}{\sigma} = \frac{\mu - 2\sigma - \mu}{\sigma} = -2$
$x_o = \mu + 2\sigma \Rightarrow z_o = 2$

$\Phi(2) - \Phi(-2) =$
$= 0,954... \approx 95\%$

Rund **95 %** aller Werte liegen im Bereich μ ± 2σ.

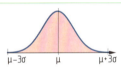

$x_u = \mu - 3\sigma$
$z_u = \frac{x - \mu}{\sigma} = \frac{\mu - 3\sigma - \mu}{\sigma} = -3$
$x_o = \mu + 3\sigma \Rightarrow z_o = 3$

$\Phi(3) - \Phi(-3) =$
$= 0,997... \approx 99,7\%$

Rund **99,7 %** aller Werte, also praktisch **fast alle** Werte, liegen im Bereich μ ± 3σ.

- Umgekehrt kann zu einer vorgegebenen Wahrscheinlichkeit ein um μ symmetrisch liegender Bereich angegeben werden. Häufig werden die folgenden Richtwerte verwendet:

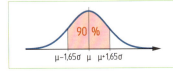
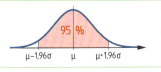
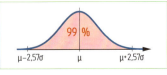

**Stochastik**

# Wahrscheinlichkeitsverteilungen

**9.59** Einer Gesteinsschicht werden Bohrproben gleicher Gesamtmasse entnommen und die Eisenerzmasse bestimmt, die sich jeweils in den Proben befindet. Man stellt fest, dass diese Massen annähernd normalverteilt sind mit $\mu = 24{,}00$ g und $\sigma = 3{,}10$ g.

1) Berechne, wie viel Prozent der Bohrproben mehr als 25,00 g Eisenerz enthalten.
2) Ermittle jenen symmetrisch um den Erwartungswert liegenden Bereich, in dem die Eisenerzmasse einer zufällig gewählten Gesteinsprobe mit einer Wahrscheinlichkeit von 95 % liegt.
3) Bei Bohrungen an einer anderen Stelle erhält man Gesteinsproben mit gleichem Erwartungswert $\mu$ der Eisenerzmassen. Dabei enthalten 92 % der Proben weniger als 24,10 g Eisenerz. Bestimme die Standardabweichung $\sigma$ dieser Eisenerzmassen.

Lösung mit GeoGebra:

1) $P(X \geq 25) = ?$    X ... Eisenerzmasse in einer Gesteinsprobe in Gramm

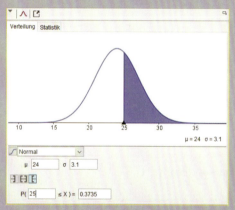

- Im **Wahrscheinlichkeitsrechner** wird *Normal* ausgewählt.
- Eintragen der Parameter der normalverteilten Größe in die Eingabefelder für $\mu$ und $\sigma$
- Der betrachtete Wert ist die untere Schwelle des gesuchten Bereichs, daher wird die linksseitige Begrenzung gewählt.
- Bewegen des Schiebereglers bis zum Wert 25 oder direkte Eingabe dieses Werts.

$P(X \geq 25) = 0{,}3735\ldots \approx 37{,}4\ \%$

Rund 37,4 % der Bohrproben enthalten mehr als 25,00 g Eisenerz.

2) $P(x_u \leq \mu \leq x_o) = 95\ \%$    $x_u, x_o$ ... unterer bzw. oberer Schwellenwert

Da $x_u$ und $x_o$ symmetrisch zum Mittelwert liegen, muss gelten:

$P(X \leq x_u) = \dfrac{1 - 0{,}95}{2} = 0{,}025$

$P(X \leq x_o) = 1 - 0{,}025 = 0{,}975$

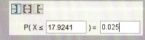    

$x_u = 17{,}924\ldots$ g $\approx 17{,}92$ g     $x_o = 30{,}075\ldots$ g $\approx 30{,}08$ g

Der gesuchte Bereich lautet: [17,92 g; 30,08 g]

3) Ermitteln des Schwellenwerts mithilfe der Standardnormalverteilung

- In der **CAS-Ansicht** wird der Befehl **InversNormal(0,1,0.92)** eingegeben.

$z_{0{,}92} = 1{,}4050\ldots$

$z = \dfrac{x - \mu}{\sigma} \Rightarrow \sigma = \dfrac{x - \mu}{z}$

- Umformen der Standardisierungsformel

$\sigma = \dfrac{24{,}10 - 24{,}00}{1{,}4050\ldots} \Rightarrow \sigma = 0{,}0711\ldots$ g

Die Standardabweichung der Eisenerzmassen beträgt rund 0,07 g.

# Wahrscheinlichkeitsverteilungen

**9.60** Die Abfüllmenge X von griechischem Olivenöl der Marke Hermes ist normalverteilt mit $\mu = 0{,}750$ Liter und $\sigma = 0{,}045$ Liter. Erkläre, welche Wahrscheinlichkeit durch die gekennzeichnete Fläche jeweils dargestellt wird.

1)
2)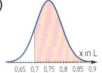
3)
4)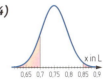

**9.61** Ergänze die Textlücken in folgendem Satz durch Ankreuzen der jeweils richtigen Satzteile so, dass eine korrekte Aussage entsteht.

Die Wahrscheinlichkeit, dass der Wert einer normalverteilten Größe im Bereich ①  liegt, beträgt rund ② .

| ① | | ② | |
|---|---|---|---|
| $\mu \pm \sigma$ | A | 50 % | A |
| $\mu \pm 2\sigma$ | B | 33 % | B |
| $\mu \pm 3\sigma$ | C | 95 % | C |

**9.62** Am Gepäckannahmeschalter eines Flughafens werden Gepäckstücke gewogen. Die Masse der Gepäckstücke ist annähernd normalverteilt mit $\mu = 16$ kg und $\sigma = 4$ kg.

1) Schätze, welcher Prozentsatz der Gepäckstücke in den angegebenen Grafiken durch die farbig eingezeichneten Flächen veranschaulicht ist.

A)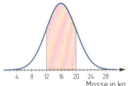
B)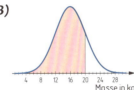
C)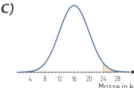

2) Kreuze die wahre Aussage an.

| Rund 99 % der Gepäckstücke wiegen höchstens 16 kg. | A |
| Rund 5 % der Gepäckstücke wiegen zwischen 24 kg und 28 kg. | B |
| Rund zwei Drittel der Gepäckstücke wiegen weniger als 24 kg. | C |
| Rund 99,7 % der Gepäckstücke wiegen zwischen 4 kg und 28 kg. | D |
| Rund ein Drittel der Gepäckstücke wiegen mehr als 20 kg. | E |

**9.63** Um die Belastung durch Verkehrslärm zu untersuchen, wurden in einer Wohnstraße Schallpegel-Messungen durchgeführt. Der Schallpegel L war dabei annähernd normalverteilt mit $\mu = 71{,}00$ dB und $\sigma = 1{,}60$ dB.
Die Abbildung zeigt den Graph der zugehörigen Dichtefunktion.

1) Berechne a.
2) Interpretiere die Bedeutung der farbig eingezeichneten Fläche im gegebenen Sachzusammenhang.
3) Veranschauliche die Wahrscheinlichkeit $P(X \leq \mu + a)$ in der Grafik und gib deren Wert an.
4) Erkläre, warum die Wahrscheinlichkeit für einen Schallpegel von höchstens 60 dB gleich groß ist wie jene für einen Schallpegel von mindestens 82 dB.

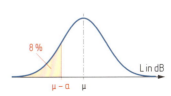

# Wahrscheinlichkeitsverteilungen

**9.64** Der Inhalt von Honiggläsern ist annähernd normalverteilt mit $\mu = 460$ g und $\sigma = 4$ g. Ein Honigglas wird zufällig ausgewählt. Berechne die Wahrscheinlichkeit für folgende Fälle. Das Honigglas enthält
1) weniger als 450 g.
2) mehr als 454 g.
3) 475 g oder mehr.
4) zwischen 440 g und 480 g.
5) 470 g oder weniger.
6) mindestens 460 g.

**9.65** Gefällte Bäume werden zum Weitertransport gescheitelt. Die Länge der Holzscheite ist annähernd normalverteilt mit $\mu = 35$ cm und $\sigma = 2$ cm.
1) Wie viel Ausschuss ist zu erwarten, wenn ein Scheit maximal 40 cm lang sein darf?
2) Welche Länge unterschreiten 20 % aller Holzscheite?
3) In welchem symmetrisch um $\mu$ gelegenen Bereich liegt die Länge von 90 % aller Scheite?
4) Interpretiere die Bedeutung der rot markierten Linie im gegebenen Sachzusammenhang.

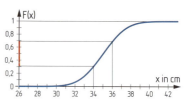

**9.66** Der Normverbrauch eines bestimmten Autotyps ist normalverteilt mit $\mu = 7{,}4$ Liter pro 100 km und $\sigma = 0{,}8$ Liter pro 100 km. Berechne die Wahrscheinlichkeit, dass ein zufällig ausgewähltes Autos dieses Typs einen Verbrauch von
1) mehr als 10 Liter pro 100 km aufweist.
2) weniger als 7 Liter pro 100 km aufweist.
3) zwischen 7 und 8 Liter pro 100 km aufweist.

**9.67** Die Füllmenge von Tuben einer speziellen Dichtungsmasse ist normalverteilt mit dem Erwartungswert $\mu = 300$ mℓ und der Standardabweichung $\sigma = 7$ mℓ.
Ermittle anhand der Grafik, wie viel Prozent der Tuben eine Füllmenge von mehr als 310 mℓ haben.

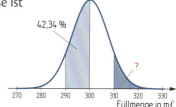

**9.68** Die Korngröße von Feinstaub ist normalverteilt. In einer Stichprobe liegt die Korngröße von 90 % aller Staubpartikel in einem um $\mu$ symmetrischen Bereich von 2,5 μm bis 4,0 μm. Berechne den Erwartungswert und die Standardabweichung.

**9.69** Die Reißfestigkeit von Fäden ist normalverteilt mit $\sigma = 40 \frac{N}{mm^2}$.
1) Wie groß ist der Erwartungswert, wenn 80 % der Fäden eine Reißfestigkeit von mehr als $200 \frac{N}{mm^2}$ haben?
2) Gib die symmetrisch um $\mu$ gelegenen Grenzen an, innerhalb derer die Reißfestigkeit von 95 % aller Fäden liegt.

**9.70** Die Entnahmemenge von Sauerstoff aus Stahlflaschen ist normalverteilt mit $\mu = 6\,000$ L und $\sigma = 10$ L. Der Hersteller behauptet, dass 95 % der Flaschen eine Entnahmemenge von mindestens 5 990 L aufweisen.
1) Zeige nachweislich, dass die Behauptung nicht stimmt.
2) Ändere **a)** $\mu$ bzw. **b)** $\sigma$ so ab, dass die Behauptung stimmt.

**9.71** Die Masse der Hühnereier eines Betriebs ist normalverteilt. Im symmetrisch um $\mu$ gelegenen Intervall von 63 g bis 73 g liegt die Masse von 80 % aller Hühnereier. Liegt die Masse eines Hühnereis unter 53 g, so gehört es zur Gewichtsklasse S.
Berechne, wie viel Prozent der Hühnereier in diese Gewichtsklasse fallen.

# Wahrscheinlichkeitsverteilungen

**9.72** Der Durchmesser von DVDs ist normalverteilt mit μ = 12 cm und σ = 0,1 mm.
1) Berechne die Wahrscheinlichkeit, dass der Durchmesser einer DVD außerhalb des Toleranzbereichs von μ ± 0,3 mm liegt.
2) Wie muss man σ ändern, damit 1 % der Durchmesser außerhalb liegt?
3) Aus technischen Gründen gibt der Abnehmer einen Bereich von 11,98 cm bis 12,02 cm vor. Berechne, wie groß σ in diesem Fall sein darf, sodass der Bereich von μ ± 3σ nicht größer als der Toleranzbereich ist.

**9.73** Die Masse von 1,5-kg-Hanteln ist normalverteilt mit μ = 1,50 kg und σ = 2 dag.
1) Bei wie viel Prozent der Hanteln weicht die Masse um mehr als 4 dag von μ ab?
2) Bei einer Produktionsserie sollen (bei gleicher Standardabweichung) höchstens 1 % der Hanteln weniger als 1,47 kg haben. Bestimme den Erwartungswert dieser Produktionsserie.
3) Auf welchen Wert müsste man σ ändern, damit bei μ = 1,50 kg nur 1 % der Hanteln weniger als 1,47 kg wiegen?
4) Erkläre die Bedeutung der färbig markierten Fläche im gegebenen Sachzusammenhang.

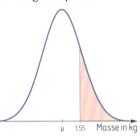

**9.74** Der Erwartungswert für die Spannung in einem eingeschalteten Spotlight für eine Wandbeleuchtung beträgt 230 V und die Standardabweichung beträgt 8 V.
1) Gib die Wahrscheinlichkeit an, dass die Spannung in einem eingeschalteten Spotlight außerhalb des Toleranzbereichs von μ ± 3σ liegt.
2) Es wäre wünschenswert, wenn nur in 0,01 % der Messungen eine Spannung von mehr als 255 V vorliegt. Gib die Standardabweichung an, die bei gleich bleibendem Erwartungswert dafür benötigt wird.

**9.75** Bei einem Fahrscheinautomaten ist nach dem Knopfdruck die Ausgabezeit für das Ticket normalverteilt mit μ = 2,0 Sekunden und σ = 0,3 Sekunden.
1) Mit welcher Wahrscheinlichkeit liegt für ein Ticket die Ausgabezeit nach dem Knopfdruck nicht im Toleranzbereich von μ ± 1,0 Sekunden?
2) Auf welchen Wert muss der Erwartungswert verändert werden, damit bei unveränderter Standardabweichung nur bei 0,5 % der Tickets die Ausgabezeit länger als 2,5 Sekunden dauert?

**9.76** In einer Hirseabfüllanlage werden Pakete abgefüllt, deren Abfüllmenge normalverteilt ist. Auf den Paketen wird der Inhalt mit 1 kg angegeben.
1) Wie groß ist die Wahrscheinlichkeit, dass ein zufällig ausgewähltes Paket weniger als 1 kg Hirse enthält, wenn μ = 1,07 kg und σ = 0,05 kg ist?
2) Berechne μ und σ, wenn weniger als 4 % der Pakete einen geringeren Inhalt als 1,02 kg und mehr als 5 % der Pakete einen höheren Inhalt als 1,10 kg aufweisen sollen.

**9.77** In einem Betrieb wird Holzleim in 0,5-Liter-Verpackungen abgefüllt. Dabei wird eine Füllmenge von 0,49 Liter bis 0,51 Liter toleriert. Von mehreren Prüfserien ist bekannt, dass in 3,1 % der Fälle die tolerierte Füllmenge unterschritten und in 4,6 % der Fälle überschritten wird. Berechne den Erwartungswert und die Standardabweichung unter der Annahme, dass die Füllmenge normalverteilt ist.

**Stochastik**

# Wahrscheinlichkeitsverteilungen

## 9.4.4 Näherung der Binomialverteilung durch die Normalverteilung

Die Wahrscheinlichkeitsfunktion einer Binomialverteilung nähert sich für große Werte von n der Dichtefunktion der Normalverteilung. Da sich Berechnungen dadurch vereinfachen, wird diese Näherung in der Praxis oft verwendet. Mittels Grenzübergang lässt sich zeigen, dass für die entsprechende Normalverteilung gilt:

$\mu_N = \mu_B = n \cdot p$ und $\sigma_N = \sigma_B = \sqrt{n \cdot p \cdot (1-p)}$

Meist geht man davon aus, dass die Näherung ausreichend genau ist, wenn $\sqrt{n \cdot p \cdot (1-p)} > 3$ gilt.

Ein Ausflugslokal hat 80 Sitzplätze. Aus Erfahrung weiß man, dass nur 85 % der reservierten Plätze tatsächlich in Anspruch genommen werden. Es soll die Wahrscheinlichkeit berechnet werden, dass höchstens 10 Plätze frei bleiben, obwohl alle 80 Plätze reserviert wurden.

X…Anzahl der freien Plätze

Berechnung mittels **Binomialverteilung**:

$n = 80; p = 0{,}15$

$P(X \leq 10) = F_B(10) = 0{,}3299\ldots$

Näherung mittels **Normalverteilung**:

$\mu = 80 \cdot 0{,}15 = 12$

$\sigma = \sqrt{80 \cdot 0{,}15 \cdot 0{,}85} = 3{,}1937\ldots > 3$

$P(X \leq 10) = F_N(10) = 0{,}2655\ldots$

Die Abweichung der Näherung vom mittels Binomialverteilung berechneten Wert ist umso größer, je näher σ bei 3 liegt und je weiter p von 0,5 entfernt ist.
Die blau markierte Fläche entspricht der gesuchten Wahrscheinlichkeit. Der zum Wert **10** gehörende Balken reicht von 9,5 bis 10,5. Der rechte Rand der blauen Fläche liegt also nicht bei 10 sondern bei 10,5. Mithilfe der Näherung durch die Normalverteilung wird die schraffierte Fläche links vom Wert 10 berechnet.
Berechnet man $F_N(10{,}5)$ anstelle von $F_N(10)$, so ist der rechte Rand der schraffierten Fläche mit jenem der blauen Fläche ident. Diese Korrektur verbessert meist die Näherung und wird als **Stetigkeitskorrektur** bezeichnet.

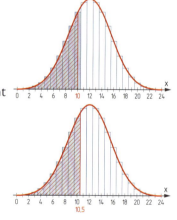

Für obiges Beispiel ergibt sich dadurch folgender Näherungswert:
$P(X \leq 10) \approx F_N(10{,}5) = 0{,}3192\ldots$

---

**Näherung der Binomialverteilung durch die Normalverteilung**

Für große n lässt sich die Binomialverteilung durch die Normalverteilung N(μ, σ) nähern:

$\mu_N = \mu_B = n \cdot p$ und $\sigma_N = \sigma_B = \sqrt{n \cdot p \cdot (1-p)}$

Im Allgemeinen wird $\sqrt{n \cdot p \cdot (1-p)} > 3$ (bzw. $n \cdot p \cdot (1-p) > 9$) als Voraussetzung für ausreichende Genauigkeit angegeben.

**Stetigkeitskorrektur**
Bei Näherung einer diskreten Verteilung durch eine stetige Verteilung gilt:
$P(a \leq X \leq b) \approx F(b + 0{,}5) - F(a - 0{,}5)$

# Wahrscheinlichkeitsverteilungen

**9.78** In einem großen Elektronikkonzern stehen für die Teilnahme an einem internationalen Kongress 400 Plätze zur Verfügung. Aus Erfahrung weiß man, dass unabhängig voneinander 8 % der Angemeldeten nicht teilnehmen. Berechne mithilfe der Näherung durch die Normalverteilung, wie viele Anmeldungen die Firma akzeptieren kann, wenn die Gefahr einer Überbuchung maximal 1 % betragen soll. Überprüfe anschließend das Ergebnis mithilfe der Binomialverteilung.

Lösung mit TI-Nspire:
X ... Anzahl der Angemeldeten, die tatsächlich teilnehmen
$n = ?$, $p = 0{,}92$
Normalverteilung:
$\mu = n \cdot 0{,}92$
$\sigma = \sqrt{n \cdot 0{,}92 \cdot 0{,}08}$
$P(X \leq 400) \geq 0{,}99$

- X ...binomialverteilte Zufallsvariable
- $\mu = n \cdot p$; $\sigma = \sqrt{n \cdot p \cdot (1 - p)}$

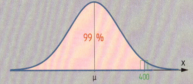

$F_N(400{,}5) \geq 0{,}99$

- Stetigkeitskorrektur berücksichtigen

```
nSolve(normCdf(0,400.5,n·0.92,√(n·0.92·0.08))=0.99,n)|n>400
                                                    421.246
```

$\Rightarrow n = 421$
Überprüfung mithilfe der Binomialverteilung:
$n = 421$:  $F_B(400) = 0{,}9939...$
$n = 422$:  $F_B(400) = 0{,}9897...$
Man darf 421 Anmeldungen annehmen.

**9.79** 30 % aller Österreicher haben die Blutgruppe 0+. Berechne die Wahrscheinlichkeit, dass in einer Stadt mit 18 000 Einwohnern weniger als 5 300 diese Blutgruppe haben.

**9.80** Auf einer bestimmten Flugstrecke fliegt täglich eine Maschine mit 400 Sitzplätzen. Aus Erfahrung weiß man, dass nur 80 % der gebuchten Plätze auch besetzt werden.
1) Berechne die Wahrscheinlichkeit, dass von 100 gebuchten Sitzen genau 90 besetzt sind bzw. von den 400 Plätzen mindestens 310 und höchstens 325 besetzt sind. Vergleiche die Näherung mit den exakt berechneten Werten.
2) Fluggesellschaften überbuchen zur besseren Auslastung ihre Flüge. Wie viele Tickets kann man für diesen Flug verkaufen, wenn die Gefahr der Überbuchung höchstens 0,01 % betragen darf?

**9.81** In einem Motorenwerk werden spezielle Dichtungsringe benötigt. Sie werden in Packungen zu 50 Stück geliefert. Aus Erfahrung weiß man, dass 3 % der Dichtungsringe nicht die erforderliche Qualität aufweisen. Es werden 1 000 Stück benötigt und die Gefahr, zu wenig Dichtungsringe vorrätig zu haben, soll maximal 0,5 % betragen. Berechne, wie viele Packungen bestellt werden müssen.

**9.82** Zeige die Richtigkeit der Behauptung: „Je näher p bei 0,5 liegt, umso kleiner kann n sein, sodass die Voraussetzung $n \cdot p \cdot (1 - p) > 9$ erfüllt ist."

**Stochastik**

# Wahrscheinlichkeitsverteilungen

## 9.4.5 Stichproben und Stichprobenmittelwerte

In der Praxis wird oft nicht mit allen Daten der Grundgesamtheit gearbeitet, sondern nur mit Stichproben. Sowohl die Grundgesamtheit als auch die Stichproben werden mithilfe von Kennzahlen beschrieben (vergleiche Band 2, Abschnitt 10).

Das wichtigste Lagemaß ist der **Mittelwert**, also das arithmetische Mittel der Werte. Die wichtigsten Streuungsmaße sind die **Varianz** und die **Standardabweichung**. Sie beschreiben, wie stark die Werte um den Mittelwert „streuen".

|  | Grundgesamtheit | Stichprobe |
|---|---|---|
| Mittelwert | $\mu = \dfrac{x_1 + x_2 + \ldots + x_N}{N} = \dfrac{1}{N} \cdot \sum_{i=1}^{N} x_i$ | $\bar{x} = \dfrac{x_1 + x_2 + \ldots + x_n}{n} = \dfrac{1}{n} \cdot \sum_{i=1}^{n} x_i$ |
| Varianz | $\sigma^2 = \dfrac{1}{N} \cdot \sum_{i=1}^{N} (x_i - \mu)^2$ | $s^2 = \dfrac{1}{(n-1)} \cdot \sum_{i=1}^{n} (x_i - \bar{x})^2$ |
| Standardabweichung | $\sigma = \sqrt{\sigma^2}$ | $s = \sqrt{s^2}$ |

Die angegebene Formel für die Varianz $s^2$ der Stichprobe wird auch als **korrigierte Stichprobenvarianz** bezeichnet. Für $n \geq 100$ ist der Unterschied zu $\sigma^2$ vernachlässigbar klein.

**9.83** In einer Bäckerei werden Spezialbrote mit einer Masse von rund 900 g gefertigt. Die Brote aus einem Backvorgang haben folgende Massen (Angaben in Gramm):

| 905 | 901 | 902 | 891 | 899 | 893 | 898 |
|---|---|---|---|---|---|---|
| 894 | 895 | 900 | 903 | 904 | 897 | 890 |
| 901 | 903 | 898 | 898 | 889 | 901 | 902 |
| 895 | 899 | 902 | 895 | 900 | 903 | 899 |

Arbeitet beim Lösen der Aufgaben gemeinsam in der Klasse:
1) Berechne den Mittelwert $\mu$ und die Standardabweichung $\sigma$ der gegebenen Grundgesamtheit.
2) Wähle 5 der Brote aus und berechne den Mittelwert der Massen. Erstelle eine Liste aller Mittelwerte aus den Stichproben, die in der Klasse erhoben wurden.
3) Ermittle den Mittelwert $\mu_{\bar{x}}$ und die Standardabweichung $\sigma_{\bar{x}}$ der berechneten Mittelwerte.

Entnimmt man der Grundgesamtheit mehrere Stichproben vom Umfang n und bildet jeweils deren Mittelwert, so erhält man **Stichprobenmittelwerte**. Betrachtet man die Verteilung dieser Stichprobenmittelwerte, so gilt:

- Die Stichprobenmittelwerte sind normalverteilt, wenn die Daten der Grundgesamtheit (annähernd) normalverteilt sind, zB:

- Die Stichprobenmittelwerte sind annähernd normalverteilt, selbst wenn die Daten der Grundgesamtheit nicht normalverteilt sind, zB:

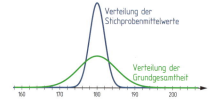

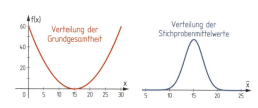

# Wahrscheinlichkeitsverteilungen

Die Stichprobenmittelwerte **streuen** um den **gleichen Erwartungswert** wie die ursprünglichen Daten. Die Schwankungen der ursprünglichen Werte heben einander durch die Mittelwertbildung zum Teil auf, die **Stichprobenmittelwerte streuen** also **weniger** als die Originaldaten. Die **Varianz** der Stichprobenmittelwerte wird also mit zunehmendem Stichprobenumfang kleiner. Sie ist **indirekt proportional zum Stichprobenumfang** n. Die Varianz wird daher durch n dividiert bzw. die Standardabweichung durch $\sqrt{n}$.

> Werden einer Grundgesamtheit mit dem Erwartungswert $\mu$ und der Standardabweichung $\sigma$ Stichproben vom Umfang n entnommen, so sind die **Stichprobenmittelwerte** $\overline{x}_i$ annähernd **normalverteilt** mit $\mu_{\overline{x}}$ und $\sigma_{\overline{x}}$. Es gilt:
> 
> **Erwartungswert:** $\mu_{\overline{x}} = \mu$ $\qquad\qquad$ **Standardabweichung:** $\sigma_{\overline{x}} = \frac{\sigma}{\sqrt{n}}$

Bemerkung: Sind die Daten der Grundgesamtheit nicht normalverteilt, sollte der Stichprobenumfang mindestens n = 30 betragen. Je größer der Stichprobenumfang ist, desto besser wird der Sachverhalt durch die Normalverteilung beschrieben.

**9.84** Auf einem Förderband werden Pakete transportiert, deren Massen annähernd normalverteilt sind mit $\mu = 20{,}0$ kg und $\sigma = 5{,}0$ kg. Jeweils 10 beliebig gewählte Pakete kommen auf einen Transportwagen.
1) Stelle die Funktionen der Verteilung der Grundgesamtheit und der Verteilung der Stichprobenmittelwerte grafisch dar und vergleiche die Graphen.
2) Ermittle, für welche Masse ein Transportwagen ausgelegt sein muss, wenn die Gefahr einer Überlastung höchstens 2 % betragen darf.

**Lösung:**

**1)** Der Graph der Verteilung der Stichprobenmittelwerte ist höher und schmäler als jener der Verteilung der Grundgesamtheit.

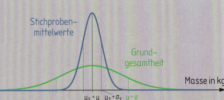

**2) Möglichkeit 1:** Es wird mit den Parametern $\mu_{\overline{x}}$ und $\sigma_{\overline{x}}$ **für 1 Paket** gearbeitet.

$X_1$ ... mittlere Masse eines Pakets $\quad$ $\overline{x}_1$ ... obere Belastungsgrenze für ein Paket

$\mu_{\overline{x}} = \mu = 20$ kg; $\quad \sigma_{\overline{x}} = \frac{\sigma}{\sqrt{n}} = \frac{5}{\sqrt{10}}$ kg

$P(X_1 \geq \overline{x}_1) \leq 0{,}02 \;\Rightarrow\; P(X_1 \leq \overline{x}_1) \geq 0{,}98$

$F(\overline{x}_1) \geq 0{,}98 \;\Rightarrow\; \overline{x}_1 < 23{,}2472...$ kg $\quad\bullet\;$ `invNorm(0.98, 20, 5/√10)` $\quad$ 23.247262

Die mittlere Masse von 10 Paketen entspricht dem 10-fachen des Mittelwerts einer Stichprobe von 10 Paketen: $\quad 10 \cdot \overline{x}_1 = 232{,}472...$ kg

**Möglichkeit 2:** Es wird mit den Parametern $n \cdot \mu_{\overline{x}}$ und $n \cdot \sigma_{\overline{x}}$ **für n = 10 Pakete** gearbeitet.

$X_{10}$ ... mittlere Masse von 10 Paketen $\quad$ $\overline{x}_{10}$ ... obere Belastungsgrenze für 10 Pakete

$\mu_{n \cdot \overline{x}} = n \cdot \mu_{\overline{x}} = n \cdot \mu = 200$ kg; $\quad \sigma_{n \cdot \overline{x}} = n \cdot \frac{\sigma}{\sqrt{n}} = 10 \cdot \frac{5}{\sqrt{10}}$ kg

$P(X_{10} \geq \overline{x}_{10}) \leq 0{,}02 \;\Rightarrow\; P(X_{10} \leq \overline{x}_{10}) \geq 0{,}98$

$F(\overline{x}_{10}) \geq 0{,}98 \;\Rightarrow\; \overline{x}_{10} = 232{,}472...$ kg $\quad\bullet\;$ `invNorm(0.98, 200, 10·5/√10)` $\quad$ 232.47262

Ein Transportwagen muss für eine Gesamtmasse von (mindestens) rund 232,5 kg ausgelegt sein.

**Stochastik**

# Wahrscheinlichkeitsverteilungen

**9.85** In einem Lift ist angegeben, dass er für höchstens 3 000 kg Gesamtmasse, das entspricht 40 Personen, zugelassen ist. Interpretiere den Wert $\frac{3\,000}{40}$ im gegebenen Sachzusammenhang.

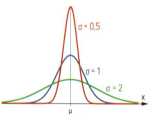

**9.86** Für eine annähernd normalverteilte Größe gilt: $\mu = 20$ und $\sigma = 3$
  1) Gib die Parameter der Normalverteilung an, die die Verteilung der Stichprobenmittelwerte beim Stichprobenumfang $n = 25$ beschreibt.
  2) Stelle die Dichtefunktion der ursprünglich gegebenen Verteilung und die der Stichprobenmittelwerte in einem gemeinsamen Diagramm dar. Beschreibe die Unterschiede und Gemeinsamkeiten.

**9.87** Kreuze die richtige Fortsetzung an.
Die Verteilung von Stichprobenmittelwerten von Stichproben vom Umfang $n = 36$ aus einer normalverteilten Grundgesamtheit mit $\mu = 80$ und $\sigma = 9$ ist normalverteilt mit:

| | |
|---|---|
| $\mu_{\bar{x}} = 80$ und $\sigma_{\bar{x}} = 1{,}5$ | A |
| $\mu_{\bar{x}} = 80$ und $\sigma_{\bar{x}} = 9$ | B |
| $\mu_{\bar{x}} \neq 80$ und $\sigma_{\bar{x}} = 9$ | C |
| $\mu_{\bar{x}} = 0$ und $\sigma_{\bar{x}} = 9$ | D |
| $\mu_{\bar{x}} = 80$ und $\sigma_{\bar{x}} = 0{,}25$ | E |

**9.88** Die Grafik zeigt die Verteilung der Stichprobenmittelwerte für drei verschiedene Stichprobenumfänge aus der gleichen Grundgesamtheit. Beurteile folgende Aussage:
„Der Stichprobenumfang der rot dargestellten Verteilung ist am größten."

**9.89** In der nachstehenden Abbildung ist die Verteilungsfunktion einer normalverteilten Grundgesamtheit dargestellt. Zeichne in dieser Abbildung die Verteilungsfunktion der Stichprobenmittelwerte mit $n = 16$ ein.

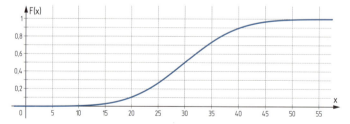

**9.90** Ergänze die Textlücken im folgenden Satz durch Ankreuzen der jeweils richtigen Satzteile so, dass eine korrekte Aussage entsteht.
Bei einem Stichprobenumfang von _____①_____ beträgt die Standardabweichung _____②_____ der Standardabweichung der ursprünglichen Verteilung.

| ① | | | ② | |
|---|---|---|---|---|
| n = 4 | A | | ein Viertel | A |
| n = 2 | B | | ein Achtel | B |
| n = 8 | C | | die Hälfte | C |

# Wahrscheinlichkeitsverteilungen

**9.91** Die Reißfestigkeit von Gummiringerln eines bestimmten Typs ist annähernd normalverteilt mit $\mu = 38 \frac{N}{mm^2}$ und $\sigma = 2 \frac{N}{mm^2}$. Es werden Stichproben vom Umfang 25 entnommen.

1) Gib die Verteilung der Stichprobenmittelwerte an.
2) Die folgende Grafik zeigt die Verteilung der Grundgesamtheit. Skizziere die Verteilung der Stichprobenmittelwerte in der Abbildung.

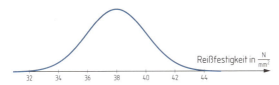

3) Berechne, mit welcher Wahrscheinlichkeit ein Stichprobenmittelwert kleiner als $37 \frac{N}{mm^2}$ ist.

**9.92** Baumwolle wird in Säcken abgepackt, deren Füllmenge normalverteilt ist mit $\mu = 10$ kg und $\sigma = 0{,}5$ kg. Diese Baumwolle kann in Einheiten zu 20 Säcken bestellt werden.

1) Berechne die Wahrscheinlichkeit, dass ein zufällig ausgewählter Sack mehr als 10,1 kg Baumwolle enthält.
2) Berechne die Wahrscheinlichkeit, dass eine zufällig ausgewählte Einheit mit 20 Säcken mehr als 202 kg Baumwolle enthält.
3) Ermittle, wie viel kg Baumwolle eine zufällig ausgewählte Einheit mit 20 Säcken mit einer Wahrscheinlichkeit von 90 % mindestens enthält.

**9.93** Motoröl wird in Kunststoffflaschen abgefüllt. Die Füllmenge ist annähernd normalverteilt mit einer Standardabweichung von 2 mℓ.

1) Auf welchen Erwartungswert $\mu$ muss die Anlage eingestellt werden, wenn aus rechtlichen Gründen die Wahrscheinlichkeit, dass eine Flasche eine geringere Füllmenge als 995 mℓ aufweist, unter 0,5 % liegen soll?
2) Die Anlage wurde auf einen Erwartungswert von $\mu = 1\,025$ mℓ eingestellt. Durch fünfmaliges Ausführen des Abfüllvorgangs werden damit 5-Liter-Flaschen abgefüllt. Ermittle den um $\mu$ symmetrischen Bereich, in dem die Füllmenge der 5-Liter-Flaschen mit einer Wahrscheinlichkeit von 95 % liegt.
3) Gib an, wie sich die Breite des in **2)** ermittelten Bereichs verändert, wenn die Wahrscheinlichkeit mehr als 95 % betragen soll.

**9.94** Die Lichtausbeute von Spezialampen ist normalverteilt mit $\mu = 95 \frac{Lumen}{Watt}$ und $\sigma = 5 \frac{Lumen}{Watt}$. Bei einer Prüfung werden Stichproben vom Umfang $n = 10$ entnommen.

1) Berechne die Wahrscheinlichkeit, dass der Mittelwert einer zufällig ausgewählten Stichprobe kleiner als $92 \frac{Lumen}{Watt}$ ist.
2) Erkläre, wie sich der in **1)** ermittelte Wert verändert, wenn der Stichprobenumfang verdoppelt wird.
3) Berechne jenes symmetrisch um $\mu$ gelegene Intervall, in dem die Lichtausbeute von 90 % aller Stichproben liegt.

# Wahrscheinlichkeitsverteilungen

## 9.4.6 Zufallsstreubereiche der Normalverteilung

In den vorangegangenen Abschnitten wurde bei normalverteilten Größen jener Bereich ermittelt, in dem ein Einzelwert oder der Mittelwert einer Stichprobe mit einer vorgegebenen Wahrscheinlichkeit liegt. Dieser Bereich wird **Zufallsstreubereich** (ZSB) genannt. Er kann mithilfe der inversen Normalverteilung berechnet werden. In der Qualitätskontrolle werden jedoch meist die im Folgenden hergeleiteten Formeln verwendet.

ZB: Die Länge von Schrauben ist normalverteilt. Ein Bereich, in dem die Länge einer zufällig ausgewählten Schraube mit 90%iger Sicherheit zu erwarten ist, heißt 90-%-Zufallsstreubereich. Die Wahrscheinlichkeit, dass die Länge außerhalb des ermittelten Bereichs liegt, wird **Irrtumswahrscheinlichkeit** (**Signifikanzniveau**) $\alpha$ genannt.
Bei einem 90-%-Zufallsstreubereich beträgt $\alpha$ = 10 %.
**(1 – $\alpha$)** wird als **Vertrauensniveau** bezeichnet.

- In der Qualitätskontrolle wird der **zweiseitige Zufallsstreubereich** immer symmetrisch um $\mu$ angenommen. Die untere Grenze wird $x_u$, die obere Grenze $x_o$ genannt.
- Ein **einseitig nach unten begrenzter Zufallsstreubereich** gibt an, mit welcher Schraubenlänge man mit vorgegebener Sicherheit **mindestens** rechnen kann.
- Ein **einseitig nach oben begrenzter Zufallsstreubereich** gibt an, mit welcher Schraubenlänge man mit vorgegebener Sicherheit **höchstens** rechnen kann.

Zweiseitiger
Zufallsstreubereich

Einseitig nach unten
begrenzter Zufallsstreubereich

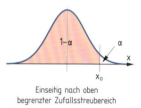
Einseitig nach oben
begrenzter Zufallsstreubereich

Mithilfe der Standardnormalverteilung können Formeln zur Berechnung der Grenzen des Zufallsstreubereichs angegeben werden. Möchte man zum Beispiel den zweiseitig begrenzten Zufallsstreubereich mit der Irrtumswahrscheinlichkeit $\alpha$ bestimmen, so geht man wie folgt vor:

$P(x_u \leq X \leq x_o) = 1 - \alpha$  
$P(x \leq x_o) = 1 - \frac{\alpha}{2}$
- Da der Bereich symmetrisch um $\mu$ liegt, genügt es, das Quantil $z_{1-\frac{\alpha}{2}}$ zu berechnen.

$\frac{x_o - \mu}{\sigma} = z_{1-\frac{\alpha}{2}}$
- Standardisierungsformel

$x_o = \mu + z_{1-\frac{\alpha}{2}} \cdot \sigma$ bzw. $x_u = \mu - z_{1-\frac{\alpha}{2}} \cdot \sigma$

Für den einseitig nach unten bzw. oben begrenzten Zufallsstreubereich ermittelt man $z_{1-\alpha}$ und geht analog vor.

---

**(1 – $\alpha$)-Zufallsstreubereich von N($\mu$, $\sigma$)**
$\alpha$ ... Irrtumswahrscheinlichkeit (Signifikanzniveau)

**Einseitig begrenzter Zufallsstreubereich**
nach unten: $x_u = \mu - z_{1-\alpha} \cdot \sigma$
nach oben: $x_o = \mu + z_{1-\alpha} \cdot \sigma$

**Zweiseitig begrenzter Zufallsstreubereich**
$x_{o,u} = \mu \pm z_{1-\frac{\alpha}{2}} \cdot \sigma$

# Wahrscheinlichkeitsverteilungen

Da für die Verteilung von Stichprobenmittelwerten $\mu_{\bar{x}} = \mu$ und $\sigma_{\bar{x}} = \frac{\sigma}{\sqrt{n}}$ gilt (vgl. Seite 233), können die Zufallsstreubereiche folgendermaßen berechnet werden.

> **(1 − α)-Zufallsstreubereich für Stichprobenmittelwerte**
> α ... Irrtumswahrscheinlichkeit (Signifikanzniveau)
>
> **Einseitig begrenzter Zufallsstreubereich**
> nach unten: $\bar{x}_u = \mu - z_{1-\alpha} \cdot \frac{\sigma}{\sqrt{n}}$
> nach oben: $\bar{x}_o = \mu + z_{1-\alpha} \cdot \frac{\sigma}{\sqrt{n}}$
>
> **Zweiseitig begrenzter Zufallsstreubereich**
> $\bar{x}_{o,u} = \mu \pm z_{1-\frac{\alpha}{2}} \cdot \frac{\sigma}{\sqrt{n}}$

Bemerkung:
Beim technologieunterstützten Arbeiten kann für die Ermittlung der Bereichsgrenzen auch direkt die inverse Normalverteilung mit gegebenem μ und σ verwendet werden.
In der Praxis werden in der Qualitätskontrolle jedoch meist die angegebenen Formeln verwendet.

**9.95** Die Länge von Schrauben ist normalverteilt mit $\mu = 70$ mm und $\sigma = 2$ mm. Eine Schraube wird zufällig ausgewählt. Ermittle den zweiseitigen Zufallsstreubereich bei einer Irrtumswahrscheinlichkeit von $\alpha = 5\,\%$ und interpretiere dessen Bedeutung im gegebenen Sachzusammenhang.

Lösung:
$x_{o,u} = \mu + z_{1-\frac{\alpha}{2}} \cdot \sigma = 70 \pm z_{0,975} \cdot 2$

$x_{o,u} \approx 70 \pm 1,96 \cdot 2 = 70 \pm 3,92$

- $z_{1-\frac{\alpha}{2}} = z_{1-0,025} = z_{0,975}$
-  invNorm(0.975,0,1) = 1.95996

Die Länge einer zufällig ausgewählten Schraube liegt mit 95%iger Sicherheit im Bereich [66,08 mm; 73,92 mm].

**9.96** Die Dicke von Platten ist normalverteilt mit $\mu = 60$ mm und $\sigma = 2$ mm. Es werden Stichproben vom Umfang $n = 20$ entnommen.
1) Ermittle den zweiseitigen 90-%-Zufallsstreubereich für die Stichprobenmittelwerte.
2) Ermittle den einseitig nach unten begrenzten Zufallsstreubereich für die Stichprobenmittelwerte bei $\alpha = 1\,\%$.

Lösung:
$\mu_{\bar{x}} = \mu = 60 \qquad \sigma_{\bar{x}} = \frac{\sigma}{\sqrt{n}} = \frac{2}{\sqrt{20}}$

1) $\bar{x}_{o,u} = 60 \pm z_{0,95} \cdot \frac{2}{\sqrt{20}}$

- $\alpha = 10\,\% \Rightarrow 1 - \frac{\alpha}{2} = 0,95$
- Ermitteln mit Technologie

$z_{0,95} = 1,644...$

$\bar{x}_u = 59,2643... \qquad \bar{x}_o = 60,7356...$

Der zweiseitige Zufallsstreubereich lautet [59,26 mm; 60,74 mm].

2)  invNorm$\left(0.01, 60, \frac{2}{\sqrt{20}}\right)$ = 58.9596

- Die Ermittlung von $\bar{x}_u$ kann auch direkt mit Technologie erfolgen.

$\bar{x}_u = 58,9596...$

Der einseitig nach unten begrenzte Zufallsstreubereich lautet [58,96 mm; ∞[.

# Wahrscheinlichkeitsverteilungen

**9.97** Die Länge von Nieten ist normalverteilt mit $\mu = 50{,}0$ mm und $\sigma = 0{,}5$ mm.
1) Ermittle den zum Erwartungswert symmetrischen 95%igen Zufallsstreubereich für eine zufällig ausgewählte Niete.
2) Es werden Stichproben vom Umfang $n = 25$ entnommen. Berechne den einseitig nach oben begrenzten Zufallsstreubereich, in dem erwartungsgemäß 99 % der Stichprobenmittelwerte liegen.

**9.98** In einem Produktionsbetrieb wurde festgestellt, dass die Längen von maschinell hergestellten Dessertgabeln normalverteilt sind mit einem Erwartungswert von 7,00 cm und einer Standardabweichung von 0,12 cm.
1) Die maximal zulässige Abweichung vom Erwartungswert ist $\pm 0{,}15$ cm. Ermittle, mit wie viel Prozent Ausschuss man rechnen muss.
2) Erkläre, ob der Zufallsstreubereich länger oder kürzer wird, wenn die Irrtumswahrscheinlichkeit $\alpha$ erhöht wird.
3) Berechne den zum Erwartungswert symmetrischen 90%igen Zufallsstreubereich für die Länge einer zufällig entnommenen Dessertgabel. Veranschauliche diesen symmetrischen Bereich mithilfe der Dichtefunktion.
4) Ermittle, um wie viel Prozent sich die Breite des symmetrischen Zufallsstreubereichs ändert, wenn die Länge einer zufällig ausgewählten Dessertgabel innerhalb eines 99%igen Zufallsstreubereichs liegen soll.

**9.99** Der Hersteller eines neuen Druckermodells behauptet, dass die Dauer des Bedruckens einer Seite im Fotodruck normalverteilt ist mit $\mu = 5{,}5$ s und $\sigma = 0{,}2$ s. Es werden Stichproben von 30 Druckern getestet.
1) Gib die Parameter der Verteilung der Stichprobenmittelwerte $\bar{x}$ an.
2) Bei einer Stichprobe wird eine mittlere Druckdauer von 5,2 s ermittelt. Berechne den zum Erwartungswert symmetrischen Zufallsstreubereich mit $\alpha = 5\,\%$. Beurteile anhand dieses Bereichs, ob die Behauptung des Herstellers über die Druckdauer zutreffen kann.
3) Argumentiere, wie sich der Stichprobenumfang verändern muss, damit die Breite des Zufallsstreubereichs halbiert wird.
4) In der Grafik ist die Dichtefunktion für die angegebene Verteilung dargestellt. Skizziere die Dichtefunktion, wenn der Stichprobenumfang n vervierfacht wird.

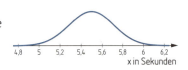

**9.100** Die Durchmesser von Stahlstäben einer Produktion sind normalverteilt mit $\mu = 2{,}4$ cm und $\sigma = 2$ mm.
1) Berechne den zum Erwartungswert symmetrischen 99%igen Zufallsstreubereich für die Stabdurchmesser.
2) Welchen Durchmesser haben 95 % der Stahlstäbe höchstens?
3) Die Durchmesser von verschiedenen Stahlstäben werden anhand von Stichproben vom Umfang $n = 20$ gemessen. Gib an, wie groß der zugehörige Stichprobenmittelwert bei einer Irrtumswahrscheinlichkeit $\alpha = 1\,\%$ mindestens bzw. höchstens ist.
4) Erkläre, wie sich die Breite des Zufallsstreubereichs verändert, wenn bei gleicher Irrtumswahrscheinlichkeit $\alpha = 1\,\%$ der Stichprobenumfang erhöht wird.

# Wahrscheinlichkeitsverteilungen

## Zusammenfassung

Eine **Zufallsvariable X** ordnet die jedem Ausgang eines Zufallsexperiments eine reelle Zahl x zu.

Die **Wahrscheinlichkeitsfunktion f** ordnet jedem Wert einer diskreten Zufallsvariablen die Wahrscheinlichkeit seines Eintretens zu.

Die **Verteilungsfunktion F** ordnet jedem Wert einer Zufallsvariablen die Wahrscheinlichkeit zu, diesen oder kleinere Werte anzunehmen. Ist die Zufallsvariable diskret, erhält man die Verteilungsfunktion durch Aufsummieren der entsprechenden Werte der Wahrscheinlichkeitsfunktion. Handelt es sich um eine stetige Zufallsvariable, so entspricht die Verteilungsfunktion dem Integral über die so genannte **Dichtefunktion**.

### Binomialverteilung

- Es sind genau zwei Ergebnisse möglich.
- Bei jeder Durchführung des Zufallsexperiments ist die Erfolgswahrscheinlichkeit gleich.
- Es sind beliebig viele voneinander unabängige Wiederholungen des Zufallsexperiments möglich.

Wahrscheinlichkeitsfunktion: $f(x) = P(X = x) = \binom{n}{x} \cdot p^x \cdot (1-p)^{n-x}$

Verteilungsfunktion: $F(x) = P(X \leq x) = \sum_{k=0}^{x} \binom{n}{k} \cdot p^k \cdot (1-p)^{n-k}$

n ... Anzahl der Versuche
p ... Erfolgswahrscheinlichkeit eines Versuchs
x ... Anzahl der Erfolge

Erwartungswert: $\mu = E(X) = n \cdot p$     Standardabweichung: $\sigma = \sqrt{n \cdot p \cdot (1-p)}$

**Weitere diskrete Verteilungen:** Hypergeometrische Verteilung, Poisson-Verteilung

### Gauß'sche Normalverteilung

Dichtefunktion: $f(x) = \frac{1}{\sqrt{2\pi} \cdot \sigma} \cdot e^{-\frac{1}{2} \cdot \left(\frac{x-\mu}{\sigma}\right)^2}$

Verteilungsfunktion: $F(x_0) = \frac{1}{\sqrt{2\pi} \cdot \sigma} \cdot \int_{-\infty}^{x_0} e^{-\frac{1}{2} \cdot \left(\frac{x-\mu}{\sigma}\right)^2} dx$

$\mu$ ... Erwartungswert
$\sigma$ ... Standardabweichung

### Zentraler Grenzwertsatz

Die Summe von unabhängigen Zufallsvariablen ist annähernd normalverteilt.

### Standardnormalverteilung einer stetigen Zufallsvariablen

mit $\mu = 0$ und $\sigma = 1$
Standardisierungsformel: $z = \frac{x - \mu}{\sigma}$

### Verteilung der Stichprobenmittelwerte $\overline{x_i}$

Erwartungswert: $\mu_{\overline{x}} = \mu$     Standardabweichung: $\sigma_{\overline{x}} = \frac{\sigma}{\sqrt{n}}$

### $(1 - \alpha)$-Zufallsstreubereich

$\alpha$ ... Irrtumswahrscheinlichkeit, Signifikanzniveau

| | Einzelwert | Stichprobe vom Umfang n |
|---|---|---|
| Zweiseitig begrenzter Zufallsstreubereich: | $x_{o,u} = \mu \pm z_{1-\frac{\alpha}{2}} \cdot \sigma$ | $\overline{x}_{o,u} = \mu \pm z_{1-\frac{\alpha}{2}} \cdot \frac{\sigma}{\sqrt{n}}$ |
| Einseitig nach unten begrenzter ZSB: | $x_u = \mu - z_{1-\alpha} \cdot \sigma$ | $\overline{x}_u = \mu - z_{1-\alpha} \cdot \frac{\sigma}{\sqrt{n}}$ |
| Einseitig nach oben begrenzter ZSB: | $x_o = \mu + z_{1-\alpha} \cdot \sigma$ | $\overline{x}_o = \mu + z_{1-\alpha} \cdot \frac{\sigma}{\sqrt{n}}$ |

**Stochastik**

# Wahrscheinlichkeitsverteilungen

**Weitere Aufgaben**

**Wahrscheinlichkeits-, Verteilungsfunktion, Erwartungswert**

**9.101** Jemand würfelt mit drei Würfeln und notiert die Anzahl der Würfel, die eine gerade Augenzahl zeigen.
  *1)* Stelle die Wahrscheinlichkeits- und die Verteilungsfunktion grafisch dar.
  *2)* Berechne den Erwartungswert und die Standardabweichung.

**9.102** Jemand wirft dreimal eine Münze und notiert die Anzahl von „Wappen".
  *1)* Stelle die Wahrscheinlichkeits- und die Verteilungsfunktion grafisch dar.
  *2)* Berechne den Erwartungswert und die Standardabweichung.

**9.103** In einer Schachtel befinden sich 16 äußerlich nicht unterscheidbare NAND-Gatter, davon sind 2 defekt. Es werden 3 Gatter zufällig entnommen. Berechne den Erwartungswert für die Anzahl der defekten Gatter.

**9.104** Ein Fahrradverleiher vermietet E-Bikes um 16 € pro Bike und Tag. Für einen Werbezeitraum von 2 Wochen möchte er bei Schlechtwetter die E-Bikes um 25 % günstiger vermieten. Damit die durchschnittlichen Einnahmen von 16 € pro E-Bike und Tag beibehalten werden können, muss an den Schönwettertagen der Preis für ein E-Bike erhöht werden. Für die nächsten zwei Wochen werden laut Wettervorhersage fünf Schlechtwettertage prognostiziert. Berechne die Mietpreise für Schön- und Schlechtwettertage.

**Binomialverteilung**

**9.105** Bankomaten sind unabhängig voneinander mit einer Wahrscheinlichkeit von 7 % außer Betrieb. Berechne die Wahrscheinlichkeit, dass von zehn zufällig ausgewählten Bankomaten
  *1)* genau einer außer Betrieb ist.
  *2)* mindestens einer außer Betrieb ist.
  *3)* weniger als die Hälfte außer Betrieb ist.
  *4)* alle in Betrieb sind.
  *5)* höchstens einer außer Betrieb ist.
  *6)* mehr als 3 außer Betrieb sind.
  *7)* weniger als die Hälfte in Betrieb ist.
  *8)* 2 bis 6 außer Betrieb sind.

**9.106** Eine Impfung ruft bei 8 % der Geimpften Nebenwirkungen hervor.
  *1)* Gib eine Formel zur Berechnung der Wahrscheinlichkeit an, dass unter 30 geimpften Personen mindestens 4 an Nebenwirkungen leiden.
  *2)* Für weitere Untersuchungen werden Personen nach der Impfung zufällig ausgewählt. Berechne, wie viele Personen man auswählen muss, damit sich darunter mit mindestens 95%iger Sicherheit mindestens 1 Person befindet, die unter Nebenwirkungen leidet.
  *3)* Es werden 100 Personen geimpft. Erkläre die Bedeutung des Ausdrucks 100 · 0,08 im gegebenen Sachzusammenhang.

**9.107** Im Testbetrieb einer neuen Fertigungsanlage für Alufelgen betrug der Ausschussanteil der gefertigten Felgen 3 %.
  *1)* Gib ein Ereignis E an, dessen Wahrscheinlichkeit mithilfe des folgenden Ausdrucks berechnet wird:
  $$P(E) = 1 - \sum_{x=0}^{3} \binom{10}{x} \cdot 0{,}97^{10-x} \cdot 0{,}03^{x}$$
  *2)* Es werden 40 gefertigte Alufelgen zufällig entnommen. Berechne, wie viel Ausschuss dabei zu erwarten ist.

# Wahrscheinlichkeitsverteilungen

**Normalverteilung**

**9.108** Die Ladezeit für ein Elektroauto eines bestimmten Typs ist annähernd normalverteilt mit μ = 5,0 h und σ = 0,3 h.

a) Die Abbildung zeigt den Graphen der Dichtefunktion der Ladezeiten.
  1) Veranschauliche den Erwartungswert und die Standardabweichung in der Grafik.
  2) Veranschauliche jenen Bereich, in dem rund 68 % aller Ladezeiten symmetrisch um den Erwartungswert liegen.

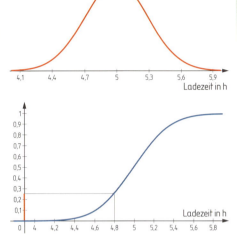

b) Die Abbildung zeigt den Graphen der Verteilungsfunktion der Ladezeiten.
  1) Erkläre die Bedeutung des markierten Funktionswerts im gegebenen Sachzusammenhang.
  2) Veranschauliche jenen Anteil der Ladezeiten, die länger als 5,1 h dauern, in der Grafik.

**9.109** Das Körpergewicht von Neugeborenen ist normalverteilt mit μ = 3 550 g und σ = 390 g.
  1) Wie groß ist die Wahrscheinlichkeit, dass ein zufällig ausgewähltes Neugeborenes
     a) mehr als 3 000 g,   b) weniger als 2 500 g,   c) zwischen 4 000 g und 5 000 g hat?
  2) Ermittle, wie viel ein Neugeborenes wiegen muss, damit es
     a) zu den 10 % der schwersten gehört.
     b) zu den 15 % der leichtesten Neugeborenen gehört.
  3) In welchem symmetrischen Bereich um den Erwartungswert liegt das Körpergewicht von 80 % der Neugeborenen?

**9.110** Die oberste Schicht einer Autolackierung ist Klarlack, dessen Schichtdicke annähernd normalverteilt ist.
  1) Ermittle den Erwartungswert μ, wenn σ = 5,00 μm beträgt und 10 % der Autos eine Schichtdicke, die größer als 32,00 μm ist, aufweisen.
  2) Bei einem Erwartungswert von μ = 35,00 μm dürfen maximal 5 % der Fahrzeuge eine dünnere Lackschicht als 30,00 μm aufweisen. Ermittle die zulässige Standardabweichung.

**9.111** Die Dicke von Aluminiumblechen einer Produktionsserie ist annähernd normalverteilt. 12 % der Bleche sind dünner als 1,90 mm und 20 % der Bleche sind dicker als 2,05 mm. Berechne den Erwartungswert und die Standardabweichung.

**9.112** Maschinenöl wird in Kanistern abgefüllt. Die Ölmenge in einem Kanister ist annähernd normalverteilt mit μ = 9,950 L und σ = 0,008 L. Die Kanister werden vom Großhändler in Paletten zu 36 Stück verkauft.
  1) Ermittle den zweiseitigen 90%igen Zufallsstreubereich für die mittlere Ölmenge eines Kanisters in einer Palette.
  2) Ermittle den zweiseitigen 90%igen Zufallsstreubereich für die Ölmenge in einer ganzen Palette.
  3) Berechne, um wieviel Prozent sich die Breite des Zufallsstreubereichs aus *1)* von der Breite des Zufallsstreubereichs aus *2)* unterscheidet.

# Wahrscheinlichkeitsverteilungen

**Vermischte Aufgaben**

**9.113** Die Durchmesser der Stämme von Birken einer Baumschule sind normalverteilt mit $\mu = 55{,}0$ cm und $\sigma = 3{,}5$ cm. 84 % der Birken dieser Baumschule haben weiße Stämme.
1) Welcher Anteil der Birken hat einen Stammdurchmesser von weniger als 30,0 cm oder mehr als 60,0 cm?
2) Ein Gartencenter bestellt 50 beliebige Birken bei dieser Baumschule. Berechne die Wahrscheinlichkeit, dass die Hälfte dieser Birken keinen weißen Stamm haben.

**9.114** Eine Abfüllanlage für Fruchtsaftpackungen ist so eingestellt, dass die Abfüllmenge normalverteilt ist. Der Erwartungswert beträgt $\mu = 1\,020$ m$\ell$ und die Standardabweichung $\sigma = 10$ m$\ell$. Die auf der Packung angegebene Füllmenge ist 1 Liter. 2 % aller abgefüllten Packungen sind beschädigt und müssen aussortiert werden.
1) Es wird eine Stichprobe von 50 Packungen entnommen. Wie groß ist die Wahrscheinlichkeit, dass sich mehr als 3 beschädigte Packungen darunter befinden?
2) Nur Packungen mit einem Inhalt zwischen 998 m$\ell$ und 1 030 m$\ell$ werden zur Auslieferung freigegeben. Berechne den Ausschussanteil der Abfüllung.
3) Ermittle, welche Füllmenge 90 % der Packungen maximal enthalten.
4) Es werden Stichproben zu je 30 gefüllten Packungen entnommen. Berechne die Wahrscheinlichkeit, dass die mittlere Füllmenge einer Stichprobe mehr als 1 022 m$\ell$ beträgt.
5) In einer Stichprobe von 100 Packungen soll die Wahrscheinlichkeit, dass die mittlere Flüssigkeitsmenge kleiner als 1 022 m$\ell$ ist, kleiner als 10 % sein. Berechne den dafür notwendigen Erwartungswert, wenn die Standardabweichung gleich bleiben soll.

**9.115** Eine Firma stellt Speicherkarten für Spielekonsolen her, die an Elektrofachgeschäfte geliefert werden. Aus Erfahrung weiß man, dass 2,3 % der produzierten Karten fehlerhaft sind. Die Dicke der Speicherkarten ist annähernd normalverteilt mit $\mu = 2{,}10$ mm und $\sigma = 0{,}05$ mm.

1) Ermittle die Wahrscheinlichkeit, dass eine Lieferung von 300 Speicherkarten
   a) genau 4 fehlerhafte Karten, b) mindestens 295 fehlerfreie Karten enthält.
2) Wie viele Karten sollte eine Verpackungseinheit enthalten, damit die Wahrscheinlichkeit, dass sie mindestens eine fehlerhafte Speicherkarte enthält, kleiner als 10 % ist?
3) Es wird ein Beraterteam engagiert, um die Ausschussrate in der Produktion zu senken. Man vereinbart eine Bonuszahlung, wenn nach Abschluss der Änderungen eine Stichprobe von 500 Speicherkarten höchstens 5 fehlerhafte Stück enthält.
   a) Berechne die Wahrscheinlichkeit, dass das Beraterteam den Bonus erhält, obwohl sich die Ausschussrate nicht verändert hat.
   b) Berechne die Wahrscheinlichkeit, dass das Beraterteam keinen Bonus erhält, obwohl die Ausschussrate auf 1 % gesunken ist.
4) Damit die Speicherkarten in die vorgesehenen Öffnungen der Geräte passen, muss ihre Dicke zwischen 2,00 mm und 2,20 mm liegen. Berechne, wie viel Prozent der Produktion diese Vorgabe erfüllen.
5) Die Firma will ihre Produktion derart verbessern, dass 99 % der Karten in die vorgesehenen Öffnungen passen. Berechne, wie groß $\sigma$ dafür höchstens sein darf.
6) Bestimme den zweiseitigen Zufallsstreubereich für die Dicke der Speicherkarten auf dem Signifikanzniveau $\alpha = 3$ %.

# Wahrscheinlichkeitsverteilungen

**Aufgaben in englischer Sprache**

| binomial distribution | Binomialverteilung | normal distribution | Normalverteilung |
| density function | Dichtefunktion | random variable | Zufallsvariable |
| expected value E(X) | Erwartungswert | standard deviation SD(X) | Standardabweichung |
| error band | Zufallsstreubereich | variance Var(X) | Varianz |
| mean | Mittelwert | z-score | z-Wert |

**9.116** Jonquil's chance of scoring a goal at a penalty in a basketball game is 0.75. Ⓐ Ⓑ
1) Calculate the probability that Jonquil scores **a)** 2 goals, **b)** at least 2 goals, **c)** no goal at 4 penalties in a basketball game.
2) Calculate the least number of shots Jonquil must attempt to ensure that the probability of her scoring at least one penalty-goal at a game is more than 0.95.

**9.117** The life of a certain brand of tyres is normally distributed with a mean Ⓐ Ⓑ Ⓒ
of 42 000 miles and a standard deviation of 3 000 miles.
1) Fill in appropriate axis labels at the tick marks on the graph at right.
2) In what range do the middle 90 % of the life of the tyres lie?
3) What proportion of tyres last over 45,000 miles?
4) Customers get a refund if a tyre has unacceptable treads that put it in the bottom
12 % of all tyres. At what mileage is a customer no longer entitled to a refund?

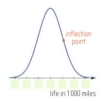

## Wissens-Check

| | | gelöst |
|---|---|---|
| 1 | Ich kann den Unterschied zwischen Wahrscheinlichkeitsfunktion und Verteilungsfunktion bei diskreten Zufallsvariablen erklären. | |
| 2 | Unter welchen Voraussetzungen ist eine Zufallsvariable binomialverteilt? | |
| 3 | Eine Messgröße ist normalverteilt mit $\mu = 545$ und $\sigma = 30$.<br>A) Ordne den angegebenen Anteilen jeweils den richtigen Bereich zu.<br><br>  1  rund 99,7 %  ☐    A [425; 665]<br>                              B [455; 635]<br>  2  rund 68 %    ☐    C [515; 575]<br>                              D [485; 605]<br><br>B) Es werden Stichproben vom gleichen Umfang n entnommen und man erhält folgende Parameter: $\mu_{\bar{x}} = 545$ und $\sigma_{\bar{x}} = 10$<br>1) Ermittle den Stichprobenumfang n.<br>2) Erkläre, wie sich die Stichprobenstandardabweichung $\sigma_{\bar{x}}$ ändert, wenn der Stichprobenumfang geviertelt wird. | |
| 4 | Gib an, welcher Ansatz zur Bestimmung eines zweiseitigen 95%igen Zufallsstreubereichs einer normalverteilten Größe sinnvoll ist.<br>A) $x_{o,u} = \mu \pm z_{0,95} \cdot \sigma$   B) $x_{o,u} = \mu \pm z_{0,975} \cdot \sigma$   C) $x_{o,u} = \mu \pm z_{0,05} \cdot \sigma$ | |

Lösung:
1) siehe Seite 204ff  2) siehe Seite 207ff  3) A) 1B, 2C  B) 1) n = 9, 2) $\sigma_{\bar{x}}$ verdoppelt sich. 4) B

**Stochastik**

# 10 Beurteilende Statistik

Bisher wurden mithilfe des Zufallsstreubereichs Aussagen über eine Stichprobe aus einer Grundgesamtheit, deren Parameter bekannt sind, getroffen. Oft kennt man jedoch die Parameter der Grundgesamtheit nicht, wie zum Beispiel bei Meinungsumfragen. In diesem Fall versucht man, mithilfe von Vertrauensbereichen oder statistischen Tests aufgrund einer Stichprobe, Aussagen über die Grundgesamtheit zu treffen.

## 10.1 Vertrauensbereiche – Konfidenzintervalle

### 10.1.1 Vertrauensbereiche einer Normalverteilung

Bestimmt man einen Bereich, in dem ein Parameter der Grundgesamtheit mit einer vorgegebenen Wahrscheinlichkeit liegt, so spricht man von einem **Vertrauensbereich** oder **Konfidenzintervall**. Bei der Ermittlung von Vertrauensbereichen für die Parameter einer Normalverteilung aus den Parametern einer Stichprobe ist zu unterscheiden, welche der Informationen über die Grundgesamtheit vorliegen.

**Vertrauensbereich für den Erwartungswert μ bei bekannter Standardabweichung σ**

Einer Grundgesamtheit mit bekannter Standardabweichung $\sigma$ und unbekanntem $\mu$ wird eine Stichprobe vom Umfang n entnommen. Es ist bekannt, dass die Stichprobenmittelwerte normalverteilt sind mit $\sigma_{\bar{x}} = \frac{\sigma}{\sqrt{n}}$ und $\mu_{\bar{x}} = \mu$. Nun soll ein Bereich für das unbekannte $\mu$ so ermittelt werden, dass der Mittelwert $\bar{x}$ der vorliegenden Stichprobe gerade noch in einem $(1 - \alpha)$-Zufallsstreubereich liegt. Daher gilt:

$$\mu - z_{1-\frac{\alpha}{2}} \cdot \frac{\sigma}{\sqrt{n}} \leq \bar{x} \leq \mu + z_{1-\frac{\alpha}{2}} \cdot \frac{\sigma}{\sqrt{n}}$$

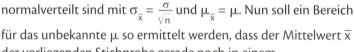

Der Bereich, in dem der gesuchte Erwartungswert $\mu$ mit der Wahrscheinlichkeit $(1 - \alpha)$ liegt, kann daher aus den Formeln für den Zufallsstreubereich hergeleitet werden:

$$\mu_{unten} = \mu_u = \bar{x} - z_{1-\frac{\alpha}{2}} \cdot \frac{\sigma}{\sqrt{n}} \qquad \mu_{oben} = \mu_o = \bar{x} + z_{1-\frac{\alpha}{2}} \cdot \frac{\sigma}{\sqrt{n}}$$

---

**Vertrauensbereich (Konfidenzintervall) für μ bei bekanntem σ**

$\mu_{o,u} = \bar{x} \pm z_{1-\frac{\alpha}{2}} \cdot \frac{\sigma}{\sqrt{n}}$      zweiseitiger $(1 - \alpha)$-Vertrauensbereich

$\alpha$ … Irrtumswahrscheinlichkeit

---

- $(1 - \alpha)$ wird als **Vertrauensniveau** oder **Sicherheit** bezeichnet.
- Auch bei Vertrauensbereichen wird zwischen zweiseitig und einseitig unterschieden. Bei den einseitigen Vertrauensbereichen wird $z_{1-\frac{\alpha}{2}}$ durch $z_{1-\alpha}$ ersetzt.

**10.1** Eine Maschine stellt Glasrohre her, deren Durchmesser normalverteilt sind mit $\sigma = 0{,}03$ mm. Eine Stichprobe vom Umfang n = 20 weist einen Mittelwert $\bar{x} = 10{,}05$ mm auf. Ermittle den Vertrauensbereich für den Erwartungswert $\mu$ der Grundgesamtheit auf dem Vertrauensniveau $(1 - \alpha) = 95\,\%$.

Lösung:

$\mu_u = \bar{x} - z_{1-\frac{\alpha}{2}} \cdot \frac{\sigma}{\sqrt{n}} \quad \Rightarrow \quad \mu_u = 10{,}05 - z_{0{,}975} \cdot \frac{0{,}03}{\sqrt{20}} \approx 10{,}05 - 1{,}96 \cdot \frac{0{,}03}{\sqrt{20}} = 10{,}036\ldots$

$\mu_o = \bar{x} + z_{1-\frac{\alpha}{2}} \cdot \frac{\sigma}{\sqrt{n}} \quad \Rightarrow \quad \mu_o = 10{,}05 + z_{0{,}975} \cdot \frac{0{,}03}{\sqrt{20}} \approx 10{,}05 + 1{,}96 \cdot \frac{0{,}03}{\sqrt{20}} = 10{,}063\ldots$

Der Vertrauensbereich lautet: [10,036… mm; 10,063… mm]

# Beurteilende Statistik

## Vertrauensbereich für den Erwartungswert μ bei unbekannter Standardabweichung σ

In der Praxis weiß man von einer Größe oft nur, dass sie normalverteilt ist, man kennt aber weder ihren Erwartungswert μ noch ihre Standardabweichung σ. In diesem Fall muss der Parameter σ der Grundgesamtheit durch die Standardabweichung s der entnommenen Stichprobe vom Umfang n geschätzt werden. Weniger Information über die Grundgesamtheit bedeutet, dass der Vertrauensbereich für μ in diesem Fall „breiter" wird als bei bekanntem σ.

Zur Bestimmung des Vertrauensbereichs verwendet man eine Verteilung, die man als „Verallgemeinerung" der Normalverteilung bezeichnen kann. Die **t-Verteilung** („**Student-Verteilung**") wurde nach dem englischen Statistiker William Gosset (1876 – 1937, Pseudonym „Student") benannt.

Die Dichtefunktion der t-Verteilung ist von einem Parameter abhängig, dem **Freiheitsgrad** f mit f = n − 1. Im Allgemeinen versteht man unter dem Freiheitsgrad eines Systems die Anzahl der Werte, die frei gewählt werden können. Sollen zum Beispiel 3 Zahlen mit dem Mittelwert 100 angegeben werden, so kann man 2 Zahlen wählen, die dritte Zahl ist durch die Vorgabe des Mittelwerts vorbestimmt. Die t-Verteilung ist eine symmetrische Verteilung und geht für n → ∞ in die Normalverteilung über.

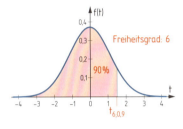

In den Formeln für die Ermittlung des Vertrauensbereichs für μ wird σ nun durch s ersetzt. Anstelle der jeweiligen Schwellenwerte der z-Verteilung werden jene der t-Verteilung verwendet.

---

**Vertrauensbereich (Konfidenzintervall) für μ bei unbekanntem σ**

$$\mu_{o,u} = \bar{x} \pm t_{f;\, 1-\frac{\alpha}{2}} \cdot \frac{s}{\sqrt{n}}$$

zweiseitiger $(1 - \alpha)$-Vertrauensbereich
α ... Irrtumswahrscheinlichkeit

---

### Technologieeinsatz: t-Verteilung

**TI-Nspire**

Im Menü **6: Statistik**, **5: Verteilungen** kann die inverse t-Verteilung unter **6: Invers t...** aufgerufen werden. Die Parameter können im Eingabefenster eingegeben werden. Auch eine direkte Eingabe im Calculator über **invt(Fläche,Freiheitsgrad)** ist möglich, zB: **invt(0.9,6)**

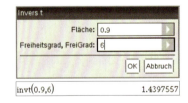

Excel, Mathcad, CASIO ClassPad II, GeoGebra: www.hpt.at

---

**10.2** In einer Fabrik werden Kupferrohre hergestellt, deren Durchmesser normalverteilt sind. Eine Stichprobe vom Umfang n = 20 weist einen Mittelwert von $\bar{x}$ = 10,050 mm und eine Standardabweichung von s = 0,052 mm auf. Ermittle den Vertrauensbereich für den Erwartungswert μ auf dem Vertrauensniveau $(1 - \alpha)$ = 99 %.

Lösung mit TI-Nspire:

$\mu_{o,u} = \bar{x} \pm t_{f;\, 1-\frac{\alpha}{2}} \cdot \frac{s}{\sqrt{n}}$

$t_{19;\, 0{,}995} = 2{,}86093\ldots$

• f = n − 1 = 19,   $1 - \frac{\alpha}{2}$ = 0,995

invt(0.995,19)    2.86093

$\mu_u = 10{,}05 - 2{,}86093\ldots \cdot \frac{0{,}052}{\sqrt{20}} = 10{,}0167\ldots$

$\mu_o = 10{,}05 + 2{,}86093\ldots \cdot \frac{0{,}052}{\sqrt{20}} = 10{,}0832\ldots$

Der Vertrauensbereich für den Erwartungswert μ lautet: 10,017 mm ≤ μ ≤ 10,083 mm

# Beurteilende Statistik

**Vertrauensbereich für die Standardabweichung σ**

Aus einer annähernd normalverteilten Grundgesamtheit werden Stichproben vom Umfang n entnommen und für jede Stichprobe wird die Stichprobenvarianz $s^2$ bestimmt. Die Verteilung dieser Varianzen lässt sich durch eine asymmetrische Verteilung, die so genannte **$\chi^2$-Verteilung** [sprich: „Chi-Quadrat-Verteilung"] beschreiben. Das ist jene Verteilung, die im Allgemeinen für Summen von Zufallsvariablen gilt.

Man kann zeigen, dass $x = f \cdot \frac{s^2}{\sigma^2}$ eine $\chi^2$-verteilte Größe mit $f = n - 1$ Freiheitsgraden ist.

Mithilfe dieser Größe kann ein Zusammenhang zwischen der Standardabweichung σ der Grundgesamtheit und der Stichprobenstandardabweichung s hergestellt werden:

$$\chi^2_{f;1-\frac{\alpha}{2}} = f \cdot \frac{s^2}{\sigma_u^2} \quad \text{bzw.} \quad \chi^2_{f;\frac{\alpha}{2}} = f \cdot \frac{s^2}{\sigma_o^2}$$

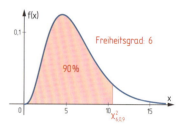

$\sigma_u, \sigma_o$ ... untere bzw. obere Grenze der Standardabweichung auf dem Signifikanzniveau α

Durch Umformen auf $\sigma_u$ bzw. $\sigma_o$ erhält man die Formeln zur Berechnung der Grenzen des Vertrauensbereichs für σ.

> **Vertrauensbereich (Konfidenzintervall) für σ**
>
> $\sigma_u = s \cdot \sqrt{\dfrac{f}{\chi^2_{f;1-\frac{\alpha}{2}}}}$ ; $\sigma_o = s \cdot \sqrt{\dfrac{f}{\chi^2_{f;\frac{\alpha}{2}}}}$
>
> zweiseitiger (1 − α)-Vertrauensbereich
> α ... Irrtumswahrscheinlichkeit

**Technologieeinsatz: $\chi^2$-Verteilung**

**TI-Nspire**

Excel, Mathcad, CASIO ClassPad II, GeoGebra:
www.hpt.at

Im Menü **6: Statistik**, **5: Verteilungen** kann die inverse $\chi^2$-Verteilung unter **9: Invers $\chi^2$** ... aufgerufen werden. Es erscheint ein Fenster, in dem die entsprechenden Parameter eingegeben werden können. Das Ergebnis wird im Calculator ausgegeben, zB: **$inv\chi^2(0.9,6)$**

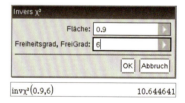

**10.3** Mandarinenspalten werden in Dosen angeboten. Es wird davon ausgegangen, dass das Abtropfgewicht normalverteilt ist. Bei einer Stichprobe von 10 Dosen erhält man folgende Abtropfgewichte in Gramm:
604,1  597,8  603,1  600,2  601,9  596,3  594,7  603,4  601,3  602,1
Ermittle den 90-%-Vertrauensbereich für die Standardabweichung σ.

Lösung mit TI-Nspire:
n = 10  ⇒  f = 9

s = 3,196... g     • Stichprobenstandardabweichung

$\sigma_u = s \cdot \sqrt{\dfrac{f}{\chi^2_{f;1-\frac{\alpha}{2}}}} = 3{,}196... \cdot \sqrt{\dfrac{9}{16{,}918...}} = 2{,}331...$   $inv\chi^2(0.95,9) = 16{,}918978$

$\sigma_o = s \cdot \sqrt{\dfrac{f}{\chi^2_{f;\frac{\alpha}{2}}}} = 3{,}196... \cdot \sqrt{\dfrac{9}{3{,}325...}} = 5{,}258...$   $inv\chi^2(0.05,9) = 3{,}3251128$

Der 90-%-Vertrauensbereich lautet: [2,33 g; 5,26 g]

# Beurteilende Statistik

Aufgaben 10.4 – 10.15: Falls nicht anders angegeben, ist im Folgenden jeweils von einem zweiseitigen Vertrauensbereich auszugehen.

**10.4** Ordne den angegebenen Parametern einer normalverteilten Größe jeweils die richtige Formel zur Berechnung der Grenzen des $(1-\alpha)$-Vertrauensbereichs für $\mu$ zu.

| 1 | $n = 36; \bar{x} = 2; \sigma = 0{,}6; \alpha = 5\,\%$ | |
|---|---|---|
| 2 | $n = 36; \bar{x} = 2; s = 0{,}6; \alpha = 5\,\%$ | |

| A | $\mu_{o,u} = 2 \pm z_{0{,}975} \cdot 0{,}6$ |
|---|---|
| B | $\mu_{o,u} = 2 \pm t_{35;0{,}975} \cdot 0{,}1$ |
| C | $\mu_{o,u} = 2 \pm t_{36;0{,}975} \cdot 0{,}1$ |
| D | $\mu_{o,u} = 2 \pm z_{0{,}975} \cdot 0{,}1$ |

**10.5** Ergänze die Textlücken in folgendem Satz durch Ankreuzen der jeweils richtigen Satzteile so, dass eine korrekte Aussage entsteht.

Eine _____①_____ des Stichprobenumfangs führt zu einer _____②_____ der Breite des Konfidenzintervalls für den Erwartungswert.

| ① | |
|---|---|
| Verdopplung | A |
| Vervierfachung | B |
| Halbierung | C |

| ② | |
|---|---|
| Verdopplung | A |
| Vervierfachung | B |
| Halbierung | C |

**10.6** Kreuze die wahre Aussage an.

| | |
|---|---|
| Wird der Stichprobenumfang n erhöht, so vergrößert sich die Breite des $(1-\alpha)$-Konfidenzintervalls für den Erwartungswert $\mu$. | A |
| Die Breite des $(1-\alpha)$-Konfidenzintervalls für den Erwartungswert $\mu$ ist umso größer, je kleiner die Standardabweichung $\sigma$ ist. | B |
| Die Breite des $(1-\alpha)$-Konfidenzintervalls für die Standardabweichung $\sigma$ ist abhängig vom Erwartungswert $\mu$. | C |
| Bei einem kleineren Stichprobenumfang n ist auch das $(1-\alpha)$-Konfidenzintervall für die Standardabweichung $\sigma$ schmäler. | D |
| Bei einer größeren Irrtumswahrscheinlichkeit $\alpha$ wird die Breite des $(1-\alpha)$-Konfidenzintervalls für den Erwartungswert $\mu$ kleiner. | E |

**10.7** Einem Mitarbeiter der Qualitätssicherungsabteilung liegen die Daten einer Stichprobe vom Umfang n vor. Beschreibe, wie der $(1-\alpha)$-Vertrauensbereich
  **1)** für den Erwartungswert $\mu$ ermittelt werden kann, wenn die Standardabweichung $\sigma$
    **a)** bekannt ist, **b)** unbekannt ist.
  **2)** für die Standardabweichung $\sigma$ ermittelt werden kann.

**10.8** Der Durchmesser von Drehteilen ist normalverteilt mit $\sigma = 0{,}02$ cm. Es wird eine Stichprobe vom Umfang $n = 15$ entnommen und ein Stichprobenmittelwert von $\bar{x} = 1{,}10$ cm bestimmt. Ermittle den 90-%-Vertrauensbereich für $\mu$.

**10.9** Einer Lieferung von Zwirnen wird eine Stichprobe von 16 Stück entnommen und eine mittlere Drehung von $\bar{x} = 120$ Touren pro Meter ermittelt. Die Standardabweichung beträgt $\sigma = 7{,}4$ Touren pro Meter. Ermittle das 95-%-Konfidenzintervall für $\mu$.

**10.10** Die Strichstärke von Permanent-Markern ist annähernd normalverteilt. Bei einer Stichprobe vom Umfang $n = 25$ Stück wurde eine Stichprobenstandardabweichung $s = 0{,}21$ mm ermittelt. Bestimme den 99-%-Vertrauensbereich für $\sigma$.

**Stochastik**

# Beurteilende Statistik

**ⒶⒷⒸ●** **10.11** In die Abwasseranlage eines Betriebs wird ein Filter eingebaut. Vor dem Einbau betrug der Erwartungswert des Zinkgehalts im Abwasser 22,00 $\frac{mg}{L}$ und die Standardabweichung 1,12 $\frac{mg}{L}$. Zur Überprüfung, ob sich der Zinkgehalt durch den Einbau des Filters verändert hat, werden 15 Abwasserproben entnommen. Man erhält einen mittleren Zinkgehalt von 20,90 $\frac{mg}{L}$.
Ermittle das 95-%-Konfidenzintervall für $\mu$ unter der Voraussetzung, dass sich die Standardabweichung nicht geändert hat. Interpretiere das Ergebnis im gegebenen Sachzusammenhang.

**ⒶⒷ●Ⓓ** **10.12** Ein Automat füllt laut Hersteller 200 mℓ Kaffee pro Becher ab. Die Genauigkeit des Automaten wird anhand der folgenden Stichprobe überprüft (Werte in mℓ):
203  201  199  195  193  195  202  207  208
  *1)* Ermittle den 95-%-Vertrauensbereich für $\sigma$.
  *2)* Überprüfe nachweislich, ob der 95-%-Vertrauensbereich für $\mu$ den vom Hersteller angegebenen Wert einschließt.
  *3)* Erkläre, wie sich die Breite des Vertrauensbereichs für $\sigma$ bzw. $\mu$ ändert, wenn der Stichprobenumfang vervierfacht wird.

**ⒶⒷⒸⒹ** **10.13** Um rote Laserpointer sinnvoll verwenden zu können, muss die Wellenlänge des ausgesendeten Lichts größer als 640 nm sein. Aus einer Lieferung von roten Laserpointern an ein Elektronikfachgeschäft wurde eine Stichprobe von 16 Stück entnommen und die Wellenlängen des ausgesendeten Lichts in nm gemessen:

656  649  643  623  649  658  662  612  638  648  654  661  662  651  659  641
  *1)* Ermittle den linksseitigen Vertrauensbereich für den Erwartungswert $\mu$ mit $\alpha = 1\,\%$. Interpretiere das Ergebnis im gegebenen Sachzusammenhang.
  *2)* Überprüfe nachweislich, ob deine Interpetation auch für $\alpha = 5\,\%$ gilt.

**ⒶⒷⒸ●** **10.14** Jakob möchte sein Taschengeld durch Hundesitting aufbessern. Da er unsicher ist, welchen Preis er verlangen kann, befragt er 10 Hundebesitzer in seinem Bekanntenkreis, wie viel sie für eine Stunde Hundesitting bezahlen würden (Werte in Euro):
13,00  10,00  14,00  9,00  12,00  8,00  7,00  9,00  11,00  12,00
  *1)* Ermittle auf einem Signifikanzniveau $\alpha = 5\,\%$, in welchem Intervall ein realistischer Preis für eine Stunde Hundesitting aufgrund der Stichprobe liegt.
  *2)* Berechne mithilfe eines rechtsseitigen 95-%-Vertrauensbereichs, wie viel Geld Jakob aufgrund der Stichprobe höchstens pro Stunde verlangen sollte.

**ⒶⒷ●●** **10.15** Die Masse von Zementsäcken ist annähernd normalverteilt. Bei einer Überprüfung von 10 Zementsäcken wurden folgende Werte berechnet:
$\bar{x} = 20{,}15$ kg   und   $s = 43$ dag
  *1)* Ermittle jeweils den 95-%-Vertrauensbereich für $\mu$ und $\sigma$.
  *2)* Bei einer Überprüfung von 20 weiteren Zementsäcken erhielt man die gleichen Werte für $\bar{x}$ und $s$. Ermittle für diese Stichprobe jeweils den 95-%-Vertrauensbereich für $\mu$ und $\sigma$. Vergleiche das Ergebnis mit jenem aus *1)*.
  *3)* Wie groß müsste der Umfang der Stichprobe sein, um den Erwartungswert $\mu$ mit einer Sicherheit von mindestens 99 % auf ±10 dag genau angeben zu können, wenn $\sigma = 39$ dag beträgt?

# Beurteilende Statistik

## 10.1.2 Vertrauensbereich der Binomialverteilung

Der Vertrauensbereich für den Parameter p einer binomialverteilten Grundgesamtheit kann mithilfe von Stichproben ermittelt werden.

ZB: In einer Stichprobe vom Umfang n = 200 Stück werden x = 40 fehlerhafte Stücke gefunden. Man möchte ermitteln, in welchem Bereich der Anteil p der fehlerhaften Stück in der Grundgesamtheit mit einer Sicherheit von 1 − α = 95 % zu erwarten ist. Als erster Schätzwert $\hat{p}$ für den Parameter p gilt: $\hat{p} = \frac{x}{n} = \frac{40}{200} = 0{,}2 = 20\,\%$

Das Ergebnis „40 fehlerhafte Stück" wäre auch für eine Grundgesamtheit plausibel, die einen etwas größeren oder kleineren Anteil p aufweist. Man ermittelt den kleinstmöglichen und größtmöglichen Wert für p so, dass die vorliegende Stichprobe mit x = 40 gerade noch im zweiseitigen 95-%-Zufallsstreubereich liegt.

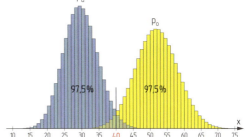

Daher müssen folgende Gleichungen gelöst werden:
Für $p_u$ gilt: F(40) = 0,975
Für $p_o$ gilt: F(40) = 0,025

Bei diesem Beispiel ergibt sich daher ein Vertrauensbereich für den Anteil p von
$p_u = 0{,}1513\ldots \approx 15{,}1\,\%$ und $p_o = 0{,}2622\ldots \approx 26{,}2\,\%$.

---

**(1 − α)-Vertrauensbereich (Konfidenzintervall) für den Anteil p der Binomialverteilung**

x … Anzahl der fehlerhaften Stück

Für $p_u$ gilt: $F(x) = 1 - \frac{\alpha}{2}$   Für $p_o$ gilt: $F(x) = \frac{\alpha}{2}$

$$\sum_{k=0}^{x} \binom{n}{k} \cdot p^k \cdot (1-p)^{n-k} = 1 - \frac{\alpha}{2} \qquad \sum_{k=0}^{x} \binom{n}{k} \cdot p^k \cdot (1-p)^{n-k} = \frac{\alpha}{2}$$

---

Wenn der Stichprobenumfang genügend groß ist, kann die Binomialverteilung durch die Normalverteilung mit $\mu = n \cdot \hat{p}$ und $\sigma = \sqrt{n \cdot \hat{p} \cdot (1-\hat{p})}$ genähert werden (siehe Abschnitt 9.4.4) und so mithilfe des Vertrauensbereichs der Normalverteilung $p_u$ und $p_o$ berechnet werden.

---

**Näherungsweise Berechnung des Anteils p aus der Schätzung $\hat{p}$**

$p_u = \hat{p} - z_{1-\frac{\alpha}{2}} \cdot \sqrt{\frac{\hat{p} \cdot (1-\hat{p})}{n}}$, $p_o = \hat{p} + z_{1-\frac{\alpha}{2}} \cdot \sqrt{\frac{\hat{p} \cdot (1-\hat{p})}{n}}$   mit $\hat{p} = \frac{x}{n}$

Die Bedingung $\sqrt{n \cdot p \cdot (1-p)} > 3$ muss für $p_u$ und für $p_o$ erfüllt sein.

---

In der Praxis stellt sich oft die Frage, wie groß eine Stichprobe sein muss, um einen Vertrauensbereich mit vorgegebener Breite (**Schwankungsbreite**) angeben zu können.

ZB: Mittels einer Umfrage möchte man das Interesse der Bevölkerung an der Errichtung einer Parkgarage mit 90%iger Sicherheit auf ± 2 % genau vorhersagen. Man erhält:

$z_{1-\frac{\alpha}{2}} \cdot \sqrt{\frac{\hat{p} \cdot (1-\hat{p})}{n}} \leq 0{,}02 \Rightarrow n \geq \left(\frac{1{,}64485}{0{,}02}\right)^2 \cdot \hat{p} \cdot (1-\hat{p}) = 6\,763{,}83 \cdot \hat{p} \cdot (1-\hat{p})$   • $z_{0,95} = 1{,}64485$

Kann $\hat{p}$ nicht geschätzt werden, arbeitet man mit dem Wert $\hat{p} = 0{,}5$, da $\hat{p} \cdot (1-\hat{p})$ dann ein Maximum annimmt (siehe Aufgabe 10.21). Mit dieser Annahme kann ein möglicher, aber wahrscheinlich zu großer Wert für n angegeben werden, in diesem Beispiel also $6\,763{,}83 \cdot 0{,}5 \cdot 0{,}5 \approx 1\,691$ Personen.

**Stochastik**

# Beurteilende Statistik

**10.16** In einer Stichprobe von 1 000 Stück wurden 20 fehlerhafte Teile gefunden. Ermittle den Vertrauensbereich für den Fehleranteil p mit $\alpha = 5\%$ **1)** genau und **2)** näherungsweise.

Lösung mit TI-Nspire:

**1)** $p_u$:   $\text{nSolve}\left(0.975 = \sum_{k=0}^{20} \left(\text{nCr}(1000,k) \cdot p^k \cdot (1-p)^{1000-k}\right) \,\Big|\, p > 0 \text{ and } p < \frac{20}{1000}\right)$   0.013045

$p_o$:   $\text{nSolve}\left(0.025 = \sum_{k=0}^{20} \left(\text{nCr}(1000,k) \cdot p^k \cdot (1-p)^{1000-k}\right) \,\Big|\, p > \frac{20}{1000}\right)$   0.03072

**2)** $\hat{p} = \frac{x}{n} = \frac{20}{1\,000} = 0{,}02$     $z_{0{,}975} = 1{,}959\ldots$

$p_{u,o} = 0{,}02 \pm 1{,}959\ldots \cdot \sqrt{\frac{0{,}02 \cdot (1 - 0{,}02)}{1\,000}}$   $\Rightarrow$   $p_u = 0{,}0113\ldots$ und $p_o = 0{,}0286\ldots$

$\sqrt{1000 \cdot 0{,}0113\ldots \cdot (1 - 0{,}0113\ldots)} > 3$     $\sqrt{1000 \cdot 0{,}0286\ldots \cdot (1 - 0{,}0286\ldots)} > 3$

Bei genauer Berechnung liegt der gesuchte Fehleranteil p mit 95%iger Sicherheit zwischen 1,3 % und 3,1 %, bei näherungsweiser Berechnung zwischen 1,1 % und 2,9 %.

**10.17** Bei der Überprüfung von 300 Platinen findet man 50 fehlerhafte. Ermittle näherungsweise das 95-%-Konfidenzintervall für den Anteil an fehlerhaften Platinen.

**10.18** Eine Verpackungsfirma verwendet Spezialkartons. Aus einer Lieferung wird eine Stichprobe von 13 Kartons entnommen, wobei 2 beschädigte gefunden werden.
**1)** Bestimme den Vertrauensbereich für den Anteil der defekten Kartons für $1 - \alpha = 90\%$ und für $1 - \alpha = 99\%$. Erkläre, wie sich das höhere Signifikanzniveau auf die Breite des Vertrauensbereichs auswirkt.
**2)** Eine weitere Stichprobe mit dreifachem Umfang wird untersucht und enthält dreimal so viele fehlerhafte Kartons. Ermittle den 90%igen Vertrauensbereich für den Anteil der beschädigten Kartons und vergleiche ihn mit jenem aus **1)**.

**10.19** Die Bürgermeisterin einer Stadt beauftragt ein Meinungsforschungsinstitut, den Anteil der Personen, die sich für die Errichtung eines neuen Parks aussprechen, auf ± 2 % genau mit einer Sicherheit von 99 % zu bestimmen. Nach einer Blitzumfrage geht das Institut von 70 % Befürwortern aus.
**1)** Ermittle, wie viele Personen befragt werden müssen.
**2)** Bei welcher Anzahl an Befragten halbiert sich die Schwankungsbreite? Beschreibe den Zusammenhang zwischen Stichprobenumfang und Schwankungsbreite.

**10.20** Bei einer Befragung von 250 Einwohnerinnen und Einwohnern einer Stadt gaben 2 % an, mit dem neuen Einkaufszentrum nicht zufrieden zu sein.
**1)** Ermittle mit 95%iger Sicherheit den relativen Anteil aller Einwohnerinnen und Einwohner der Stadt, die mit dem neuen Einkaufszentrum zufrieden sind.
**2)** Der Anteil der Personen, die mit dem neuen Einkaufszentrum nicht zufrieden sind, soll mit einer Schwankungsbreite von 3 % ermittelt werden. Wie viele Personen müssen befragt werden, wenn die Irrtumswahrscheinlichkeit 5 % betragen soll?

**10.21** Bei vorgegebener Breite des Vertrauensbereichs soll der benötigte Stichprobenumfang ermittelt werden. Zeige, dass man für n dann den größten Wert erhält, wenn man von $\hat{p} = 0{,}5$ ausgeht.

# Beurteilende Statistik

## 10.2 Statistische Tests

### 10.2.1 Prinzip des Alternativtests

Eine der wichtigsten Anwendungen der Statistik ist das **Testen von Hypothesen** (griechisch: „hypóthesis" = Unterstellung) mithilfe von Stichproben. Solche Hypothesen können zum Beispiel Aussagen über die Parameter einer Verteilung oder Vermutungen über die Art einer Verteilung sein. Man kann mittels Stichprobentests zwar nicht die Gültigkeit einer Hypothese beweisen oder widerlegen, aber man kann eine Aussage über das Risiko von Fehleinschätzungen machen.

**10.22** Ein Supermarkt wirbt mit einem Gewinnspiel und behauptet, dass an einem bestimmten Tag 30 % aller Kunden einen Gutschein gewinnen würden. 25 Schülerinnen und Schüler gehen in ihrer Mittagspause dort einkaufen, aber niemand gewinnt einen Gutschein. Berechne die Wahrscheinlichkeit, dass unter 25 Kunden keiner einen Gutschein gewinnt. Interpretiere das Ergebnis.

Anhand eines konkreten Beispiels werden nun der **Ablauf eines statistischen Tests** und die dabei möglichen Fehlerarten untersucht.

An ein Restaurant werden nicht gekennzeichnete Kisten mit Früchten geliefert. Ein Teil der Kisten ist von 1. Qualität und enthält 10 % Ausschuss, der Rest der Kisten ist von 2. Qualität mit 35 % Ausschuss. Über die Qualität einer zufällig ausgewählten Kiste gibt es zwei mögliche Annahmen:

- **Nullhypothese $H_0$**: Es handelt sich um eine Kiste mit 10 % Ausschuss: $H_0 \dots p_1 = 0{,}10$
- **Alternativhypothese $H_A$**: Es handelt sich um eine Kiste mit 35 % Ausschuss: $H_A \dots p_2 = 0{,}35$

Die Entscheidung, von welcher Qualität eine zufällig ausgewählte Kiste ist, soll anhand einer Stichprobe getroffen werden. Es wird folgender **statistische Test** durchgeführt:
10 Früchte aus der gewählten Kiste werden untersucht. Die Anzahl X der minderwertigen Früchte ist binomialverteilt mit $p_1 = 0{,}10$, falls die Kiste von 1. Qualität ist, oder mit $p_2 = 0{,}35$, falls die Kiste von 2. Qualität ist. Als Entscheidungsregel wird (vorerst willkürlich) festgelegt:
$X \leq 2 \dots$ **$H_0$ annehmen**; $X > 2 \dots$ **$H_0$ verwerfen**, also **$H_A$ annehmen**
Da das Ergebnis der Stichprobe vom Zufall abhängt, kann die aufgrund dieses Tests erfolgte Entscheidung natürlich auch falsch sein.

Ist die Kiste von 1. Qualität, so entscheidet man **richtig**, wenn die Stichprobe 0, 1 oder 2 minderwertige Früchte enthält. Die Wahrscheinlichkeit dafür beträgt 93 %. Man entscheidet **falsch**, wenn sie mehr als 2 minderwertige Früchte enthält.

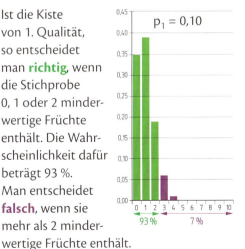

Ist die Kiste von 2. Qualität, so entscheidet man **richtig**, wenn die Stichprobe 3 oder mehr minderwertige Früchte enthält. Die Wahrscheinlichkeit dafür beträgt 74 %. Man entscheidet **falsch**, wenn sie 0, 1 oder 2 minderwertige Früchte enthält.

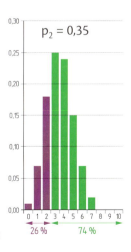

**Stochastik**

# Beurteilende Statistik

Es können also zwei verschiedene Arten von **Fehlentscheidungen** getroffen werden:

### Fehler 1. Art
Die **Nullhypothese ist richtig**, wird **aber** aufgrund des zufälligen Stichprobenergebnisses **verworfen**.
Im vorigen Beispiel beträgt die Wahrscheinlichkeit für ein Ergebnis, das zu diesem Fehler führt, $\alpha = 7\,\%$. In diesem Beispiel wurde die Entscheidungsregel willkürlich vorgegeben und $\alpha$ konnte berechnet werden. Üblicherweise ist der Weg umgekehrt und die Entscheidungsregel wird anhand einer vorgegebenen Irrtumswahrscheinlichkeit $\alpha$ ermittelt.

### Fehler 2. Art
Die **Nullhypothese ist falsch** (also die Alternativhypothese richtig), wird **aber** aufgrund des Stichprobenergebnisses für richtig gehalten und **angenommen**.
Im vorigen Beispiel liegt die Wahrscheinlichkeit für ein Ergebnis, das zu diesem Fehler führt, bei $\beta = 26\,\%$. In der Praxis kann $\beta$ meist nicht berechnet werden, da die Prozentsätze $p_1$ und $p_2$ im Allgemeinen nicht bekannt sind.

Beachte:
- Zu jeder Nullhypothese $H_0$ gehört eine Alternativhypothese $H_A$, die der Gegenbehauptung zu $H_0$ entspricht.
- Das Annehmen von $H_0$ ist **kein** Beweis für die Richtigkeit der Behauptung. Es bedeutet lediglich, dass die Argumente nicht ausreichen, um $H_0$ zu verwerfen.
  Merkhilfe: „Freispruch aus Mangel an Beweisen"
- Die beiden Fehler kommen durch Berechnung mit verschiedenen Parametern zustande, weisen also keinen rechnerischen Zusammenhang auf.

Zusammenfassend kann man vier mögliche Ausgänge des Tests unterscheiden:

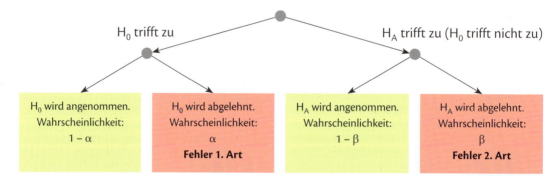

### Statistische Tests
Die zu überprüfenden Aussagen werden formuliert:
$H_0$ ... Nullhypothese, $H_A$ ... Alternativhypothese

Die Entscheidung wird anhand einer Stichprobe auf vorgegebenem Signifikanzniveau $\alpha$ getroffen.

**Fehler 1. Art** ($\alpha$-Fehler): Die Nullhypothese trifft zu, wird aber verworfen.
**Fehler 2. Art** ($\beta$-Fehler): Die Nullhypothese trifft nicht zu, wird aber angenommen.

Die häufigsten Tests, die in der Praxis durchgeführt werden, beziehen sich auf die Parameter einer normalverteilten Größe. Im Folgenden wird daher nur auf diese eingegangen.

## 10.2.2 Durchführung eines Tests über den Erwartungswert

Anhand einer Stichprobe vom Umfang n mit dem Stichprobenmittelwert $\bar{x}$ soll untersucht werden, ob bzw. wie sich der Erwartungswert $\mu_0$ einer Grundgesamtheit verändert hat, zum Beispiel nach der Wartung einer Maschine. Je nach Fragestellung werden Tests mit folgender Null- bzw. Alternativhypothese durchgeführt.

- „Hat sich der Erwartungswert verändert?"
  Nullhypothese $H_0$: $\mu = \mu_0$ … der Erwartungswert hat sich nicht verändert
  Alternativhypothese: $H_A$: $\mu \neq \mu_0$
  Es wird ein **zweiseitiger Test** durchgeführt, da sowohl eine Vergrößerung als auch eine Verkleinerung des Erwartungswert zum Verwerfen der Nullhypothese führen soll.

- „Hat sich der Erwartungswert vergrößert?"
  Nullhypothese $H_0$: $\mu \leq \mu_0$ … der Erwartungswert wurde nicht größer
  Alternativhypothese: $H_A$: $\mu > \mu_0$
  Hier wird ein **einseitiger Test** durchgeführt.

- „Hat sich der Erwartungswert verkleinert?"
  Nullhypothese $H_0$: $\mu \geq \mu_0$ … der Erwartungswert wurde nicht kleiner
  Alternativhypothese: $H_A$: $\mu < \mu_0$
  Hier wird ebenfalls ein **einseitiger Test** durchgeführt.

Die Entscheidung über die Annahme einer Hypothese kann mithilfe einer **Prüfgröße** erfolgen. Wird mit Prüfgrößen gearbeitet, so muss die Prüfgröße mit dem durch $\alpha$ bestimmten Schwellenwert, dem so genannten **kritischen Wert**, verglichen werden.

Es gilt: |Prüfgröße| $\leq$ kritischer Wert $\Rightarrow$ $H_0$ annehmen
|Prüfgröße| $>$ kritischer Wert $\Rightarrow$ $H_0$ verwerfen

Anstatt die Prüfgröße zu berechnen, können aus der Stichprobe auch die Grenzen des $(1 - \alpha)$-Vertrauensbereichs für $\mu$, also der **Annahme-** bzw. der **Ablehnungsbereich** ermittelt werden. Liegt $\mu_0$ im Annahmebereich, so kann nicht von einer Veränderung ausgegangen werden und $H_0$ wird beibehalten. Liegt $\mu_0$ im Ablehnungsbereich, so wird von einer Veränderung ausgegangen und $H_0$ wird verworfen und $H_A$ als gültig angenommen.

Das **Signifikanzniveau** $\alpha$ für einen Fehler 1. Art legt die maximale Wahrscheinlichkeit fest, dass $H_0$ zu Unrecht verworfen wird.

Je kleiner $\alpha$ ist, desto eher wird die Nullhypothese angenommen, allerdings ist dann die Aussagekraft geringer. Darüber gibt der so genannte **P-Wert** Auskunft. Dieser gibt jenes Signifikanzniveau an, bei dem man $H_0$ gerade noch verwerfen würde, für das also der kritische Wert mit der Prüfgröße übereinstimmt. Ist der P-Wert kleiner gleich dem gewählten Signifikanzniveau $\alpha$, so wird die Nullhypothese verworfen.
Ist kein Signifikanzniveau angegeben, so ist folgende **Klassifizierung** üblich:

| | |
|---|---|
| $P \geq 5\%$ | $H_0$ bleibt aufrecht |
| $1\% \leq P < 5\%$ | „schwach signifikant", $H_A$ ist wahrscheinlich |
| $0{,}1\% \leq P < 1\%$ | „signifikant", $H_A$ ist sehr wahrscheinlich |
| $P \leq 0{,}1\%$ | „hochsignifikant", $H_A$ ist praktisch sicher |

Bei der Berechnung muss unterschieden werden, ob die Standardabweichung der Grundgesamtheit bekannt oder unbekannt ist.

# Beurteilende Statistik

## Standardabweichung σ bekannt – z-Test

Ist die Standardabweichung σ der Grundgesamtheit bekannt, so entspricht der Test der Ermittlung des Vertrauensbereichs für μ bei bekanntem σ. Man arbeitet mit der **Normalverteilung**. Für die Prüfgröße gilt daher: $z_{prüf} = \dfrac{\bar{x} - \mu_0}{\dfrac{\sigma}{\sqrt{n}}}$

Die Abfüllmenge eines Getränkeautomaten ist normalverteilt mit $\mu_0 = 250$ mℓ und $\sigma = 3$ mℓ. Nach einer Wartung wird vermutet, dass sich der Erwartungswert verändert hat. Eine Stichprobe vom Umfang $n = 10$ mit $\bar{x} = 252{,}71$ mℓ wird entnommen. Es soll mithilfe eines Tests mit $\alpha = 5\,\%$ die Richtigkeit der Vermutung überprüft werden.

Hypothesen aufstellen
$H_0: \mu = \mu_0$
$H_A: \mu \neq \mu_0$

- Da sowohl eine Verkleinerung als auch eine Vergrößerung von μ möglich ist, wird ein zweiseitiger Test durchgeführt.

### 1. Möglichkeit: Überprüfung mithilfe der Prüfgröße

$z_{prüf} = \dfrac{\bar{x} - \mu_0}{\dfrac{\sigma}{\sqrt{n}}} = \dfrac{252{,}71 - 250}{\dfrac{3}{\sqrt{10}}} = 2{,}8565\ldots$

- Prüfgröße ermitteln

$\alpha = 5\,\% \Rightarrow z_{1-\frac{\alpha}{2}} = z_{0{,}975} = 1{,}95996\ldots$

- Der kritische Wert ist der Schwellenwert $z_{1-\frac{\alpha}{2}}$.

Entscheidung treffen
$z_{prüf} > z_{1-\frac{\alpha}{2}} \Rightarrow H_0$ verwerfen, $H_A$ annehmen

### 2. Möglichkeit: Überprüfung mithilfe des Annahmebereichs

zweiseitiger 95-%-Vertrauensbereich:
$250{,}85$ mℓ $\leq \mu \leq 254{,}57$ mℓ
$\mu_0$ liegt nicht im Vertrauensbereich der Stichprobe, $H_0$ wird daher verworfen.

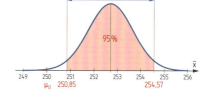

### 3. Möglichkeit: Überprüfung mithilfe des P-Werts

Es wird jener Prozentsatz P ermittelt, der der Prüfgröße $z_{prüf} = 2{,}8565\ldots$ entspricht.
$z_{1-\frac{P}{2}} = 2{,}8565\ldots \Rightarrow 1 - \dfrac{P}{2} = \Phi(2{,}8565\ldots) = 0{,}99785 \Rightarrow P = 0{,}00428\ldots \approx 0{,}43\,\% < 5\,\%$

Der P-Wert ist kleiner als das Signifikanzniveau, daher wird die Nullhypothese verworfen. Da $0{,}1\,\% \leq P \leq 1\,\%$ gilt, ist das Ergebnis signifikant. Es ist sehr wahrscheinlich, dass sich der Erwartungswert verändert hat.

---

**z-Test**

$z_{prüf} = \dfrac{\bar{x} - \mu_0}{\dfrac{\sigma}{\sqrt{n}}}$ | $|z_{prüf}| \leq z_{1-\frac{\alpha}{2}}$ bzw. $|z_{prüf}| \leq z_{1-\alpha} \Rightarrow H_0$ annehmen, $H_A$ verwerfen
$|z_{prüf}| > z_{1-\frac{\alpha}{2}}$ bzw. $|z_{prüf}| > z_{1-\alpha} \Rightarrow H_0$ verwerfen, $H_A$ annehmen

---

### Technologieeinsatz: z-Test
**TI-Nspire**

CASIO ClassPad II, GeoGebra: www.hpt.at

Im Menü **6: Statistik**, **7: Statistische Tests**, **1: z-Test…** erfolgt die komplette Auswertung des Tests. Sollen alle Stichprobenwerte eingegeben werden, so wählt man **Daten**, ist $\bar{x}$ bereits bekannt, so wählt man **Statistik**. Anschließend werden die Parameter der Berechnung eingegeben und die Art der Alternativhypothese gewählt.

# Beurteilende Statistik

## Standardabweichung $\sigma$ unbekannt – t-Test

Ist die Standardabweichung $\sigma$ der Grundgesamtheit nicht bekannt, so entspricht der Test der Ermittlung des Vertrauensbereichs für $\mu$ bei unbekanntem $\sigma$. Man arbeitet mit der **t-Verteilung**. Für die Prüfgröße gilt daher:

$$t_{prüf} = \frac{\bar{x} - \mu_0}{\frac{s}{\sqrt{n}}} \qquad \begin{array}{l} |t_{prüf}| \leq t_{1-\frac{\alpha}{2}} \text{ bzw. } |t_{prüf}| \leq t_{1-\alpha} \Rightarrow H_0 \text{ annehmen}, H_A \text{ verwerfen} \\ |t_{prüf}| > t_{1-\frac{\alpha}{2}} \text{ bzw. } |t_{prüf}| > t_{1-\alpha} \Rightarrow H_0 \text{ verwerfen}, H_A \text{ annehmen} \end{array}$$

**10.23** Der Inhalt von Zahnpastatuben ist annähernd normalverteilt. Der Hersteller garantiert einen Mindestinhalt von $\mu_0 = 150$ m$\ell$. Ein Händler glaubt, dass der Inhalt geringer ist und entnimmt eine Stichprobe mit folgenden Werten in m$\ell$:
151  154  149  146  152  148  143  144  147  146
Lässt sich der Verdacht des Händlers aufgrund der Stichprobe bestätigen, wenn als Signifikanzniveau 1 % gewählt wird?
Bestimme den P-Wert und erkläre dessen Bedeutung.

**Lösung:**
Hypothesen aufstellen
$H_0: \mu \geq \mu_0$
$H_A: \mu < \mu_0$

• Da der Verdacht auf eine Verringerung von $\mu$ besteht, wird ein einseitiger Test durchgeführt.

Prüfgröße und kritischen Wert ermitteln
$\bar{x} = 148$;  $s = 3{,}527...$, $n = 10$

$$t_{prüf} = \frac{\bar{x} - \mu_0}{\frac{s}{\sqrt{n}}} = \frac{148 - 150}{\frac{3{,}527...}{\sqrt{10}}} = -1{,}792...$$

$\alpha = 1\% \Rightarrow t_{f; 1-\alpha} = t_{9; 0{,}99} = 2{,}821...$

• Der kritische Wert ist der Schwellenwert.

Entscheidung treffen
$|t_{prüf}| \leq t_{f; 1-\alpha} \Rightarrow H_0$ annehmen

• |Prüfgröße| $\leq$ kritischer Wert $\Rightarrow H_0$ annehmen

Mit einer Irrtumswahrscheinlichkeit von 1 % lässt sich der Verdacht des Händlers nicht bestätigen.

$|t_{prüf}| = 1{,}792... = t_{9; 1-P} \Rightarrow 1 - P = 0{,}9467...$
$P = 0{,}0532... \approx 5{,}33\%$
Da der P-Wert $> 1\%$ ist, bleibt $H_0$ aufrecht.
Der P-Wert gibt jenes Signifikanzniveau an, bei dem man $H_0$ gerade noch verwerfen würde.

• P-Wert berechnen

## Technologieeinsatz: t-Test
### TI-Nspire

Im Menü **6: Statistik**, **7: Statistische Tests**, **2: t-Test...** kann ein t-Test komplett ausgewertet werden. Wählt man *Daten*, können die Stichprobenwerte in geschwungenen Klammern und durch Beistriche getrennt eingegeben werden.

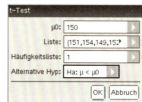

CASIO ClassPad II, GeoGebra: www.hpt.at

# Beurteilende Statistik

**10.24** Während der Arbeitszeit in einem Chemiekonzern sind die Angestellten einer Schadstoffbelastung ausgesetzt, die als normalverteilt angesehen werden kann mit $\mu_0 = 208$ ppm und $\sigma = 14$ ppm. Eine aufgrund von Atembeschwerden durchgeführte Erhebung ergab bei 16 Tests den Mittelwert $\bar{x} = 214$ ppm. Kann dies die Befürchtung auf Anstieg der mittleren Schadstoffbelastung untermauern? Beantworte die Frage auf dem Signifikanzniveau 5 %.

**10.25** Die Firma „Staub & Co" fertigt Staubsauger, deren Leistung als normalverteilt mit $\mu_0 = 900$ W und $\sigma = 15$ W angesehen werden kann. Um zu prüfen, ob sich der Erwartungswert während einer Produktionsphase verändert hat, wurde eine Stichprobe von 30 neuen Staubsaugern entnommen, bei der sich folgende mittlere Leistung ergab: $\bar{x} = 911$ W

1) Teste auf einem Signifikanzniveau von 5 %, ob sich der Erwartungswert geändert hat.
2) Ermittle den P-Wert und gib an, ob die Nullhypothese bei $\alpha = 1$ % angenommen oder verworfen wird. Begründe deine Antwort.

**10.26** Bei der automatischen Abfüllanlage von Vanillemilch ist die Abfüllmenge angeblich auf einen Sollwert von 500 ml eingestellt. Die Abfüllmenge kann als normalverteilt mit $\sigma = 1,3$ ml angenommen werden. Mit einer Irrtumswahrscheinlichkeit von 1 % soll geklärt werden, ob die tatsächliche Abfüllmenge geringer ist. Dazu wird die Abfüllmenge von 20 Packungen ermittelt und der Mittelwert $\bar{x} = 498,9$ ml festgestellt.
1) Bestätigt die vorliegende Stichprobe den Verdacht, dass die Vanillemilchpackungen zu gering befüllt wurden?
2) Beantworte die Frage aus *1)*, wenn derselbe Mittelwert in einer Stichprobe vom Umfang 5 festgestellt wird.

**10.27** Die Reißfestigkeit von Paketschnüren kann als normalverteilt angesehen werden mit $\mu_0 = 40 \frac{cN}{dtex}$ und $\sigma = 5 \frac{cN}{dtex}$. Bei einem Test wird eine Stichprobe von 50 Schnüren entnommen und ein Mittelwert von $41,3 \frac{cN}{dtex}$ ermittelt. Nebenstehende Abbildung zeigt die Testauswertung.

| "Titel" | "z-Test" |
|---|---|
| "Alternative Hyp" | "$\mu > \mu_0$" |
| "z" | 1.83848 |
| "PVal" | 0.032996 |
| "$\bar{x}$" | 41.3 |
| "n" | 50. |
| "$\sigma$" | 5. |

1) Formuliere eine Fragestellung, die zu dieser Auswertung führt.
2) Begründe, ob die Nullhypothese mit einer Wahrscheinlichkeit von 95 % bzw. 99 % angenommen wird.

**10.28** Die Füllmenge von Shampooflaschen ist annähernd normalverteilt mit einem Erwartungswert $\mu_0 = 200$ ml. Aus einer Lieferung werden 15 Flaschen entnommen, wobei sich für die Füllmengen folgende Werte in ml ergeben:
198  208  205  195  197  199  203  202  204  196  207  205  199  193  209
1) Kann man auf einem Signifikanzniveau von 5 % davon ausgehen, dass der Sollwert nicht überschritten wird?
2) Ermittle den P-Wert und interpretiere das Ergebnis.

**10.29** In einer Mühle benutzt man eine Abfüllmaschine für 1-kg-Mehlpackungen mit einem Erwartungswert $\mu_0 = 1\,010$ g. Vom Amt für Lebensmittelkontrolle wird eine Stichprobe vom Umfang $n = 10$ überprüft. Die Stichprobe ergab einen Mittelwert von 998,5 g und eine Standardabweichung von 19,8 g. Teste auf einem Signifikanzniveau von 1 %, ob sich der Erwartungswert geändert hat.

# Beurteilende Statistik

## 10.2.3 Zweistichprobentests – F-Test und t-Test

Häufig sollen der Erwartungswert und die Standardabweichung zweier Produktionsserien verglichen werden. Auch wenn $\mu$ und $\sigma$ nicht bekannt sind, kann man ermitteln, ob sich diese Werte während des Produktionsprozesses verändert haben.

Man geht von zwei unabhängigen Stichproben vom Umfang $n_1$ bzw. $n_2$ mit den Mittelwerten $\bar{x}_1$ und $\bar{x}_2$ und den Standardabweichungen $s_1$ und $s_2$ aus. Sind die Merkmale normalverteilt, so können für den Vergleich zwei Tests verwendet werden.

- Der **Zweistichproben-F-Test** gibt an, ob sich die Varianzen zweier Stichproben signifikant voneinander unterscheiden. Bei diesem Test wird die so genannte **F-Verteilung** oder **Fisher-Verteilung** (Ronald Aylmer Fisher, englischer Statistiker, 1890 – 1962) verwendet.
- Beim **Zweistichproben-t-Test** wird festgestellt, ob sich die Mittelwerte zweier unabhängiger Stichproben signifikant voneinander unterscheiden.

### Fisher-Verteilung

Um die Stichprobenvarianzen $s_1^2$ und $s_2^2$ zu vergleichen, wird deren Verhältnis $F = \frac{s_1^2}{s_2^2}$ (mit $s_2 \leq s_1$) gebildet. Das Verhältnis zweier Zufallsgrößen, die $\chi^2$-verteilt sind, ist F-verteilt. Die Dichtefunktion der F-Verteilung hängt von zwei Parametern $f_1$ und $f_2$, den Freiheitsgraden, ab. Für den Freiheitsgrad des Zählers gilt $f_1 = n_1 - 1$ und für den Freiheitsgrad des Nenners gilt $f_2 = n_2 - 1$.

Dichtefunktion für $f_1 = 9$ und $f_2 = 5$

### Zweistichproben-F-Test

Wie bei den Einstichprobentests wird auch hier je nach Fragestellung zwischen ein- und zweiseitigem Test unterschieden und die entsprechenden Hypothesen werden aufgestellt.

Die Prüfgröße $F_{prüf} = \frac{s_1^2}{s_2^2}$ mit $s_2 < s_1$ wird mit dem kritischen Wert $F_{f_1, f_2; 1-\alpha}$ bzw. $F_{f_1, f_2; 1-\frac{\alpha}{2}}$ verglichen.

---

**10.30** Bei der Abfüllung von Nougatcreme in 400-g-Gläser werden zwei Maschinen verwendet. Eine Stichprobe von 10 Gläsern bei Maschine A ergab eine Standardabweichung von $s_A = 3{,}6$ g und eine von 15 Gläsern bei Maschine B ergab $s_B = 4{,}2$ g. Prüfe auf einem Signifikanzniveau von $\alpha = 5\,\%$, ob sich die Varianzen unterscheiden.

**Ⓐ Ⓑ Ⓒ ⦁ Ⓣ_E**

CASIO ClassPad II, TI-Nspire, Excel: www.hpt.at

**Lösung mit GeoGebra:**

1) Hypothesen aufstellen

$H_0: \sigma_A^2 = \sigma_B^2$;  $H_A: \sigma_A^2 \neq \sigma_B^2$

- Zweiseitiger Test, da untersucht werden soll, ob es einen Unterschied gibt.

2) Prüfgröße und kritischen Wert ermitteln

$F_{prüf} = \frac{s_B^2}{s_A^2} = \frac{4{,}2^2}{3{,}6^2} = 1{,}361\ldots$

$F_{14, 9; 0{,}975} = 3{,}797\ldots$

- $s_A < s_B$
- Ermittlung des kritischen Werts

Eingabe: **InversFVerteilung[14, 9, 0.975]**

3) Entscheidung treffen

$F_{prüf} \leq F_{f_2, f_1; 1-\frac{\alpha}{2}} \Rightarrow H_0$ annehmen

Die Wahrscheinlichkeit, dass die beiden Maschinen mit unterschiedlichen Varianzen arbeiten, ist kleiner als 5 %.

**Stochastik**

# Beurteilende Statistik

**Zweistichproben-t-Test**

Um zu überprüfen, ob zwei normalverteilte Grundgesamtheiten mit **gleicher Varianz** $\sigma_1^2 = \sigma_2^2$ den gleichen Erwartungswert haben, kann der Zweistichproben-t-Test verwendet werden. Es wird jeweils eine Stichprobe vom gleichen Umfang n entnommen.
Als Prüfgröße $t_{prüf}$ wird die Differenz der Mittelwerte $\bar{x}_1 - \bar{x}_2$ verwendet, deren Standardabweichung mit $s = \sqrt{\frac{1}{n} \cdot (s_1^2 + s_2^2)}$ geschätzt wird: $t_{prüf} = \dfrac{\bar{x}_1 - \bar{x}_2}{\sqrt{\frac{1}{n} \cdot (s_1^2 + s_2^2)}}$

Da die Standardabweichungen zusammengefasst werden, wird eine gewichtete Varianz, die gepoolte Varianz, verwendet. Die Prüfgröße ist t-verteilt mit dem Freiheitsgrad $f = 2n - 2$.

TI-Nspire, Excel:
www.hpt.at

**10.31** Bei der Abfüllung von Nougatcreme in 400-g-Gläser werden parallel zwei Maschinen verwendet. Eine Stichprobe von je 10 Gläsern ergab bei Maschine A einen Mittelwert $\bar{x}_A = 401{,}8$ g und eine Standardabweichung von $s_A = 3{,}22$ g und bei Maschine B $\bar{x}_B = 399{,}5$ g und $s_B = 3{,}66$ g. Gemäß **10.30** werden $\sigma_A$ und $\sigma_B$ als gleich angenommen. Prüfe auf einem Signifikanzniveau von $\alpha = 5\,\%$, ob beide Maschinen gleich viel abfüllen.

Lösung mit GeoGebra:
1) Hypothesen aufstellen
   $H_0: \mu_A = \mu_B$;  $H_A: \mu_A \neq \mu_B$
   - Zweiseitiger Test, da nach der Gleichheit gefragt wird.

2) Prüfgröße und kritischen Wert ermitteln
   $t_{prüf} = \dfrac{\bar{x}_A - \bar{x}_B}{\sqrt{\frac{1}{n} \cdot (s_A^2 + s_B^2)}} = \dfrac{401{,}8 - 399{,}5}{\sqrt{\frac{1}{10} \cdot (3{,}22^2 + 3{,}66^2)}} = 1{,}491\ldots$
   - $t_{prüf}$ berechnen
   - Ermittlung des kritischen Werts
   $t_{18;\,0{,}975} = 2{,}100\ldots$    $f = 2 \cdot 10 - 2 = 18$

   Eingabe: `InverstVerteilung[18, 0.975]`

3) Entscheidung treffen
   $|t_{prüf}| \leq t_{f;\,1-\frac{\alpha}{2}} \Rightarrow H_0$ annehmen

Bei $\alpha = 5\,\%$ kann von gleichen Abfüllmengen ausgegangen werden.

Bemerkung: Viele Technologien bieten Befehle für vollständige Testauswertungen an. Meist wird bei den Berechnungen auch der P-Wert ausgegeben.

**10.32** Banderolen werden maschinell geschnitten. Vor und nach der Wartung wird eine Stichprobe von je 10 Stück entnommen (Längen in mm).
Vorher: 81  82  79  80  77  78  81  79  78  81
Nachher: 76  77  82  83  80  79  78  81  79  80
Die Längen können als normalverteilt angesehen werden. Prüfe auf einem Signifikanzniveau von $\alpha = 1\,\%$, ob sich die Varianzen unterscheiden.

**10.33** In einem Betonwerk wird an zwei Maschinen Beton gemischt. Es soll anhand zweier Stichproben von je 8 Betonwürfeln geprüft werden, ob die Druckfestigkeit gleich ist. Maschine 1: $\bar{x}_1 = 40{,}2\,\frac{N}{mm^2}$, $s_1 = 0{,}8\,\frac{N}{mm^2}$  Maschine 2: $\bar{x}_2 = 41{,}2\,\frac{N}{mm^2}$, $s_2 = 1{,}0\,\frac{N}{mm^2}$

1) Gib an, unter welchen Voraussetzungen ein Zweistichproben-t-Test durchgeführt werden kann.
2) Nimm an, dass diese Voraussetzungen erfüllt sind. Prüfe auf einem Signifikanzniveau von $\alpha = 1\,\%$, ob die Druckfestigkeiten gleich sind.
3) Die nebenstehende Abbildung zeigt eine Auswertung mit Technologieeinsatz. Welche Aussage kann man für $\alpha = 5\,\%$ treffen?

T Test, Differenz der Mittelwerte

|  | Stichprobe 1 | Stichprobe 2 |
|---|---|---|
| Mittelwert | 40.2 | 41.2 |
| s | 0.8 | 1 |
| N | 8 | 8 |
| SE | 0.4528 | |
| Freiheitsgrade | 14 | |
| t | -2.2086 | |
| P | 0.0444 | |

# Beurteilende Statistik

## 10.3 Anwendung im Qualitätsmanagement

Ein wichtiges Anwendungsgebiet für statistische Methoden ist das Qualitätsmanagement. Es befasst sich mit Methoden und Maßnahmen zur Sicherung bzw. Verbesserung der Qualität von Produktionen oder Dienstleistungen.

### 10.3.1 Annahmestichprobenprüfung

Um eine Produktion zu prüfen, könnte **jede Einheit eines Loses** (einer Lieferung) überprüft werden. Eine solche Prüfung nennt man **100-%-Prüfung**. Die 100-%-Prüfung kann allerdings nur bei zerstörungsfreier Prüfung angewendet werden. Aus wirtschaftlichen und technologischen Gründen ist man aber im Allgemeinen gezwungen, die Qualität von Losen durch eine **Annahmestichprobenprüfung** zu beurteilen. Es wird dabei nur eine **Teilmenge des Loses**, also eine Stichprobe, geprüft.

Es werden Schrauben geliefert, wobei der **Lieferumfang N = 1 000 Stück** beträgt. Um die Qualität der Lieferung zu prüfen, wird eine **Stichprobe** vom Umfang **n = 50** entnommen und die Anzahl der fehlerhaften Stück in dieser Stichprobe ermittelt. Zwischen dem Lieferanten und dem Kunden wird eine Vereinbarung getroffen, wie viele fehlerhafte Stück in dieser Stichprobe enthalten sein dürfen. Man einigt sich darauf, dass die Lieferung angenommen wird, wenn die Stichprobe höchstens 1 fehlerhaftes Stück enthält.
Die Wahrscheinlichkeit, dass die Lieferung nach Durchführung dieser Prüfung angenommen wird, hängt vom (unbekannten) Anteil fehlerhafter Schrauben, dem **Schlechtanteil p** in dieser Lieferung, ab.
Ist zum Beispiel p = 0,5 %, ergibt sich folgende Wahrscheinlichkeit:

X ... Anzahl der fehlerhaften Stück in der Stichprobe
n = 50

• Da der Lieferumfang sehr groß ist, kann X als binomialverteilt angenommen werden.

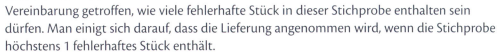

$$P(\text{Lieferung wird angenommen}) = P(X \leq 1) = \sum_{k=0}^{1} \binom{50}{k} \cdot 0{,}005^k \cdot 0{,}995^{50-k} = 0{,}973\ldots \approx 97\,\%$$

Für den Fall, dass der Schlechtanteil in der Lieferung 0,5 % beträgt, wird die Lieferung infolge dieser Prüfung mit einer Wahrscheinlichkeit von rund 97 % angenommen.

Um die Qualität einer Lieferung zu testen, kann eine Annahmestichprobenprüfung anhand der **Anzahl fehlerhafter Einheiten** in einer Stichprobe durchgeführt werden. In einer **Stichprobenanweisung n – c** [sprich: „n c"] wird dabei der **Stichprobenumfang** n sowie die **maximal erlaubte Anzahl c** an **fehlerhaften Einheiten** festgelegt. Welche Werte für n und c verwendet werden müssen, ist in Normen festgelegt und hängt vom Lieferumfang N sowie dem höchsten tolerierbaren Schlechtanteil, der annehmbaren Qualitätsgrenzlage **AQL** (Acceptable Quality Limit), ab.
In manchen Tabellen wird auch die Rückweisezahl d = c + 1 angegeben.

| Prüfungs-anweisung | AQL 0,65 % | AQL 1 % | AQL 1,5 % |
|---|---|---|---|
| N | n–c–d | n–c–d | n–c–d |
| 2 bis 8 | 0 | 0 | 0 |
| 9 bis 15 | 0 | 0 | 8–0–1 |
| 16 bis 25 | 20–0–1 | 13–0–1 | 8–0–1 |
| 26 bis 50 | 20–0–1 | 13–0–1 | 8–0–1 |
| 51 bis 90 | 20–0–1 | 13–0–1 | 8–0–1 |
| 91 bis 150 | 20–0–1 | 13–0–1 | 32–1–2 |
| 151 bis 280 | 20–0–1 | 50–1–2 | 32–1–2 |
| 281 bis 500 | 80–1–2 | 50–1–2 | 50–2–3 |

N = Gruppengröße (Patienten); n = Stichprobengröße; c = Annahmezahl; d = Rückweisezahl

(aus „Andreas Mockenhaupt: Qualitätssicherung - Qualitätsmanagement, 5. Auflage, Verlag Handwerk und Technik GmbH, Hamburg 2016")

# Beurteilende Statistik

Die Wahrscheinlichkeit, dass eine Lieferung nach einer solchen Prüfung angenommen wird, nennt man **Annahmewahrscheinlichkeit** $P_{AN}$. Bei einer bestimmten Stichprobenanweisung n – c hängt $P_{AN}$ nur mehr vom Schlechtanteil p in der Lieferung ab, ist also eine Funktion von p. Den Graphen der Funktion $P_{AN}(p)$ nennt man **Annahmekennlinie** oder **Operationscharacteristik** (OC) der Stichprobenanweisung n – c. Die OC gibt also Auskunft darüber, wie groß $P_{AN}$ wäre, wenn der Schlechtanteil in der Lieferung gleich p wäre. Da der Schlechtanteil p im Allgemeinen nicht bekannt ist, ist die OC eine so genannte „Was-wäre-wenn"-Kurve.

ZB: Eine Lieferung wird nach der Stichprobenanweisung 50 – 1 [sprich: "fünfzig eins"] geprüft. Die Funktion $P_{AN}(p)$ wird mithilfe der Verteilungsfunktion der Binomialverteilung berechnet.

$$P_{AN}(p) = \sum_{k=0}^{1} \binom{50}{k} \cdot p^k \cdot (1-p)^{50-k}$$

| p<br>Anteil fehlerhafter Einheiten | $P_{AN}$<br>Annahme-wahrscheinlichkeit |
|---|---|
| 0,005 | 0,9739 |
| 0,01 | 0,9106 |
| 0,02 | 0,7358 |
| 0,03 | 0,5553 |
| 0,06 | 0,1900 |
| 0,08 | 0,0827 |
| 0,1 | 0,0338 |

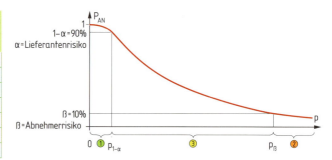

Je nach Größe der Annahmewahrscheinlichkeit unterscheidet man drei Bereiche:

**① Bereich hoher Annahmewahrscheinlichkeit:**
Der Lieferant ist bestrebt, Lose zu liefern, die bei der Stichprobenprüfung mit hoher Wahrscheinlichkeit angenommen werden, deren Fehleranteil p also im Bereich mit hoher Annahmewahrscheinlichkeit liegt.
$P_{AN} = 1 - \alpha = 90\%$ … Annahmewahrscheinlichkeit am rechten Rand des Bereichs ①.
Wenn $0 \leq p \leq p_{1-\alpha}$ gilt, so ist die Wahrscheinlichkeit für eine ungerechtfertigte Rückweisung höchstens gleich $\alpha$. Man bezeichnet $\alpha$ daher als **Lieferantenrisiko**.

**② Bereich kleiner Annahmewahrscheinlichkeit:**
Der Abnehmer ist interessiert, Lose ab einem bestimmten, aus seiner Sicht zu großen Fehleranteil p nur mit geringer Wahrscheinlichkeit anzunehmen.
$P_{AN} = \beta = 10\%$ entspricht in voriger Darstellung der Annahmewahrscheinlichkeit am linken Rand des Bereichs ②. Wenn $p \geq p_\beta$ gilt, so ist die Wahrscheinlichkeit für eine unerwünschte Losannahme höchstens $\beta$. Man bezeichnet $\beta$ als **Abnehmerrisiko** oder **Kundenrisiko**.

**③ Bereich mittlerer Annahmewahrscheinlichkeit:**
In diesem Bereich sind Annahme bzw. Ablehnung des Loses stark vom Zufall abhängig.
$p_{1-\alpha} < p < p_\beta$
Je höher der Stichprobenumfang n ist, desto kürzer ist dieser Bereich; die OC wird steiler. Bei der 100-%-Prüfung entfällt der Bereich der mittleren Annahmewahrscheinlichkeit ③.

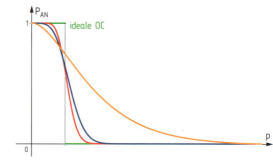

# Beurteilende Statistik

## Durchschlupf

Wenn man in einem Los vom Umfang N eine Stichprobe vom Umfang n prüft, bleiben (N – n) Stück ungeprüft. Jedes dieser Stücke ist mit einer Wahrscheinlichkeit von p defekt. Die Anzahl der defekten Stücke im ungeprüften Los beträgt daher im Mittel (N – n) · p Stück.

Der Anteil der defekten Stücke im ungeprüften Los ist daher $\frac{N-n}{N} \cdot p$.

Die Wahrscheinlichkeit, dass ein solches ungeprüftes Stück defekt ist, aber trotzdem angenommen wird, beträgt:

$$D = \frac{N-n}{N} \cdot p \cdot P_{AN} = \left(1 - \frac{n}{N}\right) \cdot p \cdot P_{AN} \approx p \cdot P_{AN} \quad \text{für } n \ll N$$

D wird als **Durchschlupf** oder **Average Outgoing Quality** (AOQ) bezeichnet und gibt den Restfehleranteil an, der im Mittel bei vielen Losen mit gleichem Fehleranteil unentdeckt bleibt. Ist p sehr klein, ist auch der Durchschlupf D gering. Auch bei Lieferungen mit hohem Schlechtanteil p ist der Durchschlupf gering, da solche Lieferungen mit hoher Wahrscheinlichkeit nicht angenommen werden.

Der maximale Durchschlupf $D_{max}$ entsteht, wenn die Annahmewahrscheinlichkeit bei rund 50 % liegt. Der zugehörige Schlechtanteil wird als AOQL (Average Outgoing Qualitiy Limit) bezeichnet.

 Für die Stichprobenanweisung 50 – 1 gilt:

$P_{AN}(p) = F_B(1)$ mit $n = 50$

$D(p) = p \cdot P_{AN}(p)$

$\Rightarrow P_{AOQL} \approx 0{,}032; \quad D_{max} = D(P_{AOQL}) \approx 0{,}017$ • Extremwert von $D(p)$

**10.34** Eine Stichprobenprüfung wird nach der Anweisung 80 – 2 durchgeführt.
1) Berechne $P_{AN}$ für einen Schlechtanteil von 1 %, 3 % und 4 %.
2) Stelle die OC grafisch dar und kennzeichne den Bereich hoher Annahmewahrscheinlichkeit.
3) Ermittle, bei welchem Fehleranteil der Durchschlupf maximal ist.

**10.35** Ein Lieferant liefert täglich 10 000 Schrauben. Der Abnehmer schreibt eine Stichprobe
von n = 200 Schrauben vor, wovon höchstens zwei fehlerhaft sein dürfen.
1) Der Lieferant weiß, dass die Lieferungen ungefähr 0,5 % fehlerhafte Schrauben enthalten. Berechne die Annahmewahrscheinlichkeit für eine solche Lieferung.
2) Gelegentlich kommt es vor, dass der Anteil fehlerhafter Einheiten 1 % beträgt. Berechne das Lieferantenrisiko für eine solche Lieferung.
3) Sind bei einer Lieferung mehr als 2 % fehlerhafte Schrauben vorhanden, treten beim Abnehmer Engpässe in der Fertigung auf. Berechne das Abnehmerrisiko in diesem Fall.

## 10.3.2 Qualitätsregelkarten und Beurteilung von Prozessen

Eine einfach durchzuführende Methode zur Überwachung von Prozessen stellen Qualitätsregelkarten dar. Die Qualität eines Prozesses wird dabei kontrolliert, in dem man regelmäßig Stichproben entnimmt und zum Beispiel überprüft, ob bzw. wie sich der Stichprobenmittelwert oder die Standardabweichung verändert hat.

# Beurteilende Statistik

Ist eine Messgröße normalverteilt mit dem Erwartungswert $\mu$ und der Standardabweichung $\sigma$, so sind auch die Mittelwerte von Stichproben aus dieser Grundgesamtheit normalverteilt, wobei gilt:

$\mu_{\bar{x}} = \mu$ und $\sigma_{\bar{x}} = \frac{\sigma}{\sqrt{n}}$

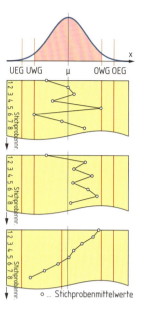

Liegt der Erwartungswert wie vorgesehen bei $\mu$, so muss der Mittelwert einer Stichprobe mit 95%iger Wahrscheinlichkeit im 95-%-ZSB bzw. mit 99%iger Wahrscheinlichkeit im 99-%-ZSB liegen.
Ist dies nicht der Fall, muss man von einer Änderung von $\mu$ ausgehen. Man bezeichnet die Grenzen des 95-%-ZSB als obere Warngrenze **OWG** und untere Warngrenze **UWG**. Im Allgemeinen führt ein Stichprobenmittelwert außerhalb der Warngrenzen zu einer strengeren Überwachung des Prozesses. Die Grenzen des 99-%-ZSB werden als obere Eingriffsgrenze **OEG** und untere Eingriffsgrenze **UEG** bezeichnet. Ein Stichprobenmittelwert außerhalb dieser Grenzen erfordert einen Eingriff in den Prozess. Ein solcher Eingriff erfolgt auch, wenn mehr als 7 Werte in Folge kleiner bzw. 7 Werte größer als der Erwartungswert $\mu$ sind oder mehr als 7 Werte in Folge den gleichen Trend aufweisen.

### Grenzwerte für Qualitätsregelkarten

$UWG = \mu - 1{,}960 \cdot \frac{\sigma}{\sqrt{n}}$ ... untere Warngrenze    $OWG = \mu + 1{,}960 \cdot \frac{\sigma}{\sqrt{n}}$ ... obere Warngrenze

$UEG = \mu - 2{,}576 \cdot \frac{\sigma}{\sqrt{n}}$ ... untere Eingriffsgrenze    $OEG = \mu + 2{,}576 \cdot \frac{\sigma}{\sqrt{n}}$ ... obere Eingriffsgrenze

### Prozessfähigkeitsindex

Im Bereich $\mu \pm 3\sigma$ einer Normalverteilung liegen fast alle Werte der normalverteilten Größe. Dieser Bereich wird daher als Maß dafür verwendet, wie gut ein Prozess unter Kontrolle ist.
Man geht davon aus, dass bei einem so genannten fähigen Prozess der $6\sigma$-Bereich zur Gänze innerhalb vorgegebener Toleranzgrenzen liegt. Den Quotienten $c_p$ bezeichnet man als **Prozessfähigkeitsindex**.

$c_p = \frac{\text{Toleranzbreite T}}{6\sigma}$

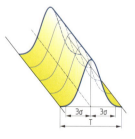

**10.36** Die Toleranzbreite eines Prozesses beträgt 125 mm. Berechne, wie groß $\sigma$ maximal sein darf, wenn ein Prozessfähigkeitsindex von 1,3 gefordert wird.

**10.37** Bei einer Fertigung wird mit $\mu = 15$ und $\sigma = 2{,}1$ gearbeitet. Fertige je eine Qualitätsregelkarte für $n = 10$ und für $n = 20$ an und vergleiche die beiden Karten.

**10.38** Die Stärke einer Kunstfaser ist normalverteilt mit $\mu = 0{,}020$ mm und $\sigma = 0{,}001$ mm.
1) Fertige eine Qualitätsregelkarte für $n = 7$ zur Überwachung der Produktion an.
2) Trage die folgende Stichprobe ein und interpretiere das Ergebnis (Werte in mm):
0,019  0,022  0,021  0,021  0,023  0,022  0,024

**10.39** Ein Kunde verlangt für die Dicke spezieller Steinplatten ein Maß von 3 cm ± 1 mm. Ermittle, wie groß die Standardabweichung sein muss, wenn $\mu = 3$ cm ist und ein $c_p$-Wert von **a)** 0,67   **b)** 1   **c)** 1,3   gefordert wird.

# Beurteilende Statistik

## Zusammenfassung

### Zweiseitiger $(1-\alpha)$-Vertrauensbereich (Konfidenzintervall) der Normalverteilung

... für $\mu$ bei bekanntem $\sigma$ (z-Verteilung):

$$\mu_{o,u} = \bar{x} \pm z_{1-\frac{\alpha}{2}} \cdot \frac{\sigma}{\sqrt{n}}$$

... für $\mu$ bei unbekanntem $\sigma$ (t-Verteilung):

$$\mu_{o,u} = \bar{x} \pm t_{f;\,1-\frac{\alpha}{2}} \cdot \frac{s}{\sqrt{n}}$$

... für $\sigma$ ($\chi^2$-Verteilung):

$$\sigma_u = s \cdot \sqrt{\frac{f}{\chi^2_{f;\,1-\frac{\alpha}{2}}}}\,;\quad \sigma_o = s \cdot \sqrt{\frac{f}{\chi^2_{f;\,\frac{\alpha}{2}}}}$$

### Zweiseitiger $(1-\alpha)$-Vertrauensbereich der Binomialverteilung für den Anteil p

Genau mittels Binomialverteilung:

$$p_u: \sum_{k=0}^{x} \binom{n}{k} \cdot p^k \cdot (1-p)^{n-k} = 1 - \frac{\alpha}{2}$$

$$p_o: \sum_{k=0}^{x} \binom{n}{k} \cdot p^k \cdot (1-p)^{n-k} = \frac{\alpha}{2}$$

Näherungsweise mit der Schätzung $\hat{p} = \frac{x}{n}$:

$$p_u = \hat{p} - z_{1-\frac{\alpha}{2}} \cdot \sqrt{\frac{\hat{p} \cdot (1-\hat{p})}{n}}$$

$$p_o = \hat{p} + z_{1-\frac{\alpha}{2}} \cdot \sqrt{\frac{\hat{p} \cdot (1-\hat{p})}{n}}$$

### Statistische Tests
Nullhypothese $H_0$, Alternativhypothese $H_A$
Fehler 1. Art ($\alpha$-Fehler): Nullhypothese trifft zu, wird aber verworfen
Fehler 2. Art ($\beta$-Fehler): Nullhypothese trifft nicht zu, wird aber angenommen

## Weitere Aufgaben

**10.40** Einer Lieferung von Notebook-Akkus wird eine Stichprobe von 12 Stück entnommen. Für die Laufzeiten nach dem erstmaligen Aufladen wurden folgende Werte in Stunden ermittelt:
6,3   6,8   6,6   7,2   6,7   6,8   6,9   7,0   6,4   6,6   7,1   6,8
Die Standardabweichung aller Laufzeiten beträgt $\sigma = 0,5$ Stunden.
Der Hersteller garantiert eine mittlere Laufzeit von 6,5 Stunden.
1) Ermittle das zweiseitige 95-%-Konfidenzintervall für $\mu$.
2) Überprüfe nachweislich, ob das 95-%- Konfidenzintervall für $\mu$ den angegebenen Wert des Herstellers einschließt.
3) Ermittle den linksseitigen Vertrauensbereich für $\mu$ mit $\alpha = 1\,\%$.

**10.41** Die Abfüllmenge von Maschinenöl ist normalverteilt. Die Genauigkeit der Abfüllanlage wird anhand einer Stichprobe überprüft und ergibt folgende Werte in m$\ell$:
96   97   104   103   103   99   101   97
1) Ermittle den zweiseitigen Vertrauensbereich für $\mu$ mit $\alpha = 5\,\%$. Überprüfe, ob der vom Hersteller angegebene Erwartungswert $\mu = 104$ m$\ell$ in diesem Bereich liegt.
2) Bestimme den zweiseitigen 99%igen Vertrauensbereich für die Standardabweichung.
3) Beschreibe, wie sich die Breite der Konfidenzintervalle für $\mu$ und $\sigma$ ändern, wenn $\alpha$ vergrößert wird.

**10.42** Nach einem Unfall wird die Reißfestigkeit von Tragseilen überprüft. Es wird eine Stichprobe vom Umfang 10 entnommen. Dabei ergibt sich eine Standardabweichung von $5,2\,\frac{N}{mm^2}$. Ermittle einen 99-%-Vertrauensbereich für die Standardabweichung.

# Beurteilende Statistik

**Ⓐ Ⓑ Ⓒ ●** **10.43** Die Füllmenge von Grillkohlesäcken ist normalverteilt mit
$\mu = 5{,}10$ kg. Aufgrund durchgeführter Wartungsarbeiten kann
nicht ausgeschlossen werden, dass sich die mittlere Füllmenge $\mu$
verändert hat. Zur Überprüfung wird eine Stichprobe von
10 Säcken entnommen (Werte in kg):

5,08   4,99   5,02   5,05   4,95   5,00   5,01   4,98   5,20   5,15

1) Berechne sowohl den 95-%- als auch den 99-%-Vertrauensbereich für $\mu$.
   Interpretiere die Ergebnisse im gegebenen Sachzusammenhang.
2) Gib an, wie sich der Stichprobenumfang ändern muss, damit die Breite des
   Konfidenzintervalls kleiner wird.

**Ⓐ Ⓑ Ⓒ Ⓓ** **10.44** Eine Abfüllmaschine für 1-Liter-Mineralwasserflaschen wurde neu
eingestellt. Zur Überprüfung werden 10 Flaschen entnommen und deren
Inhalt gemessen (in mℓ):

993   997   1 002   1 003   992   995   990   1 001   991   1 004

1) Teste auf einem Signifikanzniveau von 90 %. Überprüfe, ob die
   Einstellung geändert werden muss.
2) Bestimme das Signifikanzniveau, bei dem die Nullhypothese gerade
   noch verworfen wird.

**Ⓐ Ⓑ Ⓒ Ⓓ** **10.45** Eine Abfüllanlage zur Portionierung von Softeis hat den Erwartungswert $\mu = 135$ cm$^3$
und die Standardabweichung $\sigma = 5$ cm$^3$.

1) Ermittle, welches Volumen 90 % der Portionen mindestens haben.
2) Nach einer Reinigung der Abfüllanlage könnte sich $\mu$ verändert haben. Zur
   Überprüfung werden 10 Portionen abgefüllt, die insgesamt 128 cm$^3$ ergeben. Teste mit
   95 % Sicherheit bei $\sigma = 5$ cm$^3$, ob man mit einer Änderung von $\mu$ rechnen muss.
3) Die Abfüllanlage hatte ein Gebrechen und musste repariert werden. Beim
   Testlauf mit 15 Portionen wird $\bar{x} = 0{,}127$ dm$^3$ und $s = 6$ cm$^3$ erhoben. Gib das
   95-%-Konfidenzintervall für $\mu$ an.

**Ⓐ Ⓑ ● ●** **10.46** Bei der Überprüfung von 50 Ventilen waren 5 nicht in Ordnung.
Gib das 95-%-Konfidenzintervall für den Anteil der unbrauchbaren Ventile an.
Rechne genau und näherungsweise.

**Ⓐ Ⓑ ● Ⓓ** **10.47** Bei einer Umfrage in einem Bezirk haben 27 % aller Befragten angegeben, ein bestimmtes
Elektronikfachgeschäft zu kennen.

1) Nach einer Werbecampagne wird eine weitere Befragung durchgeführt. Von
   1 000 Personen kennen nun 302 das Elektronikfachgeschäft. Beurteile die Wirkung der
   Werbung.
2) In einem anderen Bezirk hat eine Befragung von 100 Personen ergeben, dass 18 davon
   das Elektronikfachgeschäft kennen. Ermittle, in welchem Bereich der Bekanntheitsgrad
   des Elektronikfachgeschäfts mit 95%iger Sicherheit liegt. Rechne genau und
   näherungsweise. Wähle ein geeignetes Signifikanzniveau.

**Ⓐ Ⓑ ● ●** **10.48** In einer Stadt wurde erhoben, dass 45 von 100 Erwachsenen in ihrer Freizeit gerne ins
Museum gehen. Mit welcher Sicherheit kann man daraus schließen, dass 40 % bis 50 %
aller Erwachsenen in ihrer Freizeit gerne ins Museum gehen?

# Beurteilende Statistik

## Aufgaben in englischer Sprache

| | | | |
|---|---|---|---|
| confidence interval | Konfidenzintervall / Vertrauensbereich | null hypothesis / alternative hypothesis | Nullhypothese / Alternativhypothese |
| control chart / process-behaviour chart | Qualitätsregelkarte | significance level | Signifikanzniveau |
| | | two sample test | Zweistichprobentest |
| fluctuation margin | Schwankungsbreite | type I / type II error | Fehler 1. / 2. Art |

**10.49** The urea concentration in human blood is normally distributed. Blood samples of 10 patients were taken to measure the urea concentration of them. The sample mean was 5.2 $\frac{mmol}{L}$ and the sample standard deviation was 0.56 $\frac{mmol}{L}$. For a healthy human being the mean should be 4.45 $\frac{mmol}{L}$ and the standard deviation should be 0.975 $\frac{mmol}{L}$. Create a confidence interval with a significance level of 5 % for the mean and the standard deviation. Do the patients have a normal urea concentration in their blood?

**10.50** A consumer group is concerned about the mean fat content of a certain grade of steakburger. They submit a random sample of 12 steakburgers for analysis. The percentage of fat in each of the steakburgers is as follows:
21  18  19  16  18  24  22  19  24  14  18  15
The manufacturer claims that the mean fat content of this grade of steakburger is less than 20 %. Assuming percentage fat content to be normally distributed with σ = 3, carry out an appropriate hypothesis test in order to advise the consumer group as to the validity of the manufacturer's claim.

## Wissens-Check

| | | gelöst |
|---|---|---|
| 1 | Beschreibe, wie sich die Breite eines zweiseitigen Konfidenzintervalls für den Erwartungswert $\mu$ einer normalverteilten Größe verändert, wenn<br>A) die Irrtumswahrscheinlichkeit größer wird.<br>B) bei gleicher Irrtumswahrscheinlichkeit die Stichprobenanzahl erhöht wird. | |
| 2 | Kreuze an:<br>Ist die Standardabweichung einer normalverteilten Größe bekannt, so muss man zur Ermittlung des Vertrauensbereichs für den Erwartungswert<br>⬜ A die Standardnormalverteilung, ⬜ B die t-Verteilung verwenden. | |
| 3 | Es wird mit $\alpha = 1\%$ getestet, ob sich der Erwartungswert einer normalverteilten Größe verändert hat. Der P-Wert bei einem z-Test beträgt 2 %.<br>Setze richtig fort:<br>A) Die Nullhypothese $H_0$: $\mu = \mu_0$ wird …<br>B) Das Ergebnis des Tests ist … | |
| 4 | Gib die Reihenfolge an, in der folgende Kenngrößen auf einer Qualitätsregelkarte angeordnet sind: OEG, OWG, UEG, UWG | |

Lösung:
1) A) Das Intervall wird schmäler. B) Das Intervall wird schmäler. 2) A 3) A) angenommen. B) schwach signifikant. 4) siehe Seite 262

# 11 Ausgleichsrechnung

Daten liegen oft in Form von Wertepaaren vor. Mithilfe der **Ausgleichsrechnung** werden die Parameter einer Funktion von vorgegebenem Typ so bestimmt, dass der Funktionsgraph sich den erhobenen Datenpunkten am besten anpasst. Die „Stärke" des Zusammenhangs zwischen den beiden Größen wird mithilfe der **Korrelation** beschrieben.

## 11.1 Methode der kleinsten Quadrate

 **11.1** Der amerikanische Astronom Edward Powell Hubble (1889 – 1953) lieferte (ungewollt) einen wesentlichen Beitrag zu der Theorie, dass das Weltall expandiert. Er beobachtete mehrere hundert Galaxien mithilfe eines Spiegelteleskops. Dabei wurden sowohl die Entfernung r einer Galaxie von der Erde als auch deren Geschwindigkeit v anhand der Rotverschiebung gemessen. Das folgende Diagramm zeigt einige dieser Messwerte.

1) Zeichne in nebenstehendem Diagramm jene Gerade ein, die die Messdaten möglichst gut wiedergibt. Gib die Gleichung dieser Geraden an.
2) Vergleiche die Steigung der Geraden mit der Hubble-Konstanten $H_0 \approx (74{,}3 \pm 2{,}1) \frac{km}{s \cdot Mpc}$ (pc ... Parsec, 1 pc $\approx 3 \cdot 10^{16}$ m).

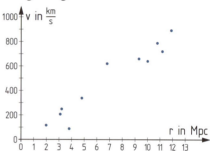

Werden Daten, die in Form von Wertepaaren vorliegen, als Punkte in ein Koordinatensystem eintragen, erhält man ein sogenanntes **Punktwolken-Diagramm**.
Oft lässt sich diese Punktwolke mithilfe einer mathematischen Funktion beschreiben. Hat man sich zum Beispiel aufgrund der „Form" der Punktwolke für einen Funktionstyp entschieden, müssen die Parameter der Funktion so ermittelt werden, dass sich der Funktionsgraph der Punktwolke „möglichst gut anpasst".
Eine Methode, diese Funktion, die so genannte **Ausgleichsfunktion** bzw. **Regressionsfunktion** (latein: „regredere" = zurückgehen) zu ermitteln, ist die **Methode der kleinsten Quadrate**. Dabei wird die Summe der Abstandsquadrate vom Funktionsgraphen zu den gegebenen Punkten minimiert. Die gegebenen Punkte liegen im Allgemeinen **nicht** auf dem Graphen.
Im Folgenden wird anhand einer **Regressionsgeraden** (linearen Ausgleichsfunktion) die **Methode der kleinsten Quadrate** gezeigt.

Aus einer Versuchsreihe erhält man von zwei Größen x und y die Messdaten $P_1(x_1|y_1)$, $P_2(x_2|y_2)$, ..., $P_n(x_n|y_n)$. Die „einfachste" Funktion, deren Graph die Punktwolke annähernd beschreibt, ist eine Gerade. Es soll nun jene Geradengleichung $\hat{y} = k \cdot x + d$ ermittelt werden, die den Zusammenhang so gut wie möglich beschreibt. Es wird für jeden Punkt $P_i$ die senkrechte Differenz zwischen dem gemessen Wert $y_i$ und dem mithilfe der (noch nicht bekannten) linearen Funktion ermittelten Funktionswert $\hat{y}_i$ gebildet: $(\hat{y}_i - y_i)$

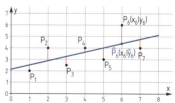

Die Koeffizienten k und d der gesuchten Geraden werden nun so ermittelt, dass die Summe der quadrierten Differenzen $(\hat{y}_i - y_i)^2$ minimal wird: $\sum_{i=1}^{n}(\hat{y}_i - y_i)^2 \rightarrow$ minimal

Die Herleitung einer Formel zur Berechnung der Koeffizienten k und d erfolgt auf Seite 268.

# Ausgleichsrechnung

Nicht immer ist eine Näherung durch eine lineare Funktion sinnvoll. Daher besteht auch die Möglichkeit, verschiedene andere Funktionstypen (quadratische, kubische, exponentielle usw.) als Modellfunktionen zu verwenden. Zur Ermittlung der Funktionsgleichungen wird ebenfalls die Methode der kleinsten Quadrate verwendet.

> **Methode der kleinsten Quadrate**
> Liegen n Datenpaare $P_1(x_1|y_1)$, $P_2(x_2|y_2)$, ..., $P_n(x_n|y_n)$ vor, so wird jene Funktion, die die Punkte „am besten" beschreibt, durch das Minimieren der Summe der Quadrate aller senkrechten Abstände zum Funktionsgraphen (**Fehlerquadratsumme**) ermittelt.

Üblicherweise werden Ausgleichsfunktionen mithilfe von Technologieeinsatz ermittelt.

## 11.2 Lineare Regression und Korrelation

**11.2** Haben große Eltern große Kinder?
1) Sammle die Daten der Körpergröße der Eltern und deren Kinder für deine Klasse.
2) Stelle die Daten grafisch dar und zeichne eine lineare Ausgleichsfunktion ein.
3) Argumentiere, ob sich ein Zusammenhang erkennen lässt.

Wird ein linearer Zusammenhang vermutet, so kann mithilfe der in Abschnitt 11.1 gezeigten Methode eine Regressionsgerade ermittelt werden. Auskunft darüber, wie gut sich diese lineare Näherung eignet, gibt die so genannte **Korrelation** (latein: „relatio" = Beziehung).

Aus der Korrelation lassen sich allerdings keine Schlüsse ziehen, ob eine Größe die andere kausal (ursächlich) beeinflusst.

So wurde zum Beispiel 2012 in einem englischen Magazin ein Artikel veröffentlicht, in dem eine gute Korrelation zwischen dem mittleren Schokoladekonsum pro Kopf und der Anzahl der Nobelpreisträger in einem Land festgestellt wurde. Daraus wurde dann geschlossen, dass der Verzehr von Schokolade intelligent macht.

Tatsächlich lässt sich eine **Kausalität** trotz guter Korrelation nur mithilfe weiterer Untersuchungen nachweisen oder verwerfen.

Karl Pearson (britischer Mathematiker, 1857 – 1936) entwickelte eine Maßzahl, den **Pearson'schen Korrelationskoeffizienten**, dessen Wert r eine Auskunft über die Stärke eines **linearen Zusammenhangs** zwischen zwei Messgrößen darstellt.

Der lineare Zusammenhang ist umso stärker, je näher $|r|$ bei 1 liegt.

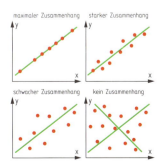

- $|r| = 1$ ... Alle Punkte liegen auf einer Geraden, es liegt ein linearer Zusammenhang vor.
- $r = 0$ ... Die Punkte liegen verstreut, es gibt keinen linearen Zusammenhang.
- $0 < |r| < 1$ ... Je näher der Wert von $|r|$ bei 1 liegt, desto stärker ist der lineare Zusammenhang.

Das Vorzeichen von r gibt an, ob die Regressionsgerade fallend ($r < 0$) oder steigend ($r > 0$) ist.

**Stochastik**

## Ausgleichsrechnung

Nun werden die Parameter k und d einer linearen Regressionsfunktion $\hat{y} = k \cdot x + d$, auch Trendlinie oder Trendfunktion genannt, hergeleitet.

Für die zu den gegebenen x-Werten gehörenden $\hat{y}$-Werte gilt: $\hat{y}_i = k \cdot x_i + d$

Damit ergibt sich für die Summe der Abweichungsquadrate: $\sum_{i=1}^{n}(\hat{y}_i - y_i)^2 = \sum_{i=1}^{n}[(k \cdot x_i + d) - y_i]^2$

Dabei handelt es sich um eine Funktion in den zwei Variablen k und d:

$$f(k, d) = \sum_{i=1}^{n}(k \cdot x_i + d - y_i)^2$$

Um das Minimum zu ermitteln, werden die partiellen Ableitungen $\frac{\partial f}{\partial k}$ und $\frac{\partial f}{\partial d}$ null gesetzt.

$$\frac{\partial f}{\partial k} = \sum_{i=1}^{n} 2 \cdot (k \cdot x_i + d - y_i) \cdot x_i \quad \text{und} \quad \frac{\partial f}{\partial d} = \sum_{i=1}^{n} 2 \cdot (k \cdot x_i + d - y_i) \cdot 1$$

$$2 \cdot \left(k \cdot \sum_{i=1}^{n} x_i^2 + d \cdot \sum_{i=1}^{n} x_i - \sum_{i=1}^{n} x_i \cdot y_i\right) = 0 \quad \text{und} \quad 2 \cdot \left(k \cdot \sum_{i=1}^{n} x_i + d \cdot \sum_{i=1}^{n} 1 - \sum_{i=1}^{n} y_i\right) = 0$$

Daraus ergibt sich ein Gleichungssystem mit den Unbekannten k und d.

I: $k \cdot \sum_{i=1}^{n} x_i^2 + d \cdot \sum_{i=1}^{n} x_i = \sum_{i=1}^{n} x_i \cdot y_i$

II: $k \cdot \sum_{i=1}^{n} x_i + d \cdot n = \sum_{i=1}^{n} y_i$

Aus Gleichung II erhält man: $d = \dfrac{\sum_{i=1}^{n} y_i - k \cdot \sum_{i=1}^{n} x_i}{n} = \bar{y} - k \cdot \bar{x}$ $\quad \bar{x}, \bar{y}$ ... arithmetische Mittel

Setzt man d in Gleichung I ein und löst nach k auf, ergibt sich: $k = \dfrac{n \cdot \sum_{i=1}^{n} x_i \cdot y_i - \sum_{i=1}^{n} x_i \cdot \sum_{i=1}^{n} y_i}{n \cdot \sum_{i=1}^{n} x_i^2 - \left(\sum_{i=1}^{n} x_i\right)^2}$

Mit $n \cdot \sum_{i=1}^{n} x_i^2 - \left(\sum_{i=1}^{n} x_i\right)^2 = n \cdot \sum_{i=1}^{n} (x_i - \bar{x})^2$ erhält man: $k = \dfrac{\sum_{i=1}^{n}(x_i - \bar{x}) \cdot (y_i - \bar{y})}{\sum_{i=1}^{n}(x_i - \bar{x})^2}$

---

Liegen n Datenpaare $P_1(x_1|y_1), P_2(x_2|y_2), ..., P_n(x_n|y_n)$ vor, erhält man die Parameter k und d der **Regressionsgeraden $\hat{y} = k \cdot x + d$** wie folgt:

$$k = \dfrac{\sum_{i=1}^{n}(x_i - \bar{x}) \cdot (y_i - \bar{y})}{\sum_{i=1}^{n}(x_i - \bar{x})^2}, \quad d = \bar{y} - k \cdot \bar{x} \qquad \bar{x}, \bar{y} \text{ ... arithmetische Mittel}$$

---

Die Formel für den Pearson'schen Korrelationskoeffizienten wird ohne Beweis angeführt.

**Pearson'scher Korrelationskoeffizient** (Empirischer Korrelationskoeffizient)

$$r = \dfrac{\sum_{i=1}^{n}(x_i - \bar{x}) \cdot (y_i - \bar{y})}{\sqrt{\sum_{i=1}^{n}(x_i - \bar{x})^2 \cdot \sum_{i=1}^{n}(y_i - \bar{y})^2}} \qquad \begin{array}{l} x_i, y_i \text{ ... Koordinaten von i Messpunkten} \\ \bar{x}, \bar{y} \text{ ... arithmetische Mittel} \end{array}$$

# Ausgleichsrechnung

**11.3** In einer Umfrage wurden fünf Personen verschiedenen Alters nach ihrem „subjektiven Gesundheitszustand" befragt. Die Antworten variieren dabei von 1,0 (sehr gut) bis 5,0 (sehr schlecht). Berechne und interpretiere den Korrelationskoeffizienten. Ermittle die Regressionsgerade und stelle sie grafisch dar.

| Alter in Jahren | 22 | 37 | 45 | 48 | 62 |
|---|---|---|---|---|---|
| Gesundheitszustand | 1,2 | 1,0 | 1,8 | 2,7 | 3,4 |

**Lösung:**

$\bar{x} = \frac{214}{5} = 42{,}8$ und $\bar{y} = \frac{10{,}1}{5} = 2{,}02$

Zur Vereinfachung der Berechnungen wird eine Tabelle angelegt.

| | Alter | Gesundheitszustand | $(x_i - \bar{x})$ | $(x_i - \bar{x})^2$ | $(y_i - \bar{y})$ | $(y_i - \bar{y})^2$ | $(x_i - \bar{x}) \cdot (y_i - \bar{y})$ |
|---|---|---|---|---|---|---|---|
| | 22 | 1,2 | −20,8 | 432,64 | −0,82 | 0,6724 | 17,056 |
| | 37 | 1,0 | −5,8 | 33,64 | −1,02 | 1,0404 | 5,916 |
| | 45 | 1,8 | 2,2 | 4,84 | −0,22 | 0,0484 | −0,484 |
| | 48 | 2,7 | 5,2 | 27,04 | 0,68 | 0,4624 | 3,536 |
| | 62 | 3,4 | 19,2 | 368,64 | 1,38 | 1,9044 | 26,496 |
| $\Sigma$ | 214 | 10,1 | | 866,80 | | 4,1280 | 52,520 |

$\sum_{i=1}^{n}(x_i - 42{,}8) \cdot (y_i - 2{,}02) = 52{,}52$ • $\sum_{i=1}^{n}(x_i - \bar{x}) \cdot (y_i - \bar{y})$

$\sqrt{\sum_{i=1}^{n}(x_i - \bar{x})^2 \cdot \sum_{i=1}^{n}(y_i - \bar{y})^2} = \sqrt{866{,}8 \cdot 4{,}128} = 59{,}817\ldots$

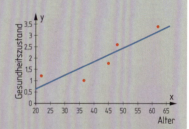

$r = \frac{52{,}52}{59{,}817\ldots} = 0{,}8780\ldots \Rightarrow r \approx 0{,}878$

$k = \frac{52{,}52}{866{,}8} = 0{,}060\ldots$

$d = 2{,}02 - k \cdot 42{,}8 = -0{,}573\ldots$

$\Rightarrow \hat{y} = 0{,}06 \cdot x - 0{,}57$

Da der Wert von r nahe bei 1 liegt und positiv ist, handelt es sich um eine hohe positive Korrelation. Da der Wert jedoch auf einer Befragung von nur fünf Personen beruht, sind Verallgemeinerungen wie „Je älter die Person ist, desto schlechter ist ihr subjektiver Gesundheitszustand." nicht zulässig.

Bei der Interpretation von Korrelationskoeffizienten ist zu beachten, dass eine einheitliche Aussage über die Stärke des Zusammenhangs nicht definiert ist. So wird zum Beispiel im Bereich der Medizin oder Pharmazie ein Korrelationskoeffizient von 0,3 mitunter schon als sehr hoch gewertet, während in den Wirtschaftswissenschaften von hoher Korrelation meist erst ab 0,9 gesprochen wird.

Ein weiterer Wert, mit dem die Qualität einer Ausgleichsfunktion beschrieben wird, ist das **Bestimmtheitsmaß** $R^2$. Es gibt jenen Anteil der Varianz von y an, der auf die Varianz der x-Werte zurückzuführen ist, also durch das Regressionsmodell erklärt wird. Ein Bestimmtheitsmaß von zum Beispiel $R^2 = 0{,}80$ bedeutet, dass 80 % der Varianz von y mithilfe der Regressionsgeraden erklärbar sind, während 20 % der Varianz nicht durch das Modell beschrieben werden. Im Fall der linearen Regression entspricht es dem Quadrat des Pearson'schen Korrelationskoeffizienten $R^2 = r^2$.

# Ausgleichsrechnung

**Technologieeinsatz: Lineare Regression und Korrelation**
**Tabellenkalkulationsprogramm**

TI-Nspire, Geogebra, Mathcad, CASIO ClassPad II:
www.hpt.at

ZB: Regressionsgerade und Korrelationskoeffizient zu Aufgabe **11.3**.

Die x- und y-Werte werden eingegeben und die Punkte in einem Diagramm (**Punkt (XY)**) dargestellt.

Das Diagramm kann anschließend beliebig formatiert werden.

Um die Ausgleichsgerade zu bestimmen und darzustellen, klickt man mit der rechten Maustaste auf einen Datenpunkt und wählt **Trendlinie hinzufügen…** .

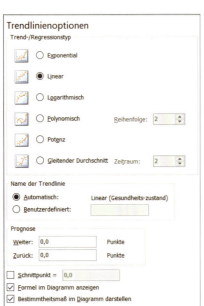

Als Typ wird **Linear** ausgewählt. Unter Prognose kann die Gerade „verlängert" werden, also ein Trend angegeben werden. Zusätzlich wird **Formel im Diagramm anzeigen** und **Bestimmtheitsmaß im Diagramm darstellen** aktiviert.

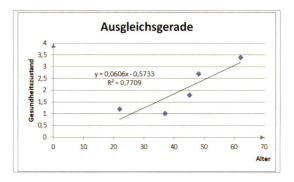

Die Regressionsgerade wird sowohl grafisch dargestellt als auch als Gleichung angegeben. Das Bestimmtheitsmaß $R^2$ wird ausgegeben.

Die Berechnung des Korrelationskoeffizienten und des Bestimmtheitsmaßes einer Datenreihe kann auch direkt mit folgenden Befehlen erfolgen:
**=KORREL(Matrix1;Matrix2)**
**=BESTIMMTHEITSMASS(Y_Werte;X_Werte)**

# Ausgleichsrechnung

**11.4** Bei einer Messung wurden unterschiedliche Datenpaare erfasst.
1) Stelle die Datenpaare in einem Koordinatensystem dar.
2) Gib die Gleichung der Regressionsgeraden an.
3) Ermittle den Korrelationskoeffizienten und interpretiere diesen.
4) Ermittle mithilfe der Regressionsgeraden Schätzwerte für die fehlenden Koordinaten.
**a)** M = {(2; 4), (3; 3), (4; 5), (6; 6), (7; 8), (8; 7), (10; 9), (12; 13)},  A(9|y), B(x|10)
**b)** M = {(1; 10), (3; 12), (5; 15), (6; 14), (9; 18), (11; 23), (14; 27), (15; 30)},  A(x|12), B(8|y)

**11.5** In einer Klasse wurde nach einer Schularbeit von acht Schülern die Anzahl der Fehlstunden pro Schüler und die zugehörige Note auf die Schularbeit erhoben.

| Fehlstunden | 20 | 5 | 36 | 2 | 104 | 60 | 45 | 51 |
|---|---|---|---|---|---|---|---|---|
| Note | 3 | 2 | 3 | 1 | 5 | 4 | 2 | 3 |

1) Stelle die Daten in einem Punktwolkendiagramm dar und argumentiere anhand der Grafik, warum der Korrelationskoeffizient nicht negativ sein kann.
2) Ermittle die lineare Ausgleichsfunktion.

**11.6** Folgende Tabelle stellt laut einer Umfrage den subjektiven Gesundheitszustand von Männern in Abhängigkeit vom Alter dar (Angaben in Prozent). Berechne den Korrelationskoeffizienten und interpretiere das Ergebnis.

| Männer | 15 bis unter 30 | 30 bis unter 45 | 45 bis unter 60 | 60 bis unter 75 |
|---|---|---|---|---|
| **a)** Sehr gut | 67,8 | 47,2 | 28,3 | 14,1 |
| **b)** Gut | 27,7 | 41,4 | 41,7 | 44,3 |
| **c)** Mittelmäßig | 3,7 | 9,5 | 22,1 | 32,1 |

Quelle: Statistik Austria

**11.7** Beim Testen eines Schiffsmotors wurde dessen Leistung in Abhängigkeit von der Drehzahl gemessen. Dabei ergaben sich die folgenden Werte:

| Drehzahl in $\frac{1}{min}$ | 2 400 | 2 800 | 3 100 | 3 800 | 4 200 |
|---|---|---|---|---|---|
| Leistung in kW | 18,4 | 24,8 | 30,6 | 38,5 | 42,4 |

1) Ermittle die Ausgleichsgerade.
2) Welche Leistung kann man bei einer Drehzahl von 1 200 Umdrehungen pro Minute erwarten?
3) Stelle die Daten und die Ausgleichsgerade in einem Diagramm dar. Ermittle daraus die Drehzahl bei einer Leistung von 35 kW.
4) Interpretiere die Steigung der Ausgleichsgeraden im gegebenen Sachzusammenhang.

**11.8** Bei einer Verdünnungsreihe wurden folgende Extinktionen E (Absorption des Lichts bei bestimmten Wellenlängen) bei einer Wellenlänge von 440 nm gemessen:

| Konzentration | 0,1 | 0,05 | 0,01 | 0,005 | 0,001 |
|---|---|---|---|---|---|
| Extinktion | 0,60 | 0,32 | 0,18 | 0,08 | 0,04 |

1) Ermittle die Gleichung der Regressionsgeraden, die die Abhängigkeit der Extinktion von der Konzentration beschreibt.
2) Bestimme den Korrelationskoeffizienten und interpretiere diesen.
3) Bestimme die Konzentration einer Lösung mit E = 0,25 mithilfe der Regressionsgeraden.

## Ausgleichsrechnung

**11.9** Die Tabelle zeigt eine Liste der 10 höchsten Hochschaubahnen der Welt mit der jeweiligen Höhe h und der maximalen Geschwindigkeit v, die man während einer Fahrt erreichen kann (Stand 2018).

|  | h in m | v in $\frac{km}{h}$ |
|---|---|---|
| Kingda Ka (USA) | 139 | 206 |
| Top Thrill Dragster (USA) | 128 | 193 |
| Superman (USA) | 127 | 161 |
| Tower of Terror (AUS) | 115 | 161 |
| Red Force (ESP) | 112 | 180 |
| Fury 325 (USA) | 99 | 153 |
| Steel Dragon 2000 (JAP) | 97 | 153 |
| Millenium Force (USA) | 95 | 150 |
| Leviathan (CAN) | 93 | 148 |
| Intimidator 305 (USA) | 93 | 151 |

1) Stelle die Geschwindigkeiten abhängig von den Höhen in einem Punktwolken-Diagramm grafisch dar.
2) Ermittle die Gleichung der Regressionsgeraden sowie den Pearson'schen Korrelationskoeffizienten.
3) Eine Hochschaubahn im Wiener Prater hat eine Höhe von 15 m. Berechne, welche Geschwindigkeit in $\frac{km}{h}$ auf dieser Hochschaubahn gemäß der Regressionsgeraden aus 2) erreichbar sein müsste.
4) Tatsächlich erreicht man auf dieser Hochschaubahn eine Geschwindigkeit von 55 $\frac{km}{h}$. Ermittle den absoluten und den relativen Fehler.

**11.10** Die aus dem Nationalen Bildungsbericht 2015 (hergestellt im Auftrag des Bundesministeriums für Bildung und Frauen) entnommene Abbildung zeigt die Schulnoten und Kompetenzen im Fach Mathematik in der 4. Klasse der Volksschule. Auf der waagrechten Achse ist für jede getestete Klasse der Mittelwert der erreichten Punkte, auf der senkrechten Achse der Mittelwert der Mathematiknoten dieser Klasse aufgetragen.

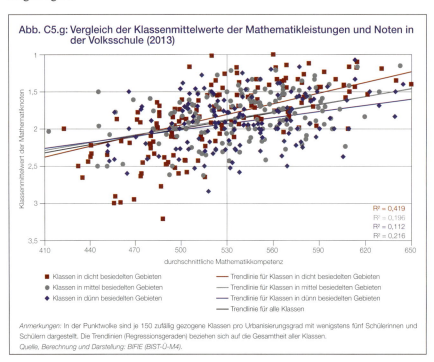

1) Bestimme die Korrelationskoeffizienten für „Klassen in dicht besiedelten Gebieten" und für „Klassen in dünn besiedelten Gebieten" und vergleiche diese.
2) Gib die Spannweite der Punkte an, die eine Klasse in einem dicht besiedelten Gebiet hat, wenn die Noten zwischen 2,5 und 3 liegen.

# Ausgleichsrechnung

## 11.3 Nicht lineare Ausgleichsfunktionen

Da in der Praxis die Zusammenhänge oft nicht linear sind, muss vor der Berechnung anhand der Daten entschieden werden, welcher Funktionstyp zur Beschreibung geeignet ist.

**11.11** Bei einer RC-Serienschaltung wurde die Stromstärke in Abhängigkeit von der Zeit gemessen. Die Ergebnisse der Messung sind in der Tabelle dargestellt.

| Zeit t in s       | 0 | 2   | 5   | 10  | 12  | 20  |
|-------------------|---|-----|-----|-----|-----|-----|
| Stromstärke i in mA | 4 | 2,6 | 1,5 | 0,5 | 0,3 | 0,1 |

Ermittle eine exponentielle Aufgleichsfunktion.

Lösung mit Excel:

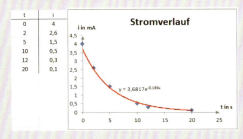

Die Werte werden in zwei Spalten eingegeben.

- Die grafische Darstellung erfolgt mit dem Diagrammtyp **Punkt (XY)**.
- Beim Auswählen der Trendlinie wird als Regressionstyp **Exponential** gewählt.

$$\hat{y}(t) = 3{,}6817 \cdot e^{-0{,}189 \cdot t}$$

t ... Zeit in s, $\hat{y}(t)$ ... Stromstärke zur Zeit t in mA

**11.12** Ein Unternehmen stellt Designer-Kugelschreiber her. Bei einer Produktion von 100 Stück fallen Kosten von 3 500,00 € an, bei 250 Stück 7 200,00 €, bei 320 Stück 8 100,00 € und bei 400 Stück 9 000,00 €.
1) Bestimme, jeweils die Gleichung einer linearen, einer quadratischen und einer kubischen Ausgleichsfunktion für die Kosten.
2) Gib an, welches Modell für den Kostenverlauf am besten geeignet ist.

**11.13** Nach einem Training beim Kugelstoßen wurde die Flugbahn einer Kugel anhand eines Videos analysiert. Das Diagramm zeigt die Höhe y der Kugel bei einer waagrechten Entfernung x von der Abwurfstelle.
1) Jemand verwendet folgende Ausgleichsfunktion zur Beschreibung der Flugbahn:
$\hat{y}(x) = -0{,}0086x + 4{,}4524$
Begründe, warum diese Funktion ungeeignet ist.
2) Erstelle eine quadratische Ausgleichsfunktion zur Beschreibung der Flugbahn der Kugel.
3) Berechne, in welcher Entfernung von der Abwurfstelle die Kugel aufgrund des Modells aus 2) auf dem Boden auftrifft.

**Stochastik**

# Ausgleichsrechnung

 **11.14** Die Aktivität (in Becquerel, 1 Bq = 1 s$^{-1}$) einer radioaktiven Substanz beschreibt die Anzahl der Zerfälle der Kerne pro Zeiteinheit. In einem Labor wurden bei einer bestimmten radioaktiven Substanz folgende Werte gemessen:

| Zeit in Stunden | 0 | 10 | 20 | 30 | 40 | 50 | 60 | 70 |
|---|---|---|---|---|---|---|---|---|
| Aktivität in 10$^7$ Bq | 38,79 | 12,36 | 5,43 | 2,18 | 1,24 | 0,76 | 0,13 | 0,02 |

1) Stelle die Daten in einem Punktwolken-Diagramm dar.
2) Argumentiere, dass eine Exponentialfunktion als Ausgleichsfunktion geeignet ist.
3) Ermittle eine exponentielle Ausgleichsfunktion für diese Daten.
4) Berechne mithilfe der Ausgleichsfunktion aus 3), in welcher Zeit die Aktivität dieser Substanz um die Hälfte abgenommen hat.

## Zusammenfassung

> **Methode der kleinsten Quadrate**
> Liegen n Datenpaare $P_1(x_1|y_1)$, $P_2(x_2|y_2)$, ..., $P_n(x_n,y_n)$ vor, so wird jene Funktion, die die Punktewolke „am besten" beschreibt, durch das Minimieren der Summe der Quadrate aller senkrechten Abstände zum Funktionsgraphen (**Fehlerquadratsumme**) ermittelt.
> **Ausgleichsfunktionen:** linear, quadratisch, kubisch, exponentiell, ...
> Der **Korrelationskoeffizient** r bzw. das **Bestimmtheitsmaß** $R^2 = r^2$ geben die Stärke des linearen Zusammenhangs zwischen zwei Messgrößen an.

### Weitere Aufgaben

 **11.15** Der Betriebsmanager eines Unternehmens, das Fernseher produziert, hat folgende Gesamtkosten bei der Produktion festgestellt:

| Anzahl der Fernseher | 100 | 200 | 300 | 400 | 500 |
|---|---|---|---|---|---|
| Kosten in € | 3 450,00 | 5 210,00 | 7 400,00 | 9 180,00 | 10 940,00 |

1) Um die lineare Kostenfunktion zu nähern, wird die Methode der kleinsten Quadrate verwendet. Beschreibe diese Methode.
2) Ermittle die Ausgleichsgerade und den Korrelationskoeffizienten.
3) Wie hoch sind die Gesamtkosten bei einer Produktion von 600 Fernsehern?
4) Bei der Ermittlung einer weiteren Kostenfunktion wird ein Korrelationskoeffizient von r = 1,3 angegeben. Erkläre, warum dieses Ergebnis nicht stimmen kann.

**11.16** Es soll untersucht werden, ob es einen linearen Zusammenhang zwischen der Körpergröße von Männern und deren Schuhgröße gibt. Dazu wurden 10 Männer befragt:

| Körpergröße in cm | 180 | 175 | 182 | 188 | 181 | 177 | 193 | 184 | 188 | 181 |
|---|---|---|---|---|---|---|---|---|---|---|
| Schuhgröße | 42 | 41 | 44 | 45 | 43 | 41 | 47 | 43 | 45 | 42 |

1) Stelle die Schuhgröße in Abhängigkeit von der Körpergröße grafisch dar.
2) Ermittle eine Regressionsgerade, die die Schuhgröße in Abhängigkeit von der Körpergröße angibt.
3) Gib anhand dieses Modells an, welche Schuhgröße für einen 179 cm großen Mann zu erwarten ist.

# Ausgleichsrechnung

**11.17** Eine Tiefkühlpizza wird in einem Ofen mit konstanter Temperatur erwärmt. Während des Vorgangs wird die Temperatur der Pizza mehrmals gemessen.

| Zeit in Minuten | 2 | 4 | 7 | 9 | 12 | 13 | 15 | 18 |
|---|---|---|---|---|---|---|---|---|
| Temperatur in °C | –8 | 12 | 58 | 64 | 73 | 79 | 98 | 110 |

1) Ermittle eine logarithmische Ausgleichsfunktion, die die Temperatur der Pizza in Abhängigkeit von der Zeit beschreibt.
2) Berechne anhand dieses Modells, für wie viel Minuten die Pizza im Ofen bleiben sollte, um eine Temperatur von 90 °C zu erreichen.

## Aufgaben in englischer Sprache

| coefficient of determination | Bestimmtheitsmaß | method of least squares | Methode der kleinsten Quadrate |
|---|---|---|---|
| correlation coefficient | Korrelationskoeffizient | regression function | Ausgleichsfunktion |
| linear regression | lineare Regression | scatter diagram | Punktwolken-Diagramm |

**11.18** The table below displays the average amount of played minutes per game (MPG) corresponding to the achieved average points per game (PPG) of twelve players of a basketball team in one season.

| MPG | 32.1 | 27.1 | 27.8 | 25.6 | 14.8 | 19.1 | 22.1 | 10.9 | 11.5 | 10.9 | 13.3 | 21.6 |
|---|---|---|---|---|---|---|---|---|---|---|---|---|
| PPG | 12.8 | 10.8 | 8.8 | 1.9 | 4.9 | 8.6 | 4.4 | 2.9 | 2.3 | 2.2 | 2.5 | 7.4 |

1) Plot the data into a scatter diagram and fit a least-squares regression line.
2) Find the correlation coefficient and interpret its value regarding the assertion: „The more minutes a player takes part in a game, the more points he achieves."
3) Predict the achieved average points per game of a player whose average amount of played minutes is 20.0.

## Wissens-Check

| | | gelöst |
|---|---|---|
| 1 | Ich kann das Prinzip der Methode der kleinsten Quadrate erklären. | |
| 2 | Ich weiß, wie ich eine Ausgleichsfunktion unter Verwendung von Technologie ermitteln kann. | |
| 3 | Der Korrelationskoeffizient nach Pearson gibt an, … | |
| 4 | Ein Korrelationskoeffizient von r = –0,8 bedeutet, dass die Steigung der Regressionsgeraden … ist. | |

Lösung: 1) siehe Seite 266  2) siehe Seite 270  3) wie stark der lineare Zusammenhang zwischen zwei Größen ist.  4) negativ

# 12 Integraltransformationen

Schon sehr früh begannen Menschen, Nachrichten mithilfe von Rauchzeichen oder Trommeln zu verbreiten.
Die vom Sender verwendeten Signale mussten auch dem Empfänger bekannt sein. Mit der elektrischen Telegraphie, die unter anderem von Samuel Finley Breese Morse (amerikanischer Maler, 1791 – 1872) entwickelt wurde, konnte die Nachrichtenübermittlung wesentlich verbessert werden. Das

nach ihm benannte Morse-Alphabet verwendet Punkte und Striche, die mithilfe von Signalen („Strom", „kein Strom") übertragen werden. Aus mathematischer Sicht sind Signale zeitabhängige Vorgänge.
Im Folgenden werden solche zeitabhängige Funktionen mithilfe spezieller Abbildungen in andere Bereiche transformiert.

## 12.1 Wiederholung und Vertiefung

### 12.1.1 Spezielle Funktionen

 **12.1** Jemand möchte mit einer Taschenlampe die Nachricht „SOS" in Morse-Zeichen schicken. Für „Punkt" drückt er 1 Sekunde lang auf den Einschaltknopf, „Strich" dauert dreimal so lang. Zwischen jedem Symbol ist eine Pause in der Länge eines „Punkts". Stelle die Nachricht „··· − − − ···" als Zeitfunktion mit „Licht an" ≙ 1 und „Licht aus" ≙ 0 dar.

- **Einheitssprungfunktion**

$$\sigma(t) = \varepsilon(t) = \begin{cases} 1 & \text{für } t \geq 0 \\ 0 & \text{für } t < 0 \end{cases}$$

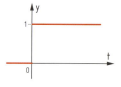

Die Einheitssprungfunktion wird meist **Sprungfunktion** $\sigma(t)$ bzw. $\varepsilon(t)$ oder **Heaviside'sche Sprungfunktion** $\Theta(t)$ bzw. $H(t)$ genannt. Sie wird zur Beschreibung von Einschaltvorgängen verwendet.

Soll der Einschaltvorgang zu einem Zeitpunkt $t_0 \neq 0$ beginnen, muss die Sprungfunktion verschoben werden.

$$\sigma(t - t_0) = \begin{cases} 1 & \text{für } t - t_0 \geq 0 \\ 0 & \text{für } t - t_0 < 0 \end{cases}$$

Wird eine beliebige Funktion $y = f(t)$ mit der Sprungfunktion multipliziert, so „beginnt" die Funktion $y = f(t) \cdot \sigma(t)$ erst bei $t = 0$.
Für $t < 0$ ist $\sigma(t) = 0$, daher ist auch $y = f(t) \cdot 0 = 0$.
Für $t \geq 0$ ist $\sigma(t) = 1$, daher ist $y = f(t) \cdot 1 = f(t)$.

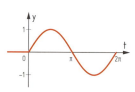

 $y = \sin(t) \cdot \sigma(t) = \begin{cases} \sin(t) & \text{für } t \geq 0 \\ 0 & \text{für } t < 0 \end{cases}$

- **Rampenfunktion**

$$r(t) = \begin{cases} t & \text{für } t \geq 0 \\ 0 & \text{für } t < 0 \end{cases}$$

Die Rampenfunktion wird verwendet, um einen linearen Anstieg auf ein vorgegebenes Sollsignal zu erreichen.
Sie kann auch mithilfe der $\sigma$-Funktion beschrieben werden:
$r(t) = t \cdot \sigma(t)$

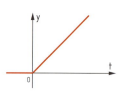

# Integraltransformationen

## Impulsfunktionen

Ein Impuls beschreibt einen Vorgang, der eine bestimmte Zeit, die so genannte Impulsdauer, in Anspruch nimmt. Wird der Impuls durch eine Funktion f beschrieben, so wird die Fläche zwischen dem Graphen der Funktion f und der t-Achse als Impulsstärke bezeichnet.

- **Rechteckimpuls**

$$f(t) = \begin{cases} 1 & \text{für } t_1 \leq t < t_2 \\ 0 & \text{sonst} \end{cases}$$

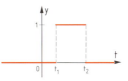

Diese Funktion lässt sich auch mithilfe von Einheitssprungfunktionen angeben.

$t_1 = 1, t_2 = 3$
$\sigma(t-1) = 1$ für $t \geq 1$ und $\sigma(t-3) = 1$ für $t \geq 3$.
Subtrahiert man die zweite Funktion von der ersten, so erhält man
für $t \geq 3$: $1 - 1 = 0$. Daher gilt:

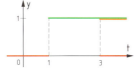

$$f(t) = \sigma(t-1) - \sigma(t-3) = \begin{cases} 1 & \text{für } 1 \leq t < 3 \\ 0 & \text{sonst} \end{cases}$$

- **Dirac'sche Deltafunktion** (Paul Adrien Maurice Dirac, britischer Physiker, 1902 – 1984)

$$\delta(t) = \begin{cases} \infty & \text{für } t = 0 \\ 0 & \text{für } t \neq 0 \end{cases}$$

Die Deltafunktion wird verwendet, um einen kurzen Impuls (Stoß) mathematisch zu beschreiben. Dieser idealisierte Impuls wird auch **Deltaimpuls**, **Dirac-Stoß** oder **Nadelimpuls** genannt und durch die Deltafunktion $\delta(t)$ symbolisch beschrieben. Anschaulich kann man sich vorstellen, dass die Deltafunktion aus einem Rechteckimpuls mit Impulsstärke 1 entsteht. Wird die Impulsdauer $\Delta t$ immer kürzer, so muss die Impulshöhe $\frac{1}{\Delta t}$ immer größer werden. Geht die Zeitdauer $t \to 0$, so geht die Höhe gegen unendlich.

Aufgrund des „Funktionswerts ∞" an der Stelle 0 ist die Deltafunktion keine Funktion im üblichen Sinn, sondern eine so genannte verallgemeinerte Funktion (Distribution). Sie wird grafisch als Pfeil symbolisiert.

Dass der Flächeninhalt 1 ist, wird symbolisch mithilfe des Integrals angegeben: $\int_{-\infty}^{\infty} \delta(t) \, dt = 1$

Allgemein gilt die so genannte **Ausblendeigenschaft**, die den Wert einer Funktion „einblendet" und den Rest „ausblendet": $\int_{-\infty}^{\infty} \delta(t) \cdot f(t) \, dt = f(0)$

Dieses Integral ist symbolisch zu verstehen und kann nicht wie üblich berechnet werden.

$\int_{-\infty}^{\infty} \delta(t) \cdot e^t \, dt = e^0 = 1$

Erfolgt der Impuls zu einem beliebigen Zeitpunkt $t = t_0$, so gilt:

$$\delta(t - t_0) = \begin{cases} \infty & \text{für } t = t_0 \\ 0 & \text{für } t \neq t_0 \end{cases} \quad \int_{-\infty}^{\infty} \delta(t - t_0) \, dt = 1, \; \int_{-\infty}^{\infty} \delta(t - t_0) \cdot f(t) \, dt = f(t_0)$$

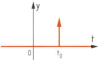

Die Deltafunktion ist die verallgemeinerte Ableitung der Sprungfunktion: $\delta(t) = \frac{d\sigma(t)}{dt}$

**Analysis**

# Integraltransformationen

**12.2** In der Grafik ist ein Signal dargestellt.
1) Ergänze die fehlenden Werte in der Funktionsgleichung.
2) Erkläre, wie die dargestellte Funktion mithilfe der Einheitssprungfunktion angegeben werden kann.

a)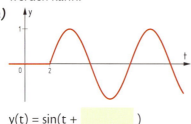
$y(t) = \sin(t + \underline{\phantom{xxx}})$

b)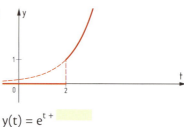
$y(t) = e^{t + \underline{\phantom{xxx}}}$

**12.3** Multipliziere die gegebene Funktion mit der Einheitssprungfunktion und stelle das Ergebnis grafisch dar.
a) $f(t) = 2$
b) $f(t) = t$
c) $f(t) = e^{-t}$
d) $f(t) = \cos(t)$

**12.4** Stelle die mithilfe der Einheitssprungfunktion angegebene Funktion grafisch dar.
a) $f(t) = \sigma(t - 2)$
b) $f(t) = 2 \cdot (\sigma(t - 1) - \sigma(t - 4))$
c) $f(t) = t \cdot \sigma(t - 1)$

**12.5** Gib die Funktionsgleichung der dargestellten Funktion
1) als stückweise definierte Funktion an.
2) mithilfe der Einheitssprungfunktion an.

a)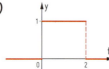
b)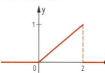
c)

**12.6** Berechne das Integral mithilfe der Ausblendeigenschaft der Deltafunktion.

a) $\int_{-\infty}^{\infty} \delta(t) \cdot \cos(t)\, dt$
b) $\int_{-\infty}^{\infty} \delta(t - 1) \cdot t\, dt$
c) $\int_{-\infty}^{\infty} \delta(t + 2) \cdot e^t\, dt$

## 12.1.2 Partialbruchzerlegung

Da in Abschnitt 12.3 die Methode der Partialbruchzerlegung (vgl. Band 3, Abschnitt 6.3.4) benötigt wird, wird sie hier kurz wiederholt.

$f(x) = \dfrac{x + 3}{x^2 + 3x - 4}$

$x_1 = -4,\ x_2 = 1 \Rightarrow x^2 + 3x - 4 = (x + 4) \cdot (x - 1)$ • Bestimmen der Nullstellen des Nenners

$\dfrac{x + 3}{x^2 + 3x - 4} = \dfrac{A}{x + 4} + \dfrac{B}{x - 1}$ • Ansatz für die Partialbrüche

$x + 3 = A \cdot (x - 1) + B \cdot (x + 4)$ • Multiplikation mit dem Hauptnenner

$x = -4:\ -1 = -5A \Rightarrow A = \dfrac{1}{5}$ • Berechnung der Koeffizienten, zB durch Einsetzen der Nullstellen

$x = 1:\quad 4 = 5B \Rightarrow B = \dfrac{4}{5}$

$\dfrac{x + 3}{x^2 + 3x - 4} = \dfrac{1}{5} \cdot \dfrac{1}{x + 4} + \dfrac{4}{5} \cdot \dfrac{1}{x - 1}$

**12.7** Führe die Partialbruchzerlegung durch.

a) $\dfrac{1 - x}{x^2 + x}$
b) $\dfrac{3x - 10}{x^2 - 5x + 6}$
c) $\dfrac{6x^3 - 12x^2 - x - 6}{6x \cdot (x - 2)}$
d) $\dfrac{x^3 + 3x^2 + 2x + 3}{x^2 + 4x + 4}$

# Integraltransformationen

## 12.1.3 Uneigentliche Integrale

Von einem uneigentlichen Integral spricht man, wenn der Integrand im Integrationsbereich unendlich wird oder wenn die Grenzen ±∞ sind. Diese Integrale werden – falls sie existieren – mithilfe von Grenzwerten berechnet (vgl. Band 3, Abschnitt 6.4).

- $\int_{x_0}^{b} f(x)\,dx = \lim\limits_{a \to x_0} \left( \int_{a}^{b} f(x)\,dx \right) \quad x_0 \ldots$ Polstelle

- $\int_{-\infty}^{b} f(x)\,dx = \lim\limits_{a \to -\infty} \left( \int_{a}^{b} f(x)\,dx \right)$ bzw. $\int_{a}^{\infty} f(x)\,dx = \lim\limits_{b \to \infty} \left( \int_{a}^{b} f(x)\,dx \right)$

**ZB** $\int_{0}^{\infty} e^{-x}\,dx = \lim\limits_{b \to \infty} \left( \int_{0}^{b} e^{-x}\,dx \right) = \lim\limits_{b \to \infty} \left( -e^{-x} \Big|_{0}^{b} \right) = \lim\limits_{b \to \infty} \left( -e^{-b} - (-e^{-0}) \right) = \underbrace{\lim\limits_{b \to \infty} (-e^{-b})}_{\to 0} + \underbrace{1}_{-1} = 1$

Bei der Ermittlung des Grenzwerts kann es notwendig sein, die **Regel von de l'Hospital** zu verwenden (vgl. Band 3, Abschnitt 4.9).

$\lim\limits_{x \to x_0} \left( \frac{g(x)}{h(x)} \right) = \lim\limits_{x \to x_0} \left( \frac{g'(x)}{h'(x)} \right)$, wenn $\lim\limits_{x \to x_0} (g(x)) = \lim\limits_{x \to x_0} (h(x)) = 0$ und $\lim\limits_{x \to x_0} (h'(x)) \neq 0$ bzw.

wenn $\lim\limits_{x \to x_0} (g(x)) = \lim\limits_{x \to x_0} (h(x)) = \infty$

**12.8** Berechne den Wert des Integrals $\int_{0}^{\infty} t \cdot e^{-t}\,dt$, falls er existiert.

Lösung:

$\int_{0}^{\infty} t \cdot e^{-t}\,dt = \lim\limits_{b \to \infty} \left( \int_{0}^{b} t \cdot e^{-t}\,dt \right) =$

$= \lim\limits_{b \to \infty} (-t \cdot e^{-t}) \Big|_{0}^{b} + \lim\limits_{b \to \infty} \left( \int_{0}^{b} e^{-t}\,dt \right) =$ • partielle Integration

$= \lim\limits_{b \to \infty} (-b \cdot e^{-b}) - \lim\limits_{b \to \infty} (e^{-t}) \Big|_{0}^{b}$

$\lim\limits_{b \to \infty} (-b \cdot e^{-b}) = \text{„}\infty \cdot 0\text{"} = \lim\limits_{b \to \infty} \left( \frac{-b}{e^b} \right)$ • Die Grenzwertbildung führt auf den unbestimmten Ausdruck „∞ · 0". Durch Umformen wird dieser auf „$\frac{\infty}{\infty}$" gebracht, sodass die Regel von de l'Hospital angewendet werden kann.

$\lim\limits_{b \to \infty} \left( \frac{-b}{e^b} \right) = \lim\limits_{b \to \infty} \left( \frac{-1}{e^b} \right) = 0$

$\lim\limits_{b \to \infty} (e^{-t}) \Big|_{0}^{b} = \lim\limits_{b \to \infty} (e^{-b}) + 1 = 1$

$\Rightarrow \int_{0}^{\infty} t \cdot e^{-t}\,dt = 1$

**12.9** Erkläre, um welche Art von uneigentlichem Integral es sich handelt. Berechne den Wert des Integrals, falls er existiert.

a) $\int_{0}^{\infty} e^{-a \cdot x}\,dx$     c) $\int_{0}^{1} \frac{1}{x}\,dx$     e) $\int_{0}^{\infty} \frac{1}{x^2 + 1}\,dx$     g) $\int_{0}^{\infty} \sin(t) \cdot e^{-t}\,dt$

b) $\int_{-1}^{1} \frac{1}{1 - x^2}\,dx$     d) $\int_{0}^{\infty} t^2 \cdot e^{-t}\,dt$     f) $\int_{-1}^{1} \frac{1}{x^3}\,dx$     h) $\int_{0}^{1} x^2 \cdot \ln(x)\,dx$

**Analysis**

# Integraltransformationen

## 12.2 Fourier-Transformation

Mithilfe von Fourier-Reihen (vgl. Abschnitt 3.4) können periodische Zeitfunktionen f(t) als Summe von Schwingungen dargestellt werden.

Nun soll dieser Vorgang auf nicht periodische Funktionen erweitert werden. Mithilfe eines Spektrums wird so ein Übergang von einem Zeitbereich in den Frequenzbereich geschaffen. Die **Fourier-Transformation** findet in vielen Bereichen praktische Anwendung, wie zum Beispiel in der Signaltechnik, der Seismologie oder der Optik.

 **12.10** *1)* Zeichne die dargestellte Rechteckkurve für die Periodendauer T = 4 s, T = 16 s bzw. T = 32 s.
*2)* Beschreibe den weiteren Verlauf für T → ∞.

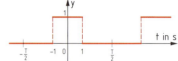

Für eine periodische Funktion f mit der Periodendauer T kann die Fourier-Reihe mithilfe von Sinus- und Cosinusfunktionen beschrieben werden. Für die weiteren Überlegungen werden nun aber die komplexen Fourier-Koeffizienten verwendet:

$$f(t) = \sum_{n=-\infty}^{\infty} c_n \cdot e^{j \cdot n\omega_0 t} \quad \text{mit } c_n = \frac{1}{T} \cdot \int_{-\frac{T}{2}}^{\frac{T}{2}} f(t) \cdot e^{-j \cdot n\omega_0 t} \, dt \quad \text{und} \quad \omega_0 = \frac{2\pi}{T}$$

Mithilfe der Fourier-Koeffizienten kann eine periodische Funktion durch ihr Amplitudenspektrum beschrieben werden. Nun soll ein derartiges Spektrum für eine nicht periodische Funktion angegeben werden. Dazu erhöht man die Dauer der Periode T und lässt sie schließlich unendlich groß werden. So entsteht aus der periodischen eine nichtperiodische Funktion.

Die in der Reihe auftretenden Kreisfrequenzen $n \cdot \omega_0$ ($n \in \mathbb{Z}$) unterscheiden sich jeweils um $\omega_0$ voneinander. Wird T größer, so werden der Abstand $\omega_0$ und die Koeffizienten $c_n$ immer kleiner. Um die Spektren vergleichen zu können, wird der Faktor $\frac{1}{T}$ vor dem Integral bei $c_n$ daher mit T multipliziert.

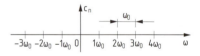

ZB: Rechteckkurve von Seite 66 mit gleichbleibender Impulsdauer $\pi$:

$$c_n = \frac{2}{n \cdot \pi} \cdot \frac{1}{2j} \cdot \left( e^{j \cdot n \frac{\pi^2}{T}} - e^{-j \cdot n \frac{\pi^2}{T}} \right) = \frac{2}{n \cdot \pi} \cdot \sin\left( \frac{n \cdot \pi^2}{T} \right)$$

$T = 2\pi, \omega_0 = 1$

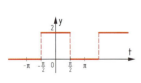  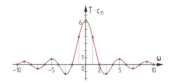

$T = 4\pi, \omega_0 = \frac{1}{2}$

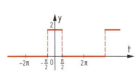  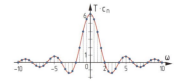

Man erkennt, dass die „Koeffizienten" $T \cdot c_n$ immer auf der gleichen Kurve liegen, die unabhängig von der Periodendauer T ist. Für T → ∞ geht $\omega_0$ gegen 0 und aus dem diskreten wird ein kontinuierliches Spektrum.

# Integraltransformationen

Rechnerisch entspricht dem soeben veranschaulichten Vorgang der Grenzübergang $T \to \infty$ bei der Fourier-Reihe.

$$f(t) = \sum_{n=-\infty}^{\infty} c_n \cdot e^{j \cdot n\omega_0 t} = \sum_{n=-\infty}^{\infty} \underbrace{\frac{1}{2\pi} \cdot \int_{-\frac{T}{2}}^{\frac{T}{2}} f(t) \cdot e^{-j \cdot n\omega_0 t} \, dt \cdot \omega_0}_{c_n} \cdot e^{j \cdot n\omega_0 t}$$

- $\frac{1}{T} = \frac{1}{2\pi} \cdot \omega_0$
- $T \to \infty$, $n\omega_0 \to \omega$, $\omega_0 \to d\omega$

$$f(t) = \int_{-\infty}^{\infty} \left( \frac{1}{2\pi} \cdot \int_{-\infty}^{\infty} f(t) \cdot e^{-j \cdot \omega t} \, dt \right) \cdot e^{j \cdot \omega t} \, d\omega = \frac{1}{2\pi} \cdot \int_{-\infty}^{\infty} F(\omega) \cdot e^{j \cdot \omega t} \, d\omega \quad \text{mit } F(\omega) = \int_{-\infty}^{\infty} f(t) \cdot e^{-j \cdot \omega t} \, dt$$

- $F(\omega)$ heißt **Spektralfunktion** (**Spektraldichte**).

    $f(t) = \frac{1}{2\pi} \cdot \int_{-\infty}^{\infty} F(\omega) \cdot e^{j \cdot \omega t} \, d\omega$ heißt **Fourier-Integral**.

- Das Fourier-Integral entspricht der Fourier-Reihe. Der Ausdruck $\frac{1}{2\pi} \cdot F(\omega) \, d\omega$ entspricht den Amplituden $c_n$, die Spektralfunktion $F(\omega)$ entspricht $T \cdot c_n$.

- Die Zuordnung $F(\omega) = \int_{-\infty}^{\infty} f(t) \cdot e^{-j \cdot \omega t} \, dt$ wird **Fourier-Transformation** genannt.

- Die Funktion $F(\omega)$ – auch $F(j\omega)$ – ist im Allgemeinen eine komplexwertige Funktion. Der stets reelle Betrag $|F(\omega)|$ wird als **spektrale Amplitudendichte** oder **Amplitudenspektrum** $A(\omega)$ bezeichnet, $\varphi(\omega) = \arg(F(\omega))$ als **spektrale Phasendichte**.

> Bei der **Fourier-Transformation** wird einer Funktion $f(t)$ eine Funktion $F(\omega)$ zugeordnet.
> $$F(\omega) = \int_{-\infty}^{\infty} f(t) \cdot e^{-j \cdot \omega t} \, dt$$
> Die Funktion $F(\omega)$ heißt **Fourier-Transformierte** von $f(t)$, falls das Integral konvergiert.

Das Integral konvergiert für viele Funktionen nicht. Eine hinreichende Bedingung für die Konvergenz ist, dass die Fläche unter $|f(t)|$ endlich sein muss.

Die Funktion $f(t)$ wird als **Original-** oder **Zeitfunktion**, die Funktion $F(\omega)$ als **Bild-**, **Spektral-** oder **Frequenzfunktion** bezeichnet. Für die Fourier-Transformation werden auch folgende Schreibweisen verwendet:

- $F(\omega) = \mathcal{F}\{f(t)\}$

- $f(t) \circ\!\!-\!\!\bullet F(\omega)$ ... **Korrespondenz**

    Beim Korrespondenzsymbol $\circ\!\!-\!\!\bullet$ befindet sich der volle Kreis immer auf der Seite der Bildfunktion.

Das bedeutet, dass die Fourier-Transformierte dem Amplitudenspektrum entspricht, wenn keine periodische Funktion sondern ein Impuls gegeben ist.

Aus der Spektralfunktion kann mithilfe der **inversen Fourier-Transformation** (Fourier-Integral) die Rücktransformation in die Zeitfunktion erfolgen.

> **Inverse Fourier-Transformation**
> $$f(t) = \frac{1}{2\pi} \cdot \int_{-\infty}^{\infty} F(\omega) \cdot e^{j \cdot \omega t} \, d\omega$$

Schreibweisen: $f(t) = \mathcal{F}^{-1}\{F(\omega)\}$ oder $F(\omega) \bullet\!\!-\!\!\circ f(t)$

**Analysis**

## Integraltransformationen

**12.11** Ein Rechteckimpuls ist eine Rechteckkurve mit unendlicher Periodendauer. Ermittle die Fourier-Transformierte des gegebenen Rechteckimpulses. Stelle die Spektralfunktion und das Amplitudenspektrum grafisch dar.

$$f(t) = \begin{cases} 2 & \text{für } -1 \leq t \leq 1 \\ 0 & \text{sonst} \end{cases}$$

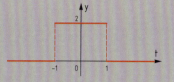

**Lösung:**
Konvergenz: Der Flächeninhalt unter f(t) beträgt A = 4.   • Das Integral konvergiert.

$$\omega \neq 0: F(\omega) = \int_{-1}^{1} 2 \cdot e^{-j\omega t} \, dt = -\frac{2}{j \cdot \omega} \cdot e^{-j\omega t} \Big|_{-1}^{1} =$$

$$= -\frac{2}{j \cdot \omega} \cdot (e^{-j\omega} - e^{j\omega}) =$$

$$= \frac{4}{\omega} \cdot \frac{1}{2j} \cdot (e^{j\omega} - e^{-j\omega}) = \frac{4 \cdot \sin(\omega)}{\omega}$$

• $\sin(\omega) = \frac{e^{j\omega} - e^{-j\omega}}{2j}$

$$\omega = 0: F(0) = \int_{-1}^{1} 2 \cdot e^0 \, dt = \int_{-1}^{1} 2 \, dt = 4$$

• Auswertung für $\omega = 0$

$$F(\omega) = \begin{cases} \frac{4 \cdot \sin(\omega)}{\omega} & \text{für } \omega \neq 0 \\ 4 & \text{für } \omega = 0 \end{cases}$$

• Fourier-Transformierte des Rechteckimpulses

$F(\omega)$:          $A(\omega) = |F(\omega)|$:

• Die Spektralfunktion ist reell und daher darstellbar.

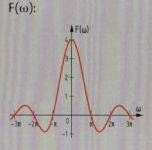 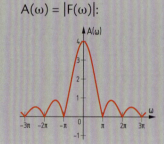

**Bemerkungen:**

- Vergleicht man den Rechteckimpuls von Seite 280 unten mit jenem in Aufgabe 12.11, so erkennt man, dass sich die Dauer des Impulses auf die Breite des Frequenzspektrums auswirkt. Dieser Zusammenhang spielt eine wichtige Rolle in der Nachrichtentechnik. Je kürzer die Dauer im Zeitbereich ist, desto breiter ist der Frequenzbereich und umgekehrt. Dieser Zusammenhang wird durch den **Ähnlichkeitssatz** ausgedrückt:
$\mathcal{F}\{f(a \cdot t)\} = \frac{1}{|a|} \cdot F\left(\frac{\omega}{a}\right)$

- Statt der Kreisfrequenz $\omega$ wird auch die Frequenz f als Variable verwendet.
Für das Fourier-Integral gilt dann: $f(t) = \int_{-\infty}^{\infty} F(f) \cdot e^{j \cdot 2\pi f \cdot t} \, df$

- Die Funktion $f(x) = \frac{\sin(x)}{x}$ wird auch in der Optik verwendet. Tritt parallel einfallendes Licht durch einen Spalt, so werden die Wellen auch in Bereiche seitlich des Spalts abgelenkt, man spricht von **Beugung** (vergleiche Abbildung auf Seite 280 oben). Wird der Spalt als Rechteckfunktion dargestellt, so ergibt sich die Amplitude als Fourier-Transformierte. Das Quadrat der Amplitude beschreibt die Intensität des Lichts.
Die Funktion $\text{sinc}(x) = \frac{\sin(x)}{x}$ (**sinus cardinalis**) heißt daher auch **Spaltfunktion**.

# Integraltransformationen

In Aufgabe 12.11 ist die Fourier-Transformierte eine reelle Funktion. Dies muss aber nicht immer der Fall sein, da die Spektralfunktion eine komplexwertige Funktion ist, also eine Funktion mit reellem Definitionsbereich und komplexem Wertebereich.

Zum Beispiel ergibt sich für die Fourier-Transformierte der Funktion f:

$$f(t) = \begin{cases} -t + 1 & \text{für } 0 \leq t \leq 1 \\ 0 & \text{sonst} \end{cases}$$

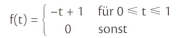

$$F(\omega) = \begin{cases} \dfrac{1 - \cos(\omega)}{\omega^2} + j \cdot \left(\dfrac{\sin(\omega) - \omega}{\omega^2}\right) & \text{für } \omega \neq 0 \\ \dfrac{1}{2} & \text{für } \omega = 0 \end{cases}$$

Die Fourier-Transformierte $F(\omega)$ ist komplex, sie kann daher nicht grafisch dargestellt werden, das Amplitudenspektrum $A(\omega) = |F(\omega)|$ allerdings schon:

$$A(\omega) = |F(\omega)| = \frac{\sqrt{\omega^2 - 2\omega \cdot \sin(\omega) - 2 \cdot \cos(\omega) + 2}}{\omega^2}$$

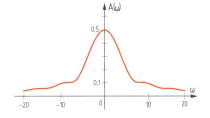

Wie bei der Fourier-Reihe ergeben sich für gerade und ungerade Funktionen Vereinfachungen. Mithilfe der Euler'schen Formel kann gezeigt werden, dass die Fourier-Transformierte von geraden Funktionen reell und von ungeraden Funktionen imaginär ist.

**Vereinfachungen für gerade und ungerade Funktionen**

$f(t)$ ... gerade Funktion:  $F(\omega) = 2 \cdot \int_0^\infty f(t) \cdot \cos(\omega t)\, dt$

$f(t)$ ... ungerade Funktion:  $F(\omega) = -2j \cdot \int_0^\infty f(t) \cdot \sin(\omega t)\, dt$

**12.12** Ermittle die Fourier-Transformierte der dargestellten Funktion und stelle das Amplitudenspektrum grafisch dar. Gib die Symmetrieeigenschaft und die damit verbundene Vereinfachung an.

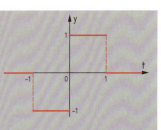

Lösung:

$$f(t) = \begin{cases} -1 & \text{für } -1 \leq t < 0 \\ 1 & \text{für } 0 \leq t \leq 1 \\ 0 & \text{sonst} \end{cases}$$

f(t) ist eine ungerade Funktion, daher kann folgende Vereinfachung getroffen werden.

$$\omega \neq 0: F(\omega) = -2j \cdot \int_0^\infty f(t) \cdot \sin(\omega t)\, dt = -2j \cdot \int_0^1 1 \cdot \sin(\omega t)\, dt =$$

$$= -2j \cdot \left(-\frac{\cos(\omega t)}{\omega}\bigg|_0^1\right) = 2j \cdot \left(\frac{\cos(\omega) - 1}{\omega}\right)$$

$$\omega = 0: F(0) = -2j \cdot \int_0^1 1 \cdot \sin(0)\, dt = 0$$

$$A(\omega) = 2 \cdot \left|\frac{\cos(\omega) - 1}{\omega}\right| \text{ für } \omega \neq 0$$

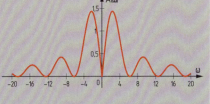

Auf der folgenden Seite werden Eigenschaften der Fourier-Transformation und die Fourier-Transformierten wichtiger Funktionen angegeben.

**Analysis**

# Integraltransformationen

**Fourier-Transformation**

| | |
|---|---|
| Linearität (Additionssatz) | $\mathcal{F}\{a \cdot f_1(t) + b \cdot f_2(t)\} = a \cdot F_1(\omega) + b \cdot F_2(\omega)$ mit $a, b \in \mathbb{C}$ |
| Ähnlichkeitssatz | $\mathcal{F}\{f(a \cdot t)\} = \frac{1}{|a|} \cdot F\left(\frac{\omega}{a}\right)$ |
| Verschiebungssatz | $\mathcal{F}\{f(t - t_0)\} = e^{-j \cdot \omega t_0} \cdot F(\omega)$ |
| Dämpfungssatz | $\mathcal{F}\{f(t) \cdot e^{j \cdot \omega_0 t}\} = F(\omega - \omega_0)$ |
| Rechteckimpuls $f(t) = \begin{cases} 1 & \text{für } -a \leq t \leq a \\ 0 & \text{sonst} \end{cases}$ | $F(\omega) = \begin{cases} \frac{2\sin(a \cdot \omega)}{\omega} & \text{für } \omega \neq 0 \\ 2a & \text{für } \omega = 0 \end{cases}$ |
| Einseitiger Exponentialimpuls $f(t) = e^{-a \cdot t} \cdot \sigma(t)$ | $F(\omega) = \frac{1}{a + j \cdot \omega}$ |
| Dirac-Impuls $\delta(t)$ | $F(\omega) = 1$ |
| $f(t) = 1$ | $F(\omega) = 2\pi \cdot \delta(\omega)$ |
| $f(t) = \cos(a \cdot t)$ | $F(\omega) = \pi[\delta(\omega + a) + \delta(\omega - a)]$ |
| $f(t) = \sin(a \cdot t)$ | $F(\omega) = j \cdot \pi[\delta(\omega + a) - \delta(\omega - a)]$ |

**Technologieeinsatz: Fourier-Transformation**
**Mathcad**

Mithilfe der **Auswertung symbolischer Kennwörter** kann die Fourier-Transformierte ermittelt werden. Das Schlüsselwort ist **fourier**, gefolgt von der Variablen.

Die Transformierte wird in Abhängigkeit von $\omega$ ausgegeben. Die Funktion $\Phi(\omega)$ ist die Heaviside'sche Sprungfunktion.

**12.13** Zeige, dass die Fourier-Transformierte F der Gauß'schen Glockenkurve f mit
$f(t) = \frac{1}{\sqrt{2\pi}} \cdot e^{-\frac{t^2}{2}}$ wieder dieselbe Bauart hat.

Lösung mit Mathcad:

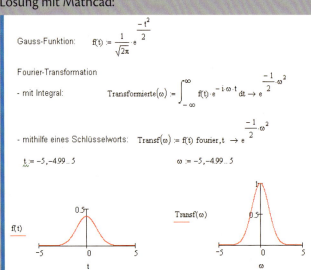

Da die Funktionsgleichung von F die Form $y = e^{-\frac{1}{2} \cdot x^2}$ hat, ist sie eine Glockenkurve.

## Integraltransformationen

**12.14** Leite mithilfe der in der Tabelle auf Seite 284 angegebenen Sätze die Fourier-Transformierte der Sinusfunktion $f(t) = \sin(a \cdot t)$ her.

Lösung:
$\sin(a \cdot t) = \frac{1}{2j} \cdot (e^{j \cdot a \cdot t} - e^{-j \cdot a \cdot t})$

$\mathcal{F}\left\{\frac{1}{2j} \cdot (e^{j \cdot a \cdot t} - e^{-j \cdot a \cdot t})\right\} = \frac{1}{2j} \cdot \{\mathcal{F}(1 \cdot e^{j \cdot a \cdot t}) - \mathcal{F}(1 \cdot e^{-j \cdot a \cdot t})\} =$

$= \frac{1}{2j} \cdot [2\pi \cdot \delta(\omega - a) - 2\pi \cdot \delta(\omega + a)] =$

$= j \cdot \pi [\delta(\omega + a) - \delta(\omega - a)]$

- Vergleiche Seite 72.
- Mithilfe des Additionssatzes so zerlegen, dass der Dämpfungssatz angewendet werden kann.
- $1 \circ\!\!-\!\!\bullet\; 2\pi \cdot \delta(\omega)$

**12.15** Gegeben ist die Spektralfunktion $F(\omega) = 2\pi \cdot \delta(\omega - \omega_0)$. Ermittle die Zeitfunktion $f(t)$
1) mithilfe der inversen Fourier-Transformation und
2) mithilfe der Sätze und Korrespondenzen aus der Tabelle von Seite 284.

Lösung:
**1)** $f(t) = \frac{1}{2\pi} \cdot \int_{-\infty}^{\infty} F(\omega) \cdot e^{j \cdot \omega t} \, d\omega =$

$= \frac{1}{2\pi} \cdot \int_{-\infty}^{\infty} 2\pi \cdot \delta(\omega - \omega_0) \cdot e^{j \cdot \omega t} \, d\omega = e^{j \cdot \omega_0 t}$

**2)** $F(\omega) = 2\pi \cdot \delta(\omega - \omega_0)$

$f(t) = 1 \cdot e^{j \cdot \omega_0 t} = e^{j \cdot \omega_0 t}$

- Einsetzen in das Fourier-Integral
- Anwenden der Ausblendeigenschaft
  $\int_{-\infty}^{\infty} \delta(t - t_0) \cdot f(t) \, dt = f(t_0)$
- $2\pi \cdot \delta(\omega) \bullet\!\!-\!\!\circ\; 1$
- $\mathcal{F}\{f(t) \cdot e^{j \cdot \omega_0 t}\} = F(\omega - \omega_0)$

**12.16** $F(\omega)$ ist die Spektralfunktion einer gegebenen Zeitfunktion $f(t)$. Beschreibe, welche Auswirkungen die Änderungen bei der Zeitfunktion auf die Spektralfunktion haben bzw. umgekehrt.
**1)** $f(2t)$    **2)** $f\left(\frac{t}{4}\right)$    **3)** $f(t + 1)$    **4)** $F(\omega - 2)$    **5)** $F(2\omega)$

**12.17** Ermittle die Fourier-Transformierte der gegebenen Funktion $f(t)$ mithilfe des Integrals.
**a)** Rechteckimpuls für $-a \leq t \leq a$    **b)** $f(t) = e^{-a \cdot t} \cdot \sigma(t)$

**12.18** Gib die Fourier-Transformierte der dargestellten Funktion an. Nutze dabei die Vereinfachungen für gerade und ungerade Funktionen. Stelle das Amplitudenspektrum und – wenn möglich – die Spektralfunktion grafisch dar. Begründe, warum dies möglich bzw. nicht möglich ist.

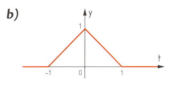

**a)**    **b)**

**12.19** Leite mithilfe der in der Tabelle von Seite 284 angegebenen Sätze die Fourier-Transformierte von $f(t) = \cos(a \cdot t)$ her.

**12.20** Gegeben ist der Rechteckimpuls $f(t) = \begin{cases} 1 & \text{für } -1 \leq a \cdot t \leq 1 \\ 0 & \text{sonst} \end{cases}$

**1)** Skizziere den Graphen für $a = 1$ und $a = 2$.
**2)** Verwende die Tabelle von Seite 284 und gib die Fourier-Transformierte mithilfe des Ähnlichkeitssatzes an.
**3)** Stelle die Spektralfunktionen für $a = 1$ und $a = 2$ grafisch dar und beschreibe die Unterschiede der Graphen.

**Analysis**

# Integraltransformationen

## 12.3 Laplace-Transformation

### 12.3.1 Definition und wichtige Sätze

Die im vorangegangenen Abschnitt besprochene Fourier-Transformation ist für Funktionen mit dem Definitionsbereich $]-\infty; +\infty[$ definiert. Im Gegensatz dazu geht die **Laplace-Transformation** von (zeitabhängigen) Funktionen mit $f(t) = 0$ für $t < 0$, so genannten kausalen Zeitfunktionen, aus. Sie wird deshalb auch einseitige Laplace-Transformation genannt und ist nach dem französischen Mathematiker und Astronomen Pierre Simon Marquis de Laplace (1749 – 1827) benannt. Der österreichisch-ungarische Mathematiker Josef Maximilian Petzval (1807 – 1891) arbeitete ebenfalls an der Entwicklung der Laplace-Transformation. Aber nachdem er fälschlicherweise des Plagiats beschuldigt wurde, wurde die Transformation nach Laplace benannt.

Pierre de Laplace

Da die Fourier-Transformierte für viele Funktionen aufgrund des unbestimmten Integrals nicht existiert, wird bei der Laplace-Transformation die Funktion mithilfe einer Exponentialfunktion gedämpft.

●❸●◐ **12.21** Die Funktion $f(t) = t \cdot \sigma(t)$ wird als Rampenfunktion bezeichnet.
  1) Ermittle den Flächeninhalt unter der Kurve im Bereich $[0; \infty[$.
  2) Multipliziere die Funktion f mit $y = e^{-t}$. Vergleiche die Funktionsgraphen von f und $f \cdot y$.
  3) Berechne nun das Integral $\int_0^\infty t \cdot e^{-t}\, dt$ und vergleiche das Ergebnis mit jenem aus **1)**.

Die Laplace-Transformierte einer Funktion f erhält man durch folgende Funktion F:

$$F(s) = \int_0^\infty f(t) \cdot e^{-s \cdot t}\, dt \quad \text{mit } s \in \mathbb{C}$$

Mit $s = a + j \cdot \omega$ erhält man: $\int_0^\infty f(t) \cdot e^{-(a+j\cdot\omega)\cdot t}\, dt = \int_0^\infty f(t) \cdot e^{-a\cdot t} \cdot e^{-j\cdot\omega\cdot t}\, dt$

Dies entspricht der Fourier-Transformierten der Funktion $f(t) \cdot e^{-a \cdot t}$, die eine Dämpfung von f ist. Bei vielen Anwendungen bezeichnet man s als komplexe Frequenz (Einheit: $\frac{1}{\text{Sekunde}}$).

> Bei der **Laplace-Transformation** wird der Funktion f(t) mit $f(t) = 0$ für $t < 0$ eine Funktion F(s) mit $s \in \mathbb{C}$ zugeordnet:
> $$F(s) = \int_0^\infty f(t) \cdot e^{-s \cdot t}\, dt$$
> Die Funktion F(s) heißt **Laplace-Transformierte** von f(t), falls das Integral konvergiert.

Das Integral ist konvergent, wenn f(t) auf $[0; \infty[$ stückweise stetig ist und nicht schneller wächst als eine Exponentialfunktion $y = K \cdot e^{b \cdot t}$. Für $\text{Re}(s) > b$ konvergiert dann das Integral. Man muss daher für die Variable s jenen Bereich angeben, für den das uneigentliche Integral konvergiert.

Die Funktion f(t) wird als **Originalfunktion**, die Funktion F(s) als **Bildfunktion** bezeichnet. Für die Laplace-Transformation werden folgende Schreibweisen verwendet:
- $F(s) = \mathcal{L}\{f(t)\}$
- $f(t) \circ\!\!-\!\!\bullet F(s)$ ... **Korrespondenz**
  Beim Korrespondenzsymbol $\circ\!\!-\!\!\bullet$ befindet sich der volle Kreis immer auf der Seite der Bildfunktion.

# Integraltransformationen

Die Bildfunktion F(s) hängt nur von der komplexen Zahl s = a + jω ab. Ist a = 0, so erhält man F(s) = F(jω), was der (einseitigen) Fourier-Transformierten von f(t) entspricht. Für weitere Überlegungen beschränken wir uns im Folgenden auf $s \in \mathbb{R}$.

ZB: Es soll die Laplace-Transformierte der Sprungfunktion σ(t) berechnet werden, also $\mathcal{L}\{\sigma(t)\}$.

Die Sprungfunktion ist definiert durch: $\sigma(t) = \begin{cases} 1 & \text{für } t \geq 0 \\ 0 & \text{für } t < 0 \end{cases}$

$$F(s) = \mathcal{L}\{\sigma(t)\} = \int_0^\infty 1 \cdot e^{-s \cdot t}\, dt = \lim_{b \to \infty}\left(-\frac{1}{s} \cdot e^{-s \cdot t}\bigg|_0^b\right) = \lim_{b \to \infty}\left[\left(-\frac{1}{s} \cdot e^{-s \cdot b} + \frac{1}{s} \cdot e^0\right)\right] = \lim_{b \to \infty}\left(-\frac{1}{s} \cdot e^{-s \cdot b}\right) + \frac{1}{s}$$

Das Integral konvergiert, wenn der Grenzwert $\lim_{b \to \infty}\left(-\frac{1}{s} \cdot e^{-s \cdot b}\right)$ existiert. Dies ist für s > 0 der Fall und es gilt dann: $\lim_{b \to \infty}\left(-\frac{1}{s} \cdot e^{-s \cdot b}\right) = 0$

Somit erhält man: $F(s) = \frac{1}{s}$

Das ist die Laplace-Transformierte von f(t) = 1 bzw. σ(t) und man schreibt:

$\mathcal{L}\{\sigma(t)\} = \mathcal{L}\{1\} = \frac{1}{s}$  bzw.  $\sigma(t) \circ\!\!-\!\!\bullet \frac{1}{s}$  bzw.  $1 \circ\!\!-\!\!\bullet \frac{1}{s}$  mit s > 0

---

**12.22** Berechne die Laplace-Transformierte der Funktion $f(t) = t^2$.

**Lösung:**

$$F(s) = \mathcal{L}\{t^2\} = \int_0^\infty t^2 \cdot e^{-s \cdot t}\, dt$$

$$\int_0^\infty t^2 \cdot e^{-s \cdot t}\, dt = \lim_{b \to \infty}\left(-t^2 \cdot \frac{1}{s} \cdot e^{-s \cdot t}\bigg|_0^b\right) + \frac{2}{s} \cdot \int_0^\infty t \cdot e^{-s \cdot t}\, dt =$$

$$= \lim_{b \to \infty}\left(-t^2 \cdot \frac{1}{s} \cdot e^{-s \cdot t}\bigg|_0^b\right) + \frac{2}{s} \cdot \left[\lim_{b \to \infty}\left(-t \cdot \frac{1}{s} \cdot e^{-s \cdot t}\bigg|_0^b\right) + \frac{1}{s} \cdot \underbrace{\int_0^\infty 1 \cdot e^{-s \cdot t}\, dt}_{\mathcal{L}\{1\}}\right]$$

• Zweimalige partielle Integration

**Berechnung der uneigentlichen Integrale:**

$$\lim_{b \to \infty}\left(-t^2 \cdot \frac{1}{s} \cdot e^{-s \cdot t}\bigg|_0^b\right) = \lim_{b \to \infty}\left(-\frac{1}{s} \cdot b^2 \cdot e^{-s \cdot b} - 0\right) = 0,$$

da $\lim_{b \to \infty}\left(\frac{b^2}{s \cdot e^{s \cdot b}}\right) = \lim_{b \to \infty}\left(\frac{2b}{s^2 \cdot e^{s \cdot b}}\right) = \lim_{b \to \infty}\left(\frac{2}{s^3 \cdot e^{s \cdot b}}\right) = 0$  für s > 0

• Regel von de l'Hospital

$$\lim_{b \to \infty}\left(-t \cdot \frac{1}{s} \cdot e^{-s \cdot t}\bigg|_0^b\right) = \lim_{b \to \infty}\left(-\frac{1}{s} \cdot b \cdot e^{-s \cdot b} - 0\right) = 0 \quad \text{für } s > 0$$

$$\int_0^\infty t^2 \cdot e^{-s \cdot t}\, dt = 0 + \frac{2}{s} \cdot \left(0 + \frac{1}{s} \cdot \frac{1}{s}\right) = \frac{2}{s^3} \quad s > 0$$

• $1 \circ\!\!-\!\!\bullet \frac{1}{s}$

$t^2 \circ\!\!-\!\!\bullet \frac{2}{s^3}$ mit s > 0

---

**12.23** Berechne die Laplace-Transformierte der Funktion $f(t) = e^{-a \cdot t}$.

**Lösung:**

$$F(s) = \mathcal{L}\{e^{-a \cdot t}\} = \int_0^\infty e^{-a \cdot t} \cdot e^{-s \cdot t}\, dt = \int_0^\infty e^{-(s+a) \cdot t}\, dt =$$

$$= \lim_{b \to \infty}\left(-\frac{1}{s+a} \cdot e^{-(s+a) \cdot t}\bigg|_0^b\right) = \lim_{b \to \infty}\left(-\frac{1}{s+a} \cdot e^{-(s+a) \cdot b} + \frac{1}{s+a}\right) = \frac{1}{s+a},$$

da $\lim_{b \to \infty}\left(-\frac{1}{s+a} \cdot e^{-(s+a) \cdot b}\right) = 0$ für s + a > 0

$e^{-a \cdot t} \circ\!\!-\!\!\bullet \frac{1}{s+a}$ mit s > -a

# Integraltransformationen

CASIO ClassPad II,
GeoGebra:
www.hpt.at

**Technologieeinsatz: Laplace-Transformation**
**Mathcad**

Über die **Auswertung symbolischer Kennwörter** ⇢ kann eine Funktion transformiert werden. Das Schlüsselwort ist **laplace**, gefolgt von der Variablen.

$$e^t \text{ laplace, } t \;\rightarrow\; \frac{1}{s-1}$$

### TI-Nspire

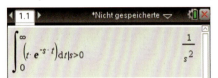

Die Berechnung der Laplace-Transformierten kann mithilfe des Integrals erfolgen. Dabei muss die Bedingung für die Konvergenz eingegeben werden.

### Eigenschaften der Laplace-Transformation

Die aufwändige Berechnung der Laplace-Transformierten durch Integration ist meist nicht notwendig. Die Laplace-Transformierten von häufig vorkommenden Funktionen werden in so genannten **Korrespondenztabellen** (siehe Seite 293) angegeben. Viele weitere Laplace-Transformierte lassen sich mithilfe grundsätzlicher Überlegungen, die auf die im Folgenden angeführten Sätze führen, angeben.

ZB: Betrachtet man die Korrespondenzen $1 \circ\!\!-\!\!\bullet \frac{1}{s}$ und $e^{-a \cdot t} \circ\!\!-\!\!\bullet \frac{1}{s+a}$, so könnte man $f(t) = e^{-a \cdot t}$ auch als $f(t) = 1 \cdot e^{-a \cdot t}$ auffassen. Der (dämpfende) Faktor bewirkt eine Verschiebung im Bildbereich um a, das heißt, s wird durch (s + a) ersetzt. Das gilt auch für beliebige Funktionen.

### Linearität

Wird eine Funktion mit einem konstanten Faktor multipliziert, so kann mithilfe der Faktorregel der Integralrechnung folgender Zusammenhang gezeigt werden:

$$\mathcal{L}\{a \cdot f(t)\} = \int_0^\infty a \cdot f(t) \cdot e^{-s \cdot t} \, dt = a \cdot \int_0^\infty f(t) \cdot e^{-s \cdot t} \, dt = a \cdot \mathcal{L}\{f(t)\}$$

Ebenso folgt aus der Summenregel, dass die Summe von Funktionen gliedweise transformiert werden kann (vgl. Aufgabe 12.43). Zusammengefasst ergibt sich:

> **Linearität (Additionssatz)**
> $\mathcal{L}\{a \cdot f_1(t) + b \cdot f_2(t)\} = a \cdot \mathcal{L}\{f_1(t)\} + b \cdot \mathcal{L}\{f_2(t)\} = a \cdot F_1(s) + b \cdot F_2(s)$

 **12.24** Ermittle die Laplace-Transformierte der gegebenen Funktion. Erkläre, welche Korrespondenzen und Regeln du anwendest.
$f(t) = 2 - 3t^2 + 4e^{2t}$

Lösung:
$F(s) = \mathcal{L}\{2 - 3t^2 + 4e^{2t}\} =$
$= 2 \cdot \mathcal{L}\{1\} - 3 \cdot \mathcal{L}\{t^2\} + 4 \cdot \mathcal{L}\{e^{2t}\} =$
$= 2 \cdot \frac{1}{s} - 3 \cdot \frac{2}{s^3} + 4 \cdot \frac{1}{s-2}$

Da die Funktion eine Summe von Funktionen ist, können die Summanden gliedweise transformiert werden.
$1 \circ\!\!-\!\!\bullet \frac{1}{s}, \quad t^2 \circ\!\!-\!\!\bullet \frac{2}{s^3}, \quad e^{a \cdot t} \circ\!\!-\!\!\bullet \frac{1}{s-a}$

# Integraltransformationen

**12.25** Zeige mithilfe des Zusammenhangs $\sin(t) = \frac{e^{j \cdot t} - e^{-j \cdot t}}{2j}$, dass $\mathcal{L}\{\sin(t)\} = \frac{1}{s^2 + 1}$ gilt.

Lösung:
$$\mathcal{L}\{\sin(t)\} = \mathcal{L}\left\{\frac{1}{2j}(e^{j \cdot t} - e^{-j \cdot t})\right\} = \frac{1}{2j}(\mathcal{L}\{e^{j \cdot t}\} - \mathcal{L}\{e^{-j \cdot t}\}) =$$
- Linearität
$$= \frac{1}{2j} \cdot \left(\frac{1}{s-j} - \frac{1}{s+j}\right) = \frac{1}{2j} \cdot \left(\frac{s+j-s+j}{(s-j)\cdot(s+j)}\right) = \frac{1}{s^2 + 1}$$
- $e^{a \cdot t} \circ\!\!-\!\!\bullet \frac{1}{s-a}$

$\sin(t) \circ\!\!-\!\!\bullet \frac{1}{s^2+1}$ mit $s > 0$

## Ähnlichkeitssatz

Wird die Variable t der Funktion f(t) mit einer Konstanten a multipliziert, so bedeutet dies für den Graphen der Funktion f(a · t), dass er gegenüber f(t) in t-Richtung um den Faktor a gestreckt (0 < a < 1) oder gestaucht (a > 1) wird. Für die Transformierte verhält es sich umgekehrt.

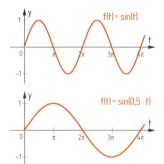

$$\mathcal{L}\{f(a \cdot t)\} = \int_0^\infty f(a \cdot t) \cdot e^{-s \cdot t}\, dt = \int_0^\infty f(u) \cdot e^{-\frac{s}{a} \cdot u} \cdot \frac{1}{a}\, du = \frac{1}{a} \cdot F\left(\frac{s}{a}\right)$$

Substitution: $u = a \cdot t \Rightarrow \frac{du}{dt} = a \Rightarrow dt = \frac{1}{a} du$

### Ähnlichkeitssatz
$\mathcal{L}\{f(a \cdot t)\} = \frac{1}{a} \cdot F\left(\frac{s}{a}\right)$ mit $F(s) = \mathcal{L}\{f(t)\}$ und $a > 0$

Mithilfe dieses Satzes und mit Aufgabe 12.25 kann die Laplace-Transformierte von $f(t) = \sin(\omega t)$ ermittelt werden.

$$\mathcal{L}\{\sin(\omega t)\} = \frac{1}{\omega} \cdot \frac{1}{\left(\frac{s}{\omega}\right)^2 + 1} = \frac{1}{\omega} \cdot \frac{\omega^2}{s^2 + \omega^2} = \frac{\omega}{s^2 + \omega^2}$$

## Verschiebungssatz

Wird zum Beispiel der Graph der Funktion $f(t) = t^2$ ($t \geq 0$) um 2 in positive t-Richtung verschoben, so lautet die neue Funktionsgleichung $g(t) = (t - 2)^2$ für $t \geq 2$.
Diese kann auch durch f(t) ausgedrückt werden: $g(t) = f(t - 2)$
Allgemein ist der Graph der Funktion f(t − a) der um a > 0 nach rechts verschobene Graph der Funktion f(t).
Für $t < a$ gilt: $f(t - a) = 0$
Das entspricht einem Einschaltvorgang, der zum Zeitpunkt t = a erfolgt.

$$\mathcal{L}\{f(t-a)\} = \int_a^\infty f(t-a) \cdot e^{-s \cdot t}\, dt = \int_0^\infty f(u) \cdot e^{-s \cdot (u+a)}\, du = \int_0^\infty f(u) \cdot e^{-s \cdot u} \cdot e^{-s \cdot a}\, du = e^{-a \cdot s} \cdot \underbrace{\int_0^\infty f(u) \cdot e^{-s \cdot u}\, du}_{\mathcal{L}\{f(t)\}}$$

Substitution: $u = t - a \Rightarrow t = u + a \Rightarrow dt = du$

### Verschiebungssatz
$\mathcal{L}\{f(t-a)\} = e^{-a \cdot s} \cdot F(s)$ mit $F(s) = \mathcal{L}\{f(t)\}$ und $a > 0$

# Integraltransformationen

**12.26** Ermittle die Laplace-Transformierte.
**a)** $f(t) = (t-2)^2$ für $t \geq 2$  **b)** $f(t) = 2 \cdot e^{t-3}$ für $t \geq 3$

**Lösung:**
**a)** $\mathcal{L}\{(t-2)^2\} = e^{-2s} \cdot \dfrac{2}{s^3}$ • Verschiebungssatz; $t^2 \circ\!\!-\!\!\bullet \dfrac{2}{s^3}$

**b)** $\mathcal{L}\{2 \cdot e^{t-3}\} = 2 \cdot \mathcal{L}\{e^{t-3}\} = 2 \cdot e^{-3 \cdot s} \cdot \dfrac{1}{s-1}$ • Verschiebungssatz; $e^{a \cdot t} \circ\!\!-\!\!\bullet \dfrac{1}{s-a}$

## Dämpfungssatz

Die Multiplikation einer Funktion mit der Exponentialfunktion $y = e^{-a \cdot t}$ bewirkt eine Dämpfung, wie zum Beispiel bei der gedämpften Schwingung $y = e^{-a \cdot t} \cdot \sin(\omega t)$.

$$\mathcal{L}\{f(t) \cdot e^{-a \cdot t}\} = \int_0^\infty f(t) \cdot e^{-a \cdot t} \cdot e^{-s \cdot t} \, dt = \int_0^\infty f(t) \cdot e^{-t \cdot (s+a)} \, dt = F(s+a)$$

> **Dämpfungssatz**
> $\mathcal{L}\{f(t) \cdot e^{-a \cdot t}\} = F(s+a)$ mit $F(s) = \mathcal{L}\{f(t)\}$ und $a \in \mathbb{R}$

Vergleicht man den Verschiebungssatz mit dem Dämpfungssatz, so sieht man, dass eine Verschiebung der Funktion im Originalbereich eine Dämpfung der Laplace-Transformierten ergibt. Wird die Originalfunktion gedämpft, so ergibt dies eine Verschiebung im Bildbereich.

**12.27** Ermittle die Laplace-Transformierte und dokumentiere deine Vorgehensweise.
**a)** $f(t) = 5 \cdot e^{-4t}$  **b)** $f(t) = e^{-2t} \cdot \sin(3t)$

**Lösung:**
**a)** Da der Faktor $e^{-4t}$ eine Dämpfung auf die Funktion $y = 5$ bewirkt, wird die konstante Funktion transformiert und dabei das Argument s durch (s + 4) ersetzt.

$5 \circ\!\!-\!\!\bullet \dfrac{5}{s} \Rightarrow \mathcal{L}\{5 \cdot e^{-4t}\} = \dfrac{5}{s+4}$

**b)** Die Funktion $y = \sin(3t)$ wird durch $e^{-2t}$ gedämpft. Bei der Transformation von $y = \sin(3t)$ wird das Argument s durch (s + 2) ersetzt.

$\sin(3t) \circ\!\!-\!\!\bullet \dfrac{3}{s^2+9} \Rightarrow \mathcal{L}\{e^{-2t} \cdot \sin(3t)\} = \dfrac{3}{(s+2)^2+9} = \dfrac{3}{s^2+4s+13}$

## Differentiationssätze

Um den Zusammenhang zwischen der Laplace-Transformierten einer Funktion und deren Ableitung zu untersuchen, geht man von einer transformierbaren Funktion f(t) mit $\mathcal{L}\{f(t)\} = F(s)$ aus und bildet die Laplace-Transformierte der 1. Ableitung f′(t).

$\mathcal{L}\{f'(t)\} = \int_0^\infty f'(t) \cdot e^{-s \cdot t} \, dt$

$\int_0^\infty f'(t) \cdot e^{-s \cdot t} \, dt = \lim_{b \to \infty} \left( e^{-s \cdot t} \cdot f(t) \Big|_0^b \right) + s \cdot \int_0^\infty f(t) \cdot e^{-s \cdot t} \, dt =$

$= \lim_{b \to \infty} (e^{-s \cdot b} \cdot f(b) - f(0)) + s \cdot F(s)$

$\mathcal{L}\{f'(t)\} = s \cdot F(s) - f(0)$

• Partielle Integration
$u = e^{-s \cdot t} \Rightarrow u' = -s \cdot e^{-s \cdot t}$
$v' = f'(t) \Rightarrow v = f(t)$

• Da f(t) Laplace-transformierbar ist,
gilt: $\lim_{b \to \infty} (f(b) \cdot e^{-s \cdot b}) = 0$

Dem Ableiten der Originalfunktion entspricht also die Multiplikation der Laplace-Transformierten mit s und die anschließende Subtraktion des Funktionswerts f(0). Hat die Funktion an der Stelle t = 0 keinen definierten Funktionswert, so entspricht f(0) dem rechtsseitigen Grenzwert. Zur Verdeutlichung schreibt man dann $f(0^+)$.

# Integraltransformationen

Durch analoge Überlegungen erhält man für die 2. Ableitung:
$\mathcal{L}\{f''(t)\} = s \cdot \mathcal{L}\{f'(t)\} - f'(0) = s^2 \cdot F(s) - s \cdot f(0) - f'(0)$
Allgemein gilt:

> **Differentiationssatz** (für die Originalfunktion)
> $\mathcal{L}\{f^{(n)}(t)\} = s^n \cdot F(s) - s^{n-1} \cdot f(0) - s^{n-2} \cdot f'(0) - \ldots - s \cdot f^{(n-2)}(0) - f^{(n-1)}(0)$ mit $F(s) = \mathcal{L}\{f(t)\}$,
> wenn die Ableitungen existieren und $f^{(k)}(0)$ die Anfangswerte oder Grenzwerte sind.
>
> Speziell:  $f'(t) \circ\!\!-\!\!\bullet\ s \cdot F(s) - f(0)$
> $f''(t) \circ\!\!-\!\!\bullet\ s^2 \cdot F(s) - s \cdot f(0) - f'(0)$
> $f'''(t) \circ\!\!-\!\!\bullet\ s^3 \cdot F(s) - s^2 \cdot f(0) - s \cdot f'(0) - f''(0)$

Nun wird die Laplace-Transformierte F(s) einer Funktion f(t) abgeleitet, also $F'(s) = \frac{dF(s)}{ds}$ gebildet.

$\frac{dF(s)}{ds} = \frac{d}{ds}\left(\int_0^\infty f(t) \cdot e^{-s \cdot t}\, dt\right) = \int_0^\infty \left(\frac{d}{ds}(f(t) \cdot e^{-s \cdot t})\right) dt = \int_0^\infty (f(t) \cdot (-t) \cdot e^{-s \cdot t})\, dt = \mathcal{L}\{-t \cdot f(t)\} = F'(s)$

Dies kann auch in der Form $\mathcal{L}\{t \cdot f(t)\} = -F'(s)$ geschrieben werden, das heißt, die Multiplikation der Originalfunktion mit t ergibt die negative Ableitung der Bildfunktion.

> **Multiplikationssatz** (Differentiationssatz für die Bildfunktion)
> $\mathcal{L}\{t^n \cdot f(t)\} = (-1)^n \cdot F^{(n)}(s)$   bzw.   $F^{(n)}(s) = \mathcal{L}\{(-t)^n \cdot f(t)\}$

**12.28** Erkläre die Vorgehensweise bei folgender Ermittlung der Laplace-Transformierten.
$\mathcal{L}\{\cos(t)\} = s \cdot \mathcal{L}\{\sin(t)\} - \sin(0) = \frac{s}{s^2 + 1}$

Lösung:
Da die Cosinusfunktion die abgeleitete Sinusfunktion ist, also $(\sin(t))' = \cos(t)$ gilt, kann der Differentiationssatz $f'(t) \circ\!\!-\!\!\bullet\ s \cdot F(s) - f(0)$ angewendet werden.

Mit $\mathcal{L}\{\sin(t)\} = \frac{1}{s^2 + 1}$ und $\sin(0) = 0$ ergibt sich obige Laplace-Transformierte.

**12.29** Ermittle $\mathcal{L}\{t \cdot \sin(t)\}$ mithilfe des Multiplikationssatzes.

Lösung:
$\mathcal{L}\{t \cdot \sin(t)\} = (-1) \cdot F'(s) = (-1) \cdot \left(\frac{1}{s^2 + 1}\right)' = (-1)^2 \cdot (s^2 + 1)^{-2} \cdot (2s) = \frac{2s}{(s^2 + 1)^2}$

## Integrationssätze

Analog zu den Differentiationssätzen kann man die Laplace-Transformierte des Integrals der Funktion f(t) bzw. die Originalfunktion bei Integration der Bildfunktion untersuchen. Die beiden nachfolgenden Sätze werden ohne Beweis angeführt.

> **Integrationssatz** (für die Originalfunktion)
> $\mathcal{L}\left\{\int_0^t f(\tau)\, d\tau\right\} = \frac{1}{s} \cdot F(s)$   mit  $F(s) = \mathcal{L}\{f(t)\}$
>
> **Divisionssatz** (Integrationssatz für die Bildfunktion)
> $\mathcal{L}\left\{\frac{1}{t} \cdot f(t)\right\} = \int_s^\infty F(u)\, du$

**Analysis**

## Integraltransformationen

**12.30** Ermittle die Laplace-Transformierte $f(t) = t$ mithilfe des Integrationssatzes. Beschreibe deine Vorgehensweise.

Lösung:
Die Funktion $f(t) = t$ kann als Integral der Funktion $g(t) = 1$ aufgefasst werden.
$$\int_0^t 1\, d\tau = \tau \Big|_0^t = t$$
Mit $1 \circ\!\!-\!\!\bullet \frac{1}{s}$ ergibt sich: $\mathcal{L}\{t\} = \mathcal{L}\left\{\int_0^t 1\, d\tau\right\} = \frac{1}{s} \cdot \frac{1}{s} = \frac{1}{s^2}$

**12.31** Mithilfe der Laplace-Transformation kann gezeigt werden, dass $\int_0^\infty \frac{\sin(t)}{t}\, dt = \frac{\pi}{2}$ gilt.

1) Zeige, dass gilt: $\mathcal{L}\left\{\frac{1}{t} \cdot \sin(t)\right\} = \frac{\pi}{2} - \arctan(s)$

2) Dokumentiere, wie man $\int_0^\infty \frac{\sin(t)}{t}\, dt$ mithilfe von 1) berechnen kann.

Lösung:
1) Durch Anwenden des Divisionssatzes und der Korrespondenz $\sin(t) \circ\!\!-\!\!\bullet \frac{1}{s^2 + 1}$ ergibt sich:
$$\mathcal{L}\left\{\frac{1}{t} \cdot \sin(t)\right\} = \int_s^\infty \frac{1}{u^2 + 1}\, du$$
Die Auswertung des uneigentlichen Integrals erfolgt durch Bilden des Grenzwerts.
$$\int_s^\infty \frac{1}{u^2 + 1}\, du = \lim_{b \to \infty}\left(\arctan(u)\Big|_s^b\right) = \lim_{b \to \infty}(\arctan(b) - \arctan(s)) = \frac{\pi}{2} - \arctan(s)$$

2) Mithilfe der Definition der Laplace-Transformierten und $s = 0$ erhält man:
$$\mathcal{L}\left\{\frac{1}{t} \cdot \sin(t)\right\} = \int_0^\infty \frac{\sin(t)}{t} \cdot e^{-s \cdot t}\, dt = \int_0^\infty \frac{\sin(t)}{t}\, dt$$
Damit ergibt sich: $\int_0^\infty \frac{\sin(t)}{t}\, dt = \frac{\pi}{2} - \arctan(0) = \frac{\pi}{2}$

### Grenzwertsätze

Ist die Funktion $F(s)$ im Bildbereich bekannt, so kann der Funktionswert der Originalfunktion $f(t)$ zu Beginn ($t = 0$) oder am Ende ($t = \infty$) angegeben werden, ohne diese zu ermitteln. Man spricht vom Anfangswert $f(0^+) = \lim_{t \to 0^+}(f(t))$ und vom Endwert $f(\infty) = \lim_{t \to \infty}(f(t))$ der Funktion.

**Anfangs- und Endwertsatz**
$$\lim_{t \to 0^+}(f(t)) = \lim_{s \to \infty}(s \cdot F(s)) \qquad \lim_{t \to \infty}(f(t)) = \lim_{s \to 0}(s \cdot F(s))$$

**12.32** Bestimme den Anfangs- und den Endwert der Originalfunktion von $F(s) = \frac{3}{s^2 + 4s + 13}$ und vergleiche die Ergebnisse mit jenen aus Aufgabe **12.27 b)**.

Lösung:
$$f(0^+) = \lim_{s \to \infty}(s \cdot F(s)) = \lim_{s \to \infty}\left(\frac{3 \cdot s}{s^2 + 4s + 13}\right) = 0$$
$$f(\infty) = \lim_{s \to 0}(s \cdot F(s)) = \lim_{s \to 0}\left(\frac{3 \cdot s}{s^2 + 4s + 13}\right) = 0$$

Die Funktion $F$ ist die Laplace-Transformierte der Funktion $f(t) = e^{-2t} \cdot \sin(3t)$. Hierbei handelt es sich um eine gedämpfte Schwingung mit $f(0) = 0$ und $\lim_{t \to \infty}(f(t)) = 0$.

# Integraltransformationen

Die folgende Korrespondenztabelle enthält neben den in den Aufgaben und Beispielen berechneten Laplace-Transformierten weitere häufig vorkommende Funktionen.

| | **Korrespondenztabelle** | | | | |
|---|---|---|---|---|---|
| | f(t) | F(s) | | f(t) | F(s) |
| 1 | $\delta(t)$ | 1 | 9 | $\sin(\omega t)$ | $\frac{\omega}{s^2 + \omega^2}$ |
| 2 | 1 bzw. $\sigma(t)$ | $\frac{1}{s}$ | 10 | $\cos(\omega t)$ | $\frac{s}{s^2 + \omega^2}$ |
| 3 | $t$ | $\frac{1}{s^2}$ | 11 | $t \cdot \sin(\omega t)$ | $\frac{2\omega s}{(s^2 + \omega^2)^2}$ |
| 4 | $t^2$ | $\frac{2}{s^3}$ | 12 | $t \cdot \cos(\omega t)$ | $\frac{s^2 - \omega^2}{(s^2 + \omega^2)^2}$ |
| 5 | $t^n$ | $\frac{n!}{s^{n+1}}$ | 13 | $e^{a \cdot t} \cdot \sin(\omega t)$ | $\frac{\omega}{(s - a)^2 + \omega^2}$ |
| 6 | $e^{a \cdot t}$ bzw. $e^{-a \cdot t}$ | $\frac{1}{s-a}$ bzw. $\frac{1}{s+a}$ | 14 | $e^{a \cdot t} \cdot \cos(\omega t)$ | $\frac{s - a}{(s - a)^2 + \omega^2}$ |
| 7 | $t \cdot e^{a \cdot t}$ bzw. $t \cdot e^{-a \cdot t}$ | $\frac{1}{(s-a)^2}$ bzw. $\frac{1}{(s+a)^2}$ | 15 | $\sinh(a \cdot t)$ | $\frac{a}{s^2 - a^2}$ |
| 8 | $1 - e^{-\frac{t}{a}}$ | $\frac{1}{s \cdot (1 + a \cdot s)}$ | 16 | $\cosh(a \cdot t)$ | $\frac{s}{s^2 - a^2}$ |

**12.33** Berechne die Laplace-Transformierte der Funktion f(t) durch Integration.
a) $f(t) = 5$    b) $f(t) = 2t$    c) $f(t) = e^{-t}$    d) $f(t) = 1 + 3e^t$

**12.34** Gib an, welche Sätze angewendet werden können, um die Laplace-Transformierte der gegebenen Funktion f zu ermitteln. Begründe deine Antwort.
a) $f(t) = (3t)^4$    b) $f(t) = 2 \cdot \sin(t - 3)$    c) $f(t) = t^2 \cdot e^t$    d) $f(t) = \frac{\sinh(t)}{t}$

**12.35** Zeige, dass bei Berechnung von $\mathcal{L}\{t^3 \cdot e^{-t}\}$ sowohl das Anwenden des Dämpfungssatzes als auch das Anwenden des Multiplikationssatzes auf dasselbe Ergebnis führt.

**12.36** Berechne mithilfe des Additionssatzes und der obigen Korrespondenztabelle.
a) $\mathcal{L}\{3t^3\}$    c) $\mathcal{L}\{\sin(2t) - 1\}$    e) $\mathcal{L}\{3e^{2t} - 2\}$    g) $\mathcal{L}\{\sin(t) - 2\cos(t)\}$
b) $\mathcal{L}\{t^4 + 2\}$    d) $\mathcal{L}\{4t + \cos(2t)\}$    f) $\mathcal{L}\{e^{-2t} + 3t - 2\}$    h) $\mathcal{L}\{2\sin(3t) + 2\}$

Aufgaben 12.37 – 12.39: Berechne jeweils die Laplace-Transformierte mithilfe der obigen Korrespondenztabelle und der geeigneten Sätze.

**12.37** a) $f(t) = \sin(t - 2)$ für $t \geq 2$    b) $f(t) = 5e^{t-1}$ für $t \geq 1$

**12.38** a) $f(t) = 2t^2 \cdot e^{-3t}$    b) $f(t) = (2 + 3t) \cdot e^{-5t}$    c) $f(t) = e^{-3t} \cdot \cos(2t)$    d) $f(t) = 5e^{-t} \cdot \sin(4t)$

**12.39** a) $f(t) = t^2 \cdot \cos(t)$    b) $f(t) = t^2 \cdot \sin(2t)$    c) $f(t) = \frac{\sinh(t)}{t}$    d) $f(t) = \frac{1 - e^t}{t}$

**12.40** Ermittle den Anfangs- und den Endwert der Originalfunktion von $F(s) = \frac{10}{s \cdot (2s + 1)}$.

**Analysis**

# Integraltransformationen

**Ⓐ Ⓑ Ⓒ ● 12.41** Stelle die Funktionsgleichung der dargestellten Funktion mithilfe der Sprungfunktion dar und ermittle anschließend die Laplace-Transformierte.

**a)** Rechteckimpuls  **b)** Sägezahnkurve

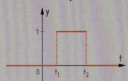
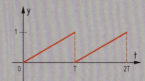

Lösung:

**a)** $f(t) = \sigma(t - t_1) - \sigma(t - t_2)$ • Anschreiben mithilfe der Sprungfunktion

$\mathcal{L}\{\sigma(t - t_1) - \sigma(t - t_2)\} = \mathcal{L}\{\sigma(t - t_1)\} - \mathcal{L}\{\sigma(t - t_2)\} =$ • Additionssatz

$= e^{-t_1 \cdot s} \cdot \frac{1}{s} - e^{-t_2 \cdot s} \cdot \frac{1}{s} = \frac{e^{-t_1 \cdot s} - e^{-t_2 \cdot s}}{s}$

• Verschiebungssatz
$\sigma(t) \circ\!\!-\!\!\bullet \frac{1}{s}$

**b)**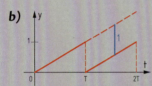

$0 \leq t < T: \quad f_1(t) = \frac{1}{T} \cdot t$

$T \leq t < 2T: \quad f_2(t) = \frac{1}{T} \cdot t - 1$

$f(t) = \frac{1}{T} \cdot t - \sigma(t - T) - \sigma(t - 2T) - \ldots$

$\mathcal{L}\{f(t)\} = \mathcal{L}\left\{\frac{1}{T} \cdot t\right\} - \mathcal{L}\{\sigma(t - T)\} - \mathcal{L}\{\sigma(t - 2T)\} - \ldots =$ • Additionssatz

$= \frac{1}{T} \cdot \frac{1}{s^2} - \frac{1}{s} \cdot e^{-T \cdot s} - \frac{1}{s} \cdot e^{-2T \cdot s} - \frac{1}{s} \cdot e^{-3T \cdot s} - \ldots =$

• Verschiebungssatz
$t \circ\!\!-\!\!\bullet \frac{1}{s^2}, \; \sigma(t) \circ\!\!-\!\!\bullet \frac{1}{s}$

$= \frac{1}{T} \cdot \frac{1}{s^2} - \frac{1}{s} \cdot e^{-T \cdot s} \cdot (1 + e^{-T \cdot s} + e^{-2T \cdot s} + \ldots)$

$q = e^{-T \cdot s} \Rightarrow 1 + e^{-T \cdot s} + e^{-2T \cdot s} + \ldots = \frac{1}{1 - e^{-T \cdot s}} = \frac{e^{T \cdot s}}{e^{T \cdot s} - 1}$

• Die Summanden in den Klammern bilden eine geometrische Reihe.

$F(s) = \frac{1}{T} \cdot \frac{1}{s^2} - \frac{1}{s} \cdot e^{-T \cdot s} \cdot \frac{e^{T \cdot s}}{e^{T \cdot s} - 1} = \frac{e^{T \cdot s} - 1 - T \cdot s}{T \cdot s^2 \cdot (e^{T \cdot s} - 1)}$

• Summenformel: $S = \frac{1}{1 - q}$

**Ⓐ Ⓑ Ⓒ ● 12.42** Stelle die Funktionsgleichung der dargestellten Funktion mithilfe der Sprungfunktion dar und ermittle anschließend die Laplace-Transformierte.

**a)**   **b)** 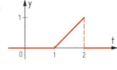  **c)**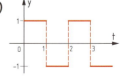

**● Ⓑ ● Ⓓ 12.43** Zeige: $\mathcal{L}\{f_1(t) + f_2(t)\} = F_1(s) + F_2(s)$

**● Ⓑ Ⓒ ● 12.44** Ermittle die Laplace-Transformierte mittels Integration. Vergleiche das Ergebnis mit der Korrespondenztabelle.
**a)** $\delta(t)$ **b)** $f(t) = t^n$ **c)** $f(t) = t \cdot e^{a \cdot t}$ **d)** $f(t) = \sinh(a \cdot t)$ **e)** $f(t) = \cosh(a \cdot t)$

**Ⓐ Ⓑ ● Ⓓ 12.45** Mithilfe des Differentiationssatzes kann die Laplace-Transformierte von $f(t) = t \cdot \sin(\omega \cdot t)$ hergeleitet werden.
**1)** Zeige, dass gilt: $f''(t) = 2 \cdot \omega \cdot \cos(\omega \cdot t) - \omega^2 \cdot f(t)$
**2)** Leite die Laplace-Transformierte von f mithilfe von **1)** her.

# Integraltransformationen

## 12.3.2 Rücktransformation

**12.46** Versuche, mithilfe der Korrespondenztabelle die Originalfunktion f(t) der gegebenen Funktion zu bestimmen. Beschreibe, welche Umformungen dabei durchgeführt werden.

1) $F(s) = \frac{2}{s}$  2) $F(s) = \frac{1}{s^2 + 4}$  3) $F(s) = \frac{2}{s \cdot (s+4)}$

Wurde eine Funktion zur Durchführung einer Berechnung in den Bildbereich transformiert, so muss die Bildfunktion danach wieder in den Originalbereich zurückgeführt werden. Diese Rücktransformation heißt **inverse Laplace-Transformation** und wird mit $\mathcal{L}^{-1}\{F(s)\}$ bezeichnet. Da die direkte Berechnung der inversen Laplace-Transformierten sehr aufwändig ist, erfolgt die Rücktransformation üblicherweise mithilfe der Korrespondenztabelle.

ZB: Der Originalfunktion $f(t) = \sin(t)$ entspricht die Bildfunktion $F(s) = \frac{1}{s^2 + 1}$.

Die inverse Laplace-Transformierte von $F(s) = \frac{1}{s^2 + 1}$ ist daher die Originalfunktion $f(t) = \sin(t)$.

Laplace-Transformation: $\sin(t) \circ\!\!-\!\!\bullet \frac{1}{s^2 + 1}$ bzw. $\mathcal{L}\{\sin(t)\} = \frac{1}{s^2 + 1}$

Rücktransformation: $\frac{1}{s^2 + 1} \bullet\!\!-\!\!\circ \sin(t)$ bzw. $\mathcal{L}^{-1}\left\{\frac{1}{s^2 + 1}\right\} = \sin(t)$

Oft entsprechen die Bildfunktionen F(s) nicht genau den in der Korrespondenztabelle angegebenen Funktionen. Durch Herausheben konstanter Faktoren und geschicktes Umformen muss daher F(s) in Korrespondenzen, die in der Tabelle vorkommen, zerlegt werden.

---

**12.47** Ermittle die Originalfunktion f(t) der gegebenen Laplace-Transformierten F(s).

a) $F(s) = \frac{1}{2s - 1}$

b) $F(s) = \frac{1}{s^2 - 9}$

c) $F(s) = \frac{3}{2s - 4} + \frac{5}{s^3}$

d) $F(s) = \frac{s - 4}{s^2 + 4} + \frac{7}{(s + 4)^2}$

e) $F(s) = \frac{e^{-2s}}{s - 3}$

**Lösung:**

a) $F(s) = \frac{1}{2s - 1} = \frac{1}{2 \cdot \left(s - \frac{1}{2}\right)} = \frac{1}{2} \cdot \frac{1}{s - \frac{1}{2}}$

$f(t) = \mathcal{L}^{-1}\left\{\frac{1}{2} \cdot \frac{1}{s - \frac{1}{2}}\right\} = \frac{1}{2} \cdot \mathcal{L}^{-1}\left\{\frac{1}{s - \frac{1}{2}}\right\} = \frac{1}{2} \cdot e^{\frac{1}{2}t}$

- Um die Korrespondenz $\frac{1}{s - a} \bullet\!\!-\!\!\circ e^{a \cdot t}$ anwenden zu können, muss im Nenner 2 herausgehoben werden.

b) $F(s) = \frac{1}{s^2 - 9} = \frac{1}{s^2 - 3^2} = \frac{1}{3} \cdot \frac{3}{s^2 - 3^2}$

$f(t) = \frac{1}{3} \cdot \sinh(3t)$

- Um $\frac{a}{s^2 - a^2} \bullet\!\!-\!\!\circ \sinh(a \cdot t)$ anzuwenden, hebt man $\frac{1}{3}$ heraus.

c) $F(s) = \frac{3}{2s - 4} + \frac{5}{s^3} = \frac{3}{2} \cdot \frac{1}{s - 2} + \frac{5}{2} \cdot \frac{2}{s^3}$

$f(t) = \frac{3}{2} \cdot e^{2t} + \frac{5}{2} \cdot t^2$

- $\frac{1}{s - a} \bullet\!\!-\!\!\circ e^{a \cdot t}$, $\frac{2}{s^3} \bullet\!\!-\!\!\circ t^2$

d) $F(s) = \frac{s - 4}{s^2 + 4} + \frac{7}{(s + 4)^2} = \frac{s}{s^2 + 2^2} - \frac{2 \cdot 2}{s^2 + 2^2} + 7 \cdot \frac{1}{(s + 4)^2}$

$f(t) = \cos(2t) - 2\sin(2t) + 7 \cdot t \cdot e^{-4t}$

- $\frac{s}{s^2 + \omega^2} \bullet\!\!-\!\!\circ \cos(\omega t)$,

  $\frac{\omega}{s^2 + \omega^2} \bullet\!\!-\!\!\circ \sin(\omega t)$, $\frac{1}{(s + a)^2} \bullet\!\!-\!\!\circ t \cdot e^{-a \cdot t}$

e) $F(s) = \frac{e^{-2s}}{s - 3}$

$f(t) = e^{3 \cdot (t - 2)}$ mit $t \geq 2$

bzw. $f(t) = e^{3 \cdot (t - 2)} \cdot \sigma(t - 2)$

- Verschiebungssatz,

  $\frac{1}{s - a} \bullet\!\!-\!\!\circ e^{a \cdot t}$

# Integraltransformationen

**12.48** Ermittle die Originalfunktion f(t) der gegebenen Laplace-Transformierten F(s).

$$F(s) = \frac{2s + 5}{(s - 3)^2 + 4}$$

Lösung:

$$F(s) = \frac{2s + 5}{(s - 3)^2 + 4} = \frac{2s + 5}{(s - 3)^2 + 2^2}$$

$$2s + 5 = 2 \cdot (s - 3) + k$$
$$2s + 5 = 2s - 6 + k$$
$$k = 11$$

$$\frac{2s + 5}{(s - 3)^2 + 2^2} = \frac{2 \cdot (s - 3) + 11}{(s - 3)^2 + 2^2} =$$

$$= \frac{2 \cdot (s - 3)}{(s - 3)^2 + 2^2} + \frac{11}{(s - 3)^2 + 2^2} =$$

$$= 2 \cdot \frac{(s - 3)}{(s - 3)^2 + 2^2} + \frac{11}{2} \cdot \frac{2}{(s - 3)^2 + 2^2}$$

$$f(t) = 2 \cdot e^{3t} \cdot \cos(2t) + \frac{11}{2} \cdot e^{3t} \cdot \sin(2t)$$

- Um die Korrespondenz
$$\frac{s - a}{(s - a)^2 + \omega^2} \bullet\!\!-\!\!\circ e^{a \cdot t} \cdot \cos(\omega t)$$
verwenden zu können, muss der Zähler (2s + 5) so umgeformt werden, dass ein Teilbruch mit dem Zähler (s − 3) entsteht.

- $\frac{\omega}{(s - a)^2 + \omega^2} \bullet\!\!-\!\!\circ e^{a \cdot t} \cdot \sin(\omega t)$

Da die Bildfunktionen häufig gebrochen rationale Funktionen sind, benötigt man bei der Rücktransformation oft die **Partialbruchzerlegung**.

$$F(s) = \frac{2s^2 - 12s + 58}{s^3 - 4s^2 + 29s} = \frac{2s^2 - 12s + 58}{s \cdot (s^2 - 4s + 29)}$$

Die Funktion entspricht keiner aus der Korrespondenztabelle, sie wird in Partialbrüche zerlegt.

$s \cdot (s^2 - 4s + 29) = 0 \Rightarrow s_1 = 0, s_{2,3} = 2 \pm 5j$ 
- Nullstellen des Nenners ermitteln

$\frac{2s^2 - 12s + 58}{s^3 - 4s^2 + 29s} = \frac{A}{s} + \frac{Bs + C}{s^2 - 4s + 29} \Rightarrow A = 2, B = 0, C = -4$ 
- Passenden Ansatz wählen

$F(s) = \frac{2}{s} - \frac{4}{s^2 - 4s + 29}$ 
- Partialbrüche angeben

Auf den ersten Teilbruch kann die Korrespondenz Nr. 2 aus der Tabelle von Seite 293 angewendet werden. Um für den zweiten Teilbruch die Korrespondenz Nr. 13 verwenden zu können, muss dieser umgeformt werden.

$s^2 - 4s + 29 = s^2 - 4s + 4 - 4 + 29 = (s - 2)^2 + 5^2$ 
- Ergänzen auf ein vollständiges Quadrat

$\frac{4}{s^2 - 4s + 29} = \frac{4}{5} \cdot \frac{5}{(s - 2)^2 + 5^2}$ 
- Um die Formel $\frac{\omega}{(s - a)^2 + \omega^2}$ zu verwenden, formt man so um, dass der Zähler 5 lautet.

Mit $\frac{2}{s} \bullet\!\!-\!\!\circ 2$ und $\frac{4}{5} \cdot \frac{5}{(s - 2)^2 + 5^2} \bullet\!\!-\!\!\circ \frac{4}{5} \cdot e^{2t} \cdot \sin(5t)$ erhält man:

$$f(t) = 2 - \frac{4}{5} \cdot e^{2t} \cdot \sin(5t)$$

 Beachte: $F_1(s) \cdot F_2(s) \neq \mathcal{L}\{f_1(t) \cdot f_2(t)\}$

ZB: Die Originalfunktion von $F(s) = \frac{1}{s \cdot (s - 2)} = \frac{1}{s} \cdot \frac{1}{s - 2}$ ist **nicht** $f(t) = 1 \cdot e^{2t}$, da $\mathcal{L}\{e^{2t}\} = \frac{1}{s - 2}$.

Hier muss der so genannte **Faltungssatz** angewendet werden: $\mathcal{L}\{f_1(t) * f_2(t)\} = F_1(s) \cdot F_2(s)$

Das Faltungsprodukt ist definiert durch: $f_1(t) * f_2(t) = \int_0^t f_1(u) \cdot f_2(t - u) \, du$

# Integraltransformationen

Aufgaben 12.49 – 12.58: Ermittle f(t) der gegebenen Laplace-Transformierten F(s).

**12.49 a)** $F(s) = \dfrac{3s + 4}{s^3 - 2s^2}$  **b)** $F(s) = \dfrac{5s^2 - 35s + 89}{(s-2) \cdot (s^2 - 8s + 25)}$

**Lösung:**

a) $\dfrac{3s+4}{s^3 - 2s^2} = \dfrac{3s+4}{s^2 \cdot (s-2)} = \dfrac{A}{s} + \dfrac{B}{s^2} + \dfrac{C}{s-2}$   • Zerlegung in Partialbrüche

$A = -\dfrac{5}{2}, B = -2, C = \dfrac{5}{2}$

$F(s) = -\dfrac{5}{2} \cdot \dfrac{1}{s} - 2 \cdot \dfrac{1}{s^2} + \dfrac{5}{2} \cdot \dfrac{1}{s-2}$   • Die Teilbrüche können nun einzeln rücktransformiert werden.

$f(t) = -\dfrac{5}{2} - 2t + \dfrac{5}{2} e^{2t}$

b) $\dfrac{5s^2 - 35s + 89}{(s-2) \cdot (s^2 - 8s + 25)} = \dfrac{A}{s-2} + \dfrac{B \cdot s + C}{s^2 - 8s + 25}$   • Der zweite Term hat keine reellen Nullstellen.

$s^2 - 8s + 25 = 0 \Rightarrow s_{1,2} = 4 \pm 3j$   • Ein Teilbruch mit nicht weiter zerlegbarem quadratischen Nenner muss so umgeformt werden, dass die Korrespondenzen

$A = 3, B = 2, C = -7$

$F(s) = \dfrac{3}{s-2} + \dfrac{2s - 7}{s^2 - 8s + 25}$

$s^2 - 8s + 25 = (s-4)^2 - 16 + 25 = (s-4)^2 + 9$

$\dfrac{2s - 7}{(s-4)^2 + 3^2} = \dfrac{2 \cdot (s-4) + 1}{(s-4)^2 + 3^2} = 2 \cdot \dfrac{s-4}{(s-4)^2 + 3^2} + \dfrac{1}{3} \cdot \dfrac{3}{(s-4)^2 + 3^2}$

$\dfrac{s-a}{(s-a)^2 + \omega^2} \circ\!\!-\!\!\bullet e^{a \cdot t} \cdot \cos(\omega t)$ oder

$\dfrac{\omega}{(s-a)^2 + \omega^2} \circ\!\!-\!\!\bullet e^{a \cdot t} \cdot \sin(\omega t)$

$f(t) = 3e^{2t} + 2e^{4t} \cdot \cos(3t) + \dfrac{1}{3} e^{4t} \cdot \sin(3t)$   angewendet werden können.

**12.50 a)** $F(s) = 4 - \dfrac{3}{s}$  **b)** $F(s) = \dfrac{1}{2s} + \dfrac{1}{s-2}$  **c)** $F(s) = \dfrac{6}{s^4} + \dfrac{1}{s^2} - \dfrac{4}{s}$  **d)** $F(s) = \dfrac{4}{s+2} + \dfrac{2}{(s-2)^2}$

**12.51 a)** $F(s) = \dfrac{2}{s^2 + 4}$  **b)** $F(s) = \dfrac{s}{s^2 + 9}$  **c)** $F(s) = \dfrac{2s}{s^2 + 16}$  **d)** $F(s) = \dfrac{4}{s^2 - 16}$

**12.52 a)** $F(s) = \dfrac{2s}{(s^2 + 1)^2}$  **b)** $F(s) = \dfrac{s^2 - 1}{(s^2 + 1)^2}$  **c)** $F(s) = \dfrac{3}{(s-2)^2 + 9}$  **d)** $F(s) = \dfrac{s+3}{(s+3)^2 + 16}$

**12.53 a)** $F(s) = \dfrac{3}{s^2 + 1}$  **b)** $F(s) = \dfrac{2s}{s^2 - 25}$  **c)** $F(s) = \dfrac{5}{3s + 2}$  **d)** $F(s) = \dfrac{7}{s^2 + 9}$

**12.54 a)** $F(s) = \dfrac{14}{(s-5)^2 + 9}$  **b)** $F(s) = \dfrac{3s - 4}{(s-6)^2 + 49}$  **c)** $F(s) = \dfrac{12}{s^2 + 2s + 17}$  **d)** $F(s) = \dfrac{2s + 4}{s^2 + 2s + 5}$

**12.55 a)** $F(s) = \dfrac{3s + 6}{s^2 + 3s}$  **b)** $F(s) = \dfrac{-s - 3}{s^2 - 6s}$  **c)** $F(s) = \dfrac{9s + 20}{s^2 - 16}$  **d)** $F(s) = \dfrac{5s + 5}{6 \cdot (s-2) \cdot (s+3)}$

**12.56 a)** $F(s) = \dfrac{5}{s^2 + 7s + 12}$  **b)** $F(s) = \dfrac{-4s^2 + 3s - 15}{s^3 - 5s^2}$  **c)** $F(s) = \dfrac{s-2}{s^3 - s^2}$  **d)** $F(s) = \dfrac{3s}{s^2 - 6s + 9}$

**12.57 a)** $F(s) = \dfrac{-14s + 12}{s^3 - 4s^2 + 3s}$  **b)** $F(s) = \dfrac{s^2 + 6s + 6}{s^2 \cdot (s+2)^2}$  **c)** $F(s) = \dfrac{4s^2 + 2s - 2}{s^3 - s}$  **d)** $F(s) = \dfrac{9}{s^2 \cdot (s-1) \cdot (s+3)}$

**12.58 a)** $F(s) = \dfrac{-s^2 - 2}{s^3 + s}$  **b)** $F(s) = \dfrac{-18}{s \cdot (s^2 + 9)}$  **c)** $F(s) = \dfrac{10}{s \cdot (s^2 + 6s + 10)}$  **d)** $F(s) = \dfrac{2s^2 - 11s + 17}{(s+3) \cdot (s^2 - 4s + 13)}$

**12.59** Ermittle die Originalfunktion und beschreibe deine Vorgehensweise: $F(s) = \dfrac{e^{-2s}}{s^3}$

**12.60** Erkläre, welcher Fehler bei der Rücktransformation vermutlich gemacht wurde.

$F(s) = \dfrac{2}{s \cdot (s-3)} = \dfrac{2}{s} \cdot \dfrac{1}{s-3}, \quad f(t) = 2 \cdot e^{3t}$

**Analysis**

# Integraltransformationen

## 12.3.3 Lösen von Differentialgleichungen mit der Laplace-Transformation

**🅐🅑🅒 ○** **12.61** Gegeben ist die Differentialgleichung $y' - 2y = 0$ mit $y(0) = 2$.
   *1)* Löse die Anfangswertaufgabe.
   *2)* Gib die Laplace-Transformierte der Gleichung mithilfe des Differentiationssatzes an. Setze dann $\mathcal{L}\{y(t)\} = Y(s)$. Beschreibe, welche Art von Gleichung für die Variable $Y(s)$ entsteht.

Die in der Mechanik oder Elektrotechnik häufig auftretenden Schwingungsgleichungen sind lineare Differentialgleichungen mit konstanten Koeffizienten. Im Folgenden wird gezeigt, wie Differentialgleichungen dieses Typs mithilfe der Laplace-Transformation gelöst werden. Da es sich im Allgemeinen um zeitabhängige Vorgänge handelt, wird im Weiteren $y = y(t)$ gesetzt.

ZB: Es soll die Differentialgleichung $y' + 3y = e^{-2t}$ mit der Anfangsbedingung $y(0) = 0$ gelöst werden.

Auf dem „herkömmlichen" Weg wird zuerst die homogene Lösung, dann die partikuläre Lösung berechnet und mithilfe des Anfangswerts die Konstante C bestimmt.

$y' + 3y = 0 \;\Rightarrow\; y_h = C \cdot e^{-3t}$

Ansatz: $y_p = a \cdot e^{-2t},\; y_p' = -2a \cdot e^{-2t} \;\Rightarrow\; -2a \cdot e^{-2t} + 3a \cdot e^{-2t} = e^{-2t} \;\Rightarrow\; a = 1 \;\Rightarrow\; y_p = e^{-2t}$

$y(t) = C \cdot e^{-3t} + e^{-2t},\; y(0) = 0:\; 0 = C + 1 \;\Rightarrow\; C = -1 \;\Rightarrow\; y(t) = e^{-2t} - e^{-3t}$

Wendet man die Laplace-Transformation auf die Differentialgleichung an, so erhält man:

$\mathcal{L}\{y' + 3y\} = \mathcal{L}\{e^{-2t}\}$

$\mathcal{L}\{y'\} + 3 \cdot \mathcal{L}\{y\} = \mathcal{L}\{e^{-2t}\}$ • Linearität der Laplace-Transformation

$s \cdot \mathcal{L}\{y(t)\} - y(0) + 3 \cdot \mathcal{L}\{y(t)\} = \mathcal{L}\{e^{-2t}\}$ • Für die Laplace-Transformierte der Ableitung $y'(t)$ gilt: $\mathcal{L}\{y'(t)\} = s \cdot \mathcal{L}\{y(t)\} - y(0)$

$s \cdot Y(s) - 0 + 3 \cdot Y(s) = \dfrac{1}{s+2}$ • $\mathcal{L}\{y(t)\} = Y(s)$ ist nun die gesuchte Variable und man erhält daher eine lineare Gleichung. Der Anfangswert wird direkt in diese lineare Gleichung eingesetzt. Die Störfunktion wird transformiert.

$Y(s) \cdot (s + 3) = \dfrac{1}{s+2}$

$Y(s) = \dfrac{1}{(s+2) \cdot (s+3)}$ • Die Gleichung wird nach $Y(s)$ umgeformt.

$Y(s) = \dfrac{1}{s+2} - \dfrac{1}{s+3}$ • Rücktransformation mithilfe der Partialbruchzerlegung

$y(t) = e^{-2t} - e^{-3t}$

Durch die Transformation wird aus der Differentialgleichung eine lineare Gleichung. Dies gilt auch für Differentialgleichungen höherer Ordnung, wenn die Koeffizienten konstant sind. Nach dem Differentiationssatz gilt für die n-te Ableitung einer Funktion:

$$\mathcal{L}\{y^{(n)}(t)\} = s^n \cdot Y(s) - s^{n-1} \cdot y(0) - s^{n-2} \cdot y'(0) - \ldots - s \cdot y^{(n-2)}(0) - y^{(n-1)}(0)$$

Dabei tritt die Gleichungsvariable $Y(s)$ nur linear auf. Die höchste Potenz von s entspricht der höchsten auftretenden Ableitung.

ZB: $\mathcal{L}\{y'' + py' + qy\} = \mathcal{L}\{y''\} + p \cdot \mathcal{L}\{y'\} + q \cdot \mathcal{L}\{y\} =$
$= s^2 \cdot Y(s) - s \cdot y(0) - y'(0) + p \cdot (s \cdot Y(s) - y(0)) + q \cdot Y(s) =$
$= Y(s) \cdot (s^2 + p \cdot s + q) - s \cdot y(0) - y'(0) - p \cdot y(0)$

Für $y(0)$ und $y'(0)$ werden die Anfangswerte direkt eingesetzt.
Somit können Differentialgleichungen gelöst werden, ohne differenzieren oder integrieren zu müssen. Da die Anfangswerte direkt eingesetzt werden, erhält man sofort die Lösungsfunktion.

# Integraltransformationen

Die Laplace-Transformation führt eine **lineare Differentialgleichung** mit konstanten Koeffizienten und gegebenen Anfangswerten in eine **lineare Gleichung** über. Die Lösung dieser Gleichung im Bildbereich wird anschließend rücktransformiert.

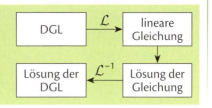

Aufgaben 12.62 – 12.72: Löse die Anfangswertaufgaben mithilfe der Laplace-Transformation.

**12.62** $y'' + 2y' + 2y = 6t$, $y(0) = 0$, $y'(0) = 2$

Lösung:
$\mathcal{L}\{y'' + 2y' + 2y\} = \mathcal{L}\{6t\}$

$s^2 \cdot Y(s) - s \cdot \underbrace{y(0)}_{0} - \underbrace{y'(0)}_{2} + 2 \cdot (s \cdot Y(s) - \underbrace{y(0)}_{0}) + 2 \cdot Y(s) = 6 \cdot \frac{1}{s^2}$ • Laplace-Transformation

$Y(s) \cdot (s^2 + 2s + 2) - 2 = \frac{6}{s^2}$

$Y(s) \cdot (s^2 + 2s + 2) = \frac{6}{s^2} + 2$

$Y(s) = \frac{6 + 2s^2}{s^2 \cdot (s^2 + 2s + 2)}$ • Lösung im Bildbereich

$Y(s) = \frac{6 + 2s^2}{s^2 \cdot (s^2 + 2s + 2)} = \frac{A}{s} + \frac{B}{s^2} + \frac{Cs + D}{s^2 + 2s + 2}$

$Y(s) = -\frac{3}{s} + \frac{3}{s^2} + \frac{3s + 5}{s^2 + 2s + 2}$

$\frac{3s + 5}{s^2 + 2s + 2} = \frac{3 \cdot (s + 1) + 2}{(s + 1)^2 + 1} = 3 \cdot \frac{s + 1}{(s + 1)^2 + 1} + 2 \cdot \frac{1}{(s + 1)^2 + 1}$ • Rücktransformation

$y(t) = -3 + 3t + 3e^{-t} \cdot \cos(t) + 2e^{-t} \cdot \sin(t)$

**Differentialgleichungen 1. Ordnung**

**12.63** a) $y' + 4y = 0$; $y(0) = 3$   c) $y' - 6y = 3$; $y(0) = 2$   e) $f'(t) + 5 \cdot f(t) = 1$; $f(0) = 0$
b) $y' - 3y = 6t$; $y(0) = 0$   d) $\dot{x} + 3x = 3t - 5$; $x(0) = 2$   f) $y' + 3y = t - 3$; $y(0) = 1$

**12.64** a) $y' + 2y = 3e^t$; $y(0) = 0$   b) $y' - 5y = e^{-3t}$; $y(0) = 2$

**12.65** a) $f'(t) - 2 \cdot f(t) = 3 \cdot \sin(t)$; $f(0) = 5$   c) $y' - 6y = 10 \cdot \sin(5t)$; $y(0) = 0$
b) $y' + y = \cos(2t) + 2$; $y(0) = 0$   d) $y' + 4y = 5 \cdot \cos(2t)$; $y(0) = 1$

**12.66** a) $y' - y = t \cdot e^t$; $y(0) = 1$   b) $y' + y = t \cdot e^t$; $y(0) = 1$

**Differentialgleichungen 2. Ordnung**

**12.67** a) $y'' + y = 0$; $y(0) = 1, y'(0) = 0$   c) $\ddot{y} + 2\dot{y} = 0$; $y(0) = 0, \dot{y}(0) = 1$
b) $y'' - 4y = 0$; $y(0) = 2, y'(0) = 0$   d) $y'' - 3y' = 0$; $y(0) = 1, y'(0) = 1$

**12.68** a) $y'' + 2y' - 3y = 0$; $y(0) = 0, y'(0) = 4$   b) $y'' + 2y' - 8y = 0$; $y(0) = 3, y'(0) = 0$

**12.69** a) $\ddot{y} - 6\dot{y} + 9y = 0$; $y(0) = 0, \dot{y}(0) = 2$   b) $y'' + 8y' + 16y = 0$; $y(0) = 1, y'(0) = 2$

**12.70** a) $y'' + 4y' + 5y = 0$; $y(0) = 0, y'(0) = 1$   b) $y'' - 2y' + 2y = 0$; $y(0) = 1, y'(0) = 4$

**12.71** a) $y'' + 3y' = 5$; $y(0) = 0, y'(0) = 2$   b) $\ddot{y} + 2\dot{y} - 3y = 9$; $y(0) = 0, \dot{y}(0) = 0$

**12.72** a) $2y'' - 8y = 3t$; $y(0) = 1, y'(0) = 0$   b) $y'' - 10y' + 9y = 72t$; $y(0) = 0, y'(0) = 0$

Aufgaben 12.73 – 12.74: Löse die Anfangswertaufgaben für $y(0) = y'(0) = 0$ mithilfe der Laplace-Transformation.

**12.73** a) $y'' - 16y' + 64y = 128t + 128$   b) $y'' + 2y' + 2y = 4$

**12.74** a) $y'' + 2y' + y = 8 \cdot \sin(t)$   b) $y'' + 2y' = 16 \cdot (\cos(2t) + \sin(2t))$

**Analysis**

# Integraltransformationen

**Ⓐ Ⓑ Ⓒ Ⓓ**  **12.75** An eine RC-Serienschaltung wird zum Zeitpunkt t = 0 s eine Eingangsspannung $u_e(t) = U_0 \cdot \sigma(t)$ angelegt. Die Spannung beträgt zu Beginn $u_C(0\,s) = 0$ V.
Es gelten folgende Zusammenhänge:

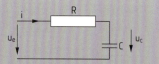

$$u_C(t) = \frac{1}{C} \cdot \int_0^t i(\tau)\, d\tau, \quad i(t) = C \cdot \frac{du_C}{dt}, \quad u_R(t) = R \cdot i(t)$$

1) Erkläre die Bedeutung der Gleichung $u_R + u_C - u_e = 0$ und stelle mit deren Hilfe die Gleichung für den Stromverlauf i(t) und für den Spannungsverlauf $u_C(t)$ auf.
2) Löse die Gleichungen mithilfe der Laplace-Transformation.
3) Ermittle jeweils den Grenzwert von i(t) und $u_C(t)$ für t → ∞ mithilfe des Endwertsatzes und interpretiere das Ergebnis.
4) Stelle i(t) und $u_C(t)$ für $U_0 = 200$ V, R = 50 kΩ und C = 100 μF grafisch dar.

**Lösung:**

1) Aufgrund der 2. Kirchhoff'schen Regel muss die Summe aller Spannungen in einem Stromkreis null sein. Die Vorzeichen ergeben sich aus der Zählrichtung.

Gleichung für den Stromverlauf: $R \cdot i + \frac{1}{C} \cdot \int_0^t i(\tau)\, d\tau = u_e$

Gleichung für den Spannungsverlauf: $RC \cdot \frac{du_C}{dt} + u_C = u_e$

2) Stromverlauf:

$$R \cdot i + \frac{1}{C} \cdot \int_0^t i(\tau)\, d\tau = U_0 \quad |\mathcal{L}$$

$$R \cdot I(s) + \frac{1}{C} \cdot \frac{1}{s} \cdot I(s) = \frac{U_0}{s}$$

$$I(s) \cdot \left(R + \frac{1}{C \cdot s}\right) = \frac{U_0}{s}$$

$$I(s) = \frac{U_0 \cdot C \cdot s}{s \cdot (RC \cdot s + 1)} = \frac{U_0 \cdot \cancel{C}}{R\cancel{C}\left(s + \frac{1}{RC}\right)}$$

$$i(t) = \frac{U_0}{R} \cdot e^{-\frac{1}{RC} \cdot t}$$

Spannungsverlauf:

$$RC \cdot \frac{du_C}{dt} + u_C = U_0 \quad |\mathcal{L}$$

$$RC \cdot s \cdot U_C(s) + U_C(s) = \frac{U_0}{s}$$

$$U_C(s) \cdot (RC \cdot s + 1) = \frac{U_0}{s}$$

$$U_C(s) = \frac{U_0}{s \cdot (RC \cdot s + 1)}$$

$$\frac{U_0}{s \cdot (RC \cdot s + 1)} = \frac{U_0}{s} - \frac{U_0 \cdot RC}{RC \cdot s + 1} = \frac{U_0}{s} - \frac{U_0 \cdot \cancel{RC}}{\cancel{RC}\left(s + \frac{1}{RC}\right)}$$

$$u_C(t) = U_0 - U_0 \cdot e^{-\frac{1}{RC} \cdot t} = U_0 \cdot \left(1 - e^{-\frac{1}{RC} \cdot t}\right)$$

3) $\lim\limits_{t \to \infty} (i(t)) = \lim\limits_{s \to 0} \left(s \cdot \frac{U_0 \cdot C}{RC \cdot s + 1}\right) = 0$, die Stromstärke sinkt von $\frac{U_0}{R}$ auf 0.

$\lim\limits_{t \to \infty} (u_C(t)) = \lim\limits_{s \to 0} \left(s \cdot \frac{U_0}{s \cdot (RC \cdot s + 1)}\right) = U_0$, die Spannung steigt von 0 auf $U_0$.

4)

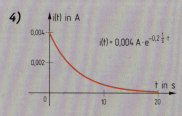
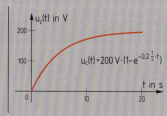

Bemerkung: Es genügt, eine der beiden Funktionen zu ermitteln, die zweite ergibt sich aus dem Zusammenhang $i(t) = C \cdot \frac{du_C}{dt}$.

**Ⓐ Ⓑ Ⓒ Ⓓ**  **12.76** Angabe wie in Aufgabe **12.75**.
a) $u_e(t) = 100\,V \cdot t \cdot \sigma(t)$
b) $u_e(t) = 50\,V \cdot e^t \cdot \sigma(t)$

# Integraltransformationen

**12.77** An eine RL-Serienschaltung wird zum Zeitpunkt t = 0 s eine Eingangsspannung $u_e(t) = 20$ V angelegt. Der Widerstand R beträgt 5 Ω und für die Spule gilt L = 2 H. Gib den Verlauf der Stromstärke i(t) an, wenn i(0 s) = 0 A gilt. Ermittle mithilfe des Endwertsatzes die Stromstärke für t → ∞. Beschreibe deine Vorgehensweise beim Lösen mithilfe der Laplace-Transformation.

Hinweis: $R \cdot i + L \cdot \frac{di}{dt} = u_e(t)$

**Technologieeinsatz: Lösen von Differentialgleichungen mit Laplace-Transformation**
**Mathcad**

Das Schlüsselwort für die Rücktransformation ist **invlaplace**, gefolgt von der Variablen.

$$\frac{1}{s^2} \text{ invlaplace}, s \rightarrow t$$

**12.78** Ein gedämpftes Feder-Masse-System wird aus der Ruhelage durch eine periodische Kraft F(t) angeregt. Gib den Bewegungsverlauf y(t) an, wenn m = 1 kg, b = 10 $\frac{kg}{s}$, k = 50 $\frac{N}{m}$ und $F(t) = 50$ N $\cdot \sin(2\, s^{-1} \cdot t)$ sind.

Lösung:

Differentialgleichung:

$$\frac{d^2}{dt^2} y(t) + 10 \frac{d}{dt} y(t) + 50 \cdot y(t) = F(t) \qquad F(t) := 50 \cdot \sin(2t) \qquad y(0) = 0, \frac{d}{dt} y(0) = 0$$

Transformation der Störfunktion:

$$F(t)\ \text{laplace}, t \rightarrow \frac{100}{s^2 + 4}$$

Angabe der transformierten Gleichung:

$$s^2 \cdot Y - s \cdot 0 - 0 + 10Y \cdot s - 0 + 50 \cdot Y = \frac{100}{s^2 + 4}$$

"Auflösen" nach Y und Rücktransformation:

$$\frac{100}{(s^2 + 4) \cdot (s^2 + 10 \cdot s + 50)}\ \text{invlaplace}, s \rightarrow \frac{-250}{629} \cdot \cos(2 \cdot t) + \frac{575}{629} \cdot \sin(2 \cdot t) + \frac{250}{629} \cdot e^{(-5) \cdot t} \cdot \cos(5 \cdot t) + \frac{20}{629} \cdot e^{(-5) \cdot t} \cdot \sin(5 \cdot t)$$

Lösungsfunktion:

$$y(t) := \frac{-250}{629} \cdot \cos(2 \cdot t) + \frac{575}{629} \cdot \sin(2 \cdot t) + \frac{250}{629} \cdot e^{(-5) \cdot t} \cdot \cos(5 \cdot t) + \frac{20}{629} \cdot e^{(-5) \cdot t} \cdot \sin(5 \cdot t)$$

**12.79** Ein gedämpftes Feder-Masse-System wird aus der Ruhelage durch eine periodische Kraft $F(t) = 5$ kN $\cdot \sin(5\, s^{-1} \cdot t)$ angeregt. Die Masse beträgt m = 200 kg, die Dämpfungskonstante b = 5 000 $\frac{kg}{s}$ und die Federkonstante k = 20 000 $\frac{N}{m}$.

1) Löse die Differentialgleichung $m \cdot \ddot{y} + b \cdot \dot{y} + k \cdot y = F(t)$ mithilfe der Laplace-Transformation.
2) Stelle y(t) grafisch dar.

**12.80** Ein Reihenschwingkreis wird durch folgende Differentialgleichung beschrieben:

$$L \cdot C \cdot \frac{d^2 u_C}{dt^2} + R \cdot C \cdot \frac{du_C}{dt} + u_C = u_e(t)$$

Berechne den Spannungsverlauf $u_C(t)$ mit $u_C(0\,s) = 0$ V und $i(0\,s) = 0$ A für R = 100 Ω, C = 100 μF, L = 0,5 H und $u_e(t) = 220$ V.

**Analysis**

# Integraltransformationen

## Zusammenfassung

**Spezielle Funktionen**
(Einheits-)Sprungfunktion σ(t): Sprungstelle bei t = 0 von 0 auf 1
Dirac'sche Deltafunktion: $\delta(t) = \infty$ für t = 0 und $\delta(t) = 0$ für t ≠ 0

**Fourier-Transformation**
Übergang vom Zeitbereich in den Frequenzbereich

$$F(\omega) = \int_{-\infty}^{\infty} f(t) \cdot e^{-j \cdot \omega t} \, dt$$

F(ω) heißt Fourier-Transformierte von f(t), falls das Integral konvergiert.

F(ω) ... Spektralfunktion, |F(ω)| ... spektrale Amplitudendichte, ist kontinuierlich

$f(t) = \frac{1}{2\pi} \cdot \int_{-\infty}^{\infty} F(\omega) \cdot e^{j \cdot \omega t} \, d\omega$ ... inverse Fourier-Transformation, f(t) ... Fourier-Integral

**Laplace-Transformation**
Für die Funktion f(t) gilt: f(t) = 0 für t < 0

$$F(s) = \int_{0}^{\infty} f(t) \cdot e^{-s \cdot t} \, dt$$

F(s) heißt Laplace-Transformierte von f(t), falls das Integral konvergiert.

Schreibweisen: $F(s) = \mathcal{L}\{f(t)\}$, $f(t) \,\circ\!\!-\!\!\bullet\, F(s)$  $\circ\!\!-\!\!\bullet$ ... Korrespondenzsymbol

Linearität: $\mathcal{L}\{a \cdot f_1(t) + b \cdot f_2(t)\} = a \cdot \mathcal{L}\{f_1(t)\} + b \cdot \mathcal{L}\{f_2(t)\} = a \cdot F_1(s) + b \cdot F_2(s)$

Ähnlichkeitssatz: $\mathcal{L}\{f(a \cdot t)\} = \frac{1}{a} F\left(\frac{s}{a}\right)$ mit $F(s) = \mathcal{L}\{f(t)\}$ und a > 0

Verschiebungssatz: $\mathcal{L}\{f(t-a)\} = e^{-a \cdot s} \cdot F(s)$ mit $F(s) = \mathcal{L}\{f(t)\}$ und a > 0

Dämpfungssatz: $\mathcal{L}\{f(t) \cdot e^{-a \cdot t}\} = F(s+a)$ mit $F(s) = \mathcal{L}\{f(t)\}$ und $a \in \mathbb{R}$

Differentiationssatz: $f'(t) \,\circ\!\!-\!\!\bullet\, s \cdot F(s) - f(0)$
$f''(t) \,\circ\!\!-\!\!\bullet\, s^2 \cdot F(s) - s \cdot f(0) - f'(0)$
$f'''(t) \,\circ\!\!-\!\!\bullet\, s^3 \cdot F(s) - s^2 \cdot f(0) - s \cdot f'(0) - f''(0)$

Die **Rücktransformation** erfolgt mithilfe von Korrespondenztabellen. Gebrochen rationale Funktionen müssen gegebenenfalls mittels Partialbruchzerlegung vereinfacht werden.

Mithilfe der Laplace-Transformation können **Differentialgleichungen** mit konstanten Koeffizienten und gegebenen Anfangswerten gelöst werden. Dazu wird die Differentialgleichung Laplace-transformiert und so in eine lineare Gleichung übergeführt. Nach deren Lösung wird wieder rücktransformiert.

### Weitere Aufgaben

**12.81** Stelle die Funktion grafisch dar.
   a) $f(t) = (t-3)^2 \cdot \sigma(t-3)$   b) $f(t) = t \cdot (\sigma(t) - \sigma(t-2))$   c) $f(t) = \delta(t+1)$

**12.82** Stelle die stückweise definierte Funktion grafisch dar und gib sie mithilfe der Sprungfunktion an.

a) $u(t) = \begin{cases} t & \text{für } 0 \leq t < 1 \\ 1 & \text{für } 1 \leq t < 2 \\ 0 & \text{sonst} \end{cases}$

b) $f(t) = \begin{cases} 0 & \text{für } t < 1 \\ \sin(t-1) & \text{für } t \geq 1 \end{cases}$

# Integraltransformationen

**12.83** **1)** Berechne die komplexen Fourier-Koeffizienten der dargestellten Funktion allgemein für eine Periode T.
**2)** Stelle $T \cdot c_n$ bzw. $T \cdot |c_n|$ für $T = 4$ und $T = 16$ grafisch dar. Vergleiche die beiden Graphen.
**3)** Berechne die Fourier-Transformierte eines Einzelimpulses. Stelle das Amplitudenspektrum grafisch dar.

**a)**  **b)**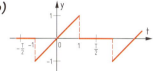

**12.84** Ermittle die Fourier-Transformierte der gegebenen Funktion
**1)** mittels Integration und **2)** mithilfe der Tabelle von Seite 284.

**a)** $f(t) = \begin{cases} e^{2t} & \text{für } t < 0 \\ e^{-2t} & \text{für } t \geq 0 \end{cases}$ **b)** $f(t) = \begin{cases} 1 & \text{für } 0 \leq t < 1 \\ 0 & \text{sonst} \end{cases}$

## Laplace-Transformation

**12.85** Berechne die Laplace-Transformierte der gegebenen Funktion
**1)** mittels Integration und **2)** mithilfe der Korrespondenztabelle von Seite 293.

**a)** $f(t) = 3e^{-2t}$ **b)** $f(t) = 2 - 3t$ **c)** $u(t) = \sigma(t) - \sigma(t-1)$ **d)** $u(t) = U_0 \cdot t$

Aufgaben 12.86 – 12.87: Gib jeweils die Laplace-Transformierte an.

**12.86 a)** $f(t) = 2(t+1)^2$ **b)** $f(t) = A \cdot \sin(\omega t)$ **c)** $u(t) = 20 e^{-2t} \cdot \sin(t)$ **d)** $f(t) = t \cdot \cos(3t)$

**12.87 a)** $y' + 2y = t^2 + 2t - 3;\ y(0) = 1$ **b)** $\ddot{y} + 2\delta \dot{y} + \omega_0^2 y = 0;\ y(0) = \dot{y}(0) = 0$

**12.88** Berechne die Zeitfunktion der gegebenen Bildfunktion.

**a)** $F(s) = \frac{2}{s} + \frac{3}{s-4}$ **c)** $F(s) = \frac{3+s}{s^2+9}$ **e)** $U(s) = \frac{4}{s \cdot (s+9)}$ **g)** $F(s) = \frac{10}{(s-5)^2+4}$

**b)** $X(s) = \frac{2}{s^2} + \frac{1}{3s+1}$ **d)** $F(s) = \frac{2s-7}{s^2+16}$ **f)** $Y(s) = \frac{2s+1}{s \cdot (s+2) \cdot (s+3)}$ **h)** $F(s) = \frac{12}{s \cdot (s^2+6s+4)}$

**12.89** Löse die Differentialgleichung mithilfe der Laplace-Transformation.

**a)** $y'' - 4y = 2\sin(2t);\ y(0) = 1$ **c)** $y'' + 2y' + y = 3e^{-t};\ y(0) = y'(0) = 0$
**b)** $y' + 5y = 25t^2 - 1;\ y(0) = 2$ **d)** $\ddot{y} + 10\dot{y} + 9y = 90t;\ y(0) = \dot{y}(0) = 0$

**12.90** Für den freien Fall aus einer Höhe $h_0$ gilt für die Beschleunigung $a = h''(t) = -g$. Ermittle mithilfe der Laplace-Transformation die Funktion der Höhe $h(t)$, wenn $v(0\text{ s}) = 0\ \frac{m}{s}$ gilt.

**12.91** Ein gedämpftes Feder-Masse-System wird aus der Ruhelage durch eine Kraft F angeregt.
Ermittle den Bewegungsverlauf $y(t)$ für $m = 4$ kg, $b = 20\ \frac{kg}{s}$, $k = 250\ \frac{N}{m}$ und $F = 100$ N.
Gib die stationäre Lösung an.
Hinweis: $m \cdot \ddot{y} + b \cdot \dot{y} + k \cdot y = F$

**Analysis**

# Integraltransformationen

**Aufgaben in englischer Sprache**

| Fourier Transform | Fourier-Transformation, Fourier-Transformierte | inverse Laplace Transform | inverse Laplace-Transformation |
|---|---|---|---|
| final value theorem | Endwertsatz | Laplace Transform | Laplace-Transformation |
| frequency shifting | Dämpfungssatz | ramp | Rampenfunktion |
| initial value theorem | Anfangswertsatz | time scaling | Ähnlichkeitssatz |
| inverse Fourier Transform | inverse Fourier-Transformation, Fourier-Integral | time shifting | Verschiebungssatz |
| | | unit impulse | Deltaimpuls $\delta(t)$ |
| | | unit step | Einheitssprung $\sigma(t)$ |

**12.92** Find the Laplace Transform of $f(t) = e^{-t} \cdot \cos(2t) + 4t^2 \cdot e^{2t}$.

**12.93** Compute the inverse Laplace Transform of $F(s) = \dfrac{4s}{s^2 + 4s + 1}$.

**12.94** Solve the following initial value problem by Laplace Transform.
$y' - 5y = 3t + 2; \quad y(0) = 0$

## Wissens-Check

| | | gelöst |
|---|---|---|
| 1 | Gib an, welcher Ansatz für die Partialbruchzerlegung des Terms $\dfrac{1}{s^2 \cdot (s^2 + 4)}$ geeignet ist:<br>A) $\dfrac{A}{s^2} + \dfrac{Bs + 6}{s^2 + 4}$   B) $\dfrac{A}{s} + \dfrac{B}{s^2} + \dfrac{C}{s+2} + \dfrac{D}{s-2}$   C) $\dfrac{A}{s} + \dfrac{B}{s^2} + \dfrac{C \cdot s + D}{s^2 + 4}$ | |
| 2 | Ich kann die Laplace-Transformierte von Funktionen ermitteln.<br>ZB: $\mathcal{L}\{2 \cdot e^{-3t}\}$ | |
| 3 | Ich kann die Rücktransformation einer Laplace-Transformierten durchführen.<br>ZB: $F(s) = \dfrac{4}{s^2 + 4}$ | |
| 4 | Ich kenne den Unterschied zwischen der Fourier-Transformation und der Laplace-Transformation. | |
| 5 | Ich kann die Anwendung der Laplace-Transformation bei Differentialgleichungen erklären. | |

Lösung:
1) C)   2) siehe Seiten 286f; $f(t) = \dfrac{s+3}{2} = 2 \cdot \sin(2t)$   3) siehe Seiten 295f;   4) siehe Seite 287   5) siehe Seiten 298ff.

# Vorbereitung auf die sRDP – Teil A

Im Folgenden werden zunächst zu den im Kompetenzkatalog Teil A angeführten Grundkompetenzen exemplarisch Aufgaben angegeben. Anschließend befinden sich Übungsaufgaben, die jeweils mehrere Teilaufgaben beinhalten.
Aufgaben zum Teil B der Cluster HTL1 und HTL2 befinden sich in den jeweiligen Clusterheften.

## 1 Zahlen und Maße

**1.1** mit natürlichen, ganzen, rationalen und reellen Zahlen rechnen, ihre Zusammenhänge interpretieren und damit argumentieren und sie auf der Zahlengeraden veranschaulichen

**1** – Kreuzen Sie an, welche der folgenden Zahlen keine rationale Zahl ist.

| A | B | C | D | E |
|---|---|---|---|---|
| $3,\bar{3}$ | $\sqrt[3]{-8}$ | $\sqrt{0,04}$ | $\sqrt{0,4}$ | $\frac{1}{6}$ |

**2** – Kreuzen Sie die falsche Aussage an.

|  | |
|---|---|
| Alle natürlichen Zahlen sind rationale Zahlen. | A |
| Eine rationale Zahl kann unendlich viele Dezimalstellen haben. | B |
| Der Quotient zweier rationaler Zahlen ist wieder eine rationale Zahl. | C |
| Die Differenz zweier natürlicher Zahlen ist immer eine reelle Zahl. | D |
| Es gibt rationale Zahlen, die keine reellen Zahlen sind. | E |

**1.2** Zahlen in Fest- und Gleitkommadarstellung in der Form $\pm a \cdot 10^k$ mit $1 \leq a < 10$ und $a \in \mathbb{R}$, $k \in \mathbb{Z}$ verstehen und anwenden

**3** In einem vollen Wasserglas sind $2,4 \cdot 10^{24}$ Wassermoleküle.
– Ermitteln Sie, wie viele Wassermoleküle das Glas enthält, wenn es zu einem Viertel voll ist und geben Sie das Ergebnis in Gleitkommadarstellung an.

**4** Jemand behauptet: $a \cdot 10^k = 0,01 \cdot a \cdot 10^{k+2}$
– Überprüfen Sie nachweislich, ob diese Behauptung richtig ist.

**5** Gemäß einer Theorie hatte das Universum unmittelbar nach dem Urknall eine Dichte von $10^{94} \frac{g}{cm^3}$. Derzeit geht man von einer mittleren Dichte von $10^{-29} \frac{g}{cm^3}$ aus.
– Geben Sie den in der Berechnung $10^{-29} = r \cdot 10^{94}$ fehlenden Faktor $r$ als Zehnerpotenz an.

**1.3** Vielfache und Teile von Einheiten mit den entsprechenden Zehnerpotenzen (inkl. der Bedeutungen der Begriffe „Nano-" bis „Tera-") sowie Größen als Kombination vom Maßzahl und Maßeinheit verstehen und anwenden

**6** 100 g Orangen enthalten im Mittel 50 mg Vitamin C.
– Ermitteln Sie die Vitamin-C-Menge in einer Tonne Orangen in Kilogramm.

**7** Der Radius eines Natrium-Atoms beträgt 1,86 Ångström (Å). Es gilt: 1 Å = 0,1 nm
– Geben Sie den Radius eines Natrium-Atoms in mm an.

# Vorbereitung auf die sRDP – Teil A

**1.4 Ergebnisse beim Rechnen mit Zahlen abschätzen (überschlagsrechnen) und in kontextbezogener Genauigkeit angeben (kaufmännisch runden)**

**8** Der Energiegrundumsatz eines Menschen in einer Stunde kann mit 4,2 kJ pro Kilogramm Körpermasse angenommen werden.
– Ermitteln Sie den ganzzahlig gerundeten Energiegrundumsatz $G$ eines 79 kg schweren Menschen an einem Tag.

**9** Ein Lichtfuß ist jene Zeit, in der das Licht im Vakuum eine Strecke von einem Fuß, das sind 30,48 cm, zurücklegt. Die Lichtgeschwindigkeit im Vakuum beträgt 299 792,458 $\frac{km}{s}$.
– Zeigen Sie, dass ein Lichtfuß ungefähr einer Nanosekunde entspricht.

**10** 2016 hatten die 8,7 Millionen Einwohner Österreichs einen Pro-Kopf-Verbrauch an Fleisch von 96,9 kg. Jemand berechnet den Gesamtverbrauch dieses Jahres in kg überschlagsweise:
$9 \cdot 10^6 \cdot 10^2 = 9 \cdot 10^{12}$
– Stellen Sie diese fehlerhafte Berechnung richtig.

**1.5 Zahlenangaben in Prozent und Promille im Kontext verstehen und anwenden**

**11** 35 % der Schülerinnen und Schüler einer HTL wohnen am Schulort, die anderen 507 der Schülerinnen und Schüler kommen von auswärts.
– Berechnen Sie die Anzahl der Schülerinnen und Schüler dieser HTL.

**12** 2010 gab es in Österreich 1 445 460 Mietwohnungen, 583 280 davon waren private Mietwohnungen.
– Berechnen Sie den prozentuellen Anteil der privaten Mietwohnungen an der gesamten Anzahl der Mietwohnungen.

**13** Eine um 15 % verbilligte Ware hat nun einen Preis von $n$ Euro.
– Erstellen Sie eine Formel zur Berechnung des ursprünglichen Preises $P$ dieser Ware.

$P = $ _____

**14** Ein Händler wirbt mit einer Aktion, bei der man zwischen einem Rabatt von 5 % oder einer Preisermäßigung von 20,00 € wählen kann.
– Berechnen Sie, bei welchem Preis die beiden Angebote gleich günstig sind.

**15** Krügerrand sind Münzen, die einen Goldanteil von 916,7 ‰ aufweisen.
– Berechnen Sie die Masse an reinem Gold, die in einer 33,93 g schweren Münze enthalten ist.

**1.6 den Betrag einer Zahl verstehen und anwenden**

**16** Für $0 < a < b$ wird $A = |a - b|$ und $B = |a| - |b|$ berechnet.
– Tragen Sie im färbigen Kästchen $>$, $<$ oder $=$ so ein, dass eine wahre Aussage entsteht.

$A$ ☐ $B$

# Vorbereitung auf die sRDP – Teil A

## 2 Algebra und Geometrie

### 2.1 mit Termen rechnen

**17** – Kreuzen Sie an, welcher der folgenden Terme äquivalent zum Term $\frac{x+y}{y}$ ist.

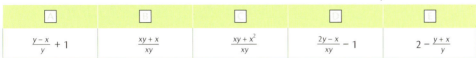

| ☐ | ☐ | ☐ | ☐ | ☐ |
|---|---|---|---|---|
| $\frac{y-x}{y} + 1$ | $\frac{xy+x}{xy}$ | $\frac{xy+x^2}{xy}$ | $\frac{2y-x}{xy} - 1$ | $2 - \frac{y+x}{y}$ |

### 2.2 Rechenregeln für Potenzen mit ganzzahligen und mit rationalen Exponenten verstehen und anwenden; Potenz- und Wurzelschreibweise ineinander überführen

**18** Das 3. Kepler'sche Gesetz lautet: Die Quadrate der Umlaufzeiten $U_1$ und $U_2$ zweier Planeten verhalten sich wie die dritten Potenzen der großen Bahnhalbachsen $a_1$ und $a_2$: $\left(\frac{U_1}{U_2}\right)^2 = \left(\frac{a_1}{a_2}\right)^3$

– Drücken Sie aus obiger Formel $a_2$ aus, verwenden Sie dabei das Wurzelzeichen.

$a_2 = $ _____

**19** – Kreuzen Sie an, welcher der folgenden Terme zur Potenz $a^{-\frac{3}{4}}$ äquivalent ist.

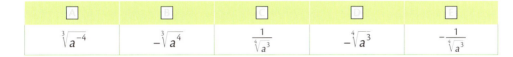

| ☐ | ☐ | ☐ | ☐ | ☐ |
|---|---|---|---|---|
| $\sqrt[3]{a^{-4}}$ | $-\sqrt[3]{a^4}$ | $\frac{1}{\sqrt[4]{a^3}}$ | $-\sqrt[4]{a^3}$ | $-\frac{1}{\sqrt[4]{a^3}}$ |

### 2.3 Rechengesetze für Logarithmen verstehen und anwenden

**20** Der pH-Wert ist definiert als der negative dekadische Logarithmus der Wasserstoffionen-Konzentration $c$: pH = $-\lg(c)$

– Zeigen Sie, dass gilt: $-\lg(c) = \lg\left(\frac{1}{c}\right)$

Nach Verdünnen einer Lösung beträgt die Wasserstoffionen-Konzentration nur mehr $\frac{1}{10}$ des ursprünglichen Werts.

– Erklären Sie mithilfe der Rechenregeln für Logarithmen, wie sich der pH-Wert ändert.

### 2.4 Probleme aus Anwendungsgebieten durch lineare Gleichungen mit einer Unbekannten modellieren, diese lösen und die Lösungen interpretieren; im Kontext argumentieren

**21** Jemand gibt $\frac{1}{3}$ seines Monatsgehalts für die Miete und die Betriebskosten seiner Wohnung aus. Lebensmittel und Versicherungen kosten jeweils $\frac{1}{6}$ des Gehalts, Kreditraten machen $\frac{1}{8}$ seines Gehalts aus. Über die restlichen 500,00 € kann er frei verfügen.

– Erstellen Sie eine Gleichung zur Ermittlung des Monatsgehalts.
– Berechnen Sie das Monatsgehalt.

### 2.5 Formeln aus der elementaren Geometrie anwenden, erstellen und im Kontext interpretieren und begründen

**22** Quadratische Fliesen stehen in den nebenstehend abgebildeten Varianten zur Verfügung.

– Zeigen Sie, dass bei beiden Fliesen der Anteil der weißen Fläche gleich groß ist.

# Vorbereitung auf die sRDP – Teil A

**23** Nebenstehende Skizze zeigt die Seitenwand einer Garage.
– Erstellen Sie eine Formel zur Berechnung des Flächeninhalts $A$ der Seitenwand aus $a$, $b$, $c$ und $x$.

$A = $ _____

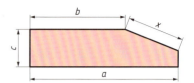

**2.6** Zusammenhänge zwischen Größen durch eine Formel modellieren, die Formel umformen und die gegenseitige Abhängigkeit der Größen interpretieren und erklären

**24** Das Newton'sche Gravitationsgesetz lautet: $F = G \cdot \frac{m_1 \cdot m_2}{r^2}$

$F$ … Kraft, $G$ … Gravitationskonstante, $m_1$ und $m_2$ … Massen,
$r$ … Abstand zwischen den Massen

– Erklären Sie, wie sich die Kraft $F$ ändert, wenn $r$ halbiert wird und die anderen Größen unverändert bleiben.
– Stellen Sie mithilfe des Gravitationsgesetzes eine Formel für den Abstand $r$ auf.

$r = $ _____

**2.7** Probleme aus Anwendungsgebieten durch lineare Gleichungssysteme in zwei Variablen modellieren, diese lösen, die möglichen Lösungsfälle grafisch veranschaulichen und interpretieren; im Kontext argumentieren

**25** In einem Teegeschäft kann man verschiedene Teesorten mischen lassen. Der Preis für 100 g Malve beträgt 4,20 €, jener für 100 g Zitronenmelisse beträgt 3,10 €. Jemand bezahlt für 500 g einer Malven-Zitronenmelisse-Teemischung 19,35 €.

– Stellen Sie ein Gleichungssystem zur Ermittlung der Malvenmenge und der Zitronenmelissenmenge in der Teemischung auf.
– Ermitteln Sie die Lösung des Gleichungssystems.

**26** Gegeben ist folgendes Gleichungssystem:  I: $x + 2y = 4$
II: $3x + my = n$  mit $m, n \in \mathbb{R}$

– Ordnen Sie den beschriebenen Lösungsfällen jeweils diejenige Aussage A bis D zu, die für $m$ und $n$ gelten muss.

| 1 | Das Gleichungssystem hat keine Lösung für … | ☐ |
| 2 | Das Gleichungssystem hat unendlich viele Lösung für … | ☐ |

| A | $m = 6$ und $n = 12$ |
| B | $m \neq 6$ und $n \neq 12$ |
| C | $m = 6$ und $n \neq 12$ |
| D | $m \neq 6$ und $n = 12$ |

**2.8** Probleme aus Anwendungsgebieten durch lineare Gleichungssysteme in mehreren Variablen modellieren, diese mittels Technologieeinsatz lösen; das Ergebnis in Bezug auf die Problemstellung interpretieren; im Kontext argumentieren

**27** Bei einer Gondelbahn kostet die Karte für eine Bergfahrt 22,50 €, die Talfahrt kostet 13,50 € und die Kombi-Karte für Berg- und Talfahrt kostet 25,00 €. An einem Wochenende sind 820 Personen mit der Bahn auf den Berg gefahren und 670 mit der Bahn ins Tal gefahren. Die Einnahmen der Bergbahn beliefen sich an diesem Wochenende auf 21 885,00 €.

– Stellen Sie ein Gleichungssystem zur Berechnung der jeweils verkauften Kartenanzahl auf.

# Vorbereitung auf die sRDP – Teil A

**2.9** Probleme aus Anwendungsgebieten durch quadratische Gleichungen mit einer Variablen modellieren, reelle Lösungen quadratischer Gleichungen ermitteln und die verschiedenen möglichen Lösungsfälle interpretieren und damit argumentieren

**28** Eine Gruppe fährt nach Bratislava in die Oper, wobei die Fahrtkosten insgesamt 180,00 € betragen. Kurzfristig sagen drei weitere Personen zu. Dadurch werden die Fahrtkosten pro Person um 2,00 € geringer.
– Stellen Sie eine Gleichung zur Ermittlung der Anzahl der mitfahrenden Personen auf.

**29** Die quadratische Gleichung $0{,}1 \cdot x^2 + b \cdot x + 10 = 0$ mit $b \in \mathbb{R}$ ist gegeben.
– Ergänzen Sie die Textlücken im folgenden Satz durch Ankreuzen der jeweils richtigen Satzteile so, dass eine korrekte Aussage entsteht.

Gilt _____①_____, so hat die Gleichung mit Sicherheit _____②_____ .

| ① | |
|---|---|
| $b < 2$ | A |
| $\lvert b \rvert < 2$ | B |
| $b > -2$ | C |

| ② | |
|---|---|
| genau zwei reelle Lösungen. | A |
| genau eine reelle Lösung. | B |
| keine reelle Lösung. | C |

**30** Die Flugbahn eines Fußballs über horizontalem Grund kann durch die Funktion $h$ beschrieben werden:
$h(x) = -0{,}4x^2 + 2x$
$x$ … waagrechte Entfernung von der Abschussstelle in m
$h(x)$ … Höhe des Balls in einer Entfernung $x$ in m
– Stellen Sie eine Gleichung zur Berechnung derjenigen Entfernungen auf, in denen der Ball eine Höhe von 1,6 m erreicht.
– Berechnen Sie diejenige Höhe, die der Ball genau einmal erreicht.

**2.10** Exponentialgleichungen vom Typ $a^{k \cdot x} = b$ nach $x$ auflösen

**31** Jemand formt eine Gleichung fehlerhaft um.
$0{,}5 = e^{-0{,}03 \cdot t}$    | ln…
$0{,}5 = -0{,}03 \cdot t$
– Stellen Sie den fehlerhaften Rechenschritt richtig.

**32** Ein Kapital von 200,00 € wird zu einem Jahreszinssatz von 2,5 % veranlagt.
– Berechnen Sie, nach wie vielen Jahren das Kapital auf 226,00 € angewachsen ist.

**2.11** Polynomgleichungen, Exponentialgleichungen und Gleichungen mit trigonometrischen Funktionen in einer Variablen mittels Technologieeinsatz lösen und das Ergebnis interpretieren

**33** Die Begrenzungslinie eines Wandornaments kann im Intervall [0; 1] durch die Funktion $f$ beschrieben werden:
$f(x) = -9{,}2x^3 + 8x^2 + 1{,}4$    $x, f(x)$ … Koordinaten in m
In einer Höhe von 1,8 m soll eine waagrechte Linie gezeichnet werden.
– Berechnen Sie die $x$-Koordinaten jener Stellen, an der diese Linie die Begrenzungslinie des Wandornaments schneidet.

**Grundkompetenzen**

# Vorbereitung auf die sRDP – Teil A

**34** Die Verkaufszahlen der Smartphone-Modelle $S_1$ bzw. $S_2$ lassen sich durch die Funktionen $f_1$ und $f_2$ beschreiben:

$$f_1(t) = \frac{3\,000}{1 + 3 \cdot e^{-0{,}08 \cdot t}} \quad \text{und} \quad f_2(t) = \frac{3\,000}{1 + 3 \cdot e^{-0{,}05 \cdot t}}$$

$t$ ... Zeit nach Verkaufsbeginn in Tagen
$f_1(t), f_2(t)$ ... Anzahl der zur Zeit $t$ insgesamt verkauften Smartphones $S_1$ bzw. $S_2$
– Berechnen Sie, wie lang es dauert, bis 1 000 Smartphones vom Modell $S_1$ verkauft sind.
– Überprüfen Sie nachweislich, ob in diesem Zeitraum mehr Smartphones vom Modell $S_2$ als vom Modell $S_1$ verkauft wurden.

**35** Das Atemvolumen einer Person in Abhängigkeit von der Zeit $t$ kann durch die Funktion $V$ beschrieben werden:
$V(t) = 0{,}8 \cdot \sin\left(\frac{2\pi}{5} \cdot t - \frac{\pi}{2}\right) + 2 \quad \text{mit } 0 \leq t \leq 5$

$t$ ... Zeit in s, $V(t)$ ... Atemvolumen zur Zeit $t$ in L
– Ermitteln Sie dasjenige Zeitintervall, in dem das Atemvolumen größer als 2,6 Liter ist.

---

**2.12** Sinus, Cosinus und Tangens von Winkeln zwischen 0° und 90° als Seitenverhältnisse im rechtwinkeligen Dreieck verstehen und anwenden

**36** Die nebenstehende Abbildung zeigt eine SD-Speicherkarte.
– Stellen Sie eine Formel auf, mit der die Länge der Seite $w$ mithilfe von $m$, $n$, $v$ und $\alpha$ berechnet werden kann.

$w =$ _____

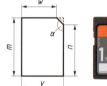

**37** Die Spitze eines Leuchtturms erscheint von einem Schiff $S_2$ aus unter dem Höhenwinkel $\beta = 41{,}987°$. Das Schiff $S_2$ befindet sich in einer horizontalen Entfernung $a = 40$ m vom Fußpunkt $F$ des Leuchtturms entfernt. $S_1$, $S_2$ und $F$ liegen auf einer Linie.
– Berechnen Sie die Höhe $h$ des Leuchtturms.

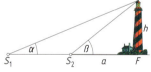

Vom Schiff $S_1$ kann die Spitze des Leuchtturms unter dem Höhenwinkel $\alpha = 30{,}964°$ gesehen werden.
– Berechnen Sie, in welcher Entfernung sich das Schiff $S_1$ vom Schiff $S_2$ befindet.

**38** Es soll eine Rampe mit einer Steigung von 4 % zur Überwindung einer Höhendifferenz $h$ errichtet werden.
– Berechnen Sie den Steigungswinkel $\alpha$ der Rampe in Grad.

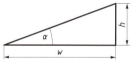

Die Rampe soll bei gleicher Steigung doppelt so hoch werden.
– Erklären Sie, wie sich der horizontale Abstand $w$ ändern muss.

**39** Von einem $a$ Meter hoch gelegenen Fenster eines Wohnhauses sieht man die Spitze $S$ des gegenüberliegenden Stadtturms unter einem Höhenwinkel $\alpha$. Den Fußpunkt des Stadtturms sieht man unter dem Tiefwinkel $\beta$.
– Veranschaulichen Sie diesen Zusammenhang in einer beschrifteten Skizze.
– Stellen Sie eine Formel zur Berechnung der Höhe $h$ des Stadtturms aus $a$, $\alpha$ und $\beta$ auf.

$h =$ _____

# Vorbereitung auf die sRDP – Teil A

## 3 Funktionale Zusammenhänge

**3.1** eine Funktion in einem geeigneten Definitionsbereich als eindeutige Zuordnung verstehen und als Darstellung der Abhängigkeit zwischen Größen interpretieren;
den Graphen einer gegebenen Funktion mittels Technologieeinsatz darstellen, Funktionswerte ermitteln und den Verlauf des Graphen im Kontext interpretieren

**40** Die Simulation der Flugbahn eines Modellhubschraubers lässt sich durch die Funktion $f$ beschreiben:
$$f(x) = -0{,}0006x^3 + 0{,}002x^2 + 0{,}32x + 1{,}3 \qquad 0 \leq x \leq 26{,}5$$
$x$ ... waagrechte Entfernung vom Startpunkt in m
$f(x)$ ... Höhe bei der waagrechten Entfernung $x$ in m
– Interpretieren Sie den Ausdruck $f(12)$ im gegebenen Sachzusammenhang.
– Stellen Sie die Funktion grafisch dar.
– Lesen Sie aus der Grafik die Entfernung ab, bei der der Hubschrauber am höchsten ist.
– Veranschaulichen Sie das Intervall, in dem die Höhe mehr als 3 m beträgt.

Bei einem weiteren Flug hebt der Hubschrauber senkrecht vom Boden ab.
– Geben Sie an, warum die Flugbahn in diesem Fall nicht durch eine Funktion beschrieben werden kann.

**3.2** Zusammenhänge aus Anwendungsgebieten durch lineare Funktionen modellieren, damit Berechnungen durchführen, die Ergebnisse interpretieren und damit argumentieren;
Graphen von linearen Funktionen skizzieren und die Parameter kontextbezogen interpretieren;
den Zusammenhang zwischen einer linearen Gleichung in zwei Variablen und einer linearen Funktion verstehen und anwenden

**41** Das Wasser in einem Wassertank fließt durch ein Loch im Boden aus. Die noch im Wassertank verbleibende Wassermenge lässt sich durch die Funktion $w$ beschreiben:
$w(t) = 8 - 0{,}04t$
$t$ ... Zeit in Minuten, $\quad w(t)$ ... Wasservolumen im Tank zur Zeit $t$ in Liter
– Erklären Sie die Bedeutung der Steigung der Funktion unter Angabe der entsprechenden Einheit im gegebenen Sachzusammenhang.
– Beschreiben Sie die Bedeutung der Lösung der Gleichung $w(t) = 0$ im gegebenen Sachzusammenhang

**42** Drei Wanderer, die zur selben Zeit starten, sind auf derselben Wanderroute zwischen den beiden Rastplätzen Almwiese und Sonnenklamm unterwegs. Das nebenstehende Diagramm zeigt die Entfernung der Wanderer $A$ bzw. $B$ von der Almwiese abhängig von der Zeit nach Beginn der Wanderung.

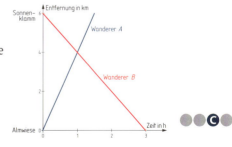

– Interpretieren Sie den Schnittpunkt der beiden Graphen im gegebenen Sachzusammenhang.
– Stellen Sie die Funktionsgleichung für die Entfernung des Wanderers $B$ von der Almwiese in Abhängigkeit von der Zeit $t$ nach dem Start auf.

Der Wanderer $C$ startet von der Almwiese. Seine Geschwindigkeit ist um 25 % geringer als jene von $A$.
– Veranschaulichen Sie die Wanderung von $C$ im obigen Diagramm.

**Grundkompetenzen**

# Vorbereitung auf die sRDP – Teil A

**43** Jemand möchte für einen Geschenkkorb Tee und Kaffee um insgesamt 50,00 € kaufen. 100 g der gewünschten Teesorte kosten 7,50 € und 100 g des Kaffees kosten 2,50 €.
– Stellen Sie eine Gleichung auf, die diesen Sachverhalt beschreibt.
– Stellen Sie die Lösungen dieser Gleichung grafisch dar.

> **3.3** Graphen von Potenzfunktionen ($y = c \cdot x^n$ mit $n \in \mathbb{Z}$, $c \in \mathbb{R}$, sowie $y = \sqrt{x}$) skizzieren, ihre Definitions- und Wertemenge angeben können, ihre Eigenschaften (Symmetrie, Polstelle, asymptotisches Verhalten) anhand ihrer Graphen interpretieren und damit argumentieren

**44** Ein Firma produziert befüllbare Glaskugeln.
– Erstellen Sie eine Funktion, die das Füllvolumen $V$ (in L) in Abhängigkeit vom Innendurchmesser $d$ (in cm) beschreibt.
– Stellen Sie die Funktion $V$ grafisch dar.
– Lesen Sie den Innendurchmesser für ein Volumen von 3 Litern ab.

**45** Bei einem Experiment wird eine Spannung von $U = 12$ Volt an einen regelbaren Widerstand $R$ (in Ohm, $R > 0$) angelegt. Für die Stromstärke $I$ (in Ampere) gilt:
$$I(R) = \frac{U}{R}$$
– Skizzieren Sie den Verlauf der Stromstärke in Abhängigkeit vom Widerstand.
– Beschreiben Sie, wie sich die Graphen von $f_1(x) = \frac{c}{x}$ mit $c > 0$ und $f_2(x) = \frac{c}{x}$ mit $c < 0$ zueinander verhalten.

**46** Die Funktion $v$ beschreibt jene Geschwindigkeit, mit der ein Körper, der aus der Höhe $h$ fallen gelassen wird, am Boden auftrifft.
$v(h) = \sqrt{2 \cdot g \cdot h}$   mit $g$ ... Fallbeschleunigung in $\frac{m}{s^2}$
$h$ ... Fallhöhe in m
$v(h)$ ... Aufprallgeschwindigkeit bei einer Fallhöhe $h$ in $\frac{m}{s}$
– Geben Sie die Definitionsmenge von $v$ an.

Das Diagramm zeigt die Funktion $v$ für drei verschiedene Werte von $g$. $v_E$ stellt jene für die Erde dar.
Die Fallbeschleunigung am Mond beträgt etwa ein Sechstel der der Erde.
– Geben Sie an, ob $v_1$ oder $v_2$ dem Graphen für die Aufprallgeschwindigkeit auf dem Mond entspricht.

**47** Es werden zylindrische Getränkedosen mit einer Höhe $h = 12$ cm produziert.
– Stellen Sie die Gleichung jener Funktion auf, die den Durchmesser $d$ in Abhängigkeit vom Volumen $V$ beschreibt.
– Zeichnen Sie den Funktionsgraphen.

**48** – Geben Sie jenes Intervall an, in dem $f \geq g$ mit $f(x) = x^2$ und $g(x) = x^4$ gilt.

# Vorbereitung auf die sRDP – Teil A

**3.4** Null-, Extrem- und Wendestellen sowie das Monotonieverhalten bei Polynomfunktionen bis zum Grad 3 bestimmen, interpretieren und damit argumentieren, zugehörige Graphen skizzieren; bei Polynomfunktionen 2. Grades vom Typ $f(x) = a \cdot x^2 + b$ mit $a, b \in \mathbb{R}$ die Parameter interpretieren und damit argumentieren

**49** Ein Spielzeugauto muss zurück gezogen werden, um dann von alleine vorwärts zu fahren. Die Geschwindigkeit während einer Fahrt ist in der Abbildung dargestellt.
  – Geben Sie das Zeitintervall an, in dem das Auto zurück gezogen wird.
  – Lesen Sie aus dem Funktionsgraphen ab, wie groß die maximale Geschwindigkeit ist.
  – Kennzeichnen Sie den Wendepunkt der Funktion.

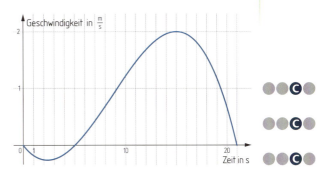

**50** In den folgenden Abbildungen sind jeweils Funktionen vom Typ $f(x) = a \cdot x^2 + b$ dargestellt.
  – Ordnen Sie den Aussagen über $a$ und $b$ jeweils den passenden Graphen A bis D zu.

| 1 | $a < 0$ und $b > 0$ |  | 2 | $a > 0$ und $b < 0$ |  |

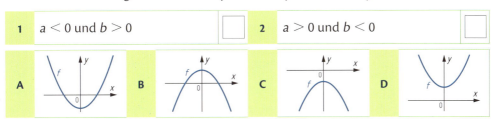

**51** – Beschreiben Sie den Unterschied zwischen $f(x) = a \cdot x^2$ und $g(x) = x^2$ für $a > 1$.

**52** – Skizzieren Sie einen Graphen der Funktion $g$ mit $g(x) = x^2 - b \cdot x$ mit $0 < b < a$ in nebenstehender Grafik.

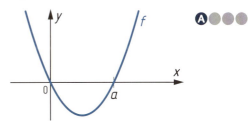

**3.5** Graphen von Exponentialfunktionen skizzieren, Exponentialfunktionen als Wachstums- und Abnahmemodelle interpretieren, die Verdoppelungszeit und die Halbwertszeit berechnen und im Kontext deuten sowie die Parameter von Exponentialfunktionen interpretieren

**53** Das Wachstum einer Insektenpopulation lässt sich durch die Funktion $f$ beschreiben.
$f(t) = 100 \cdot e^{0{,}076961 \cdot t}$
$t$ ... Zeit nach Beginn der Beobachtung in Tagen
$f(t)$ ... Anzahl der Insekten zur Zeit $t$
  – Stellen Sie die Funktionsgleichung in der Form $f(t) = 100 \cdot a^t$ dar.
  – Interpretieren Sie die Bedeutung des Parameters $a$ im gegebenen Sachzusammenhang.
  – Berechnen Sie, nach welcher Zeit sich die Anzahl der Insekten verdoppelt hat.
  – Zeigen Sie, dass die Verdoppelungszeit unabhängig von der ursprünglichen Größe der Insektenpopulation ist.

**Grundkompetenzen**

# Vorbereitung auf die sRDP – Teil A

**54** Der Atmosphärendruck auf der Oberfläche des Planeten Venus beträgt rund 90 bar. Es wird angenommen, dass sich der Atmosphärendruck pro 8 km Höhenzuwachs jeweils halbiert.

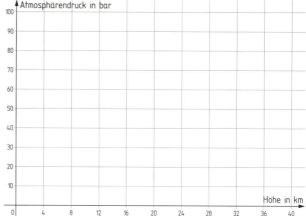

– Stellen Sie den Atmosphärendruck auf der Venus in Abhängigkeit von der Höhe über der Oberfläche im angegebenen Koordinatensystem grafisch dar.

– Lesen Sie ab, in welcher Höhe über der Oberfläche der Atmosphärendruck rund 10 bar beträgt.

Der Atmosphärendruck auf einem anderen Planeten lässt sich in Abhängigkeit von der Höhe über der Oberfläche mithilfe folgender Funktion beschreiben:

$p(h) = p_0 \cdot e^{-0{,}07 \cdot h}$

$h$ ... Höhe über der Oberfläche in km
$p(h)$ ... Atmosphärendruck in der Höhe $h$ in bar

– Interpretieren Sie die Bedeutung des Parameters $p_0$ im gegebenen Sachzusammenhang.

**3.6** lineare Funktionen und Exponentialfunktionen strukturell vergleichen, die Angemessenheit einer Beschreibung mittels linearer Funktionen oder mittels Exponentialfunktionen im Kontext beurteilen

**55** An einem heißen Sommertag steigt ab 8:00 Uhr die Lufttemperatur stündlich um 3 °C. Gleichzeitig steigt die Asphalttemperatur einer Straße stündlich um 3 % gegenüber jener der Stunde davor.

– Geben Sie an, durch welchen Funktionstyp sich die Abhängigkeit der Lufttemperatur von der Zeit ab 8:00 Uhr beschreiben lässt.

– Geben Sie an, durch welchen Funktionstyp sich die Abhängigkeit der Asphalttemperatur von der Zeit ab 8:00 Uhr beschreiben lässt.

**56** Isa und Florian bereiten sich auf einen Halbmarathon vor. Dabei erhöhen sie ihre tägliche Laufstrecke jeweils gleichmäßig. Die Tabellen zeigen die täglichen Laufstrecken an den ersten drei Trainingstagen.

– Zeigen Sie, dass die täglichen Laufstrecken von Isa linear wachsen und jene von Florian exponentiell.

– Stellen Sie jeweils eine Funktion auf, die die Laufstrecken von Isa und jene von Florian in Abhängigkeit von den Trainingstagen beschreibt.

| Isa | |
|---|---|
| Tag | Strecke in km |
| 0 | 2,354 |
| 1 | 2,921 |
| 2 | 3,488 |

| Florian | |
|---|---|
| Tag | Strecke in km |
| 0 | 2,200 |
| 1 | 2,420 |
| 2 | 2,662 |

Die Halbmarathondistanz beträgt 21,0975 km.

– Berechnen Sie jeweils, an welchem Tag Isa und Florian erstmals eine Strecke laufen würden, die länger als die Halbmarathondistanz ist.

# Vorbereitung auf die sRDP – Teil A

**3.7** die Nullstellen einer Funktion gegebenenfalls mittels Technologieeinsatz bestimmen und als Lösungen einer Gleichung interpretieren

**57** Bei der Abfüllung von Motoröl sind die Kostenfunktion und die Erlösfunktion bekannt:
$K(x) = x^3 - 20x^2 + 135x + 150$
$E(x) = 120x - x^2$
$x$ … Motorölmenge in ME, $K(x)$ … Kosten bei $x$ ME in GE, $E(x)$ … Erlös bei $x$ ME in GE
– Stellen Sie die Gewinnfunktion $G$ auf.
– Bestimmen Sie den Gewinnbereich.

**3.8** Schnittpunkte zweier Funktionsgraphen gegebenenfalls mittels Technologieeinsatz bestimmen und diese im Kontext interpretieren

**58** Für die Planung eines Golfplatzes wird die Flugbahn eines Golfballs simuliert. Die Flugbahn lässt sich durch die Funktion $f$ beschreiben. Auf der ersten Bahn befindet sich ein Bunker (eine mit Sand gefüllte Grube), dessen Querschnitt sich durch die Funktion $g$ beschreiben lässt.
$f(x) = -0{,}00003x^3 + 0{,}003x^2 + 0{,}09x$ mit $x > 0$
$g(x) = 0{,}04x^2 - 9{,}6x + 575$ mit $115 < x < 125$
$x, y$ … Koordinaten in m
– Überprüfen Sie nachweislich, ob der Golfball im Bunker landet.

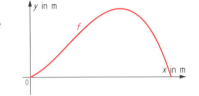

**3.9** anwendungsbezogene Problemstellungen mit geeigneten Funktionstypen (lineare Funktion, quadratische Funktion und Exponentialfunktion) modellieren

**59** Im Jahr 2015 wurde in einer Stadt mithilfe von erneuerbaren Energieträgern eine Leistung von 500 Megawatt (MW) erbracht. Für das Jahr 2035 wird eine Leistung von 4 Gigawatt (GW) prognostiziert.
– Erstellen Sie ein lineares Modell zur Beschreibung der erbrachten Leistung in Abhängigkeit von der Zeit $t$ in Jahren. Wählen Sie $t = 0$ für 2015.
– Erstellen Sie ein exponentielles Modell zur Beschreibung der erbrachten Leistung in Abhängigkeit von der Zeit $t$ in Jahren. Wählen Sie $t = 0$ für 2015.

**60** Max legt 1 000,00 € auf ein Sparbuch mit einem Jahreszinssatz von 0,3 % ein.
– Berechnen Sie die Höhe des Guthabens auf dem Sparbuch nach 10 Jahren.

**61** Bei der Produktion von Flakons fallen Fixkosten von 200 GE und variable Kosten pro ME von 4 GE an.
– Stellen Sie die lineare Kostenfunktion $K$ auf.

Für die zugehörige Preisfunktion $p$ gilt:
$p(x) = 65 - x$
$x$ … Anzahl der Flakons in ME, $p(x)$ … Preis bei $x$ ME in $\frac{GE}{ME}$
– Erklären Sie, warum die zugehörige Erlösfunktion $E$ eine quadratische Funktion sein muss.
– Stellen Sie die Gewinnfunktion $G$ auf.

**Grundkompetenzen**

# Vorbereitung auf die sRDP – Teil A

**3.10** Graphen von f(x) = sin(x), f(x) = cos(x) und f(x) = tan(x) mit Winkeln im Bogenmaß skizzieren und die Eigenschaften dieser Funktionen interpretieren und damit argumentieren; den Zusammenhang zwischen Grad- und Bogenmaß verstehen und anwenden; die Zusammenhänge im Einheitskreis verstehen und anwenden

**62** In nachfolgender Grafik ist die Funktion $f(x) = \sin(x)$ dargestellt.
- Tragen Sie in die Kästchen jeweils den Wert von $x$ im Bogenmaß ein.
- Skizzieren Sie den Graphen der Funktion $g(x) = \cos(x)$ in dieser Grafik.

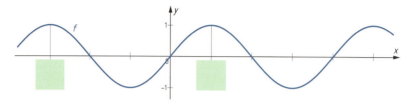

**63** – Vervollständigen Sie folgende Aussage so, dass sie richtig ist.

$$225° = \underline{\phantom{xxx}} \cdot \pi \text{ rad}$$

**64** Für den Winkel $\alpha$ mit $0° < \alpha < 90°$ gilt: $\sin(\alpha) = 0{,}3$
- Veranschaulichen Sie $\alpha$ und $\sin(\alpha)$ im nebenstehenden Einheitskreis.

Für den Winkel $\beta$ mit $0° < \beta < 360°$ gilt:
$\alpha \neq \beta$ und $\sin(\alpha) = \sin(\beta)$
- Geben Sie den Zusammenhang zwischen $\alpha$ und $\beta$ an.

$\beta = \underline{\phantom{xxxxxxx}}$

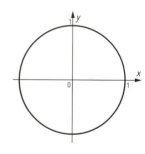

## 4 Analysis

**4.1** Grenzwert und Stetigkeit von Funktionen auf der Basis eines intuitiven Begriffsverständnisses interpretieren und damit argumentieren

**65** Der in der Grafik dargestellte Funktionsgraph beschreibt die Temperatur von Tee nach dem Aufbrühen.
- Geben Sie an, welchem Wert sich die Temperatur des Tees langfristig nähert.

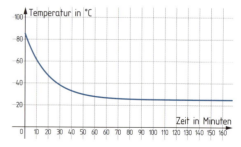

**66** In einem Parkhaus beträgt die Parkgebühr für jede angefangene Stunde 3,00 €.
- Erklären Sie, warum die Kosten in Abhängigkeit von der Parkdauer nicht durch eine stetige Funktion beschrieben werden können.

# Vorbereitung auf die sRDP – Teil A

**4.2 Differenzen- und Differenzialquotient als mittlere bzw. lokale Änderungsraten interpretieren, damit anwendungsbezogen modellieren, rechnen und argumentieren**

**67** Die Abnahme des Luftdrucks mit zunehmender Höhe über dem Meeresspiegel kann näherungsweise mithilfe der barometrischen Höhenformel ermittelt werden:

$p(h) = p_0 \cdot e^{-\frac{h}{7\,991}}$ mit $p_0 = 1\,013$ hPa

$h$ ... Höhe über dem Meeresspiegel in m
$p(h)$ ... Luftdruck in der Höhe $h$ in Hektopascal (hPa)
Jemand wandert von Heiligenblut (1 301 m) zur Franz-Josefs-Höhe (2 361 m).
– Erklären Sie unter Angabe der richtigen Einheit die Bedeutung des Ausdrucks
$\frac{p(2\,361) - p(1\,301)}{2\,361 - 1\,301}$ im gegebenen Sachzusammenhang.
– Berechnen Sie die lokale Änderungsrate des Luftdrucks in einer Höhe von 2 361 m.

**68** Auf der Jagd nach einer Gazelle startet ein Gepard aus dem Stand. Die Abbildung zeigt die Geschwindigkeit-Zeit-Funktion der Bewegung des Geparden.
– Ermitteln Sie die mittlere Beschleunigung vom Start bis zum Erreichen der maximalen Geschwindigkeit.

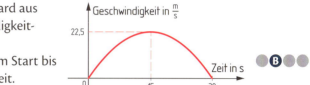

**4.3 Regeln zum Berechnen von Ableitungsfunktionen von Potenz-, Polynom- und Exponentialfunktionen und Funktionen, die aus diesen zusammengesetzt sind, verstehen und anwenden: Faktorregel, Summenregel, Produktregel, Kettenregel**

**69** Die folgende Berechnung der Ableitungsfunktion enthält einen Fehler.
– Geben Sie an, welche Ableitungsregel missachtet wurde.
– Stellen Sie die Ableitung richtig.

**a)** $f(x) = 2 \cdot x \cdot e^x \Rightarrow f'(x) = 2 \cdot e^x$   **b)** $f(x) = (x^2 + 2)^3 \Rightarrow f'(x) = 3 \cdot (x^2 + 2)^2$

**4.4 Monotonieverhalten, Steigung der Tangente und Steigungswinkel, lokale Extrema, qualitatives Krümmungsverhalten, Wendepunkte von Funktionen am Graphen ablesen, mithilfe der Ableitungen modellieren, berechnen, interpretieren und argumentieren**

**70** In einer bestimmten Gegend lässt sich die Anzahl der Moskitos in Abhängigkeit von der Niederschlagshöhe näherungsweise durch die Funktion $M$ beschreiben.
$M(x) = \frac{1}{30} \cdot (50 - 32x + 14x^2 - x^3)$ für $0 \leq x \leq 10$
$x$ ... Niederschlagshöhe in cm
$M(x)$ ... Anzahl der Moskitos bei der Niederschlagshöhe $x$ in Tausend
– Bestimmen Sie, bei welcher Niederschlagshöhe die Anzahl der Moskitos maximal ist.
– Stellen Sie die Funktion grafisch dar und kennzeichnen Sie jenen Punkt, in dem die Anzahl der Moskitos am stärksten wächst.
– Geben Sie an, in welchem Bereich die Funktion positiv gekrümmt ist.

**71** Die Form einer Rutsche kann mithilfe dreier Funktionen $y_1$, $y_2$ und $y_3$ genähert werden:
$y_1(x) = a \cdot x^2 + b$       $0 \leq x \leq 0{,}5$
$y_2(x) = 2{,}125 - 0{,}5x$      $0{,}5 \leq x \leq 3$     $x, y_1, y_2, y_3$ ... Koordinaten in Meter
$y_3(x) = 0{,}175x^2 - 1{,}55x + 3{,}7$   $3 \leq x \leq 4$
Der Übergang zwischen $y_1$ und $y_2$ soll knickfrei (d.h. mit der gleichen Steigung) erfolgen.
– Ermitteln Sie die Koeffizienten $a$ und $b$.
– Berechnen Sie den Neigungswinkel am Ende der Rutsche.

**Grundkompetenzen**

# Vorbereitung auf die sRDP – Teil A

**4.5** den Zusammenhang zwischen Funktion und ihrer Ableitungsfunktion bzw. einer Stammfunktion interpretieren und erklären; bei gegebenem Graphen einer Funktion den Graphen der zugehörigen Ableitungsfunktion skizzieren

**72** Die nebenstehende Grafik zeigt den Graphen einer Funktion $f$.
– Skizzieren Sie die Ableitungsfunktion $f'$.

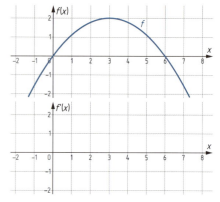

Die Funktion $F$ ist eine Stammfunktion der abgebildeten Funktion $f$.
– Kreuzen Sie die auf $F$ zutreffende Aussage an.

| | |
|---|---|
| $F$ ist monoton fallend im Intervall [1; 5]. | A |
| $F$ hat ein Maximum an der Stelle $x = 3$. | B |
| $F$ ist negativ gekrümmt im Intervall [–1; 2] | C |
| $F$ hat bei $x = 6$ eine Nullstelle. | D |
| $F$ hat im Intervall [0; 6] die größte Steigung bei $x = 3$. | E |

**73** – Geben Sie unter Angabe der richtigen Einheit an, welche Größe mithilfe des Integrals im Intervall [0, $t_1$] beschrieben wird.

1) $\int_0^{t_1} v(t)\,dt$      $t$ ... Zeit in s
                   $v(t)$ ... Geschwindigkeit eines Läufers in $\frac{m}{s}$, $v(t) > 0$

2) $\int_0^{t_1} w(t)\,dt$      $t$ ... Zeit in s
                   $w(t)$ ... Änderung der Wassermenge in einem Gefäß in $\frac{cm^3}{s}$, $w(t) > 0$

**74** Das Diagramm stellt vereinfacht den Geschwindigkeitsverlauf während eines Teils einer Autofahrt dar.

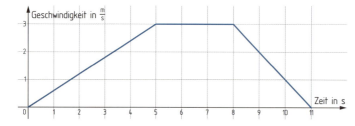

– Zeichnen Sie die zugehörige Beschleunigungsfunktion.

Die zurückgelegte Strecke zum Zeitpunkt $t = 0$ s beträgt 0 m.
– Ermitteln Sie die Gleichung der Wegfunktion im Intervall [0; 5].
– Berechnen Sie den bis zum Zeitpunkt $t = 3$ s zurückgelegten Weg.

## Vorbereitung auf die sRDP – Teil A

**4.6** Regeln zum Berechnen von Stammfunktionen von Potenz- und Polynomfunktionen verstehen und anwenden

**75** – Ordnen Sie den Integralen jeweils den korrekten Term A bis D zu.

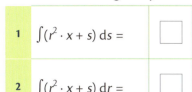

| | |
|---|---|
| A | $r^2 \cdot \dfrac{x^2}{2} + s \cdot x + C$ |
| B | $\dfrac{r^3}{3} \cdot \dfrac{x^2}{2} + \dfrac{s^2}{2} + C$ |
| C | $r^2 \cdot x \cdot s + \dfrac{s^2}{2} + C$ |
| D | $\dfrac{r^3}{3} \cdot x + s \cdot r + C$ |

1) $\int (r^2 \cdot x + s)\, ds =$ ☐

2) $\int (r^2 \cdot x + s)\, dr =$ ☐

**4.7** das bestimmte Integral auf der Grundlage des intuitiven Grenzwertbegriffes als Grenzwert einer Produktsumme interpretieren und damit argumentieren

**76** Aus einem Becken strömt Wasser. In der Abbildung ist die Durchflussrate dargestellt.

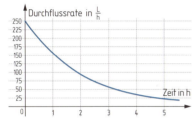

– Begründen Sie anhand der Grafik, warum die in den ersten 3 Stunden ausgeströmte Wassermenge größer als 300 Liter sein muss.

**4.8** das bestimmte Integral als orientierten Flächeninhalt verstehen und anwenden

**77** Gegeben ist ein bestimmtes Integral.

a) $\int_{-2}^{2} x\, dx$  b) $\int_{1}^{3} x\, dx$  c) $\int_{-4}^{2} (x+1)\, dx$  d) $\int_{-1}^{2} (3-x)\, dx$

– Veranschaulichen Sie das bestimmte Integral als orientierten Flächeninhalt.
– Ermitteln Sie den Wert des bestimmten Integrals mithilfe von geometrischen Überlegungen.

**78** In den folgenden Abbildungen sind jeweils die beiden Funktionen $f(x) = x^2 - 4x$ und $g(x) = 2x - 5$ dargestellt. Der blau gekennzeichnete Flächeninhalt soll berechnet werden.
– Ordnen Sie den Formeln den damit berechneten Flächeninhalt A bis D zu.

1) $\int_{2,5}^{5} g(x)\, dx - \int_{4}^{5} f(x)\, dx$ ☐

2) $\int_{1}^{2,5} g(x)\, dx - \int_{1}^{4} f(x)\, dx$ ☐

| A | B | C | D |
|---|---|---|---|
|  |  | 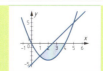 | 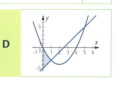 |

# Vorbereitung auf die sRDP – Teil A

## 5 Stochastik

**5.1** Daten statistisch aufbereiten, Häufigkeitsverteilungen (absolute und relative Häufigkeiten) bestimmen und interpretieren; Daten in Form von Kreis- und Balken-/Säulendiagrammen sinnstiftend veranschaulichen, diese Darstellungen interpretieren und damit anwendungsbezogen argumentieren

**79** 150 Personen wurden befragt, wie oft sie den Innsbrucker Alpenzoo jährlich besuchen. Die Ergebnisse sind in nebenstehender Klasseneinteilung angegeben.

| Oft: mehr als 15 Mal | 49 |
| Häufig: 11 bis 15 Mal | 67 |
| Selten: 6 bis 10 Mal | 22 |
| Kaum: weniger als 6 Mal | 12 |

– Fertigen Sie ein Säulen- oder ein Balkendiagramm an, in welchem die relativen Häufigkeiten der jeweiligen Klassen dargestellt sind.

– Beschriften Sie das Kreisdiagramm mit den passenden Klassenbezeichnungen.

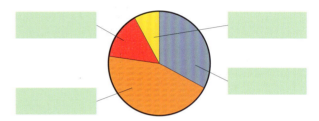

**5.2** Lage- und Streuungsmaße empirischer Daten berechnen, interpretieren und damit argumentieren; Boxplots erstellen und interpretieren

**80** Es wurden die monatlichen Ausgaben (in Euro) für Lebensmittel von vierköpfigen Familien erfasst und in einem Boxplot dargestellt.

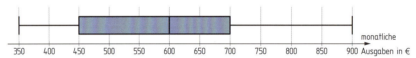

– Geben Sie die Spannweite und den Interquartilsabstand der Ausgaben an.
– Lesen Sie den Median der Ausgaben ab.
– Erklären Sie, warum man das arithmetische Mittel nicht aus dem Boxplot ablesen kann.

**81** An einem Würstelstand wurde über einen Zeitraum von 10 Tagen die Anzahl der pro Tag verkauften Bratwürste notiert. Es ergaben sich folgende Werte:
52  50  71  65  61  53  68  52  70  56

– Berechnen Sie das arithmetische Mittel und die Standardabweichung.
– Ermitteln Sie den Median.

Bei der Übertragung der Daten wurde ein Fehler gemacht: Der Wert „50" wurde mit „5" eingegeben.

– Begründen Sie, warum dieser Fehler den Median nicht beeinflusst.

# Vorbereitung auf die sRDP – Teil A

**5.3** den klassischen Wahrscheinlichkeitsbegriff nach Laplace verstehen und anwenden; den Zusammenhang zwischen Wahrscheinlichkeiten und relativen Häufigkeiten verstehen und anwenden

**82** Ein zehnseitiger fairer Würfel ist mit den Zahlen 1, 3, 6, 9, 12, 15, 18, 21, 24 und 27 beschriftet.
– Berechnen Sie die Wahrscheinlichkeit, eine Zahl zu würfeln, die ein Vielfaches von 4 ist.
– Berechnen Sie die Wahrscheinlichkeit, eine Zahl zu würfeln, die den Teiler 6 hat.

Mit diesem Würfel wird sehr oft gewürfelt.
– Geben Sie an, wie viel Prozent der Würfe eine gerade Augenzahl zeigen.

**5.4** mehrstufige Zufallsexperimente („Ziehen mit/ohne Zurücklegen") mit Baumdiagrammen modellieren, Wahrscheinlichkeiten mithilfe von Pfadregeln (Additions- und Multiplikationssatz) berechnen und Baumdiagramme interpretieren und damit argumentieren

**83** An einer Fachhochschule haben 35 % der Studierenden vor dem Studium eine AHS besucht. 20 % dieser Studierenden beenden ihr Studium mit Auszeichnung. Von den restlichen Studierenden absolvieren 30 % das Studium mit Auszeichnung.
– Vervollständigen Sie das Baumdiagramm so, dass es diesen Sachverhalt wiedergibt.

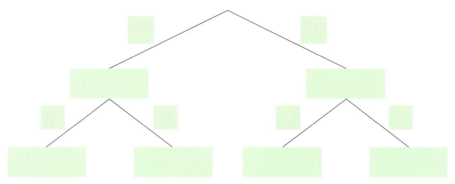

– Berechnen Sie die Wahrscheinlichkeit, dass ein zufällig ausgewählter Absolvent dieser Fachhochschule mit Auszeichnung abgeschlossen hat.
– Geben Sie ein Ereignis $E$ im gegebenen Sachzusammenhang an, dessen Wahrscheinlichkeit mit dem folgenden Ausdruck berechnet wird.
$P(E) = 0{,}65 \cdot 0{,}7$

**84** In einer Lieferung von 100 Billets haben 5 Billets einen Farbfehler und 12 weitere Billets einen Knick. Der Lieferung werden zufällig zwei Billets entnommen und geprüft.
– Stellen Sie diesen Sachverhalt in einem geeigneten Baumdiagramm dar.
– Berechnen Sie die Wahrscheinlichkeit, dass alle zwei Billets fehlerfrei sind.
– Geben Sie ein Ereignis $E$ im gegebenen Sachzusammenhang an, dessen Wahrscheinlichkeit mit dem folgenden Ausdruck berechnet werden kann.
$P(E) = \frac{5}{100} \cdot \frac{12}{99}$

In einer weiteren Lieferung von 100 Billets haben 8 Billets einen Farbfehler und 15 Billets einen Knick, wobei 5 Billets beide Fehler aufweisen.
– Berechnen Sie die Wahrscheinlichkeit, dass ein zufällig entnommenes Billet mindestens einen der beiden Fehler aufweist.

# Vorbereitung auf die sRDP – Teil A

**5.5** mit der Binomialverteilung modellieren, ihre Anwendung begründen, Wahrscheinlichkeiten und Erwartungswert berechnen und die Ergebnisse kontextbezogen interpretieren

**85** 40 % der Mitglieder einer Gewerkschaft befürworten unabhängig von einander Streikmaßnahmen. 20 zufällig ausgewählte Mitglieder werden befragt, ob sie den Streik befürworten.
- Erklären Sie, warum dieses Zufallsexperiment mithilfe der Binomialverteilung beschrieben werden kann.
- Berechnen Sie, mit welcher Wahrscheinlichkeit genau 10 dieser 20 Befragten den Streik befürworten.
- Interpretieren Sie den Ausdruck $1 - 0{,}4^{10}$ im gegebenen Sachzusammenhang.

**86** Für den Großhandel werden Glaskeramik-Kochfelder einzeln in Schachteln verpackt. Aus Erfahrung weiß man, dass beim Transport 4 % der Schachteln beschädigt werden.
- Berechnen Sie die Wahrscheinlichkeit, dass unter 15 zufällig überprüften Schachteln höchstens eine beschädigt ist.

Eine Handelskette bestellt 250 dieser Kochfelder.
- Geben Sie an, wie viele beschädigte Schachteln zu erwarten sind.

**5.6** mit der Wahrscheinlichkeitsdichte und der Verteilungsfunktion der Normalverteilung modellieren, Wahrscheinlichkeiten und Quantile berechnen und die Ergebnisse kontextbezogen interpretieren, Erwartungswert $\mu$ und Standardabweichung $\sigma$ interpretieren und deren Auswirkungen auf den Graphen der zugehörigen Wahrscheinlichkeitsdichte erklären

**87** Bei einem Ticketautomaten ist die Wartezeit bis zur Ticketausgabe normalverteilt mit einem Erwartungswert von $\mu = 3$ s und einer Standardabweichung von $\sigma = 0{,}25$ s.
- Berechnen Sie die Wahrscheinlichkeit, dass die Wartezeit mindestens 3,5 s beträgt.
- Ermitteln Sie das um den Erwartungswert symmetrische Intervall, in dem die Wartezeiten mit einer Wahrscheinlichkeit von 90 % liegen.

**88** Die Füllmenge von Zahnpastatuben ist normalverteilt mit $\mu = 75$ mℓ und $\sigma = 2$ mℓ. In der nachstehenden Abbildung ist der Graph der zugehörigen Dichtefunktion dargestellt.

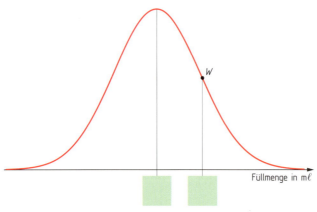

- Ergänzen Sie die Beschriftung im obigen Diagramm.
- Veranschaulichen Sie die Wahrscheinlichkeit im Diagramm, dass eine zufällig ausgewählte Tube eine Füllmenge von weniger als 71 mℓ hat.
- Skizzieren Sie im Diagramm die Dichtefunktion einer normalverteilten Zufallsvariablen mit $\mu = 79$ mℓ und $\sigma > 2$ mℓ.

# Vorbereitung auf die sRDP – Teil A

## 89 Tropfsteinhöhle

In einer Tropfsteinhöhle bilden sich von der Decke hängende Stalagtiten und vom Boden wachsende Stalagmiten.

**a)** Ein Stalagtit wächst um 0,33 Mikrometer pro Tag.
- Geben Sie die Wachstumsgeschwindigkeit in Nanometer pro Sekunde in der Form $a \cdot 10^k$ mit $1 \leq a < 10$, $k \in \mathbb{Z}$ an.
- Geben Sie an, um wie viel Millimeter der Stalagtit in einem Jahr (365 Tage) wächst.

**b)** In der Grafik ist die Höhe eines Stalagmits in Abhängigkeit von der Zeit dargestellt.

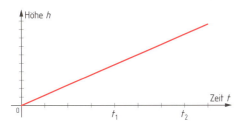

- Kennzeichnen Sie $h(t_1)$ in obiger Grafik.
- Ordnen Sie mithilfe der Grafik den beiden Brüchen die richtige Bedeutung A bis D zu.

| | | | | |
|---|---|---|---|---|
| 1 | $\dfrac{h(t_2) - h(t_1)}{h(t_1)}$ | ☐ | A | absolute Änderung der Höhe im Intervall $[t_1, t_2]$ |
| | | | B | mittlere Änderungsrate der Höhe im Intervall $[t_1, t_2]$ |
| 2 | $\dfrac{h(t_2) - h(t_1)}{t_2 - t_1}$ | ☐ | C | momentane Änderungsrate der Höhe im Intervall $[t_1, t_2]$ |
| | | | D | relative Änderung der Höhe im Intervall $[t_1, t_2]$ |

**c)** In einem unterirdischen See gibt es Fadenalgen, deren Länge abhängig von der Zeit durch die Funktion $f$ beschrieben werden kann.

$f(t) = \ell_0 \cdot 1{,}1^t$

$t$ ... Zeit nach Beginn der Beobachtungen in Jahren, $f(t)$ ... Länge zur Zeit $t$ in mm

- Kreuzen Sie an, welche der folgenden Aussagen <u>nicht</u> zutrifft.

| | |
|---|---|
| Die Algen wachsen jedes Jahr um 10 % im Vergleich zum Vorjahr. | ☐ A |
| Die Länge der Algen war im Vorjahr um 10 % kürzer. | ☐ B |
| Der jährliche Änderungsfaktor beträgt 1,1. | ☐ C |
| Nach einem Jahr beträgt die Länge der Algen 110 % der Länge $\ell_0$. | ☐ D |
| Den jeweiligen Wert des Vorjahrs erhält man mittels Division durch 1,1. | ☐ E |

**d)** Eine Reisegruppe besteht aus $e$ Erwachsenen und $k$ Kindern. Allerdings nehmen nur $x$ Erwachsene und 7 Kinder an einer Führung durch die Höhle teil.
- Erklären Sie, was mit dem Ausdruck $\dfrac{e + k - x - 7}{e + k}$ im gegebenen Sachzusammenhang berechnet werden kann.

In einer weiteren Reisegruppe befinden sich 8 Kinder aus Österreich, 4 aus der Slowakei, 5 aus Slowenien, 7 aus Tschechien und 11 aus Ungarn.
- Berechnen Sie die Wahrscheinlichkeit, dass ein zufällig ausgewähltes Kind aus Ungarn stammt.

**a)** 1.2  **b)** 4.2  **c)** 3.5  **d)** 2.1, 5.3

## Vorbereitung auf die sRDP – Teil A

### 90 Röntgendiagnostik

Die Röntgendiagnostik ist ein bildgebendes Verfahren, bei dem ein Körper unter Verwendung eines Röntgenstrahlers durchstrahlt wird.

**a)** Ein Maß für die Abschwächung der Strahlung ist die optische Dichte $E$.

$$E = \lg\left(\frac{I_0}{I}\right)$$

$I$ ... Intensität der austretenden Strahlung in Watt pro m² $\left(\frac{W}{m^2}\right)$

$I_0$ ... Intensität der eintretenden Strahlung in $\frac{W}{m^2}$

– Zeigen Sie, dass eine Vervierfachung der Intensität der eintretenden Strahlung die optische Dichte um einen Wert von rund 0,6 $\frac{W}{m^2}$ erhöht.

Jemand behauptet: $\lg\left(\frac{I_0}{I}\right) = -\lg\left(\frac{I}{I_0}\right)$

– Überprüfen Sie nachweislich die Richtigkeit dieser Behauptung.

**b)** Patienten werden mithilfe von Bleischürzen vor Röntgenstrahlung geschützt. Dabei gilt das Lambert-Beer'sche Gesetz.

$I(d) = I_0 \cdot e^{-2{,}05 \cdot d}$ mit $I_0$ ... Intensität der eintretenden Strahlung in $\frac{W}{m^2}$

$d$ ... Dicke der Bleischürze in cm

$I(d)$ ... Intensität der austretenden Strahlung bei der Dicke $d$ in $\frac{W}{m^2}$

Die Intensität der Strahlung soll auf weniger als 10 % von $I_0$ abgeschwächt werden.

– Berechnen Sie die Dicke $d$ der dafür benötigten Bleischürze.

– Ermitteln Sie jenen Faktor, um den die Strahlungsintensität sinkt, wenn die Dicke der Schürze um 1 cm erhöht wird.

**c)** Für die Wartungsarbeiten an der Anlage werden zwei Angebote eingeholt.

Angebot 1: $K_1(x) = 175{,}5x + 60$

Angebot 2: $K_2(x) = 100x + c$

$x$ ... Anzahl der Arbeitsstunden

$K_1(x), K_2(x)$ ... Kosten bei $x$ Arbeitsstunden in €

Die Graphen dieser Kostenfunktionen sind in nebenstehender Grafik dargestellt.

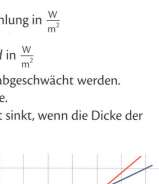

– Ergänzen Sie die Beschriftungen $K_1$ und $K_2$ in der Grafik.

– Lesen Sie den Wert von $c$ aus der Grafik ab.

– Interpretieren Sie die Bedeutung des Werts 175,5 im gegebenen Sachzusammenhang unter Angabe der entsprechenden Einheit.

– Erklären Sie, was mit der Lösung der Gleichung $K_1(x) = K_2(x)$ im gegebenen Sachzusammenhang berechnet werden kann.

**d)** In einem Diagnosezentrum werden pro Monat 1 000 Röntgenbilder angefertigt. Dabei sind unabhängig voneinander 0,5 % der Bilder falsch belichtet.

– Berechnen Sie die Wahrscheinlichkeit, dass höchstens 6 Bilder falsch belichtet sind.

– Berechnen Sie, wie viele falsch belichtete Bilder in einem Monat zu erwarten sind.

**a)** 2.3  **b)** 2.10  **c)** 3.2, 2.4  **d)** 5.5

# Vorbereitung auf die sRDP – Teil A

## 91 „La Géode"

Im „La Géode", einem kugelsegmentförmigen Edelstahlbau im „Parc de la Villette" in Paris, befindet sich ein Kino.

**a)** In der nachfolgenden Abbildung ist der Querschnitt von „La Géode" dargestellt.

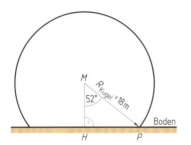

– Ermitteln Sie die Länge der Strecke *HP*.
– Berechnen Sie die Größe der Grundfläche des Gebäudes.

**b)** Die Oberfläche des Kugelsegments beträgt 4 630,3 m² und soll mit einer Spezialbeschichtung versehen werden. Der Preis beträgt $p \frac{€}{m^2}$. Die Mehrwertsteuer beträgt 20 % und es wird ein Rabatt von 3 % gewährt.

– Stellen Sie eine Formel für den zu zahlenden Gesamtpreis *G* auf.

G = _____

**c)** In einer bestimmten Saison erfolgen 65 % der Kartenkäufe online, der Rest der Karten wird an der Kinokassa gekauft.
20 % der Kinobesucher, die online bestellt haben, fahren mit dem Fahrrad zum Kino, 55 % mit öffentlichen Verkehrsmitteln und der Rest mit dem Auto. Von den Besuchern, die die Karten an der Kassa kaufen, fahren 15 % mit dem Fahrrad zum Kino, 45 % mit öffentlichen Verkehrsmitteln und der Rest mit dem Auto.

– Stellen Sie den beschriebenen Sachverhalt in einem Baumdiagramm dar.
– Berechnen Sie die Wahrscheinlichkeit, dass ein zufällig ausgewählter Kinobesucher mit dem Fahrrad zum Kino gefahren ist.

Im Kinosaal sitzen 58 Personen.

– Ermitteln Sie, wie viele Personen, die ihre Karten online bestellt haben, darunter zu erwarten sind.
– Geben Sie ein Ereignis *E* im gegebenen Sachzusammenhang an, dessen Wahrscheinlichkeit mit folgendem Ausdruck berechnet wird.

$$P(E) = \binom{58}{3} \cdot 0{,}65^3 \cdot 0{,}35^{55}$$

**a)** 2.12, 2.5  **b)** 1.5  **c)** 5.4, 5.5

## Vorbereitung auf die sRDP – Teil A

**92 Windmühlen**

Schon in der Antike wurden Windmühlen zum Mahlen von Getreide oder zum Pumpen von Wasser verwendet.

**a)** Man kann davon ausgehen, dass die stündliche Mahlmenge einer bestimmten Mühle annähernd normalverteilt ist mit einem Erwartungswert von $\mu = 310$ kg und einer Standardabweichung von $\sigma = 10$ kg.
Die Wahrscheinlichkeit, dass die stündliche Mahlmenge unter der festgelegten Mindestmahlmenge liegt, beträgt 2 %.

– Berechnen Sie, wie groß diese Mindestmahlmenge ist.

Nach einer Wartung hat sich die Standardabweichung verkleinert, der Erwartungswert ist gleich geblieben.

– Geben Sie an, ob sich der Prozentsatz der Mahlmenge, die unter der Mindestmahlmenge liegt, dadurch vergrößert oder verkleinert hat, und begründen sie ihre Entscheidung.

**b)** Bei einem Nachbau einer Windmühle sind die vier Flügel jeweils 1 m lang. Die Flügel befinden sich in der dargestellten Position. Der Drehpunkt wird im Ursprung eines Koordinatensystems angenommen.

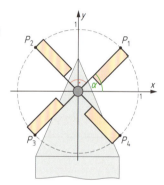

– Geben Sie je eine Formel für die $x$- und für die $y$-Koordinate des Punkts $P_2$ mithilfe des Winkels $\alpha$ an.

$x_{P_2} = $ _____  $y_{P_2} = $ _____

**c)** Für die Rotationsenergie $E_{rot}$ gilt:
$E_{rot} = \frac{1}{2} \cdot J \cdot \omega^2$

$J$ ... Trägheitsmoment,  $\omega$ ... Winkelgeschwindigkeit

In den nachfolgenden Grafiken ist die Abhängigkeit der Rotationsenergie vom Trägheitsmoment $J$ bzw. von der Winkelgeschwindigkeit $\omega$ dargestellt.

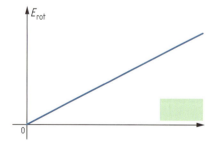
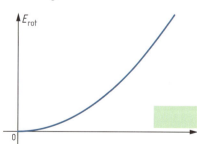

– Beschriften Sie die waagrechte Achse jeweils mit der richtigen Größe.
– Geben Sie eine Formel zur Berechnung der Winkelgeschwindigkeit $\omega$ mithilfe von $J$ und $E_{rot}$ an.

$\omega = $ _____

**a)** 5.6  **b)** 3.10  **c)** 3.9, 2.6

# Vorbereitung auf die sRDP – Teil A

## 93 Modellauto

Während verschiedener Testfahrten eines Modellautos wurden Geschwindigkeiten und Rundenzeiten aufgezeichnet.

**a)** Die Grafik zeigt die vereinfachte Geschwindigkeit-Zeit-Funktion einer Testfahrt.

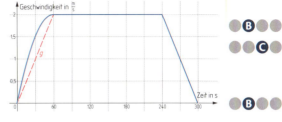

- Ermitteln Sie die Steigung der Sekante $g$.
- Interpretieren Sie die Steigung der Sekante $g$ im gegebenen Sachzusammenhang unter Angabe der entsprechenden Einheit.
- Schätzen Sie den Flächeninhalt zwischen der Geschwindigkeitskurve und der Zeitachse im Intervall [0; 300].
- Interpretieren Sie die Bedeutung dieses Flächeninhalts im gegebenen Sachzusammenhang unter Angabe der entsprechenden Einheit.

Im Intervall [0; 60] kann der Geschwindigkeitsverlauf mit einer quadratischen Funktion beschrieben werden, deren Scheitel an der Stelle $t = 60$ liegt.

- Stellen Sie ein Gleichungssystem zur Ermittlung der Koeffizienten dieser Funktion auf.
- Geben Sie die Funktionsgleichung an.

**b)** Ein Teil des Geschwindigkeitsverlaufs bei einer weiteren Testfahrt lässt sich näherungsweise durch folgende Funktion $v$ modellieren:

$$v(t) = -0{,}00002\,t^3 + 0{,}003\,t^2 \qquad \text{mit } 0 \leq t \leq 100$$

$t$ ... Zeit in s
$v(t)$ ... Geschwindigkeit zur Zeit $t$ in $\frac{m}{s}$

- Berechnen Sie die maximale Beschleunigung.
- Stellen Sie eine Formel für den im Intervall $[0; t_1]$ zurückgelegten Weg $s$ auf.

$s = $ _____

**c)** Bei Testfahrten wurden Rundenzeiten gemessen. Die erhobenen Daten sind im nebenstehenden Boxplot dargestellt.

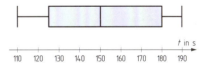

- Lesen Sie die Spannweite ab.

Die Rundenzeit eines Modells betrug 184 s. Jemand behauptet, dass dieses Auto zu den 50 % der schnellsten Autos gehört.

- Erklären Sie, warum diese Aussage falsch sein muss.

*a)* 3.9, 4.2, 4.5   *b)* 4.5, 4.8   *c)* 5.2

## Vorbereitung auf die sRDP – Teil A

### 94 Deich

Die folgende Funktion beschreibt die Randkurve der Querschnittsfläche eines Deichs und des auf der rechten Seite anschließenden Entwässerungsgrabens:

$y(x) = 0{,}0004x^4 - 0{,}08x^2 + 3$

$x, y$ ... Koordinaten in m

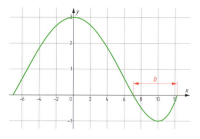

**a)**
- Geben Sie an, in welchen Bereichen die Funktion streng monoton steigend bzw. streng monoton fallend ist.
- Erklären Sie die Bedeutung von $|y(0)| + |y(10)|$ im gegebenen Sachzusammenhang.
- Berechnen Sie die Breite $b$ des Entwässerungsgrabens.
- Ermitteln Sie jene Stelle im Intervall [0; 10], an der das Gefälle am größten ist.

**b)** Der Deich hat eine horizontale Länge von 1,5 km. Der obere Teil des Walls soll für einen Radweg abgetragen werden.

- Erklären Sie die Bedeutung des folgenden Ausdrucks im gegebenen Sachzusammenhang unter Angabe der entsprechenden Einheit.

$$\left( \int_{-2}^{2} y(x)\, dx - 4 \cdot y(2) \right) \cdot 1\,500$$

**c)** Für den gesamten Deich wurde Aufschüttmaterial mit einem Volumen von etwa 31 500 m³ benötigt. Die Dichte des Materials betrug im Mittel 795 $\frac{g}{dm^3}$.

- Kreuzen Sie die auf diesen Zusammenhang zutreffende Abschätzung der Masse an.

| | |
|---|---|
| 240 000 t | A |
| 24 000 000 kg | B |
| 40 000 t | C |
| 400 000 000 kg | D |
| 4 000 000 000 g | E |

**d)** Beim Transport des Aufschüttmaterials verursachen die LKWs Lärm. Für den Schalldruckpegel gilt allgemein:

$L = 10 \cdot \lg\left(\dfrac{p^2}{p_0^2}\right)$

$L$ ... Schalldruckpegel in Dezibel (dB)
$p$ ... Schalldruck
$p_0$ ... Schalldruck an der Hörschwelle

- Zeigen Sie, dass sich für $p = 10 \cdot p_0$ ein Schalldruckpegel von 20 dB ergibt.

**a)** 1.6, 3.4, 3.7, 4.4 **b)** 4.8 **c)** 1.4 **d)** 2.3

## Vorbereitung auf die sRDP – Teil A

### 95 Wasserverbrauch

In vielen Gemeinden wird der tägliche Wasserverbrauch erhoben.

**a)** Die Erhebung des täglichen Wasserverbrauchs von privaten Haushalten ergab folgende Werte in Liter:

| 85 | 90 | 115 | 125 | 130 | 105 | 140 | 118 | 135 | 132 |

– Ermitteln Sie den Stichprobenmittelwert und die Stichprobenstandardabweichung.

**b)** Der Wasserverbrauch einer Toilettenspülung ist annähernd normalverteilt mit einem Erwartungswert von $5\,\frac{\text{Liter}}{\text{Spülung}}$ und einer Standardabweichung von $0{,}3\,\frac{\text{Liter}}{\text{Spülung}}$.

– Berechnen Sie jenen um den Erwartungswert $\mu$ symmetrischen Bereich, in dem der Wasserverbrauch eines Spülvorgangs mit einer Wahrscheinlichkeit von 90 % liegt.

– Stellen Sie die Dichtefunktion dieser Verteilung grafisch dar.

– Veranschaulichen Sie im Graphen der Dichtefunktion die Wahrscheinlichkeit, dass der Wasserverbrauch eines Spülvorgangs höher als 5,5 L ist.

**c)** Der momentane Wasserverbrauch eines Haushalts lässt sich im Zeitraum von 9:00 Uhr bis 15:00 Uhr näherungsweise durch die quadratische Funktion $W$ beschreiben:
$W(t) = 0{,}35t^2 - 2{,}1t + 3{,}8$
$t$ … Zeit in Stunden ab 9:00 Uhr
$W(t)$ … momentaner Wasserverbrauch zur Zeit $t$ in $\frac{L}{h}$

– Begründen Sie anhand der Funktionsgleichung, warum der Funktionsgraph von $W$ eine nach oben offene Parabel ist.

– Geben Sie jenes Zeitintervall an, in dem der Wasserverbrauch unter $2\,\frac{L}{h}$ liegt.

– Ermitteln Sie, um welche Uhrzeit der Wasserverbrauch am geringsten ist.

– Berechnen Sie, wie viel Wasser im gegebenen Zeitraum insgesamt verbraucht wurde.

**d)** Eine Firma füllt Mineralwasser in Flaschen ab. Die Kosten für den Betrieb der Abfüllanlage und der Erlös aus dem Verkauf der Flaschen lassen sich durch die Kostenfunktion $K$ und die Erlösfunktion $E$ beschreiben:
$K(x) = 0{,}02x^3 - 2x^2 + 150x + 800$
$E(x) = -3{,}75x^2 + 300x$
$x$ … Menge in ME
$K(x), E(x)$ … Kosten und Erlös bei $x$ ME in GE

– Ermitteln Sie die Schnittpunkte der Funktionsgraphen von $K$ und $E$.
– Interpretieren Sie die Bedeutung der Schnittpunkte im gegebenen Sachzusammenhang.

**a)** 5.2 **b)** 5.6 **c)** 3.4, 2.9 **d)** 3.8

## Vorbereitung auf die sRDP – Teil A

**96 Sport**

Fußball ist in vielen Ländern eine beliebte Sportart.

**a)** Bei einem Fußballspiel werden gekühlte Getränke verkauft. Die Erwärmung eines Getränks wird durch folgende Funktionsgleichung beschrieben:

$T(t) = -18 \cdot e^{-0{,}08 \cdot t} + 25$

$t$ ... Zeit ab der Entnahme des Getränks aus der Kühlung in Minuten
$T(t)$ ... Temperatur des Getränks zur Zeit $t$ in °C

In der folgenden Grafik ist dieser Erwärmungsvorgang dargestellt.

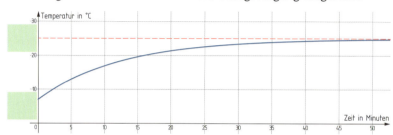

Ⓐ●●● — Tragen Sie die entsprechenden Werte in die dafür vorgesehenen Kästchen ein.

Die Getränke in einem Isolierbecher bleiben länger kühl. Die Erwärmung lässt sich in diesem Fall mit einer Funktion $g$ beschreiben:

$g(t) = -18 \cdot e^{-\lambda \cdot t} + 25$

●●Ⓒ● — Geben Sie an, ob $\lambda$ größer oder kleiner 0,08 ist.

**b)** Von der nebenstehenden skizzierten Tribüne kennt man die Winkel $\alpha$ und $\beta$ sowie die Längen $a$ und $c$.

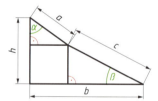

●●Ⓒ● — Ordnen Sie den Längen $h$ und $b$ jeweils den zutreffenden Ausdruck A bis D zu.

| | | | | |
|---|---|---|---|---|
| 1 | $h =$ | ☐ | A | $a \cdot \cos(\alpha) + c \cdot \sin(\beta)$ |
| | | | B | $a \cdot \sin(\alpha) + c \cdot \cos(\beta)$ |
| 2 | $b =$ | ☐ | C | $a \cdot \sin(\alpha) + c \cdot \sin(\beta)$ |
| | | | D | $a \cdot \cos(\alpha) + c \cdot \cos(\beta)$ |

**c)** Für die An- und Abreise der Fußballfans werden zwei Angebote von zwei Busunternehmen eingeholt.
Unternehmen A: Grundpreis 240,00 €, Kosten pro gefahrenem Kilometer 3,00 €
Unternehmen B: Grundpreis 210,00 €, Kosten pro gefahrenem Kilometer 6,00 €

Ⓐ●●● — Stellen Sie diejenigen Funktionen auf, die die jeweiligen Fahrtkosten in Abhängigkeit von den gefahrenen Kilometern beschreiben.

●Ⓑ●● — Ermitteln Sie, für welche Strecken Unternehmen A günstiger ist.

**d)** Jede der 30 000 Eintrittskarten nimmt an einer Verlosung teil. Zu gewinnen gibt es 4 Karten für den VIP-Bereich, 20 Autogrammkarten, 6 Fußballtrikots und 2 Fußbälle.

●Ⓑ●● — Berechnen Sie die Wahrscheinlichkeit, eine Karte für den VIP-Bereich oder einen Fußball zu gewinnen.

**a)** 3.5, 3.3   **b)** 2.12   **c)** 2.7   **d)** 5.3

# Tabellenanhang

## Verteilungsfunktion der standardisierten Normalverteilung

| z | 0 | 1 | 2 | 3 | 4 | 5 | 6 | 7 | 8 | 9 |
|---|---|---|---|---|---|---|---|---|---|---|
| 0,00 | 0,50000 | 50399 | 50798 | 51197 | 51595 | 51994 | 52392 | 52790 | 53188 | 53586 |
| 0,10 | 53983 | 54380 | 54776 | 55172 | 55567 | 55962 | 56356 | 56749 | 57142 | 57535 |
| 0,20 | 57926 | 58317 | 58706 | 59095 | 59483 | 59871 | 60257 | 60642 | 61026 | 61409 |
| 0,30 | 61791 | 62172 | 62552 | 62930 | 63307 | 63683 | 64058 | 64431 | 64803 | 65173 |
| 0,40 | 65542 | 65910 | 66276 | 66640 | 67003 | 67364 | 67724 | 68082 | 68439 | 68793 |
| 0,50 | 0,69146 | 69497 | 69847 | 70194 | 70540 | 70884 | 71226 | 71566 | 71904 | 72240 |
| 0,60 | 72575 | 72907 | 73237 | 73565 | 73891 | 74215 | 74537 | 74857 | 75175 | 75490 |
| 0,70 | 75804 | 76115 | 76424 | 76730 | 77035 | 77337 | 77637 | 77935 | 78230 | 78524 |
| 0,80 | 78814 | 79103 | 79389 | 79673 | 79955 | 80234 | 80511 | 80785 | 81057 | 81327 |
| 0,90 | 81594 | 81859 | 82121 | 82381 | 82639 | 82894 | 83147 | 83398 | 83646 | 83891 |
| 1,00 | 0,84134 | 84375 | 84614 | 84849 | 85083 | 85314 | 85543 | 85769 | 85993 | 86214 |
| 1,10 | 86433 | 86650 | 86864 | 87076 | 87286 | 87493 | 87698 | 87900 | 88100 | 88298 |
| 1,20 | 88493 | 88686 | 88877 | 89065 | 89251 | 89435 | 89617 | 89796 | 89973 | 90147 |
| 1,30 | 90320 | 90490 | 90658 | 90824 | 90988 | 91149 | 91308 | 91466 | 91621 | 91774 |
| 1,40 | 91924 | 92073 | 92220 | 92364 | 92507 | 92647 | 92785 | 92922 | 93056 | 93189 |
| 1,50 | 0,93319 | 93448 | 93574 | 93699 | 93822 | 93943 | 94062 | 94179 | 94295 | 94408 |
| 1,60 | 94520 | 94630 | 94738 | 94845 | 94950 | 95053 | 95154 | 95254 | 95352 | 95449 |
| 1,70 | 95543 | 95637 | 95728 | 95818 | 95907 | 95994 | 96080 | 96164 | 96246 | 96327 |
| 1,80 | 96407 | 96485 | 96562 | 96638 | 96712 | 96784 | 96856 | 96926 | 96995 | 97062 |
| 1,90 | 97128 | 97193 | 97257 | 97320 | 97381 | 97441 | 97500 | 97558 | 97615 | 97670 |
| 2,00 | 0,97725 | 97778 | 97831 | 97882 | 97932 | 97982 | 98030 | 98077 | 98124 | 98169 |
| 2,10 | 98214 | 98257 | 98300 | 98341 | 98382 | 98422 | 98461 | 98500 | 98537 | 98574 |
| 2,20 | 98610 | 98645 | 98679 | 98713 | 98745 | 98778 | 98809 | 98840 | 98870 | 98899 |
| 2,30 | 98928 | 98956 | 98983 | 99010 | 99036 | 99061 | 99086 | 99111 | 99134 | 99158 |
| 2,40 | 99180 | 99202 | 99224 | 99245 | 99266 | 99286 | 99305 | 99324 | 99343 | 99361 |
| 2,50 | 0,99379 | 99396 | 99413 | 99430 | 99446 | 99461 | 99477 | 99492 | 99506 | 99520 |
| 2,60 | 99534 | 99547 | 99560 | 99573 | 99585 | 99598 | 99609 | 99621 | 99632 | 99643 |
| 2,70 | 99653 | 99664 | 99674 | 99683 | 99693 | 99702 | 99711 | 99720 | 99728 | 99736 |
| 2,80 | 99744 | 99752 | 99760 | 99767 | 99774 | 99781 | 99788 | 99795 | 99801 | 99807 |
| 2,90 | 99813 | 99819 | 99825 | 99831 | 99836 | 99841 | 99846 | 99851 | 99856 | 99861 |
| 3,00 | 0,99865 | 99869 | 99874 | 99878 | 99882 | 99886 | 99889 | 99893 | 99896 | 99900 |
| 3,10 | 99903 | 99906 | 99910 | 99913 | 99916 | 99918 | 99921 | 99924 | 99926 | 99929 |
| 3,20 | 99931 | 99934 | 99936 | 99938 | 99940 | 99942 | 99944 | 99946 | 99948 | 99950 |
| 3,30 | 99952 | 99953 | 99955 | 99957 | 99958 | 99960 | 99961 | 99962 | 99964 | 99965 |
| 3,40 | 99966 | 99968 | 99969 | 99970 | 99971 | 99972 | 99973 | 99974 | 99975 | 99976 |
| 3,50 | 0,99977 | 99978 | 99978 | 99979 | 99980 | 99981 | 99981 | 99982 | 99983 | 99983 |
| 3,60 | 99984 | 99985 | 99985 | 99986 | 99986 | 99987 | 99987 | 99988 | 99988 | 99989 |
| 3,70 | 99989 | 99990 | 99990 | 99990 | 99991 | 99991 | 99992 | 99992 | 99992 | 99992 |
| 3,80 | 99993 | 99993 | 99993 | 99994 | 99994 | 99994 | 99994 | 99995 | 99995 | 99995 |
| 3,90 | 99995 | 99995 | 99996 | 99996 | 99996 | 99996 | 99996 | 99996 | 99997 | 99997 |
| 4,00 | 0,99997 | 99997 | 99997 | 99997 | 99997 | 99997 | 99998 | 99998 | 99998 | 99998 |

Zu anderen in diesem Buch behandelten Verteilungen gibt es in manchen Formelsammlungen ebenfalls Tabellen. Allerdings können die entsprechenden Werte auch mit gängigen CAS-Rechnern sowie mit einschlägiger Software ermittelt werden. Die dazu notwendigen Befehle sind auch in frei zugänglicher Software wie „Open Office" enthalten. Daher wird auf die Darstellung weiterer Tabellen verzichtet.

# Sachwortverzeichnis

## A
Abel, Niels Henrik 167
Abel'sche Gruppe 167ff.
abhängiges Ereignis 196
Abklingkonstante (Dämpfungsfaktor) 111, 114, 119f.
Abkühlungsgesetz, Newton'sches 91, 98
Ablehnungsbereich 253
Ableitung, gemischt partielle 36f., 45
–, geometrische Bedeutung 8, 23
–, partielle 33f., 36, 45, 268
Abnahme, beschränkte 88
–, exponentielle 88, 104
Abnehmerrisiko (Kundenrisiko) 260
absolut konvergente Reihe 51, 74
absoluter Fehler 26f., 45
abstrakte (moderne) Algebra 166
Addition, Fehlerfortpflanzung 27, 45
– von Matrizen 132f., 150
– – Restklassen 171
Additionssatz 195, 202, 284, 288, 302
– der Poisson-Verteilung 216
Adleman, Leonard M. 176
Ähnlichkeitssatz 282, 284, 289, 302
Algebra, moderne (abstrakte) 166
algebraische Struktur 166, 189
Algorithmus, Euklid'scher 172f., 176, 189
–, Gauß-Jordan- 140f.
–, stabiler und instabiler 44
allgemeine Lösung der Differentialgleichung 80f., 84, 93ff., 102, 106, 126
– Schwingungsgleichung 110
Alphabet, Morse- 276
Alternativhypothese 251ff., 263
Alternativtest 251
alternierende Reihe 50, 74
Amplitude, Frequenzgang 116f.
Amplituden-Phasen-Form 70, 74
Amplitudenspektrum 70, 281
Analyse, Fourier- 64
analytische Darstellung von Funktionen in zwei Variablen 29
Änderungsrate, momentane 88
Anfangsbedingung 80f., 126
Anfangssatz 292
Anfangswertaufgabe 80
–, Lösung 96
Annahmebereich 253
Annahmekennlinie (Operationscharakteristik) 260
Annahmestichprobenprüfung 259f.
Annahmewahrscheinlichkeit 260
Anordnung von Elementen 180
aperiodische Schwingung (Kriechfall) 112, 114, 119f.
aperiodischer Grenzfall 113f., 119f.
arithmetisches Mittel 268
Arten von Fehlern 26, 45
Assoziativgesetz 134, 166f., 189
asymmetrisches Verschlüsselungsverfahren 175, 189
Ausblendeigenschaft 277
Ausgleichsfunktion (Regressionsfunktion) 266, 273f.
Ausgleichsrechnung 266
Auswahl von Elementen 180
Axiom, Gruppen- 167
–, Körper- 169
–, Ring- 168
– von Kolmogorow 193

## B
Bailey, David Harold 76
Baumdiagramm 199, 202

Bayes, Satz von 196, 202
–, Thomas 196
BBP-Formel 76
Bedeutung der Ableitungen, geometrische 8, 23
– – partiellen Ableitung 34
bedingte Wahrscheinlichkeit 196f., 202
Bedingung, Anfangs- 80f., 126
–, Nichtnegativitäts- 156, 159
–, Rand- 80, 126
– für einen lokalen Extremwert 38f., 45
begrenzter Zufallsstreubereich, einseitig und zweiseitig 236f., 239
Berechnungen mithilfe der Normalverteilung 224f.
Bereich, Annahme- und Ablehnungs- 253
–, Lösungs- (zulässiger Bereich) 156, 159
–, Vertrauens- (Konfidenzintervall) 244ff., 249, 263
Bernoulli, Jakob 207
Bernoulli-Experiment 207
beschränkte Abnahme 88
– Lösungsmenge 157
beschränktes Wachstum 88, 105
Bestimmtheitsmaß 269, 274
Betrag des absoluten Fehlers 27, 45
– – relativen Fehlers 27f., 45
Betriebsoptimum 153, 164
Beurteilende Statistik 244ff.
Beurteilung von Prozessen 261f.
Bewegungsvorgang 90
Bildfunktion 281, 286
Binomialkoeffizient 185f., 189
Binomialverteilung 207ff., 239
–, Näherung durch die Normalverteilung 230
–, Vertrauensbereich 249, 263
binomische Reihe 186
binomischer Lehrsatz 186
Bionomialkoeffizient 208
Bogenlänge eines Funktionsgraphen 22f.
Borwein, Peter 76
Brechungsgesetz, Snellius'sches 60

## C
Caesar, Julius 175
Caesar-Verfahren 175, 189
CASIO ClassPad II 31, 214
charakteristische Gleichung 93, 106, 108, 112, 126
Chi-Quadrat-Verteilung 246, 263
Codierung 175ff., 189
Computernumerik 43
Curie, Marie 174

## D
d'Alembert, Jean-Baptiste Le Rond 51
Dämpfungsfaktor (Abklingkonstante) 111, 114, 119f.
Dämpfungsgrad 111ff., 119f.
Dämpfungssatz 284, 290, 302
Darstellung von Funktionen in zwei Variablen 29ff.
Datenfehler 26, 45
de l'Hospital, Regel von 279
de Vigenère, Blaise 179
degressive Kostenfunktion 152, 164
Deltafunktion 277, 302
Deltaimpuls 277
Determinante 138, 140
Diagonalmatrix 131
Diagramm, Baum- 199, 202
–, Punktwolken- 266
Dichte, Spektral- 281

–, spektrale Amplituden- 281, 302
–, spektrale Phasen- 281
Dichtefunktion (Wahrscheinlichkeitsdichte) 218ff., 222, 239
Differential, vollständiges 41, 45
Differentialgleichung 78ff., 126
–, Anwendung 88ff., 110ff.
–, gewöhnliche 79
–, Grad 79
–, grafische Veranschaulichung 82
–, homogene 93f., 106
–, inhomogene 93f., 106
–, lineare 79
–, –, erster Ordnung 93ff., 126
–, –, zweiter Ordnung 106ff., 126
–, –, Lösen mit der Laplace-Transformation 298f., 302
–, Lösung 78, 80, 84, 126
–, –, allgemeine 80f., 84, 93ff., 102, 106, 126
–, –, flüchtige und stationäre 115
–, –, homogene 94ff., 102, 126
–, –, partikuläre (spezielle) 80f., 84, 94ff., 102, 106, 126
–, nichtlineare 79
–, numerisches Lösen 123, 126
–, Ordnung 79
Differentialrechnung 7
Differentiationssatz 290f., 302
Differenzengleichung 103ff., 126
Dirac, Paul Adrien Maurice 277
Dirac-Impuls 284
Dirac'sche Deltafunktion 277, 302
Dirac-Stoß 277
diskrete Zufallsvariable 204f., 239
Diskriminante 107
Distributivgesetz 168f., 189
divergente Minorante 51, 74
– Reihe 48ff., 74
Division, Fehlerfortpflanzung 27, 45
Divisionssatz 291
Drehkörper, Volumen 21
Drehmatrix 145, 147
Drehung 145, 147, 150
dreidimensionales Koordinatensystem 30, 45
Dreieck, Pascal'sches 186
Durchschlupf 261
dynamisches Kraftgesetz 110

## E
Ebene 30, 45
Eigenkreisfrequenz 111, 114, 118, 120
Eigenschaften der Fourier-Transformation 284
– – Laplace-Transformation 288
– von Determinanten 138
Einheitsmatrix 131, 134, 140, 150
Einheitssprungfunktion 276, 302
einseitig begrenzter Zufallsstreubereich 236f., 239
einseitiger Exponentialimpuls 284
einseitiger Test 253
Einselement 169
elektrische (elektromagnetische) Schwingung 118ff., 126
Elektrotechnik 100
Element, Anordnung 180
–, Auswahl 180
–, Eins- 169
–, inverses 140, 167, 169, 189
–, Linien- 82
–, neutrales 140, 167ff., 189
–, Null- 168
– einer Matrix 130, 150

# Sachwortverzeichnis

Elementarereignis 192
Empirischer (Pearson'scher) Korrelationskoeffizient 267f.
Endwertsatz 292
Entschlüsselung 175, 177
Entwicklungsstelle 55
Ereignis 192
–, abhängiges 196
–, Elementar- 192
–, Gegen- 193
–, seltenes 216
–, unabhängiges 196
–, unmögliches 193
–, zusammengesetztes 195
Ergebnis eines Zufallsexperiments 192
Erlösfunktion 152f., 164
ertragsgesetzliche Kostenfunktion 152, 164
Erwartungswert, Test über den 253ff.
– der Binomialverteilung 208, 239
– – hypergeometrischen Verteilung 213
– – Normalverteilung 220, 225, 239
– – Stichprobenmittelwerte 233, 239
– von diskreten Zufallsvariablen 205
– – stetigen Zufallsvariablen 218ff.
erzwungene elektromagnetische Schwingung 121
– mechanische Schwingung 115
Euklid'scher Algorithmus 172f., 176, 189
Euler, Leonhard 123, 174
–, Streckenzugverfahren 123f., 126
Euler'sche Formel 60
– Zahl 57
Excel (Tabellenkalkulation) 135, 162, 216, 270, 273
Experiment, Bernoulli- 207
–, Laplace- 192, 202
–, Zufalls- 192, 204, 239
explizite Darstellung von Funktionen in zwei Variablen 29
Exponentialansatz 93, 106, 126
Exponentialfunktion 57, 88, 93f.
Exponentialimpuls, einseitiger 284
exponentielle Abnahme 88, 104
exponentielles Wachstum 88, 104
Extrempunkt, lokaler 38f., 45
Extremstelle 8, 23
Extremwert von Funktionen in mehreren Variablen 38, 45
Extremwertaufgaben 11, 23

## F

Faktor, Dämpfungs- (Abklingkonstante) 111, 114, 119f.
–, Klirr- 71
–, Streckungs- 145, 147
–, Wachstums- 104
–, wachstumshemmender 89, 104
Faktorielle (Fakultät) 181, 189
Faltungsprodukt 296
Faltungssatz 296
Fehler, absoluter 26f., 45
–, Daten- 26, 45
–, maximaler 27, 41
–, relativer 26ff., 45
–, Rundungs- 26, 45
–, Verfahrens- 26, 45
– erster und zweiter Art 252, 263
Fehlerfortpflanzung 26ff., 41, 5
Fehlerfortpflanzungsgesetz, lineares 41, 45
Fehlerquadratsumme 267f., 274
Fehlerquelle 26
Fehlerrechnung 26
Fisher, Roland Aylmer 257
Fisher-Verteilung (F-Verteilung) 257
Fläche, gekrümmte 30f., 45
Flächenberechnungen 18

Flächeninhalt 18, 23
Flächenkurve 34
Flesch, Rudolf 47
flüchtige Lösung 115
flüchtiger Teil 95f.
Folge, Null- 49f., 74
–, Partialsummen- 48
–, Summe einer 48
Form, Amplituden-Phasen- 70, 74
–, komplexe, der Fourier-Reihe 72, 74
Formel, BBP- 76
–, Euler'sche 60
Fourier, Jean Baptiste Joseph 64
Fourier-Analyse 64
Fourier-Integral 281, 302
Fourier-Koeffizient 64ff., 74
–, komplexer 73f.
–, Vereinfachung 67f.
Fourier-Reihe 61f., 64ff., 74, 280
–, Amplituden-Phasen-Form 70
–, komplexe Form 72, 74
Fourier-Transformation 280ff., 302
–, Eigenschaften 284
–, inverse 285
Fourier-Transformierte 281, 302
freie elektromagnetische Schwingung 118ff.
– mechanische Schwingung 110ff.
– ungedämpfte Schwingung 118
Freiheitsgrad 245
Frequenz, Eigenkreis- 111, 114, 118, 120
–, Resonanzkreis- 116f., 121
Frequenzbereich, Übergang vom Zeitbereich 280, 302
Frequenzfunktion 281
Frequenzgang der Amplitude 116f.
F-Test, Zweistichproben- 257
Funktion, Bild- 281, 286
–, Delta- 277, 302
–, Dichte- (Wahrscheinlichkeitsdichte) 218ff., 222, 239
–, Erlös- 152f., 164
–, Exponential- 57, 88, 93f.
–, Frequenz- 281
–, gerade 62, 67f., 74, 283
–, Geschwindigkeit-Zeit- 8
–, Gewinn- 152f., 164
–, Grenzkosten- 152
–, Impuls- 277
–, Kosten- 152f., 164
–, lineare 55
–, Original- 281, 286
–, periodische 61f., 64ff., 74
–, Polynom- 55
–, Preis- 153, 164
–, Rampen- 276
–, Regressions- (Ausgleichsfunktion) 266, 273f.
–, Spalt- 282
–, Spektral- 281, 302
–, Sprung- 276, 302
–, Stör- 93ff., 106, 108
–, Stückkosten- 152f., 164
–, Symmetrie 62
–, Trend- (Trendlinie) 268
–, ungerade 62, 67f., 74, 283
–, Verteilungs- 204f., 208, 218ff., 222, 239
–, Wahrscheinlichkeits- 204f., 208, 239
–, Winkel- (trigonometrische Funktion) 62
–, –, Extremwertaufgaben 13
–, Zeit- 281
–, Ziel- 159, 164
– in mehreren Variablen, Extremwerte 38, 45
– – zwei Variablen 29ff., 45
Funktionenreihen 48
Funktionenschar (Kurvenschar) 80, 126
Funktionsgraph, Bogenlänge 22f.
F-Verteilung (Fisher-Verteilung) 257

## G

Galton, Francis 219
Galton-Brett 219
Gauß, Carl Friedrich 219
Gauß-Jordan-Algorithmus 140f.
Gauß'sche Glockenkurve 219f.
– Normalverteilung 219f., 239
gedämpfte Schwingung 113f., 119f.
Gegenereignis 193
Gegenwahrscheinlichkeit 192, 202
Geheimtext 175
gekrümmte Fläche 30f., 45
gemischte partielle Ableitung 36f., 45
GeoGebra 31, 83, 149, 209, 226, 258
geometrische Bedeutung der Ableitungen 8, 23
– – – partiellen Ableitung 34
gerade Funktion 62, 67f., 74, 283
Gerade, Regressions- 266ff.
Geschwindigkeit, konstante Wachstums- 104
Geschwindigkeit-Zeit-Funktion 8
Gesetz, Assoziativ- 134, 166f., 189
–, Distributiv- 168f., 189
–, dynamisches Kraft- 110
–, Kommutativ- 166, 189
–, Lambert'sches 40
–, lineares Fehlerfortpflanzungs- 41, 45
–, Newton'sches Abkühlungs- 91, 98
–, Snellius'sches Brechungs- 60
Gewinnfunktion 152f., 164
gewöhnliche Differentialgleichung 79
Gibbs, Josiah Willard 67
Gibbs'sches Phänomen 67
Gleichanteil 64
Gleichgewichtspunkt, stabiler 89
Gleichung, charakteristische 93, 106, 108, 112, 126
–, Differential- siehe Differentialgleichung
–, Schwingungs- 110ff., 115, 120
– der Tangentialebene 34
Gleichungssystem, lineares 142, 150
Global Trade Item Number (GTIN) 174
Glockenkurve, Gauß'sche 219f.
Gosset, William 245
Grad einer Differentialgleichung 79
grafische Darstellung von Funktionen in zwei Variablen 30
– Veranschaulichung von Differentialgleichungen 82
Grenzfall, aperiodischer 113f., 119f.
Grenzkostenfunktion 152
Grenzwert der Partialsummenfolge 48
– für Qualitätsregelkarten 262
Grenzwertsatz 292
–, zentraler 219f., 239
Grundgesamtheit 232
Grundlagen der Differentialrechnung 7
Grundschwingung 64
Gruppe 167, 189
–, Abel'sche 167ff.
Gruppenaxiom 167
GTIN (Global Trade Item Number) 174
gut konditioniert 43f.

## H

Halbebene 157
harmonische Reihe 49
Häufigkeit, relative 193
Hauptbedingung 11, 23
Hauptsatz der linearen Optimierung 160
Heaviside'sche Sprungfunktion (Einheitssprungfunktion) 276
hinreichende Bedingung für einen lokalen Extremwert 39, 45
– Konvergenzbedingung 50

# Sachwortverzeichnis

Hintereinanderausführen von Transformationen 146f.
Hochpunkt (lokales Maximum) 38f., 45
homogene Koordinaten 147
– lineare Differentialgleichung erster Ordnung 93f.
– – – zweiter Ordnung 106, 126
– Lösung einer Differentialgleichung 94ff., 102, 126
Huygens, Christiaan 182
hypergeometrische Verteilung 213f., 239
Hypothese, Alternativ- 251ff., 263
–, Null- 251ff., 263

## I

IBAN (International Bank Account Number) 190
implizite Darstellung von Funktionen in zwei Variablen 29
Impuls, Delta- (Nadelimpuls) 277
–, Dirac- 284
–, einseitiger Exponential- 284
–, Rechteck- 277, 284
Impulsfunktion 277
inhomogene lineare Differentialgleichung erster Ordnung 93f.
– – – zweiter Ordnung 106, 126
instabiler Algorithmus 44
Integral, Fourier- 281, 302
–, uneigentliches 279
Integralrechnung 7
–, Anwendungen 17
Integraltransformationen 276
Integration, unbestimmte 78
Integrationssatz 291
International Bank Account Number (IBAN) 190
Intervall, Konfidenz- (Vertrauensbereich) 244ff., 249, 263
inverse Fourier-Transformation 281
– Laplace-Transformation 295f.
– Matrix 140, 142, 147, 150
Inverse, modulare 172f., 176, 189
inverses Element 140, 167, 169, 189
Invertieren von Matrizen
Irrtumswahrscheinlichkeit 236f., 239, 244ff.
Isokline 82

## J

Jordan, Wilhelm 140

## K

Kapazitätsgrenze 88, 105
Kausalität 267
Kennkreisfrequenz 118
Klartext 175
kleinste Quadrate, Methode 266, 274
Klirrfaktor 71
Koeffizient, Binomial- 185f., 189, 208
–, Fourier- 64ff., 74
–, –, komplexer 73f.
–, –, Vereinfachung 67f.
–, Korrelations- 267f., 274
Koeffizientenmatrix 142
Koeffizientenvergleich 95
Kolmogorow, Andrei Nikolajewitsch 193
–, Axiome von 193
Kombination 185
Kombinatorik 180ff., 189
Kommutativgesetz 166, 189
komplexe Form der Fourier-Reihe 72
komplexer Fourier-Koeffizient 73f.
konditioniert, gut bzw. schlecht 43f.
Konditionszahl 43, 45
Konfidenzintervall (Vertrauensbereich) 244ff., 249, 263
kongruent modulo m 170, 189
konstante Wachstumsgeschwindigkeit 104
– Wachstumsrate 103f.

Konstante, Abkling- (Dämpfungsfaktor) 111, 114, 119f.
–, Variation 102, 126
konvergente Majorante 51
– Reihe 48ff., 74
– –, absolut 51, 74
Konvergenz 49ff., 74
Konvergenzbedingung, hinreichende 50
–, notwendige 49
Konvergenzbereich einer Potenzreihe 54
– – Reihe 53
Konvergenzkriterien 50f.
Konvergenzkriterium von d'Alembert 51
Konvergenzradius 53f.
– einer Potenzreihe 57, 74
Konvergenzverhalten 54
Koordinate, homogene 147
Koordinatensystem, dreidimensionales 30, 45
Koordinatentransformation 222
Körper 169, 189
Körperaxiom 169
Korrektur, Stetigkeits- 230
Korrelation 266f.
Korrelationskoeffizient 267f., 274
Korrespondenz 281, 286
Korrespondenzsymbol 281, 286, 302
Korrespondenztabelle 288, 293, 302
korrigierte Stichprobenvarianz 232
Kostenfunktion 152f., 164
Kräftebilanz 110
Kräftegleichgewicht 90
Kraftgesetz, dynamisches 110
Kreisfrequenz, Eigen- 111, 114, 118, 120
–, Resonanz- 116f., 121
Kriechfall (aperiodische Schwingung) 112, 114, 119f.
kritischer Wert 253
Krümmung 8, 23
Krümmungsradius 8, 23
Krümmungsverhalten 8, 23
Kryptographie 170
Kundenrisiko (Abnehmerrisiko) 260
Kurve, Gauß'sche Glocken- 219f.
Kurvendiskussion 7f., 23
–, Umkehraufgaben 10
Kurvenschar (Funktionenschar) 80, 126
Kutta, Martin Wilhelm 125

## L

Lambert, Johann 40
Lambert'sches Gesetz 40
langfristige Preisuntergrenze 153
Laplace, Pierre Simon Marquis de 286
Laplace-Experiment 192, 202
Laplace-Transformation 286ff., 302
–, Eigenschaften 288
–, inverse 295f.
–, Lösen von Differentialgleichungen 298f., 302
Laplace-Transformierte 286, 302
leere Lösungsmenge 157
Lehrsatz, binomischer 186
Leibniz, Gottfried Wilhelm 50
Leibniz-Kriterium 50, 74
Lieferantenrisiko 260
lineare Ausgleichsfunktion (Regressionsgerade) 266ff.
– Differentialgleichung 79
– – erster Ordnung 93f., 126
– – zweiter Ordnung 106ff., 126
– Differenzengleichungen erster Ordnung 103ff., 126
– Fehlerfortpflanzung 41, 45
– Funktion 55
– Kostenfunktion 152, 164
– Optimierung 156, 164
– –, Hauptsatz 160
– Optimierungsaufgabe, Lösungsverfahren 159ff.

– Regression 267f.
– Transformation 222
– Ungleichung 157, 159
linearer Zusammenhang 267, 274
lineares Fehlerfortpflanzungsgesetz 41, 45
– Gleichungssystem 142, 150
– Ungleichungssystem 157, 159
– Wachstum 103
Linearität (Additionssatz) 284, 288, 302
Linearkombination 172
– von Lösungen 106
Linie, Trend- (Trendfunktion) 268
Linienelement 82
Linienspektrum 70
linksdistributiv 168
linksseitige Multiplikation 134, 142
logistisches Wachstum 89
lokaler Extrempunkt 38f., 45
lokales Maximum (Hochpunkt) 38f., 45
– Minimum (Tiefpunkt) 38f., 45
Los einer Lieferung 259
Lösen von Differentialgleichungen mit der Laplace-Transformation 298f., 302
– – linearen Gleichungssystemen 142, 150
Lösung der Anfangswertaufgabe 96
– – Differentialgleichung 78, 80, 84, 126
– – –, allgemeine 80f., 84, 93ff., 102, 106, 126
– – –, flüchtige und stationäre 115
– – –, homogene 94ff., 102, 126
– – –, partikuläre (spezielle) 80f., 84, 94ff., 102, 106, 126
Lösungsansatz für die partikuläre Lösung 96, 106
Lösungsbereich 156, 159
Lösungsmenge eines Ungleichungssystems 157
Lösungsverfahren für lineare Optimierungsaufgaben 159ff.
Luftwiderstand, senkrechter Wurf ohne 81

## M

MacLaurin, Colin 55
MacLaurin-Reihe 56, 74
Majorante, konvergente 51
Majorantenkriterium 50f., 74
Marquis de Laplace, Pierre Simon 286
Mathcad 13, 68, 143, 214, 284, 288, 301
Matrix (Matrizen) 130ff., 150
–, Diagonal- 131
–, Dreh- 145, 147
–, Einheits- 131, 134, 140, 150
–, Element 130, 150
–, inverse 140, 142, 147, 150
–, Koeffizienten- 142
–, Multiplikation mit einem Skalar 132f., 150
–, Null- 131, 134
–, quadratische 131, 140
–, reguläre 140
–, Schiebungs- 147
–, singuläre 140
–, Spiegelungs- 146f.
–, Streckungs- 145, 147
–, symmetrische 131
–, Transformations- 145ff.
–, transponierte 131
– in Dreiecksform 131
Matrizenaddition 132f., 150
Matrizenmultiplikation 134, 142, 145ff., 150
Matrizenrechnung, Anwendungen 142ff., 150
Matrizensubtraktion 132f., 150
maximaler Fehler 27, 41
Maximum 8, 23
–, lokales 38f., 45
Maximumaufgabe 159
mechanische Schwingung 110ff., 126
Menge von Ergebnissen 192

# Sachwortverzeichnis

Methode der kleinsten Quadrate  266, 274
Minimum  8, 23
–, lokales  38f., 45
– der Stückkostenfunktion  153, 164
Minimumaufgabe  160
Minorante, divergente  51, 74
Minorantenkriterium  50f.
mit Wiederholung, Kombination  185, 189
– –, Permutation  181
– –, Variation  183
Mittel, arithmetischer  268
Mittelwert, Stichproben-  232f., 237, 239
moderne (abstrakte) Algebra  166
modulare Inverse  172f., 176, 189
modulo  170, 189
momentane Änderungsrate  88
Morse, Samuel Finley Breese  276
Morse-Alphabet  276
Multiplikation, Fehlerfortpflanzung  27, 45
– einer Matrix mit einem Skalar  132f., 150
– von Matrizen  134, 142, 145ff., 150
– – Restklassen  171
Multiplikationssatz  196, 202, 291

## N

nach oben bzw. unten begrenzter Zufallsstreubereich  236f., 239
Nadelimpuls  277
Näherung der Binomialverteilung durch die Normalverteilung  230
Nebenbedingung  11, 23
neutrales Element  140, 167ff., 189
Newton'sches Abkühlungsgesetz  91, 98
n-Faktorielle  181, 189
nichtlineare Differentialgleichung  79
Nichtnegativitätsbedingung  156, 159
Niveaulinie  38f.
Normalverteilung  218ff., 239
–, Berechnungen  224f.
–, Gauß'sche  219f., 239
–, Näherung der Binomialverteilung durch die  230
–, Standard-  222f., 225, 239
–, Vertrauensbereich  244ff., 263
–, Zufallsstreubereich  236f., 239
Normalverteilungstabelle  223, 331
notwendige Bedingung für einen lokalen Extremwert  38, 45
– Konvergenzbedingung  49
Nullelement  168
Nullfolge  49f., 74
Nullhypothese  251ff., 263
Nullmatrix  131, 134
Numerik, Computer-  43
numerisches Lösen von Differentialgleichungen  123, 126

## O

obere Warngrenze  262
Oberschwingungen  64
ODER-Verknüpfung  195, 199, 202
öffentlicher Schlüssel  175ff., 189
ohne Wiederholung, Kombination  185
– –, Permutation  181
– –, Variation  183
Operationscharakteristik (Annahmekennlinie)  260
Optimierung, lineare  156, 164
–, –, Hauptsatz  160
Optimierungsaufgabe  156
–, lineare, Lösungsverfahren  159ff.
– mit mehr als zwei Variablen  162
Optimum, Betriebs-  153, 164
Ordnung einer Differentialgleichung  79
– – quadratischen Matrix  131
Originalfunktion  281, 286
Ortsvektor  147

## P

Parameter der Normalverteilung  220
Partialbruchzerlegung  278, 286
Partialsummenfolge  48
partielle Ableitung  33f., 36, 45, 268
partikuläre (spezielle) Lösung der Differentialgleichung  80f., 84, 94ff., 102, 106, 126
Pascal'sches Dreieck  186
Pearl, Raymond  89f.
Pearson, Karl  267
Pearson'scher (Empirischer) Korrelationskoeffizient  267f.
periodische Funktion  61f., 64ff., 74
Permutation  181, 189
Pfadregeln (Baumdiagramm)  199, 202
Phasendichte, spektrale  281
Phasenspektrum  70
Plouffe, Simon  76
Poisson, Siméon  216
Poisson-Verteilung  216, 239
Polynom, Taylor-  56
–, trigonometrisches  67
Polynomfunktion  55
Potenzreihe  53f., 74
–, Konvergenzbereich  54
–, Konvergenzradius  57, 74
Preisfunktion  153, 164
Preisuntergrenze, langfristige  153
privater Schlüssel  175ff., 189
Produkt, Faltungs-  296
–, skalares  134, 150
progressive Kostenfunktion  152, 164
Prozessfähigkeitsindex  262
Punktwolken-Diagramm  266
P-Wert  253

## Q

quadratische Matrix  131, 140
Qualitätsmanagement  259ff.
Qualitätsregelkarte  261ff.
Quantil (Schwellenwert)  223
Quotientenkriterium  51, 53, 74

## R

radioaktiver Zerfall  79
Radius, Konvergenz-  53f.
–, –, einer Potenzreihe  57, 74
–, Krümmungs-  8, 23
Rampenfunktion  276
Randbedingung  80, 126
Randwertaufgabe (Randwertproblem)  80
Rechnen mit Matrizen  132ff.
– – Restklassen  171
rechteckiges Zahlenschema  130
Rechteckimpuls  277, 284
rechtsdistributiv  168
rechtsseitige Multiplikation  134
Reed, Lowell  90
Regel von de l'Hospital  279
– – Sarrus  138
Regression, lineare  267f.
Regressionsfunktion (Ausgleichsfunktion)  266, 273f.
Regressionsgerade  266ff.
reguläre Matrix  140
Reihe  48
–, absolut konvergente  51, 74
–, alternierende  50, 74
–, binomische  186
–, divergente  48ff., 74
–, Fourier- siehe Fourier-Reihe
–, Konvergenzbereich  53
–, MacLaurin- siehe MacLaurin-Reihe
–, Potenz- siehe Potenzreihe
–, Summe einer unendlichen  48
–, Taylor- siehe Taylor-Reihe
relative Häufigkeit  193
relativer Fehler  26ff., 45

Resonanz  116
Resonanzkatastrophe  117
Resonanzkreisfrequenz  116f., 121
Restglied einer Taylor-Reihe  56
Restklasse  170f.
Richungsfeld  82f.
Ring  168, 189
Ringaxiom  168
Rivest, Ronald L.  176
Rotation  21, 23
RSA-Verfahren  176, 189
Rückstellkraft  110
Rücktransformation  281, 295f., 302
Ruhelage  110
Rundungsfehler  26, 45
Runge, Carl David  125
Runge-Kutta-Verfahren  125f.

## S

Sarrus, Regel von  138
Sattelpunkt  39
Sättigungswert  88, 105
Satz von Bayes  196, 202
– – Schwarz  36, 45
Schätzwert für die Wahrscheinlichkeit  193
Schiebung  147, 150
Schiebungsmatrix  147
Schiebungsvektor  147
schlecht konditioniert  43f.
Schlüssel, öffentlicher und privater  175ff., 189
Schwankungsbreite  249
Schwarz, Hermann Amandus  36
–, Satz von  36, 45
Schwellenwert (Quantil)  223
Schwingung, aperiodische (Kriechfall)  112, 114, 119f.
–, elektrische (elektromagnetische)  118ff., 126
–, erzwungene elektromagnetische  121
–, – mechanische  115
–, freie elektromagnetische  118ff.
–, – mechanische  110ff.
–, – ungedämpfte  118
–, gedämpfte  113f., 119f.
–, mechanische  110ff., 126
Schwingungsgleichung  110ff., 115, 120
seltenes Ereignis  216
senkrechter Wurf ohne Luftwiderstand  81
Shamir, Adi  176
Sicherheit (Vertrauensniveau)  244
Signifikanzniveau  236f., 239, 253
singuläre Matrix  140
sinus cardinalis  282
Skalar, Multiplikation einer Matrix mit einem  132f., 150
skalares Produkt  134, 150
Snell, Willebrord van Roijen  60
Snellius'sches Brechungsgesetz  60
Spaltenvektor  131, 134, 150
Spaltfunktion  282
spektrale Amplitudendichte (Amplitudenspektrum)  281, 302
– Phasendichte  281
Spektralfunktion (Spektraldichte)  281, 302
Spektrum  64
spezielle (partikuläre) Lösung der Differentialgleichung  80f., 84, 94ff., 102, 106, 126
Spiegelung  146f., 150
Spiegelungsmatrix  146f.
Sprungfunktion  276, 302
Spurdreieck  30
Spurpunkt  30
Square-and-Multiply-Verfahren  171, 189
stabiler Algorithmus  44
– Gleichgewichtspunkt  89
Standardabweichung der Binomialverteilung  208, 239

**335**

# Sachwortverzeichnis

– – Normalverteilung 220, 225, 239
– – Stichprobenmittelwerte 233, 239
– von diskreten Zufallsvariablen 205
Standardisierungsformel 222, 225, 239
Standardnormalverteilung 222f., 225, 239
Stärke des linearen Zusammenhangs 267, 274
stationäre Lösung 115
stationärer Teil 95f.
Statistik, beurteilende 244ff.
statistischer Test 251ff., 263
– Wahrscheinlichkeitsbegriff 193
Steigung der Tangente 8, 23
Steigungswinkel 8, 23, 146
stetige Zufallsvariable 204, 218ff., 239
Stetigkeitskorrektur 230
Stichprobe 232f.
Stichprobenanweisung 259
Stichprobenmittelwert 232f., 237, 239
Stichprobenvarianz, korrigierte 232
Störfunktion 93ff., 106, 108
Streckenzugverfahren von Euler 123f., 126
Streckung 145, 147, 150
Streckungsfaktor 145, 147
Streckungsmatrix 145, 147
Struktur, algebraische 166, 189
Stückkostenfunktion 152f., 164
Student-Verteilung (t-Verteilung) 245, 255, 263
Subtraktion, Fehlerfortpflanzung 27, 45
– von Matrizen 132f., 150
Summe, Fehlerquadrat- 267f., 274
– der Beträge der absoluten bzw. relativen Fehler 27, 45
– – Einzelwahrscheinlichkeiten 195
– einer (Zahlen-)Folge 48
– – unendlichen Reihe 48
Symbol, Korrespondenz- 281, 286, 302
Symmetrie von Funktionen 62
symmetrische Matrix 131
symmetrisches Verschlüsselungsverfahren 175, 189

## T

Tabelle, Korrespondenz- 288, 293, 302
–, Normalverteilungs- 223, 331
Tabellenkalkulation siehe Excel
Tacoma Narrows-Bridge 116
Tangente, Steigung 8, 23
Tangentialebene 34
Tayler, Brook 55
Taylor-Polynom 56
Taylor-Reihe 53, 55ff., 74
–, Restglied 56
Teil, flüchtiger und stationärer 95f.
Test über den Erwartungswert 253ff.
–, Alternativ- 251
–, ein- und zweiseitiger 253
–, statistischer 251ff., 263
–, t- 255
–, z- 254
–, Zweistichproben- 257f.
Thermodynamik 91
Tiefpunkt (lokales Minimum) 38f., 45
TI-Nspire 37, 71, 97, 138, 140, 157, 161, 173, 183, 185, 209, 224, 245f., 254f., 288
Transformation 145ff.
–, Fourier- siehe Fourier-Transformation
–, Hintereinanderausführen 146f.
–, Integral- 276
–, Koordinaten- 222
–, Laplace- siehe Laplace-Transformation
–, lineare 222
–, Rück- 281, 295f., 302
Transformationsmatrizen 145ff., 150
transponierte Matrix 131
Transportproblem 162
Trendlinie (Trendfunktion) 268
Trennen der Variablen 84, 126
trigonometrische Funktion 62
trigonometrisches Polynom 67
t-Test 255
–, Zweistichproben- 258
t-Verteilung (Student-Verteilung) 245, 255, 263

## U

Übergang vom Zeitbereich in den Frequenzbereich 280, 302
Umkehr der Verschlüsselung 175
Umkehraufgaben zur Kurvendiskussion 10
unabhängiges Ereignis 196
unbeschränkte Lösungsmenge 157
unbestimmte Integration 78
UND-Verknüpfung 196, 199, 202
uneigentliches Integral 279
unendliche Reihe, Summe 48
ungerade Funktion 62, 67f., 74, 283
Ungleichung, lineare 157, 159
Ungleichungssystem, lineares 157, 159
unmögliches Ereignis 193
untere Warngrenze 262

## V

van Roijen Snell, Willebrord 60
variable Kostenfunktion 152
Variable, Trennen 84, 126
–, Zufalls- 204, 239
–, –, diskrete 204f., 239
–, –, stetige 204, 218ff., 239
Varianz, korrigierte Stichproben- 232
– der hypergeometrischen Verteilung 213
– von diskreten Zufallsvariablen 205
Variation 183, 189
– der Konstanten 102, 126
Vektor, Orts- 147
–, Schiebungs- 147
–, Spalten- und Zeilen- 131, 134, 150
– der Konstanten 142
– – Variablen 142
Veranschaulichung von Differentialgleichungen, grafische 82
Vereinfachung der Fourier-Koeffizienten 67f.
Verfahren, Caesar- 175, 189
–, RSA- 176, 189
–, Square-and-Multiply- 171, 189
–, Verschlüsselungs- 175, 189
Verfahrensfehler 26, 45
Vergleich, Koeffizienten- 95
Vergleichskriterien 50
Verknüpfung 166, 189
–, ODER- 195, 199, 202
–, UND- 196, 199, 202
Verknüpfungsgebilde 166
Verschiebungssatz 284, 289, 302
Verschlüsselung 175, 177
–, Vigenère- 179
Verschlüsselungsverfahren 175, 189
Verteilung, Binomial- 207ff., 230, 239
–, –, Vertrauensbereich 249, 263
–, Chi-Quadrat- 246, 263
–, F- (Fisher-Verteilung) 257
–, hypergeometrische 213f., 239
–, Normal- 218ff., 224f., 230, 239
–, –, Vertrauensbereich 244ff., 263
–, –, Zufallsstreubereich 236f., 239
–, Poisson- 216, 239
–, Standardnormal- 222f., 225, 239
–, t- (Student-Verteilung) 245, 255, 263
–, Wahrscheinlichkeits- 204
– der Grundgesamtheit 232
– – Stichprobenmittelwerte 232, 239
– seltener Ereignisse 216
Verteilungsfunktion 204f., 208, 218ff., 222, 239
Vertrauensbereich (Konfidenzintervall) 244ff., 249, 263
Vertrauensniveau (Sicherheit) 244
Vigenère-Verschlüsselung 179
vollständiges Differential 41, 45
Volumen von Drehkörpern 21
Volumenberechnungen 21

## W

Wachstum, beschränktes 88, 105
–, exponentielles 88, 104
–, lineares 103
–, logistisches 89
Wachstumsfaktor 104
Wachstumsgeschwindigkeit 104
wachstumshemmender Faktor 89, 104
Wachstumsrate 104
–, konstante 103f.
Wahrscheinlichkeit 192, 202
–, Annahme- 260
–, bedingte 196f., 202
–, Gegen- 192, 202
–, Irrtums- 236f., 239, 244ff.
–, Schätzwert 193
– zusammengesetzter Ereignisse 195ff.
Wahrscheinlichkeitsbegriff, statistischer 193
Wahrscheinlichkeitsdichte (Dichtefunktion) 218ff., 222, 239
Wahrscheinlichkeitsfunktion 204f., 208, 239
Wahrscheinlichkeitsrechnung 192ff.
Wahrscheinlichkeitsverteilungen 204
Warngrenze, untere und obere 262
Watt, James 14
Wendestelle 8, 23
Wert, kritischer 253
–, P- 253
Widmark, Erik M. P. 32
Widmark-Formel 32
Wiederholung, Kombination mit und ohne 185
–, Permutation mit und ohne 181
–, Variation mit und ohne 183
Winkel, Steigungs- 8, 23, 146
Winkelfunktion 62
Wirtschaftsbezogene Mathematik 152ff.
Wurf, senkrechter, ohne Luftwiderstand 81
Wurzelkriterium 51, 74

## Z

Zahl, Euler'sche 57
–, Konditions- 43, 45
Zahlenfolge siehe Folge 48
Zahlenschema, rechteckiges 130
Zahlentheorie 166ff.
Zeilenvektor 131, 134, 150
Zeitbereich, Übergang in den Frequenzbereich 280, 302
Zeitfunktion 281
zentraler Grenzwertsatz 219f., 239
Zerfall, radioaktiver 79
Zielfunktion 11, 23, 159, 164
z-Test 254
Zufallsexperiment 192, 204, 239
Zufallsstreubereich der Normalverteilung 236f., 239
– für Stichprobenmittelwerte 237, 239
Zufallsvariable 204, 239
–, diskrete 204f., 239
–, stetige 204, 218ff., 239
zulässiger Bereich 156, 159
zusammengesetztes Ereignis 195
Zusammenhang, linearer 267, 274
zweiseitig begrenzter Zufallsstreubereich 236f., 239
zweiseitiger Test 253
– Vertrauensbereich 244ff., 249, 263
Zweistichprobentest 257f.